高职高专建筑工程技术专业系列教材

房屋建筑学（第四版）

主 编 姬 慧 赵 毅

重庆大学出版社

内 容 简 介

本书根据教育部高等职业学校专业教学标准要求及建筑企业职业岗位(群)特点,结合我国现行建筑行业的最新政策、法规和规范组织教材内容,既系统又有所侧重。力求体现实用性、适用性和针对性,注重工程应用能力的培养。教材分为:"建筑概论""建筑设计原理"和"建筑构造"三大部分。使读者从认识建筑开始,了解基本建设程序、设计程序、设计原理和方法,掌握建筑各组成部分的构造原理和构造方法。书中编入了当今国内外建筑技术工艺、材料的新成果,并收录了大量的图片、实例,具有较强的可读性。

本书可作为全日制高职高专、应用型本科相关专业的教材,也可作为成教、电大、函大和自考等相关专业的教材和参考书。

图书在版编目(CIP)数据

房屋建筑学 / 姬慧,赵毅主编. --4版. --重庆 : 重庆大学出版社,2019.9(2024.6重印)
高职高专建筑工程技术专业系列教材
ISBN 978-7-5624-7597-2

Ⅰ.①房… Ⅱ.①姬… ②赵… Ⅲ.①房屋建筑学—高等职业教育—教材 Ⅳ.①TU22

中国版本图书馆 CIP 数据核字(2019)第006902号

房屋建筑学
(第四版)
主 编 姬 慧 赵 毅
责任编辑:曾显跃 版式设计:曾显跃
责任校对:刘 真 责任印制:张 策
*
重庆大学出版社出版发行
出版人:陈晓阳
社址:重庆市沙坪坝区大学城西路21号
邮编:401331
电话:(023) 88617190 88617185(中小学)
传真:(023) 88617186 88617166
网址:http://www.cqup.com.cn
邮箱:fxk@cqup.com.cn (营销中心)
全国新华书店经销
重庆天旭印务有限责任公司印刷
*
开本:787mm×1092mm 1/16 印张:22.75 字数:568千
2019年9月第4版 2024年6月第16次印刷
印数:49 001—50 500
ISBN 978-7-5624-7597-2 定价:49.00元

第四版前言

本教材在习近平新时代中国特色社会主义思想指导下，落实“新工科”建设要求，根据高等职业教育改革和发展的需要，注重教材的实用性、适用性和针对性，突出了专业职业特色，注重工程应用能力的培养。内容深入浅出，文字通俗易懂，图例清晰直观，非常有助于学生掌握理解。自 2007 年出版以来，一直受到高职院校广大师生的欢迎和肯定。

由于本书出版后，我国相关“建筑规范”进行了大量修订，近期，教育部发布了《高等职业学校专业教学标准》（试行），为适应新形式对高职人才培养的要求及新规范、新技术、新工艺、新材料急需进入课程内容的现实需求，本书编者会同建筑企业教学指导委员会专家，通过剖析建筑企业职业岗位（群）特点，对该课程体系、内容进行充分论证之后，组织修订了本教材，使其更加符合建筑施工类专业教学基本要求。

本次再版保持了第三版的编排体系和特色，着重在以下几个方面进行了修订：

①根据我国现行建筑行业的最新政策、法规和规范，对有关技术标准进行了更新，替换了陈旧的内容，保证教材内容与工程技术、专业发展的同步。

②根据《高等职业学校专业教学标准》（试行）对建筑工程技术专业及建筑施工类专业教学基本要求，结合教学改革成果，对部分内容进行了调整、精简，突出图示的直观性，使教材更具有针对性和实用性。

③调整了部分章节的内容，增加了对新技术、新工艺、新材料的介绍，将基础理论知识与工程实践应用紧密联系。

本次修订工作第 1、2 章由邢台职业技术学院袁雪峰完成，第 3、4 章由湖北三峡职业技术学院蔡璟完成，其他各章的修订工作由太原大学姬慧完成。

本书在编写和修订过程中参考了相关教材和资料，并得到了一些同行的帮助，谨此表示感谢。

限于编者的能力与水平，教材中难免存在不妥之处，欢迎读者给予批评指正。

编　者

2019 年 6 月

前言

“房屋建筑学”课程是一门较为系统全面介绍工业和民用建筑的基本设计原理、构成、组合原理和构造方法等方面的综合性技术课程，是房屋建筑工程类及相关专业的专业必修主干课，也是该类专业学生在本专业学习过程中最早全面而系统接触到的一门重要的专业基础课。

作为系列教材，在章节安排方面，本书强调了与先开课程的衔接和为后续课程打基础的作用，在教材内容上则突出以下特点：

①增加信息量，利用大量的实例及图片，介绍建筑的发展历程，代表人物和代表性的建筑，以及设计的基本原理等，增加本书的可读性。

②对章节内容进行了增减，强调实用性知识，在设计原理部分除讲述基本原理外，还补充了最新有关防火规范的主要条文；同时，削减了工业建筑一些不常用的构造章节。

③强调知识的实践和应用，结合主要章节内容增加“工程图的表达方式”，达到学以致用的目的。

④增加实践性教学内容，除配合本课程的一个课程设计外（不在本课程学时内）还在一些章内增加了构造设计作图作业，加强学生动手能力。

⑤每章前有“提要”，后有“小结”及“复习思考题”，便于课前预习、课后复习和自学。

本课程的主要内容、设计作业及建议学时分配：

授课内容(章)	设计作业	授课学时数
①建筑的起源和发展		6
②建筑的类别和统一模数制		2
③建筑设计概述		2
④建筑防火与安全疏散		4
⑤建筑的平面设计	功能分析图、中小学教室设计	8
⑥建筑剖面、立面及体型设计		12
⑦工业建筑设计原理		8
⑧建筑构造概论		2
⑨基础和地下室	刚性基础构造设计	4

续表

授课内容(章)	设计作业	授课学时数
⑩墙体	外墙身细部构造设计	8
⑪楼地层	楼、地层构造设计	6
⑫楼梯和电梯	楼梯设计	4
⑬屋顶	屋顶排水组织设计、构造设计	6
⑭门和窗		4
⑮变形缝		2
⑯建筑装修构造		2
		合计:80

本书的第1章由赵毅编写,第2章、3章由秦玉编写,第4章、5章由杨晓青编写,第6章由赵子莉编写,第7章、14章由鲁海梅编写,第8章、9章由姬慧编写,第10章、11章由王晓雪编写,第12章、16章由何云梅编写,第13章、15章由王志蓉编写。全书由赵毅、姬慧担任主编。赵毅负责全书的组织、修改和统稿,何云梅参与了后期的校稿及整理工作。

由于参加本书编写的人员较多,且作者来自全国不同的大专院校,一方面可吸收、汇集各个学校的教学特点和经验,具有一定的针对性和实用性,另一方面却给本书的融合、统稿带来一定的困难,也由于作者水平有限,书中必定还有不少缺点错误,欢迎广大读者批评指正。

编　者

2006年12月

目录

第1篇　建筑概论

第2篇　建筑设计原理

第3篇　建筑构造

第 1 篇 建筑概论

第 1 章 建筑的起源和发展

本章要点及学习目标

建筑的概念，建筑构成的基本要素，中外建筑发展概况。要求了解中外建筑发展概况；掌握建筑的概念及建筑的构成要素。

1.1 建筑的起源、建筑的概念和建筑构成的基本要素

1.1.1 建筑的起源

人类文化的原始阶段，对于自身环境的外在空间的认识与理解，处于一种混沌与朦胧的状

态。人类最早的建筑行为,是为了满足遮风避雨和抵御猛兽的基本生存需求,或栖居于树上(即巢居),或藏身于天然洞穴内(即穴居)。原始人居住的天然岩洞在世界各地都有发现,可见穴居是当时的主要居住方式,它满足了原始人对生存的最低要求,也是一种简单的自觉与自卫的活动。在我国古代文献中,曾有巢居的记载。如《韩非子·五蠹》:“上古之世,人民少而禽兽众,人民不胜禽兽虫蛇,有圣人作,构木为巢,以避群害”。但严格地讲,这算不上建筑。

随着人类不断地与自然、猛兽的斗争,劳动工具得以进化,生产力得到了发展,出现了人工竖穴居、石屋等,并开始有了村落的雏形。农耕社会的到来,引导人们走出洞穴,走出丛林。人们可以用劳动创造生活,同时也开始了人工营造屋居的新阶段,真正意义上的“建筑”诞生了。

最初,建筑的特征仅是其居住功能。随着人类社会的进步,为了满足生活、工作和生产的不同需要,现代建筑已涵盖了居住建筑、公共建筑和工业建筑等。

1.1.2 建筑的概念

人类为了生存和发展而产生了房屋,即广义上的“建筑”。“建筑”一词来源于国外,我国古代称为“营造、营建或应缮”,因此,今天所说的建筑的概念应包含三方面的含义:一是建筑物和构筑物的统称。建筑物是指供人们生产、生活或进行其他活动的空间场所,如居住建筑、公共建筑、工业建筑等;构筑物则指满足人们生活、生产需要的一些设施,如烟囱、水塔、堤坝等。二是人们进行建造的行为。如建造房屋、桥梁、堤坝等。三是涵盖了经济与社会科学、文化艺术、工程技术等多领域和多学科的综合学科。

1.1.3 建筑构成的基本要素

任何建筑都包含了与其时代、社会、经济、文化相适宜的功能、技术、形象三方面的内容,并且构成了建筑的三个基本要素:

(1)建筑功能

人们建造房屋有明确的目的性,即要满足不同的使用要求,具体包含3个方面的内容:

①满足人体尺度和人体活动所需的空间尺度,这是确定建筑内部各种空间尺度的重要依据。

②满足人生理的舒适要求,即对建筑及建筑材料日照、采光、通风、保温、隔热、隔声、防潮、防水等方面的要求。

③满足各类建筑的不同使用要求,即体现不同性质建筑在使用方面的不同特点。这是建造房屋的最主要的目的,起主导的作用。

(2)建筑技术

建筑技术是指建造房屋的手段,包含了建筑材料科学、建筑结构技术、建筑施工技术和建筑设备技术等多方面学科技术的综合,是建筑得以实施的基本技术条件。建筑材料是组成房屋的基本元素;结构技术是实现建筑空间和安全稳固的重要保障;建筑设备是满足各种建筑功能要求的技术条件;建筑施工技术则是保证建筑得以实现的必要手段。

(3)建筑形象

建筑形象是通过建筑的体形、体量及其空间组合,立面形式、材料色彩与质感和装饰处理等来反映的,应该说,建筑形象是其功能和技术的综合反映。通常,建筑形象的处理应符合传统美学的基本原理,以产生良好的艺术效果和感染力,使人感受到如庄严雄伟、朴实大方、简洁明快、生动活泼等。当然,现代建筑中也有反传统的风格和流派,以另类的表现手法给人以强烈的视觉冲击和感受。

建筑形象具有社会、时代、民族和地域性,不同的社会和时代、不同的地域和民族都有相应的建筑形象,它反映了社会生产力的水平、时代精神、文化传统、民族风格和建筑文化艺术等特征。

建筑的三要素是相互联系、相互约束,又不可分割的,满足建筑的功能是第一位的,也是人们进行房屋建造的主要目的。建筑技术是实现建筑功能的技术保证,先进的建筑技术可大力促进新型建筑开发,落后的建筑技术则会制约建筑的发展。而建筑形象则是建筑功能、建筑技术与建筑艺术的综合体现,这便是所谓"功能、内容决定其形式"。但对一些如纪念性、象征性等特殊建筑,建筑形象往往起主导作用,成为重要因素。一个优秀的建筑,应该处理好这三者的辩证关系,做到和谐统一。

当前,我国的建筑方针是:"适用、安全、经济、美观。"全面地反映了建筑功能、建筑技术和建筑形象三要素的辩证关系,也是评价建筑优劣的基本原则。

1.2　《房屋建筑学》研究的内容和方向

《房屋建筑学》是研究房屋建筑各组成部分的组合原理、构造方法以及建筑平面与空间设计的一门综合性和技术性的学科。

建筑科学技术的发展离不开相关学科的成果,建筑艺术形象的创造,功能环境空间的实现,都必须要有如材料力学、建筑力学、先进的施工技术和工艺等强有力的支撑。

"房屋建筑学"课程是一门承上启下的专业主干课,是在"建筑制图"、"建筑材料"等课程的基础上开设的,将为以后的"建筑结构"、"建筑施工"等课程的学习打下良好的基础。

《房屋建筑学》共分为三大部分:"建筑概论"、"建筑设计原理"和"建筑构造"。从认识建筑开始,了解基本建设程序、设计程序、设计原理和方法,掌握建筑的各组成部分的构造原理和构造方法。

1.3　外国建筑发展概况

建筑伴随人类的产生,并随着社会的发展而经历了巨大的发展与变化,由原始社会开始,历经古代、中世纪、资本主义萌芽时期,直至21世纪的今天,建筑的形式和内容都发生了巨大的变化,并从一个侧面反映出时代的发展变化。

1.3.1　原始社会

原始社会是人类社会发展的第一阶段,原始人出于自身的生存需要,不停地与自然界作斗争,在此过程中创造了原始人的建筑。这个时期的建筑是人类为防止野兽袭击和风雨侵蚀而被动地进行的,如巢居、石屋、树枝棚,帐篷和湖居,不过,这仅仅是满足生存需要的最初级的建筑。

另外,由于原始人对自然界、太阳的崇拜,这个时期还出现了不少宗教与纪念性的建筑(构筑)

物,如整石柱、列石、石环、石台等。最为著名的是英格兰西南部索尔兹伯里巨石阵(图1.1)。

图1.1　英格兰西南部索尔兹伯里巨石阵

图1.2　吉萨金字塔群

1.3.2　奴隶社会

公元前4 000年以后,世界上先后出现了最早的奴隶制国家,即埃及、西亚的两河流域、印度、中国、爱琴海岸和美洲中部的国家。在这一时期,无数奴隶用汗水及生命建造了人类首批规模庞大、工程巨大的建筑物和构筑物,这些建筑物(构筑物)成为建筑史上让人叹为观止的奇迹,其中最为重要的是陵墓和神庙两类建筑。

(1)古埃及建筑

在古埃及,最著名的陵墓建筑是吉萨金字塔群,其造型简约、精确而稳定,主要由胡夫金字塔、哈夫拉金字塔、孟卡拉金字塔及大斯芬克斯组成。其中最大的一座为胡夫金字塔,底面为230 m×230 m的正方形,高约146 m,总重达600万t。此塔工程浩大,共动用了十多万人工,历时30年建成(图1.2)。

而卡纳克、阿蒙(太阳神)神庙则是庙宇中最为著名的建筑之一,太阳神是古埃及宗教中万神之王,卡纳克、阿蒙是神庙中规模最大的,形体对称,长宽为366 m×110 m,长轴方向为六道高大的牌楼门,之间布有庭院或柱子林立的柱厅神殿,柱子粗大、顶低平,光线阴暗,形成了“王权神化”的神秘压抑气氛(图1.3)。

图1.3　卡纳克神庙

图1.4　乌尔观象台

(2)古西亚建筑

古西亚建筑是公元前3500年—公元前500年时期,以“两河流域建筑”、“波斯建筑”及“叙利亚地区建筑”为主的古代西亚建筑。古西亚建筑的成就在于创造了以“土”作为基本原料的结构体系和装饰方法,这些使材料、结构与建筑艺术有机结合的成就,不仅影响东方并传到小亚细亚、欧洲和北非,而且其券、拱和穹隆结构对后来的拜占庭建筑及伊斯兰建筑都有重要的影响。如著名的新巴比伦城及其空中花园，乌尔观象台（图1.4）、泰西勒宫。

（3）**古印度建筑**

古印度建筑包含了四个时期的建筑遗产：印度河文化、吠陀文化、孔雀帝国及笈多帝国。其建筑特点是泥墙草顶木结构，不建庙宇和石窟寺，其文化及建筑特点广泛地影响了东南亚国家、中国和日本。印度的主要代表建筑有卡尔利支提窟以及建于17世纪的泰姬陵（图1.5）。

图1.5　泰姬陵

（4）**古希腊建筑**

古希腊代表建筑有：雅典卫城，为希腊古典建筑的典范，是雅典人为纪念波希战争胜利而在一陡峭的山峦上修建的一组建筑群，由帕提农神庙、伊瑞克先神庙、胜利神庙和卫城山门组成。建筑群布局自由灵活，高低错落，主次分明。卫城在西方建筑史被誉为建筑群体组合艺术的辉煌杰作，特别在利用地形方面最为出色（图1.6）。

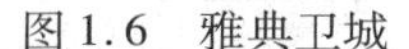
图1.6　雅典卫城

图1.7　帕提农神庙

帕提农神庙作为卫城的主题建筑，在卫城中体量最大、造型庄重，并占据了卫城的最高点，其他建筑则处于陪衬地位。其平面采用了希腊神庙中最典型的“列柱围廊式”，建在一个三级台基上，两坡顶纵向两端形成三角形山花，这种形制被认为是古希腊建筑风格的主要形式。外围采用了“陶立克柱式”柱列，内部则设有“爱奥尼克”柱式。二者与“科林斯柱式”并称为希腊古典柱式，该庙尺度适宜，饱满挺拔，风格开朗，比例匀称，雕刻精致，并应用了视差校正手法（图1.7）。

（5）**古罗马建筑**

古罗马建筑类型除承袭希腊及小亚细亚文化与生活方式的公共建筑外，还为炫耀财富、歌颂权利和表彰功绩而建造了不少雄伟壮丽的凯旋门、纪功柱、广场，且规模更趋于宏大、豪华和富丽。

古罗马建筑在材料、结构、施工及空间营造等方面都取得了重大的成就。在建材方面，除使用传统砖、石外，还创造性地运用当地火山灰制成天然混凝土，大大推进了建筑结构及施工技术的发展。在结构方面，发展完善了拱券和穹顶结构，形成了梁柱与拱券结合的宏伟壮观的建筑风格。

罗马人还继承古希腊柱式发展成为五种柱式，即陶立克柱式、爱奥尼克柱式、科林斯柱式、塔司干柱式和组合柱式，并创造了券柱式。所谓“古典柱式”，包括了希腊的三柱式和罗马的五柱式（图1.8）。

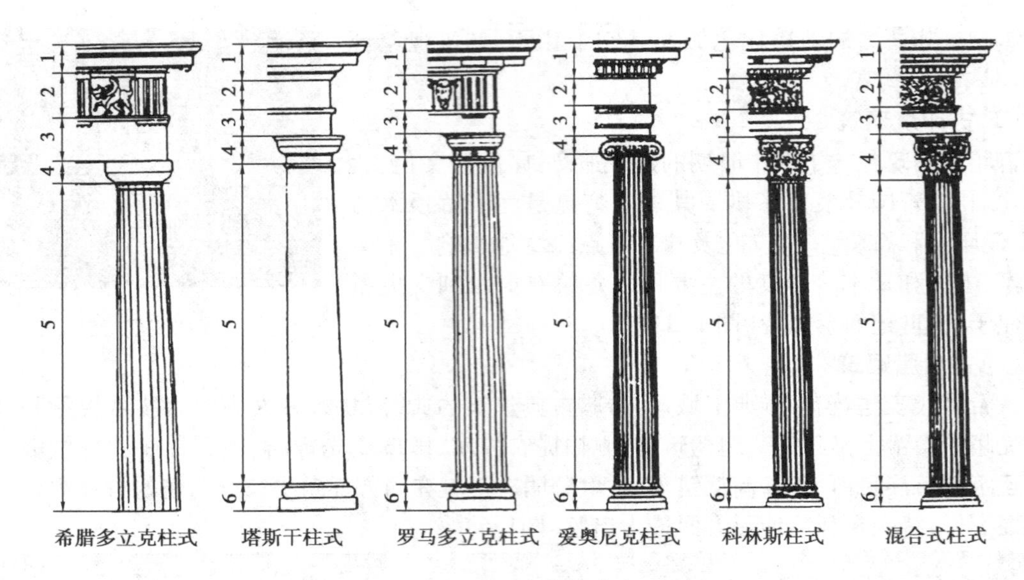

图 1.8　古典柱式

古罗马建筑代表作有：罗马大斗兽场。这是角斗士与野兽、角斗士之间角斗的表演场所。平面呈椭圆形，长径 189 m，短径 156 m，立面高 48 m，共 4 层，可容纳 4 万人，分为三个功能区：中央表演区、周边观众区和地下服务区。结构采用券形拱和交叉拱，建筑形式上采用不同的券柱式拱廊的柱式构图，罗马大斗兽场是功能、结构和形式三者的和谐统一的典范，进入了建筑技术艺术结合发展的成熟阶段（图 1.9）。

图 1.9　罗马大斗兽场

图 1.10　罗马万神庙

罗马万神庙其空间处理使穹顶技术达到了登峰造极的地步，圆形正殿部分是神庙的精华。正殿穹隆直径及高度均为 43.43 m，为混凝土现浇结构，这是现代结构出现以前世界上跨度最大的大空间建筑。体现了古罗马精湛的建筑技术（图 1.10）。

1.3.3　封建社会时期建筑

公元 4 ~ 5 世纪，欧洲各国相继进入到中世纪的封建社会，封建统治者为体现神权，这一时期的建筑以宗教文化为盛，西方的大教堂、修道院、伊斯兰教的礼拜寺，古印度及东南亚的陵、塔、寺、殿成为了主要建筑。这个时期的建筑技术与艺术在奴隶社会建筑的基础上得到了很大的发展，并在封建社会时期各个阶段出现了各种风格流派。

(1)**拜占庭建筑**

拜占庭建筑是东古罗马拜占庭帝国融合了古西亚的砖石拱券,古希腊的古典柱式和古罗马建筑的宏大气势,使建筑形式更为丰富多彩,精致华丽。威尼斯的圣马可教堂(图1.11)、圣索菲亚教堂是拜占庭建筑风格在西方的典型实例。

图1.11 圣马可教堂

图1.12 比萨教堂

(2)**罗马风建筑**

在封建社会初期,西欧统一后又分裂成法兰西、德意志、意大利和英格兰十几个民族国家,具有民族文化的建筑在这一时期的各国发展起来,但仍继承了古罗马建筑的风格。比萨教堂便是意大利罗马风建筑的主要代表(图1.12)。

(3)**哥特建筑**

直到公元10世纪以后,随着手工业与农业的分离,出现了活跃的商业社会,这时仍以教堂、修道院为主要建筑,但反映城市特点的城市广场、市政厅、手工业商会、商人公共建筑等也占据了较高的地位。“哥特建筑”即是这一时期建筑在风格完全脱离了古罗马建筑的影响,以尖券、尖形肋骨拱顶、拱肋、飞扶壁、束柱花窗棂反映其特征。著名的巴黎圣母院便是法兰西早期哥特建筑的典型实例(图1.13),米兰教堂则是意大利主要代表性建筑。

图1.13 巴黎圣母院

图1.14 罗马圣彼得教堂

(4)**欧洲文艺复兴建筑**

文艺复兴、巴洛克和古典主义是15—19世纪流行于欧洲各国的建筑风格。通常把这三者统称为文艺复兴建筑。“文艺复兴”是资产阶级在上层建筑领域借助古典文化来反对封建文化,并建立自己的文化。在这样的背景下,建筑史上第一次产生了建筑师这一专职,并设立了

图 1.15　巴黎的卢浮宫

从事建筑学教育的建筑学院。

罗马圣彼得教堂是意大利文艺复兴时期的杰出代表作，世界最大的天主教堂，许多优秀的建筑师和艺术家都参加了设计与施工。例如：伯尼尼、米开朗琪罗等。工程规模宏大，装饰精美，富丽堂皇，历时 120 年才建成。它的平面为十字形，外部长 213.4 m，大穹隆内径 41.9 m，采光塔顶高度 137.8 m，为罗马城的最高点，它集中了意大利建筑的结构和施工技术之大成，是意大利文艺复兴最伟大的纪念碑（图 1.14）。

巴黎的卢浮宫和凡尔赛宫则是法国文艺复兴盛期的代表作，建筑为巴洛克和法国古典主义风格，构图均采用了横纵三段式的构图手法，轮廓硬朗，庄重雄伟，气势宏大，被誉为理性美的代表，广为欧洲各国争相模仿（图 1.15）。

1.3.4　资本主义近代建筑

19 世纪欧洲进入资本主义社会。为适应资本主义经济发展，满足其政治文化的需要，出现了一些新的建筑类型。例如：工厂、商店、车站、银行等，并且在建筑技术方面出现了钢筋混凝土、钢结构，这也标志着建筑技术、建筑材料发展到了一个全新的阶段。但由于受到根深蒂固的古典学院派的束缚，建筑形式仍普遍采用古典和传统的形式。这便是这一时期在欧美流行的"古典复兴"、"浪漫主义"和"折中主义"，即所谓的"19 世纪复古思潮"。

（1）古典复兴

古典复兴是指当时在欧美盛行的古典建筑形式，而各国则有不同的侧重，如法国以罗马复兴时期风格为主，而英国、德国则以古希腊建筑风格为主流，法国巴黎万神庙是罗马复兴的代表作，德国柏林宫廷剧院是希腊复兴的代表作；美国国会大厦白宫则是仿照巴黎万神庙的罗马复兴实例（图 1.16）。

图 1.16　美国国会大厦白宫

图 1.17　英国国会大厦

（2）浪漫主义

浪漫主义是这一时期活跃在欧洲的建筑复古思潮，其特点是发扬个性自由，提倡自然天性，具体表现在建筑上，是模仿中世纪的哥特风格，亦称哥特复兴，著名的代表作是英国国会大厦（图 1.17）。

(3)**折中主义**

折中主义盛行于19世纪至20世纪初的欧美，是古典主义和浪漫主义局限性的补充和完善，它任意模仿历史上的各种风格，自由组合各种形式，故也称为“集仿主义”。折中主义建筑没有固定的风格，讲究比例均衡及纯形式的美，因而影响深刻，持续时间长。巴黎歌剧院是折中主义的代表作，其艺术形式在欧洲各国有重要的影响(图1.18)。

(4)**新建筑运动**

随着社会的发展，古典建筑形式已不能适应新的建筑内容。19世纪中叶，为了适应资本主义社会的需要，为了摆脱旧的建筑形式的束缚，在欧美各国开始了探索新建筑运动，主张革新，反对复古思潮。1851年建成的伦敦“水晶宫”展览馆，为铁架玻璃结构，外形为简约的长方体，从形式上开辟了建筑的新纪元，装配式施工表现出建筑工业化的现代建筑的基本特征，仅用9个月便完成。因此，“水晶宫”被喻为第一座现代建筑(图1.19)。

图1.18　巴黎歌剧院

图1.19　伦敦“水晶宫”展览馆

1889年的世界博览会进一步促成了建筑新形式的产生，博览会的主体建筑埃菲尔铁塔便显示了巨型结构及新型设备的现代建筑发展前景。铁塔为高架铁结构，塔高328 m，塔重达8 000余吨，它空前的高度和全然不同于传统建筑的形象，充分展现出钢铁结构技术的先进性和独特的艺术表现性，是近代建筑工程史上的一项重大成就(图1.20)。

著名的德国彼茨坦市“爱因斯坦天文台”(图1.21)大量使用了曲线曲面，造成了一种流动的可塑效果。具有一种神秘的幻想气质，与爱因斯坦的广义相对论令人难以捉摸的深奥理论非常合拍。

图1.20　埃菲尔铁塔

图1.21　爱因斯坦天文台

20 世纪 20 年代后，新建筑运动进入高潮，逐渐形成了比较系统而彻底的建筑改革主张，提倡建筑设计以功能为主，发挥新型建筑材料和结构的性能，注重经济性，强调形式与功能的一致性，反对过多的附加装饰。这些观点称为“功能主义”、“理性主义”和后来的“现代主义”。

新建筑运动的奠基人和领导者之一的世界著名德国建筑师格罗皮乌斯设计的“包豪斯校舍”(图 1.22)，校园按功能要求，合理分区，平面布局灵活，简洁大方，体型新颖，被喻为现代建筑史上一个重要里程碑。他所任校长的包豪斯学校成为 20 世纪欧洲最为激进的艺术流派据点。在其影响下的新建筑学派被称为“包豪斯”学派。与 A·迈耶共同设计的德国法古斯工厂，是现代主义建筑的代表作(图 1.23)。

图 1.22　包豪斯校舍

图 1.23　德国法古斯工厂

1.3.5　20 世纪现代主义时期

20 世纪 20 年代至今被确定为现代主义时期，世界建筑经历了漫长的发展过程，建筑的形式与功能随时代的发展需要而产生了巨大的变化。新型建筑材料的涌现和建筑理论的不断完善，使高层建筑、大跨度建筑相继问世。特别是第二次世界大战以后，建筑设计思潮非常活跃，出现了设计多元化时期，同时也创造出了丰富多彩的建筑形式。

由意大利著名结构工程师奈尔维设计的罗马小体育宫，兴建于 1957 年，其屋顶为网格穹窿形薄壳结构，平面是直径为 60 m 的圆，可容纳观众 5 000 人。设计师将使用要求、结构受力和艺术效果有机地结合，可谓当时体育建筑的精品(图 1.24)。

建成于 1973 年的澳大利亚悉尼歌剧院，坐落在三面环水的贝尼朗岛上，外观像一支迎风扬帆的船队，又像是一堆白色的贝壳。它那奇特美丽的造型轰动了当时世界建筑界，被认为是不可多得的现代建筑杰作(图 1.25)。

图 1.24　罗马小体育宫

图 1.25　澳大利亚悉尼歌剧院

1974 年建于美国芝加哥的希尔斯大厦，地上 110 层，地下 3 层总高度为 443 m，保持了 23 年之久的世界最高建筑记录（图 1.26）。

截至 2010 年，世界上最高的建筑是阿联酋迪拜的哈利法塔，160 层，总高度 828 m（图 1.27）。

图 1.26　芝加哥的希尔斯大厦

图 1.27　迪拜的哈利法塔

1.4　中国建筑发展概况

中国建筑具有悠久的历史和鲜明的特色，在世界建筑史上占有重要的位置，尤其是中国古代建筑，与古代埃及建筑、古代西亚建筑、古代印度建筑、古代爱琴海建筑及古代美洲建筑共同构成世界六支原生古老建筑体系。后也称为与西方建筑、伊斯兰建筑并列的世界三大建筑体系之一。

中国古代建筑是世界上唯一以木结构为主的建筑体系，并基于深厚的文化传统，中国建筑有其鲜明的特征，并反映出华夏民族文化内涵。按建筑发展的历史来分，中国建筑可分为：中国古代建筑、中国近代建筑、中国现代建筑三个阶段。

1.4.1　中国古代建筑

中国古代建筑（六七千年前—1840 年）经历了原始社会、奴隶社会和封建社会三个历史阶段，其中封建社会是形成我国古典建筑的主要阶段。

（1）**原始社会、奴隶社会**

我们的祖先最早的建筑是穴居和巢居。随着农耕社会的到来，走出丛林，逐步由巢居向干阑式木结构建筑演变，由原始的穴居向地面建筑演变。原始社会是中国土木结构建筑体系发展的技术渊源，木构架建筑是中国古代建筑的主流，它的产生、发展、变化贯穿整个古代建筑的发展过程，也是我国古代建筑成就的主要代表。

1）华夏建筑文化之源——河姆渡的干阑木构

浙江余姚河姆渡遗址，发现了大量的距今 6 900 年的圆柱、方柱、板柱和梁、柱、地板等木构件，采用干阑构筑方式，这些构件应用梁头榫、柱头榫、柱脚榫等各种榫卯及地板企口（图1.28），显示出当时木作技术已经取得了突出成就，标志着原始的巢居向干阑式木结构建筑的过渡。

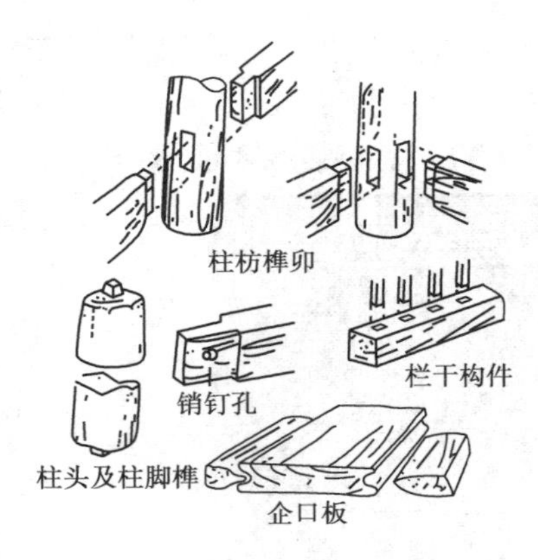

图1.28　河姆渡木构件

2)奴隶社会在建筑史上重大成就——制瓦技术

在奴隶社会,出现了规模宏大的都城、宫殿、宗庙、陵墓等建筑。早期已初步形成了以夯土墙和木构架为主的"土木结构"建筑,到了后期出现了瓦屋、彩绘等技术,尤其是西周的制瓦技术的出现,是奴隶社会在建筑史上的重要成就,标志建筑从一种简陋状态进入到了比较高级的阶段。也为中国古建筑技术、风格的形成和发展奠定了基础。

(2)封建社会

封建社会时期,中国古代建筑逐步发展成独特而成熟的体系,不仅在城市规划、园林、住宅方面取得了重大的成就,还在建筑艺术、建筑技术、建筑材料等方面都取得了辉煌的成就,代表了中国古代建筑丰富多彩的形式和风格,同时奠定了中国建筑在世界建筑史上的地位。

1)中国古代建筑的结构形式

中国古代建筑使用木材作为主要建筑材料,在结构方面多采用梁柱式木结构形式。

木结构的基本做法一般是以柱子和横梁组成房屋的骨架,柱子与屋顶之间用额枋、斗拱过渡。其中斗拱是中国传统木构架体系建筑中独有的构件。斗是斗形木垫块,拱是弓形的短木。拱架在斗上,向外挑出,拱端之上再安斗,这样逐层纵横交错叠加,形成上大下小的托架。斗拱的作用就是传递梁的荷载于柱身和支承屋檐重量,以增加出檐深度(图1.29)。唐宋时期,它同梁、枋结合为一体,除上述功能外,还成为保持木构架整体性的结构层的一部分。明清以后,斗拱的结构作用蜕化,成了在柱网和屋顶构架间主要起装饰作用的构件,这成为了中国古代木结构构造的巧妙形式。

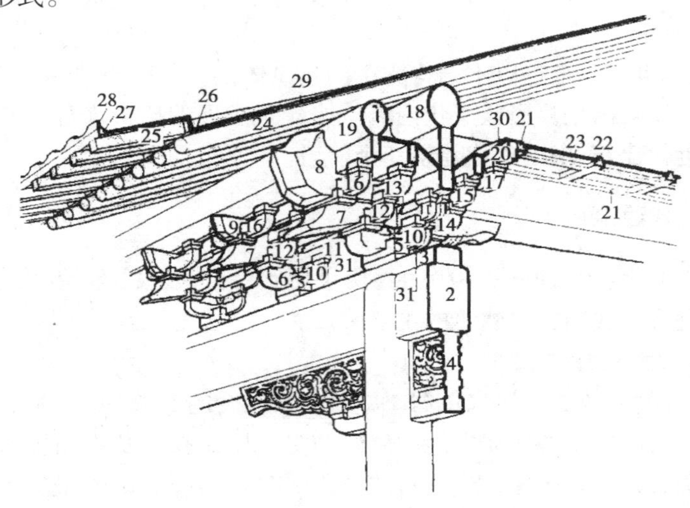

图1.29　斗拱结构

1—檐柱;2—额枋;3—平板枋;4—雀替;5—坐斗;6—翘;7—昂;8—挑尖梁头;9—蚂蚱头;10—正心瓜拱;11—正心万拱;12—外拽瓜拱;13—外拽万拱;14—里拽瓜拱;15—里拽厢拱;16—外拽厢拱;17—里拽厢拱;18—正心桁;19—挑檐桁;20—井口枋;21—贴梁;22—支条;23—天花板;24—檐椽;25—飞椽;26—里口木;27—连檐;28—瓦口;29—望板;30—盖斗板;31—拱垫板

另外,中国建筑曲面屋顶的结构做法是中国所独有的,也是中国古建筑最具有特色的一方面,它具有快速排水和反宇向阳的特点。为了形成屋面的曲线,宋代用“举折”,清朝用“举架”的方法,达到屋面的反曲效果,并与“出翘”、“起翘”的手法合用,取得了中国古建筑优美流畅的屋顶形式。

中国建筑的屋顶形式可分为五种主要类型:庑殿、歇山、攒尖、悬山及硬山。每种形式又有单檐、重檐之分,进而又可组合成更多的形式。各种屋顶各有与之相适应的结构形式(图1.30)。

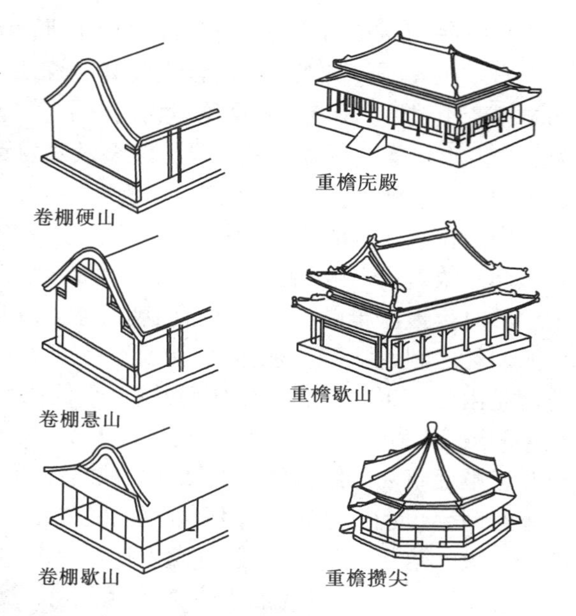

图1.30　屋顶形式

2)城市规划

我国的城市建设与城市规划是具有悠久历史传统的。当西方城市科学尚处于粗放阶段,我国早在公元前11世纪就已建立了一套较为完备的、富有华夏文化特色的城市规划体系。其中包括城市规划理论、建设体制、规划制度及规划方法,随着社会的演进,这套体系传统不断得到革新与发展。因此,历代名城辈出,如商都“殷”、西周“洛邑”、汉“长安”、隋唐“长安”与“洛阳”、宋“东京”与“临安”、元“大都”与明“北京”等,都是当时居于世界前列的大城市。其规划之先进,城市之宏伟,影响之绚丽多姿,一直为世人所称颂。

元大都、明清北京——突出皇权至上和严密的等级观　元大都是以宫城、皇城为中心布置的。因为地势平坦,所以道路系统规整砥直,成方格网。城的轮廓接近于方形,城市的中轴线就是宫城的中轴线。全城道路分为“干道”和“胡同”两类。元大都是自唐长安以后,新建的最大都城,它继承总结和发展了中国古代都城规划的优秀传统,并成为当时世界上规模最大、最宏伟壮观的城市之一。

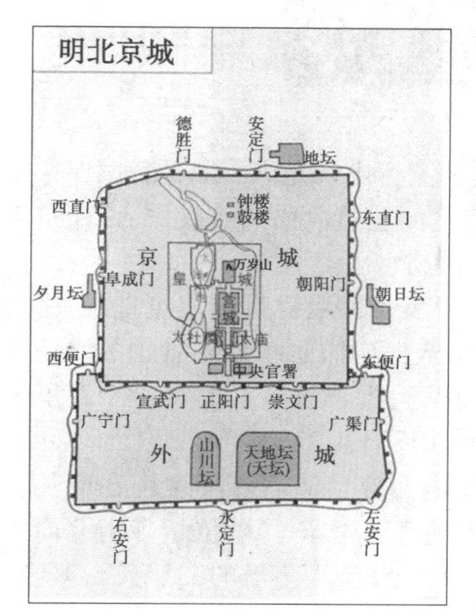

图1.31　明清北京

明代北京是利用元大都原有城市改建的,不像以前有些朝代舍弃前朝旧城,另建新城。明北京城的布局,恢复传统的宗教礼制思想,继承了历代都城的规划传统。在城市布局艺术方面,重点突出,主次分明,运用了强调中轴线的手法,造成宏伟壮丽的景象。明朝灭亡之后,清朝仍定都北京,城市布局无变化。明清北京城,近于完整地保存到现代,是我国人民在城市规划建筑方面的杰出创造,是我国古代城市优秀传统的集大成,也是中华民族悠久历史与灿烂文化的重要体现(图1.31)。

3)宫殿、坛庙及宗教建筑

宫殿、坛庙及陵墓是封建社会历代统治阶级权势和地位的象征,历代统治者都不惜耗费大量的人力、财力来建造，具有强烈的政治性，其封建典章制度理念深刻地影响到建筑的空间布局、尺度和色彩处理方面。而我国所出现过的宗教主要有佛教、道教和伊斯兰教，不仅对我国古代的社会、文化和思想产生过巨大影响，而且还为我们留下了大量丰富的建筑、文化遗产，例如：佛塔、经幢、石窟、雕塑、壁画等。因而宫殿、坛庙、陵墓及宗教建筑在一定程度上反映了各个时期建筑技术和艺术的突出成就。

中国古代建筑的代表作品：

北京故宫——末代王宫最大的建筑群 北京故宫始建于明朝永乐年间，位于北京城中心，为中轴对称纵深布局，三朝五门，前朝后寝。故宫规模宏大，庭院空间运用到登峰造极的地步。按照周礼之制，在一个"须弥座"上建"三朝"：太和殿、中和殿、保和殿，也称为"前三宫"。乾清门是内廷的正门，乾清门内中轴线上是乾清宫、交泰殿和坤宁宫。简称"后三宫"。由宫城至太和殿之间共建了"五门"：大清门、天安门、端门、午门和太和门，前面朝廷，后面寝宫。这也是宫殿建筑功能结构的一般原则。故宫在明朝初建时，是参照南京宫殿的规制，主要建筑基本上是附会《周礼·考工记》所载"左祖、右社、前朝、后市"的布局原则建造的，面积比现在的紫禁城大八倍多。整个宫殿，气魄宏伟，规划严整，体现了帝王权力的设计思想(图1.32)。

图1.32 北京故宫鸟瞰

佛光寺大殿——最大的唐代木建筑 兴建于唐代的山西五台山佛光寺大殿是我国保存年代最久、最大的木结构建筑。它是唐代"雄健有力、平整开朗"的建筑风格的代表作，该建筑无论从结构技术还是建筑艺术方面都体现了当时宗教建筑的最高水平。

万里长城——世界建筑奇观 初建于春秋战国时期的万里长城堪称世界建筑奇观，当时各国诸侯为相互防御而修筑城池墙壁，公元前221年秦始皇统一了中国，开始对各国的城墙进行了修补和连接，后经历代修缮，形成了西起嘉峪关，东至山海关，总长6 700 km的"万里长城"。该工程浩大，气魄宏伟，是世界上最伟大的工程之一(图1.33)。

山西应县佛宫寺释迦塔——世界上现存最高的木塔 山西应县佛宫寺释迦塔在应县城内，又称应州塔，建于辽清宁二年(公元1056年)，是国内现存唯一木塔。塔位于寺南北向中轴线上的山门与大殿之间，属于"前塔后殿"的布局。塔建在方形及八角形的二层砖台基上，塔身平面也是八角形，底径30 m，高9层(外观5层，暗层4层)，67.31 m。在结构上增加了柱梁间的斜向支撑，也使塔的刚性有很大改善，经过多次地震，仍安然无恙。在当时的技术条件

图1.33　万里长城

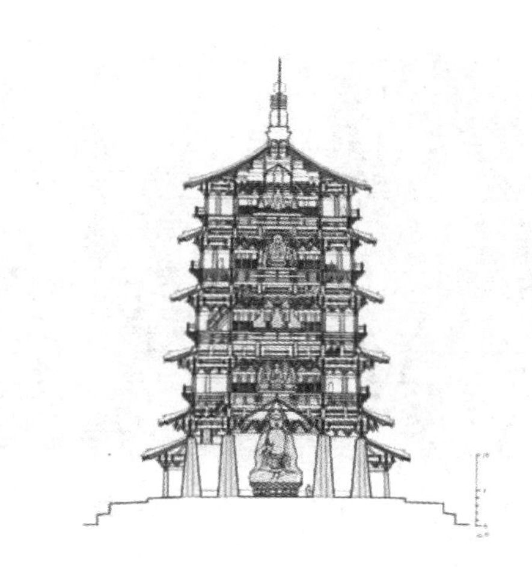

图1.34　佛宫寺释迦塔

下，塔的造型和结构都达到了较高的水平，证明了中国木结构建筑的重大成就(图1.34)。

拉萨布达拉宫——最大的喇嘛教寺院　在拉萨市西约2.5 km的布达拉(普陀)山上，是达赖喇嘛行政和居住的宫殿，也是一组最大的藏式喇嘛教寺院建筑群，可容僧众两万余人。始建于公元8世纪松赞干布王时期。布达拉宫高200余m，外观13层，实际只有九层。由于它起建于山腰，大面积的石壁又屹立如削壁，使建筑仿佛与山崖合为一体，气势十分雄伟。在总平面上没有使用中轴线和对称布局，但却采取了在体量上和位置上强调红宫和色彩上前后形成鲜明对比等手法，因此仍然达到了重点突出、主次分明的效果。在建筑形式上，既使用了汉族建筑的若干形式，又保留了藏族建筑的许多传统手法，这反映了兄弟民族建筑形式的密切结合，也表现了藏族建筑艺术的高度精华(图1.35)。

图1.35　拉萨布达拉宫

4)园林

中国古代园林是中国建筑史上的重要内容，其“天人合一”的设计思想，促使人们尊重自然，探索自然，在这样的思想指导下，以自然山水为本源，创造了无数的园林典范，形成了以山水为景观的造园风格。在世界三大园林体系(中国、欧洲、阿拉伯)中，中国园林历史最悠久，内涵最丰富。

中国园林主要有4种类型：

①皇家园林　大多利用自然山水加以改造而成，一般占地很大，少则几百公顷，大的可到几百里，气派宏伟，包罗万象。历史上著名的宫苑有秦和汉的上林苑、汉的甘泉苑、隋的洛阳西苑、唐的长安禁苑、宋的艮岳等。现存皇家宫苑都是清代创建或改建的，著名的有北京(明清)城内的西苑、西郊三山五园中的颐和园、静明园、圆明园。

颐和园——清代皇家园林之最　在北京的西北郊，是利用昆明湖、万寿山为基址，以杭州西湖风景为蓝本，汲取江南园林的某些设计手法和意境而建成的一座大型天然山水园，也是保

图 1.36　颐和园鸟瞰

存得最完整的一座行宫御苑，占地约 290 公顷（1 km^2 = 100 公顷）。全园可分为宫廷区和苑林区。颐和园是当时“垂帘听政”的慈禧太后长期居住的离宫，兼有宫和苑的双重功能。（图 1.36）。

②私家园林　多是人工造的山水小园，其中的庭园只是对宅院的园林处理。一般私家园林的规模都在 1 公顷上下，个别大的也可达四五公顷。园内景物主要依靠人工营造，建筑比重大，假山多，空间分隔曲折，特别注重小空间、小建筑和假山水系的处理，同时讲究花木配置和室内外装饰。造园的主题因园主情趣而异，大多数是标榜退隐山林，追慕自然淡泊。历史上著名的私家园林很多，其中，苏州、扬州、南京的园林最为人所称道（图 1.37、图 1.38）。

图 1.37　苏州四大名园之一——拙政园

图 1.38　苏州四大名园之一——留园

③寺观园林　一般只是寺观的附属部分，手法与私家园林区别不大。但由于寺观本身就是“出世”的所在，所以其中园林部分的风格更加淡雅。另外，还有相当一部分寺观地处山林名胜，本身也就是一个观赏景物，这类寺观的庭院空间和建筑处理也多使用园林手法，使整个寺庙形成一个园林环境。

④邑郊风景区和山林名胜　如苏州虎丘、天平山，扬州瘦西湖，南京栖霞山，昆明西山滇池，滁州琅琊山，太原晋祠，绍兴兰亭，杭州西湖等；还有佛教四大名山，武当山、青城山、庐山等。这类风景区尺度大，内容多，把自然的、人造的景物融为一体，既有私家园林的幽静曲折，又是一种集锦式的园林群，既有自然美，又有园林美（图 1.39）。

5）民居

我国幅员辽阔，民族众多，有着不同的地域气候和生活方式，因而我国有适应不同气候的地域住宅和各种风格独特的民族居住建筑。如西南地区的干阑式民居；内蒙古及西北少数民族使用帐篷式住宅；黄土高原地区则广泛居住于窑洞。以木结构体系为主的汉族建筑，也因南北气候，风土不同而差异很大，如北方的民居墙厚、屋顶厚、院落宽敞，争取日照。南方屋檐深挑，天井狭小，室内空间高敞。中国民居建筑最大体现了因地制宜，因材致用的特色。

北京四合院　可谓华北地区明清住宅的典型。这种住宅中轴对称，内外有别，尊卑有序，自有天地，强烈地反映了封建礼制。布局分前后两院，前院横长，院门由于风水信仰，多设在东

图1.39　扬州瘦西湖

南角，院内布置次要用房；后院方阔，通过垂花门式的中门进入，居中的正房体制最崇，称为堂，是举行家庭礼仪，接见尊贵宾客的地方，堂屋左右接建耳房，耳房和左右厢房都作居室用。四合院个体房屋的做法比较程式化。屋顶以硬山居多，次要房屋用单坡或平顶，整体比较朴素淡雅（图1.40）。

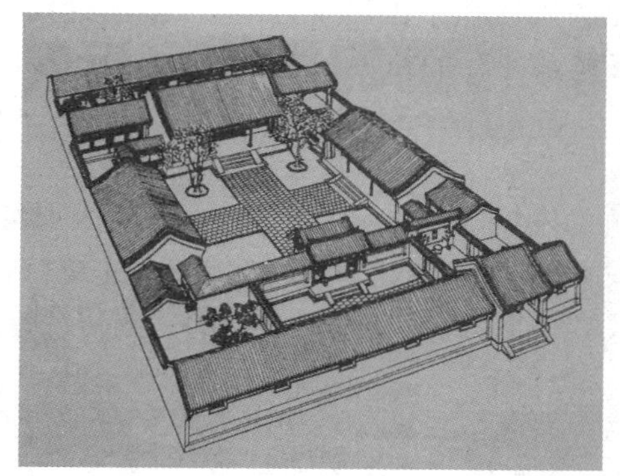

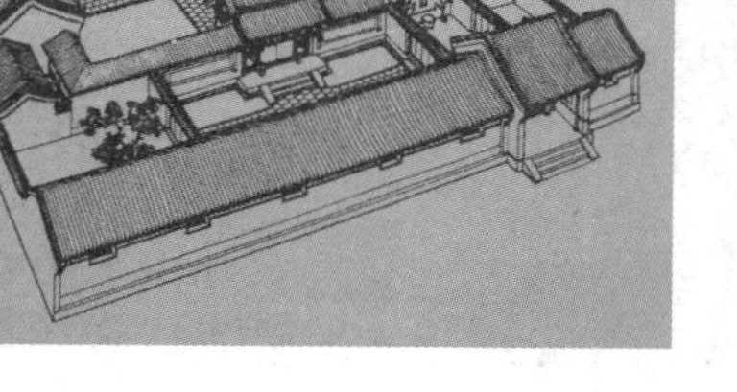

图1.40　北京四合院

图1.41　江南乌镇

江南民居　苏州民居是江南民居的代表，房舍纵深为若干进，角进有狭小天井或庭院，多楼房。在大宅中常有平行轴线二、三路，侧路的主要建筑是听曲清淡的花厅，为江南特色（图1.41）。

闽南客家土楼　闽南散布许多富有特色的客家土楼民居，其为聚族而居的集合式住宅。尤其是独特的夯土技术为人赞叹。土楼分为方形、圆形两种，也有方圆结合式的，土楼圆形平面直径最大可达70 m以上（图1.42）。

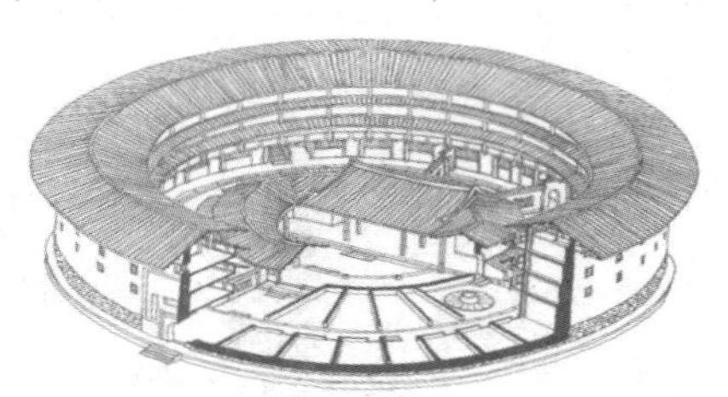

图1.42　客家土楼

南方民居　南方炎热多雨，人稠地窄，住宅比较紧凑，多楼房。其典型的住宅以面积甚小的横长方形天井为中心，北面一列3间楼房，楼下正中1间前檐敞开，为堂屋，堂的上层叫祖堂，其他房间为居室。东、南、西三面是较低的楼，或房或廊，大门开在前墙正中或偏左。北房是两坡硬山顶，其他三面都是斜向天井的单坡顶，所有墙头都高出屋顶以上，以利防火，墙头的轮廓线可以自由处理。山墙作阶梯状跌落1～3次，称为封火山墙或马头山墙，它与其他平段墙头组成变化丰富的天际线。墙面白灰粉刷，墙顶覆以青瓦，有时墙面为清水灰砖，只在接近墙顶处粉刷白灰，色调明朗雅素（图1.43）。这种住宅外观方方如印，南方各省分布很广，云南称之为一颗印（图1.44）。

图1.43　徽州民居

图1.44　云南一颗印

1.4.2　中国近代建筑

自1840年鸦片战争起，中国开始进入了半殖民地半封建社会，标志着中国进入了近代的发展时期，从此也开始进入了近代建筑时期(1840—1949年)。随着殖民主义、帝国主义的侵入，近代西方建筑风格和建筑技术也随着经济、文化的入侵在中国出现，产生了中国近代的新建筑体系，形成中国近代建筑发展“中、新、旧”建筑体系并存的格局，这一时期中国建筑的发展产生了多个流派体系。

(1)传统的旧建筑体系

传统的旧建筑体系深刻地影响着中国近代建筑的发展，在这一时期传统的旧建筑体系仍然占据着数量上的优势。从近代到现代，广大的中小城镇和农村，仍然依赖传统的建筑材料和营造方式，继续沿袭木构架建筑体系；边远的少数民族地区，仍然延续着各自的民族传统建筑。由此形成了丰富多彩的多民族建筑体系。

(2)外来建筑形式

19世纪下半叶到20世纪20—30年代，欧美各国建筑经历了由古典复兴、浪漫主义、折中主义、新建筑运动向现代建筑转化的变革时期，这些建筑风格都曾先后或交错地呈现在中国近代新建筑活动中。在上海、天津、汉口等多国占领的租界城市，混杂着欧美各国当时流行的建筑风格，城市面貌较杂乱。在青岛、大连、哈尔滨等一国占领的租借地城市，则呈现着经过统一规划的、较单一的建筑风格，城市面貌较协调。

图1.45　沙逊大厦

沙逊大厦　上海近代建筑史上出现的第一幢完全意义上的近现代派建筑，是典型的外来建筑形式。大厦高10层，局部13层，另有地下室，地面至顶端的高度为77 m，为钢筋混凝土框架结构，是当时上海最高的建筑(图1.45)。

(3)民族建筑形式

早在19世纪后半叶，已经出现了近代民族形式建筑的雏形。主要有3类：

①复古式建筑　从整幢体量到细部装饰全部模仿定型的古建筑法式，这类完全复古的建筑功能实用性差，造价昂贵，建造数量不多。

②古典式建筑　总的形体服从新功能要求，突破古建筑法式，但保持大屋顶等传统的造型元素和较严格的古典构图比例。著名的有南京中山陵、广州中山纪念堂、原上海市政

府、北京图书馆、武汉大学(图1.46)组群等。古典式建造数量较多,是当时民族形式创作的主流。

图1.46　武汉大学

③折中式建筑　它是对古典式的进一步简化,取消了大屋顶和油饰彩画,只在新建筑体量上适当设置一些经过简化的古建筑构件作为装饰,起符号作用。这类建筑较好地取得新功能、新技术、新造型与民族风格的统一,是当时民族形式创作探索的代表。

总之,这一时期的近代中国建筑,是中国建筑发展史上的一个承上启下、中西融和、新旧交替的过渡时期,交织了中西建筑文化的碰撞与融合,经历了近现代、现代建筑的历史衔接,大部分建筑至今尚存,成为现代城市的重要组成部分,对当代中国城市的建设和发展产生了重要的影响。

1.4.3　中国现代建筑

中华人民共和国建立后,中国建筑进入新的历史时期(1949年至今)。大规模、有计划的国民经济建设,推动了建筑业的蓬勃发展。中国现代建筑在数量、规模、类型、地域分布、现代化水平等方面都突破了近代时期的局限,展现出崭新的姿态。中国现代建筑风格大体上经历了以下的演变过程:

(1)20世纪50年代前期的复古主义

新中国成立初期,中国开始执行国民经济建设的第一个五年计划。在极"左"思潮的影响下,把"民族的形式,社会主义的内容"提到建筑创作方向的高度来贯彻,从而掀起了创造民族形式的热潮。这些建筑基本沿袭20世纪20—30年代的古典式手法,以局部应用大屋顶为主要特征,普遍采用大屋顶,形成我国建筑中一股被称为复古主义的潮流。

重庆人民大礼堂　这个建筑基本上沿袭着20世纪20—30年代的古典式手法,以全面应用大屋顶为主要特征。这种以古典构图法式构图、模仿、延续古建筑元素构造并普遍采用大屋顶,代表了中国建筑中的复古主义的潮流(图1.47)。

(2)中国社会主义建筑新风格

为迎接国庆10周年,北京建造了人民大会堂、中国革命博物馆和中国历史博物馆、民族文化宫、中国美术馆、北京火车站、全国农业展览馆等十大建筑。在这些具有重要的政治意义、文化意义、纪念意义和复杂功能要求的建筑创作中,为新的大体量、大空间、新结构建筑寻求民族风格作了多种形态的探索,设计手法有明显进步,但基本上仍未超越近代古典式、折中式的范围,没有摆脱中国和西方的古典构图体量和装饰元件的沿用。

人民大会堂　位于北京天安门广场西侧,建于1959年10月,是一座规模宏伟的公共建

图 1.47　重庆人民大礼堂

筑，包括万人大礼堂、5 000 人宴会厅和人大常委办公楼三个组成部分。造型雄伟，富有民族风格。从设计到高质量的建成，仅用了 10 个月的时间，在当时是一大奇迹（图 1.48）。

图 1.48　人民大会堂

中国美术馆　建成于 1962 年，总建筑面积 16 000 m^2，包括 17 个大小展厅和部分办公楼。在建筑形式上采用了我国传统的民族风格，中间突出的四层主楼，采用了中国古典楼阁式屋顶，配以浅米黄陶质面砖的外墙和花饰，使整座建筑显得庄重而华丽（图 1.49）。

图 1.49　中国美术馆

图 1.50　深圳地王大厦

（3）多元化的建筑风格——20 世纪 80 年代后的新趋向

进入 20 世纪 80 年代，中国开始了全面的改革开放，随着中外文化和思想的交流，建筑作品的创作出现了空前的繁荣。引进国外设计，广泛介绍国外建筑理论等，进一步活跃了建筑学术思想和建筑创作活动，其最显著的标志就是建筑多元论的崛起。这是中国历史从未出现过的局面，具有划时代的意义。从此，中国建筑思想开始摆脱狭隘的、封闭的单一模式，逐步趋向开放、兼收并蓄，中国现代建筑开始迈上多元风格的发展道路。创造了一些具有浓郁的民族特色、本土特色的建筑形象(图1.50、图1.51、图1.52、图1.53)。

图1.51　北京国际饭店

图1.52　上海大剧院

图1.53　上海博物馆

图1.54　上海环球金融中心

2008年建成的上海环球金融中心，地上101层，高度492 m，是目前世界第三高楼，它是中国改革开放建筑成就的综合体现(图1.54)。

进入21世纪以来，中国经济进入了快速发展时期，建筑事业蓬勃发展。尤其是2008年奥运会的成功举办，是中国建筑发展的契机。奥运场馆的建设中，新结构、新材料、新技术的使用，为建筑工程整体水平的提高创造了条件。例如，国家体育场(鸟巢)(图1.55)、国家游泳中心(水立方)(图1.56)等建筑。

图1.55　国家体育场

图1.56　国家游泳中心

小　结

1. 在人类发展的漫长过程中,为了生存和发展而不断地与自然、猛兽斗争,劳动工具得以进化,生产力得到了发展,出现了赖以生存住所,而产生了房屋建筑。

2. 建筑的概念包含三方面的含义:一是建筑物和构筑物的统称;二是人们进行建造的行为;三是涵盖了经济与社会科学、文化艺术、工程技术等多领域与多学科的综合学科。

3. 建筑包含了与其时代、社会、经济、文化相适宜的三个基本要素:建筑功能、建筑技术和建筑形象。

4. 我国的建筑方针是:"适用、安全、经济、美观",是评价建筑优劣的基本原则。

5.《房屋建筑学》是研究房屋建筑各组成部分的组合原理、构造方法,以及建筑平面、空间设计的一门综合性、技术性的学科。包含了三大部分内容:"建筑概论"、"建筑设计原理"和"建筑构造"。从认识建筑开始,了解基本建设程序、设计程序、设计原理和方法,掌握建筑的各组成部分的构造原理和构造方法。

6. 外国建筑发展伴随着社会的发展而经历了巨大的发展与变化。由原始社会开始,外国建筑历经古代、中世纪、资本主义萌芽时期,直至21世纪今天,建筑的形式、内容都发生了巨大的变化,并从一个侧面反映出时代的发展变化。

7. 外国古代建筑以古埃及建筑、古西亚建筑、古印度建筑、古希腊建筑和古罗马建筑为主要代表;中世纪建筑则以拜占庭建筑、罗马风建筑、哥特建筑和欧洲文艺复兴建筑为主要风格;资本主义近代建筑经历了"古典复兴"、"浪漫主义"和"折中主义"、建筑的新材料、新技术与新类型和"新建筑运动流派"等阶段。

8. 中国建筑具有悠久的历史和鲜明的特色,在世界建筑史上占有重要的位置,中国古代建筑,与古代埃及建筑、古代西亚建筑、古代印度建筑、古代爱琴海建筑及古代美洲建筑共同构成世界六支原生古老建筑体系。

9. 中国建筑发展的历史可分为:中国古代建筑、中国近代建筑、中国现代建筑三个阶段。中国古代建筑经历了原始社会、奴隶社会和封建社会三个历史阶段,其中封建社会是形成我国古典建筑的主要阶段;自1840年鸦片战争起,中国进入了近代的发展时期,从此也开始进入了现代建筑时期,产生了中国近代的新建筑体系,形成中国近代建筑发展"中、新、旧"建筑体系并存的格局;中华人民共和国建立后,中国建筑进入现代时期,中国现代建筑经历了20世纪50年代前期的复古主义阶段、中国社会主义建筑新风格阶段和至今的多元化的建筑风格阶段。

复习思考题

1.1　建筑概念包含了哪些含义?

1.2　建筑的三个基本要素是什么?

1.3　我国现行的建筑方针是什么?

1.4 《房屋建筑学》研究的内容包含哪些?

1.5　外国建筑发展经历了哪些阶段?

1.6　外国中世纪建筑的主要风格有哪些? 试列举其代表建筑。

1.7　外国资本主义近代建筑经历哪些阶段?

1.8　中国建筑发展的历史可分为哪几个阶段?

1.9　中国古代建筑具有哪些鲜明的特色? 中国古代建筑的结构与构造有什么特点?

1.10　中国封建社会在城市规划方面有哪些突出的成就?

1.11　中国近代建筑经历了怎样的发展历程? 这一时期产生哪些流派体系?

第2章 建筑的类别和统一模数制

本章要点及学习目标

本章主要介绍建筑物的分类、等级划分、统一模数制和建筑工业化，着重介绍建筑物的分类方法和类别，耐久性等级与耐火性等级的划分。熟悉建筑统一模数制的基本概念，了解建筑模数统一协调标准对于实践的意义；初步认识建筑工业化及其特征，并了解工业化体系的类别。

2.1 建筑物的分类

对建筑物进行分类，便于在规划、设计、施工、预决算等工程建设过程中执行相应的规范和标准。建筑物通常可按下面四种方法进行分类：

2.1.1 按使用功能分类

(1) **民用建筑**

民用建筑指和人们日常生活密切相关的，供人们居住、生活、工作和学习的建筑物。民用建筑又可分为居住建筑和公共建筑两大类：居住建筑就是解决人们居住生活的建筑物，如住宅、别墅等；而公共建筑种类繁多，主要包括文教建筑、托幼建筑、医疗卫生建筑、观演性建筑、体育建筑、展览建筑、旅馆建筑、商业建筑、交通建筑、行政办公建筑、纪念建筑、园林建筑等。

(2) **工业建筑**

工业建筑指供人们从事各种生产性活动的建筑物，如车间、仓库等。

(3) **农业建筑**

农业建筑指供人们从事各种农牧生产和加工的建筑物，如种子库、饲养场、温室等。

2.1.2　按数量和规模分类

(1)大量性建筑

大量性建筑指规模不大,但修建数量众多的建筑物,如住宅、办公楼、教学楼、医院等,这一类是人们日常接触最多、分布最广的建筑。

(2)大型性建筑

大型性建筑指规模大、耗资多、影响大,但修建数量有限的建筑物,如大型体育馆、歌剧院、国家级会堂、航空港等,这些建筑物虽然为数不多,但由于它的重要性和功能复杂性,对设计和施工的要求都比较高。

2.1.3　按层数和高度分类

①住宅建筑按层数分:1 ~3 层为低层,4 ~6 层为多层,7 ~9 层为中高层,10 层及 10 层以上为高层住宅。

②公共建筑及综合性建筑:总高度超过 24 m 为高层(不包括高度超过 24 m 的单层主体建筑)。

③当建筑物高度超过 100 m 时,无论住宅或公共建筑均为超高层建筑物。

根据我国执行《高层民用建筑设计防火规范》(GB 50045—95)(2005 年版),对于高层建筑又可根据其性质、火灾的危险性、疏散情况和扑救难易等分为一类高层建筑和二类高层建筑,见表 2.1。

表 2.1　高层建筑的分类

名　称	一类高层	二类高层
居住建筑	19 层及 19 层以上的住宅	10 ~18 层的住宅
公共建筑	①医院 ②高级旅馆 ③建筑高度超过 50 m 或 24 m 以上部分的任一楼层的建筑面积超过 1 000 m^2 的商业楼、展览楼、综合楼、电信楼、财贸金融楼 ④建筑高度超过 50 m 或 24 m 以上部分的任一楼层的建筑面积超过 1 500 m^2 的商住楼 ⑤中央级和省级(含计划单列市)广播电视楼 ⑥网局级和省级(含计划单列市)电力调度楼 ⑦省级(含计划单列市)邮政楼、防灾指挥调度楼 ⑧藏书超过 100 万册的图书馆、书库 ⑨重要的办公楼、科研楼、档案馆 ⑩建筑高度超过 50 m 的教学楼和普通的旅馆、办公楼、科研楼、档案楼等	①除一类建筑以外的商业楼、展览楼、综合楼、电信楼、财贸金融楼、商住楼、图书馆、书库 ②省级以下的邮政楼、防灾指挥调度楼、广播电视楼、电力调度楼 ③建筑高度不超过 50 m 的教学楼和普通旅馆、办公楼、科研楼、档案楼等

注:《高层民用建筑设计防火规范》(GB 50045—95),2005 年版。

2.1.4 按承重结构的材料分类

(1)**砌体结构**

以砌体为主要材料的结构形式,广泛用于一般的多层民用建筑和公共建筑,中小型工业厂房中的烟囱、小型贮仓、水池等构筑物也可采用砌体结构,主要材料有普通黏土砖、空心砖、砌块等。

(2)**混合结构**

承重构件由两种或两种以上材料构成,如砖木结构、砖混结构、钢混结构等。

(3)**钢筋混凝土结构**

主要承重构件由钢筋混凝土制成,具有坚固、耐久、防火等优点。

(4)**钢结构**

承重构件全部由钢材制成,具有力学性能好、结构自重轻等优点,多用于大跨度、超高层建筑物中。

(5)**木结构**

以木材作为房屋主要承重构件的建筑,如中国古代木结构建筑。

(6)**其他结构**

如悬索结构、充气建筑等。

2.2 建筑物的等级划分

建筑物的等级划分包括耐久等级和耐火等级的划分。耐久等级是指建筑物依据其重要性和规模大小而应达到的一定使用时间年限。耐火等级则是指建筑物中不同构件所具有的燃烧性能和耐火极限。

2.2.1 设计使用年限

设计使用年限主要依据建筑物的重要性和规模大小来划分,常作为建筑投资、设计的重要依据,按《民用建筑设计通则》(GB 50352—2005)中的规定可分为以下四个等级(见表2.2)。

表2.2 设计使用年限分类表

类别	设计使用年限/年	示 例
1	5	临时性建筑
2	25	易于替换结构构件的建筑
3	50	普通建筑和构筑物
4	100	纪念性建筑和特别重要的建筑

2.2.2 耐火等级的划分

建筑构件应满足一定的耐火等级,选择相应的材料和构造做法,确保建筑物的防火安全,有着非常重要的作用。

（1）**构件的燃烧性能**

不同材料的构件其燃烧性能不同，一般将构件的燃烧性能分为三类：

1）燃烧体

用易燃材料做成的构件，如木材、纸板等。

2）难燃烧体

用不易燃烧的材料做成的构件，或者由燃烧材料制成，但用非燃烧材料做了保护层的构件，如防火木材、沥青混凝土等。

3）非燃烧体

用非燃烧材料做成的构件，如石材、金属等。

（2）**构件的耐火极限**

采用不同燃烧性能材料制成的建筑构件，其耐火极限也不同。耐火极限是指任一建筑构件在规定的耐火试验条件下，从受到火的作用时起，到失去支持能力或完整性被破坏或失去隔火作用时止的这段时间，用小时来表示。

我国现行的《建筑设计防火规范》（GB 50016—2006）按照建筑构件的燃烧性能和耐火极限，将建筑物的耐火等级分为四级。其中，耐火等级越高的构件，其防火性能越好（见表 2.3）。

表 2.3　建筑物构件的燃烧性能和耐火极限

（h）

名称		耐火等级			
构件		一级	二级	三级	四级
墙	防火墙	不燃烧体 3.00	不燃烧体 3.00	不燃烧体 3.00	不燃烧体 3.00
	承重墙	不燃烧体 3.00	不燃烧体 2.50	不燃烧体 2.00	难燃烧体 0.50
	非承重外墙	不燃烧体 1.00	不燃烧体 1.00	不燃烧体 0.50	燃烧体
	楼梯间的墙 电梯井的墙 住宅单元之间的墙 住宅分户墙	不燃烧体 2.00	不燃烧体 2.00	不燃烧体 1.50	难燃烧体 0.50
	疏散走道两侧的隔墙	不燃烧体 1.00	不燃烧体 1.00	不燃烧体 0.50	难燃烧体 0.25
	房间隔墙	不燃烧体 0.75	不燃烧体 0.50	难燃烧体 0.50	难燃烧体 0.25
柱		不燃烧体 3.00	不燃烧体 2.50	不燃烧体 2.00	难燃烧体 0.50

续表

名　称	耐火等级			
构　件	一级	二级	三级	四级
梁	不燃烧体 2.00	不燃烧体 1.50	不燃烧体 1.00	难燃烧体 0.50
楼板	不燃烧体 1.50	不燃烧体 1.00	不燃烧体 0.50	燃烧体
屋顶承重构件	不燃烧体 1.50	不燃烧体 1.00	燃烧体	燃烧体
疏散楼梯	不燃烧体 1.50	不燃烧体 1.00	不燃烧体 0.50	燃烧体
吊顶(包括吊顶搁栅)	不燃烧体 0.25	难燃烧体 0.25	难燃烧体 0.15	燃烧体

2.3　建筑模数协调统一标准

为了实现工业化大规模生产,使不同材料、不同形式和不同制造方法的建筑构配件及组合件具有一定的通用性和互换性,在建筑业中必须共同遵守《建筑模数协调统一标准》(GB J2—86)。

建筑模数是选定的尺寸单位,作为尺度协调的增值单位,也是建筑设计、建筑施工、建筑材料与制品、建筑设备、建筑组合件等各部门进行尺度协调的基础。

(1)**基本模数**

基本模数的数值规定为 100 mm,用 M 表示,即 1 M = 100 mm。

(2)**扩大模数**

是基本模数的整倍数,分为水平扩大模数和竖向扩大模数两种。水平扩大模数为 3 M、6 M、12 M、15 M、30 M、60 M,其相应尺寸分别为 300 mm、600 mm、1 200 mm、1 500 mm、3 000 mm、6 000 mm,主要用于建筑物的开间或柱距、进深或跨度、构配件尺寸和门窗洞口等处;竖向扩大模数为 3 M 和 6 M,其相应尺寸分别为 300 mm、600 mm,主要用于建筑物的高度、层高和门窗洞口等处。

(3)**分模数**

指整数除基本模数的数值。其基数为 1/10 M、1/5 M、1/2 M,相应尺寸为 10 mm、20 mm、50 mm,主要用于构造缝隙、节点、构配件截面以及偏差等。

(4)**模数数列**

指由基本模数、扩大模数、分模数为基础扩展成的一系列尺寸。其幅度应满足规定(表 2.4)。

表 2.4 **模数数列**

(mm)

基本模数	扩大模数						分模数		
1 M	3 M	6 M	12 M	15 M	30 M	60 M	$\frac{1}{10}$ M	$\frac{1}{5}$ M	$\frac{1}{2}$ M
100	300	600	1 200	1 500	3 000	6 000	10	20	50
100	300						10		
200	600	600					20	20	
300	900						30		
400	1 200	1 200	1 200				40	40	
500	1 500			1 500			50		50
600	1 800	1 800					60	60	
700	2 100						70		
800	2 400	2 400	2 400				80	80	
900	2 700						90		
1 000	3 000	3 000		3 000	3 000		100	100	100
1 100	3 300						110		
1 200	3 600	3 600	3 600				120	120	
1 300	3 900						130		
1 400	4 200	4 200					140	140	
1 500	4 500			4 500			150		150
1 600	4 800	4 800	4 800				160	160	
1 700	5 100						170		
1 800	5 400	5 400					180	180	
1 900	5 700						190		
2 000	6 000	6 000	6 000	6 000	6 000	6 000	200	200	200
2 100	6 300							220	
2 200	6 600	6 600						240	
2 300	6 900								250
2 400	7 200	7 200	7 200					260	
2 500	7 500			7 500				280	
2 600		7 800						300	300
2 700		8 400	8 400					320	
2 800		9 000		9 000	9 000			340	

2.4 建筑的工业化

2.4.1 建筑工业化的含义

建筑工业化是指用现代的工业生产方式代替传统的手工业生产方式来建造房屋。它利用先进技术，通过设计标准化、构件生产工业化、施工机械化和组织管理科学化四个方面可大大加快建设速度，从而尽可能地减少人工消耗，降低劳动强度，提高生产效率和施工质量。

2.4.2 建筑工业化的基本特征

建筑工业化具有以下四方面特征：

(1)设计标准化

设计标准化是建筑工业化的前提条件，建筑产品必须定型化，采用标准化设计，才能进行批量生产。

(2)构件生产工厂化

构件生产工厂化是建筑工业化的手段，是将建筑产品的生产由现场浇筑转为工厂预制，改善了劳动条件。

(3)施工机械化

施工机械化是建筑工业化的核心，施工中的各个环节均以机械化操作代替手工劳作，提高了施工速度，降低了人工劳动强度。

(4)组织管理科学化

组织管理科学化是建筑工业化的保证，通过统一、科学的组织管理来协调工程进展中各个环节之间的相互矛盾，以确保施工的顺利进行。

2.4.3 建筑工业化的体系和类型

建筑工业化体系是指按照现代工业的生产方式，把某一类建筑或某几类建筑从设计、建造、组织管理等各个环节进行配套，形成一个完整的体系和制度。工业化建筑体系分为专用体系和通用体系两种：专用体系是以定型房屋为基础进行构配件配套的一种建筑体系，其最终产品是定型房屋，它采用标准化设计，可批量生产，效率较高，但因变化较少，不能互换使用，而无法满足各类建筑需要；通用体系是以通用构配件为基础，利用这些通用构配件组合成各式各样的房屋，其最终产品是定型化、标准化的通用构配件，这一体系的构配件可在各类建筑中互换使用，较为灵活，可满足建筑物的多样性要求。

建筑工业化按结构类型分为剪力墙结构、框架结构、框架-剪力墙结构；按施工工艺可分为预制装配式、工具模板式、预制与现浇相结合等方式。总的来说主要包括：砌块建筑、大板建筑、框架板材建筑、大模板建筑、滑模建筑、升板建筑、盒子建筑等。

小　结

建筑按功能分为民用建筑、工业建筑和农业建筑；按规模分为大量性建筑和大型性建筑；按层数和高度则可分为低层、多层、高层和超高层建筑。

建筑物按设计使用年限来划分可分为四类：设计使用年限为100年以上的为4类；50年的为3类；25年为2类；5年为1类。按耐火性等级划分则依据建筑构件的耐火极限和燃烧性能分为四个等级。

基本模数用M表示，1 M＝100 mm。实行建筑统一模数制的目的在于让各个环节和部门有一个可以进行协调的尺度标准，使不同的建筑构配件、组合件具有一定的通用性和互换性，从而更好地推进建筑工业化，实现工业化生产。基本内容包括基本模数、扩大模数、分模数、模数数列等。

建筑工业化是指用现代的工业生产方式代替传统的手工业生产方式来建造房屋，特点是设计标准化、构件生产工业化、施工机械化和组织管理科学化。工业化建筑体系是指按照现代工业的生产方式，把某一类建筑或某几类建筑从设计、建造、组织管理各个环节进行配套，形成一个完整的体系，分为专用体系和通用体系两种。

复习思考题

2.1　什么叫大量性建筑和大型性建筑？

2.2　建筑物按层数和高度是如何进行分类的？

2.3　什么叫耐火极限？如何划分建筑物的耐久等级和耐火等级？

2.4　什么是建筑的基本模数、扩大模数和分模数？实行建筑统一模数制有何好处？

2.5　简述建筑工业化的含义、特点和工业化体系。

第 2 篇 建筑设计原理

第 3 章 建筑设计概述

本章要点及学习目标

本章主要介绍建筑工程设计的内容、设计的基本程序和设计依据。要求对建筑设计、工作程序和阶段划分有所了解，熟悉各阶段所需达到的设计深度和要提交的图纸文件，并掌握影响设计的几方面因素和需要满足的设计要求。

3.1 工程建设的基本程序

在我国现行的工程建设中，建设程序包括：建设投资前期、建设实施时期、生产时期（竣工验收、交付使用后）三个主要阶段。通过以下步骤实现：

①项目提出（立项，项目建议书）；

②项目决策(可行性研究,项目评估);
③初步设计与技术设计(确定设计大纲,设计方案评选);
④施工图设计准备(新工艺、新技术调研,考察与收资等);
⑤施工图设计(建筑设计、结构设计、设备设计);
⑥招标,发包;
⑦施工,安装;
⑧竣工验收(包括试运转,生产准备,交付生产);
⑨项目后评价。

通常前一阶段工作是后一阶段工作的前提和基础,但有时也因工程类型和规模大小的不同略有调整。

(1)项目建议阶段

这一阶段是工程建设程序中的最初阶段,需要提交项目建议书,对拟建项目的整体情况以及建设的必要性和可行性作一个初步说明,以供建设管理部门选择和确定是否进行下一步工作,建议书一经批准便可进行可行性研究工作。

(2)可行性研究阶段

工程建设中的可行性研究是指对建设项目在技术和经济上进行科学的分析、论证与比较,评选出合理、有效、可行的最佳方案,以编制研究报告,这是确定建设项目和编制设计文件的重要依据。一般来说,规模较大、投入较多、风险较高的项目都要求做可行性研究,提交研究报告。

(3)设计工作阶段

建设项目可通过招投标方式择优选择设计单位,也可委托某一设计单位进行设计,设计单位依据可行性研究报告内容和所提供的设计任务书进行设计,并编制设计文件。

(4)施工建设阶段

这一环节包括前期准备阶段和后期实施阶段。工作内容主要有:完成场地平整,施工用水、电、路等工程,组织设备材料订货,准备必要的施工图纸,组织施工招投标,选择施工单位等,在获取《投资许可证》、《开工许可证》和《建设用地规划许可证》后方可组织施工。建设实施过程中,设计人员应积极配合施工单位,交代清楚设计意图,负责解释设计文件,及时处理施工过程中出现的设计文件问题。

(5)竣工验收阶段

作为工程建设的最后一个环节,是全面考核建设成果、检验设计和工程质量的重要步骤,也是工程建设转入使用或生产的标志,根据工程项目的规模大小和复杂程度,可分初步验收和竣工验收两个阶段完成。

3.2　设计内容及程序

3.2.1　建筑工程设计内容

建筑工程设计(简称建筑设计)是指一个建筑工程项目的全部施工图设计工作,主要包括建筑设计、结构设计、设备设计三个方面的内容。也就是说,每一项建筑工程的设计内容,需要很多专业的相互配合来共同完成。

(1)**建筑设计**

由建筑师根据建设单位提供的设计任务书,综合分析建筑功能、建筑规模、基地环境、结构施工、材料设备、建筑经济和建筑美观等因素,在满足总体规划的前提下,提出建筑设计方案,直到完成全部的建筑施工图设计。

(2)**结构设计**

由结构工程师在建筑设计的基础上合理地选择结构方案,确定结构布置,进行结构计算和构建设计,完成全部结构施工图设计。

(3)**设备设计**

由各相关专业的工程师根据建筑设计完成给排水、电气照明、采暖通风、通信、动力及能源等专业的方案、设备类型和布置、施工方式,绘制全部的设备施工图。

3.2.2 建筑工程设计程序

在我国,建筑设计过程一般分为两个阶段:即初步设计阶段(或扩大初步设计)和施工图设计阶段。而根据工程复杂程度、规模大小和审批要求的不同,对于大型工程或技术复杂项目,则需分三个阶段来设计:即在两阶段设计中间增加技术设计阶段。

(1)**设计的前期工作**

建筑工程设计是一项复杂的技术工作,涉及范围广,制约因素多,因而在前期要做大量细致的工作,如熟悉设计任务书,收集相关数据、资料,现场踏勘,前期调研,学习有关方针、政策等。

1)熟悉设计任务书

建筑师在进行建筑设计前必须认真熟悉设计任务书,全面了解设计的目的、要求和条件,这是做好设计的前提。设计任务书的内容主要包括:

①建设目的和总体要求;

②建设用地的面积、地形、周围环境等现状条件和规划要求等;

③拟建项目的规模、用途、组成和分配;

④相关的设备方面的要求;

⑤建设项目的总投资额和单方造价说明;

⑥设计期限要求和进度安排。

2)收集相关数据和资料

除了熟悉设计任务书中的内容以外,在进行设计之前收集相关的原始数据和一些必要的设计资料也是不可忽视的一个环节。这一工作既可向建设单位或相关部门收集,亦可采用适当的方法进行调查、研究和分析。一般包括以下内容:

①气象、水文、地质资料　气象资料包括温度、湿度、日照、降水等;水文方面主要是地下水位情况和地表水状况;地质方面则应了解土壤承载力和基地地质状况等。

②地形、环境、规划限制　需要掌握用地范围内的地形地貌及周边环境状况,可通过查阅原有图纸、文本和近期图片等,获得较为翔实的资料;同时还应了解来自城建规划部门和上级主管部门的各项限制性规定,掌握相关批文。

③技术条件和材料供应状况　了解目前市场材料供应情况和结构施工等所涉及的技术条件和现状水平。

④市政设施情况　主要是各工程设备管线的布置情况,如给水、排水管线的布置,电缆线

的敷设,以及供电线路的架空走势等。

⑤相关定额指标　如用地定额指标、用材定额指标和面积定额指标等。

3)现场踏勘和前期调研

为了使设计结果更好地符合要求,做出更好的作品,或者当现存资料不能满足要求时,往往需要进行现场踏勘和前期调研,实地了解相关情况和背景资料,获得更为直观、准确、真实的信息,这在前期的准备工作中也是尤为重要的。其内容一般包括:

①通过现场调查,了解拟建用地和周围环境的现状,如地形地貌、现有建筑、道路走向、绿化情况等,这对进行场地设计和拟建建筑物的平面布局将起到一定的启示作用,是做好设计的关键一步。

②考察和了解当地传统文化、生活习俗、民族风情等,作为设计工作的背景知识,对拟建建筑物功能使用上的合理性起到指导性的作用。

③感受现有空间尺度和周围已有建筑的风格特点,让建筑设计融入城市设计之中,使拟建建筑与周围环境相融合,从而可以获得较好的城市空间和环境艺术效果。

4)学习有关方针、政策

建筑设计与国家的方针、政策和地方性法规联系紧密,是一项涉及面较广、政策性很强的技术工作,因此,在设计前学习和了解有关的方针、政策和法律法规是很有必要的,这可以少走弯路,少出差错,使设计顺利进行。

(2)初步设计阶段

初步设计是建筑设计过程中的第一个阶段,主要任务是按照设计任务书的要求,收集必要的相关资料和数据,并在此基础上综合、分析、构思和比较,提出设计方案。这一步骤的设计文件要报主管部门审批,作为下一步技术设计和施工图设计的依据。内容包括:

1)设计说明书

设计的依据、意图、指导思想;设计方案的构思和特点;建筑材料及主要设备选用表;主要经济技术指标等。

2)设计图纸

①建筑总平面图　表示在建设用地范围内建筑物、道路、绿化的布置情况及其与周围建筑、道路、设施等的相互关系。常用比例为1∶500～1∶2 000。

②平面图、立面图、剖面图　建筑物各层平面图包括开间、进深尺寸,门窗位置,房间名称,室内部分家具设备的布置等;建筑物主要方向立面图应能准确地反映立面造型,标注层高、总高度和其他必要尺寸;建筑物主要部位和复杂局部的剖面图应能准确表示出建筑内部的空间关系、梁板位置,注明各层标高。常用比例为1∶100～1∶200。

③透视效果图或制作模型　根据设计需要,增加透视效果图或建筑模型可以较为直观、形象地反映出设计成果,因其表达丰富和效果真实而被广泛采用。

④工程概算书　设计概算是初步设计文件中一个主要的组成部分,它应比投资估算更为精确,是确定建设项目投资额、编制基本建设投资计划和签订贷款合同的依据,也是组织主要设备和材料订货、签订建设过程承包合同和进行施工准备的依据。

(3)技术设计阶段

技术设计阶段是针对部分大型项目或复杂工程而增加的一个环节,主要任务是在初步设计的基础上进一步细化设计内容,协调各专业矛盾,解决各种技术问题,并为下一步编制施工图打下基础。

这一阶段的图纸和设计文件要求比初步设计更为详细,包括建筑物各部分的详细尺寸,结构专业的结构布置方案图和计算文本,设备专业的相关图纸和说明书,以及各技术工种之间矛盾的解决方案等;同时,技术设计阶段还要编制修正总概算,为后期主要设备和材料订货、基建拨款提供依据。

(4)**施工图设计阶段**

施工图设计是整个建筑设计过程中的最后一个阶段,在前期工作的基础上进一步调整和完善设计内容,根据施工要求和条件,将设计方案具体化和明确化,把工程和设备各构成部分的尺寸、布置和主要施工方法,以图纸和文字的形式最终定案并明确表达的设计文件。它的主要任务是满足土建和安装工程的施工要求,合理解决施工中的技术措施、用料、做法等问题,最后提交施工单位进行施工。因此,这一阶段要把设计和施工中的各项具体要求反映在图纸上,图纸绘制要认真仔细,反复核对,做到整套图纸完整统一,交代清楚,准确无误。内容包括:

1)工程说明书

施工图设计依据、设计规模、建筑面积、门窗表、室内外装修材料说明和做法等。

2)设计图纸

施工图阶段除建筑专业的平面、立面、剖面等全套图纸外,还应包括结构、水电、暖通等专业的设计施工图。

①建筑总平面图　标明建筑用地范围、建筑红线位置、场地内建筑物和其他室外设施(如建筑小品、公共绿化等)的布置情况,以及与周围建筑物、道路、环境的相互关系,并附必要的文字说明。常用比例为:1∶500～1∶2 000。

②各层平面图　在前期成果图要求的基础上,详细标注各细部尺寸、定位轴线及编号、门窗编号、详图索引等。常用比例为1∶100～1∶200。

③各方向立面图　在各个立面图上标注定位轴线、详细尺寸和必要的标高,并注明墙面选用的材料、颜色、尺寸和做法等。常用比例为1∶100～1∶200。

④剖面图　选择建筑物中能清楚反映内外空间关系的部位及较为复杂的部位绘制剖面图,要求标注各部分标高、尺寸和做法。常用比例为1∶100～1∶200。

⑤构造节点详图　图纸中不能清楚表达其构造做法的部位往往需要绘制构造详图,它包括建筑物檐口、墙身、楼梯、门窗、室内外装修及其他必要的节点构造等,要求注明其材料尺寸、详细做法、文字说明等。常用比例为1∶1,1∶5,1∶10,1∶20。

3)工程预算书

这一阶段要求编制设计预算(即施工图预算),较之前期的工程概算具有更高的精度。

4)结构和设备计算书

结构和设备计算书的内容主要包括结构专业的详细计算和各设备工程(如热工、采光、音效等方面)的详细技术处理记载,此文件作为技术文件归档,不予外传。

3.3　建筑设计的依据

进行一个工程设计需要考虑诸多因素,需要满足以下几方面的要求:

3.3.1　符合城市规划与宏观政策

建筑离不开城市，是城市环境的一部分，建筑应符合城市总体发展要求，并与城市空间景观相协调。作为建筑师应该首先具备城市的整体意识和全局观念，做到“思考于城市，行动于建筑”，在城市规划允许的范围内进行建筑设计，这是设计的前提和基础。

3.3.2　满足建筑内部使用功能的要求

建筑是一项实用而具体的艺术，建筑设计是一项以人为本的设计工作，设计中应以实用为基础，充分考虑功能上的使用要求，包括功能分区、人体尺度、家具尺度、空间设计、流线组织等，满足人们居住、生活、工作、学习等不同需要，真正做到合理、舒适、可行(图 3.1、图 3.2、图 3.3)。

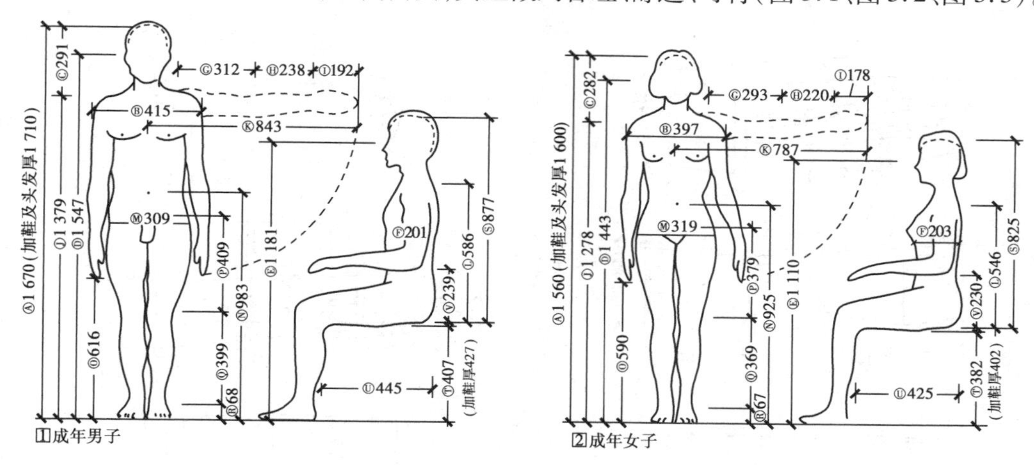

图 3.1　中等人体地区的人体各部平均尺寸

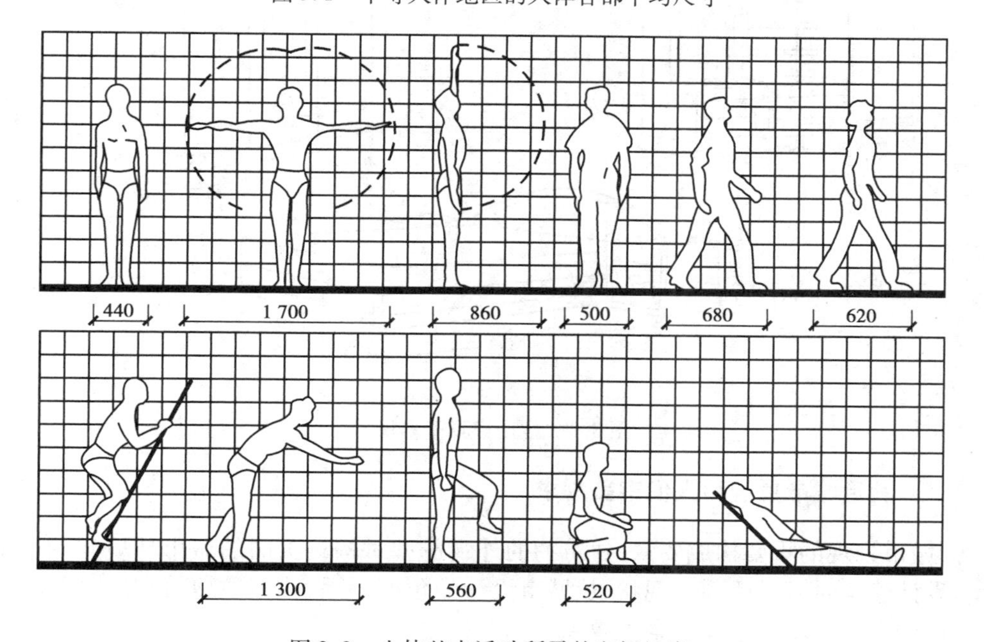

图 3.2　人体基本活动所需的空间尺度

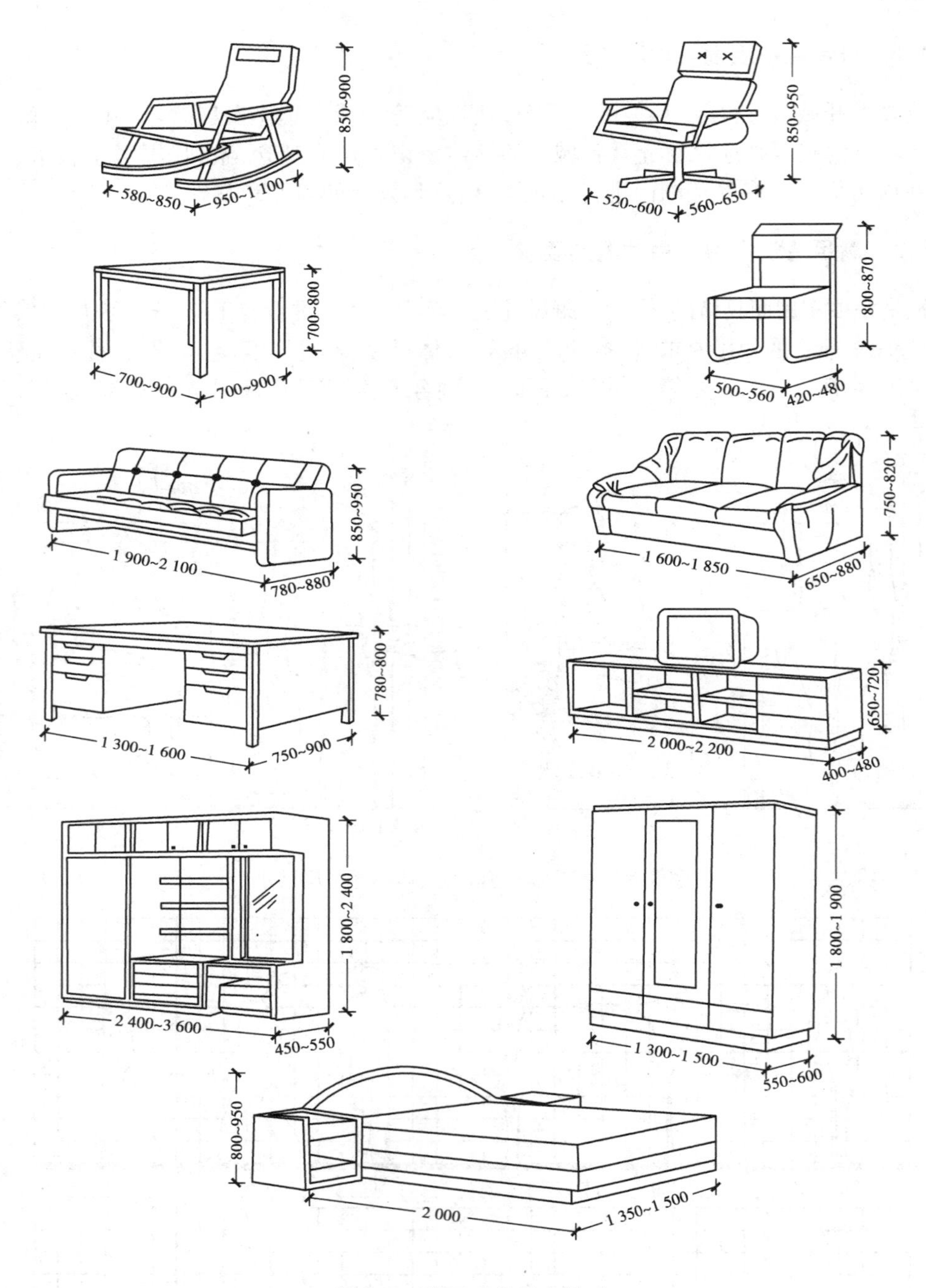

图 3.3　常用家具基本尺寸

3.3.3　满足城市景观和人们审美需求

作为城市景观的重要构成要素，建筑物的外观造型对构筑美丽的城市环境起到举足轻重的作用，设计建筑时应考虑周边现状，从城市设计的角度入手，让拟建建筑和所处的城市环境相融合，形成良好的城市空间和景观效果。

不同的立面形象和体量关系能产生不同的视觉效果和精神感受，建筑物既有物质功能又有精神功能，因此，除了满足基本的使用功能之外，不同的建筑物还需营造出适宜的艺术氛围，尽量做到性格鲜明，以满足人们在精神上的需求。例如，纪念堂、历史博物馆、法院等，通常需要创造出庄严而肃穆的效果；而茶室、居室、社区活动中心等则应布置得亲切宜人。

3.3.4　考虑自然环境因素

建筑物的设计和建造直接受到自然环境条件的影响和制约（如保暖、防寒、避风、防潮、抗震等），这也是决定建筑设计的一个重要方面，关系到建筑物的平面布置、形体组合、立面造型等，主要涉及以下几个因素：

（1）**气象条件**

主要指所处地区的温度、湿度、日照、雨雪、风向、风速等。其中日照和主导风向是确定建筑物朝向和间距的主要因素；雨雪量影响了建筑物的屋顶形式、屋面排水方式和屋面防水构造的做法；温度、湿度指标则可确定建筑物适宜采用的布局方式，或开敞或封闭，同时也决定着建筑物是否采取通风隔热或防寒保暖等构造处理（如图 3.4 表示的是全国部分城市的风向情况）。

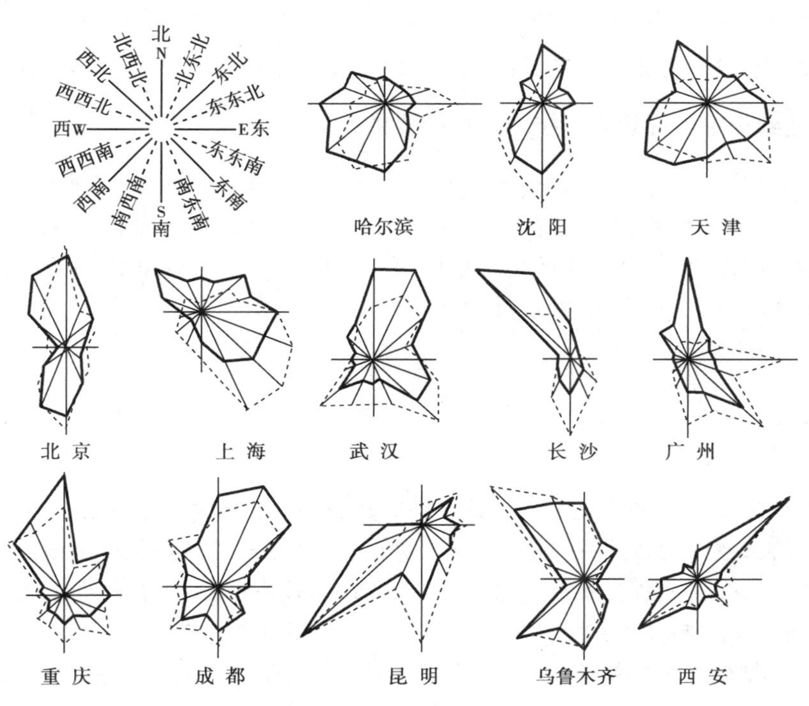

图 3.4　全国部分城市风向频率玫瑰图

图例：玫瑰图中表示的风的吹向是自外围向中心吹

———表示全年

———表示冬季

------表示夏季

（2）**地形、地质条件**

地形地貌和地质状况直接影响到建筑物的平面组合、立面造型、结构选型等。例如，位于山坡地带的建筑物常依山就势采用错层或其他自由的组合方式，既减少了土石方工程量，也利于形成独特的立面造型;地质条件的分析与工程建设密切相关,它直接影响到建筑物的选址和建造技术要求,而位于地质状况较差和地质条件较为复杂的地区,则需对建筑物的基础和主体结构部分采取一定的构造措施;为降低地震所带来的破坏就要严格依照《建筑抗震设计规范》的规定进行设计。

(3)**水文条件**

在建筑设计中要考虑的水文条件主要是地下水的存在形式、组成情况、矿化程度、水温和动态等,探明水文情况对确定工程建设项目和建筑物基础设计都有重要关系。如地下水位的高低和地质情况影响到基础的埋置深度和构造处理方法,水位较高的地区应采取必要的防潮或防水等构造措施等。

3.3.5 适应当前建筑材料和施工技术水平

技术条件是建筑设计能否实施的关键因素,设计时充分了解当前和当地的建造技术水平及材料供应情况是十分必要的。

物质材料是建造房屋不可缺少的物质基础,建筑技术则是建造房屋的必要手段,不同时期所采用的物质材料和技术手段是不同的且各具特色。建筑设计受到材料和建造技术的制约,同时材料和技术的发展也为建筑艺术的提高开辟了新的途径。

3.3.6 达到相关设计规范和技术指标的要求

国家统一编制颁发了建筑设计的相关规范、标准和通则,如《建筑设计防火规范》、《民用建筑设计通则》、《建筑抗震设计规范》等,用来控制和量化设计相关内容,依据建筑规模、类型和使用要求的不同需要,达到规定的技术指标,它为设计工作提供了可以参照、规范的依据,具有较强的规定性、通用性和实用性,设计中必须严格执行。

小结

建筑工程设计主要包括建筑专业设计、结构专业设计、设备专业设计三个方面内容。

我国现行的工程建设程序一般分为:项目建议、可行性研究、设计工作、施工建设、竣工验收等几个阶段。通常前一阶段工作是后一阶段工作的前提和基础,在前期工作中要熟悉设计任务书,收集原始资料和数据,现场踏勘和调研,学习有关方针政策。

建筑设计一般分为两阶段设计:即初步设计(或扩大初步设计)和施工图设计;或者根据工程大小和复杂程度可分三阶段进行:即初步设计、技术设计和施工图设计。设计时应综合考虑以下几个方面:城市规划的要求,使用功能的要求,环境景观的要求,自然条件的要求,技术水平的要求,以及相关的设计规范指标的要求,这是进行建筑设计的主要依据。

复习思考题

3.1 建筑工程设计包括哪几部分内容?

3.2 简述我国工程建设的基本程序和进行建筑设计的基本步骤。

3.3 试述建筑设计的前期工作有哪些?

3.4 简要回答建筑设计的阶段划分,以及各阶段所要完成的工作内容和所需提交的成果。

3.5 进行建筑设计时需要考虑哪些方面的要求?

第4章 建筑防火与安全疏散

本章要点及学习目标

本章主要介绍建筑火灾的概念、火灾的发展过程与蔓延途径、防火分区、安全疏散及高层建筑的防排烟问题。重点应掌握有关建筑防火的基本知识及高层建筑防火设计要点。

4.1 建筑火灾的概念

4.1.1 建筑物起火的原因和燃烧条件

(1)起火原因

建筑物起火的原因是多种多样和错综复杂的，引起火灾的原因有如下几个方面：

在生产和生活中，因使用明火引起的火灾是很多的。如在居住建筑内因打翻油灯，烛火碰到蚊帐，炉火点燃旁边的柴草，小孩玩火等；在公共场所内乱扔烟头、火柴梗等都能够引起火灾。

除明火外，暗火引起火灾的情况也很多，如把易发生化学反应的物品混在一起，发生起火或爆炸；库房里通风不好，大量堆积的油布积热不散而发生自燃；机械设备摩擦发热，使接触到的可燃物自燃起火等。

还有由于用电引起的火灾。主要因为用电设备超负荷，导线接头接触不良，电阻过大发热，使导线的绝缘物或沉积在电气设备上的粉尘自燃；易燃液体、可燃气体在管道内流动较快，摩擦产生静电，由于管线接地不良，在管道出口处出现放电火花，使管道内的液体或气体烧着，发生爆炸。

除此之外，在雷击较多的地区，建筑上如果没有可靠的防雷保护设施，便有可能发生雷击起火；突然的地震和战时空袭，都会因为人们急于疏散而来不及断电，熄灭炉火，处理好易燃、易爆生产装置和危险物品，极易起火。

(2)燃烧条件

起火必须具备如下三个条件：

①存在能燃烧的物质。

②有助燃的氧气或氧化剂。

③有能使可燃物质燃烧的着火源。

上述三个条件必须同时出现,并相互影响就能起火。

4.1.2　高层建筑火灾的特点

高层建筑的火灾危险性远大于低层和多层建筑,具有以下特点:

①火势蔓延快,蔓延途径多。

②疏散困难,容易造成重大伤亡。

③层数多,扑救难度大。

④高层建筑功能复杂,火灾隐患多。

为了防止和减少高层民用建筑火灾的危害,保护人身和财产的安全,我国制定了《高层民用建筑设计防火规范》(以下简称为"高规")。高层民用建筑的防火设计必须遵循"预防为主,防消结合"的消防工作方针,针对高层建筑发生火灾的特点,立足自防自救,采用可靠的防火措施,做到安全适用,技术先进,经济合理。

4.2　火灾的发展过程和蔓延途径

4.2.1　火灾发展的过程

建筑室内发生火灾时,其发展过程一般要经过火灾的初期、旺盛期和衰减期三个阶段,如图4.1所示。

(1)初期火灾(轰燃前)

这一阶段火源范围很小,燃烧是局部的,火势不够稳定,速度缓慢,室内的平均温度不高,蔓延速度对建筑结构的破坏能力比较低。火灾初起阶段的时间,根据具体条件,可在5~20 min之间。这时的燃烧是局部的,火势发展不稳定,有中断的可能。故应该设法争取及早发现,把火势及时控制和消灭在起火点。为了限制火势发展,要考虑在可能起火的部位尽量少用或不用可燃材料,或在易于起火并有大量易燃物品的上空设置排烟窗,炽热的火或烟气可由上部排除,火灾发展蔓延的危险性就有可能降低。

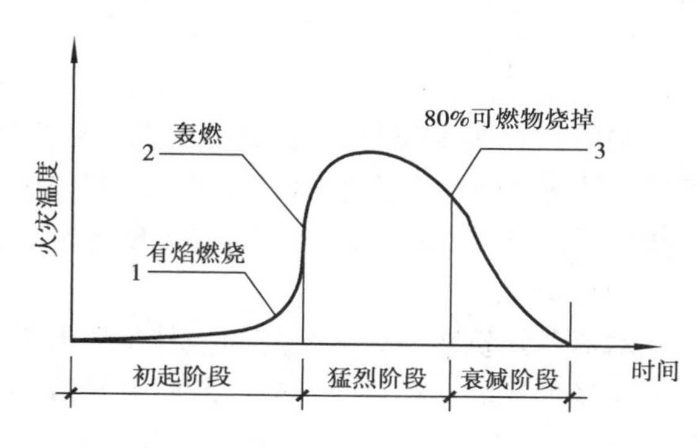

图4.1　火灾发展过程

(2)火灾的旺盛期(轰燃后)

在此期间,室内所有的可燃物全部被燃烧,火焰可能充满整个空间。若门窗玻璃破碎,可为燃烧提供了较充足的空气,室内温度很高,一般可达1 100 ℃左右,燃烧稳定,破坏力强,建筑物的可燃构件均可被燃烧,难以扑灭。

此阶段有轰燃现象出现。它的出现,标志着火灾进入猛烈燃烧阶段。一般把房间内的局部燃烧向全室性火灾过渡的现象称为轰燃。轰燃是建筑火灾发展过程中的特有现象,它经历的时间短暂。在这一阶段,建筑结构可能被毁坏,或导致建筑物局部(如木结构)或整体(如钢结构)倒塌。这阶段的延续时间主要决定于燃烧物质的数量和通风条件。为了减少火灾损失,针对第二阶段温度高和时间长的特点,建筑设计的任务就是要设置防火分隔物(如防火墙、防火门等),把火限制在起火的部位,以阻止火不能很快向外蔓延;并适当地选用耐火时间较长的建筑结构,使它在猛烈的火焰作用下,保持应有的强度和稳定,直到消防人员到达把火扑灭。应要求建筑物的主要承重构件不会遭到致命的损害而便于修复。

(3)**衰减期(熄灭)**

经过火灾旺盛期之后,室内可燃物大都被烧尽,火灾温度渐渐降低,直至熄灭。一般把火灾温度降低到最高值的80%作为火灾旺盛期与衰减期的分界。这一阶段虽然火焰燃烧停止,但火场的余热还能维持一段时间的高温,衰减期温度下降速度是比较慢的。

4.2.2 建筑火灾的蔓延途径

(1)**火灾蔓延的方式**

火势蔓延的方式是通过热的传播进行的。火灾蔓延是指在起火的建筑物内,火由起火房间转移到其他房间的过程。主要是靠可燃构件的直接燃烧、热的传导、热的辐射和热的对流进行扩大蔓延的。

1)热的传导

火灾燃烧产生的热量,经导热性能好的建筑构件或建筑设备传导,能够使火灾蔓延到相邻或上下层房间。此种传导方式有两个比较明显的特点:一是热量必须经导热性好的建筑构件或建筑设备(如金属构件、薄壁隔墙或金属设备等)的传导,能够使火灾蔓延到相邻或上下层房间;二是蔓延的距离较近,一般只能是相邻的建筑空间。可见,传导蔓延扩大的火灾,其规模是有限的。

2)热的辐射

热辐射是指热由热源以电磁波的形式直接发射到周围物体上。在火场上,起火建筑物能把距离较近的建筑物烤着燃烧,这就是热辐射的作用。热辐射是相邻建筑之间火灾蔓延的主要方式。建筑防火中的防火间距,主要是考虑预防火焰辐射引起相邻建筑着火而设置的间隔距离。

3)热的对流

热对流是建筑物内火灾蔓延的一种主要方式。它是炽热的燃烧产物(烟气)与冷空气之间不断交换形成的。燃烧时,热烟轻,向上升腾,冷空气就会补充,形成对流。轰燃后,烟从门窗口窜到室外、走道、其他房间,进行大范围的对流,如遇可燃物,便瞬间燃烧,引起建筑全面起火。除了在水平方向对流蔓延外,火灾在竖向管井也是由热对流方式蔓延的。

火场上火势发展的规律表明,浓烟流窜的方向往往就是火势蔓延的途径。例如,剧院舞台起火后,若舞台与观众厅吊顶之间没有设防火隔墙时,烟或火舌便从舞台上空直接进入观众厅的吊顶,使观众厅吊顶全面燃烧,然后又通过观众厅后墙上的孔洞进入门厅,把门厅的吊顶烧着,这样蔓延下去直到烧毁整个剧院(图4.2),由此可知,热的对流对火势蔓延起着重要的作用。

(2)**火灾蔓延的途径**

1)由外墙窗口向上层蔓延

在火灾发生时,火通过外墙窗口喷出烟气和火焰,沿窗间墙及上层窗口窜到上层室内,这

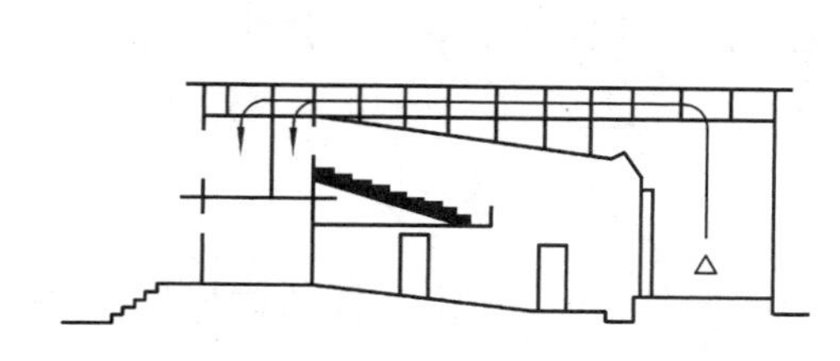

图 4.2　剧院内火的蔓延
△为起火点　→为火势蔓延途径

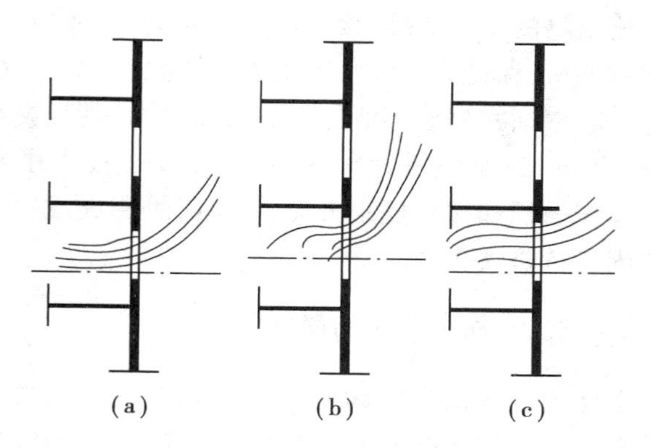

图 4.3　火由外墙窗口向上蔓延

样逐层向上蔓延，会使整个建筑物起火，如图 4.3 所示。为了防止火势蔓延，要求上下层窗口之间的距离尽可能大些。要利用窗过梁、窗楣板或外部非燃烧体的雨篷和阳台等设施，使烟火偏离上层窗口，阻止火势向上蔓延。

2）火势的水平向蔓延

火势水平向蔓延的途径有：未设适当的防火分区和没有防火墙及相应的防火门，使火灾在未受任何限制条件下蔓延扩大；防火隔墙和房间隔墙未砌到顶板底皮，洞口分隔不完善，导致火灾从一侧向另一侧蔓延；由可燃的隔墙、吊顶、地毯、家具等向其他空间蔓延；火势通过吊顶上部的连通空间进行蔓延。

3）火势通过竖井等蔓延

在现代建筑物中，有大量的电梯、楼梯、垃圾井、设备管道井等竖井，这些竖井往往贯穿整个建筑，若未作周密完善的防火设计，一旦发生火灾，火势便会通过竖井蔓延到建筑物的任意一层。

4）火势由通风管道蔓延

通风管道蔓延火势一般有两种方式：一是通风道内起火，并向连通的空间，如房间、吊顶内部、机房等蔓延；二是通风管道可以吸进起火房间的烟气蔓延到其他空间，而在远离火场的其他空间再喷吐出来，造成火灾中大批人员因烟气中毒而死亡。因此，在通风管道穿通防火分区和穿越楼板之处，一定要设置自动关闭的防火阀门。

此外，建筑物中一些不引人注意的吊装用的或其他用途的孔道，有时也会造成整个大楼的恶性火灾，如吊顶与楼板之间、幕墙与分隔结构之间的空隙、保温夹层、下水管道等都有可能因施工质量等留下孔洞，有的孔洞在水平与垂直两个方向互相穿通，这些隐患的存在，发生火灾时会导致重大生命财产的损失。

4.3　防火分区的意义和原则

4.3.1　防火分区的重要意义

设计民用建筑必须遵循国家《建筑设计防火规范》的规定，在设计中要根据使用性质，选定建筑物的耐火等级，设置防火分隔物，分清防火分区，保证合理的防火间距，设有安全通道及疏散通口，保证人员及财产的安全，防止或减少火灾发生的可能性。

随着国家建设事业的发展，现代建筑其规模趋向大型化和多功能化发展，如深圳地王大厦高 326 m，建筑面积 266 784 m^2。上海金茂大厦 88 层，建筑面积 287 000 m^2。这样大的规模，若不按面积和楼层控制火灾，一旦某处起火成灾，造成的危害是难以想象的。因此，要在建筑物内设置防火分区。

4.3.2 防火分区的原则

防火分区是指用具有一定耐火能力的墙、楼板等分隔构件，作为一个区域的边界构件，能够在一定时间内把火灾控制在某一范围内的基本空间。

防火分区按其作用，又可分为水平防火分区和竖向防火分区。水平防火分区是用以防止火灾在水平方向扩大蔓延，主要由防火墙、防火门、防火卷帘或水幕等进行分隔；竖向防火分区主要是防止多层或高层建筑层与层之间的竖向火灾蔓延，主要由具有一定耐火能力的钢筋混凝土楼板做分隔构件。

建筑防火分区的大小取决于建筑物的耐火等级、建筑类别以及建筑内储存物品的火灾危险等级。耐火等级高的、建筑类别以及建筑内储存物品的火灾危险等级低的，防火分区面积可以适当大些；反之，防火分区面积就要小些。我国《建筑设计防火规范》(GB 50016—2006)和《高层民用建筑设计防火规范》(GB 50045—95)(2005 版)对建筑物的面积、层数的限制分别见表 4.1 和表 4.2。

表 4.1 民用建筑的耐火等级、最多允许层数和防火分区最大允许建筑面积

耐火等级	最多允许层数	防火分区的最大允许建筑面积/m^2	备　注
一、二级	①9 层及 9 层以下的居住建筑(包括设置商业服务网点的居住建筑) ②建筑高度不高于 24.0 m的公共建筑 ③建筑高度高于 24.0 m 的单层公共建筑	2 500	①体育馆、剧院的观众厅、展览建筑的展厅，其防火分区最大允许建筑面积可适当放宽 ②托儿所、幼儿园的儿童用房和儿童游乐厅等儿童活动场所不应超过 3 层，或设置在 4 层及 4 层以上楼层或地下、半地下建筑(室)内
三级	5 层	1 200	①托儿所、幼儿园的儿童用房和儿童游乐厅等儿童活动场所、老年人建筑和医院、疗养院的住院部分不应超过 2 层，或设置在 3 层及 3 层以上楼层或地下、半地下建筑(室)内 ②商店、学校、电影院、剧院、礼堂、食堂、菜市场不应超过2 层，或设置在3 层及3 层以上楼层
四级	2 层	600	学校、食堂、菜市场、托儿所、幼儿园、老年人建筑、医院等不应设置在 2 层
地下、半地下建筑(室)		500	—

表 4.2　“高规”防火分区最大允许建筑面积

建筑类别		每个防火分区建筑面积/m²		备　注
		无自动灭火系统	有自动灭火系统	
一般建筑	一类建筑	1 000	2 000	一类电信楼可增加 50%
	二类建筑	1 500	3 000	
	地下室	500	1 000	
	裙　房	2 500	5 000	裙房和主体必须有可靠的防火分隔
大型公共建筑	商业营业厅、展览厅	地上部分	4 000	必须具备 ①设有自动喷水灭火系统 ②设有火灾自动报警系统 ③采用不燃或难燃材料装修
		地下部分	2 000	

注：“高规”指《高层民用建筑设计防火规范》（GB 50045—95），2005 年版。

建筑物内如有上下层贯通的各种开口，如走廊、自动扶梯、开敞楼梯等，应把连通的各个部分作为一个防火分区，其建筑总面积不得超过表 4.1 和表 4.2 的规定；否则，应在开口部位设置乙级防火门或耐火极限大于 3 h 的防火卷帘分隔。中庭每层回廊设有火灾自动报警系统和自动喷水灭火系统，以及封闭屋盖设有自动排烟设施时，可不受此条限制。

当建筑内部设有自动灭火设备时，最大允许建筑面积可以增加一倍，局部设置时，增加的面积可按该局部面积的一倍计算。

4.3.3　防火分区设计实例

北京饭店新楼，其主体结构为钢筋混凝土的非燃烧体，具有足够的耐火能力。在设计中，将面积约 2 800 m² 的标准层，按抗震缝划分三个防火单元（或防火分区），并对那些易燃易爆的煤气、锅炉房等单独设置，在三个防火分区之间以抗震缝的墙作为防火墙，这样可满足防火分区的要求，如图 4.4 所示。

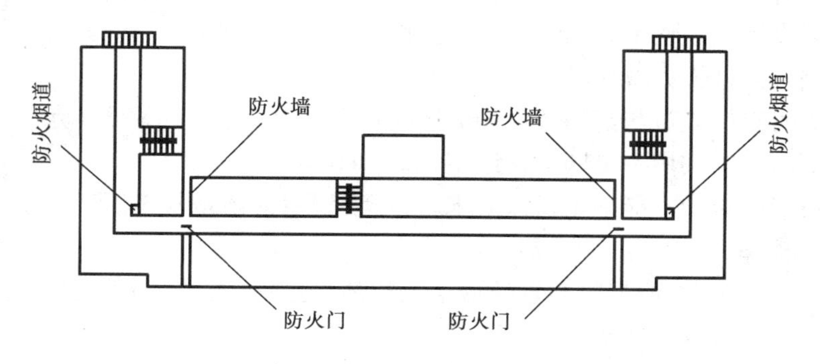

图 4.4　北京饭店新楼标准层平面示意图

4.4 安全疏散

民用建筑中设置安全疏散设施的目的在于,发生火灾时,使人员能迅速而有秩序地安全疏散出去。特别是影剧院、体育馆、大型会堂、歌舞厅、大商场、超市等人流密集的公共建筑物中,疏散问题更为重要。

4.4.1 安全疏散路线

建筑物的安全疏散路线应尽量连续、快捷、便利、畅通的通向安全出口。设计中应注意两点:一是在疏散方向的疏散通道宽度不应变窄,二是在人体高度内不应有突出的障碍物或突变的台阶。在进行高层建筑平面设计时,尤其是布置疏散楼梯间,原则上应该使疏散的路线简捷,并尽可能使建筑物内的每一房间都能向两个方向疏散,避免出现袋形走道。

为了保证安全疏散,除了形成流畅的疏散路线外,还应尽量满足下列要求:

①靠近标准层(或防火分区)的两端设置疏散楼梯,便于进行双向疏散。

②将经常使用的路线与火灾时紧急使用的路线有机地结合起来,有利于尽快疏散人员,故靠近电梯间布置疏散楼梯较为有利,如图 4.5 所示。

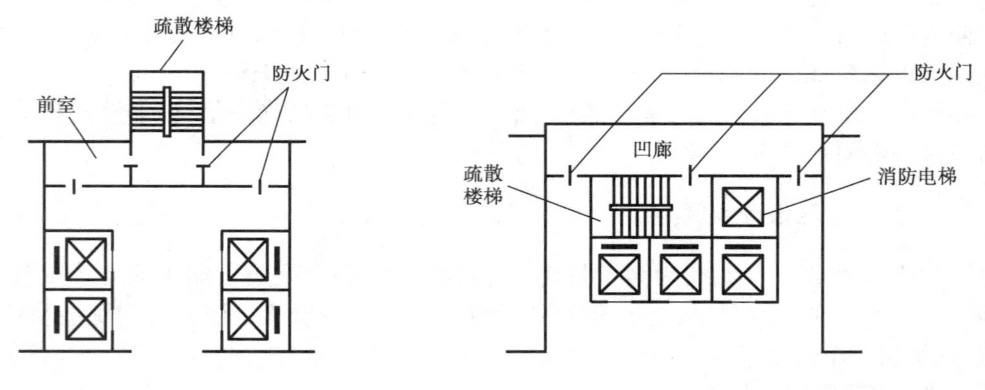

图 4.5 疏散楼梯靠近电梯布置

图 4.6 不理想的疏散路线布置

③靠近外墙设置安全性最大的带开敞前室的疏散楼梯间形式。同时,也便于自然采光通风和消防人员进入高楼灭火救人。

④避免火灾时疏散人员与消防人员的流线交叉和相互干扰,有碍安全疏散与消防扑救,疏散楼梯不宜与消防电梯共用一个凹廊作前室,如图 4.6 所示。

⑤当建筑设置内楼梯不能满足疏散要求时,可设置室外疏散楼梯,既节约室内面积,又是良好的自然排烟楼梯。

⑥为有利于安全疏散,应尽量布置环形走道、双向走道或无尽端房间的走道、人字形走道,其安全出口的布置应构成双向疏散。

⑦建筑安全出口应均匀分散布置,同一建筑中的出口距离不能太近,两个安全出口的间距不应小于 5 m。

4.4.2　安全疏散距离

根据建筑物使用性质、耐火等级情况的不同，疏散距离的要求也不相同。例如，对于居住建筑，火灾多发生在夜间，一般发现比较晚，而且建筑内部的人身体条件不同，老少皆有，疏散比较困难，所以疏散距离不能太大。对托儿所、幼儿园、医院等建筑，其内部大部分是孩子和病人，无独立疏散能力，而且疏散速度慢，所以，这类建筑的疏散距离应尽量短捷。此外，对于有大量非固定人员居住、利用的公共空间（如旅馆等），由于顾客对疏散路线不熟悉，发生火灾时容易引起惊慌，找不到安全出口，往往耽误疏散时间，故从疏散距离上也要区别对待。民用建筑的疏散距离见表4.3和如图4.7所示。

表4.3　民用建筑安全疏散距离

（m）

名　称	位于两个安全出口之间的疏散门			位于袋形走道两侧或尽端的疏散门		
	耐火等级			耐火等级		
	一、二级	三级	四级	一、二级	三级	四级
托儿所、幼儿园	25.0	20.0	—	20.0	15.0	—
医院、疗养院	35.0	30.0	—	20.0	15.0	—
学校	35.0	30.0	—	22.0	20.0	—
其他民用建筑	40.0	35.0	25.0	22.0	20.0	15.0
建筑内的观众厅、展览厅、多功能厅、餐厅、营业厅和阅览室等，其室内任何一点至最近安全出口的直线距离不宜大于30.0 m						

注:《建筑设计防火规范》（GB 50016—2006）

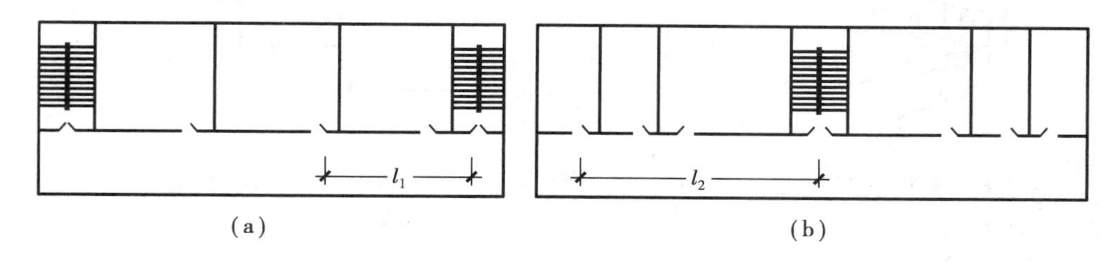

图4.7　走道长度的控制

高层建筑的疏散更困难，因此，疏散距离较一般民用建筑要求更加严格，见表4.4。

表4.4　高层民用建筑安全疏散距离

建 筑 名 称		房间门或住宅户门至最近的外部出口或楼梯间的最大距离/m	
		位于两个安全出口之间的房间	位于袋形走道两侧或尽端的房间
医院	病房部分	24	12
	其他部分	30	15
教学楼、旅馆、展览馆		30	15
其 他 建 筑		40	20

注:《高层民用建筑设计防火规范》（GB 50045—95），2005年版。

4.4.3　疏散设施设计

(1)**疏散楼梯**

1)疏散楼梯的数量与形式

每一幢公共建筑内均应至少设置两个疏散楼梯。当符合下列条件之一时,可设一个疏散楼梯:

①除托儿所、幼儿园外,建筑面积不大于200 m^2 且人数不超过50人的单层公共建筑;

②除医院、疗养院、老年人建筑及托儿所、幼儿园的儿童用房和儿童游乐厅等儿童活动场所等外,符合表4.5规定的2、3层公共建筑。

表4.5　公共建筑可设置1个安全出口或疏散楼梯的条件

耐火等级	最多层数	每层最大建筑面积/m^2	人　数
一、二级	3层	500	第二层和第三层的人数之和不超过100人
三级	3层	200	第二层和第三层的人数之和不超过50人
四级	2层	200	第二层人数不超过30人

注:《建筑设计防火规范》(GB 50016—2006)

疏散楼梯和疏散通道上的阶梯不易采用螺旋楼梯和扇形踏步,且踏步上下两级所形成的平面角度不应超过10°。如每级离扶手25 cm处的踏步宽度超过22 cm时,可不受此限制,如图4.8所示。适合于疏散楼梯踏步的高宽关系如图4.9所示。

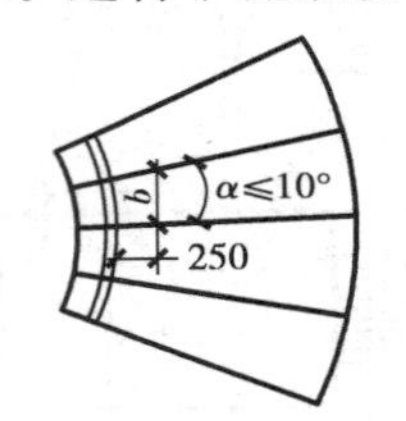

图4.8　螺旋楼梯踏步

踏步宽度 $b \geqslant 22$ cm

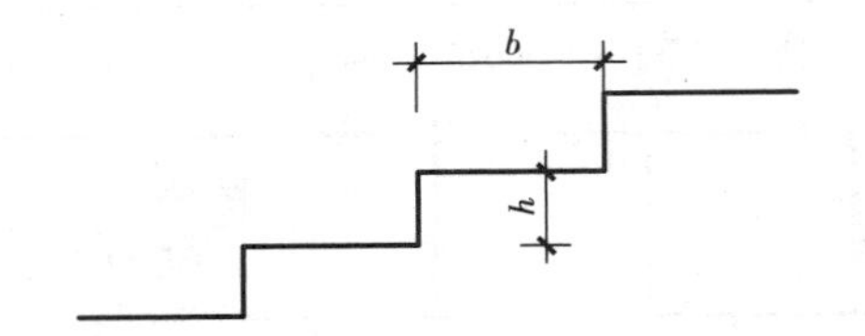

图4.9　楼梯踏步的高度关系

600 mm$\leqslant 2h + b \leqslant$640 mm

2)疏散楼梯间

民用建筑楼梯间按其使用特点及防火要求常采用以下三种形式:

①普通楼梯间

普通楼梯间是多层建筑常用的基本形式。对标准不高、层数不多或公共建筑门厅的室内楼梯常采用开敞形式,见图4.10(a);在建筑端部的外墙上常采用设置简易的、全部开敞的室外楼梯,见图4.10(b)。该类楼梯不受烟火的威胁,可供人员疏散使用,也能供消防人员使用。

②封闭楼梯间

按照防火规范的要求,医院、疗养院、病房楼、影剧院、体育馆以及超过五层的其他公共建筑,楼梯间应为封闭式。封闭楼梯间应靠外墙设置,并能自然采光和通风。

当建筑标准不高且层数不多时,可采用不带前室的封闭楼梯间,但需设置防火墙、防火门与走道分开,并保证楼梯间有良好的采光和通风(图4.11)。为了丰富门厅的空间艺术效果,并使交通流线清晰明确,也常将底层楼梯间敞开,此时必须对整个门厅作扩大的封闭处理,以

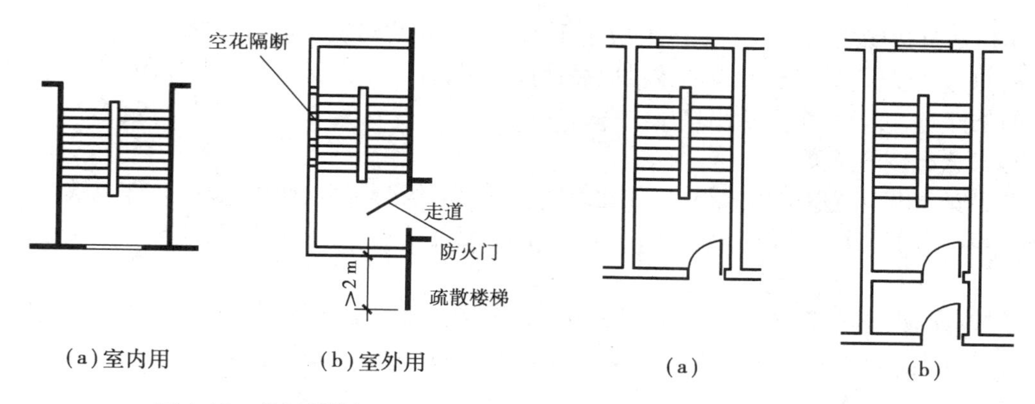

(a)室内用　(b)室外用

图4.10　普通楼梯间

(a)　(b)

图4.11　封闭楼梯间

防火墙、防火门将门厅与走道或过厅等分开,门厅内装修宜作不燃化处理。

为了使人员通行方便,楼梯间的门平时可处于开启状态,但须有相应的关闭办法,如安装自动关门器或做成单向弹簧门,以便起火后能自动或手动把门关上。如有条件可适当加大楼梯间进深,设置两道防火门而形成门斗(因门斗面积很小,与前室有所区别),可提高其防护能力。

③防烟楼梯间

为了更有效地阻挡烟火侵入楼梯间,可在封闭楼梯间的基础上增设装有防火门的前室,这种楼梯间称为防烟楼梯间。防烟楼梯间的前室可按要求设计成封闭型和开敞型两种形式。

A.带开敞前室的防烟楼梯间　此种形式常采用阳台或凹廊作为前室(图4.12),此时,前室可增强楼梯间的排烟能力和缓冲人流,并且无须再设其他的排烟装置,是安全性最高和最为经济的一种类型。

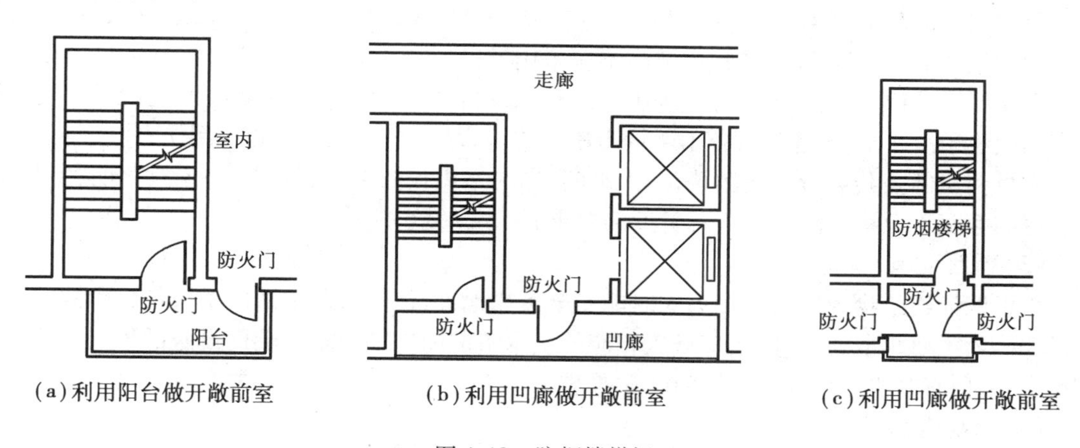

(a)利用阳台做开敞前室　(b)利用凹廊做开敞前室　(c)利用凹廊做开敞前室

图4.12　防烟楼梯间

B.带封闭前室的防烟楼梯间　此种类型平面布置灵活,可放在建筑物核心筒内部,但此时需采用机械防、排烟设施。

(2)**安全出口**

1)安全出口的个数

民用建筑的安全出口应分散布置。每个防火分区、一个防火分区的每个楼层,其相邻两个安全出口最近边缘之间的水平距离不应小于5.0 m。公共建筑内的每个防火分区、一个防火分区内的每个楼层,其安全出口的数量应经计算确定,且不应少于2个。当符合可设一个疏散楼梯的条件时,可设一个安全出口。

2)安全出口的宽度

决定安全出口宽度的因素很多,如建筑物的耐火等级与层数、使用人数、允许疏散时间、疏散路线等。为了使设计既安全经济,又符合实际使用情况,通常疏散宽度按百人宽度指标确定。

学校、商店、办公楼、候车(船)室、民航候机厅、展览厅、歌舞娱乐放映游艺场所等民用建筑中的疏散走道、安全出口、疏散楼梯以及房间疏散门的每100人净宽度不应小于表4.6的规定。

表4.6 疏散走道、安全出口、疏散楼梯和房间疏散门每100人的净宽度 (m)

楼层位置	耐火等级		
	一、二级	三级	四级
地上1、2层	0.65	0.75	1.00
地上3层	0.75	1.00	—
地上4层及4层以上各层	1.00	1.25	—
与地面出入口地面的高差不超过10 m的地下建筑	0.75	—	—
与地面出入口地面的高差超过10 m的地下建筑	1.00	—	—

注:《建筑设计防火规范》(GB 50016—2006)

3)安全出口的其他要求

疏散门应向疏散方向开启,但房间内人数不超过60人,且每樘门的平均通行人数不超过30人时,门的开启方向可以不限,疏散门不应采用转门。

为了便于疏散,人员密集的公共场所(如观众厅的入场门、太平门等),不应设置门槛,其宽度不应小于1.4 m,靠近门口各1.4 m范围内不应设置台阶踏步,以防摔倒伤人。

人员密集的公共场所的疏散楼梯、太平门,应在室内设置明显的标志和事故照明,室外疏散通道的净宽不应小于疏散走道总宽度的要求,最小净宽不应小于3 m。

(3)辅助设施

为了保证建筑物内的人员在火灾时能安全可靠地进行疏散,避免造成重大伤亡事故,除了设置楼梯为主要疏散通道外,还应设置相应的安全疏散的辅助设施。辅助设施的形式很多,有避难层、屋顶直升机停机坪、疏散阳台、避难袋等。

(4)消防电梯

高层建筑中的普通电梯由于没有必要的防火设备,既不能用于紧急情况下的人流疏散,又难以供消防人员进行扑救。因此,高层建筑应设消防电梯,以便进行更为有效的扑救。根据我国的经济技术条件和防火要求,规定一类高层建筑、塔式住宅、12层及12层以上的住宅及高度超过32 m的二类公共建筑,其高层主体部分最大楼层面积不超过1 500 m^2时,应设不少于一台消防电梯;1 500~4 500 m^2时,应设两台;超过4 500 m^2时,应设三台;高度超过32 m的设有电梯的厂房,应设消防电梯,同时,消防电梯要分设在各个防火分区内。

4.5　建筑的防烟和排烟

在民用建筑设计中，不仅需要考虑防火问题，还要重视防烟和排烟问题。其目的是为了及时排除火灾中产生的烟气，防止烟气向防烟分区以外扩散，以使人员能沿着安全通路顺利地疏散到室外。

4.5.1　烟的危害

从国内外建筑火灾的统计表明，死亡人数中有50%左右是被烟气毒死的。在某些住宅或旅馆的火灾中，因烟气致死的比例甚至高达60% ~70%。在火灾中，可以引起人的一氧化碳中毒，烟气中毒，以及缺氧、窒息等状况，其中以一氧化碳的增加和氧气的减少对人体的危害最大。另外，烟气会遮光，同时对眼睛、鼻、喉产生强烈刺激，使人们视力下降且呼吸困难，影响人的视线，严重妨碍人的行动，对疏散和扑救也会造成很大的障碍。因此，防烟和排烟是安全疏散的必要手段。

4.5.2　防烟分区的划分

防烟设计的目的是要把停留人员空间内的烟的浓度控制在允许极限以下。在进行防烟和排烟设计时，首先要考虑在高层建筑中划分防烟分区，其意义是为了排除烟气或阻止烟的迅速扩散。一般要求净高不超过6 m的房间，采用挡烟垂壁、隔墙或从顶棚下突出不小于0.50 m的梁来划分防烟分区，如图4.13所示。

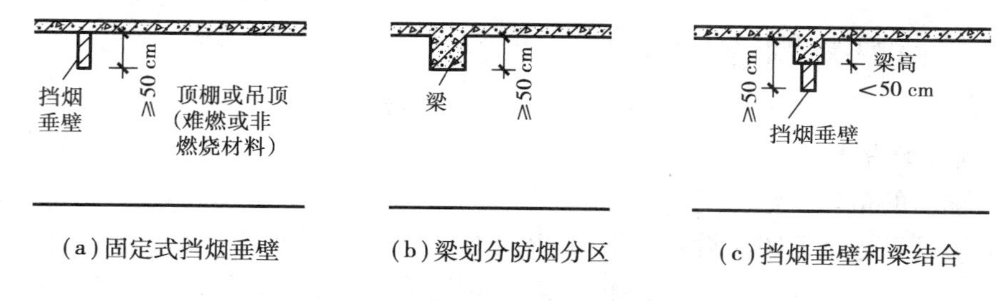

图4.13　防烟分区做法示意图

每个防烟分区的面积一般不超过500 m^2，而且防烟分区不应跨防火分区。

根据《高层民用建筑设计防火规范》的规定，高层民用建筑的下列部位应设防烟和排烟设施：

①防烟楼梯间及其前室，消防电梯前室和合用前室。

②一类建筑和建筑高度超过32 m的二类建筑的下列走道或房间：

a. 无直接采光和自然通风，且长度超过20 m的内走道，或虽有直接采光和自然通风，但其长度超过60 m的内走道。

b. 面积超过100 m^2，且经常有人停留或可燃物较多的无窗房间；设固定窗扇的房间和地下室的房间。

c. 建筑物的中庭。

4.5.3 防烟和排烟方式

排烟方式可分为自然排烟和机械排烟。

(1)自然排烟方式

自然排烟有两种方式:

①利用建筑的阳台、凹廊或在外墙上设置便于开启的外窗或排烟窗进行无组织的自然排烟;

②在防烟楼梯间前室、消防电梯前室或合用前室内设置专用的排烟竖井进行有组织的自然排烟(图4.14)。

自然排烟的特点是:不需要动力和复杂设备,平时可兼做换气用,最为经济、简便,但排烟效果是不够稳定的。我国规定公共建筑超过50 m或居住建筑超过100 m高时,不应采用自然排烟方式。

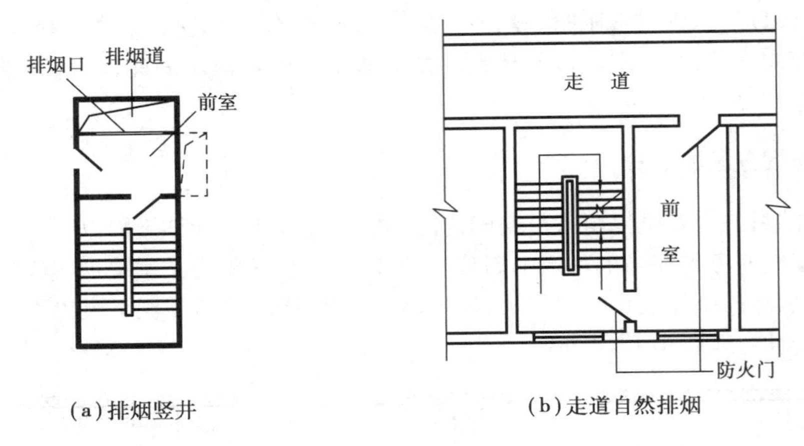

(a)排烟竖井　　(b)走道自然排烟

图4.14　自然排烟方式

(2)机械排烟方式

1)强力加压的机械排烟方式

它是采用机械送风系统向需要保护的部位(如疏散楼梯间及其封闭前室、消防电梯前室、走道或非火灾层等)输送大量新鲜空气,如有排气和回风系统时,则相应关闭,从而造成正压区域,使烟气不能袭入其间,并在非正压区内把烟气排出。主要用于防烟楼梯间及合用前室等部位。

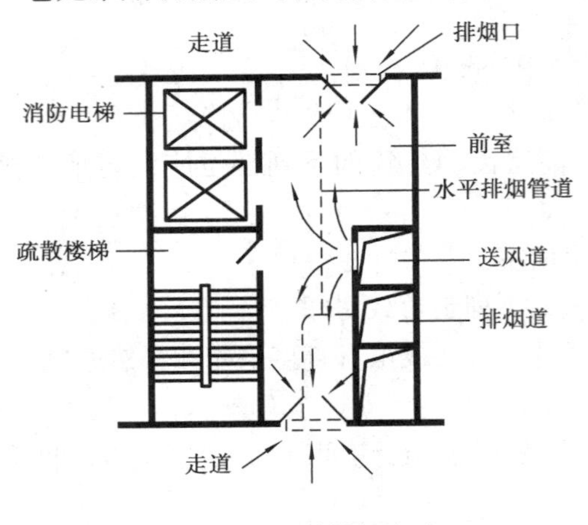

图4.15　机械排烟方式

2)强制减压的机械排烟方式

它是在各排烟区段内设置机械排烟装置,起火后关闭各区相应的开口部分并开动排烟机,将四处蔓延的烟气通过排烟系统排向楼外(图4.15)。当消防电梯前室、封闭电梯厅、疏散楼梯间及前室等部位以此法排烟时,其墙、门等构件应有密封措施,以免因负压而通过缝隙继续引入烟气。主要用于一些封闭空间、中庭、地下室及疏散走道等。

上述几种排烟方式各有优点，对于防排烟方式的选择，要考虑我国当前的经济水平，宜优先采用自然排烟方式，即利用可以开启的门窗进行自然排烟。而对于那些性质重要、功能复杂的综合大楼，超高层建筑及无条件自然排烟的高层建筑，采用机械加压防烟的方式，并辅以机械排烟。

4.5.4　防火设计要点

高层建筑防火设计要点如下：

①总体布局要保证便捷流畅的交通联系，处理好主体与附属部分的关系，保证与其他各类建筑的合理防火间距，合理安排广场、空地与绿化，并提供消防车道。

②对建筑的基本构件（墙、柱、梁、楼板等）作防火构造设计，使其具有足够的耐火极限，以保证耐火支持能力。

③尽量做到建筑内部装修、陈设的不燃化或难燃化，以减少火灾的发生及降低蔓延速度。

④合理进行防火分区，采取每层做水平分区和垂直分区，力争将火势控制在起火单元内加以扑灭，防止向上层和防火单元外的扩散。

⑤安全疏散路线要求简明直接，在靠近防火单元的两端布置疏散楼梯，控制最远房间到安全疏散出口的距离，使人员能迅速撤离险区。

⑥每层划分防烟分区，采取必要的防烟和排烟措施，合理地安排自然排烟和机械排烟的位置，使安全疏散和消防队灭火能顺利进行。

⑦采用先进可靠的报警设备和灭火设施，并选择好安装的位置。还要求设置消防控制中心，以控制和指挥报警、灭火、排烟系统及特殊防火构造等部位，确保它起着灭火指挥基地的作用。

⑧加强建筑与结构、给排水、暖通、电气等工种的配合，处理好工程技术用房与全楼的关系，以防其起火后对大楼产生威胁。同时，各种管道及线路的设计要尽力消除起火及蔓延的可能性。

小　结

1. 建筑物起火原因有多种。燃烧条件有三个：①存在能燃烧的物质；②有助燃的氧气；③有使可燃物燃烧的着火源。

2. 火灾发展的过程可分为三个阶段：火灾初起阶段、猛烈燃烧阶段和衰减阶段。

3. 建筑火灾蔓延的方式和途径是多方面的，主要途径有：由外墙窗口向上蔓延；横向蔓延；由竖井蔓延和由通风管道蔓延。

4. 防火分区设计应从水平防火分区和垂直防火分区两方面进行，应了解防火分区的原则。

5. 人流密集的公共建筑安全疏散更显重要，应了解安全疏散的路线、安全出口及辅助设施；掌握普通楼梯间、封闭楼梯间与防烟楼梯间的区别。

6. 了解防烟和排烟的重要性，防烟分区的划分及防烟排烟方式。

7. 建筑防火设计要点应结合当地工程实例进行防火设计分析。

复习思考题

4.1　建筑起火的原因有哪些？

4.2　建筑火灾分为哪三个阶段？各阶段有何特点？

4.3　火灾在建筑中是如何蔓延的？

4.4　建筑火灾蔓延的途径有哪些？

4.5　什么叫防火分区？为什么要进行防火分区？

4.6　我国的“低规”与“高规”中是如何规定防火、防烟分区的面积？

4.7　防火分区的原则有哪些？可结合当地工程实例具体说明。

4.8　设计一个疏散楼梯的条件是什么？

4.9　普通楼梯间与封闭楼梯间有何区别？绘平面简图加以说明。

4.10　防火设计中的“烟控”问题为什么很重要？

4.11　建筑中防烟分区是如何划分的？

4.12　防烟和排烟的方式有哪几种？

4.13　建筑防火设计的要点有哪些？

4.14　结合当地建筑工程实例进行防火设计分析，并绘建筑平面防火分析图。

第5章 建筑的平面设计

本章要点及学习目标

本章内容包括建筑平面设计的内容和方法，主要使用房间设计、辅助使用房间设计、交通联系部分的设计、建筑平面的组合设计以及建筑平面图的表达。要求了解建筑平面设计的内容和要求，理解平面设计意图；掌握平面设计原理和方法。

建筑是三维的立体空间，平面、立面、剖面是建筑物在不同方向的外形及剖切面的投影，这几个面之间是密切联系而又互相制约的。建筑平面是表示建筑物在水平方向各部分的组合关系，它集中反映了建筑功能方面的问题。一些空间关系简单的民用建筑，其平面布置基本上能反映建筑空间的组合关系，因此，应首先从平面入手进行学习；但是在平面设计中，不能孤立地考虑平面问题，而要把平面设计与建筑整体空间组合关系联系起来考虑，紧密联系建筑剖面和立面，反复推敲，才能完成一个好的建筑设计。

5.1 建筑平面设计的内容

通常，一幢建筑物是由各种不同的使用空间和交通联系空间，根据一定的功能要求，采用不同的分隔与联系方式组合起来的。各种不同的使用空间和交通联系空间，是构成建筑的空间要素。其中，使用空间是指各类建筑物中的使用房间和辅助房间。

图5.1是某市饭店平面示例，其平面布置灵活，流线清晰，功能分区明确。北面面临湖水一侧为敞厅、餐厅等公共活动场所，使建筑空间与自然融为一体。南面为主要客房，比较安静且有好的朝向和视野。餐厅、客房、会议室显然是使用房间；而公共卫生间、厨房、备餐间、储藏间等则是辅助房间；门厅、楼梯间、走道则起着联系各房间的作用，是交通联系空间。

从本例中可以看出，使用房间是建筑物的核心，是直接体现建筑功能要求的生产、生活和工作用房。例如：住宅中的起居室、卧室，学校中的教室、实验室，商业建筑中的营业厅，以及影剧院中的观众厅等都是构成各类建筑的基本空间。

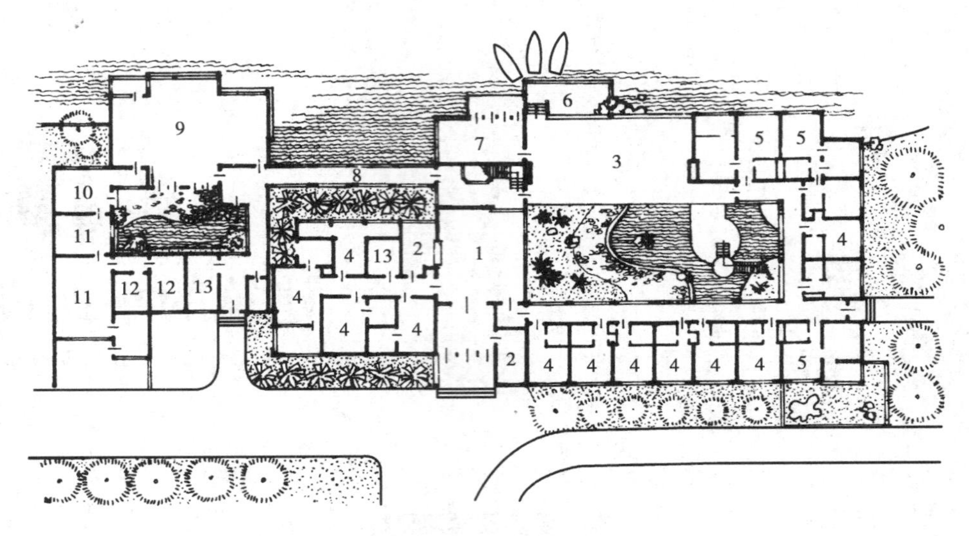

图 5.1　某市临湖饭店

1—门厅;2—服务;3—敞厅;4—单间客房;5—套间客房;6—码头;

7—会议室;8—水廊;9—餐厅;10—备餐间;11—厨房;12—储藏间;13—公共卫生间

辅助房间是为保证建筑物使用目的而设置的起辅助作用的用房及设备用房,属于建筑物的次要部分。例如:住宅建筑中的厨房、厕所,商业建筑中的库房、卫生间及其他服务性房间等。

交通联系部分是指为联系上述两部分用房及供人流、货流通过的交通空间。即各类建筑物中的走廊、门厅、楼梯、电梯等空间。

以上几个部分根据使用功能的不同,在房间设计及平面布置上应区别对待,采用不同的方法。建筑平面设计的任务是:

①结合建筑功能要求合理地解决平面各组成部分之间的联系与分隔的相互关系,妥善安排各使用空间的相对位置。

②选择合适的交通联系方式,组织好建筑内部及内外部之间的交通联系。

③平面形式要做到布局紧凑,用地节约,为外部造型设计创造条件。

④考虑结构布置、构造处理和施工的合理性,节约工程造价。

建筑平面设计所涉及的因素很多,主要就是研究解决建筑功能、物质技术、经济及美观等问题。

5.2　建筑平面的组成和功能要求

根据平面使用性质,建筑平面一般是由使用部分和交通部分两大部分组成。使用部分包含了使用房间和辅助房间,而交通部分是各个使用部分相互联系、通行的区域和空间,将平面中的各个组成部分联系起来。

5.2.1　使用部分的类型和设计要求

(1)使用部分的类型

建筑中的室内使用空间——房间,是建筑物最基本的使用单位。不同性质的房间,由于在功能使用上有不同的特点和要求,因此它的空间形式往往是不同的,使用部分按功能要求可分为以下类型:

1)生活用房间

生活用房间如住宅、宿舍中的居室,旅馆、招待所中的客房、餐室等。这些房间的功能要求主要是创造安静、舒适、方便、卫生和亲切的环境,以满足人们睡眠、休息、就餐、读写、会客等日常生活要求。一般生活用房间虽然没有特别复杂的功能要求,而且房间一般比较小,结构也较简单,空间形式基本上是矩形,但这种房间的使用要求却是很多样的(比如安静,少干扰),并且由于人们在其中停留的时间相对地较长,因此,在设计时应考虑有较好的朝向和通风,并认真细致地安排与布置室内各种活动空间。

2)工作用房间

工作用房间如各种办公室、教室、阅览室、实验室、诊疗室等。这类房间的功能要求比较复杂,而且不同的工作性质有不同的要求。例如,一般工作室、学习室,希望有安静的环境,要注意隔声的要求;绘图室、阅览室,希望有良好的均匀光线,要注意采光和照明的要求;医院的手术室要求清洁无菌,要考虑卫生隔离和防尘等要求。因此,对于工作用房间,在设计时应根据不同工作的具体要求,以创造合适的工作环境。这种房间一般构造和室内技术设备条件都比较复杂,空间的大小和形状应根据具体功能要求来定。

3)公共活动用房间

公共活动用房间如集会、文娱、体育、观览等活动用的观众厅、比赛厅、展览厅等。这类房间因为使用人数多,空间体量大,使用要求高,因而对建筑设计提出了很多复杂的功能和技术要求,例如:视线、声学、安全疏散、采光照明、结构要求等问题。为了满足这些功能和技术上的要求,房间的平面形状除矩形以外,还常采用圆形、方形、梯形、多边形等各种形状,如图5.2所示。

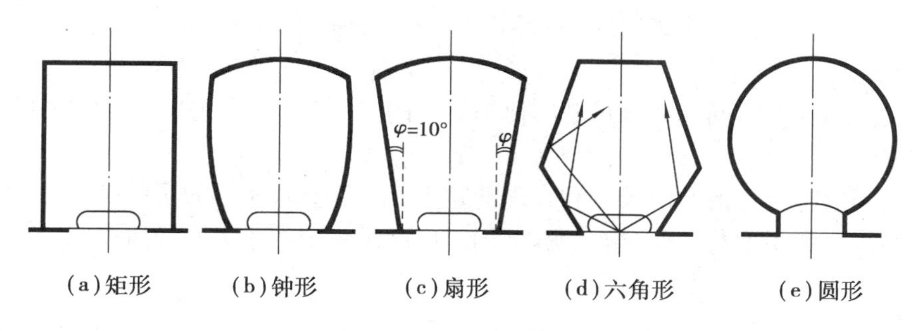

图5.2　观众厅的平面形状

4)辅助用房间

这类房间有很多,其中,有属于辅助活动用的,如浴室、厕所、盥洗室等,这种房间的平面布置应紧凑,与主要房间既要联系方便,又要适当隔离和隐蔽,而且采光、通风要好,容易清洁排臭;有属于服务供应用的,如厨房、洗衣房、通风机房等,这类房间实际上也是工作用房间,应按工艺过程和操作要求进行设计;有属于贮存物品用的,如仓库、车库、衣帽间等,这种房间应满足各种物品贮存的要求以及物品进出所需要的空间。辅助房间在建筑物中,应处于次要的地位,在不影响使用的条件下,应尽量利用建筑物的暗间、死角、夹层等不利位置,并尽量节约面积。

(2)设计要求

在房屋建筑中,虽然有各种不同使用要求和各种不同空间形式的房间,但归纳起来,无论哪一种房间,都必须满足下列最基本的要求:

1)使用方面的要求

任何房间不但都应有必需的面积和体积,适宜的尺寸和形状,以适合内部家具、设备的布置和使用活动的要求,而且还必须与其他房间和室外空间有合理的分隔与联系。

2)环境方面的要求

任何房间一般都应有良好的采光、通风和日照等自然环境条件,而且在房间内一般还应有与使用要求相适应的卫生技术设备,例如给水、排水、采暖、照明等。

3)审美方面的要求

无论什么房间都应根据具体情况,考虑室内空间形体、比例、色彩、装饰,以及家具、设备布置等问题,以满足人们精神上和审美上的要求。

5.2.2 交通联系部分的类型和设计要求

(1)交通联系部分的组成

一幢建筑物除了有满足使用要求的各种房间外,还需要有交通联系部分把各个房间之间以及室内外之间联系起来,建筑物内部的交通联系部分可以分为:

①水平交通联系的走廊、过道等;

②垂直交通联系的楼梯、坡道、台阶、电梯、自动扶梯等;

③交通联系枢纽的门厅、过厅等。

交通联系部分的面积在一些常见的建筑类型(如宿舍、教学楼、医院或办公楼)中,约占建筑面积的1/4。这部分面积设计得是否合理,除了直接关系到建筑物中各部分的联系通行是否方便外,它也对房屋造价、建筑用地、平面组合方式等许多方面有很大影响。

(2)设计要求

①建筑的交通联系空间应在满足基本使用要求的前提下,尽量节省交通面积,提高建筑物面积的利用率。

②交通空间应有合适的空间尺度和合理的宽度,不设障碍,利于人员的疏散。

③交通路线应联系通行方便,简捷明确,同时应满足一定的采光和通风要求。

5.3 使用部分的平面设计

使用房间是构成建筑空间的主体,应满足一定的功能要求,即应具有足够的面积大小,适宜的形状尺寸,良好的采光通风条件,便捷的交通联系以及合理的结构和有利于施工的构造等。

5.3.1　房间面积

使用房间的面积大小主要是由房间内部活动特点、使用人数多少、家具设备的多少等因素决定的。按照使用要求，房间的面积可以分为三部分：①家具和设备所占用的面积；②人们使用家具设备及活动所需的面积；③房间内部的交通面积。

图5.3为教室、卧室使用面积分析示意。

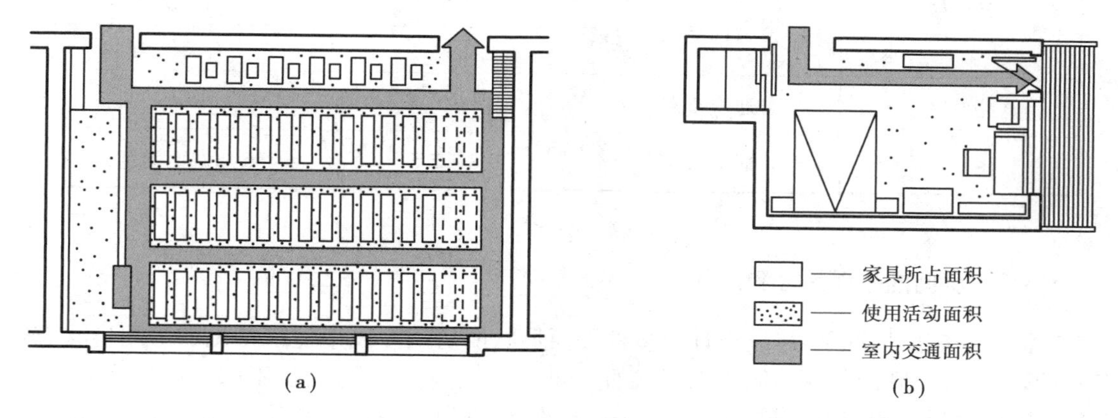

图5.3　教室、卧室使用面积分析示意

在一般情况下，根据家具、设备和使用活动尺度，即可大致确定房间面积，例如：一个中学教室需50～55 m^2，一个6人使用的餐室需10 m^2左右，如图5.4所示。

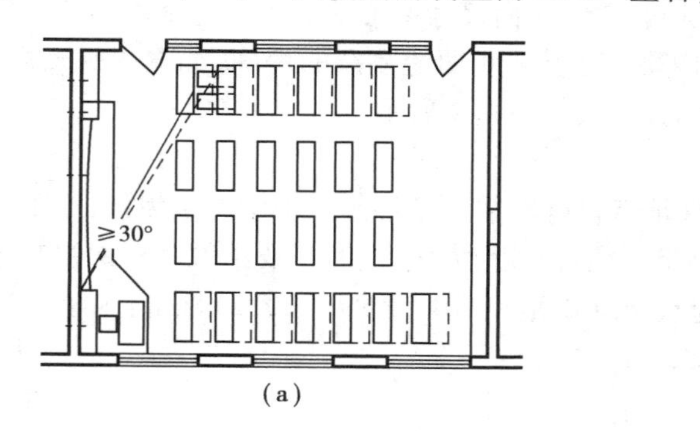

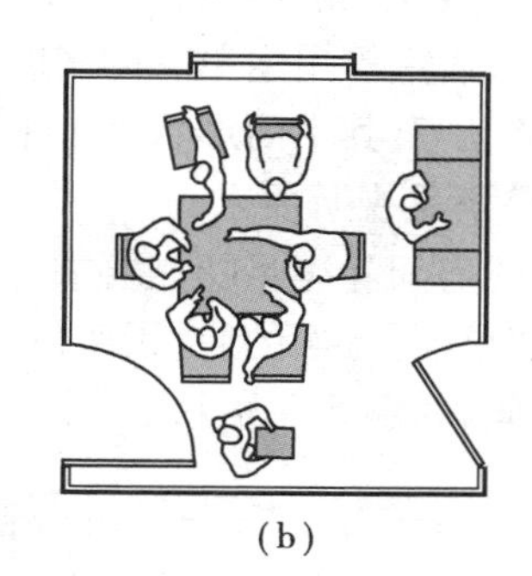

图5.4　教室与餐室的面积

对有些房间的面积，如商场的营业厅、影剧院的观众厅等，由于这些房间中使用活动的人数不固定，又不能直接从房间内家具的数量来确定，因此就需要通过对已建的同类型房间进行调查研究，掌握实际使用活动的一些规律，再结合该房间的使用要求和相应的经济条件，确定比较合理的室内使用面积。

根据这种情况，我国有关部门及各地区制订了面积定额指标。表5.1是部分民用建筑房间面积定额参考指标，以房间的容纳人数及面积定额就可以得出房间的总面积。

具体进行设计时，在已有面积定额的基础上，仍需对房间的形状、门窗的开放位置、家具设备的摆放、人们的活动和通行情况进行深入的分析，通过分析比较，得出合理的房间面积。

表 5.1 部分民用建筑房间面积定额参考指标

建筑类型 \ 项目	房间名称	面积定额/($m^2 \cdot 人^{-1}$)	备注
中小学	普通教室	1～1.2	小学取下限
办公楼	一般办公室	3.5	不包括走道
	会议室	0.5	无会议桌
		2.3	有会议桌
铁路旅客站	普通候车室	1.1～1.3	
图书馆	普通阅览室	1.8～2.5	46 座双面阅览桌

5.3.2 房间的平面尺寸和形状

在面积一定的情况下,可以设计出多种平面形状的房间。民用建筑常见的房间形状有矩形、方形、多边形、圆形等。不同平面形状的房间,其使用效果也会截然不同。在具体设计中,应从室内使用活动的特点、家具布置方式、采光通风、室内音质效果和结构形式等方面综合考虑,选择合适的房间形状。

(1)满足功能要求

各类型建筑的房间,由于使用性质不同,它的平面尺寸和形状应该是完全不同的。如办公室、宿舍、居室等用途单一的房间常采用矩形,对于某些功能复杂的房间,如电影观众厅、杂技场、体育场等,其平面形状就可采取复杂的形状,如图 5.2 所示。

(2)满足视听要求

有的房间除满足功能要求外,还应保证有良好的视听条件。以中学教室为例,为了保证学生上课时视听方面的质量,座位的排列不能太远、太近、太偏,同时还要给教师授课留有足够的活动空间,如图 5.5 所示。《中小学校建筑设计规范》(GB 50099—2011)规定:为了保证最小

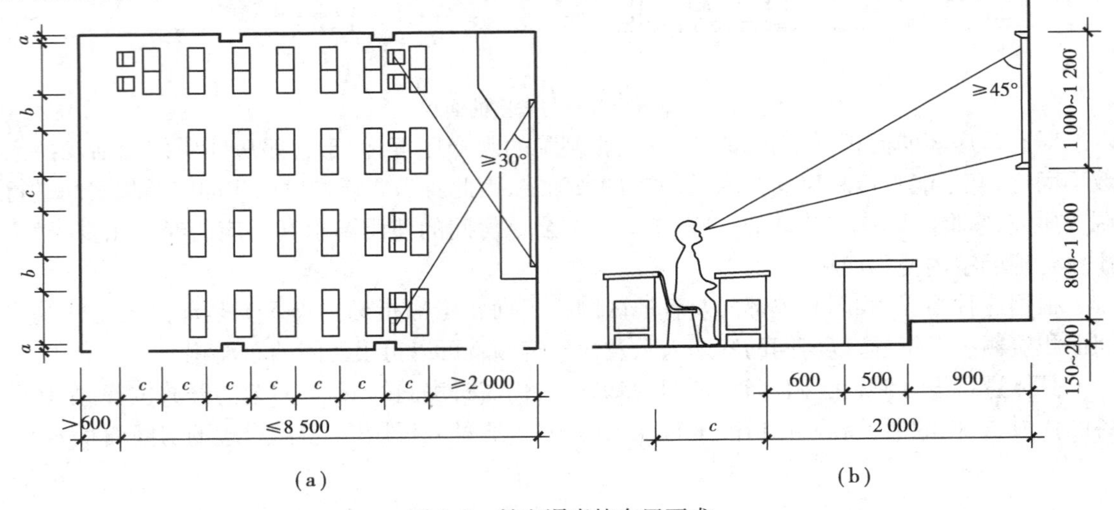

图 5.5 教室课桌椅布置要求

视距的要求，第一排座位前沿距黑板的距离必须大于或等于2.5 m；为限制最大视距的要求，后排课桌后沿距黑板的最大水平距离：小学宜为8.0 m；中学宜为9.0 m；为了保证边侧学生的视线夹角，要求边侧学生水平视角（即前排边座与黑板远端的视线夹角）应大于或等于30°；教室后部应设置宽度不小于0.6 m的距离，以保证学生必要的活动尺度。在上述范围内，结合桌椅的尺寸排列、人体活动的基本尺度、结构占用的面积以及模数协调统一的要求，中学教室平面尺寸常取6.30 m×9.00 m、6.60 m× 9.00 m、6.90 m×9.00 m等。

（3）满足采光、通风等室内环境的要求

大部分工作和生活用房间都需要天然采光，当平面组合中房间只能一侧采光时，窗上沿的高度与房间进深之比，一般应为1∶2左右。例如：教室或办公室的室内高度为3.3 m时，其进深就不宜超过7 m；若双侧采光时，进深可较单侧采光时增大一倍，如图5.6所示。在窗面积一定的情况下，房间的平面形状对自然通风也有一定的影响。在影剧院、观众厅等房间中，还要注意房间的平面形状应符合声学上的要求。

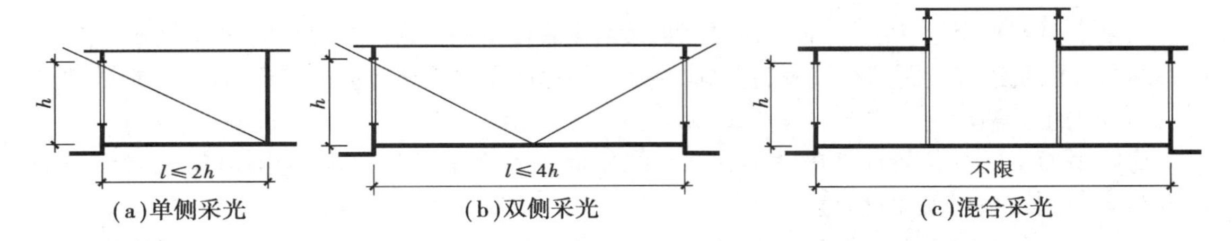

图5.6　采光方式对房间进深的影响
h—窗上口至地面的垂直距离；l—房间进深

（4）满足结构、施工的可能性与经济合理的要求

一般民用建筑常采用墙体承重的梁板式结构和框架结构体系。而结构的跨度有其经济合理的范围，例如非预应力钢筋混凝土板的跨度在4 m以内、梁的跨度为6～8 m比较经济。如果没有特殊要求，房间的开间和进深尺寸应尽量使构件规格化、统一化，同时使梁板构件符合经济跨度要求；此外，还应符合建筑模数的要求，尽量减少结构构件的规格和类型，以方便施工。

（5）满足建筑的总体条件

建筑物周围环境和基地大小、地形、朝向以及房间内部空间形象的要求，都是影响房间平面形状的重要因素。如图5.7所示是房屋的平面布置受基地条件限制时，为改善房间对朝向的要求，房间平面采用非矩形的布置。

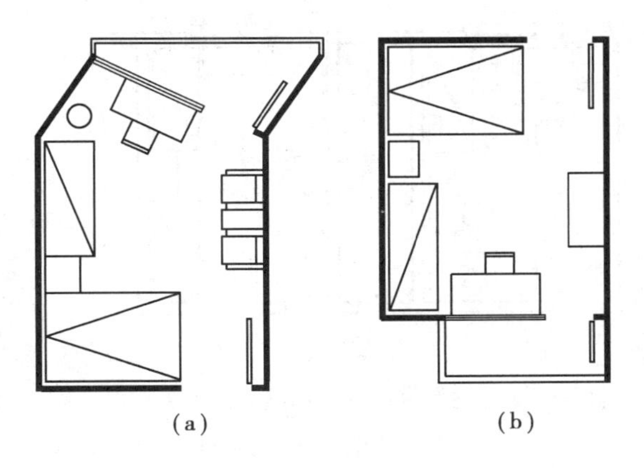

图5.7　住宅卧室的平面形状

（6）满足艺术造型的需要

有的小型公共建筑，结合空间所处的环境特点、建筑功能要求以及建筑师的艺术构思，房间平面常采用矩形、多边形及不规则的形状。如某海边旅馆（图5.8），圆形与矩形形体穿插，与海边环境相互融合，呈现浓厚的热带风格。平面空间具有活泼、开敞、轻松的气氛。

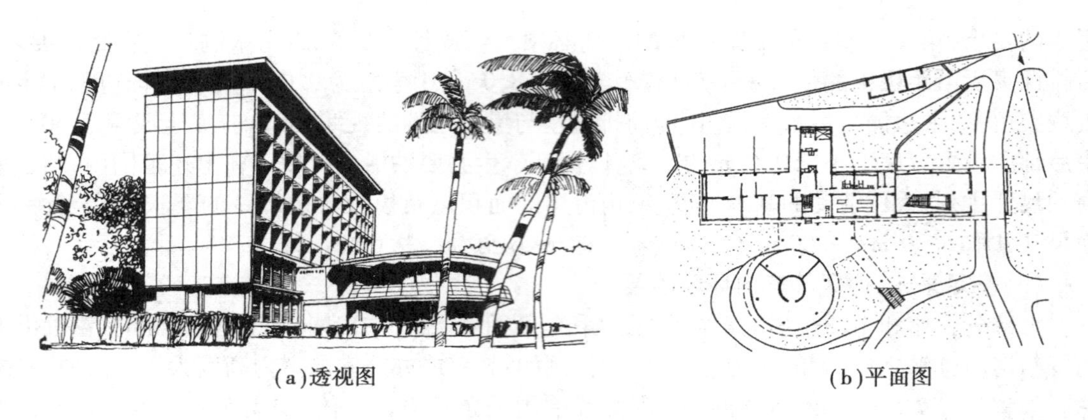

(a)透视图　　(b)平面图

图 5.8　某海边旅馆

5.3.3　使用房间的门窗设置

门是供出入和交通联系用,而且还要满足搬运家具设备的要求。窗对房间的采光通风、家具设备的摆放以及建筑立面具有较大的影响。因此,门窗的布置需要多方面综合考虑,反复推敲。

(1)门的位置

房间平面中门的位置应考虑室内交通路线简捷和安全疏散的要求,应有利于家具设备的摆放和充分利用室内使用面积。

对于面积较小、使用人数较少的房间,门的位置首先考虑家具的布置合理,如图 5.9 所示集体宿舍中床铺安排和门的位置关系。对于集体宿舍,为便于多布置床,常将门设在房间墙中央。

当一个房间中门的数量大于一个时,应考虑缩短室内交通路线,尽量使门靠拢,保留较为完整的活动面积,以利于家具布置。图 5.10 中的例子是表示住宅卧室由于门的位置不同,给室内活动面积和家具布置带来的影响。其中图(a)的布置较合理;图(b)门布置,使交通路线过长,过多的占用室内面积,不利于家具布置。

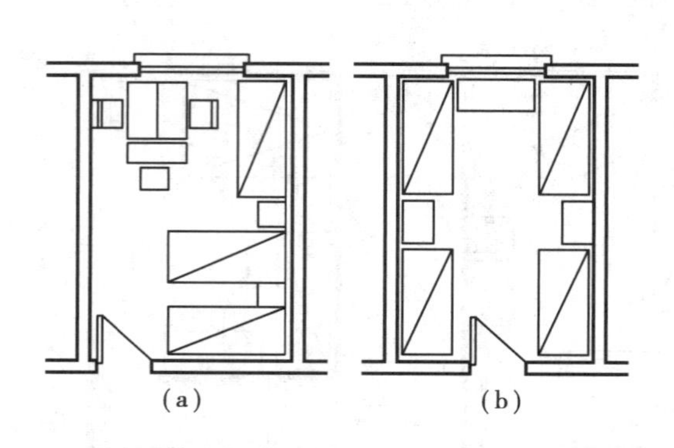

(a)　　(b)

图 5.9　集体宿舍床铺安排和门的位置关系

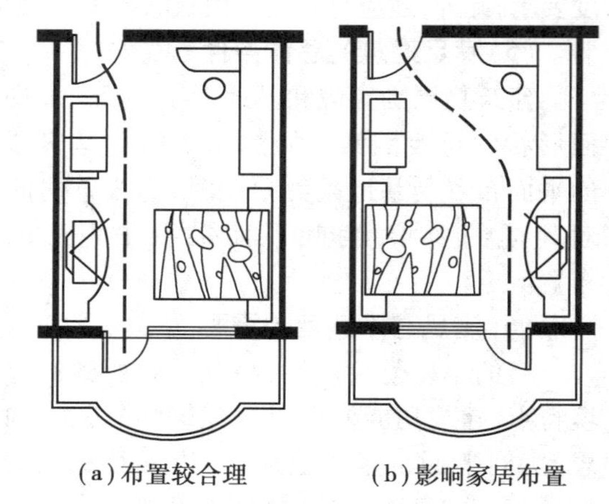

(a)布置较合理　　(b)影响家居布置

图 5.10　设有壁橱卧室门的布置

在使用人数较多的公共建筑中,为便于人流交通和在紧急情况下人们迅速而安全地疏散,门的位置必须与室内走道紧密配合,使通行线路简捷,如图 5.11 所示。

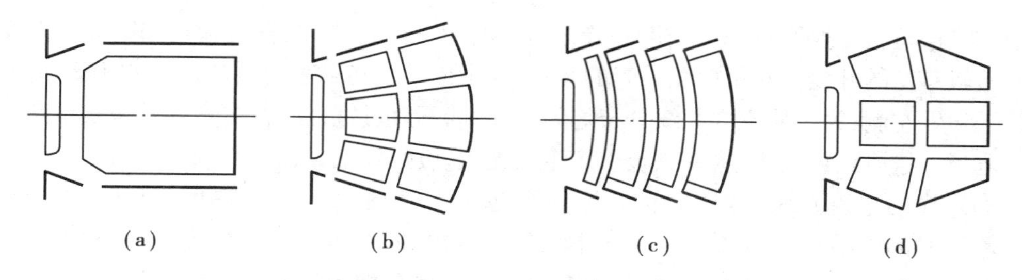

图5.11　观众厅门与走道的关系

(2)**门的宽度及数量和开启方式**

门的最小宽度是由人体尺寸、人流股数及家具设备的大小决定的。如住宅中卧室、起居室的门应考虑一人携带物品通行,常取900 mm的宽度;厨房、卫生间的门,宽度可取700~800 mm;普通教室、办公室等的门考虑人员通行和搬运较大办公设备的需要,常采用1 000 mm。

当房间面积较大和使用人数较多时,为确保交通的顺畅,应相应增加门的宽度或门的数量。当门宽大于1 000 mm时,为了开启方便和少占使用面积,通常采用双扇门、四扇门等。双扇门的宽度可为1 200~1 800 mm,四扇门的宽度可为2 400~3 600 mm。对于一些人流集中的大型公共建筑,如影剧院的观众厅、体育馆的比赛大厅等,考虑安全疏散的要求,门的宽度应按每100人600 mm宽计算,且每樘门宽度不应小于1 400 mm。此种建筑为便于安全疏散,房间的门应当向外开启。

按照《建筑设计防火规范》的要求,当房间使用人数超过50人和面积超过60 m^2 时,至少需设两个门。当房间门的数量多于两个时,门的位置应当尽量分散布置,以保证人流的及时疏散,也为日后房间空间进行再划分创造条件。

(3)**窗的设置**

房间中窗的大小和位置主要根据室内采光、通风要求来考虑。

采光方面,窗的面积大小直接影响到室内的照度。不同使用要求的房间对采光要求不同,如绘图室、打字室、手术室等对采光要求很高;居室、厕所要求较低;贮藏室、走道要求更低。通常将建筑采光标准分为五级,每级规定相应的窗地面积比,即房间窗口总面积与地面面积的比值(见表5.2),设计时可根据窗地面积比来初步确定或校验窗面积的大小。

表5.2　民用建筑采光等级表

采光等级	视觉工作特征		房间名称	窗地面积比
	工作或活动要求精确程度	要求识别的最小尺寸/mm		
Ⅰ	极精密	<0.2	绘图室、制图室、画廊、手术室	1/5~1/3
Ⅱ	精密	0.2~1	阅览室、医务室、健身房、专业实验室	1/6~1/4
Ⅲ	中精密	1~10	办公室、会议室、营业厅	1/8~1/6
Ⅳ	粗糙	>10	观众厅、居室、盥洗室、厕所	1/10~1/8
Ⅴ	极粗糙	不作规定	储藏室、门厅、走廊、楼梯间	1/10以下

窗的平面位置主要影响到房间沿外墙方向来的照度是否均匀、有无暗角和眩光。图5.12所示为普通教室窗的开设。对于单侧采光的教室，为了使学生在书写时不被自身的阴影所遮挡，窗户应位于学生左侧；为了使室内光线分布均匀，窗间墙不宜过宽；同时，窗户和挂黑板墙面之间的距离要适当。这段距离太小，会使黑板上产生眩光；这段距离太大，又会形成暗角。

单侧采光的建筑光线不均匀，近窗点很亮，远窗点较暗，提高窗口高度，可使远窗点光线增强。双侧采光的建筑可以改善单侧采光不均匀的现象，同时也有利于室内的通风。

窗对室内空气流通也具有较大的影响，应当使窗的位置有利于室内穿堂风的组织，从而达到室内通风换气的目的。图5.13所示为窗的位置对气流的影响，从图中可知，门窗位置应尽量使气流通过活动区，以加大通风范围；门窗的相对位置应尽量采用对面直通式布置，以保证室内气流通畅。

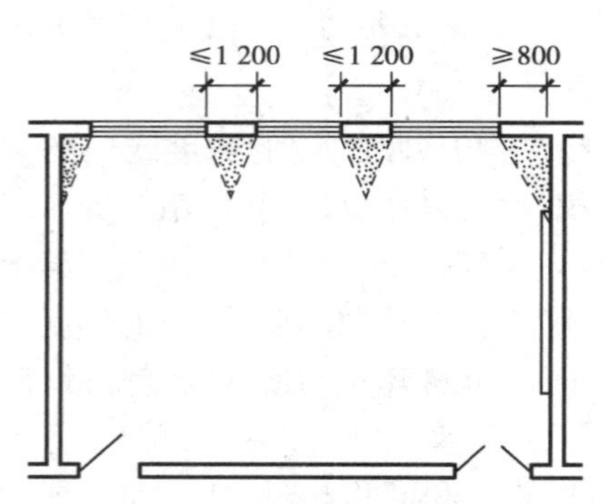

图5.12　教室侧窗的布置

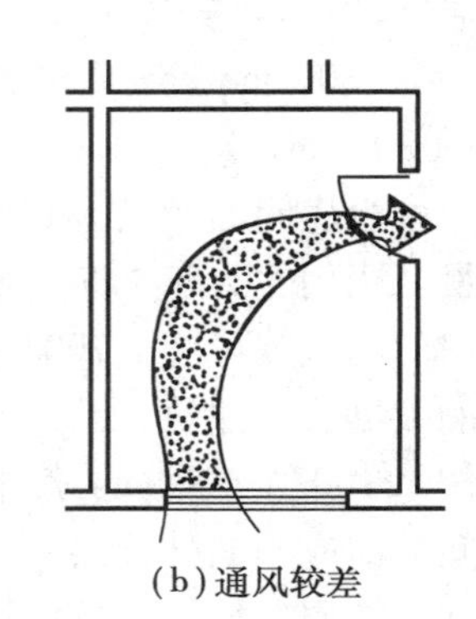

(a)通风较好　(b)通风较差

图5.13　窗的位置对气流组织的影响

当然，房间中窗的设置还应结合朝向、建筑节能、立面设计、建筑经济等因素综合考虑。南方地区气候炎热，可适当增大窗口面积，以扩大通风量；寒冷地区为防止冬季热量从窗口过多散失，可适当减小窗口面积。有时，为了取得一定立面效果，窗口面积可根据造型设计的要求统一考虑。

5.3.4　辅助房间设计

辅助房间是指为使用房间提供服务的房间，如厕所、盥洗室、浴室、厨房、通风机房、水泵房、配电房等。这些房间在整个建筑平面中虽然属于次要地位，但却是不可缺少的部分，直接关系到人们使用的方便与否。辅助房间的设计原理和方法与使用房间基本相同。

(1)厕所(卫生间)的布置

厕所(卫生间)是建筑中最常见的辅助房间。厕所(卫生间)主要分为住宅用卫生间和公共建筑内卫生间两大类。前者是服务于家庭的，后者是服务于公共场所的，因此其设计也略有不同。

住宅用卫生间内的卫生洁具应包括：便器、洗浴器(浴缸或喷淋)、洗面器。三件卫生洁具可以布置在同一卫生间内，也可以布置在不同的卫生间内。常用平面形状及尺寸如图5.14所示。

公共建筑厕所卫生设备有大便器、小便器、洗手盆、污水池等，常用尺寸及布置方案如图5.15所示。公共厕所卫生设备的数量通常根据各种建筑物的使用特点和使用人数多少确定(见表5.3)，根据计算所得的设备数量，综合考虑各种设备及人体活动所需要的基本尺度，确定房间的基本尺寸和布置形式。

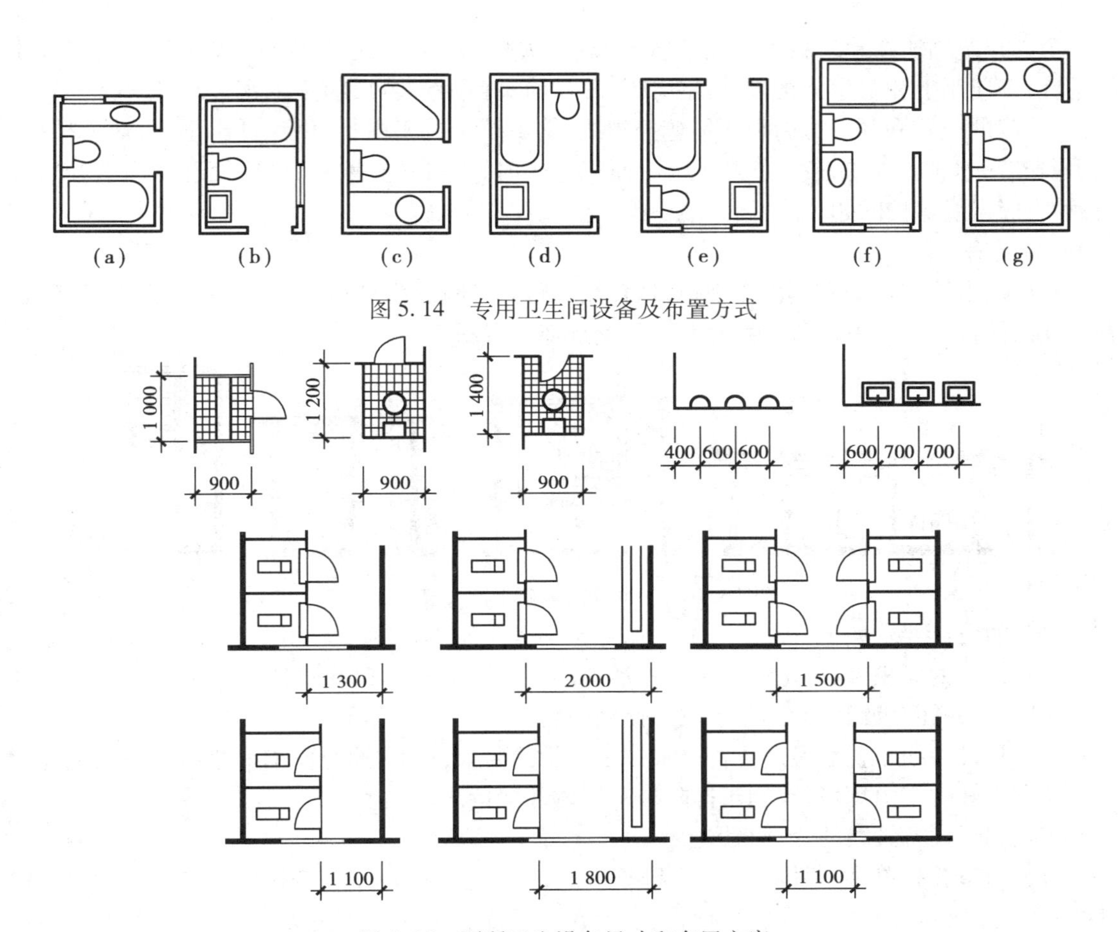

图 5.14　专用卫生间设备及布置方式

图 5.15　厕所卫生设备尺寸和布置方案

表 5.3　部分民用建筑厕所设备个数参考指标

建筑类型	男小便器 /(人·个$^{-1}$)	男大便器 /(人·个$^{-1}$)	女大便器 /(人·个$^{-1}$)	洗手盆或龙头 /(人·个$^{-1}$)	男女比例	备　注
旅　馆	20	20	12			男女比例按设计要求
宿　舍	20	20	15	15		男女比例按实际使用要求
中小学	40	40	25	100	1 : 1	小学数量应稍多
火车站	80	80	50	150	2 : 1	
办公楼	50	50	30	50 ~ 80	5 : 1 ~ 3 : 1	
影剧院	35	75	50	140	3 : 1 ~ 2 : 1	
门诊部	50	100	50	150	1 : 1	总人数按全日门诊人次计算
幼　托		5 ~ 10	5 ~ 10	2 ~ 5	1 : 1	

注:一个小便器折合 0.6 m 长小便槽。

公共建筑厕所在建筑物中应处于“既隐蔽又方便”的位置，应与走道、大厅等交通部分相联系，由于使用上和卫生上的要求，一般应设置前室（图5.16），前室的深度应不小于1.5～2.0 m。门的位置和开启方向要既能遮挡视线，又不至于过于曲折，以免进出不便，造成拥挤。洗手盆和污水池通常在前室布置。厕所面积过小时，也可不作前室，但要处理好门的开启方向，解决好视线遮挡问题。

（2）**厨房**

厨房炊事操作行为有其内在规律，从食品的购入、储藏、摘捡菜、清洗、配餐、烹调、备餐、进餐、清洗、储藏，为一次食事行为周期，应按此规律布置厨房。

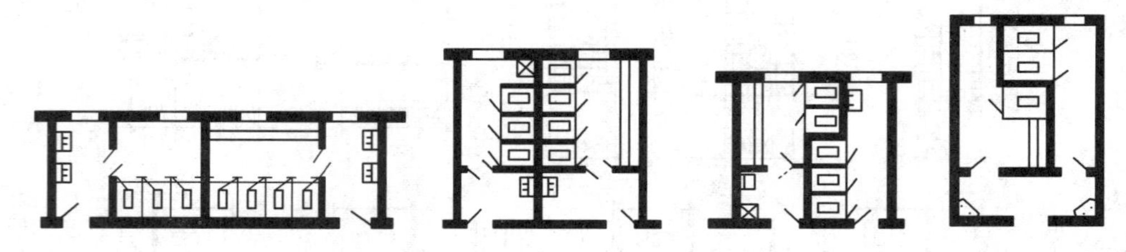

图5.16　公共建筑厕所平面布置形式

厨房的设计要求如下：

①有适当的面积，以满足设备和操作活动的要求。其空间尺寸要便于合理布置家具设备和方便操作，并能充分利用空间，解决好储藏问题。

②家具设备的布置及尺度要符合人体工程学的要求，适宜于操作，有利于减少体力消耗。

③有良好的室内环境，有利于排除有害气体及保持清洁卫生。

④有利于设备管线的合理布置。

厨房的布置有单排、双排、L形、U形等形式，如图5.17所示。其中L形与U形（图5.17（b）、（d））更为符合厨房的操作流程，提供了连续案台空间，较为理想。与双排布置相比，避免了操作过程中频繁转身的缺点。

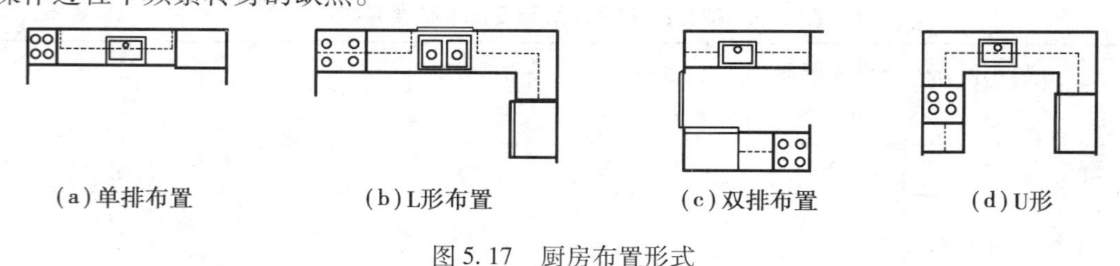

图5.17　厨房布置形式

5.4　交通联系部分的平面设计

进行交通联系部分的平面设计，首先需要具体确定走廊、楼梯等通行疏散要求的宽度，具体确定门厅、过厅等人们停留和通行所必需的面积，然后结合平面布局考虑交通联系部分在建筑平面中的位置以及空间组合等设计问题。

5.4.1　门厅

门厅是建筑物主要出入口处的内外过渡、人流聚散的交通枢纽。大部分建筑的门厅除了作为交通枢纽之外，通常还具有其他的功能，如旅馆的门厅内设置服务台、问讯处或小卖部等；办公楼和教学楼的门厅一般还具有信件收发、展览、公示等功能。

门厅的面积大小主要根据各类建筑的使用性质、规模及质量标准等因素来确定，设计时可参考有关面积定额指标。例如，中小学的门厅面积可按每人0.06～0.08 m^2 来计算；电影院则以每座位不小于0.13 m^2 来计算等。一些兼有其他功能的门厅面积，还应根据实际使用要求相应地增加。

明确的导向性是门厅设计中应解决的一个重要问题，应当使人们进入门厅之后能够迅速找到走廊、楼梯、电梯等交通设施，并判断出它们通向的不同空间。门厅的布置方式，从形式上看，有对称式门厅和非对称式门厅两种。对称式的门厅有明显的轴线，视线明朗，导向性好（图5.18(a)）；不对称的门厅没有明显的轴线，平面布局灵活，空间变化较多，往往借助花格、梯段等划分空间，引导人流（图5.18(b)）。

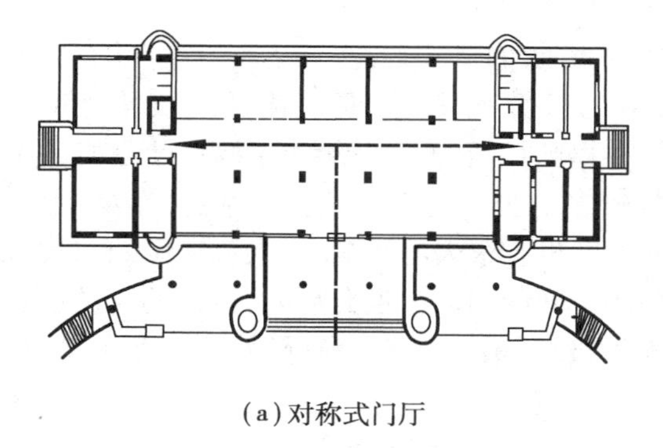
(a)对称式门厅

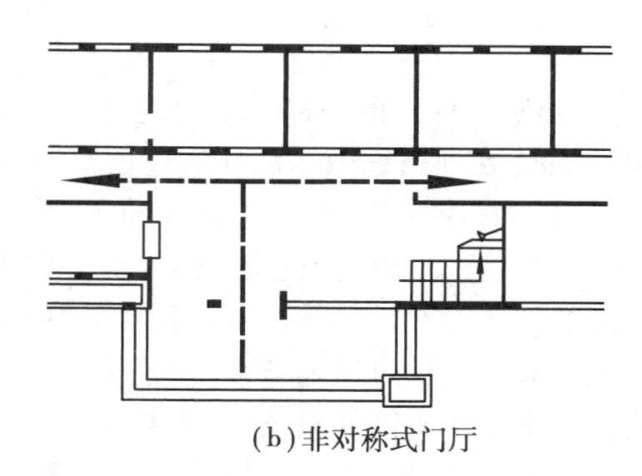
(b)非对称式门厅

图5.18　建筑物中门厅平面示意

设计门厅时需注意：必须把人流组织好，交通路线要简捷通畅，防止交叉拥挤；适当安排与分配休息、等候等其他功能要求的面积，防止堵塞交通；门厅应有较好的天然采光，并保证必要的层高；门厅应注意防雨、防风、防寒等要求；门厅（包括门廊、台阶、雨篷等）还应满足建筑空间艺术和立面美观的要求。另外，门厅对外出口的宽度按防火规范的要求不得小于通向该门厅的走道、楼梯宽度的总和（图5.19），外门的开启方向一般宜向外或采用弹簧门。

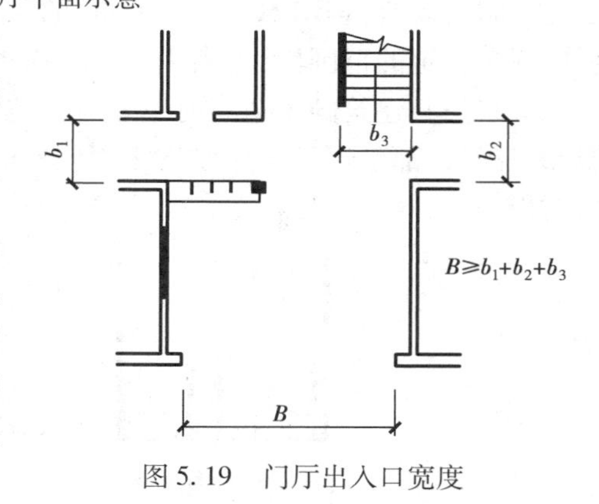

图5.19　门厅出入口宽度

5.4.2　走道

走道又称为过道或走廊。走道连接各个房间、楼梯和门厅等各部分，以解决房屋中水平联系和疏散问题。走廊的宽度与建筑功能、耐火等级、建筑层数、通行人流股数、沿走廊房间门开启方向有关，同时还要考虑自身长宽高空间比例的要求。

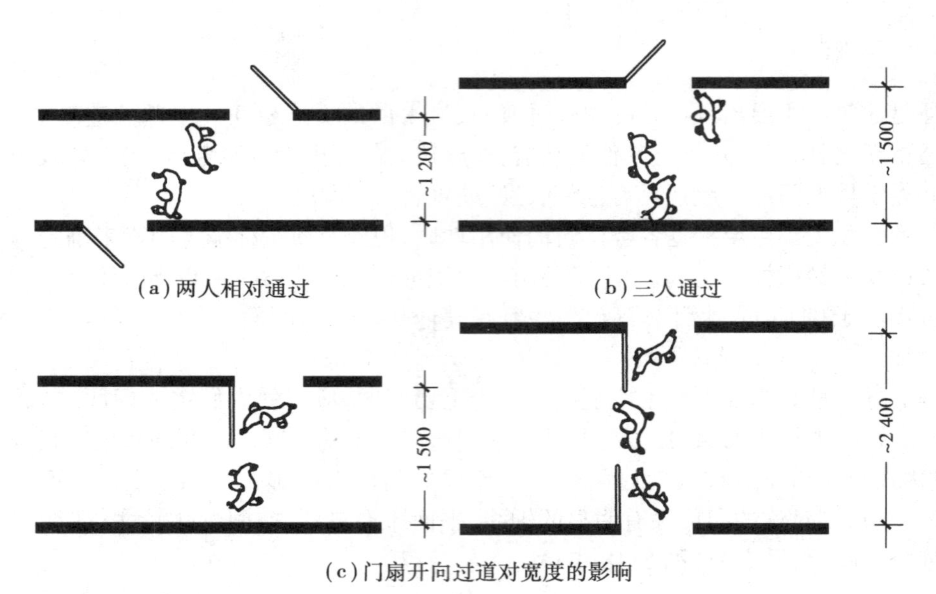

(a)两人相对通过
(b)三人通过
(c)门扇开向过道对宽度的影响

图5.20　人流通行和过道的宽度

专供人通行的过道，其宽度可结合通行人流的股数而定，每股人流的宽度取550～600 mm。在通行人数少的住宅过道中，考虑到两人相对通过和搬运家具的需要，过道的最小宽度也不宜小于1 100～1 200 mm。在通行人数较多的公共建筑中，过道宽度通常不小于1 500 mm（图5.20）。过道内的人流方向对过道的宽度也有很大的影响，在人流交叉处和具有对流的情况下，过道需适当放宽。当通向过道的使用空间的门向过道开启时，过道的宽度也要适当加大。设计过道的宽度，应根据建筑物的耐火等级、层数和过道中通行人数的多少，进行防火要求最小宽度的校核，见表4.6。

走道的长度应根据建筑物的使用要求、平面布局以及采光和防火等要求决定。按照《建筑设计防火规范》（GB 50016—2006）的要求，最远房间出入口到楼梯间安全出入口的距离必须控制在一定的范围内，见表4.3和表4.4。

有些公共建筑的走道有时也兼有其他的使用功能，如教学楼中的走道可能兼有展示的功能，医院门诊部走道可兼作候诊之用（图5.21）。此时，应根据具体情况适当加大走道的宽度和面积。

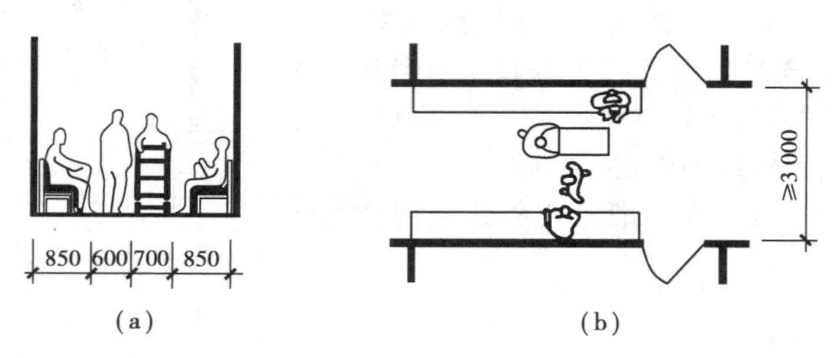

(a)
(b)

图5.21　兼作候诊的走道

走道一般应具备天然采光和自然通风的条件。在单面走道的建筑中，可以获得较好的采光通风效果；而中间走道的建筑，则易出现光线不足、通风较差等问题。一般是通过走道尽端开窗，利用楼梯间、门厅或走道两侧房间设高窗来解决此类问题。

5.4.3　楼梯

楼梯设计主要根据使用要求和人流通行情况，确定梯段和休息平台的宽度，选择适当的楼梯形式，考虑整幢建筑的楼梯数量，以及楼梯间的平面位置和空间组合。

（1）基本要求

楼梯在建筑中位置应标志明显，方便到达；楼梯应与建筑的出口关系紧密，连接方便，一般均应设置直接对外出口；当建筑中设置数个楼梯时，应主次分明，其分布应符合建筑内部人流的通行要求；楼梯间应有良好的采光及通风条件；楼梯应有利于建筑的立面造型和室内空间效果。

（2）楼梯的宽度、数量和位置

楼梯的宽度应根据通行人数的多少和建筑防火要求来决定。梯段的宽度，考虑两人相对通过，通常不小于1 100～1 200 mm。一些辅助楼梯，从节省建筑面积出发，把梯段的宽度设计得小一些，考虑到同时有人上下时能有侧身避让的余地，梯段的宽度也不应小于850～900 mm（图5.22）。所有楼梯梯段宽度的总和应按照《建筑设计防火规范》（GB 50016—2006）和《高层民用建筑设计防火规范》（GB 50045—95）（2005版）的最小宽度进行校核，见表4.6。楼梯平台的宽度，除了考虑人流通行外，还需考虑家具和设备搬运时的方便。因此，平台宽度至少等于梯段的通行宽度。

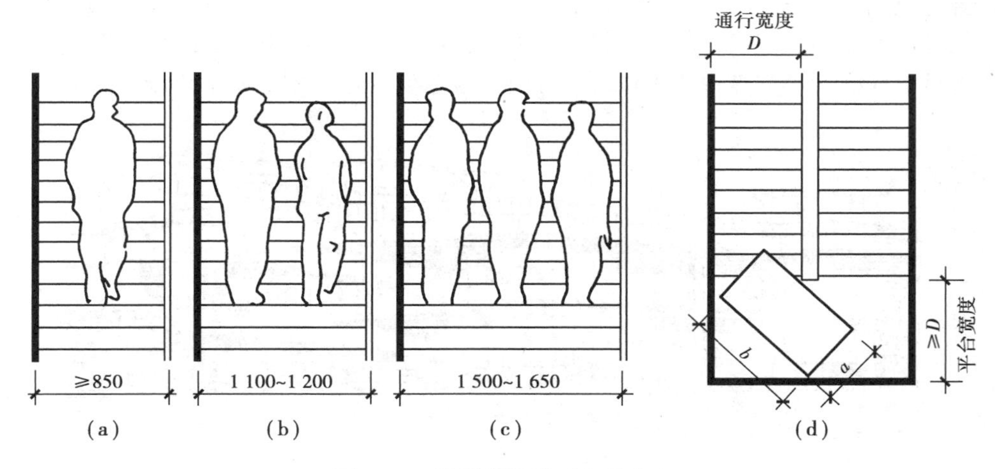

图5.22　楼梯梯段及平台的宽度

楼梯的数量应根据使用人数及防火规范要求来确定。当建筑物中楼梯与远端房间的距离超过防火要求的距离（见表4.3），或二至三层的公共建筑楼层面积超过200 m²，或者二层及二层以上的三级耐火房屋楼层人数超过50人时，都需要布置两个或两个以上的楼梯。

在建筑设计中，通常在交通枢纽空间（如主要出入口处），相应设置一个位置比较明显的主要楼梯；在相对次要的地方（如次要出入口处或者房屋的转折和交接处），设置一个次要楼梯。主次楼梯应配合恰当，方便使用。图5.23为一办公楼平面图中楼梯间的布置。

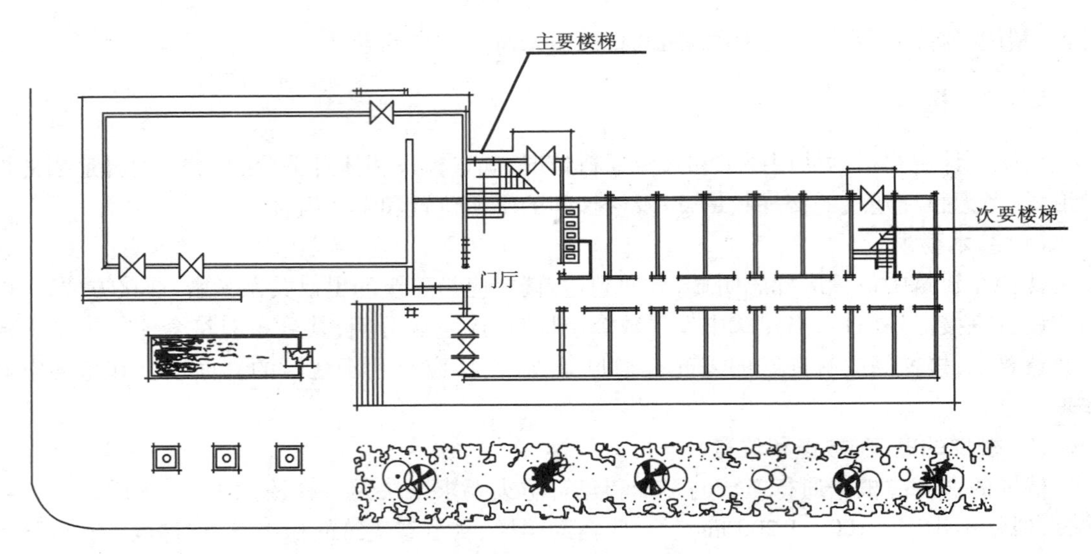

图5.23　某办公楼平面图中楼梯间的布置

5.4.4　坡道

坡道用于人流疏散，既安全又迅速。在交通建筑、观演建筑、病房楼等使用较多（图5.24），一些公共建筑入口前也常设置坡道，以供车辆上下。室内坡道的特点是：上下比较省力（楼梯的坡度在30°~40°，室内坡道的坡度通常小于10°），通行人流的能力几乎与平地相当，同时疏散能力较大，但由于坡度小，所占面积比楼梯面积大得多。为了减少它的占地面积，常采用对折形和螺旋形的坡道（图5.25）。此外，坡道设计还应考虑防滑措施。

图5.24　某学校室外坡道

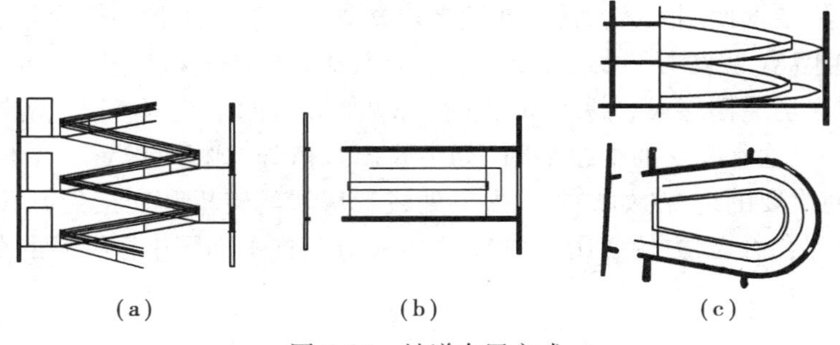

图5.25　坡道布置方式

5.4.5　电梯与自动扶梯

电梯通常使用在多层或高层建筑中，一些有特殊使用要求的建筑（如大型宾馆、百货公司、医院等）也常采用。电梯间应布置在人流集中的地方，经常与楼梯间相邻布置，电梯出入口前应有足够的等候面积和交通面积，以免造成拥挤和堵塞。电梯的布置形式一般有单面式和对面式（图5.26）。

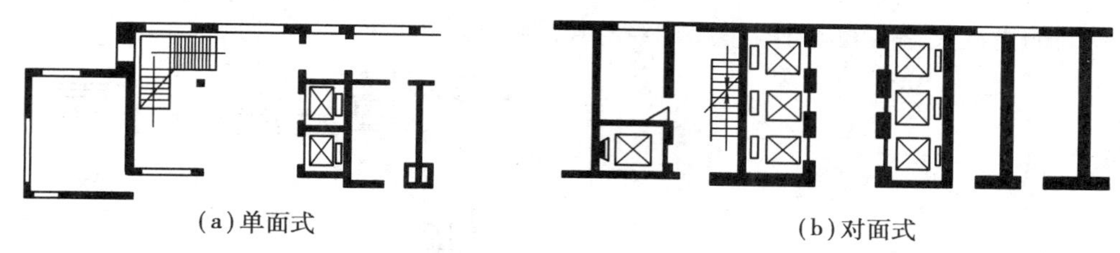
(a)单面式　(b)对面式

图5.26　电梯间布置方式

自动扶梯一般用于有连续不断人流的大型公共建筑，如百货大楼、展览馆、游乐场、火车站、地铁站、航空港等。它的优点是运输量大，乘客上下方便，不必等候，而且使用灵活，可以调整运转方向。缺点是速度较慢，对年老体弱者或运送较大物件不够方便。自动扶梯布置方式如图5.27所示。由于自动扶梯运行的人流都是单向，不存在侧身避让的问题，因此其梯段宽度较楼梯更小，通常为600～1 000 mm。

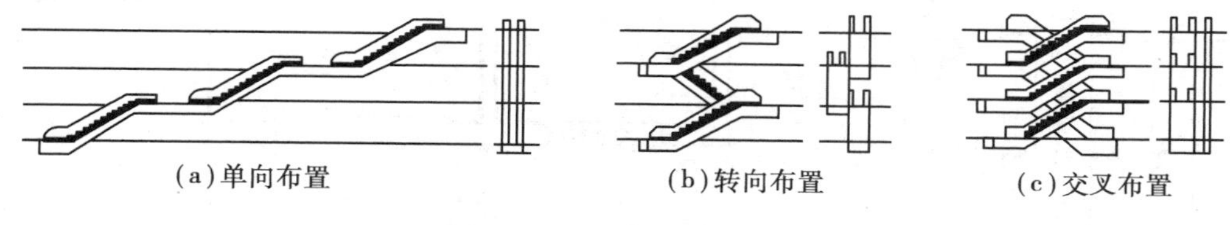
(a)单向布置　(b)转向布置　(c)交叉布置

图5.27　自动扶梯布置方式

5.5　建筑平面的组合设计

建筑平面组合设计就是将建筑平面中的使用部分与交通联系部分有机地联系起来，不但要使建筑内部布局紧凑，功能合理，分区明确，联系方便，而且还要处理好建筑与周围环境的协调问题。建筑平面组合设计对建筑整体功能的发挥、结构方案的选择、建筑空间造型及技术经济性等方面均有至关重要的影响，是建筑平面设计的关键环节。

5.5.1　平面组合的原则与要求

构成建筑平面的各类房间，其使用功能各异，使用特点和要求也不尽相同。建筑平面组合设计一般先从分析使用空间的功能关系入手，在功能分析的基础上，明确建筑各空间的性质、要求、使用顺序以及它们之间的密切程度并加以划分，使之分区明确又联系方便。一般将使用特点相近、相互关系密切的房间布置在同一功能区内，而把使用特点相差较大、相互关系不大的房间布置在不同的功能区内，以避免相互干扰。此时，常借助于平面功能分析图来形象地表示各类建筑的功能关系及联系顺序。

具体设计时，可根据建筑物不同的功能特征，从以下 4 个方面进行分析：

（1）**房间的主次关系**

各种类型的房屋建筑，由于功能特点不同，内部组成的各部分和各房间的重要程度常常是不同的，必然存在着主次之分。在平面组合时，应分清主次，合理安排。如银行和商场的营业厅、教学楼的教室、影剧院的观众厅等均属于主要房间，而库房、厕所、演员休息室等则属于次要房间。平面组合中，应当首先满足主要房间的功能要求，其他房间要围绕主要房间进行布置，使空间的主次关系各得其所。图 5.28 表示居住建筑的主次关系。

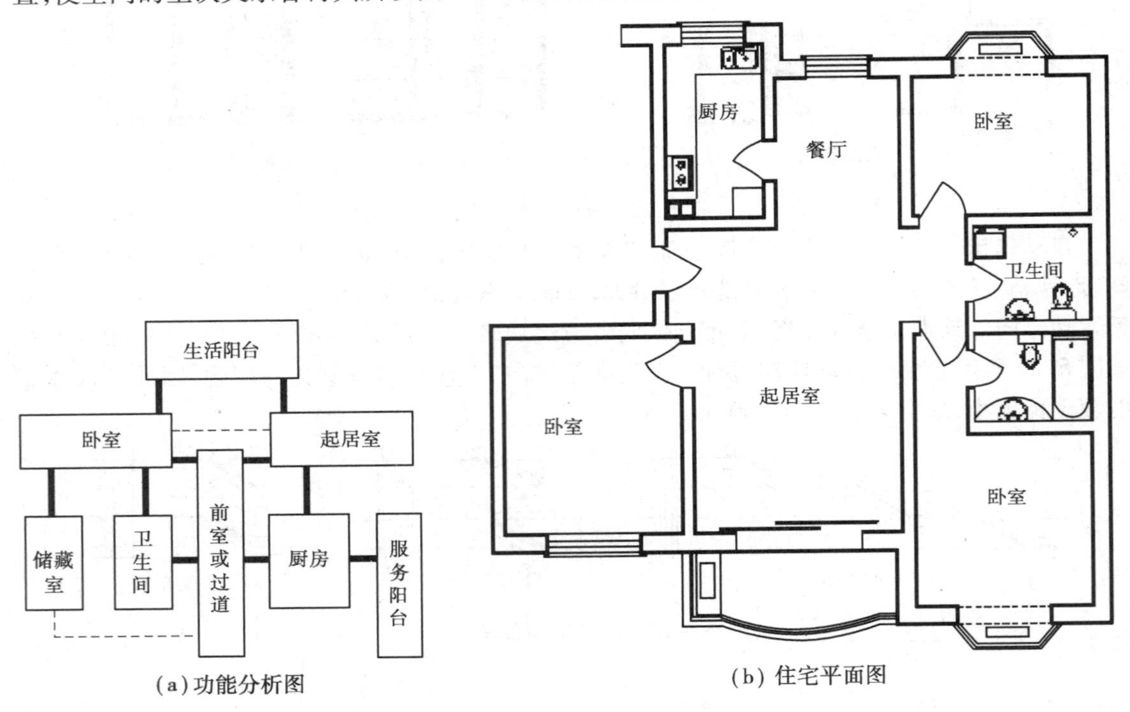

（a）功能分析图　　（b）住宅平面图

图 5.28　居住建筑房间的主次关系

（2）**房间的内外关系**

各类建筑的组成房间一般都有不同的“内”、“外”性质。有些房间对外性强，使用频繁或人流量较大（如医院的门诊、挂号等用房），对于此类房间，应布置在建筑前部和靠近入口的中心地带；有些房间对内性强，使用人流少或要求安静（如医院的病房等用房），应布置在后部或一侧，并远离主入口。图 5.29 表示银行的内外关系，对于银行建筑，营业厅是对外的，人流量大，应布置在交通方便和位置明显处，而对内性强的办公室、库房、保险、计算机房等部分，则应布置在后部较隐蔽的地方。

（3）**房间联系与分隔的关系**

房间从使用性质上还有“闹”与“静”，“清”与“污”等方面的区别，应使其既有分隔又有联系。如在学校建筑中，普通教室和音乐教室存在声音干扰问题，可将其适当分开；行政办公区需要安静的工作环境，应与教学区分隔；生活服务区需要与服务对象联系方便。三者之间通常以门厅来区分和联系，既要避免相互干扰，又要有方便联系（图 5.30）。

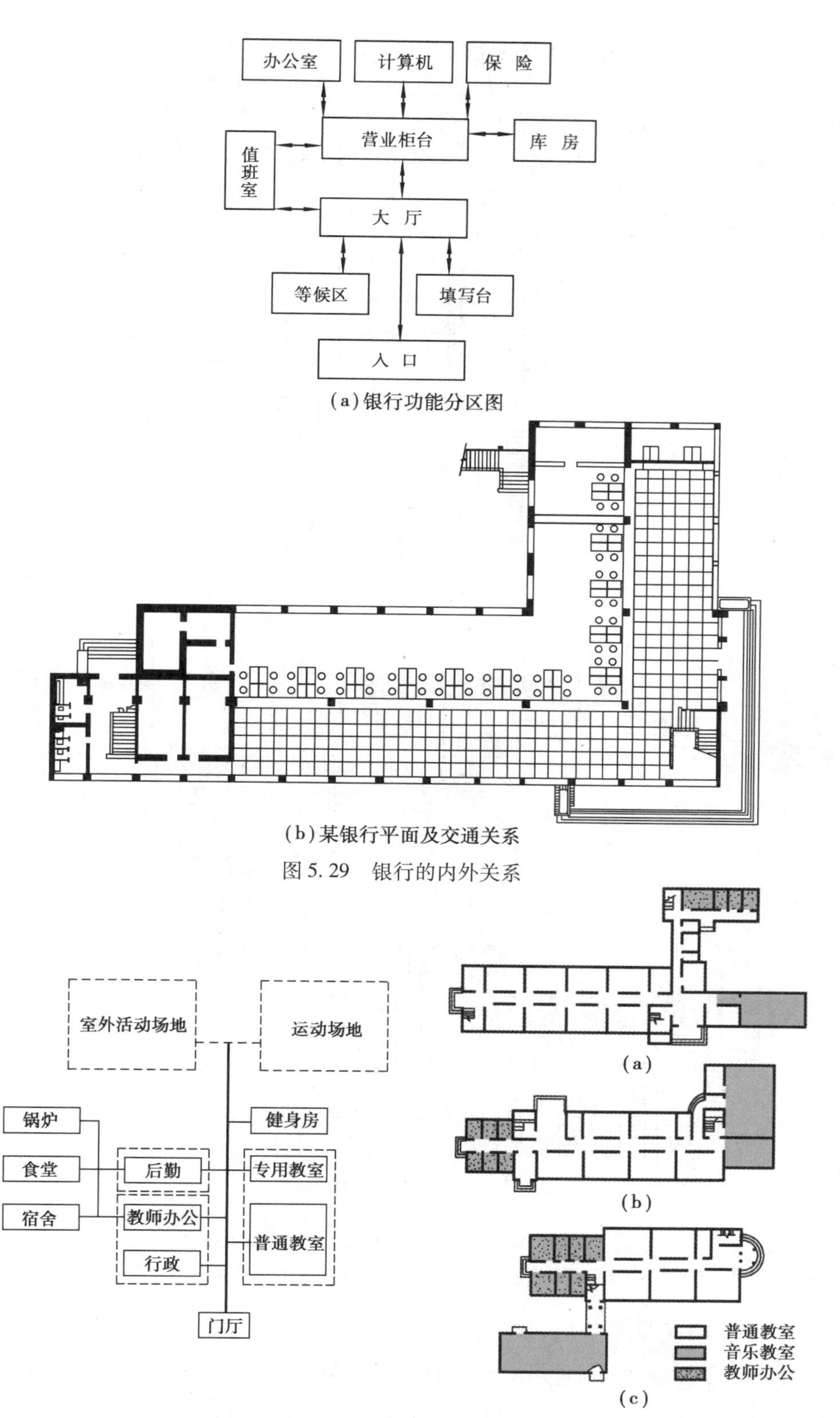

(a)银行功能分区图

(b)某银行平面及交通关系

图5.29　银行的内外关系

(a)

(b)

(c)

图5.30　学校建筑的功能分区和平面组合

(4)**房间的使用顺序和交通路线的组织**

有些建筑的房间在使用时有一定的先后顺序。平面组合时,要很好考虑这些房间使用的前后顺序,使流线组织合理,相互联系方便简捷,不迂回,不同的流线互不交叉干扰。如医院的门诊部分,其使用顺序一般为:挂号—候诊—诊疗—划价收费—取药—离开。

火车站建筑中,旅客使用顺序为:到站—问询—售票—托运行李—候车—检票—上车,出站时经由站台验票出站(图5.31)。

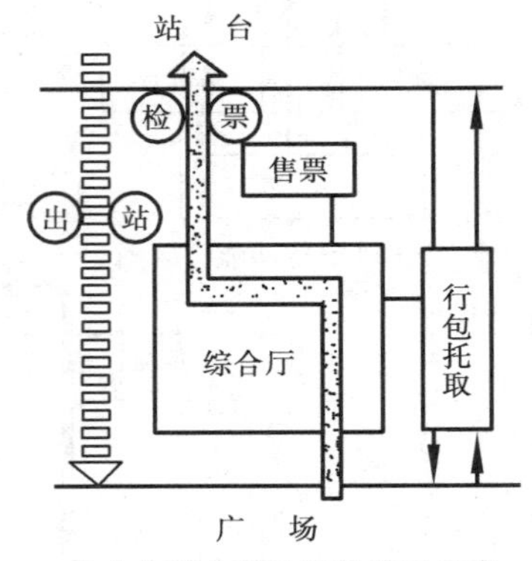

(a)小型火车站流线关系示意

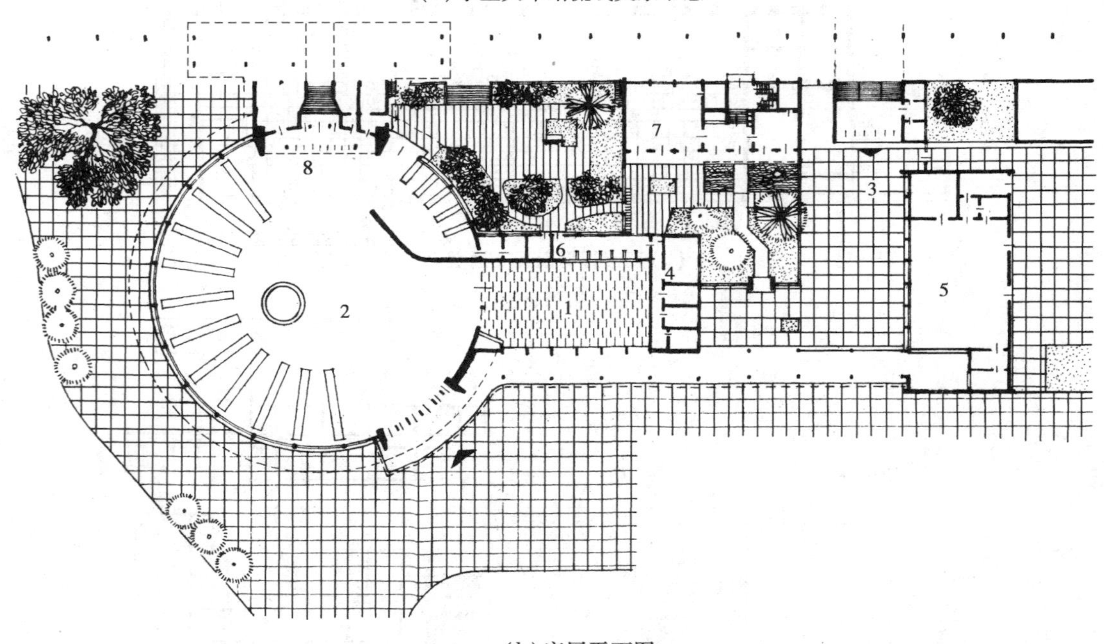

(b)底层平面图

图5.31 小型火车站流线关系及平面图

1—售票厅;2—候车厅;3—出站口;4—问询处;5—行包处;6—小卖部;7—办公室;8—检票口

5.5.2 平面组合的形式

各类建筑由于使用功能不同,房间之间的平面组合形式,根据房屋建筑内部各部分使用房间的功能特点和交通联系的组织方式,大体归纳为以下四种基本类型:

（1）**走廊式组合**

走廊式组合是以走廊的一侧或两侧布置房间，房间的相互联系和房屋的内外联系主要通过走廊。走廊式组合能保证房间之间相对独立，不互相穿越。这种组合方式常见于单个房间面积不大、相同功能房间较多、房间之间的活动相对独立的建筑，例如宿舍、办公楼、学校、旅馆、医院等。

走廊式组合形式通常有两侧布置房间的内廊式和一侧布置房间的外廊式两种。内廊式（图5.32（a））组合方式平面紧凑，走廊所占面积较小，房屋进深大，节省用地，但有一侧的房间朝向差；外廊式（图5.32（b））的特点是走道位于一侧，仅联系一侧的房间，它几乎可使全部房间获取良好的朝向和通风，而且不存在走道的采光不足问题。这种形式在炎热的南方使用较多，但房屋的进深较浅，辅助交通面积增大，故占地较多，相应造价增加。因而有的建筑采取内廊、外廊兼而有之的做法，集中两种组合的优点，取得了良好的效果。

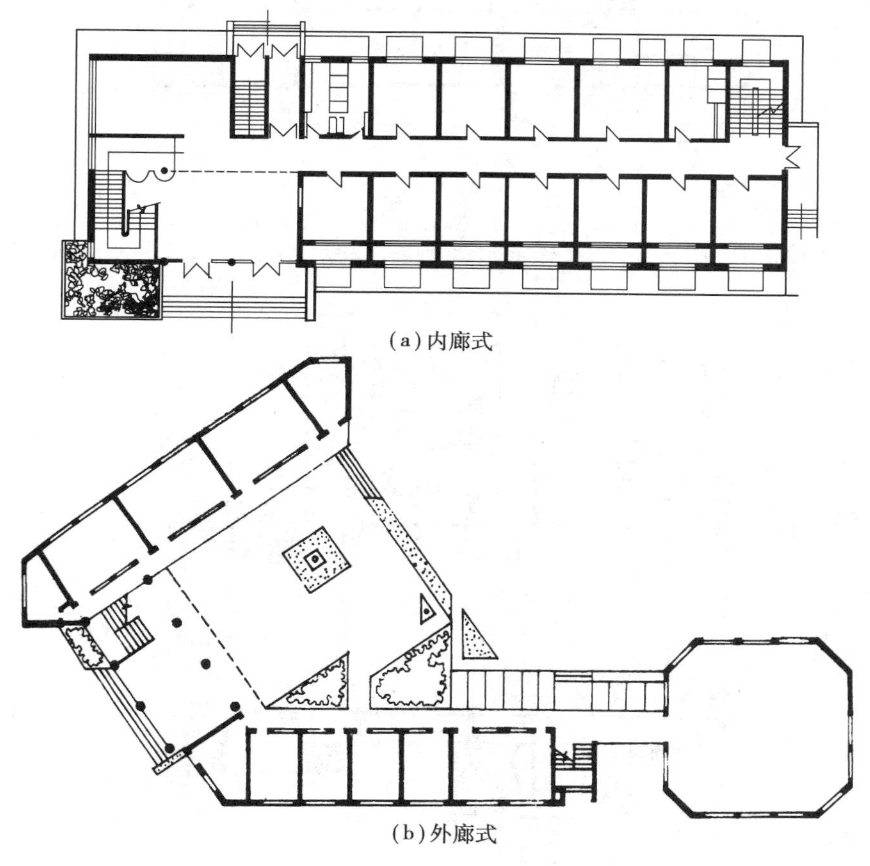

（a）内廊式

（b）外廊式

图5.32　走廊式组合实例

（2）**套间式组合**

房间之间直接穿通的组合方式。套间式的特点是：房间之间联系简捷，而且交通面积与房间的使用面积结合起来，在面积利用上比较经济。这种组合方式常用于房间之间相互联系和顺序性较强且不需要单独分隔的建筑，如展览馆、纪念馆、车站等（图5.33）。

（3）**大厅式组合**

大厅式组合适用于以一个大厅为活动中心，而且人流集中的建筑，如剧院、会场、体育馆

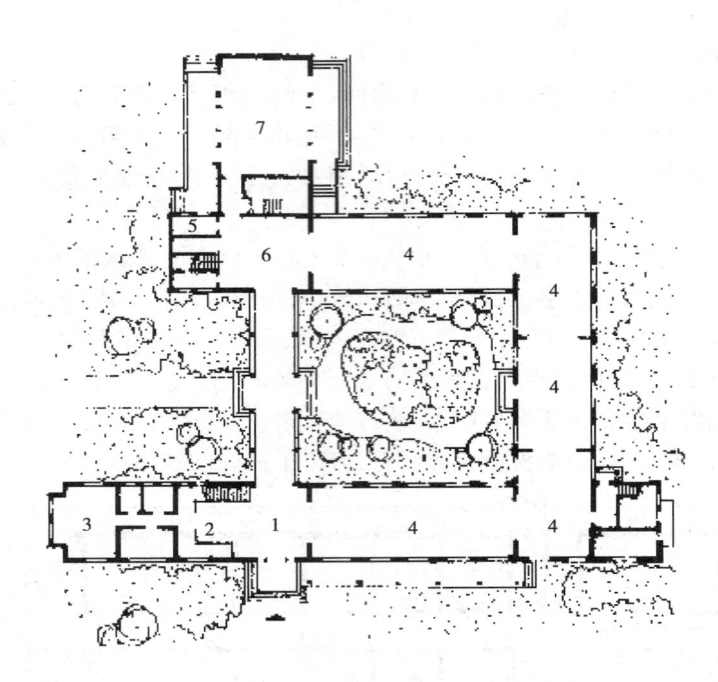

图 5.33　套间式陈列馆空间组合实例

1—门厅;2—存衣;3—贵宾室;4—陈列室;5—厕所;6—休息;7—电影厅

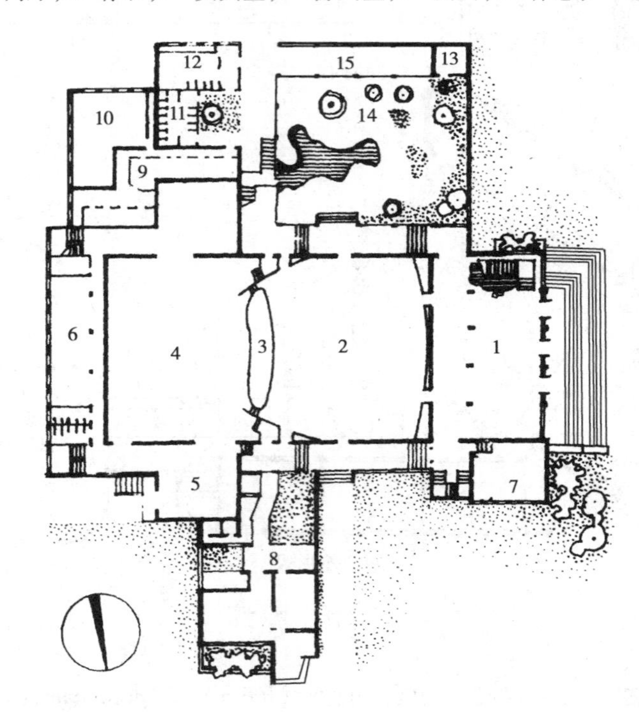

图 5.34　大厅式剧院组合实例

1—门厅;2—观众厅;3—乐池;4—舞台;5—侧台;6—化妆;7—办公;8—贵宾室;9—空调室;10—机房;11—女厕;12—男厕;13—小卖部;14—内院;15—休息廊

等。大厅一般具有空间大、人流集中、视听要求高等特点,常设在建筑的中心位置,其他房间环绕在四周。大厅式组合中,交通路线组织问题比较突出,应使人流的通行通畅安全,导向明确。图 5.34 是某剧院平面的示例。

(4)**单元式组合**

单元是将建筑中性质相同、关系密切的空间组成相对独立的整体,它通过垂直交通联系空间来连接各使用部分。

单元式平面组合即是将各单元按一定规律组合,从而形成一种组合形式的建筑,它功能分明,布局整齐,外形统一,且利于建筑的标准化和形式的多样化,在住宅建筑中普遍采用,在学生宿舍、托幼建筑等设计中也经常采用(图 5.35)。

图 5.35　单元式住宅

随着时代的前进,新的组合形式将会层出不穷。在一幢建筑中有时可能同时出现几种组合方式,应根据平面设计的需要灵活选择,创造出既满足使用功能,又符合经济美观要求的建筑来。

5.5.3　平面组合与结构类型

结构是建筑的骨架,它为建筑提供使用空间并承受建筑物全部荷载。因此,平面组合设计时,在考虑满足功能的前提下,应选择经济合理的结构类型。目前民用建筑常用的结构类型有三种:混合结构、框架结构和空间结构。

(1)**混合结构**

混合结构适用于房间面积较小、层数不高时(五六层以下)的建筑(图 5.36)。根据受力不同有三种布置方式:横墙承重、纵墙承重和纵横墙承重。在砖混结构中,通常采用石、砖等墙体承重和钢筋混凝土梁板等水平构件构成的系统。由于墙体是主要的承重构件,因此需要有足够的断面尺寸,上下层承重墙的墙体对齐重合,以满足传递荷载的要求。房间的开间或进深基本统一,并符合钢筋混凝土板的经济跨度(非预应力板,通常为 4 m 左右)。砖混结构的建筑在进行平面设计时,应尽量使平面规则、整齐,减少轴线参数,简化结构类型。由于砖混结构建筑自身的局限性,建筑空间的灵活性和可变形较差,而且结构构件所占的面积较多。

(2)**框架结构**

框架结构适用于房间的面积较大、层高较高、荷载较重或建筑物的层数较多的建筑,如开间和进深较大的商店、教学楼、图书馆之类的公共建筑,以及多高层住宅、旅馆等(图 5.37)。

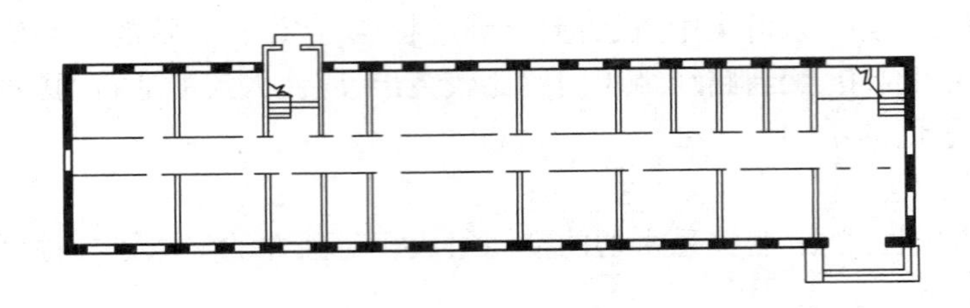

图 5.36　采用混合结构的办公楼平面

框架结构是以钢筋混凝土或钢的梁、柱构成建筑的骨架，墙体只起分隔、围护的作用。此种结构形式强度高、自重轻，整体性和抗震性好；建筑平面布置灵活，可以获得较大的使用空间；门窗开置的大小、形状都较自由，但钢及水泥用量大，造价比混合结构高。

为保证建筑体型齐整，框架结构在进行平面组合设计时应尽量符合柱网尺寸的规格和模数以及梁的经济跨度的要求（当以钢筋混凝土梁板布置时，通常柱网的经济尺寸为(6 ~8) m×(4 ~6) m)。

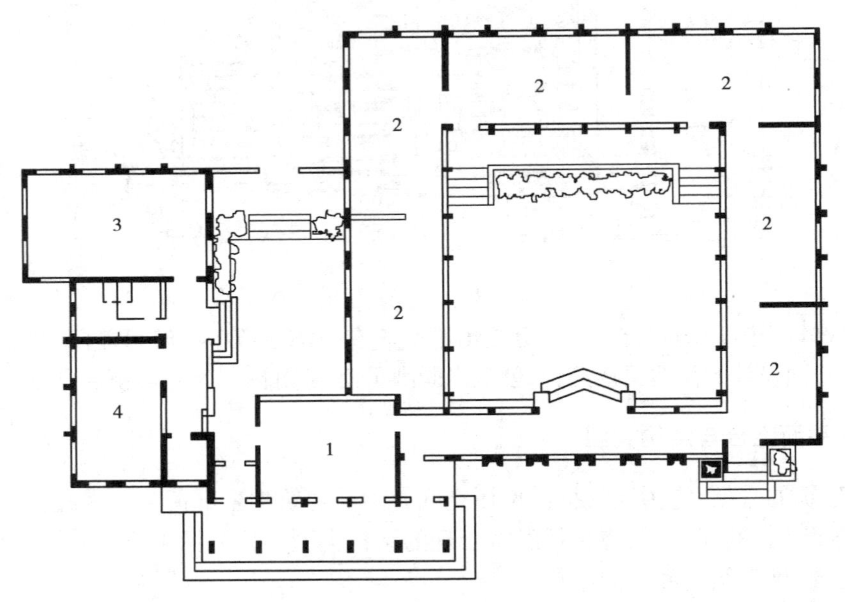

图 5.37　采用框架结构的展览馆

1—门厅；2—展览室；3—大接待室；4—小接待室

(3) **空间结构**

当建筑的跨度与体量都较大、平面形状较复杂时，可采用各种形式的空间结构。例如，剧院的观众厅、体育馆的比赛大厅等。空间结构具有跨度大（可达 100 m 以上）、自重轻、平面灵活和建筑造型生动的特点，是一种科技含量较高的结构形式。常见的空间结构体系有各种形状的折板结构、壳体结构、网架壳体结构以及悬索结构等（图 5.38）。

上述各种结构布置方式的选用，都需要结合功能要求、材料情况、施工条件、空间处理等方面的具体条件，选择出合适的结构形式。

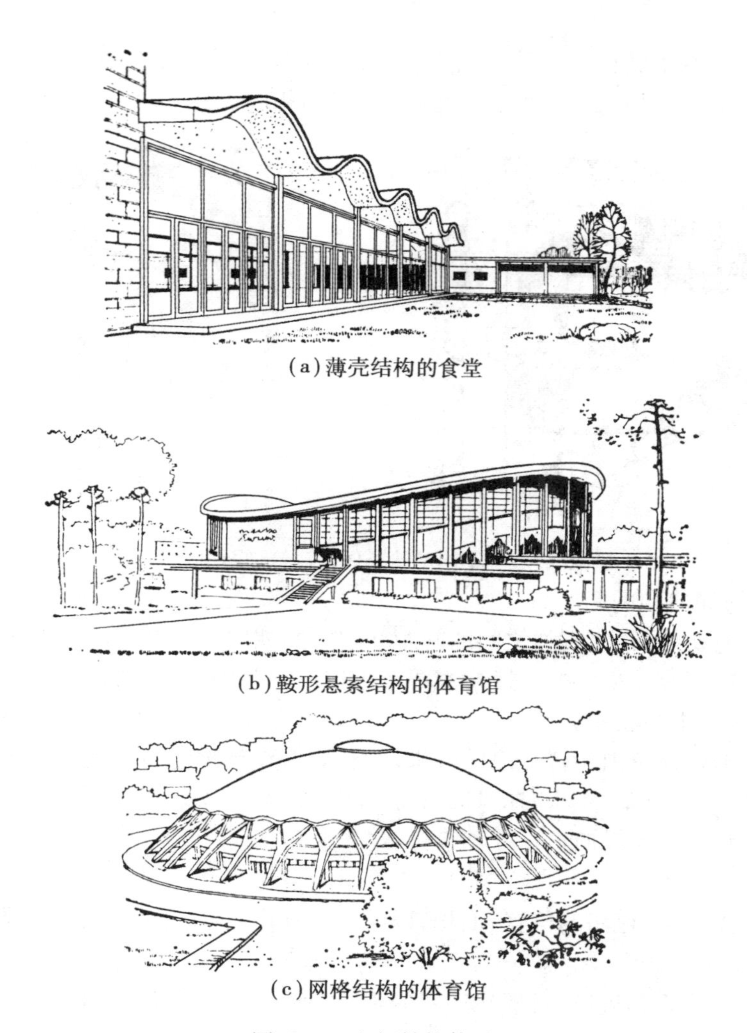
(a)薄壳结构的食堂

(b)鞍形悬索结构的体育馆

(c)网格结构的体育馆

图 5.38　空间结构体系

5.5.4　建筑总平面

任何一幢建筑物(或建筑群)都不能脱离一定的总体关系孤立地存在,即与周围的建筑、道路、绿化、建筑小品等有着密切的联系与配合,同时还应考虑自然条件(如地形、地质、水文等)因素的影响。合理的总体布局,能够充分利用空间,布局紧凑,功能分区明确;能够保证良好的通风、采光、朝向及方便的交通联系;能够有机地处理个体与群体、空间与体型、绿化与小品之间的关系,从而可以使建筑空间与自然环境相互协调,既可达到增强建筑本身的美观,又可达到丰富城市面貌的目的。

进行总平面设计时,需考虑到以下几方面:

(1)基地的大小、形状和道路布置

基地的大小和形状,对房屋层数、建筑平面布局、外形轮廓都有影响。基地小,则往往采取集中紧凑的布局方式,对规模小、性质单一的建筑还常采用简洁规整的平面;而当基地形状不规整时,则往往结合建筑的性质和使用要求,设计成不规则的平面形状。基地内的人流、车流的主要走向是确定建筑平面中出入口和门厅位置的主要因素,甚至是决定建筑主立面的重要依据。

图5.39为不同基地条件的建筑平面组合。由图中可以看出,不同的基地条件下,建筑主体的形式、道路布置、室外场地、主要入口、绿化等皆不相同。

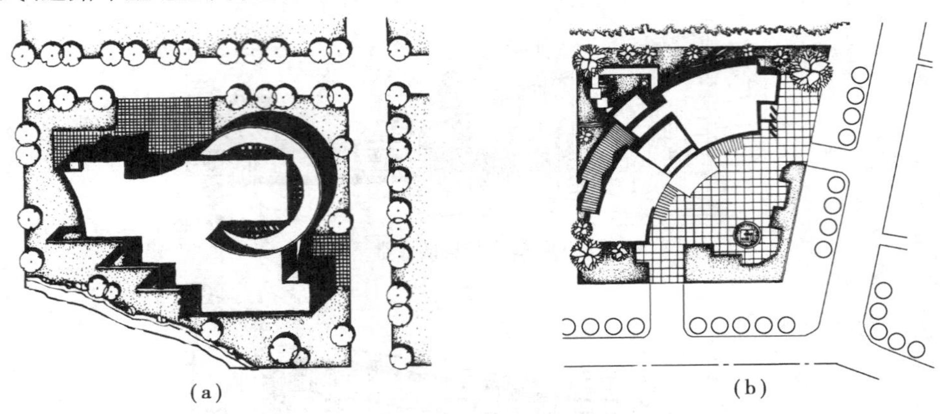

图5.39 不同基地条件的建筑平面组合

(2)建筑物的朝向和间距

在一定的基地条件下,建筑物之间的间距和建筑的朝向也将对房屋的平面组合形式、外形轮廓以及房间的进深等带来影响。通常主要考虑以下一些因素:

1)日照、通风等卫生要求

日照主要考虑保证室内冬暖夏凉的效果,一般要求建筑物的朝向应为南向,南偏东或偏西少许角度,另外保证每天2~4小时的日照;为获得良好的通风条件,要求建筑空间组合应考虑当地的夏季和常年的主导风向。

2)使用要求

主要考虑人流走向,道路的位置、面积,以及防止噪声、视线干扰必要的间隔距离。

3)基地环境

根据建筑物的性质和规模,对拟建房屋的观瞻、室外空间要求,以及房屋周围绿化所需的面积。

4)防火间距

考虑火灾时相邻房屋之间的安全距离,以及消防车的通行宽度。

其中,确定房屋之间距离的主要因素是日照间距。通常日照间距大于其他诸如防火、通风、防噪、绿化等所需的间隔距离。房屋日照间距的要求,是使后排房屋在底层窗的高度处,保证冬季能有一定的日照时间。通常以当地冬至日正午的太阳高度角作为确定房屋日照间距的依据(图5.40)。

日照间距的计算公式为:

$$L = \frac{H}{\tan h}$$

式中:L——房屋水平间距;

H——南向前排房屋檐口至后排房屋底层窗台的垂直高度;

h——当房屋正南向时,冬至日正午的太阳高度角。

我国大部分地区日照间距为(1.0~1.7)H。越往南,日照间距越小;越往北,则日照间距越大,这是因为太阳高度角在南方要大于北方的原因。

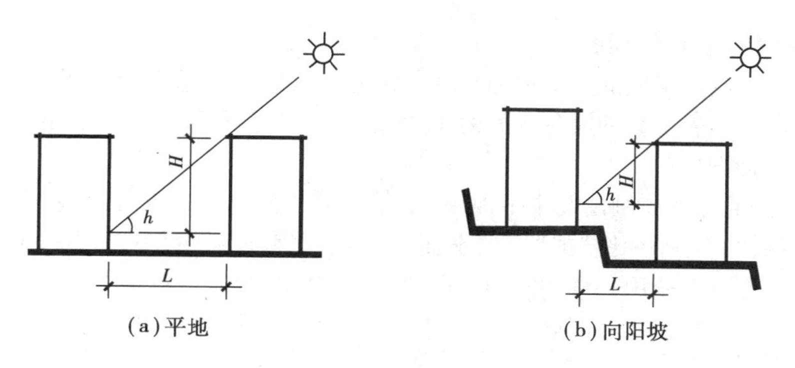

图5.40　建筑物的日照间距

(3)**基地的地形条件**

在基地地形平坦的条件下,建筑布局往往有较大的自由度;而在地形起伏变化的条件下,则受到约束和限制。在坡地上布置建筑物,要比在平地上布置建筑复杂些。如果地形坡度不大,可以把坡地改为平地。在地形坡度较大的情况下,一般坡地建筑应依山就势,顺应地形,利用地形的高度变化来布置建筑物,使内部空间组合与地面高差很好地结合起来,这样不仅可以减少土方工程量,而且可以造成富于变化的内部空间和外部形式(图5.41)。

图5.41　山地住宅

5.6　建筑平面图的表达

5.6.1　建筑平面图形成及分类

(1)**建筑平面图的形成**

建筑平面图(除了屋顶平面图外)是用一个假想水平剖切面,在房屋的窗台上方剖开整幢房屋,移去剖切平面上方的部分,将留下部分向水平投影面作正投影所得的水平剖视图,习惯上称它为平面图。

(2)**建筑平面图的用途**

建筑平面图包含被剖切到的断面,可见的建筑构配件和必要的尺寸、标高。它反映了建筑物的平面形状、平面布置、墙的厚薄、门窗的大小与位置,以及其他建筑构配件的设置情况。它是放线、墙体砌筑、门窗安装和室内装修的重要依据。

(3)**建筑平面图的分类**

根据剖切平面的不同位置,建筑平面图可分为以下几类:

1)底层平面图(首层平面图)

将剖切平面选放在房屋的一层地面与从一楼通向二楼的休息平台之间,且要尽量通过该层上所有的门窗洞。表示第一层各房间的布置、建筑入口、门厅以及楼梯的布置等情况。

2)标准层平面图

房屋有几层,通常就应画出几个平面图,在平面图的下方注上图名,其名称就用本身的层数来命名。例如,“二层平面图”或“四层平面图”等。当房屋某两层或几层平面布置相同时,这两层或几层平面可以合用一个共同的平面图,这张合用的图,就称为“标准层平面图”,有时也可用其对应的楼层数命名。例如,“二~六层平面图”等,表示房屋中间几层的布置情况。

3)顶层平面图

顶层平面图也可用相应的楼层数命名。表示房屋最高层的平面布置。

4)屋顶平面图

屋顶平面图是指从房屋的顶部向下所作的正投影图,主要用来描述屋顶的平面布置。

5.6.2 建筑平面图的图示内容

①图名(层次)、比例、朝向;

②定位轴线及其编号;

③建筑物的平面布置、外墙、内墙与定位轴线的关系,柱的位置、类型等,以及房间的位置、形状和数量;

④门、窗的位置和类型,并标注代号和编号;

⑤楼梯(或电梯)的位置和形状,梯段的走向和步数;

⑥室内外构配件的设置情况,如台阶、散水、雨水管、阳台和雨篷等的数量、位置和形状;

⑦建筑物及其各部分的平面尺寸和各层地面的标高;

⑧详图索引、剖切符号和文字说明等;

⑨屋顶的形状及其构配件。

5.6.3 建筑平面图的识读与表达

(1)了解图名和比例

由图5.42可知,该平面图是某住宅的底层平面图,绘图比例为1∶100,坐北朝南。

(2)了解定位轴线、内外墙的位置和平面布置

该平面图中,横向定位轴线有①~⑫;纵向定位轴线有“Ⓐ~Ⓙ”。

该楼每层均为一梯两户,北面中间入口为楼梯间。两户户型不一样,但都有两厅(起居室、餐厅)一厨,朝南还有一阳台。朝南的四间居室开间为3.6 m和4.2 m;进深分别为5.7 m、4.8 m和4.2 m。朝北的卧室开间为3.6 m,进深为3 m。楼梯间开间为2.6 m、厨房为2.1 m,进深分别为5.8 m、3.7 m。外砖墙厚度为370 mm,内砖墙厚度为240 mm。

(3)了解门窗的位置、编号和数量

每户有大门M-4一樘,居室门M-3两、三樘,阳台门TM-1、厨房门M-2各一樘、厕所门M-1一、两樘;窗有TC-1、C-1、C-2三种类型。

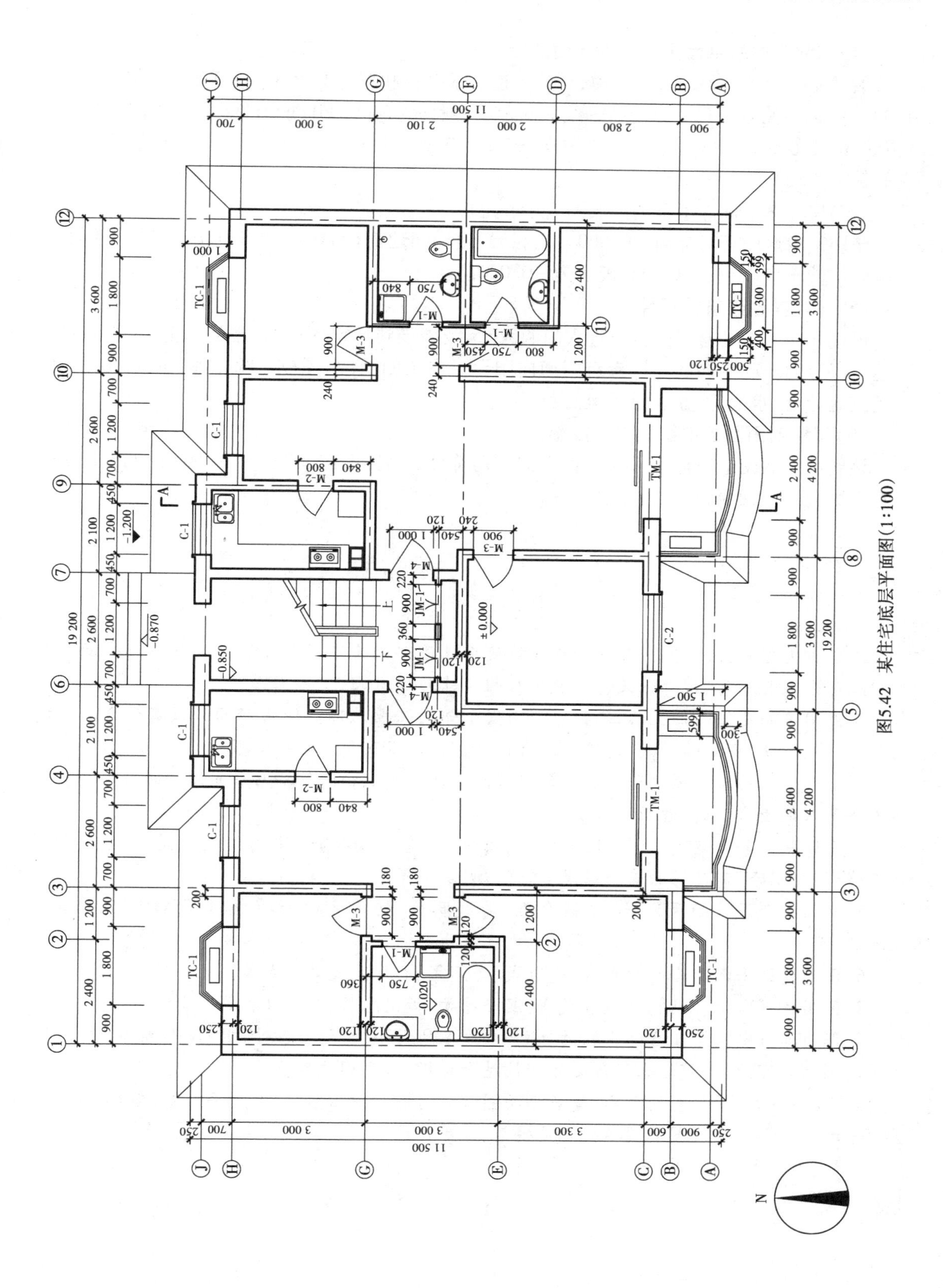

图5.42　某住宅底层平面图(1:100)

(4)**了解房屋的平面尺寸和各地面的标高**

该平面图中共有外部尺寸三道,最外一道表示总长和总宽的尺寸,它们分别为 19 200 mm 和 11 500 mm;第二道尺寸是定位轴线的间距(一般即为房间的开间和进深尺寸,如 3 600 mm、4 200 mm、3 000 mm 和 3 300 mm、3 300 mm、2 100 mm 等;最里的一道尺寸为门窗洞的大小及它们到定位轴线的距离。

内部尺寸主要标注了室内门洞的大小和定位。

该楼室内地面相对标高 ±0.000。在底层,楼梯间地面标高为 -0.850,厨房、厕所和阳台的地面均低于室内地面 20 mm,表示为 -0.020。

(5)**了解其他建筑构配件**

该楼北面入口处有室外台阶进入门洞,经 5 级踏步到达室内地面;楼梯向上 18 级踏步可到达二层楼面。朝南向的起居室有门通向阳台。房屋四周做有散水,宽 1 000 mm。厨房、厕所还画有灶台、水池、面盆、浴缸、坐便器等图例。

(6)**了解剖面图的剖切位置和投影方向**

该底层平面图上还标有 A-A 剖面图的剖切符号。由图 5.42 可知,A-A 剖面图的剖切平面垂直于纵向定位轴线,其投影方向向右。

小　结

1. 各种类型的民用建筑,其平面组成按使用性质可分为使用部分和交通联系部分两个基本组成部分。其中,使用部分又包括使用房间和辅助房间。

2. 使用房间是供人们生活、工作、学习、娱乐等的必要房间。使用房间必须有适合的房间面积、尺寸、形状,良好的采光、通风,便捷的交通联系,以及合理的结构布置。

3. 辅助房间的设计原理和方法与使用房间设计基本上相同。辅助房间设计的恰当与否直接关系到人们使用、维修管理的方便。

4. 交通联系部分是各房间之间的纽带,因此,交通联系部分应具有适宜的高度、宽度和形状,流线简捷明晰,有足够的采光通风,保证防火安全等。

5. 平面组合设计的原则是:分区合理,流线明确,使用方便,结构合理,体型简洁,造价经济。

6. 民用建筑平面组合的方式有:走道式、套间式、大厅式及单元式等。

7. 民用建筑常用的结构布置方式有:混合结构、框架结构、空间结构等。

8. 任何建筑都不是孤立的存在的,都要受到基地大小、形状、道路布置、地形地势、朝向、间距等的制约。因此,建筑组合设计必须密切结合环境,做到因地制宜。

9. 根据剖切平面位置的不同,建筑平面图可分为底层平面图、标准层平面图、顶层平面图、屋顶平面图。各层平面图的图示内容应规范,便于识读。

复习思考题

5.1　民用建筑平面由哪几部分组成？

5.2　辅助房间包括哪些？

5.3　交通联系部分包括哪些内容？

5.4　如何确定楼梯的数量、宽度和形式？

5.5　建筑平面的组合主要从哪几方面考虑？如何运用功能分析法进行平面组合设计？

5.6　大量性民用建筑常用的结构类型有哪些？

5.7　什么是日照间距？

5.8　建筑平面图应表达的内容包括哪些？

5.9　用功能分析图绘出医院以下几个部门的功能关系图。

①诊疗；

②X 光室；

③暗室；

④发药；

⑤制药；

⑥药库。

5.10　试设计一个45人的中学教室，教室开间、进深自定，要求：

①根据规范要求，确定房间形状及尺寸；

②绘制教室平面图，标准墙体、门、窗的平面轮廓；

③绘制教室的家具及设备布置；

④标注轴线、图名、尺寸和比例。

第 6 章 建筑剖面、立面及体型设计

本章要点及学习目标

主要介绍了建筑剖面、立面及体型设计的内容及要求。要求了解建筑剖面、立面及体型设计的内容及要求;掌握影响剖面设计的因素;掌握房屋各部分尺寸确定方法及常用的基本数据;了解建筑体型组合方法和建筑立面的处理方式。

6.1 建筑剖面设计

在建筑平面设计中,已经初步分析了建筑空间在水平方向的组合关系,剖面设计将着重从垂直方向考虑各种高度房间的空间组合,楼梯在剖面的位置,以及建筑空间的利用等问题。

6.1.1 剖面设计的内容

建筑剖面图是表示建筑物在垂直方向房屋各部分的组合关系。剖面设计的主要内容有:确定房间的形状和各部分高度、建筑层数、建筑剖面空间组合和利用等。

剖面、立面、平面设计不能截然分开,而是互相制约和相互影响的。剖面的确定影响建筑的体型和立面的设计。因此,在剖面设计中,必须同时考虑其他设计方面,才能使设计更加完善、合理。

6.1.2 建筑剖面形状

房间的剖面形状主要是根据房间的功能要求来确定,但是,也要考虑具体的物质技术、经济条件和空间的艺术效果等方面的影响,既要适用又要美观。影响房间剖面形状的因素有以下几方面:

(1)室内使用性质和活动特点的要求

不同用途的建筑,其房间的剖面形状有时相差甚远。绝大多数建筑的房间(如住宅的居

室、学校的教室、旅馆中的客房等），剖面形状多采用矩形。而有些建筑中的房间（如影剧院的观众厅、体育馆的比赛大厅、教学楼中的阶梯教室等），从视觉和听觉两方面对剖面形状有特殊要求，形状会复杂些。如对于有视觉要求的房间，为保证有良好的视线质量，即从人们的眼睛到观看对象之间没有遮挡，在剖面设计中需要进行视线设计，使室内地坪按一定的坡度变化升起。对听觉有特殊要求的房间，在剖面设计中，顶棚常做成能反射声音的折面等。图6.1所示为一剧院的平面图与剖面图，由于观众厅的视线、音响和舞台箱的吊景等具有不同的空间高度和剖面形状的要求，形成了如图6.1(b)所示的剖面形状。

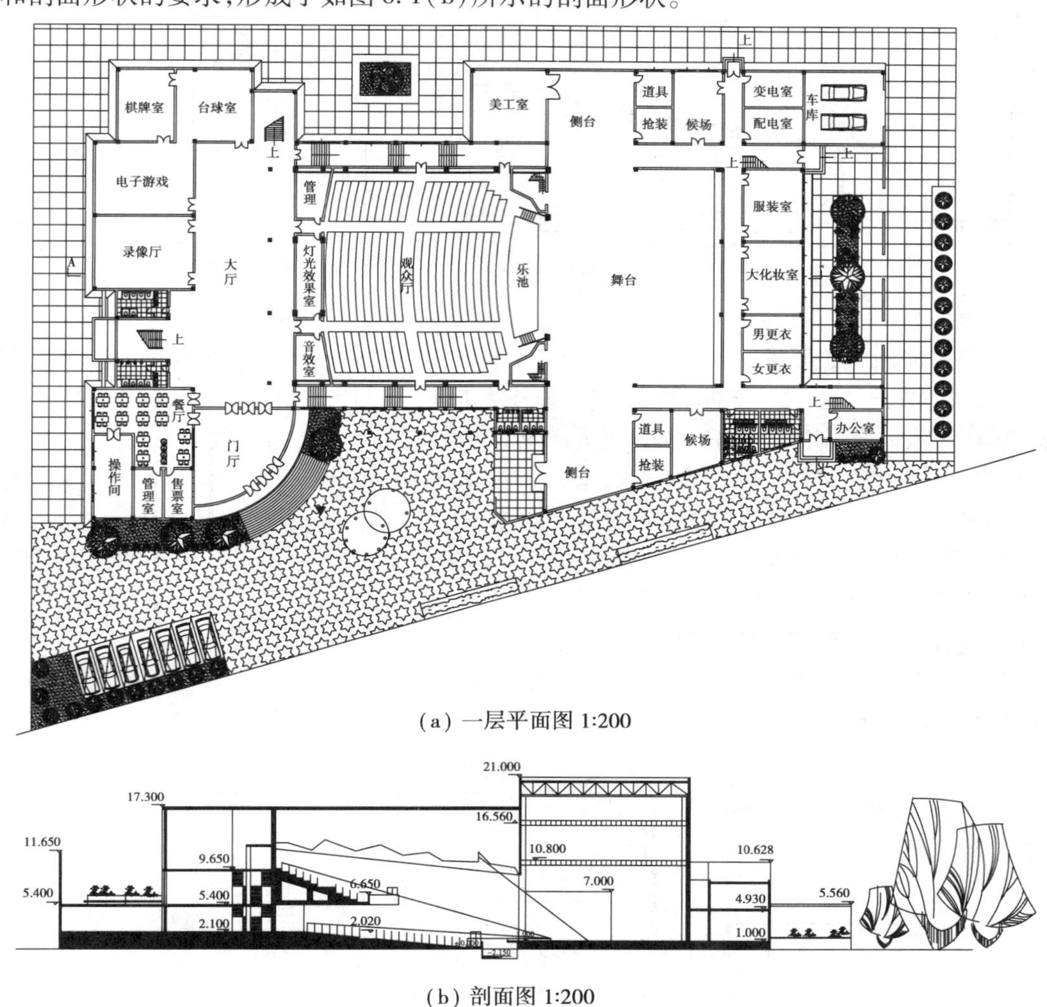

(a) 一层平面图 1:200

(b) 剖面图 1:200

图6.1　某剧院的平面图与剖面图

图6.2为电影院、篮球场和阶梯教室的地面起坡。由图可知，设计视点的选择在很大程度上影响着视觉质量的好坏及观众厅地面升起的坡度。设计视点定得越低，观众的视野范围越大，但观众厅地面升起也越陡；设计视点定得越高，观众视野范围越小，升起坡度也就越平缓。

顶棚的形状应根据声学设计的要求来确定，保证大厅各个座位都能获得均匀的反射声，并加强声压不足的部位。一般情况下，凸面可以使声音扩散，声场分布较均匀；凹曲面和拱顶都易产生声音聚焦及回声，声场不均匀，设计时应尽量避免。图6.3为音质要求与剖面形状的关系。

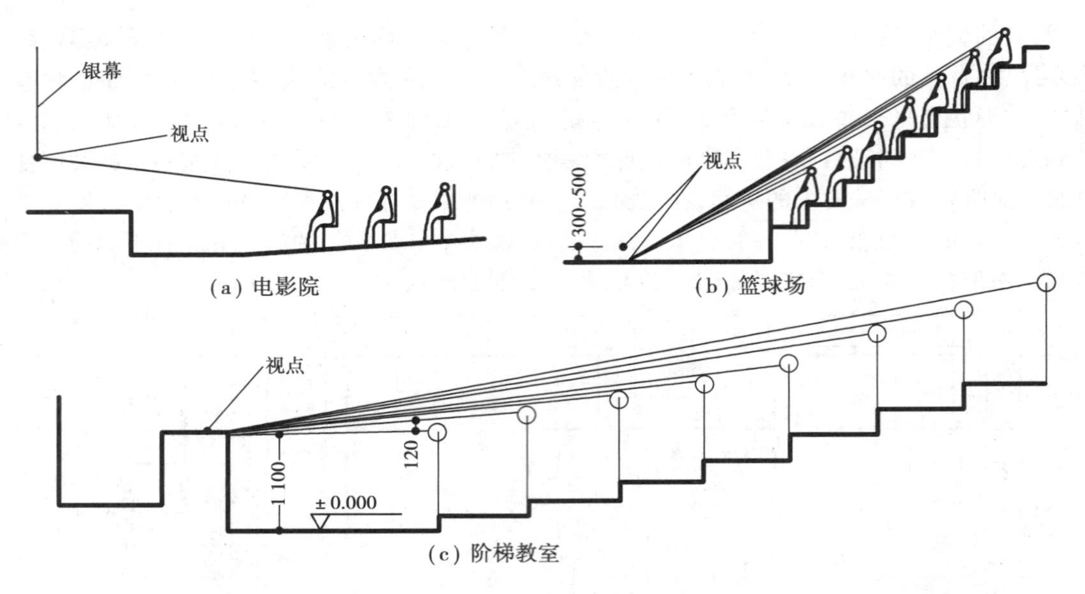

图 6.2 设计视点与地面起坡关系

(2) **采光和通风的要求**

单层房屋中进深较大的房间，从改善室内采光条件考虑，常在屋顶设置各种形式的天窗，使房间的剖面形状具有明显的特点。例如，大型展览厅、室内游泳池等建筑物，主要大厅常以天窗的顶光或顶光与侧光相结合的布置方式，以提高室内采光质量。图 6.4 所示为大厅中不同天窗的剖面形状对室内照度分布的影响。对于某些房间，由于在操作过程中常散发出大量蒸汽、油烟等，一般在顶部设置排气窗，以加速排除有害气体，形成特有剖面形状（图 6.5）。

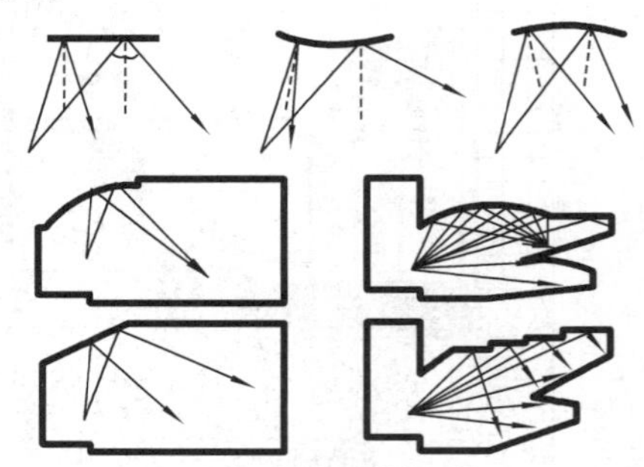

图 6.3 音质要求与剖面形状关系

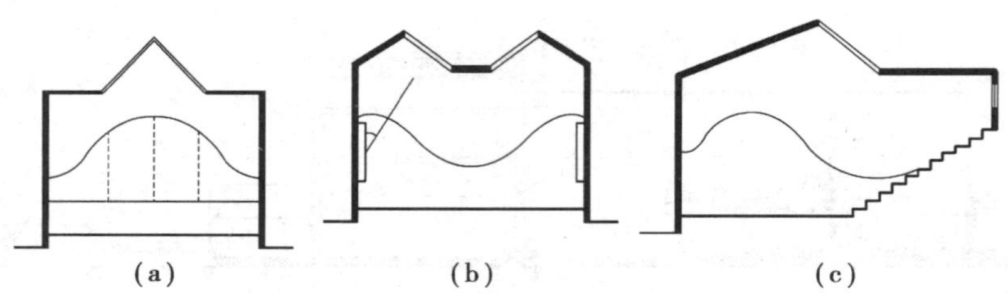

图 6.4 大厅中天窗的位置和室内照度分布的关系

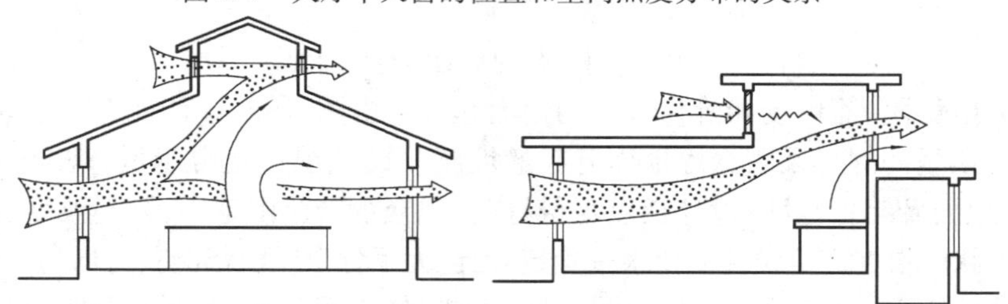

图 6.5 设置气窗的房间剖面

(3)**结构类型的要求**

对于需要有大空间的建筑,常采用空间结构。空间结构与一般结构体系不同,它的高度和剖面形状是多种多样的(图6.6、图6.7、图6.8)。选用空间结构时,尽可能与室内使用活动特点所要求的剖面形状结合起来。

图6.6

图6.7

图6.8

6.1.3 建筑层高及竖向尺度的确定

建筑剖面中,除了各个房间室内剖面形状需要确定外,还需要确定房屋净高、层高,以及窗台、室内地坪,楼梯平台和房屋檐口等标高(图6.9)。

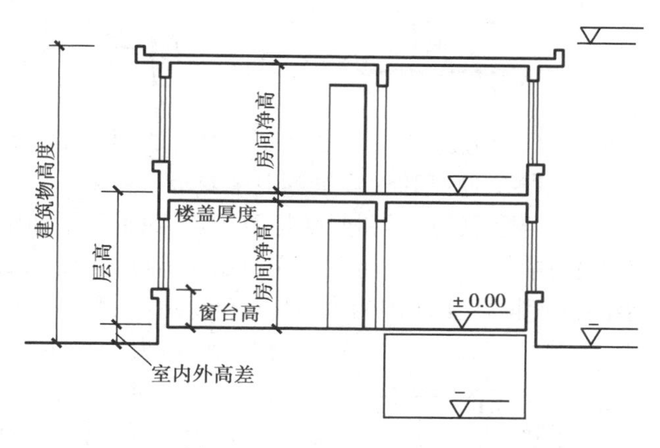

图6.9 房间各部分高度

(1)**净高和层高的确定**

房间的净高是指楼地面到结构层(梁、板)底面或悬吊顶棚下表面之间的垂直距离。层高是该层的地坪或楼板面到上层楼板面的垂直距离。层高是该层房间的净高加楼层的结构厚度(图6.10),若有吊顶时,应考虑吊顶高度。

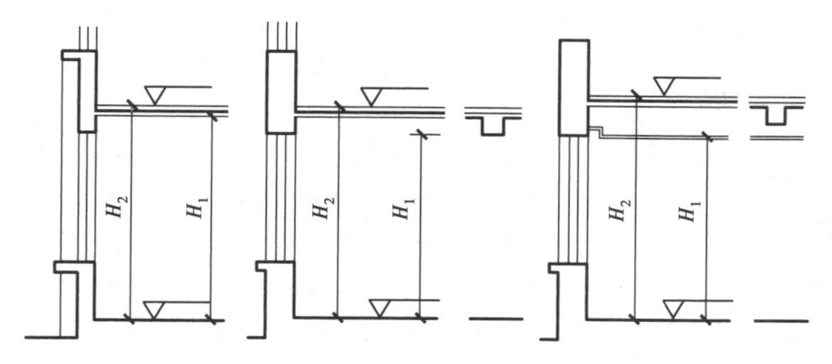

图6.10 层高(H_2)和净高(H_1)

通常情况下,房间的高度是根据室内家具、设备、人体活动、采光通风、技术经济条件以及室内空间比例等因素要求,综合考虑确定的。

1）室内使用性质和活动特点的要求

室内使用性质和活动特点随房间用途而异。首先，房间的净高与人体活动尺度有很大关系，一般情况下，室内最小净高应使人举手不接触到顶棚为宜，应不低于 2. 20 m（图 6. 11）。其次，不同类型的房间由于使用人数不同，房间面积大小不同，其净高要求不同。对于住宅中的卧室、起居室，因使用人数少，房间面积小，净高可低一些，一般大于 2. 40 m，层高在 2. 8 m 左右；中学的教室，由于使用人数较多，面积较大，净高宜高一些，一般取 3. 4 m 左右，层高为 3. 6 ~ 3. 9 m。再次，房间内的家具设备以及人使用时所需的必要空间，也直接影响着房间高度。如学生宿舍，通常设双层床，为保证上下床居住者的正常活动，室内净高应大于3. 2 m，层高一般取 3. 3 m 左右（图 6. 12）。医院手术室净高应考虑手术台、无影灯以及手术操作所必需的空间（图 6. 13）。

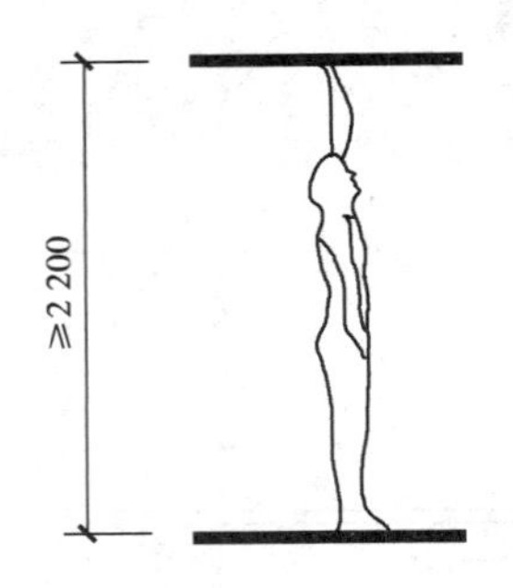

图 6. 11　房间最低净高要求

图 6. 12　宿舍设双层床净高

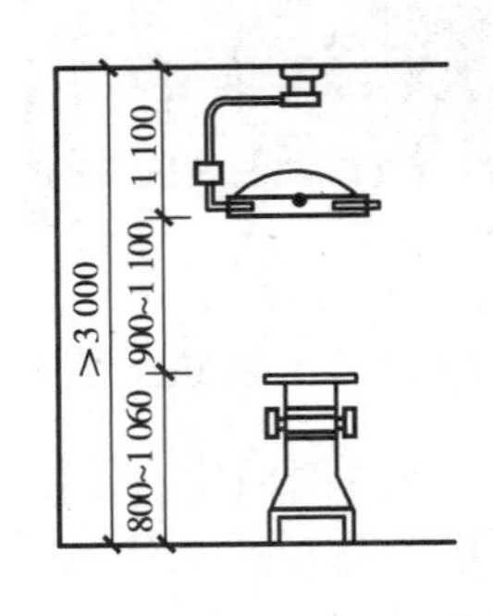

图 6. 13　手术室净高要求

2）采光、通风和气容量等卫生要求

室内光线的强弱和照度是否均匀，除了与平面中窗户的宽度及位置有关外，还与窗户在剖面中的高低有关。房间里光线的照射深度，主要靠侧窗的高度来解决。进深越大，要求侧窗上沿的位置越高，即相应房间的净高也要高一些。当房间采用单侧采光时，通常窗户上沿离地的高度应大于房间进深长度的一半（图 5. 6（a））；当房间允许两侧开窗时，房间的净高不小于总深度的 1/4（图 5. 6（b））。需要指出，单侧采光的房间，提高侧窗上沿高度，对改善室内照度的均匀性效果显著，为了避免在房间顶部出现暗角，窗户上沿到房间顶棚底面的距离应尽可能留得小一些，但是需要考虑到房屋的结构、构造要求，即窗过梁或房屋圈梁等必要的尺寸（图 6. 14）。

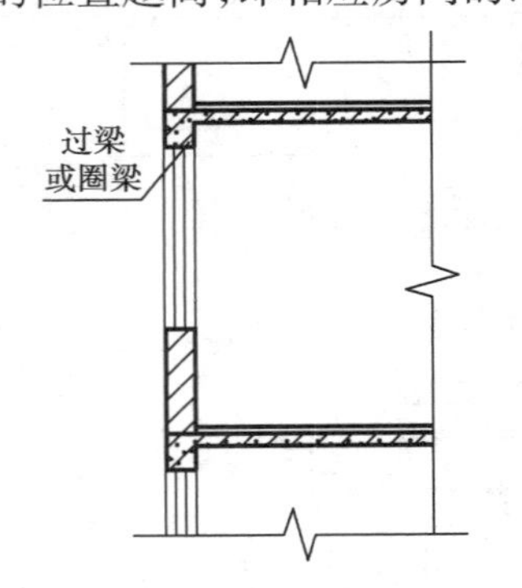

图 6. 14　过梁或圈梁的结构高度与房间高度关系

房间内的进出风口在剖面上的高低位置也对房间净高的确定有一定影响。温湿和炎热地区的民用房屋，经常利用空气的气压差，对室内组织穿堂风。如在内墙上开设高窗，或在门上设置亮子，使气流通过内外墙的窗户，组织室内通风（图 6. 15）。南方地区的一些商店，也常在营业厅外墙橱窗上下的墙面部分加设通风铁栅和玻璃百页的进出风口，以组织室内通风，从而改善营业厅内的通风和采光条件。

对容纳人数较多的公共建筑，为保证房间必要的卫生条件，在剖面设计中，除组织好通风换气外，还应考虑房间正常的气容量。其取值与房间用途有关，如中小学教室为 3 ~ 5 m^3/人，

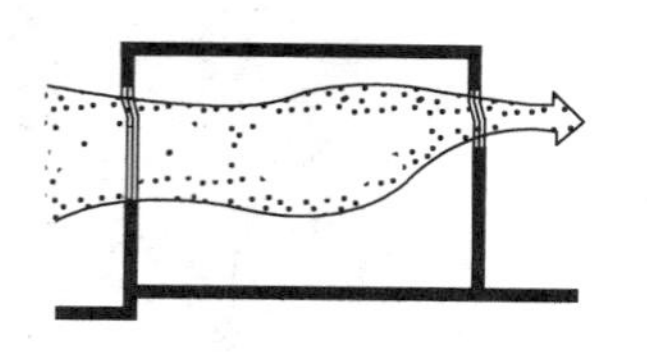

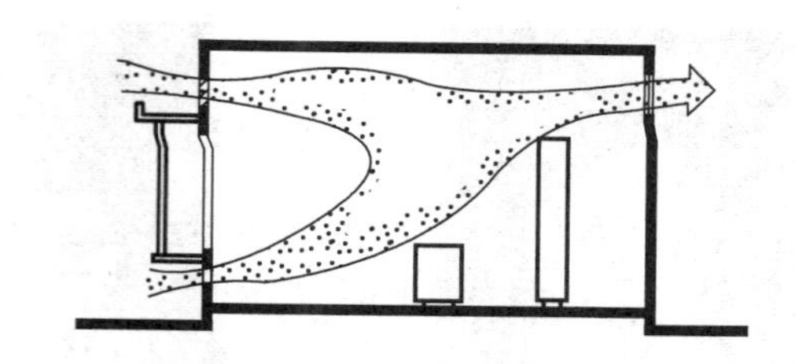

图6.15　房间剖面中进出口位置和通风路线示意图

电影院观众厅为4～5 m^3/座。根据房间容纳人数、面积大小及气容量标准，便可确定符合卫生要求的房间净高。

3）结构层的高度及构造方式的要求

结构层高度主要包括楼板、屋面板、梁和各种屋架所占的高度。层高的确定要考虑结构层的高度，结构层越高，则层高越大。

在砖混结构中，一般开间进深较小的房间，多采用墙体承重，在墙上直接搁板，结构层所占高度较小。

框架结构系统，由于改善了构件的受力性能，能适应空间较高要求的房间。对于一些大跨建筑，常采用屋架、薄腹梁、空间网架等多种形式，其结构层高度更大。

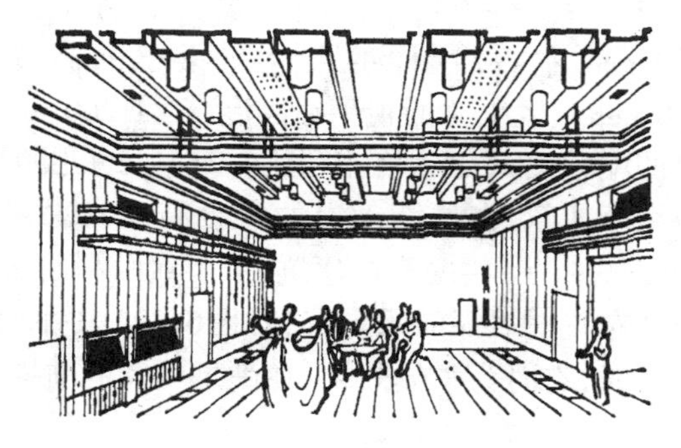

图6.16　电视演播室

4）设备设置的要求

在民用建筑中，对房间高度有一定影响的设备布置主要有顶棚部分嵌入或悬吊的灯具、顶棚内外的一些空调管道以及其他设备所占的空间高度。图6.16为电视演播室顶棚部分的送风、回风管道以及天桥等设备所占的空间地位示意，图6.1（b）是歌剧院观众厅中灯光要求和舞台吊景设备等所需要的观众厅和舞台箱的高度以及它们的剖面形状。

5）经济性要求

层高是影响建筑造价的一个重要因素，在满足使用要求、采光、通风、室内观感等前提下，应尽可能降低层高。一般砖混结构的建筑，层高每减小100 mm，可节省投资1%。层高降低，又使建筑物总高度降低，从而缩小建筑间距，节约用地，同时还能减轻建筑物的自重，减少围护结构面积，节约材料，降低能耗。

6）室内空间比例要求

室内空间长、宽、高的比例不同，常给人们精神上以不同的感受。如一个窄而高的空间，由于竖向的方向性比较强烈，会使人产生崇高向上的感觉，可以激发人们产生兴奋、激昂的情绪（图6.17）。哥特式教堂具有窄而高的室内空间，利用空间的几何形状特征，使教堂空间具有宗教的精神力量。一个细而长的空间，则可形成深远、期待的感受，空间越细长，感受越强烈（图6.18）。大而高的空间，易造成庄重肃穆的气氛（图6.19）。大而矮的空间，则给人以亲切、开阔的感觉（图6.20）。当然，如果上述空间的比例处理不当，也可使人感到空荡、压抑和沉闷。

图 6.17　窄而高空间

图 6.18　细而长空间

图 6.19　大而高空间

(2)窗台高度的确定

窗台的高度主要根据室内的使用要求、人体尺度和家具或设备的高度来确定。一般民用建筑中生活、学习或工作用房,窗台的高度常采用900 mm 左右,这样的尺寸与桌子的高度(约800 mm)、人坐时的视平线高度(约1 200 mm)相互的配合关系比较恰当(图6.21)。幼儿园建筑应结合儿童尺度,活动室的窗台高度常采用700 mm 左右。一些展览馆建筑,由于室内利用墙面布置展品,常将窗台提高到1 800 mm 以上,高窗的布置对展品的采光有利(图6.22),这时相应也需要提高房间的净高。应注意到,在立面设计时,有时为整体效果,在满足功能的前提下,可对窗台的高度进行适当调整。

图 6.20　大而矮空间

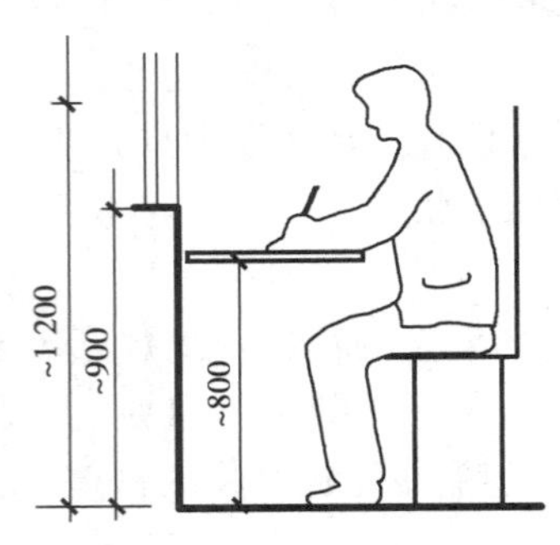

图 6.21　窗台高度和人体尺度、家具高度的关系

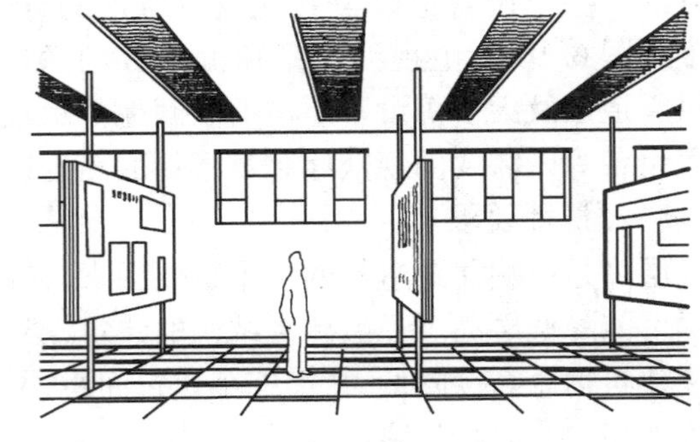

图 6.22　展览馆中高窗

(3)底层地坪的标高

为了防止室外雨水流入室内,防止墙身受潮,一般民用建筑常把室内地坪适当提高,一般不低于150 mm,常取高出室外地坪450 mm 左右。一些地区内有防洪要求的建筑物,还须要参考有关洪水水位的资料,以确定室内地坪标高。对于一些易于积水或需要经常冲洗的地方,如开敞的外廊,阳台以及浴厕、厨房等,地坪标高应稍低一些(低20 ~ 50 mm),以免溢水(图6.23)。有关楼梯和檐口等部分标高的确定,与这些部分的构造关系密切,可参阅本书有关章节内容。

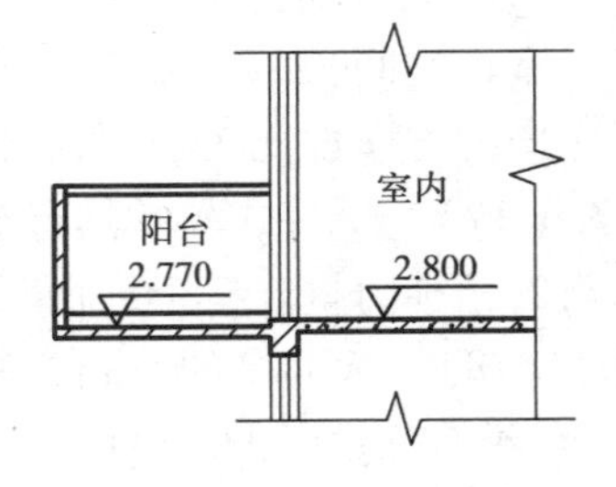

图 6.23　某阳台地面比室内地面低30 mm

6.1.4 建筑层数

影响建筑层数的因素很多，主要有：建筑本身的使用要求，基地环境和城市规划的要求，选用的结构类型，施工材料的要求，以及建筑防火和经济条件的要求等。

(1)建筑使用和体型设计要求

由于建筑用途不同，使用对象不同，对建筑的层数有不同的要求。如幼儿园，为了使用安全和便于儿童与外活动场地的联系，应建低层，其层数不应超过3层。医院、中小学校建筑也宜为3~4层，影剧院、体育馆、车站等建筑，由于使用中有大量人流，为便于迅速、安全地疏散，也应以单层或低层为主。对于大量建设的住宅、办公楼、旅馆等建筑，一般可建成多层或高层。建筑物各部分的层数直接影响建筑的体型，是体型设计的基础。

(2)基地环境和城市规划的要求

确定建筑的层数，不能脱离一定的环境条件限制。特别是位于城市街道两侧、广场周围、风景园林区、历史建筑保护区的建筑，必须重视与环境的关系，做到与周围建筑物、道路、绿化相协调，同时要符合城市总体规划的统一要求。城市总体规划从改善城市面貌和节约用地考虑，常对城市内各个地段、沿街部分或城市广场的新建房屋，明确规定建造层数。城市航空港附近的一定地区，从飞行安全考虑，也对新建房屋的层数和总高有所限定。

(3)结构、材料和施工的要求

建筑物建造时所用的结构体系和材料不同，允许建造的建筑物层数也不同。如一般砖混结构，墙体多采用砖砌筑，自重大，整体性差，且随层数的增加，下部墙体越来越厚，既费材料又减少使用面积，故常用于建造6、7层以下的大量性民用建筑，如多层住宅、中小学教学楼、中小型办公楼等。

对于钢筋混凝土框架结构、剪力墙结构、框架剪力墙结构、薄壁异形柱框架结构及筒体结构等，则可用于建多层或高层建筑。空间结构体系，如折板、薄壳、网架等，则适用于低层、单层、大跨度建筑(如剧院、体育馆等)。

(4)防火要求

按照我国制定的《建筑设计防火规范》的规定，建筑层数应根据建筑的性质和耐火等级来确定。当耐火等级为一、二级时，层数原则上不作限制；当耐火等级为三级时，最多允许建5层；当耐火等级为四级时，仅允许建2层(见表4.1)。

(5)经济条件要求

建筑的造价与层数关系密切。对于砖混结构的住宅，在一定范围内，适当增加房屋层数，可降低住宅的造价。一般情况下，5、6层砖混结构的多层住宅是比较经济的。

除此之外，建筑层数与节约土地关系密切。在建筑群体组合设计中，个体建筑的层数越多，用地越经济(图6.24)。将一幢5层住宅和5幢单层平房相比较，在保证日照间距的条件下，用地面积要相差2倍左右；同时，道路和室外管线设置也都相应减少。

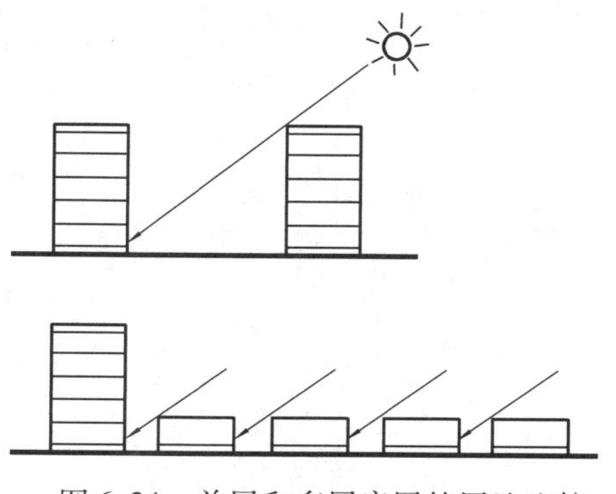

图6.24 单层和多层房屋的用地比较

6.1.5 建筑剖面空间组合

建筑剖面的空间组合设计是在平面组合的基础上进行的，它主要是根据建筑在功能上的需要与精神的要求，分析建筑物各部分应有的高度、层数及在垂直方向上的空间组合和利用等问题。

建筑的空间组合包括水平方向和垂直方向的组合关系，在组合设计中，除考虑水平方向的功能外，还必须同时考虑垂直方向上的功能关系。对于一幢建筑物，在垂直方向上，哪些房间位于上部，哪些房间位于下部，哪些房间可组合在同一层中，应根据建筑功能和使用要求来考虑。一般对外联系密切、人员出入较多以及室内有较重设备的房间应放在底层或下部，对外联系不多、人员出入较少、要求安静和隔离以及室内无重设备的房间，则可放在上部。如在医院建筑中，一般把病人较少或行动比较方便的病科，如五官科、口腔科等放在楼上，而把病人行动不便的急诊或外科门诊设在底层，以方便使用。又如在旅馆建筑中，将人员出入较多，对外联系比较密切的公共活动房间，如餐厅、休息厅等设在下部 1、2 层，把需要安静、隔离的客房放在上部。此外，还要考虑各使用房间之间的相互关系，如在办公楼中，可把各类性质相近的办公室及为之服务的、关系密切的辅助用房（如卫生间、开水房等）布置在同一层中。

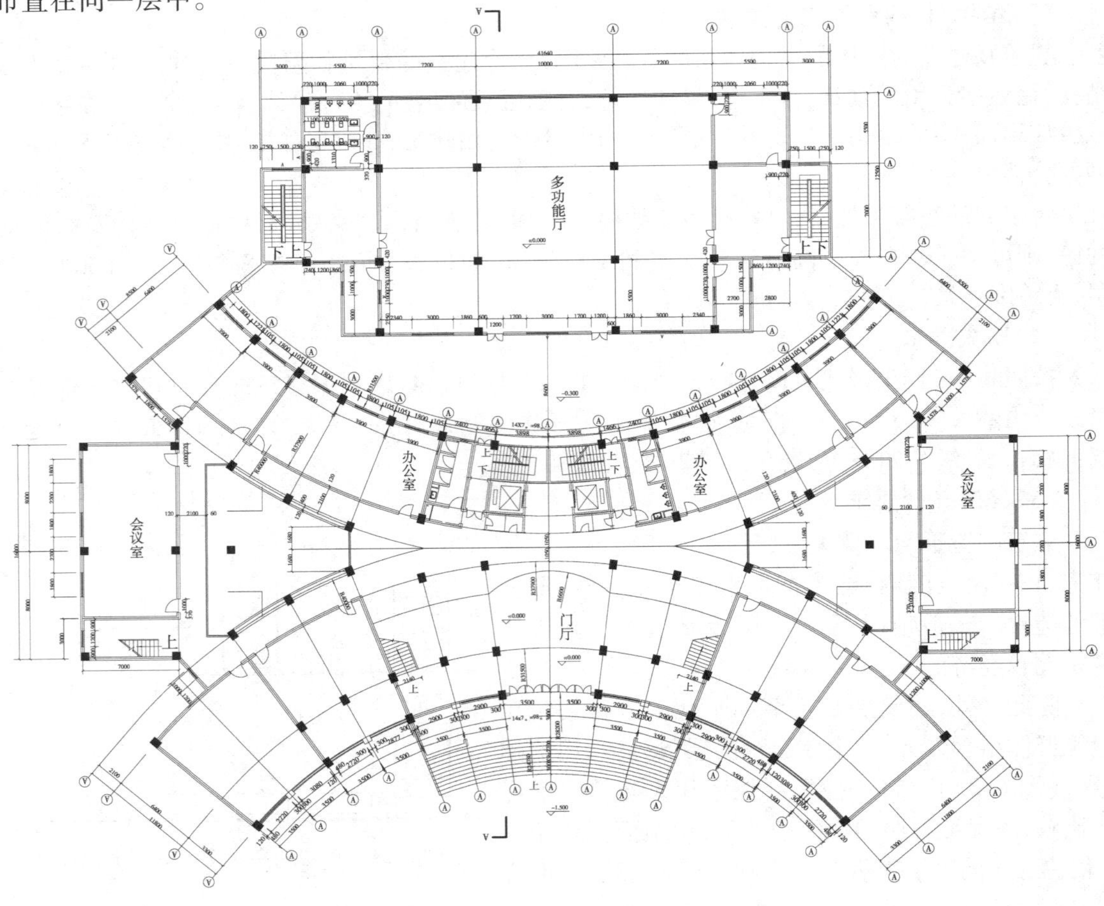

图 6.25　某办公楼一层平面

(1)建筑空间的组合

1)高度相同或高度接近的房间组合

高度相同、使用性质接近的房间,如教学楼中的普通教室和实验室,住宅中的起居室和卧室等,可以组合在一起。高度比较接近,使用上关系密切的房间,考虑到房屋结构构造的经济合理和施工方便等因素,在满足室内功能要求的前提下,可以适当调整房间之间的高差,尽可能统一这些房间的高度。一般先满足大房间的净高需求,然后再处理小房间。如图6.25所示的办公大楼平面方案,其中办公室、会议室、多功能厅以及厕所等房间,由于结构布置时从这些房间所在的平面位置考虑,要求组合在一起,因此把它们调整为同一高度,平面一侧的多功能厅,它与办公室的高度相差较大,故采用单层剖面附建于办公大楼主体,较大空间的会议室放置走廊两侧,这样的空间组合方式,使用上能满足各个房间的要求,利于结构布置(图6.26剖面)。

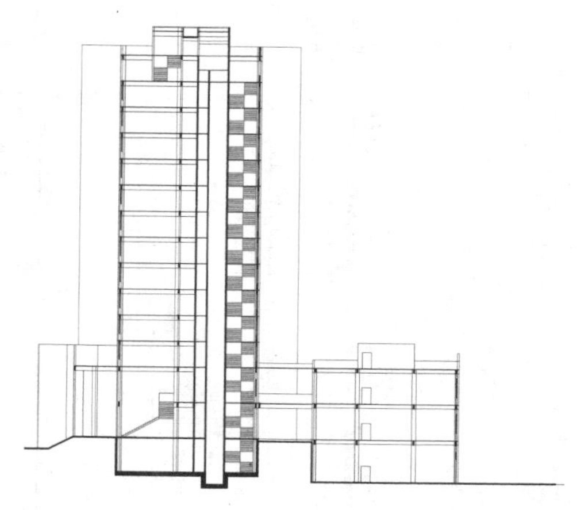

图6.26 某办公楼 *A—A* 剖面

2)高度相差较大房间的组合

高度相差较大的房间,在单层剖面中可以根据房间实际使用要求所需的高度,设置不同高度的屋顶。图6.27为一剧院不同高房间组合的剖面图,剧场部分由于使用功能要求房间面积大,相应房间的高度高,单独设置为单层。放映厅、会议室以及管理办公部分,各个房间组合为多层,从平面组合使用顺序和立面造型的要求考虑,把部分房间的高度相应也做一些变化。图6.28所示一体育馆的剖面,由于比赛大厅与休息、办公以及其他各种辅助房间相比,在高度和体量方面相差极大,因此通常结合大厅看台升起的剖面特点,在看台以下和大厅四周,组织各种不同高度的使用房间。这种组合方式需要细致地安排各部分房间的地坪标高和室内净高,合理地解决厅内大量人流的交通疏散路线以及各个房间之间的交通联系。

在多层和高层房屋的剖面中,高度相差较大的房间可以根据不同高度房间的数量多少和使用性质,在房屋垂直方向进行分层组合。例如,旅馆建筑中,通常把房间高度较高的餐厅、会客、会议等部分组织在楼下的一、二层或顶层,旅馆的客房部分相对说来它们的高度要低一些,可以按客房标准层的层高组合。高层建筑中通常还把高度较低的设备房间组织在同一层,成为设备层(图6.29)。

在多层和高层房屋中,上下层的结构关系应明确清晰,厕所、浴室等房间应尽可能对齐,以便结构合理,设备管道能够直通,使布置较为经济合理。

(2)建筑空间的利用

充分利用建筑物内部的空间,实际上是在建筑占地面积和平面布置基本不变的情况下,起到了扩大使用面积和充分发挥房屋投资的经济效果。

1)房间内的空间利用

在人们室内活动和家具设备布置等必需的空间范围以外,可以充分利用房间内其余部分的空间。图6.30是图书馆中净高较高的阅览室内设置夹层,以增加开架书库的使用面积。

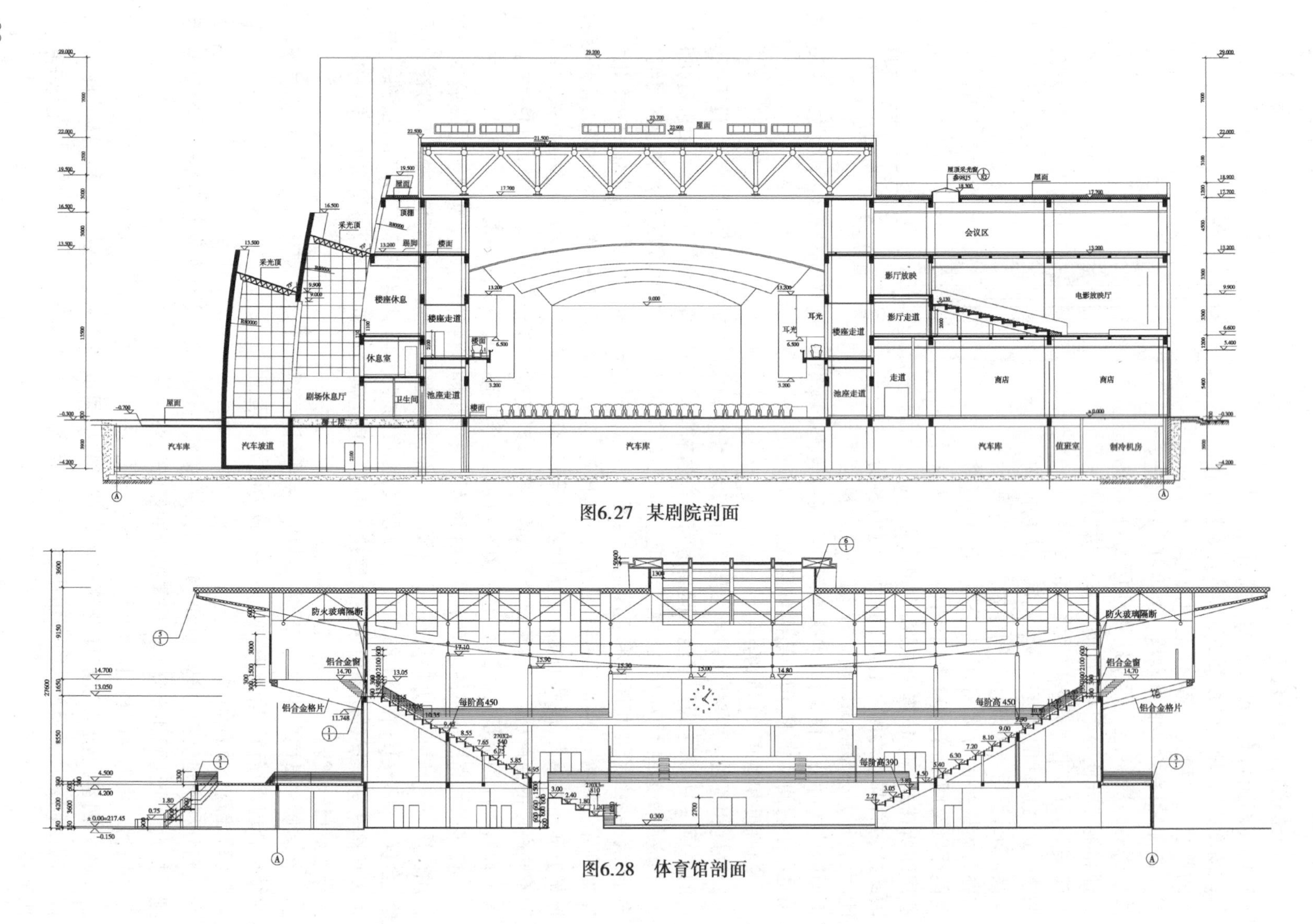

图6.27 某剧院剖面

图6.28 体育馆剖面

2)走廊、门厅的空间利用

由于建筑物整体结构布置的需要,房屋中的走廊通常与层高较高的房间高度相同,这时走廊平顶的上部,可以作为设置通风、照明设备和铺设管线的空间;一些公共建筑的门厅和大厅,由于人流集散和空间处理等要求,当厅内净高较高时,也可以在厅内的部分空间中设置夹层或走马廊(图6.31),既扩大了门厅或大厅内的活动面积和交通联系面积,又便于暗设管线,并且可丰富大厅的空间层次,创造一些尺度亲切的会客和休闲空间。

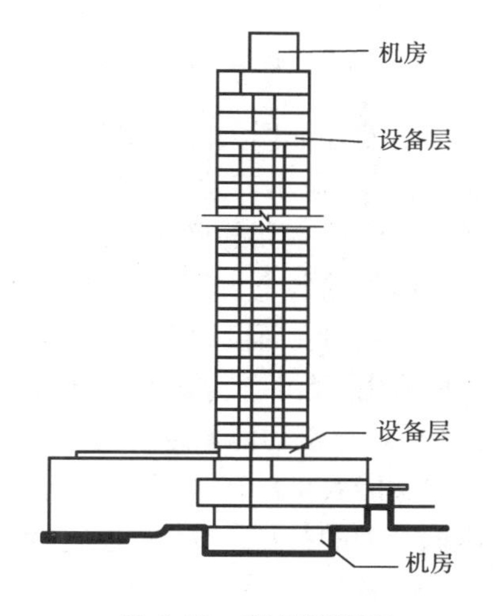

图6.29　某旅馆剖面

图6.30　阅览室利用夹层空间设置开架书库

图6.31　厅内的部分空间中设置夹层或走马廊

6.2　建筑立面及体型设计

建筑的体型和立面设计是建筑外形设计的两个主要组成部分。建筑物在满足使用要求的同时,它的体型、立面与内外空间一样,也会给人们精神上的感受。例如,我国古典建筑中故宫、天坛的雄伟壮丽,江南园林建筑的轻巧幽雅,以及一些地方民居的简洁亲切等(图6.32、图6.33)。显然,建筑除了要满足物质方面,即使用上的要求以外,还要考虑精神方面,即人们对建筑物的审美要求。

图6.32　北京故宫

图6.33　江南园林

6.2.1　立面、体型设计的内容和要求

建筑物的外部形象并不等于房屋内部空间组合的直接表现，也不是简单地在形式上进行表面加工，更不是建筑设计完成后的外形处理。建筑体型设计主要是对建筑外形总的体量、形状、比例、尺度等方面的确定，并针对不同类型建筑采用相应的体型组合方式。立面设计主要是对建筑体型的各个方面进行深入刻画和处理，使整个建筑形象趋于完善。

建筑体型和立面设计，必须符合建筑造型和立面构图方面的规律性（如均衡、韵律、对比、统一等），把适用、经济、美观三者有机地结合起来。对房屋外部形象的设计要求，有以下几个方面：

（1）反映建筑功能要求和建筑类型的特征

不同功能要求的建筑类型，具有不同的内部空间组合特点，房屋的外部形象也相应地表现这些建筑类型的特征。例如，住宅特有的富于韵律的阳台反映住宅建筑的特征（图6.34），学校建筑中的教学楼，由于室内采光要求高，人流出入多，立面上往往形成高大明快，成组排列的窗户和宽敞的入口（图6.35），体现出文化建筑的气息；而大片玻璃的陈列橱窗与设置广告位的实体墙对比，明显的人流入口，通常又是一些商业建筑立面的特征（图6.36）。

图6.34　住宅

图6.35　教学楼

图6.36　商业建筑

房屋外部形象同时也反映建筑物内容所产生的某种气氛，给予人们情绪上的反应。例如，纪念性建筑常采用简单的、对称的体形，给人以庄严、雄伟、肃穆、崇高的精神感受；博物馆的形象应该是敦实、厚重的，常采用较封闭的外形；体育馆的造型应该是动感的，常采用较开敞的形式等。这些建筑物的形象都给人们强烈的情绪上的影响（图6.37）。美观问题紧密地结合功能要求，是建筑艺术有别于其他艺术的特点之一。

（a）博物馆建筑

（b）体育建筑

图6.37　形象新颖的建筑

(2)**结合材料性能、结构构造和施工技术的特点**

建筑物的体型、立面与所用材料、选用的结构系统以及采用的施工技术和构造措施关系极为密切,这是由于建筑物内部空间组合和外部体型的构成,只能通过一定的物质技术手段来实现。

建筑结构体系是构成建筑物内部空间和外部形体的重要条件之一。由于结构体系的不同,建筑将产生不同的外部形象和不同的建筑风格。

墙体承重的砖混或剪力墙结构,由于构件受力要求,窗间墙必须保留一定宽度,窗户不能开得太大,这类结构的房屋外观形象,可以通过门窗的良好比例和合理组合,以及墙面材料质感和色彩的恰当配置,取得朴实、稳重的建筑造型效果(图6.38)。

图6.38 砖墙朴实、稳重的造型

图6.39 框架结构的轻盈造型

钢筋混凝土框架结构,由于墙体只起围护作用,建筑立面门窗的开启具有很大的灵活性,整个柱间可以开设横向窗户,甚至做成整片的玻璃幕墙。有些框架结构的房屋,立面上外露的梁柱构件,形成节奏鲜明的构图,显示出框架房屋的外形特点(图6.39)。

以高强度的钢材、钢筋混凝土或钢悬索等不同材料构成的空间结构,不仅为室内各种大型活动提供了理想的使用空间,同时,各种形式的空间结构也极大地丰富了建筑物的外部形象,使建筑物的体型和立面能够结合材料的力学性能和结构的特点,而具有很好的表现力(图6.40)。

图6.40 空间结构的不同造型

图6.41 玻璃幕墙

饰面材料和施工技术对建筑体形及立面也有较大影响。如清水墙、混水墙、贴面砖墙、刷涂料墙,以及现代建筑常用的幕墙构造——玻璃幕墙、金属幕墙等,均给人不同的感受,成为不同风格的构成要素(图6.41)。尤其一些现代工业化建筑(如大型板材、盒子结构等),常以构件本身的形体、材料质感和立面上色彩的对比,使建筑体型和立面更趋简洁、新颖,显示工业化生产工艺的外形特点。

房屋外形的美观问题除了功能要求外,还需要与建筑材料、工程技术密切结合,这是建筑艺术的又一特点。

(3)**适应一定的社会经济条件**

房屋建筑在国家基本建设投资中占有很大比例,因此,在建筑体型和立面设计中,必须正确处理适用、安全、经济、美观几方面的关系。各种不同类型的建筑物,根据其使用性质和规模,严格掌握国家规定的建筑标准和相应的经济指标,在建筑标准、所用材料、造型要求和外观装饰等方面区别对待,防止片面强调建筑的艺术性,忽略建筑的经济性,应在合理满足使用要求的前提下,用较少的投资建造简洁、明快、朴素、大方的建筑物。

(4)**适应基地环境和建筑规划的群体布置**

单体建筑是规划群体中的一个局部,拟建房屋的体型、立面、内外空间组合以至建筑风格等方面,要认真考虑与规划中建筑群体的配合。同时,建筑物所在地区的气候、地形、道路、原有建筑物以及绿化等基地环境,也是影响建筑体型和立面设计的重要因素。

总体规划的要求以及基地的大小和形状,使房屋的体型受到一定制约。山区或丘陵地区,为了结合地形和争取较好的朝向,往往采用退台布置,从而产生多变的体型(图6.42)。炎热地带由于考虑阳光辐射和房屋的通风要求,立面上通常设置富有节奏感的遮阳和通透的花格,形成南方地区立面处理的特点(图6.43)。又如建筑物所在基地和周围道路相对方位的不同,对建筑物的体型和立面处理也带来一定影响。

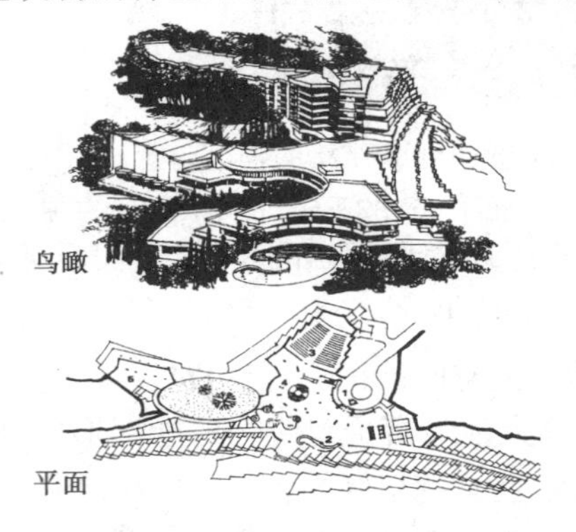

图6.42　结合地形的山地建筑

图6.43　结合南方气候的遮阳板

(a)基地两侧道路斜交

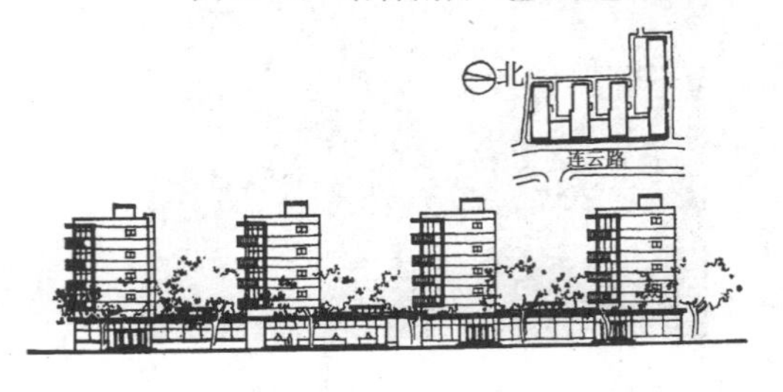

(b)基地位于道路西侧

(c)基地位于道路东北侧

图6.44　基地和道路方位的不同对住宅、商店体型的影响

图6.44所示为附设商店的沿街住宅建筑，由于基地和道路相对方位的不同，结合住宅的朝向要求，采用各种不同组合的体型。

(5)符合建筑造型和立面构图的一些规律

建筑体型和立面设计，除了要从功能要求、技术经济条件，以及总体规划和基地环境等因素考虑外，还必须符合建筑造型和立面构图的一些规律。例如，比例尺度，完整均衡，变化统一，以及韵律和对比等。

总之，建筑外形是建筑内容与内部空间的反映。因此，在设计时，不要把形式当作目的，把千差万别的建筑统统用几种固定的模式来套用；同时，建筑外形也不是简单地、自然地反映内容，而应该根据美学要求来进行加工和处理。

6.2.2 建筑美的构图规律

在建筑体型和立面设计中，除了要从功能要求、技术经济条件以及总体规划和基地环境等因素考虑外，还要符合一些建筑美学原则。建筑造型设计中的美学原则是指建筑构图中的一些基本规律，如统一、均衡、稳定、对比、韵律、比例、尺度等。不同时代、不同地区和不同民族，尽管建筑形式千差万别，尽管人们的审美观各不相同，但这些建筑美的法则都是一致的，是人们在长期的建筑创作发展过程中的总结。建筑构图规律既是指导建筑造型设计的原则，又是检验建筑造型美与不美的标准。在设计中应遵循这些建筑构图的基本规律，创造出完美的建筑体型与立面。下面将分别介绍建筑构图的一些基本规律。

(1)统一与变化

统一与变化，即"统一中求变化"、"变化中求统一"的法则，它是一种形式美的根本规律，广泛适用于建筑以及建筑以外的其他艺术，具有广泛的普遍性和概括性。

任何建筑，无论它的内部空间还是外观形象，都存在着若干统一与变化的因素。如学校建筑的教室、办公室、厕所，旅馆建筑的客房、餐厅、休息厅等，由于功能要求不同，形成空间大小、形状、结构处理等方面的差异。这种差异必然反映到建筑外观形象上，这就是建筑形式变化的一面。同时，这些不同之中又有某些内在的联系，如使用性质不同的房间，在门窗处理、层高开间及装修方面可采取一致的处理方式，这些反映到建筑外观形态上，就是建筑形式统一的一面。在建筑处理上，统一并不仅局限在一栋建筑物的外形上，还必须是外部形象和内部空间以及使用功能的统一；变化则是为了得到整齐、简洁而又不至于单调、呆板的建筑形象。

为了取得建筑处理的和谐统一，可采用以下几种基本手法：

1)以简单的几何形体求统一

任何简单的几何形体，如球体、正方体、圆柱体、长方体等本身都具有一种必然的统一性，并容易被人们所感受。由这些几何形体所获得的基本建筑形式，各部分之间具有严格的制约关系，给人以肯定、明确和统一的感觉。如某体育建筑，以简单的长方体为基本形体，达到统一、稳定的效果(图6.45)。

图6.45 某长方体的体育建筑

2)主从分明求统一

复杂体量的建筑,根据功能的要求,常包括有主要部分及附属部分。如果不加以区别对待,都竞相突出自己,或都处于同等重要的地位,不分主次,就会削弱建筑整体的统一,使建筑显得平淡、松散而缺乏表现力。在建筑体型设计中常可运用轴线处理,以低衬高(图6.46)及体型变化(图6.47)等手法来突出主体,取得主次分明、完整统一的建筑形象。

图6.46　以低衬高突出主体

图6.47　体型变化突出主体

3)以协调求统一

将一幢建筑物的各部分在形状、尺度、比例、色彩、质感和细部都采用协调处理的手法也可求得统一感。图6.48所示为某住宅建筑,其开间、层高、窗洞、材料是调和统一的,而利用阳台和屋顶的变化,打破了单调感,取得了有机的统一。

图6.48　统一中求变化

图6.49　下大上小的稳定形象

(2)均衡与稳定

建筑由于各体量的大小和高低、材料的质感、色彩的深浅和虚实的变化不同,常表现出不同的轻重感。一般说,体量大的、实体的、材料粗糙及色彩暗的,感觉要重些;体量小的、通透的、材料光洁及色彩明快的,感觉要轻一些。在设计中,要利用、调整好这些因素使建筑形象获得安定、平稳的感觉。建筑造型中的均衡是指建筑体型的左右、前后之间保持平衡的一种美学特征,它可给人以安定、平衡和完整的感觉。均衡必须强调均衡中心。均衡中心往往是人们视线停留的地方,因此,建筑物的均衡中心位置必须要进行重点处理。根据均衡中心位置的不同,均衡的形式可分为对称均衡和不对称均衡。

对称均衡是以中轴线为中心,并加以重点强调两侧对称,易取得完整统一的效果,给人以庄严肃穆的感觉(图6.49)。

不对称均衡将均衡中心偏于建筑的一侧,利用不同体量、材料、色彩、虚实变化等的平衡达到不对称均衡的目的，这种形式显得轻巧活泼（图6.50）。

稳定是指建筑物上下之间的轻重关系。在人们的实际感受中，上小下大、上轻下重的处理能获得稳定感。随着现代新结构、新材料的发展和人们审美观念的变化，关于稳定的概念也随之发生了变化，创造出了上大下小、上重下轻、底层架空的稳定形式（图6.51）。

图6.50　不对称的均衡

图6.51　上重下轻的新型建筑形象

（3）**对比与微差**

一个有机统一的整体，各种要素除按照一定秩序结合在一起外，必然还有各种差异，对比与微差所指的就是这种差异性。在体型及立面设计中，对比指的是建筑物各部分之间显著的差异，而微差则是指不显著的差异，即微弱的对比。对比可以借助相互之间的烘托、陪衬而突出各自的特点，以求得变化；微差可以借彼此之间的连续性，以求得协调。只有把这两方面巧妙地结合，才能获得统一性（图6.52）。

图6.52　对比与微差

图6.53　窗和实墙虚实对比

建筑造型设计中的对比与微差因素主要有量的大小、长短、高低、粗细的对比，形状的方圆、锐钝的对比，方向对比，虚实对比，色彩、质地、光影对比等。同一因素之间通过对比，相互衬托，就能产生不同的外观效果。对比强烈，则变化大，突出重点；对比小，则变化小，易于取得相互呼应、协调统一的效果。如图6.53所示，在墙面处理时，将窗和实墙相对集中，虚实对比极为强烈。

（4）**韵律**

韵律是指建筑构图中有组织的变化和有规律的重复。变化与重复形成有节奏的韵律感，从而可以给人以美的感受。建筑造型中，常用的韵律手法有连续韵律、渐变韵律、起伏韵律和交错韵律等（图6.54）。建筑物的体型、门窗、墙柱等的形状、大小、色彩、质感的重复和有组织的变化，都可形成韵律来加强和丰富建筑形象。

1）连续的韵律

这种手法在建筑构图中强调一种或几种组成部分的连续运用和重复出现的有组织排列所产生的韵律感。如图6.55所示，建筑外观上利用精心设计的柱子连续排列形成连续的韵律，加强了立面的效果。

(a)连续韵律

(b)渐变韵律

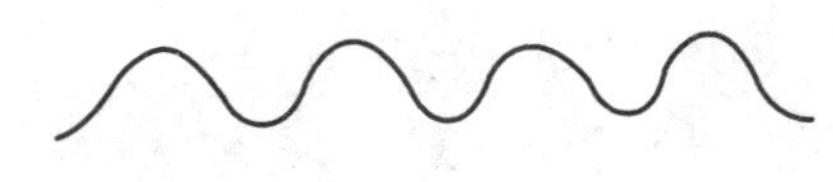

(c)交错韵律

(d)起伏韵律

图6.54　韵律

图6.55　连续的韵律

图6.56　渐变的韵律

图6.57　交错的韵律

2)渐变的韵律

这种韵律是将某些组成部分,如体量的大小与高低、色彩的冷暖与浓淡、质感的粗细与轻重等,作有规律的增减,以造成统一和谐的韵律感。如图6.56所示,建筑体型由下向上逐层缩小,取得渐变的韵律。

3)交错的韵律

此种韵律是指在建筑构图中运用各种造型因素,如体型的大小、空间的虚实、细部的疏密等手法,作有规律的纵横交错和相互穿插的处理,形成一种丰富的韵律感(图6.57)。

4)起伏的韵律

这种手法也是将某些组成部分作有规律的增减变化而形成的韵律感,但它与渐变的韵律有所不同,它是在体型处理中更加强调某一因素的变化,使体型组合或细部处理高低错落,起伏生动(图6.58)。

(5)比例

比例是指长、宽、高三个方向之间的大小关系。

在建筑体型中,无论是整体或局部,还是整体与局部之间、局部与局部之间,都存在着比例

图6.58　起伏的韵律

关系。如整幢建筑与单个房间长、宽、高之比，门窗或整个立面的高宽比，立面中的门窗与墙面之比，门窗本身的高宽比等。

在建筑的外观上，矩形最为常见，建筑物的轮廓、门窗、开间等都形成不同的矩形，如果这些矩形的对角线有某种平行或垂直、重合的关系，将有助于形成和谐的比例关系。如图6.59所示，以对角线相互重合、垂直及平行的方法，使窗与窗、窗与墙面之间保持相同的比例关系。

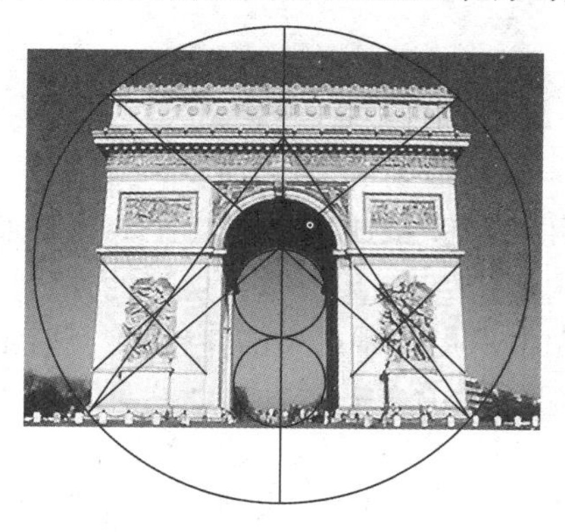

图6.59　比例关系

图6.60　参照物体现出建筑物尺度感

(6)**尺度**

尺度所研究的是建筑物的整体与局部给人感觉上的大小印象和真实大小之间的关系。抽象的几何形体本身并没有尺度感，比例也只是一种相对的尺度，只有通过与人或人所常见的某些建筑构件，如踏步、栏杆、门等或其他参照物（如汽车、家具设备等）来作为尺度标准进行比较，才能体现出建筑物的整体或局部的尺度感（图6.60）。

一般说来，建筑外观给人感觉上的大小印象，应和它的真实大小相一致。形成一种自然的尺度。但对于某些特殊类型的建筑，如纪念性建筑，设计时往往运用夸张的尺度给人以超过真实大小的感觉，形成夸张的尺度，以表现庄严、雄伟的气氛。与此相反，对于另一类建筑，如庭园建筑，则设计得比实际需要小一些，形成一种亲切的尺度，使人们获得亲切、舒适的感受。

6.2.3　体型组合

(1)**体型类型**

无论建筑体型的简单与复杂，它们都是由一些基本的几何形体组合而成，基本上可以归纳为单一体型和组合体型两大类。设计中采用哪种形式的体型，并不是按建筑物的规模大小来区别的。而应视具体的功能要求和设计者的意图来确定。

1)单一体型

单一体型是指整幢房屋基本上是一个比较完整的、简单的几何形体。采用这类体型的建筑特点是:平面和体型都较为完整单一,复杂的内部空间都组合在一个完整的体型中。平面形式多采用对称的正方形、三角形、圆形、多边形、风车形和“Y”形等单一几何形状(图 6.61)。单一体型的建筑常给人以完整统一、简洁大方、轮廓鲜明和印象强烈的效果。

图 6.61　单一体型

图 6.62　单一体型的变化

绝对单一几何体型的建筑通常并不是很多的,往往由于建筑地段、功能、技术等要求或建筑美观上的考虑,在体量上作适当的变化或加以凹凸起伏的处理,用以丰富房屋的外形。如住宅建筑,可通过阳台、凹廊和楼梯间的凹凸处理,使简单的房屋体型产生韵律变化,有时结合一定的地形条件还可按单元处理成前后或高低错落的体型(图6.62)。

2)组合体型

内部空间不易在一个简单的体量内组合,或者由于功能要求需要,内部空间组成若干相对独立的部分时,常采用组合体型。组合体型中各体量之间存在着相互协调统一的问题,设计时应根据建筑内部功能要求、体量大小和形状,遵循统一变化、均衡稳定、比例尺度等构图规律进行体量组合设计(图 6.63 ~ 图 6.66)。

图 6.63　组合体型之一

图 6.64　组合体型之二

组合体型通常有对称的组合和不对称的组合两种方式。

①对称式　对称式体型组合具有明确的轴线与主从关系,主要体量及主要出入口一般都设在中轴线上。这种组合方式常给人以比较严谨、庄重、匀称和稳定的感觉,一些纪念性建筑、行政办公建筑或要求庄重一些的建筑常采用这种组合方式。

图6.65 组合体型之三

图6.66 组合体型之四

②非对称式 根据功能要求、地形条件等情况，常将几个大小、高低、形状不同的体量较自由灵活地组合在一起，形成不对称体型。非对称式的体型组合没有显著的轴线关系，布置比较灵活自由，有利于解决功能和技术要求，给人以生动、活泼的感觉。随着建筑技术的发展和建筑内部空间组合方法的变化，建筑体型的组合出现了很多新的组合形式，使建筑面貌发生了很大变化（图6.67）。

图6.67 新组合的体型

（2）建筑体型的转折与转角处理

建筑体型的组合往往也受到特定的地形条件限制，如丁字路口、十字路口或任意角落的转角地带等，设计时应结合地形特点，顺其自然地做相应的转折与转角处理，做到与环境相协调。体型的转折与转角处理常采用如下手法：

1）单一体型等高处理

这种处理手法，一般是顺着自然地形、道路的变化，将单一的几何式建筑体型进行曲折变形和延伸，并保持原有体型的等高特征，形成简洁流畅、自然大方、统一完整的建筑外观体型（图6.68）。

图6.68 单一体型等高处理

图6.69 以附体陪衬主体

2）主、附体相结合处理

主、附体相结合处理，常把建筑主体作为主要观赏面，以附体陪衬主体，形成主次分明、错落有序的体型外观（图6.69）。

3）以塔楼为重点的处理

在道路交叉口位置，常采用局部体量升高，以形成塔楼的形式，使其显得非常突出、醒目，

图6.70　以塔楼为重点处理

以形成建筑群布局的高潮，控制整个建筑物及周围道路、广场（图6.70）。

除以上几种处理手法外，还有许多种其他的转折与转角处理，如单元体组合的转折、转角处理，以及高低起伏地形的特殊处理等，在体型组合上更为复杂，应结合具体情况，灵活处理，以取得完美的建筑体型。

（3）**体量的连接**

由不同大小、高低、形状、方向的体量组成的复杂建筑体型，都存在着体量间的联系和交接问题。各体量间的连接方式常采用以下几种方式：

1）直接连接

不同体量的面直接相连，这种方式具有体型简洁、明快，以及整体性强的特点，内部空间联系紧密（图6.71）。

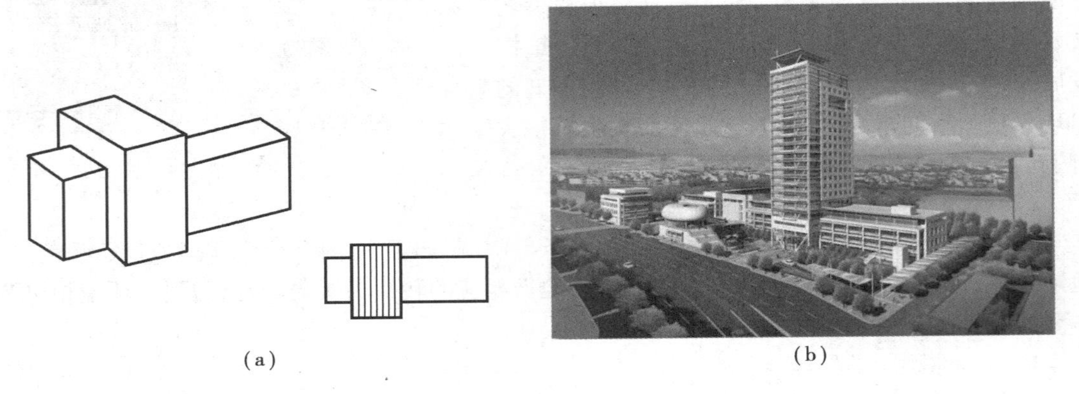

(a)　(b)

图6.71　直接连接

2）咬接

各体量之间相互穿插，体型较复杂，组合紧凑，整体性强，较易获得有机整体的效果（图6.72）。

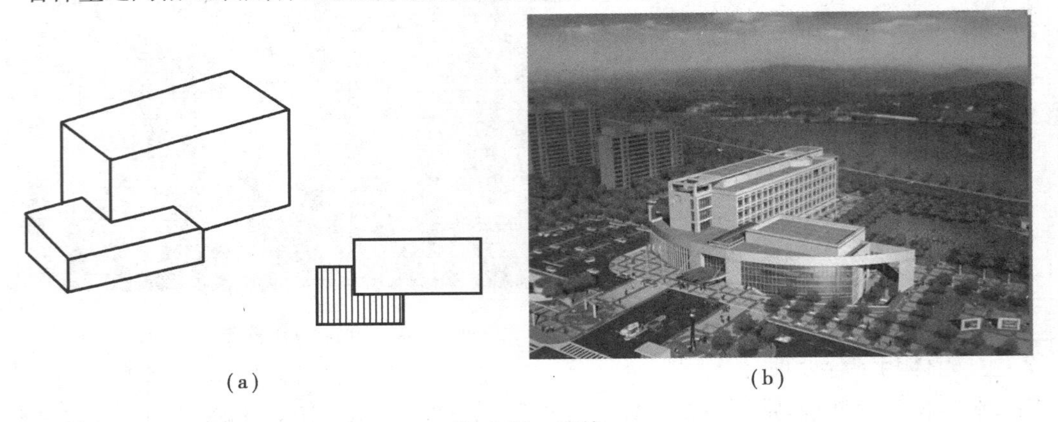

(a)　(b)

图6.72　咬接

3）以走廊或连接体连接

这种方式的特点是各体量间相互独立而又相互联系，体型给人以轻快、舒展的感觉（图6.73）。

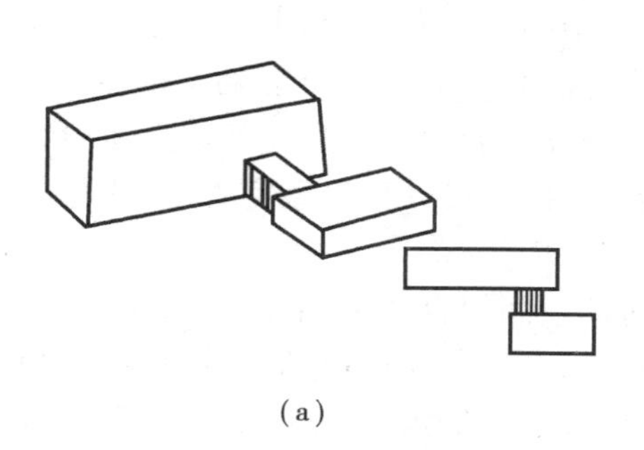
(a)

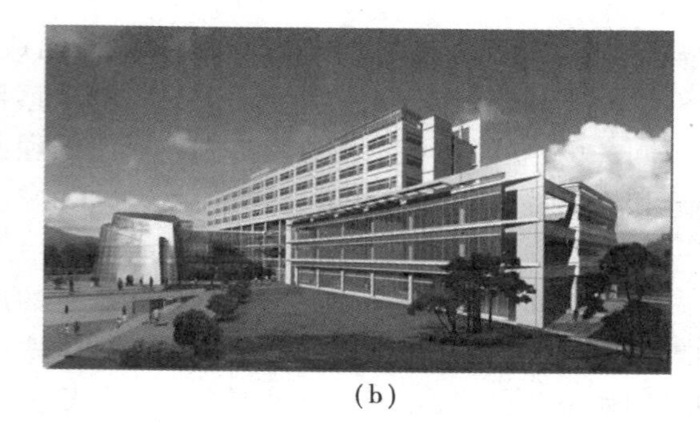
(b)

图6.73 以走廊或连接体连接

6.2.4 立面设计

建筑立面表达了建筑物四周的外部形象。运用不同的设计手法，同一平面可以产生不同的立面形象(图6.74)。从图中可以看出，建筑立面是由许多构部件所组成：它们有墙体、梁柱、墙墩等构成房屋的结构构件，有门窗、阳台，外廊等和内部使用空间直接连通的部件，以及

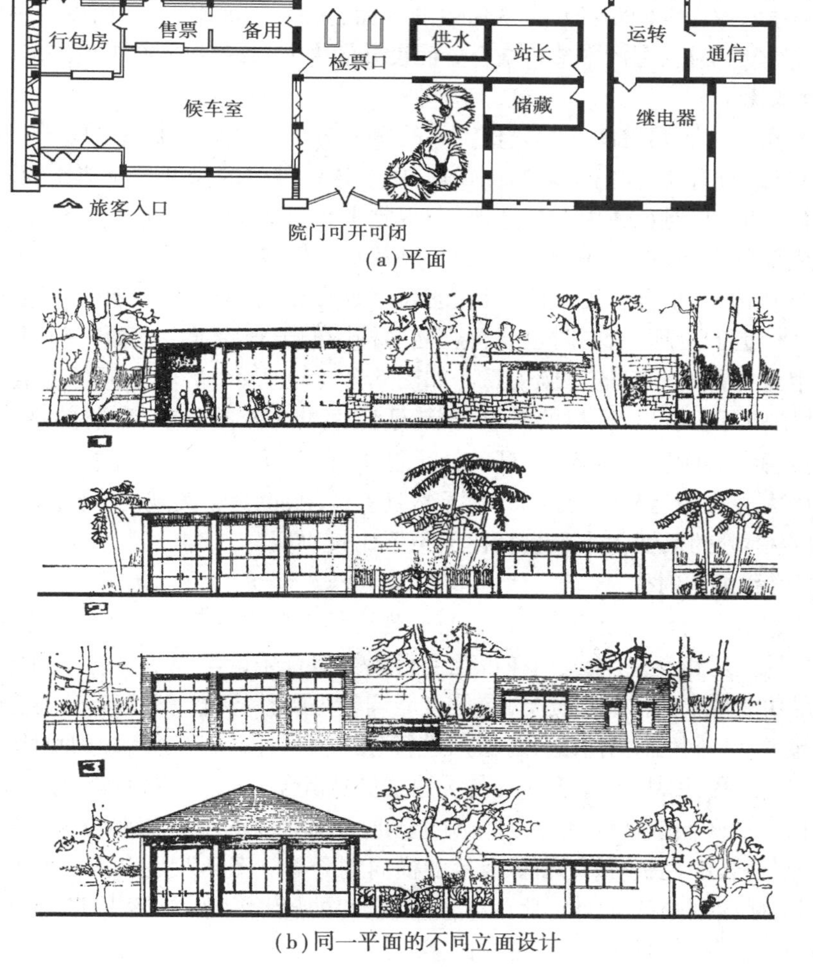

(a)平面

(b)同一平面的不同立面设计

图6.74 同一平面可以产生不同的立面形象

台基、勒脚、檐口等主要起到保护外墙作用的组成部分。不同的立面处理，主要是由于立面上构件的形式和排列方式不同，立面上材料的质感和布置方式不同，立面上光影的安排和运用方式不同，以及立面上重点部分装饰和色彩的处理方式不同而引起的。恰当地确定立面中组成部分和构部件的比例和尺度，运用节奏韵律和虚实对比等规律，设计出体型完整、形式与内容统一的建筑立面，是立面设计的主要任务。

建筑立面设计的步骤，通常根据初步确定的房屋内部空间组合的平剖面关系，例如，房屋的大小、高低、门窗位置，以及构部件的排列方式等，描绘出房屋各个立面的基本轮廓，作为进一步调整统一，进行立面设计的基础。又与平面、剖面设计和体形组合密切相关，而且有时为了立面的要求，也可对平面、剖面方案进行适当的调整和修改。此外，在进行建筑立面处理时，一定要从大处着眼，考虑整体的效果，要从整体到局部，从大面到细部，反复推敲，逐步深入。因为大面是关系到整体的，是影响立面效果的主要因素，所以首先要掌握大面上各部分的比例和相互关系，然后再就一些重点细部作深入的处理，使整个建筑从整体到局部，比例协调，互相衬托，形成一个完整的统一体。

完整的立面设计，并不只是美观问题，它与平面、剖面的设计一样，同样也有使用要求、结构构造等功能和技术方面的问题；但是，从房屋的平面、立面、剖面来看，立面设计中涉及的造型和构图问题，通常较为突出，因此本节将结合立面设计的内容，着重叙述有关建筑美观的一些问题。

(1) **尺度和比例**

尺度正确和比例协调是使立面完整统一的重要方面。建筑立面中的一些部分，如踏步的高低、栏杆和窗台的高度、大门拉手的位置等，由于这些部位的尺度相应地比较固定，如果它们的尺寸不符合要求，非但在使用上不方便，在视觉上也会感到不习惯。至于比例协调，既存在于立面各组成部分之间，也存在于构件之间，以及对构件本身的高宽等比例要求。一幢建筑物的体量、高度和出檐大小有一定比例，梁柱的高跨也有相应的比例，这些比例上的要求首先需要符合结构和构造的合理性，同时也要符合立面构图的美观要求。立面中门窗的高度，柱径和柱高等构件本身也都有一定的比例关系。如图 6.75(a)所示，房屋立面各组成部分与门窗等比例不当，从图中可以看出：入口的大小，不能适应大量人流的要求；台阶的踏步太高，行走不便；楼层栏杆过高，影响室内采光；栏杆的柱子过于纤细，不符合钢筋混凝土柱的结构比例；顶部造型过于庞大等。像这样一个立面，很显然是不适用，也是不美观的。图 6.75(b)是经过修改和调整，使各部分的尺寸大小和相互比例关系比较协调。

(2) **节奏感和虚实对比**

节奏韵律和虚实对比是使建筑立面富有表现力的重要设计手法。建筑立面上，相同构件或门窗作有规律的重复和变化，给人们在视觉上得到类似音乐诗歌中节奏韵律的感受效果。门窗的排列在满足功能技术条件的前提下，应尽可能调整得既整齐统一又富有节奏变化。通常可以结合房屋内部多个相同的使用空间，对窗户进行分组排列，图 6.76 所示为香山饭店立面的窗户组合示意，根据室内使用功能，结合中国传统建筑符号组合窗户，形成独特韵律的立面。

墙面中构件的竖向或横向划分也能够明显地表现立面的节奏感和方向感。例如，柱和墙墩的竖向划分、通长的栏板、遮阳和飘板等的横向划分等。图6.77是以飘板和带形窗户组成立面的横向划分，横向划分的立面通常具有轻巧、亲切的感觉。图 6.78 是竖向划分的办公楼立面，竖向划分的立面一般具有庄重、挺拔的感觉。

“虚实对比”中的“虚”是指门窗、空花墙等开洞部分，“实”是指实墙面。实墙面与开洞部

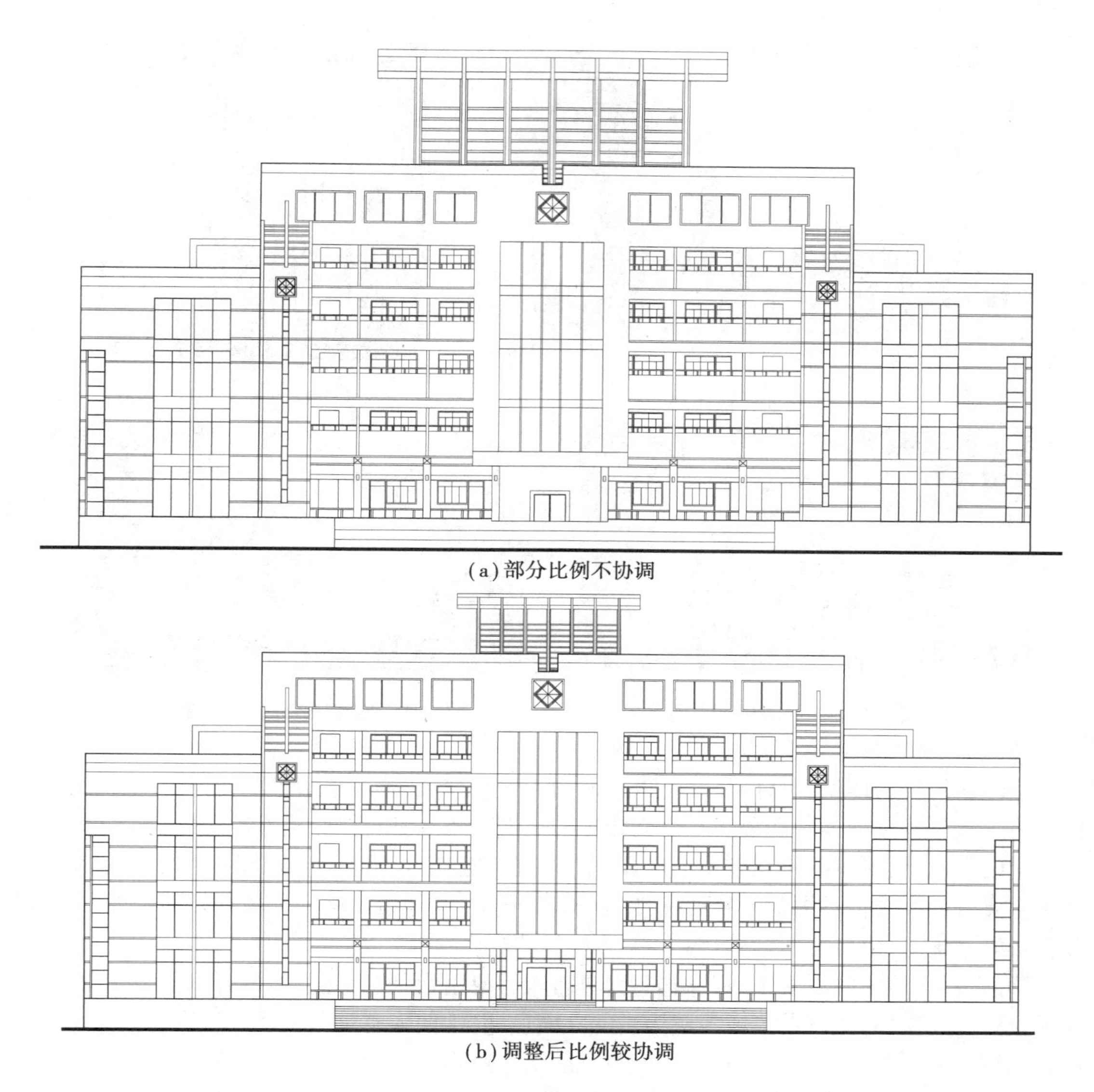

(a)部分比例不协调

(b)调整后比例较协调

图6.75　建筑立面中各部分的比例关系

分在符合功能要求的情况下，如果安排恰当，可使墙面虚实变化，生动醒目。不同的虚实对比，给人们以不同的感觉。例如，实墙面较大，门窗洞口较小，常使人感到厚实和封闭；相反，门窗洞口较大，实墙面较小，感到轻巧和开敞。如图6.79所示为某博物馆方案，根据内部的功能，需要大面积的实墙和均匀采光，将窗集中在光线柔和的北部和顶部，虚实对比强烈，效果生动。又如图6.80所示为某纪念馆，内部通透的廊子与外部墙体上的小窗形成鲜明的对比，外观既稳重又轻巧活泼。

图6.76　香山饭店立面

图 6.77　立面的横向划分

图 6.78　立面的竖向划分

图 6.79　集中实墙面与集中开窗对比强烈

图 6.80　通透的廊子与外部墙体对比

(3)**材料质感和色彩配置**

一幢建筑物的体型和立面最终是以它们的形状、材料质感和色彩等多方面的综合,给人们留下一个完整深刻的外观印象。在立面轮廓的比例关系、门窗排列、构件组合以及墙面划分基本确定的基础上,材料质感和色彩的选择、配置,是使建筑立面进一步取得丰富和生动效果的又一重要方面。根据不同建筑物的标准,以及建筑物所在地区的基地环境和气候条件,在材料和色彩的选配上,也应有所区别。

一般说来,粗糙的混凝土或砖石表面,显得较为厚重,平整而光滑的面砖以及金属、玻璃的表面,感觉比较轻巧。以白色或浅色为主的立面色调,常使人感觉明快、清新;以深色为主的立面,又显得端庄、稳重;红、褐等暖色,趋于热烈;蓝、绿等冷色感到宁静。对于各种冷暖和深浅的色彩进行不同的组合和配置,会产生多种不同的效果。此外,由于人们生活环境和气候条件的不同,以及传统习惯等因素,对色彩的感觉和评价也有差异。图 6.81 所示的建筑实例中,大片石材的墙面,白色粉面的外廊栏板,通过材料质感的对比,使建筑外形更显得生动明快。一些住宅,常在浅色抹灰的大片墙面上,结合阳台、栏板等部位,配置色彩鲜明的饰面或面砖,给住宅建筑群体带来了生机盎然的景象。

图 6.81　材料对比

(4)**重点及细部处理**

突出建筑物立面中的重点,既是建筑造型的设计手法,也是房间使用功能的需要。建筑物的主要出入口和楼梯间等部分是人们经常经过和接触的地方,在使用上要求这些部分的地位明显,易于找到。在建筑立面设计中,相应地也应该对出入口和楼梯间的立面适当进行重点处理。

图6.82是一入口，以独特的雨棚，对入口作了重点处理。图6.83是一博物馆的一次要入口，形式富于动感的螺旋楼梯打破建筑体量单一，将楼梯的形体结合立面作了重点处理。

图6.82　独特的雨棚

图6.83　螺旋楼梯装饰次要入口

建筑立面上一些构件的构造搭接，勒脚、窗台、遮阳、雨棚以及檐口等的线脚处理，此外，如台阶、门廊和大门等人们较多接触的部位都是立面设计中细部处理的内容。建筑立面的细部处理，不应作为孤立的装饰设计来看待，而应有利于表现建筑类型的特征，有利于加强建筑体型、建筑立面的统一和完整。细部处理也要尽可能结合立面构部件本身进行艺术加工，使整幢建筑物具有更为完美和丰富的建筑形象。

6.3　建筑剖面图和立面图的表达

6.3.1　剖面图的表达

(1)剖面图的形成和名称

为了清楚地表示房屋内部各房间的净空高度，以及基础、楼平面、墙身到屋顶各部分的构造情况，通常用一假想的切平面平行于房屋某一墙面，将整个房屋从屋顶到基础切开，把切平面和切平面与观者之间的部分移开，将余下部分按垂直于切平面的方向投影而画成的图样称为剖面图(图6.84)。其剖切面的位置一般选择在房屋内部结构和构造比较复杂或有变化的部分(如门、窗洞、楼梯、厨房等部位)。如果用一个剖切平面不能满足要求时，则剖切平面允许转折。

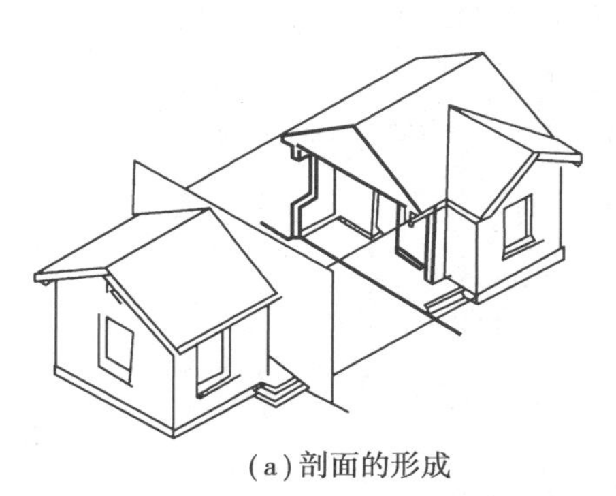

(a)剖面的形成

(b)剖面图

图6.84　剖面图的表达示意

沿房屋宽高方向剖切所得的剖面图称为横剖面图,沿房屋长度方向剖切所得的剖面图称为纵剖面图。在剖面图的下方正中应标注相应剖面图的名称,如1-1剖面图等。剖面图可不画地面以下的基础,一般用折断线将其折断。

(2)**剖面图的内容**

对于图6.85:

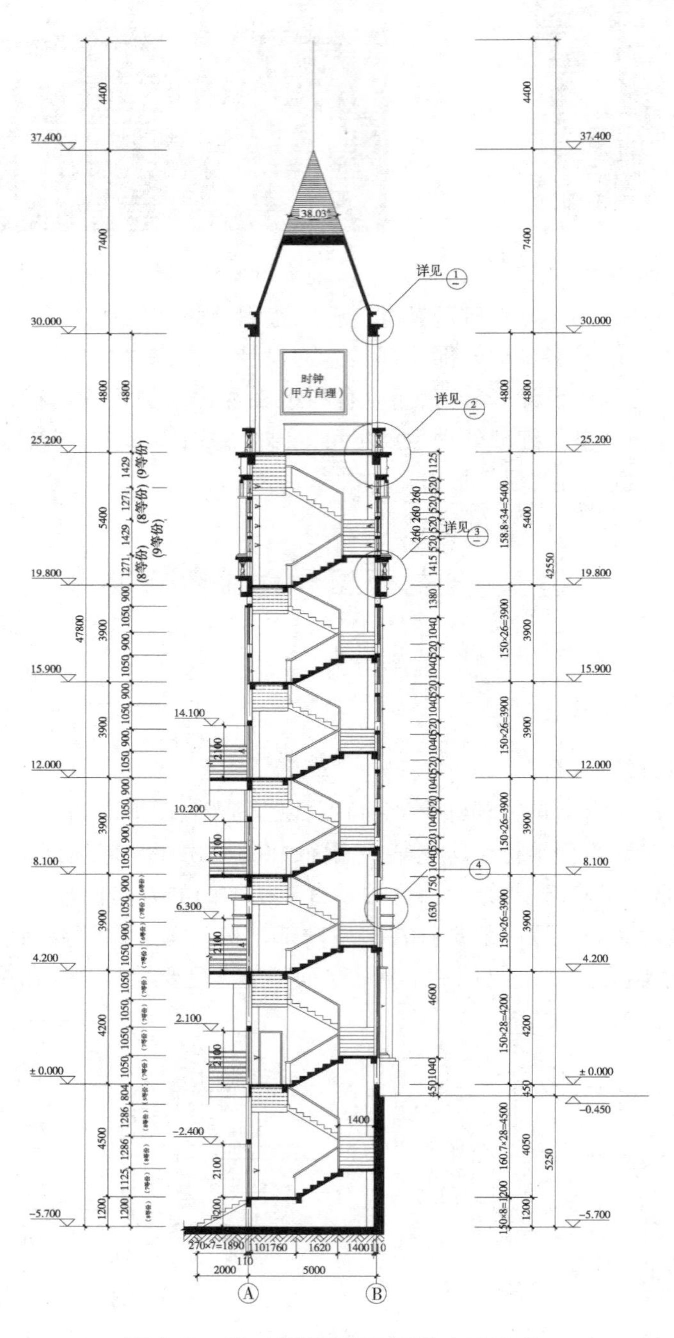

图6.85　施工图阶段剖面图的表达示意

①剖视位置应选在层高不同、层数不同、内外部空间比较复杂和具有代表性的部位；建筑空间局部不同处以及平面、立面均表达不清的部位，可绘制局部剖面；

②墙、柱、轴线和轴线编号；

③剖切到或可见的主要结构和建筑构造部件，如室外地面、底层地（楼）面、地坑、地沟、各层楼板、夹层、平台、吊顶、屋架、屋顶、出屋顶烟囱、天窗、挡风板、檐口、女儿墙、爬梯、门窗、楼梯、台阶、坡道、散水、平台、阳台、雨篷、洞口及其他装修等可见的内容；

④高度尺寸

外部尺寸：门窗、洞口高度、层间高度、室内外高差、女儿墙高度、总高度；

内部尺寸：地坑（沟）深度、隔断、内窗、洞口、平台、吊顶等；

⑤标高

主要结构和建筑构造部件的标高，如地面、楼面（含地下室）、平台、吊顶、屋面板、屋面檐口、女儿墙顶、高出屋面的建筑物、构筑物及其他屋面特殊构件等的标高，室外地面标高；

⑥节点构造详图索引号；

⑦图纸名称、比例。

（3）剖面图的图示特点

1）图线

在剖面图中，凡被剖切到的构件，其截面轮廓线画粗实线；未被剖切的主要可见轮廓线（如门、窗洞以后的墙厚、台阶、阳台等）画中粗线；其余的次要可见轮廓线（如水斗及雨水管、外墙面引条线、门窗扇分格线）和尺寸线等均画细实线；室外地坪线用略粗于标准粗实线画出。剖面图中亦可将被剖切的截面轮廓线用粗实线画出，其余图线均画细实线，但地坪线仍用较粗的粗实线画出。

2）剖面图的标注

在底层平面图中，用剖切线（粗短划线）标明剖面图的剖切位置，用与剖切线相垂直的粗短划线标明投影方向，并注写剖面图编号，在相应剖面图下方正中要标注剖面图名称和比例。“国标”规定，剖面图的剖视方向一般剖向图面的上方或左方。但是，如果剖向右方对表达房屋更有利时，便剖向右方。

3）图例

用较大比例绘制剖面图时，其剖切到的构、配件截面，一般都画上材料图例。

4）尺寸标注

房屋剖面图中应标注必要的尺寸。即垂直方向的尺寸和标高，一般只标注剖面图中剖切到部分的尺寸。

室外的高度尺寸一般也注三道，最外边一道是标注室外地坪面以上的总体尺寸，如果是坡屋面，总高尺寸注至挑檐檐口底面。如为带女儿墙的屋面，则总尺寸应注到完工后的女儿墙顶面；中间一道尺寸为层高尺寸，它包括底层地面至二层楼面，各层楼面之间、顶层楼面至檐口以及室内外地面高度差等各尺寸，最里面一道尺寸为细部尺寸，主要是分别标注门窗及洞间墙的高等。对于两边对称的剖面图只在一边标注。对于室内的门、窗洞、楼梯扶手、栏杆等的尺寸，必要时也可注出。

此外，在剖面图中还顺注明室内外地面，楼梯平台、屋檐檐口底面的建筑标高和有些过梁、大梁及雨篷底面的结构标高。

5)比例

常用1∶50,1∶100,1∶200,也可用1∶150,1∶300。

6.3.2 立面图的表达

(1)立面图的形成和名称

为了表示房屋的外貌,通常采取分别将房屋的四个主要墙面向与其平行的投影面进行投影,这样绘出的图样,称为立面图(图6.86)。其中常把主要入口(大门)所在的立面图称为正立面图,其余则分别称为背立面图、左侧立面图,右侧立面图等;也有以房屋各墙面的朝向来称呼的,如东立面图、南立面图、西立面图、北立面图等;此外,还有以各立面最外两道墙(或柱)的轴线编号来称呼的,可称为①-④立面图、①-⑨立面图等。

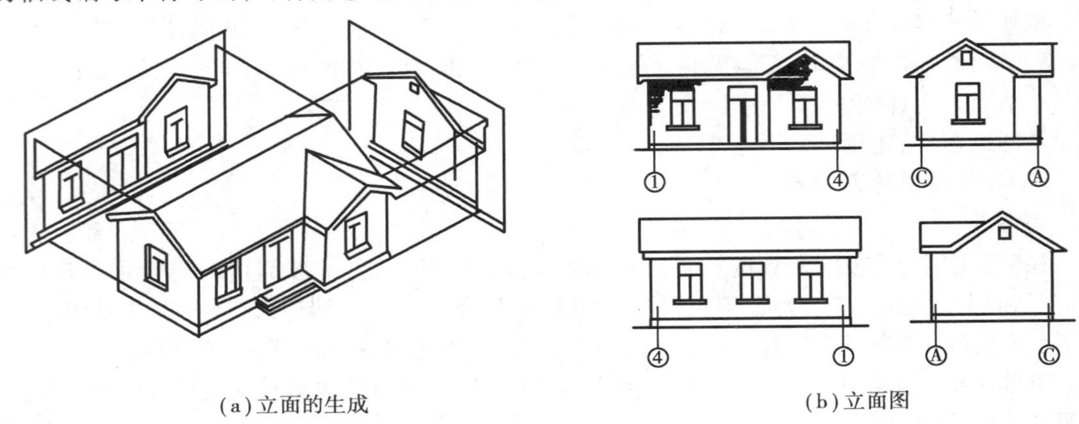

(a)立面的生成　　(b)立面图

图6.86　立面图的表达示意

(2)立面图的内容

对于图6.87:

①两端轴线编号,立面转折较复杂时可用展开立面表示,但应准确注明转角处的轴线编号;

②立面外轮廓及主要结构和建筑构造部件的位置,如女儿墙顶、檐口、柱、变形缝、室外楼梯和垂直爬梯、室外空调机搁板、阳台、栏杆、台阶、坡道、花台、雨篷、烟囱、勒脚、门窗、幕墙、洞口、门头、雨水管,以及其他装饰构件、线脚和粉刷分格线,以及关键控制标高的标注(如屋面或女儿墙标高等),外墙的留洞应注尺寸与标高或高度尺寸(宽×高×深及定位关系尺寸);

③平面、剖面未能表示出来的屋顶、檐口、女儿墙、窗台以及其他装饰构件、线脚等的标高或高度;

④在平面图上表达不清的窗编号;

⑤各部分装饰用料名称或代号,构造节点详图索引;

⑥图纸名称、比例;

⑦各个方向的立面应绘制齐全,但差异小、左右对称的立面或部分不难推定的立面可简略,内部院落或看不到的局部立面,可在相关剖面图上表示,若剖面图未能表示完全时,则需单独绘出。

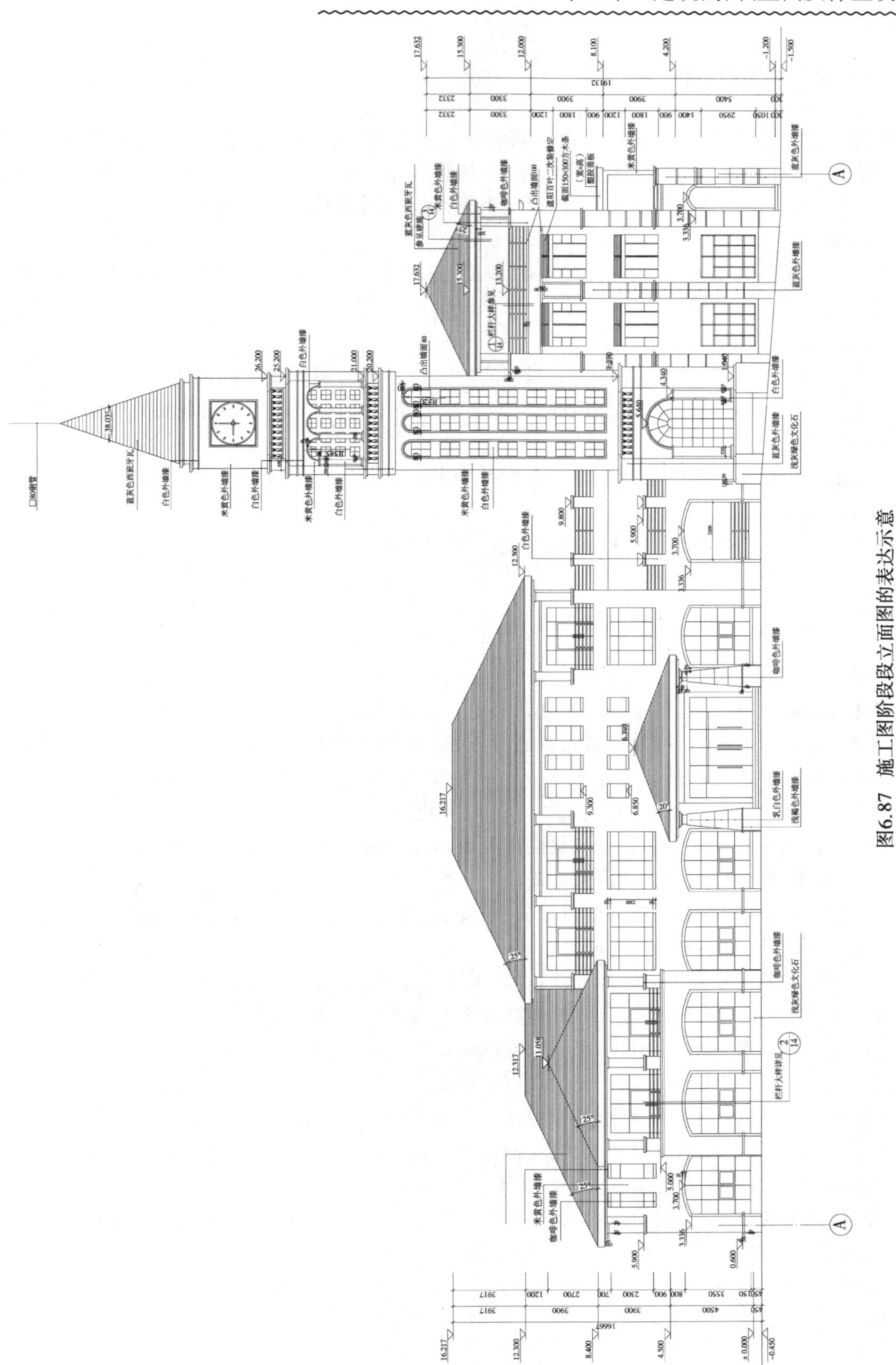

图6.87　施工图阶段立面图的表达示意

(3)立面图的图示特点

1)图线

为了使立面图外形更清晰,通常用粗实线表示图形的最外轮廓线、凸出的雨篷、阳台、台阶、花台,以及门、窗洞的轮廓用中粗线画出;地坪线用略粗于标准粗度的粗实线画出;其余如门、窗扇及其分格、落水管、材料符号、说明引出线等均画成细实线。

2)图例

由于立面图的比例较小,因此门窗的形式、开启方向及墙面材料等均应按“国标”规定的图例画出。

3)尺寸

在立面图中,一般不标注房屋的总长和总宽,也不注门窗的宽度和高度,可以注一些其他图中无法标注的局部尺寸和室外地坪、门窗上下沿、台阶和女儿墙顶面雨篷底面等处和标高。

4)轴线的轴号

一般要画出最外两端墙(柱)的定位轴线及其编号。

5)比例

常用1∶50,1∶100,1∶200,也可用1∶150,1∶300。

小　结

建筑剖面设计、建筑体型和立面设计一般是在平面设计的基础上进行的,同时几方面又相互影响。在本章的学习中,应培养同步思考,相互协调的思考模式。

建筑体型和立面设计的规律不是一朝一夕能够掌握的,需要在学习过程中多加体会,多借鉴他人和生活中的优秀的建筑作品。

1. 剖面设计的主要内容是分析确定建筑物各部分的高度、建筑层数、建筑空间的组合和利用,以及建筑剖面中的结构、构造关系等。

2. 建筑的层高、净高是根据室内家具、设备、人体活动、采光通风、技术经济条件以及室内空间比例等因素,综合考虑确定的。

3. 确定建筑物层数的主要因素是:建筑本身的使用要求,基地环境和城市规划的要求,选用的结构类型、施工材料的要求,以及建筑防火和经济条件的要求等。

4. 房间的剖面形状与使用要求、结构类型、材料和施工条件、采光通风要求等因素有关,通常,大多数房间采用矩形,有利于使用、结构、施工及工业化。

5. 建筑体型设计主要是对建筑外形总的体量、形状、比例、尺度等方面的确定,并针对不同类型建筑,采用相应的体型组合方式;立面设计主要是对建筑体型的各个方面进行深入刻画和处理,使整个建筑形象趋于完善。

6. 建筑美的构图规律是指建筑构图中的一些基本规律,如统一、均衡、稳定、对比、韵律、比例、尺度等。建筑构图规律是指导建筑造型设计的原则。

复习思考题

6.1　如何确定房间的剖面形状？

6.2　层高、净高、结构高度各自含义及其相互关系是什么？

6.3　确定层高、净高应考虑哪些因素？

6.4　建筑物层数的确定有哪些方面的因素？

6.5　空间组合的形式是哪几种？每种形式具体应用于何种情况？

6.6　建筑体型和立面设计的要求有哪些？

6.7　建筑美的构图规律是什么？怎样在体型设计和立面设计中应用？

第7章 工业建筑设计原理

本章要点及学习目标

本章着重介绍单层厂房设计的基本原理和方法。要求掌握工业建筑设计要求和构件的组成;平面设计与生产工艺的关系及柱网选择;定位轴线的标注;立面处理方法。

7.1 工业建筑概论

工业建筑是为各类工业生产需要而建造的不同用途的建筑物和构筑物的总称,通常把为生产和辅助生产使用的房屋称为建筑物,即"厂房"或"车间"。其他为满足生产而设置的烟囱、水塔、水池、各种管道支架等,则称为构筑物。

7.1.1 工业厂房建筑的特点

工业建筑在设计原则、建筑材料和建筑技术等方面与民用建筑相比有许多共同之处,但在使用要求方面存在着较大的差异,因此与民用建筑又有较大差别。工业厂房建筑主要有以下特点:

①厂房平面设计首先要满足生产工艺的要求,工艺流程要求决定着厂房的平面布置和形式。

②工业厂房需较大的室内空间布置各种机器设备和运输设备等。通常有桥式吊车的厂房,一般净空要求在8 m以上,最高可超过20 m;同时,厂房内机器设备具有较大的静、动荷载以及振动或撞击力等,对厂房结构提出较高要求。

③有的厂房在生产过程中会散发大量的余热、烟尘、有害气体、侵蚀性液体及生产噪声等,这就要求厂房有良好的采光、通风和隔声能力。有些厂房内部,需要保持一定的温度、湿度,或要求防尘、防振、防爆、防腐蚀等要求,厂房设计时必须采取相应的特殊构造措施。

④大多数厂房需要敷设各种技术管网,如上下水、热力、电力、煤气、氧气和压缩空气管道等,厂房设计时应考虑各种管道的敷设要求和它们的荷载。

⑤由于单层厂房构件重量大,因此施工时往往需要大型起重机械吊装。机械设备和管道工程安装要求精度高,这就要求设备、管道预留孔洞和预埋件位置准确。

7.1.2　工业厂房建筑的分类

(1)按厂房层数分

1)单层厂房

单层厂房指层数为一层的厂房。适用于有大型机器设备或有重型起重运输设备的厂房(图7.1)。

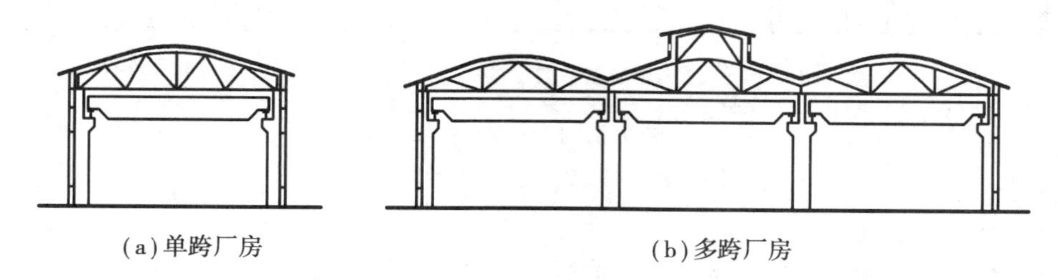

(a)单跨厂房　　(b)多跨厂房

图7.1　单层厂房剖面图

2)多层厂房

层数为二层以上,通常为2~6层。适用于生产设备及产品较轻且可沿垂直方向组织生产的厂房,如轻工业、电子工业、精密仪表工业等行业(图7.2)。

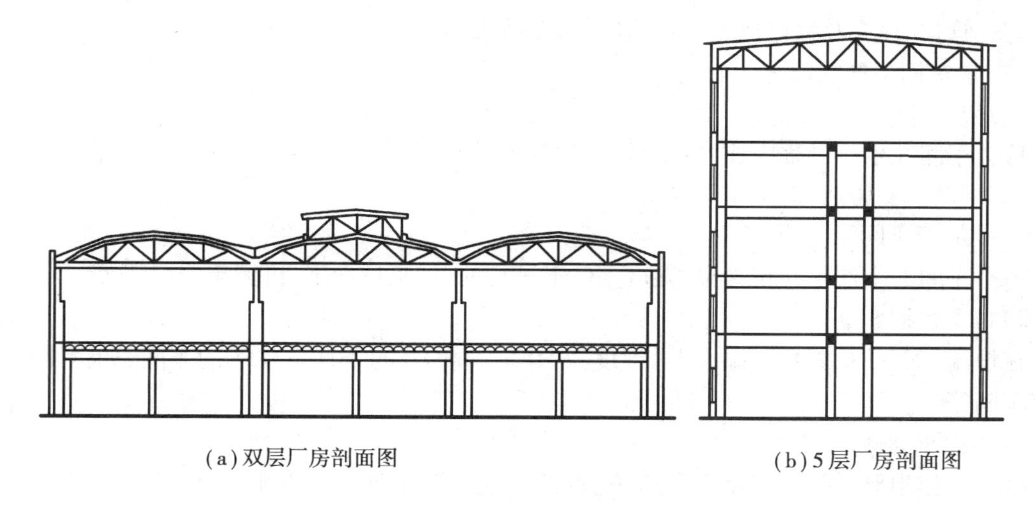

(a)双层厂房剖面图　　(b)5层厂房剖面图

图7.2　多层厂房剖面图

3)混合层数厂房

同一厂房内由单层跨和多层跨的结构组成称为混合层数厂房。图7.3所示为一化工车间,高大的生产设备位于中间的单层跨内,两边跨则为多层。

(2)按工业建筑的用途分

1)主要生产厂房

这类厂房中进行生产工艺的主要活动,如产品的备料、加工、装配等工艺流程的厂房。

2)辅助生产厂房

这类厂房为主要生产服务,如机械制造厂房的机械修理车间、工具车间等。

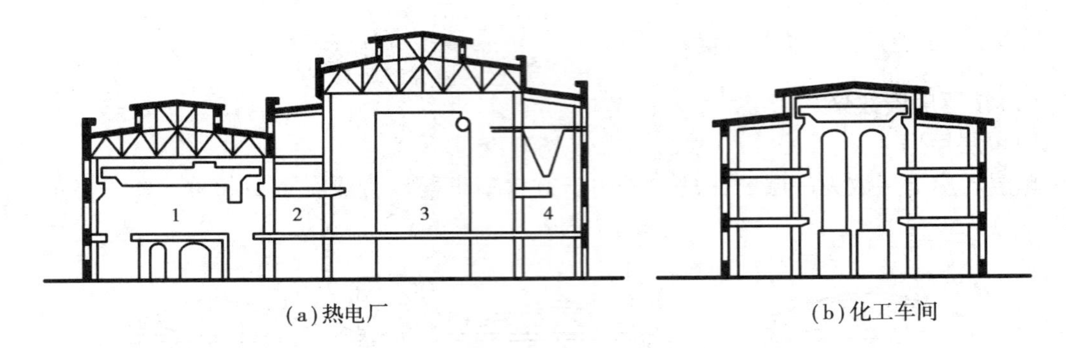

(a)热电厂

(b)化工车间

图 7.3　层次混合厂房

1—汽机间;2——除氧间;3—锅炉间;4—煤斗间

3)动力用厂房

这类厂房为生产提供动力能源,如锅炉房、煤气发生站、压缩空气站、变电所等。

4)仓库

这类厂房为工业生产提供场地储存原材料、半成品与成品,如机械厂包括金属料库、炉料库、砂料库、辅助材料库、半成品库及成品库等。

5)运输用房

它是管理、存放及检修运输工具的房屋,包括机车、汽车、电瓶车库等。

(3)**按车间生产状况分**

1)热加工车间

这类车间在生产过程中往往要散发大量余热、烟尘和有害气体,车间室温高于正常室外常温,如炼钢、轧钢、铸造、锻工车间等。

2)冷加工车间

这类车间的生产是在正常温、湿度条件下进行的,如机械加工、机械装配车间等。

3)恒温恒湿车间

在恒温(20 ℃左右)、恒湿(相对湿度在 50% ~60%)的条件下生产的车间,如精密仪表、纺织车间等。

4)洁净车间

生产过程中要求厂房保持高度洁净,如集成电路车间、医药工业中的针剂车间等。

5)其他特种状况的车间

生产过程中有酸、碱、盐腐蚀性介质作用的车间、有放射性物质的车间、有防爆要求的车间等。

车间内部生产状况是确定厂房平、剖、立面以及围护结构形式的主要因素之一,设计时应予以充分考虑。

7.1.3　单层厂房结构组成

在单层厂房建筑中,支承各种荷载作用的构件所组成的骨架称为结构。厂房承重结构多数采用排架结构,其特点是厂房承重结构由横向排架、纵向联系构件及支撑系统组成。横向排架由屋架(或屋面梁,也称屋面大梁)、柱子和基础三大构件组成(图 7.4)。

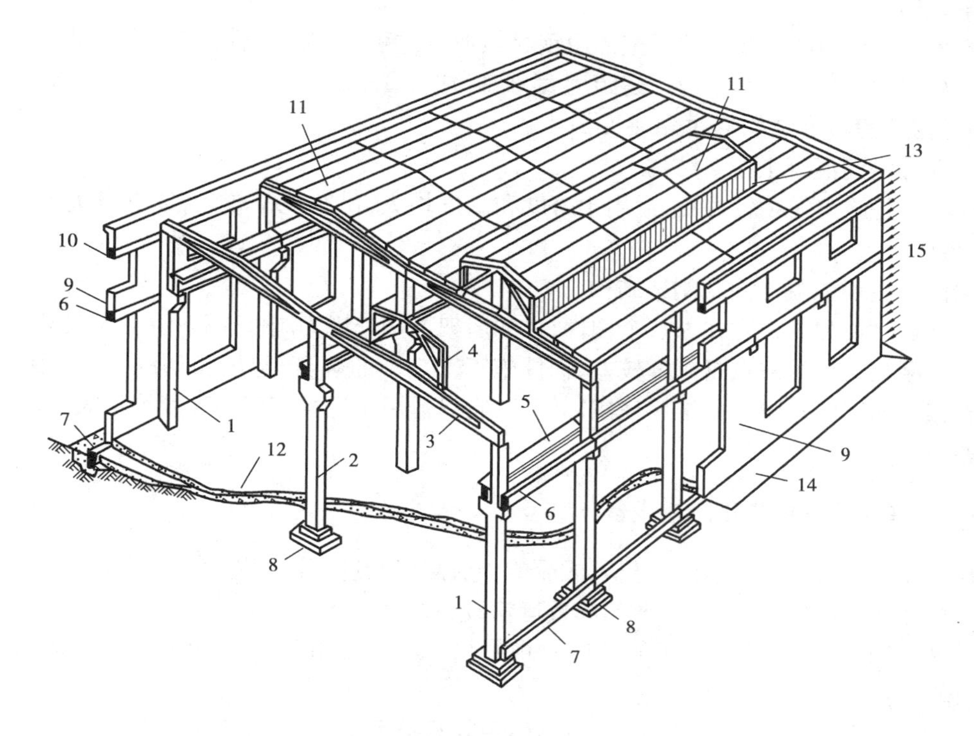

图7.4　单层厂房装配式钢筋混凝土骨架及主要构件

1—边列柱;2—中列柱;3—屋面大梁;4—天窗架;5—吊车梁;6—连系梁;7—基础梁;

8—基础;9—外墙;10—圈梁;11—屋面板;12—地面;13—天窗扇;14—散水;15—风力

纵向联系构件包括大型屋面板(或檩条)、吊车梁、连系梁等,这些构件与横向排架连接,形成了厂房的整体骨架结构系统,并将吊车纵向制动力和山墙上的风力传给柱子。

支撑系统包括屋盖支撑和柱间支撑两部分,它起着传递水平风荷载及吊车产生的制动力,加强厂房结构的空间整体刚度和稳定性的作用。

单层厂房围护结构中外墙多采用填充墙,它通常砌置在基础梁上,由基础梁传递至独立式基础上。当墙体较高时,还需要在墙体中部设置一道以上的连系梁,连系梁一般搁置在柱的牛腿上,连系梁上的墙体荷载直接传给柱子。

山墙抗风柱主要承受山墙传来的风荷载,通过抗风柱上端和下端分别并传给屋架和基础。

7.1.4　单层厂房结构的类型和选择

(1)单层厂房结构按材料分

1)混合结构

主要承重结构由两种及两种以上的材料组成。如墙采用承重墙或带壁柱墙,屋架可用钢筋混凝土、钢木或轻钢结构共同组成。混合结构的构造简单,但承载能力和抗震性能差。适用于无吊车或吊车吨位不超过10 t,跨度在15 m以内,高度在5 m以内的小型厂房。

2)钢筋混凝土结构

屋架、柱、基础三大承重构件均为钢筋混凝土构成。这种结构坚固耐久,可预制装配,承载能力大。适用于跨度在30 m以内,吊车吨位在10 t以上的大、中型厂房,是目前常用结构。

3）钢结构

主要承重构件中的屋架和柱子全部用钢材做成。这种结构抗震性能好，施工进度快。它适用于吊车吨位大（150 t 以上），厂房跨度大，有高温或强烈振动的大型厂房。

（2）单层厂房按其结构形式分

1）装配式钢筋混凝土排架结构

它的特点是施工安装较方便，适用于跨度和高度均大，吊车吨位较大，或有较大振动荷载的大、中型厂房。

2）装配式钢筋混凝土门式刚架结构

它的特点是柱和屋架合并为一个构件，柱和屋架连接处视为刚性连接，柱和基础连接视为铰接。门式刚架结构的缺点是刚度较差，构件施工安装中的翻身、起吊和就位有一定困难，这些缺点直接影响了门式刚架的推广使用。因此，它只适用于厂房跨度和高度均不大，且吊车吨位较小的中、小型厂房。

7.1.5 单层厂房中常用运输设备

厂房在生产过程中，为运送原材料、成品或半成品以及进行设备检修等，常设置如吊车、汽车、火车、电瓶车、胶带输送机等必要的起重运输设备。其中各种形式的吊车与土建设计有着密切的关系。因此，必须熟悉吊车的性能及规格尺寸。常见吊车有单轨悬挂式吊车、梁式吊车、桥式吊车等。

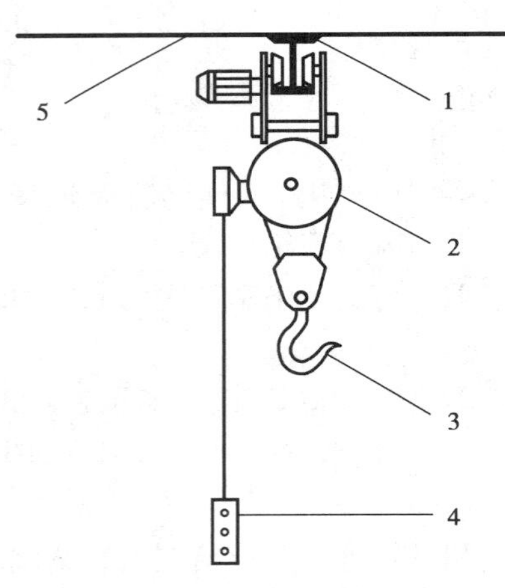

图 7.5 单轨悬挂式吊车

1—钢轨；2—电动葫芦；3—吊钩；4—操纵开关；5—屋架或屋面大梁下表面

（1）单轨悬挂吊车

单轨悬挂吊车由电动葫芦和工字钢两部分组成。工字钢悬挂在屋架（或屋面梁）下弦，电动葫芦沿工字钢水平移动。操纵方法有手动和电动两种，起重量为 0.5～5 t（图 7.5）。

（2）单梁电动起重吊车

单梁电动起重吊车由梁架和电动葫芦两部分组成。梁架可悬挂在屋架下弦（图 7.6（a）），或支承在吊车梁上面的轨道上（图 7.6（b））。运送物品时，梁架沿厂房纵向移动，电动葫芦沿厂房横向移动。操纵方法有手动和电动两种，吊车吨位为 1～5 t。

（3）桥式吊车

桥式吊车由桥架和起重小车组成。桥架支承在吊车梁上面的轨道上，桥架上铺有供起重小车运行的轨道。桥架沿厂房纵向运行，起重小车沿厂房横向运行。桥式吊车的吊钩有单钩，也有主副钩两种。吊钩还有软钩、硬钩。吊车的操纵室多设在吊车的端部。吊车起重量为5～350 t（图 7.7）。

（4）吊车工作制

根据吊车开动时间占全部生产时间的比率，桥式吊车按工作的重要性及繁忙来分类：轻级工作制 JC＝15%；中级工作制 JC＝25%；重级工作制 JC＝40%。

吊车开启的频繁程度对支承它的构件有很大的影响，设计吊车梁、柱子等构件前必须先了解吊车属哪一级工作制。

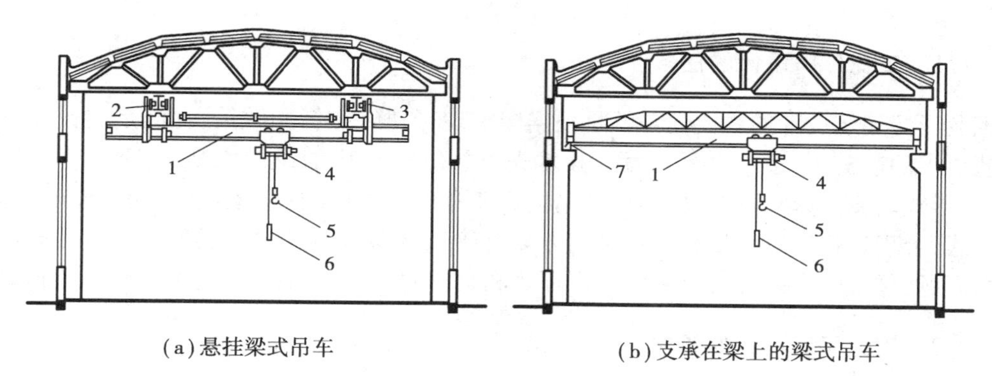

(a)悬挂梁式吊车　　(b)支承在梁上的梁式吊车

图 7.6　梁式吊车

1—钢梁;2—运行装置;3—轨道;4—提升装置;5—吊钩;6—操纵开关;7—吊车梁

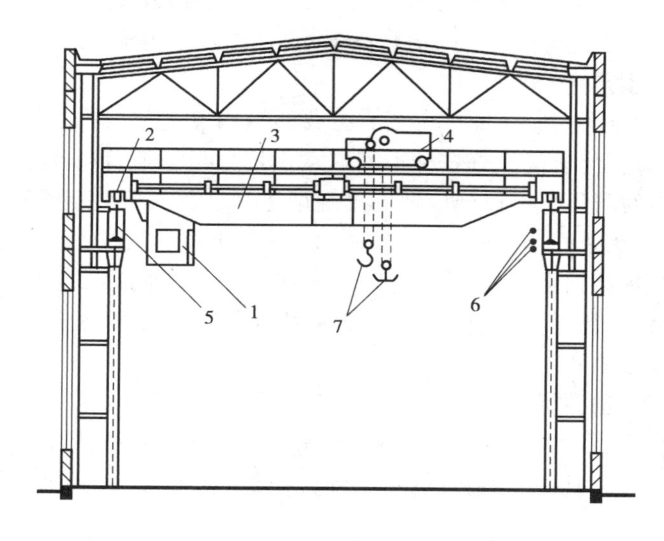

图 7.7　桥式吊车

1—吊车司机室;2—吊车轮;3—桥架;4—起重小车;5—吊车梁;6—电线;7—吊钩

除此以外,有些厂房内还设有火车、汽车、电瓶车、各式地面起重车、悬链、各种输送带、输送轨道、升降机、提升机等运输设备。

7.2　单层厂房平面设计

厂房建筑平面设计和民用建筑有所不同,它是由工艺专业先进行工艺平面设计,建筑专业在生产工艺平面图的基础上进行厂房的建筑平面设计。

单层厂房平面设计的主要内容包括主要生产车间和辅助生产车间的布置,车间交通运输(人流、货流)的组织和布置车间内部通道,平面形式确定,柱网选择和变形区段,安排门窗位置及生活辅助设施等;此外,还包括全面考虑总平面图及环境的要求,使厂房与周围地段、地形、建筑物及道路交通、绿化美化等有机结合。

7.2.1 工业厂房设计的任务

工业厂房建筑设计的主要任务就是根据国家现行建筑方针和政策,在满足建设任务和生产工艺要求的前提下,按照“坚固适用、技术先进、经济合理”的设计原则,合理地确定厂房的平、剖面形式;合理选择承重结构和围护结构方案及建筑材料;妥善解决天然采光、自然通风及其他形式;合理选择承重结构和围护结构方案及建筑材料;妥善解决天然采光、自然通风及其他技术问题,保证厂房内部有良好的生产环境和足够的生产空间;外部与周围环境相协调。

7.2.2 工业厂房设计的要求

(1)满足生产工艺的要求

厂房设计应以满足生产工艺的要求为前提,生产工艺流程提出的要求即是建筑设计必须满足的功能要求。具体体现在建筑面积、柱距、跨度、高度、平剖面形式、恒湿、洁净等技术要求方面。

(2)满足建筑技术要求

在工业厂房设计时,首先,应保证厂房具有必要的结构安全性(即结构的坚固耐久性能),使之在外力、温湿度变化、化学侵蚀等各种不利因素作用下可以确保安全;对于有火灾或爆炸危险的厂房,应有可靠的防火防爆设施以及安全疏散措施。其次,厂房建筑应具有一定的通用性、灵活性,并应具备扩建条件,以满足生产发展、设备更新和工艺改革的需要。同时,应严格遵守国家颁布的《建筑模数协调统一标准》与《厂房建筑模数协调标准》等有关技术规范与规程。合理选择柱距、跨度、高度等建筑参数,以便选用标准的通用构、配件,便于预制生产和机械化施工,从而提高施工效率。

(3)满足卫生及安全要求

厂房设计应消除生产中的有害因素,保障良好的声、光、热环境质量,具有完善的厂房内外部设计以及必需的生活福利设施。良好的生产环境,对于保证工人的健康,提高劳动生产率,有着积极的促进作用。

(4)满足建筑经济的要求

厂房在满足上述要求的前提下,应适当控制面积和体积,合理利用空间,尽量降低建筑造价,节约材料和日常维修费用。

7.2.3 平面设计与总图及环境的关系

单体厂房是工厂总平面的重要组成部分,单层厂房的平面、剖面和立面设计是一个统一的整体。在平面设计时,必须同时考虑剖面、立面设计的问题;同时,当厂房在总图中的位置确定后,也应考虑总图对平面的影响,以便确定合理的设计方案。

(1)平面设计与厂区总图人流、货流组织的关系

各生产厂房之间无论在生产工艺还是交通运输方面都有着密切的联系,厂房平面设计必须符合厂区总平面图对于货流(原材料、成品、半成品运输路线)及人流进出路线的组织布置,厂房的主要出入口应与主干道密切联系,便于组织交通运输和工人上下班(图7.8)。

(2)平面设计与地形的关系

地形坡度的大小直接影响平面布局。尤其是山区建厂,为减少土石方工程量和投资,不应过于强调厂房的简单、规整,而应因地制宜,图7.9(a)所示为原工艺平面方案。这种平面形式虽简单、规

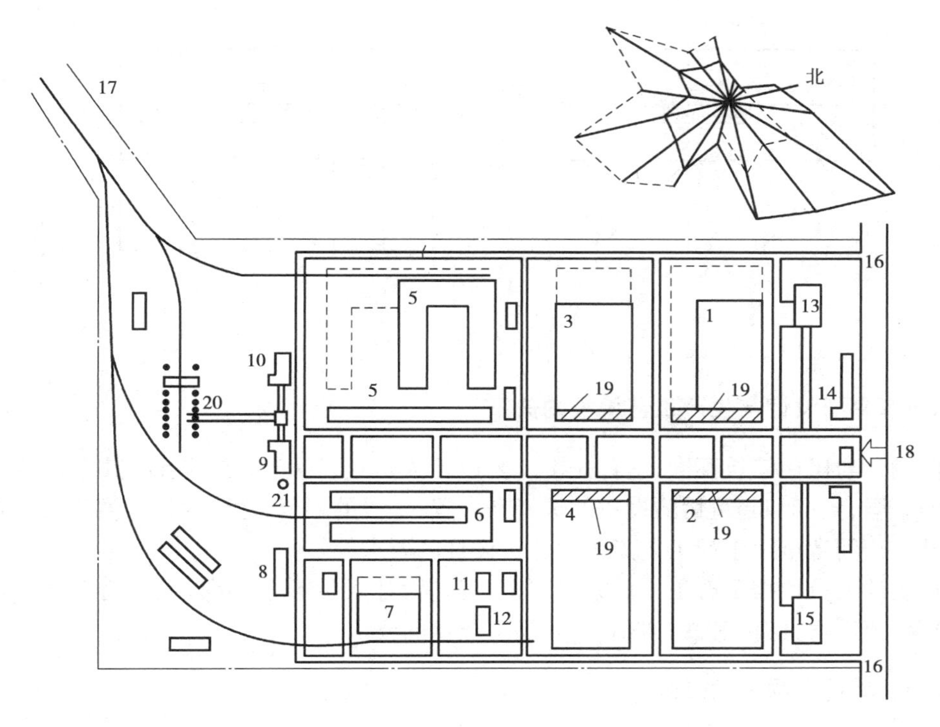

图7.8 某机械厂总平面布置图

1—辅助车间;2—装配车间;3—机械加工车间;4—冲压车间;5—铸工车间;
6—锻工车间;7—总仓库;8—木工车间;9—锅炉房;10—煤气发生站;11—氧气站;
12—压缩空气站;13—食堂;14—厂部办公室;15—车库;16—汽车货运出入口;
17—火车货运出入口;18—厂区大门人流出入口;19—车间生活间;20—露天堆场;21—烟囱

整,但存在大量的土石方工程,既增加了施工费用,又拖长了工期。例如,结合地形将平面改为不规整的双跨形式,可减少土石方工程量投资,缩短工期,将获得良好的经济效益(图7.9(b))。

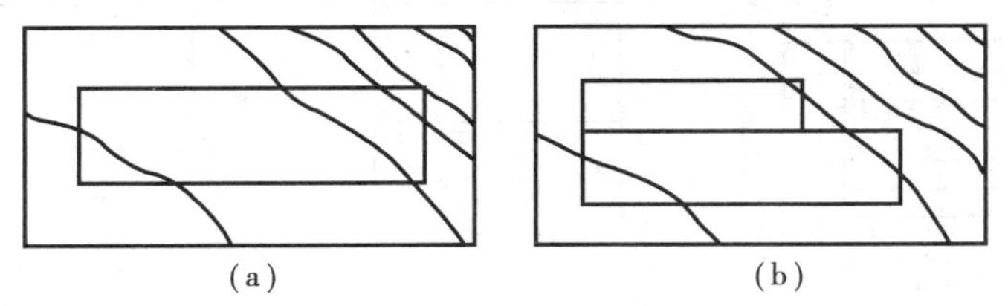

图7.9 地形对平面形式的影响

(3)平面设计与气候的关系

在炎热地区,为使厂房取得良好的自然通风效果,厂房的宽度不宜过大,最好采用长条形,并使厂房长轴与夏季主导风向垂直或大于45°,采用Π形或山字形平面的凹口应朝向迎风面,并在侧墙上开设窗和门,以形成良好穿堂通风效果(图7.10)。

在寒冷地区,为避免寒风对室内气温的影响,厂房的长轴线应平行于冬季主导风向,迎风面的墙上尽量减少门窗面积。

(4)平面设计与相邻厂房的关系

新建、改扩建厂房的平面形式受相邻已建厂房的影响,其平面形式应与相邻周围建筑综合考虑来确定。

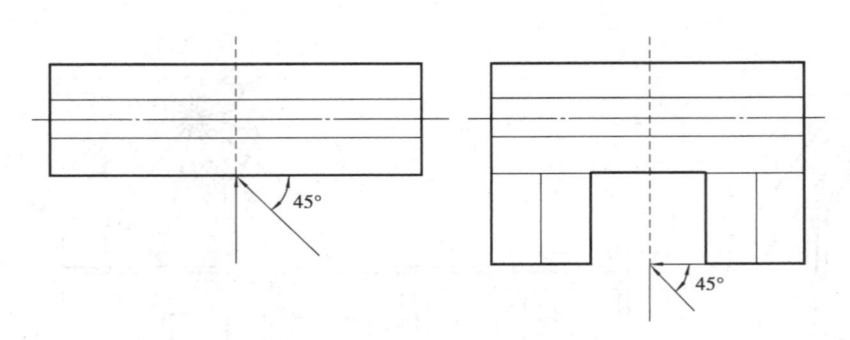

图 7.10　厂房方位与风向

7.2.4　平面设计与生产工艺流程的关系

厂房设计与民用建筑不同，它首先由工艺设计人员进行生产工艺设计，其中包括：生产工艺流程的组织；生产和起重运输设备的选择和布置；工段的划分；运输通道的宽度及布置；厂房面积、跨度、跨间数量及生产工艺流程对建筑设计的要求等。

建筑设计人员依据生产工艺设计要求，与工艺设计人员配合协商，使平面设计尽量规整、合理、简单，使厂房具有较大的通用性，满足工业化的要求。

7.2.5　单层厂房平面形式

单层厂房平面布置形式与工艺布置形式有直接关系。厂房平面形式有矩形、方形、L 形和 Π 形、山字形等，它配套如下几种工艺布置形式（图 7.11）。

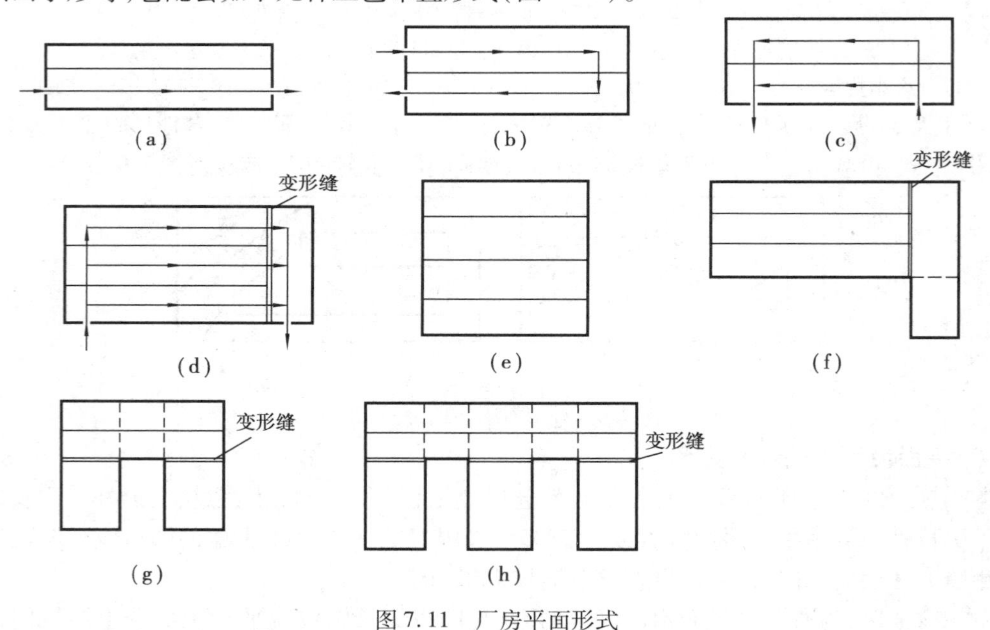

图 7.11　厂房平面形式

(1)直线布置

原材料由厂房一端进入，产品从另一端运出，生产线为直线形。具有建筑结构简单和扩建方便的优点，但当跨数较少时，会形成窄条状平面，使厂房围护墙面积增大，土建投资不经济。这种方式适用于规模不大，吊车负荷较轻的车间（图 7.11(a)）。

(2)平行布置

原材料由厂房一端进入,产品从同一端运出,加工到装配的生产线路呈Π形。它同样具有建筑结构简单和便于扩建的优点,但运输距离较长,须采用传送装置、平板车或悬挂吊车等越跨运输设备,适用于中、小型车间(图7.11(b)、(c)、(d)),当生产工艺允许时,建筑平面宜采用正方形或接近正方形(图7.11(e))。

(3)垂直布置

原材料由厂房一端进入,产品从侧面运出。这种生产方式是将加工与装配工段布置在相互垂直的跨间,两跨之间设沉降缝。产品从加工到装配的运输路线短捷,但需设置越跨运输设备。这种布置方式,虽然结构较复杂,但由于工艺布置和生产运输有优越性,所以广泛用于大、中型车间(图7.11(f))。

(4)综合布置

当生产工艺要求平面布置为Π形或山字形时,可用纵横跨相交的方式布置(图7.11(g)、(h))。

7.2.6 柱网选择

柱子在平面图上排列所形成的定位轴线网格称为柱网。垂直于厂房长度方向的定位轴线称为横向定位轴线;由左向右依次按1、2、3…进行编号。平行于厂房长度方向的定位轴线称为纵向定位轴线,由下向上依次按A、B、C…等进行编号,其中I、O、Z不参与编号,以免和阿拉伯数字1、0、2混淆。柱子纵向定位轴线间的距离称为跨度,横向定位轴线间的距离称为柱距(图7.12)。柱网选择就是选择厂房的跨度和柱距,同时遵守《厂房建筑模数协调标准》的规定。柱网尺寸确定后,厂房的屋架、屋面板、吊车梁等构件的规格也相应确定。

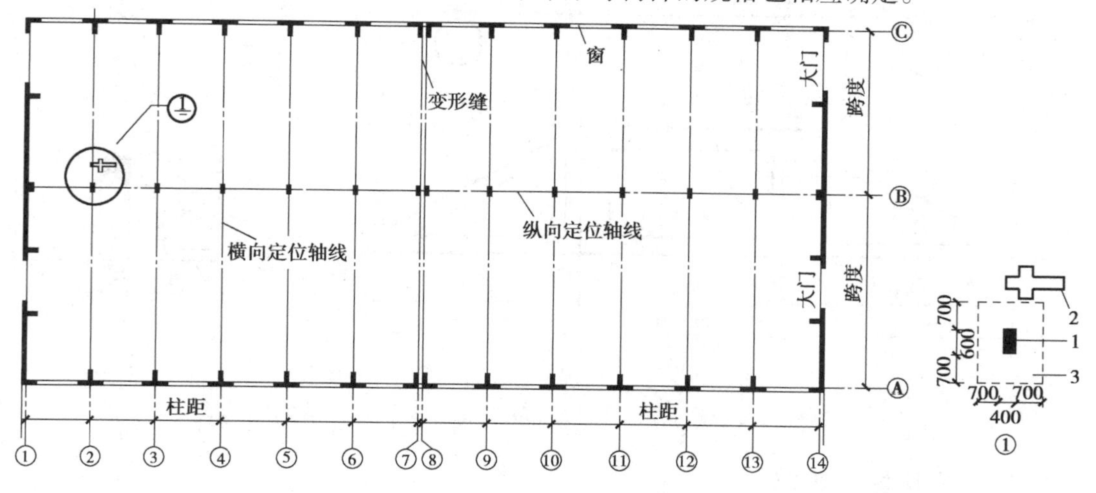

图7.12 柱网布置示意

1—柱子;2—机床;3—柱基础轮廓

(1)跨度尺寸的确定

①首先是根据生产工艺要求来确定,具体应考虑生产设备尺寸,设备布置方式,加工零部件运输时所需空间,以及生产操作所需的空间等。

②跨度尺寸应符合《厂房建筑模数协调标准》(GB/T 50006—2010)规定的模数要求。当跨度小于或等于18 m时,采用扩大模数30 M的数列,即跨度尺寸为18 m、15 m、12 m、9 m和

6 m；当跨度尺寸为大于 18 m 时，采用扩大模数 60 M 的数列，即跨度尺寸为 18 m、24 m、30 m、36 m、42 m等。当工艺布置有明显优越性时，跨度尺寸也可采用 21 m、27 m、33 m。

(2)柱距尺寸的确定

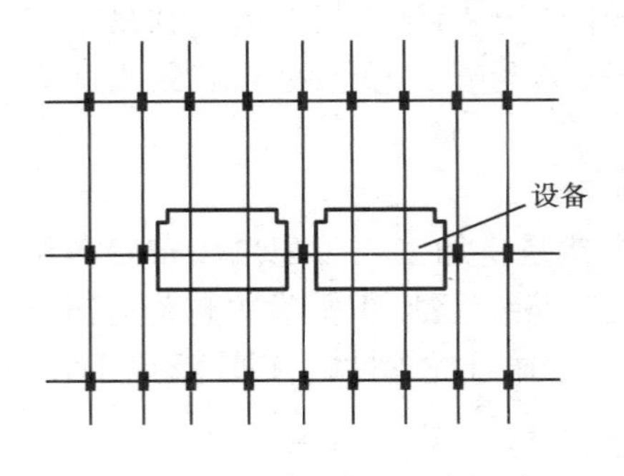

图 7.13　越跨布置设备示意

柱距尺寸也与设备布置方式、轮廓尺寸、加工零部件大小和内部运输工具形式等有关，同时还应符合《厂房建筑模数协调标准》规定的模数要求。我国装配式钢筋混凝土单层厂房的基本柱距为 6 m，这种柱距与配套使用的屋面板、吊车梁和墙板等构配件已经具有成熟的设计和施工经验，是目前采用较普遍的一种柱距尺寸。但当厂房内需布置大型生产设备时，就需要采用 6 m 整数倍的扩大柱距，即 12 m 或 18 m 的柱距(图 7.13)。此时，上部需用托架梁承托 6 m 间距的屋架，屋面板仍是 6 m，也可不设托架，但采用 12 m 的屋面板等构件。下承式托架，托架设在 12 m 柱距间，托住一榀 6 m 间距的屋架，屋架支撑在托架的上弦上，屋面板仍为 6 m 跨度，此托架也可设计成 18 m 的跨度，柱距进一步扩大，更有利于大型设备的布置(图 7.14)。

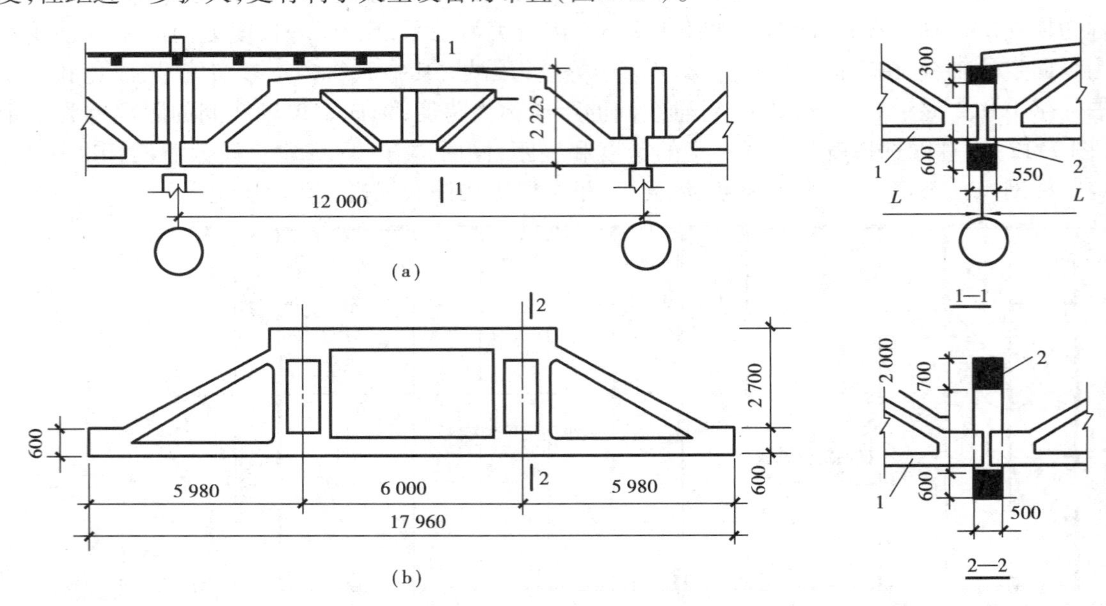

图 7.14　12 m 和 18 m 柱距 6 m 屋面板的托架方案

7.2.7　厂房生活间设计

为保证产品质量，提高劳动生产率，在工厂中应设置生活间。生活间是由生产卫生用室和生活卫生用室两类房间组成。厂房内设计生活间目的是为了给工人创造良好的劳动卫生条件，以解决某些生产卫生和生活需要。

(1)生活间的组成

根据《工业企业卫生标准》中车间的生产卫生特征和要求、车间规模及所在地区条件等因素，生活间由生产卫生用室、生活卫生用室组成。

1)生产卫生用室

根据《工业企业卫生标准》车间卫生级别分别含有更衣室、浴室、盥洗室等。根据某些生产的特殊要求还可包括洗衣房、衣服干燥室等。

2)生活卫生用室

根据《工业企业卫生标准》包括存衣室、盥洗室、休息室、厕所等。特殊需要还可以设置取暖室、冷饮制作间、开水间等。女工较多(最大班女工人数在100人以上)的车间应设置女工卫生室。若距全厂服务设施较远时,还应设置车间卫生站、婴儿哺乳室、托幼室等。

(2)生活间布置方式

设计生活间基本要求是:满足生产要求,尽量集中布置,避免服务设施的路线与生产路线交叉。常用布置方式有:厂房内部生活间、毗连式生活间、独立式生活间等。可参照《工业企业卫生标准》和各地已有经验来合理确定。

1)车间内部生活间

在生产卫生状况允许时,可在以下位置布置生活间:可利用车间的柱上、柱间、墙边、门边、平台下部等工艺设备不能利用的空闲位置,灵活布置生活间;在车间上部工艺设备不能利用的局部空间设立夹层;或将厂房一部分布置为生活间使用。它具有使用方便、经济合理、节省建筑面积和体积的优点。

2)独立式生活间

独立式生活间的布置、层高及构造处理等均与民用建筑相同。其优点是:生活间距厂房虽有一定距离,但这种布置不受厂房影响和干扰,生活间布置灵活,卫生条件好。缺点是与车间联系不够方便,占地面积大。多用于南方和一些露天生产、不采暖车间、热加工车间,以及散发有害物、振动较大车间或几个厂房合用等。

3)毗连式生活间

毗连式布置是将生活间紧贴建于厂房一侧或一端。其优点是:生活与车间之间距离短捷,联系方便;节省外墙面积,用地较少;可同时布置一些生产辅助用房及办公、管理用房等;易与厂区内人流路线协调一致;可避开厂区运输繁忙的不安全地带。缺点是:当生活间沿车间纵墙毗连时,有可能影响车间的采光与通风;当生活间沿厂房山墙毗连时,生活间长度受厂房山墙长度的限制。

7.3 单层厂房剖面设计

单层厂房剖面设计是在平面设计的基础上进行的。其设计内容包括:选择经济合理的剖面形式;适应生产需要的足够空间;良好的采光和通风条件;选择满足生产要求的围护结构,以及屋面防、排水方式;为提高建筑工业化创造条件。

7.3.1 厂房的剖面形式

厂房的剖面形式与生产工艺、车间的采光通风要求、屋面排水方式及厂房的结构形式有关,其中生产工艺的要求是影响厂房剖面形式的主要因素。

7.3.2　厂房高度的确定

单层厂房高度是厂房室内地面至柱顶(或屋架下弦底面)的高度。在一般情况下,它与柱顶距地面的高度基本相等,常以柱顶标高来衡量厂房的高度,屋顶承重结构是倾斜的,其计算点应算到屋顶承重结构的最低点。厂房高度的确定必须满足:生产使用、运输设备布置、操作和维修的净高;采光和通风;空间的合理利用。另外,厂房高度还应符合《厂房建筑模数协调标准》规定的模数要求。

(1)无吊车厂房高度确定

无吊车厂房的柱顶标高(即厂房高度)是根据厂房内最高生产设备的高度和其安装检修时所需要的净空高度来确定的。同时,要考虑厂房的采光和通风的要求,并符合《厂房建筑模数协调标准》的扩大模数 3 M 数列,一般不低于 3.9 m。若为砖石结构承重,柱顶标高应为100 mm的倍数。

(2)有吊车厂房高度的确定

有吊车厂房柱顶标高和轨顶标高(图 7.15)公式表示为:

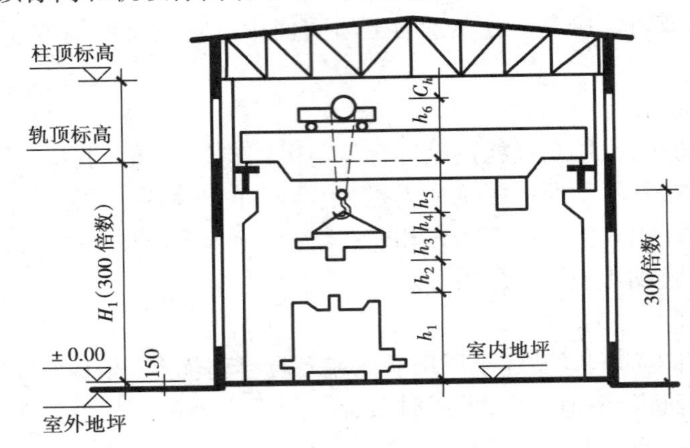

图 7.15　厂房高度的确定

柱顶标高　　$H = H_1 + h_6 + C_h$

轨顶标高　　$H_1 = h_1 + h_2 + h_3 + h_4 + h_5$

式中:h_1——生产设备、室内分隔墙或检修所需的最大高度;

h_2——吊车与越过设备(或分隔墙)之间的安全距离,一般为 400 ~ 500 mm;

h_3——吊件的最大高度;

h_4——吊索的最小高度,一般不小于 1 m;

h_5——吊钩至轨顶面的最小距离,由吊车规格表中查出;

h_6——轨顶到小车顶面的距离,由吊车规格表中查出;

C_h——小车顶面到屋架下弦的安全高度,按国家标准《通风桥式吊车的限界尺寸》中根据吊车起重量大小分别为:300 mm、400 mm、500 mm。保证屋架在大挠度或地基不均匀沉降时,吊车仍能正常工作。

根据上述各部分尺寸算得出的厂房高度 H,还必须符合《厂房建筑模数协调标准》的有关规定,即厂房地面到柱顶的高度应为扩大模数 3 M 数列。在设有不同起重量吊车的多跨等高厂房中，各跨支承吊车梁的牛腿面标高应尽量相同，牛腿面标高应为扩大模数3 M数列；当牛腿顶面标高大于7.2 m时，按6 M数列考虑。

7.3.3　室内外地坪标高的确定

厂房室内地坪的绝对标高是根据总图确定的，其相对标高一般定为±0.000。

单层厂房室内地坪与室外地面一般需设置高差，以防雨水侵入室内。同时，为了运输车辆出入方便和避免门口坡道过长，此高差不宜过大，一般取100～150 mm。

7.4　单层厂房定位轴线

定位轴线是确定厂房主要承重构件的位置及其标志尺寸的基线，同时也是设备定位和施工放线的依据。

厂房平面定位轴线分纵向定位轴线和横向定位轴线。横向定位轴线的距离称为柱距。纵向定位轴线的距离称为跨度。柱子纵、横向定位轴线在平面上形成有规律的网络称为柱网。柱网尺寸的确定，实际上就是确定厂房的跨度和柱距。

确定跨度和柱距时，首先要满足生产工艺要求，尤其是工艺设备布置的要求；并注意使不同结构形式的厂房所采用的构件能最大限度地互换和通用，同时还应满足模数制的要求，以满足建筑工业化的要求。

《厂房建筑模数协调标准》（GB/T 50006—2010）中规定：

①跨度：单层厂房跨度在18 m以下时，应采用扩大模数30 M数列，即9 m、12 m、15 m、18 m；在18 m以上时，应采用扩大模数60 M数列，即24 m、30 m、36 m等；

②柱距：单层厂房柱距应采用扩大模数60 M数列，我国目前常采用6 m柱距。在某些情况下，需要考虑设备布置、地质条件、经济效果等因素，也可采用12 m柱距。

单层厂房山墙处抗风柱，柱距宜采用扩大模数15 M数列，即4.5 m、6 m、7.5 m。

为了使厂房建筑主要构配件的几何尺寸达到标准化和系列化，以利于工业化生产，国家制定颁布了《厂房建筑模数协调标准》（GB/T 50006—2010），作为装配式或部分装配的钢筋混凝土结构和混合结构厂房的设计依据。该标准对单层厂房定位轴线划分作了具体规定。

7.4.1　横向定位轴线

横向定位轴线代表有关的承重构件主要有大型屋面板、基础梁、吊车梁、连系梁及大型墙板等纵向构件的标志尺寸。其设置如下：

（1）山墙处端柱与横向定位轴线的定位

山墙为非承重墙时，墙内缘和抗风柱外缘应与横向定位轴线相重合，且端柱及端部屋架的中心线自横向定位轴线向内移600 mm（图7.16），目的是保证山墙内侧的抗风柱顶与屋架上下弦之间有可靠的连接，以传递风荷载。因此，屋架与山墙间应留有一定空隙。横向定位轴线与山墙内缘相重合，可与屋面板的标志尺寸相一致，屋面板与山墙之间不留空隙，形成“封闭结合”，避免采用补充构件；同时，也与变形缝处横向定位轴线处理一致，以便于构件定型和通用。

山墙为砌体承重时，墙内缘与横向定位轴线的距离应按砌体的块材类别分别为半块或半

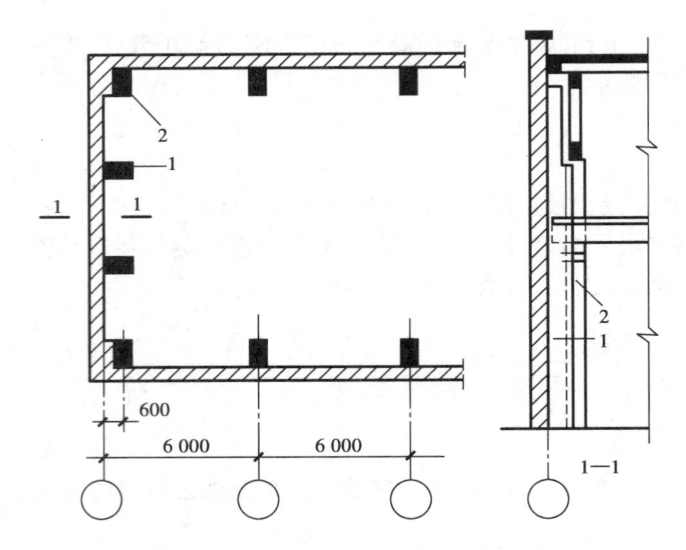

图 7.16　非承重山墙与横向定位轴线的联系
1—山墙抗风柱;2—厂房排架柱(端柱)

图 7.17　承重山墙与横向定位轴线的联系
λ—墙体块材的半块(长)、半块(长)的倍数或墙厚的一半

块的倍数或墙厚的一半(图 7.17)。这种规定有利于当前有些厂房仍有用各种块材砌筑厂房外墙的现实情况,同时保证构件在墙体上应有的支承长度。

(2)中间柱与横向定位轴线的定位

除变形缝处和靠山墙端部柱以外,厂房中柱的中心线应与横向定位轴线相重合,与连系梁、吊车梁、基础梁、屋面板及外墙板等构件的标志尺寸相重合(图 7.18)。

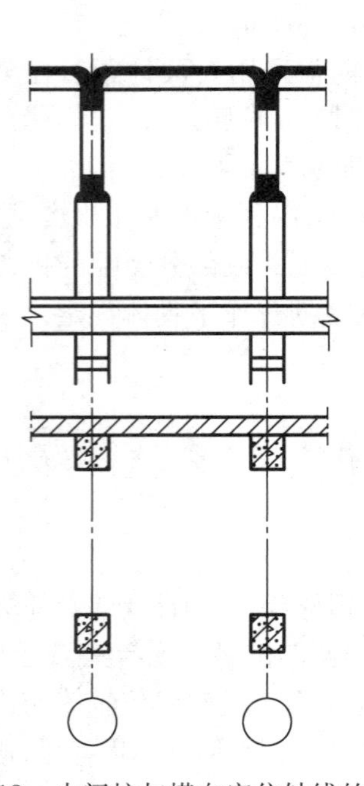

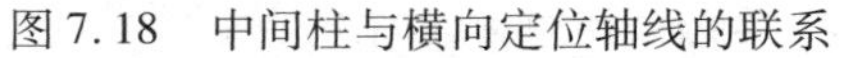

图 7.18　中间柱与横向定位轴线的联系

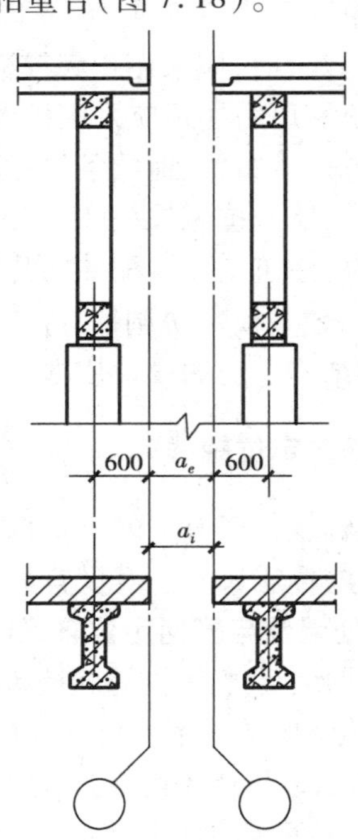

图 7.19　横向伸缩缝、防震缝处柱与横向定位轴线的联系
a_i—插入距;a_e—变形缝宽

(3)变形缝处柱与横向定位轴线的定位

在单层厂房中,横向伸缩缝、防震缝处一般设双柱屋架。因此,变形缝处应采用两条横向定位轴线。柱的中心线均应自定位轴线向两侧各移 600 mm(图 7.19),两条横向定位轴线分别通过两侧屋面板、吊车梁等纵向构件的标志尺寸端部,两轴线间的距离 a 应满足变形缝宽度的规定。

7.4.2　纵向定位轴线

纵向定位轴线在柱身通过处是屋架或屋面大梁标志尺寸端部的位置,也是大型屋面板边缘的位置。在有桥式吊车的厂房,还应保证吊车安全运行所需的净空,根据需要设置检修吊车用的走道板等。

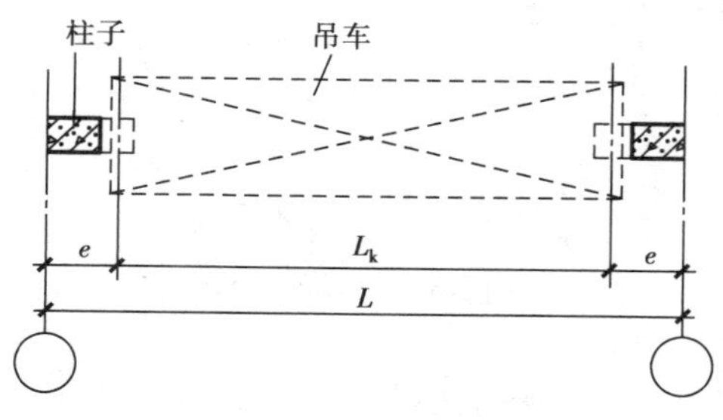

图 7.20　吊车跨度与厂房跨度的关系

在有梁式或桥式吊车的厂房中,纵向定位轴线的标定与吊车桥架端头上柱内缘的安全缝隙宽度以及上柱宽度有关。为了使厂房结构与吊车规格相协调,吊车跨度与厂房跨度之间应满足以下关系(图 7.20):

$$L_k = L - 2e$$

式中:L_k——吊车跨度,即吊车轨道中心线间的距离;

L——厂房跨度;

e——吊车轨道中心线至厂房纵向定位轴线间的距离,一般取 750 mm,当构造需要或吊车起重量大于 50 t 时,e 值宜取 1 000 mm;当采用梁式吊车时,允许取 500 mm。

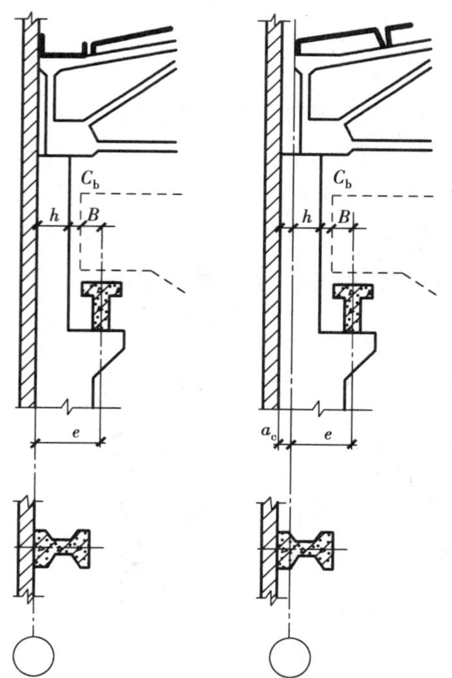

(a)封闭结合　(b)非封闭结合

图 7.21　边柱与纵向定位轴线的定位

h—上柱截面高度;B—吊车侧方尺寸

从图 7.21 可知:

$$e = B + C_b + h$$

式中:B——轨道中心至吊车桥架外缘的距离可从吊车规格表中查到;

C_b——吊车端头至上柱内缘的安全距离;当吊车起重量小于或等于 50 t 时,$C_b \not< 80$ mm;当吊车起重量大于 50 t 时,$C_b \not< 100$ mm。

h——上柱截面高度,由结构设计确定。

在实际工程中,由于吊车形式、起重量、厂房跨度、高度和柱距等不同,以及是否设置安全走道板等的差别,外墙、边柱与纵向定位轴线的定位有下述两种:

(1)封闭结合

当 $B + C_b + h \leq e$ 时,边柱外缘和墙内缘应与纵向定位轴线相重合,此时屋盖与外纵墙无空隙,不需设补充构件(图 7.21(a)),这种结合方式称为封闭结合。它适用于柱距为 6 m、吊车起重量小于或等于 20 t 的厂房。

(2)**非封闭结合**

当$B + C_b + h \geq e$时,为保证吊车安全运行的必要空隙C_b,纵向定位轴线与柱子外缘有一定的距离,屋盖上必须增设补充构件,这种连接方式称为非封闭结合。它适用于柱距大于或等于6 m,吊车起重量为30~50 t的情况。此时,其参数$B=300$ mm,$C_b \geq 80$ mm,上柱截面高度$h \geq 400$ mm。若按封闭结合的情况考虑,$C_b = e-(h+B)=750$ m$-(400+300)$m$=50$ mm,不满足安全空隙$C_b \geq 80$ mm的要求。这时,则需要将边柱自定位轴线外移一定距离a_c,称为联系尺寸。使$(e+a_c) \geq B+C_b+h$,从而保证吊车安全运行(图7.21(b))。为了与外墙模数协调,a_c应为300 mm或其整数倍数,但围护结构为砌体时,a_c可采用50 mm(1/2 M)或其整数倍数。

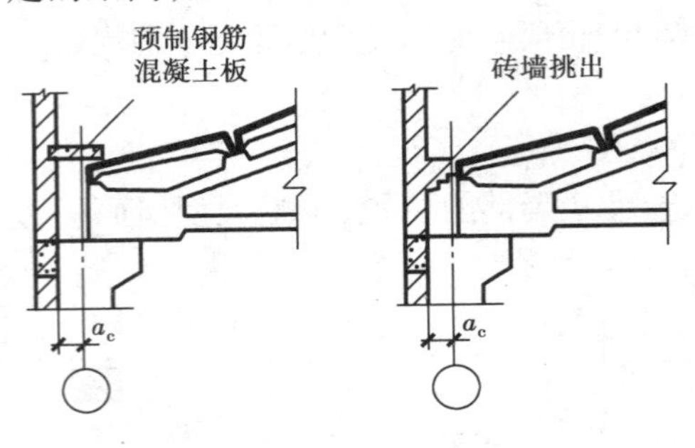

图7.22　非封闭结合屋面板与墙空隙的处理

由于加设了联系尺寸a_c,而标准屋面板只能铺至定位轴线,离开外墙内缘尚有一段空隙a_c,此空隙处通常设混凝土板填盖或挑砖封平。

当采用非封闭结合时,尚需注意保证屋架在柱上应有的支承长度不得小于300 mm,如不足时则上柱头应伸出牛腿,以保证支承长度(图7.22)。

7.4.3　中柱与纵向定位轴线的定位

(1)**等高跨中柱**

1)设单柱时的纵向定位轴线

等高跨厂房的中柱无纵向变形缝时,宜设单柱和一条纵向定位轴线,定位轴线通过相邻两跨屋架的标志尺寸端部,并与上柱中心线相重合(图7.23(a))。上柱截面高度一般取600 mm,以保证两侧屋架应有的支撑长度。当相邻两跨的桥式吊车起重量较大,或厂房柱距及构造要求需设插入距时,中柱可采用单柱及两条纵向定位轴线,其插入距a_i,应符合3 M数列,上柱中心线宜与插入距中心线相重合(图7.23(b))。当围护结构为砌体时,联系尺寸可采用50 mm及其整数倍数。

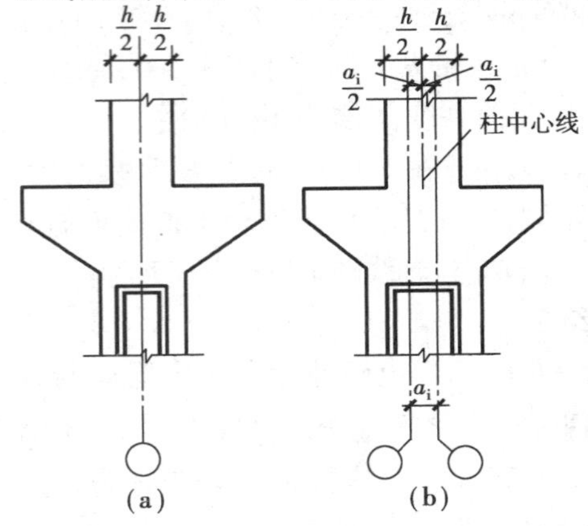

图7.23　等高跨中柱与纵向定位轴线的定位

h—上柱截面高度;a_i—插入距

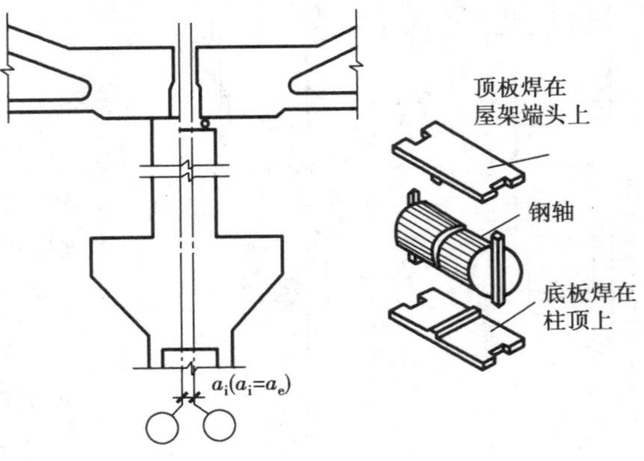

图7.24　等高厂房的纵向伸缩缝(设单柱时)

a_i—插入距;a_e—伸缩缝宽度

当等高跨中柱设有纵向伸缩缝且厂房宽度较大时，沿厂房宽度方向为解决横向变形问题需设置横向变形缝。可采用单柱并设两条纵向定位轴线的做法。伸缩缝一侧的屋架（或屋面梁）应搁置在活动支座上（图 7.24）。两条定位轴线间插入距 a_i 在数值上应等于伸缩缝宽度 a_e。

2）设双柱时的纵向定位轴线

当伸缩缝、防震缝处采用双柱时，应采用两条纵向定位轴线，其插入距 a_i 等于防震缝宽 a_e（图 7.25(a)）；当相邻两跨中，一跨边柱纵向定位轴线采取“封闭结合”，另一跨采取“非封闭结合”时，其插入距 $a_i=a_e+a_c$（图 7.25(b)）；当相邻两跨边柱纵向定位轴线均采取“非封闭结合”时，其插入距 $a_i=a_e+a_{c1}+a_{c2}$（图 7.25(c)）。

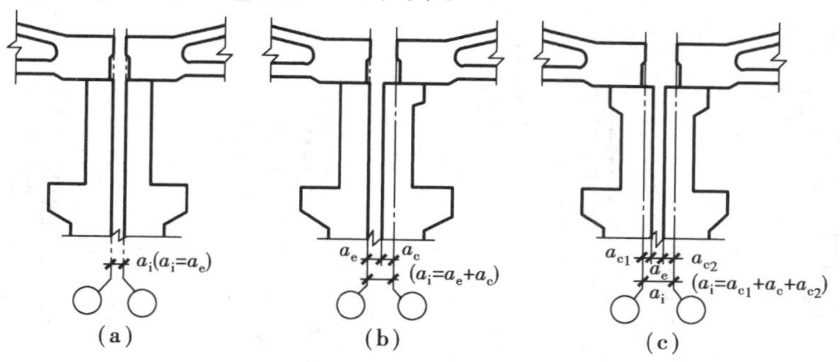

图 7.25　等高距纵向防震缝（设双柱时）

a_i—插入距；a_e—防震缝宽度；a_c—联系尺寸

（2）高低跨厂房纵向定位轴线

高低跨厂房中柱设单柱时，如高跨吊车起重重量 Q 为 5 ~ 20 t，高跨上柱外缘与封墙内缘宜与纵向定位轴线相重合（图 7.26(a)）；当高跨吊车起重量较大，其上柱外缘与纵向定位轴线间宜设连系尺寸 a_c（即采取“非封闭结合”），此时应采用两条纵向定位轴线，其插入距（a_i）与联系尺寸（a_c）相同（图 7.26(b)）；当封墙面底面低于低跨屋面时，应采用两条定位轴线，其插入距 a_i 等于封墙厚度 t（图 7.26(c)）；当高跨采用“非封闭结合”，且封墙底面低于低跨面时，应采用两条定位轴线，其插入距 a_i 等于封墙厚度 t 与联系尺寸 a_c 之和（图 7.26(d)）。

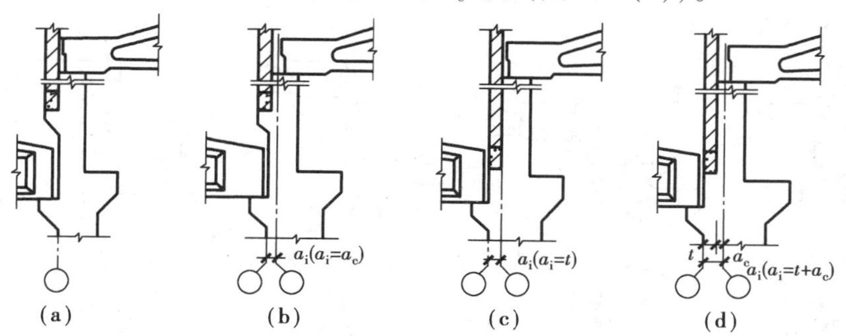

图 7.26　不等高跨中柱单柱与纵向定位轴线的定位（无纵向伸缩缝）

a_i—插入距；t—封墙厚度；a_c—联系尺寸

7.4.4　高低跨中柱变形缝处的纵向定位轴线的定位

（1）变形缝处设单柱时的纵向定位轴线

高低跨处采用单柱设纵向伸缩缝时，低跨屋架（或屋面梁）搁置在活动支座上，采用两条

纵向定位轴线,其插入距有以下四种情况:

①当高低跨纵向定位轴线均采取“封闭结合”,且封墙底面低于低跨屋面时,其插入距$a_i = a_e + t$(图 7.27(a));

②当高跨纵向定位轴线采取“非封闭结合”,低跨为“封闭结合”,且封墙壁底面低于低跨屋面时,其插入距 $a_i = a_e + t + a_c$(图 7.27(b))。

③当高低两跨纵向定位轴线均采取“封闭结合”封墙底面高于低跨屋面时,其插入距 $a_i = a_e$(图 7.27(c))。

④当高跨纵向定位轴线采取“非封闭结合”,低跨仍为“封闭结合”,且封墙底面高于低跨屋面时,其插入距 $a_i = a_e + a_c$(图 7.27(d))。

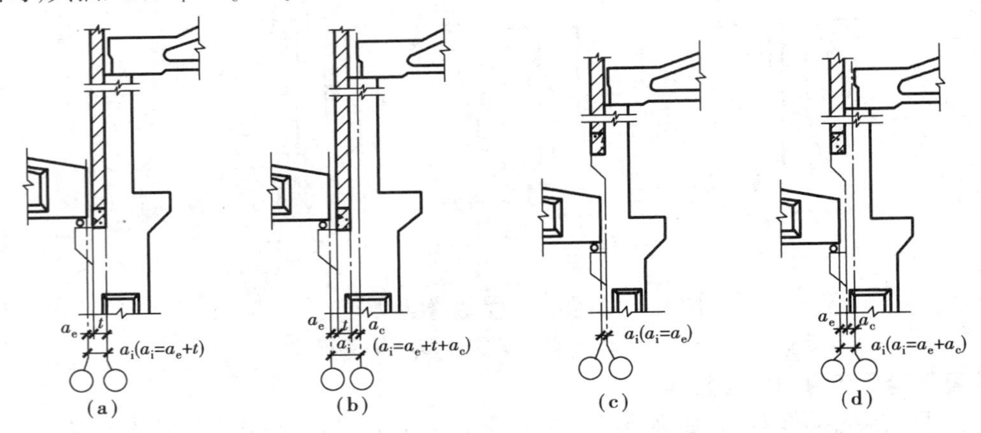

图 7.27　不等高跨中柱单柱与纵向定位轴线的定位(有纵向伸缩缝)

a_e—伸缩缝宽度

(2)**变形缝处设双柱时的纵向定位轴线**

变形缝处设双柱时,应设两条纵向定位轴线。两柱与纵向定位轴线的定位与边柱相同,其插入距视封墙位置高低和高跨是否“封闭结合”,分别定为 $a_i = a_e + t$;$a_i = a_e + t + a_c$;$a_i = a_e$;$a_i = a_e + a_c$(图 7.28)。

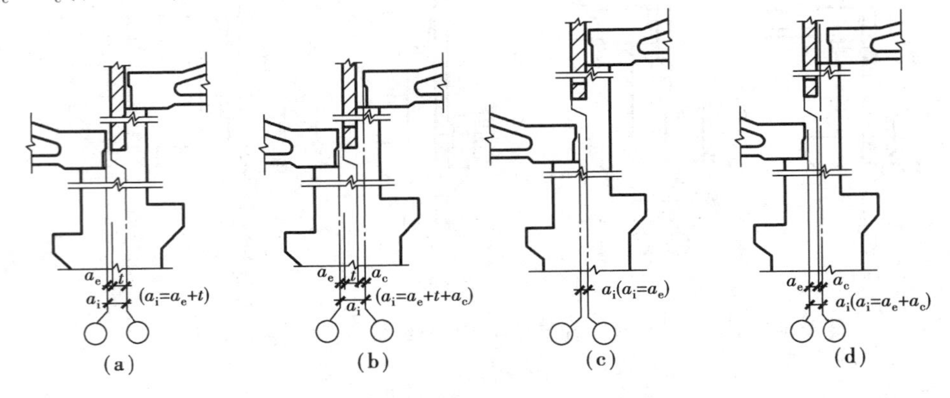

图 7.28　不等高跨处双柱与纵向定位轴线的定位

a_i—插入距;a_e—防震缝宽度;t—封墙厚度;a_c—联系尺寸

7.4.5　纵横跨相交处柱的定位

有纵横跨相交的厂房，通常在相交处设置变形缝，使纵横有各自的柱列和定位轴线。对于纵跨，其定位轴线的处理按山墙定位；对于横跨，其定位轴线的处理按边柱与外墙定位。其插入距应视封墙单墙或双墙、封墙类型、横跨是否"封闭结合"及变形缝宽度而定：当山墙比侧墙低时，宜采用单墙。此时，外墙若为砌体时，插入距 $a_i=t+a_e$ 或 $a_i=a_e+t+a_c$；外墙为墙板时，$a_i=t+a_{op}$ 或 $a_i=a_{op}+t+a_c$（图7.29(a)、(b)）。当山墙比侧墙高时，应采用双墙。此时，外墙为砌体时，$a_i=a_e+t+t$ 或 $a_i=a_e+a_c+t+t$，外墙为墙板时，$a_i=a_{op}+t+t$ 或 $a_i=a_{op}+a_c+t+t$（图7.29(c)、(d)）。

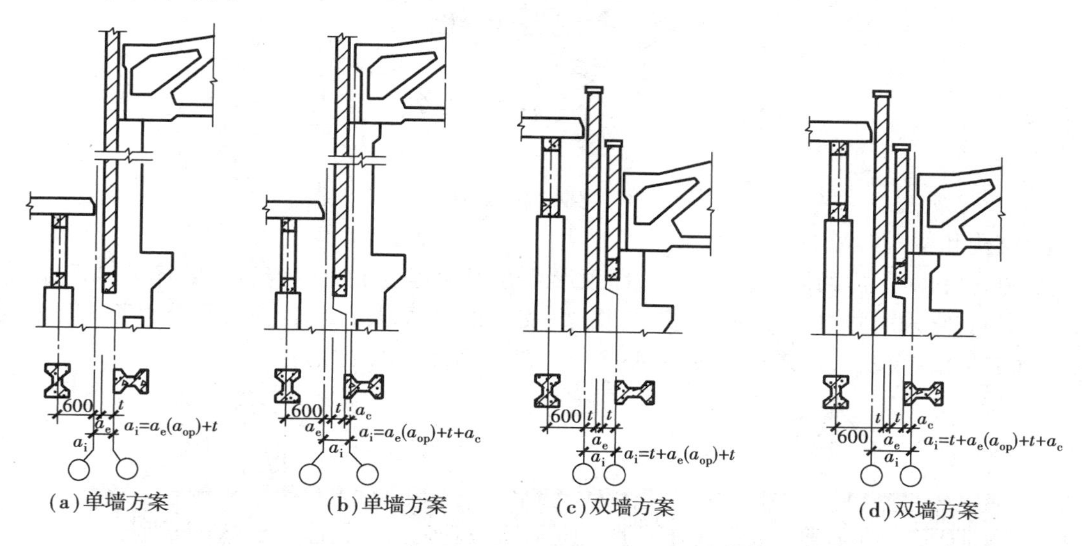

图7.29　纵横跨相交处柱与定位轴线的定位

a_{op}—吊装墙板需要的净空尺寸，a_{op} 小于 a_e 时，仍用 a_e

有纵横跨相交的厂房，其定位轴线编号常以跨度较多部分为准统一编排。

本节所述定位轴线的划分主要适用于装配式钢筋混凝土结构或混合结构的单层厂房，钢结构的厂房可参照《厂房建筑模数协调标准》执行。

7.5　单层厂房立面设计

单层厂房立面设计是以生产工艺性质和厂房体型组合为前提。根据工艺性质、技术水平、经济条件，运用建筑艺术构图规律和处理手法，设计出内容与形式统一的立面形象。

(1)影响立面设计的因素

1)使用功能的影响

厂房设计首先必须满足生产要求，厂房立面处理必须满足适用、安全、经济的要求，建筑形象能反映出建筑内容的效果。例如，某铸造厂铸工车间，由于各跨的高宽均有不同，又有高出屋面的化铁炉、露天跨的吊车栈桥、烘炉及烟囱等，体型组合较为复杂，立面形象反映出铸工车间的特征（图7.30）。

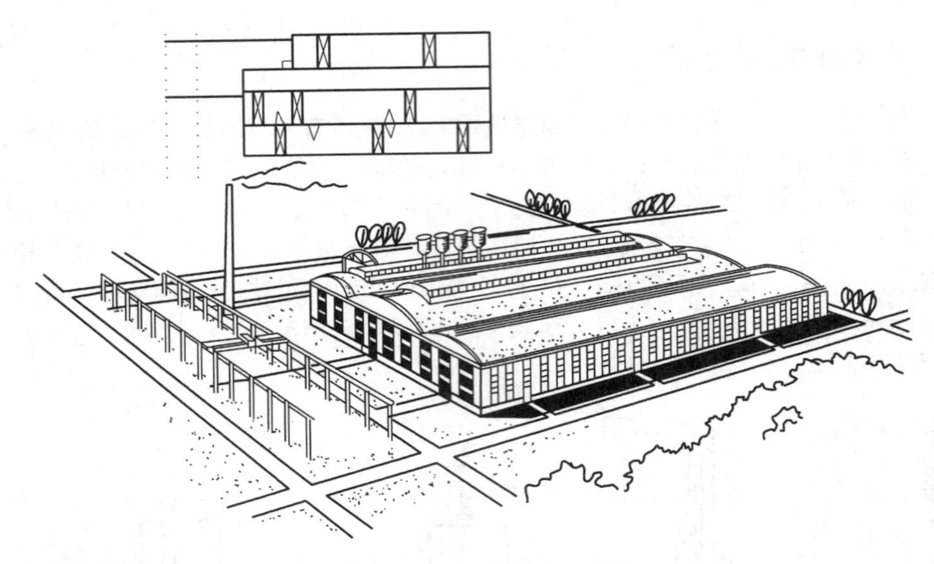

图 7.30　某铸造厂铸工车间

2)结构和材料的影响

结构、材料对厂房的体型影响较大,屋顶形式在很大程度上决定着厂房的体型。例如,某造纸厂车间,它采用两组 A 形钢筋混凝土塔架,支承钢缆绳,悬吊屋顶。车间外墙不与屋顶相连,车间内部没有柱子,工艺布置灵活,整个造型新颖活泼(图 7.31)。

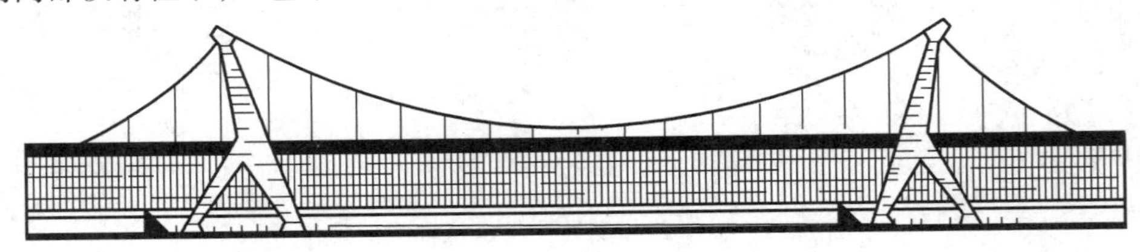

图 7.31　某造纸厂

3)气候和环境的影响

太阳辐射强度、室外空气的温度与湿度等对立面均有影响。如炎热地区为满足通风散热要求,常采用开敞式外墙,使厂房显得空透、灵巧。寒冷地区为保暖,窗口面积不宜过大,厂房显得稳重、厚实。

(2)**立面处理的方法**

1)简洁、明快的窗口组合

窗口组合是窗与窗、窗与墙面的相对关系。组合形式繁多,不同的形式给人以不同的节奏感和韵律感(图 7.32)。在同一墙面上,一般常以一种窗口排列形式为主,重复运用,使整个墙面产生统一的韵律。当墙面较长时,也可以每隔一定间距有所变化或作重点处理(包括色彩变化),形成节奏变化(图 7.33)。

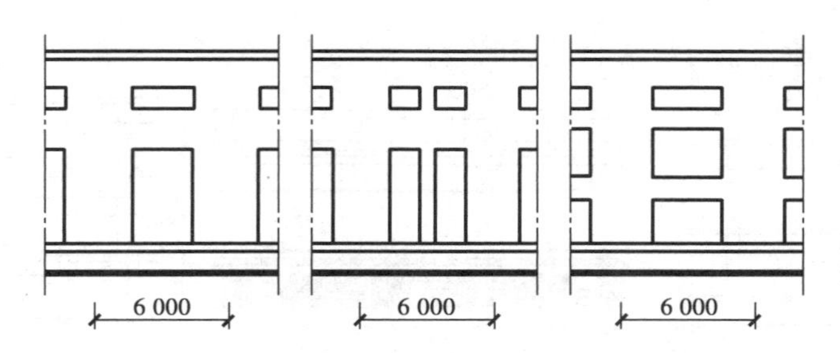

图7.32　立面窗口不同组合形式产生的效果

图7.33　某汽车制造厂的车间

2)协调的墙面划分

墙面划分常采用竖向划分、水平划分和混合划分等方法。

A.竖向划分　竖向划分是根据外墙结构和构造的特点,利用柱子、壁柱、不同排列的侧窗凸出的竖向窗间墙等线条,有规律的重复分布,使立面具有竖向方向感,使厂房显得高大、挺拔、宏伟,改善单层厂房给人造成的立面扁平的感觉(图7.34)。

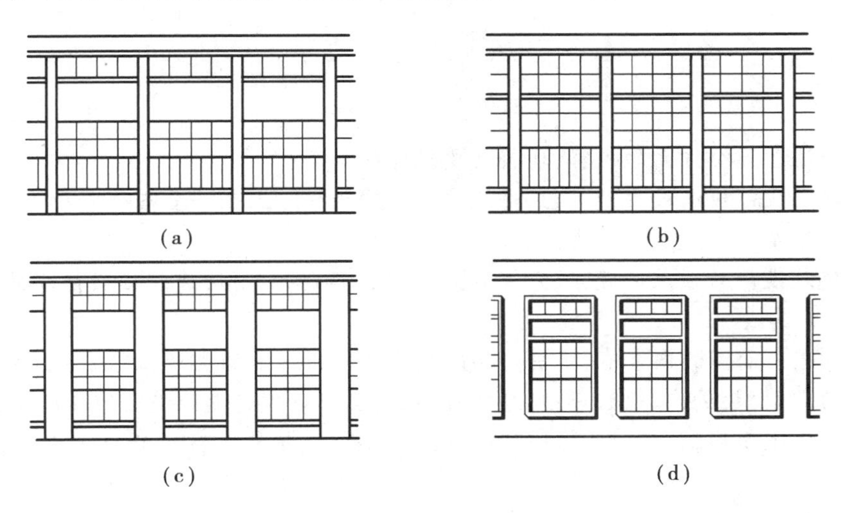

图7.34　垂直划分示意

B.水平划分　水平划分常用的处理方法是在水平方向上设整排的带形窗,用通长的窗眉线或窗台将窗连成水平线条,或利用檐口、勒脚、挑出墙面的多层挡雨板或遮阳板以及横向布置的墙板,在阴影作用下使水平线条更显突出(图7.35)。亦可用不同的材料、色彩加强水平方向感,可使厂房的外表显得简洁、舒展和平稳。

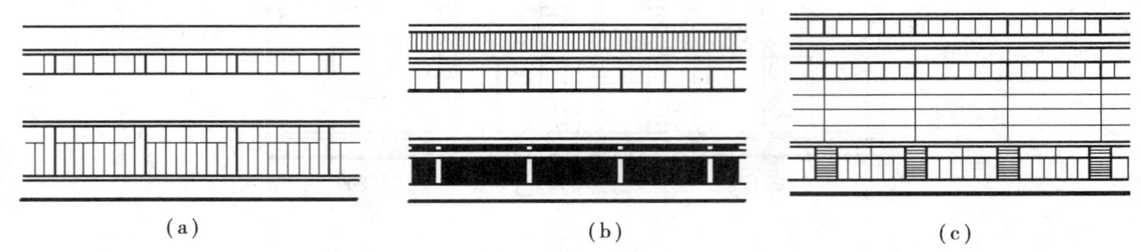

(a)　(b)　(c)

图7.35　水平划分示意图

C.混合划分　混合划分就是将竖向划分和水平划分的处理方法混合运用,可以其中某种划分为主,也可不分主次,竖向与水平线相互衬托,互相渗透,从而达到生动和谐的效果。混合划分时窗与墙的比例关系如下:

窗面积大于墙面积:立面以虚为主,显得明快、轻巧(图7.36(a))。

窗面积小于墙面积:立面以实为主,显得稳重、敦实(图7.36(b))。

窗面积接近墙面积:虚实平衡,显得安静、平淡和乏味,运用较少(图7.36(c))。

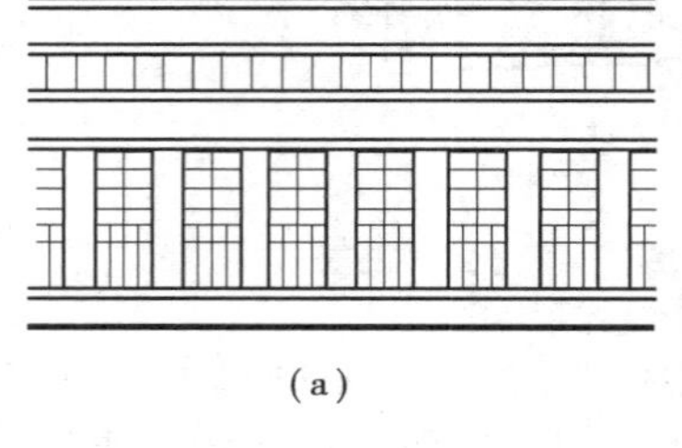

(a)

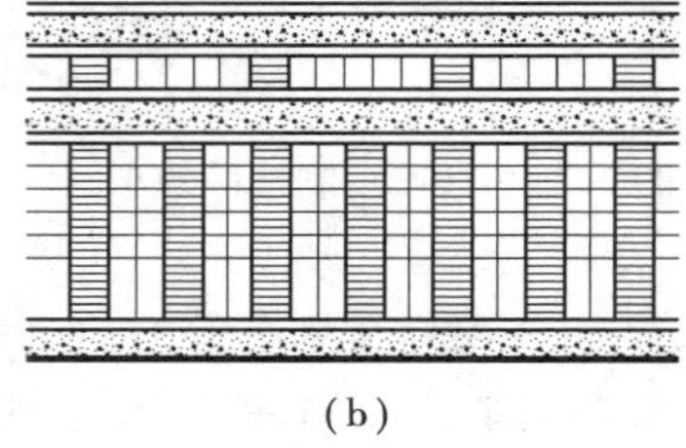

(b)

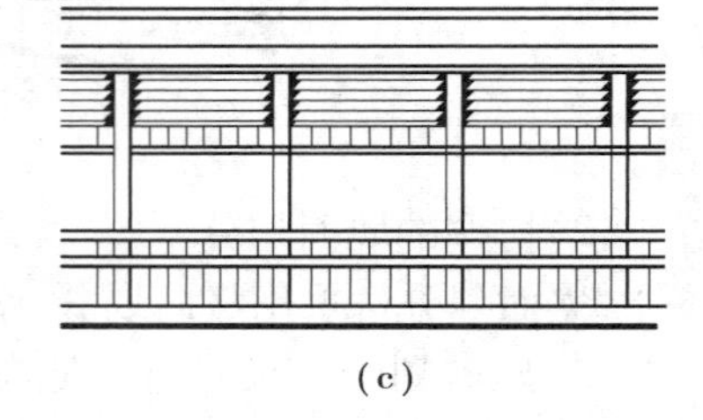

(c)

图7.36　混合划分示例

小　结

本章共讲述了五个方面的内容,现将其要点归纳如下:

1.工业建筑设计应满足生产工艺、建筑技术、建筑经济、卫生安全四个方面的要求。

2.生产工艺是工业建筑设计的依据。

3.工业建筑设计必须严格遵守《厂房建筑模数协调标准》和《建筑模数协调统一标准》的规定。

4.生产工艺平面图的内容有:根据产品的生产要求所提出的生产工艺流程;生产设备和起重运输设备的类型、数量;工段划分;厂房建筑面积;生产对建筑设计提出的各项要求。这些都直接影响厂房的平面形状、柱网选择、门窗及天窗洞尺寸、位置及窗扇开启方式、剖面形式、结构方案等。

5.生产工艺流程有直线式、往复式和垂直式三种形式。

6.厂房内部的起重运输设备主要是吊车,常采用单轨悬挂式吊车、梁式吊车和桥式吊车。

7.承重结构柱子在平面上排列所形成的网格称为柱网。柱网尺寸是根据生产工艺的特征、生产工艺流程、生产设备及其排列、建筑材料、结构形式、施工技术水平、地基承载能力以及有利于提高建筑工业化等因素来确定的。

8. 横向定位轴线之间的距离是柱距(变形缝除外),常采用6 m、12 m、15 m、18 m、24 m。

9. 采用扩大柱网的屋顶承重结构有带托架和无托架两种类型。

10. 柱距采用扩大模数60 M数列;当跨度小于或等于18 m时,采用扩大模数30 M数列。

11. 确定柱顶标高时,首先确定符合3 M数列的轨顶标高,然后再确定仍符合3 M数列的柱顶标高。

12. 定位轴线是确定厂房主要承重件位置及其标志尺寸的基准线,同时,也是施工放线和设备安装的依据。

13. 横向定位轴线标注纵向构件,如屋面板、吊车梁的长度;纵向定位轴线标注屋架的跨度。

14. 定位轴线是"封闭结合"还是"非封闭结合"的关键是保证吊车能安全运行,必须满足C_b值的要求,C_b值的大小又决定于吊车吨位。

15. 纵向跨定位轴线的确定,应根据吊车吨位、封墙位置和数目,确定插入距a_i、联系尺寸a_i、墙体厚度t,变形缝宽度a_e。

复习思考题

7.1　什么叫工业建筑?按照它的用途、层数和生产状况分别有哪些类型?

7.2　工业建筑各有何特点?

7.3　工业建筑设计应满足哪些要求?

7.4　钢筋混凝土单层厂房由哪些构件组成?

7.5　生产工艺对工厂总平面设计有何影响?

7.6　单层厂房面设计应满足哪些要求?

7.7　什么叫柱网?如何确定柱网(跨度和柱距)的尺寸?

7.8　生活间由哪几部分组成?其布置方式有哪三种?各有何特点?

7.9　单层厂房剖面设计应满足哪些要求?

7.10　如何确定单层厂房的轨顶标高和柱顶标高?其扩大模数是多少?

第3篇 建筑构造

第8章 建筑构造概论

本章要点及学习目标

本章主要讲述建筑构造研究的对象和目的，着重介绍建筑物的基本组成构件及其作用，影响建筑物构造的主要因素，以及建筑构造设计原则等。要求了解影响建筑构造的主要因素，掌握建筑构造设计原则。

8.1 建筑构造研究的对象和目的

建筑设计中除了应充分考虑建筑物的使用功能、内部空间利用、美观与外部环境的协调等内容外，还有一个重要的内容就是进行建筑构造设计。建筑构造是研究建筑物各组成部分的构造原理和构造方法。其研究目的是根据建筑物的功能、技术、经济、造型等要求，提出适用、经济、安全、美观的构造方案，作为解决建筑设计中各种技术问题及进行施工图设计的依据。建筑构造设计是建筑设计中不可分割的一部分，是建筑初步设计的继续和深入。

一座建筑物由许多部分构成，建筑工程上称这些构成部分为构件或配件。

建筑构造原理是运用多方面技术知识，考虑影响建筑构造的各种客观因素，分析各种构配件及其细部构造的合理性，以最大限度地满足建筑使用功能要求的设计方法。

建筑构造方法是在理论指导下，进一步研究如何运用各种材料，有机地组合各种构、配件，并提出解决构、配件之间相互连接的方法。

建筑构造具有实践性和综合性强的特点。只有不断丰富设计者的实践经验，综合运用建筑材料、建筑物理、建筑力学、建筑结构、建筑施工、建筑经济及建筑艺术等多方面的知识，才有可能提出合理的构造方案和构造措施，从而有效地提高建筑物抵御自然界各种不利影响的能力，延长建筑物的使用年限。

8.2　建筑物的组成及作用

一幢建筑，一般是由基础、墙或柱、楼板层及地坪、楼梯、屋顶和门窗等几部分所组成的(图8.1)。它们在不同的部位，有着不同的作用。

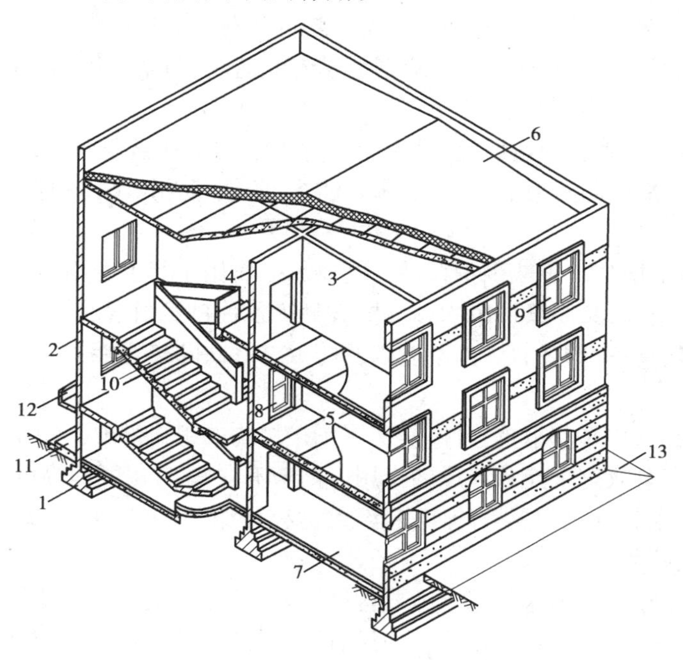

图8.1　建筑物的基本组成

1—基础；2—外墙；3—内横墙；4—内纵墙；5—楼板；6—屋顶；
7—地坪；8—门；9—窗；10—楼梯；11—台阶；12—雨篷；13—散水

(1)**基础**

基础是建筑物埋在地面以下最下部的承重构件。其作用是承受建筑物的全部荷载,并将这些荷载传给地基。因此,作为基础,必须具有足够的强度和稳定性,并能抵御土层中各种有害因素的侵蚀。

(2)**墙或柱**

在建筑物基础的上部,通常墙和柱都是建筑物的竖向承重构件,承受屋顶、楼层等部分传来的荷载,并将这些荷载传给基础。对于墙体而言,不同的建筑结构类型,所起的作用不同。例如,混合结构或剪力墙结构,墙体不仅有承重作用,还兼起分隔和围护的作用;而框架结构的墙,则只起分隔和围护作用。外墙用于分隔建筑物内外空间,抵御自然界各种因素对室内的侵袭;内墙则用于划分建筑内部空间,保证室内具有舒适的环境。因此,根据墙所处位置和所起的作用不同,分别要求它们具有足够的强度、稳定性以及保温、隔热、隔声、防火、防水、防潮等能力。

为了扩大建筑空间,提高空间的灵活性及结构的需要,有时用柱来代替墙体作为建筑物的竖向承重构件,形成框架或排架结构。此时,墙体只起围护和分隔作用,由柱承受屋顶、楼板层及吊车梁等构件传来的荷载,而柱则必须具有足够的强度和刚度。

(3)**楼板层及地坪**

楼板层及地坪是分隔建筑物空间的水平承重构件。楼板层承受家具、设备、人及其自重等荷载,并将这些荷载传给墙或柱,同时楼板层支撑在墙或柱上,同时又起着水平支撑的作用。因此,楼板层应具有足够的刚度、强度、隔声和防火的性能。对于有水侵蚀的房间,还应具有防潮、防水的能力。地坪是首层房间与地基土层相接的构件,直接承受各种使用荷载的作用,并将这些荷载传给其下的地基。地坪应具有耐磨、防潮、防水、防尘和保温等性能。

(4)**楼梯**

楼梯是楼房建筑的垂直交通设施,供人们平时上下楼层和紧急疏散之用。楼梯应有适当的坡度,足够的通行尺度和疏散能力,并要满足防火、防烟、防滑、坚固和耐磨等要求。

(5)**屋顶**

屋顶是房屋最上层的承重兼围护构件。既要承受作用于其上的雨雪、自重及检修荷载,并将这些荷载传给墙或柱,又要抵抗风吹、雨淋、日晒等各种自然因素的侵袭,起到保温隔热的作用。因此,屋顶必须具备足够的强度、刚度以及防火、保温、隔热等能力。

(6)**门和窗**

门和窗开在墙上,均属非承重构件,是房屋围护结构的组成部分。门主要供人们出入交通和内外联系之用,有时兼有采光和通风的作用。门应有足够的宽度和高度。窗的主要作用是采光、通风和眺望,也有分隔和围护的作用,因此,要求具有开关灵活,密封性好,坚固耐用,保温隔声,以及防火、防水等性能。

一幢建筑物中,除了上述这些基本组成构件以外,还有一些供人们使用和建筑物本身所必需的其他构件及设施。例如,在民用建筑中还有壁橱、阳台、雨篷、烟道、井道等;在单层工业厂房中,还有天窗、吊车梁等;在观演性建筑中,还有舞台、楼座、挑台等。

8.3　影响建筑构造的因素

为了提高建筑物的使用质量，延长建筑物的使用寿命，更好地满足建筑物的功能要求，在进行建筑构造设计时，必须充分考虑影响建筑构造的各种因素，尽量利用有利因素，避免或减轻不利因素的影响，采取相应的构造措施和构造方案。

影响建筑构造的因素很多，大致可分为以下几方面：

(1)自然气候条件

我国疆土辽阔，东西南北各地区自然气候条件相差悬殊。风吹、日晒、雨淋、霜冻这些不可抗拒的自然现象，构成了影响建筑物的气候因素。如果对自然气候因素了解不足，设计不当，就会出现建筑物的构件和配件因热胀冷缩而开裂，出现渗漏，或因室内温度不宜，影响正常的工作和生活等。因此，在构造设计时，必须掌握建筑物所在地区的自然气候条件及其对建筑物的影响性质和程度，对建筑物相应的构件采取必要的防范措施，如防水、防潮、隔热、保温、加设变形缝等；同时，还应充分利用自然环境的有利因素，如利用风压，通风降温；利用太阳辐射，改善室内热环境。

(2)结构上的作用

能使结构产生效应(如内力、应力、应变、位移等)的各种因素，称结构上的作用。分直接作用和间接作用。

直接作用是指直接作用到结构上的力，也称荷载。荷载又分为永久荷载(如结构自重)、可变荷载(如人、家具、设备、雪、风的重量)和偶然荷载(如爆炸力、撞击力等)。

间接作用是指使结构产生效应但不直接以力的形式出现的各种因素。如温度变化、材料收缩、徐变、地基沉降、地壳运动(地震)等。

结构上作用的大小是结构设计的主要依据，决定着建筑物组成构件的选材、形状、尺度，而这些又与建筑构造设计密切相关。因此，在构造设计时，必须考虑结构上的作用这一影响因素，采取一些措施，保证建筑物的安全和正常使用。

在结构上的作用中，风力的影响不可忽视。风力一般随距离地面的高度增加而增加，特别是沿海地区，风力影响更大，它往往是高层建筑水平荷载的主要因素。此外，我国是世界上地震多发的国家之一，地震区分布相当广泛。因此，在构造设计中，必须高度重视地震作用的影响，根据各地震区地震活动频度和强度不同，严格按照《中国地震烈度区划图》中划定的各地区的设防烈度，对建筑物进行抗震设计，采取合理的抗震措施，以增强建筑物的抗震能力。

(3)各种人为因素

人类在从事生产和生活的过程中，往往也会对建筑物产生影响，如机械振动、化学腐蚀、爆炸、火灾、噪声等。因此，在建筑构造设计时，必须针对性地采取相应的措施，如隔振、防腐、防爆、防火、隔声等，避免或减小不利的人为因素对建筑物造成的损害。

(4)物质技术条件

建筑材料、建筑结构、建筑设备及施工技术是建筑的物质技术条件，它们将建筑设计变成了建筑物。没有先进的材料、结构、设备和施工技术，很多现代摩天大楼以及各种复杂的建筑物就无法实现或者不能很好地实现。在建筑发展过程中，随着新材料、新结构、新设备及新的施工技术迅猛发展和不断更新,促使建筑构造更加丰富多彩,建筑构造要解决的问题随之也越来越多样化、复杂化。因此,在构造设计中,就要以构造原理为理论依据,在原有的、传统的构造方法基础上,不断研究,不断创新,设计出更先进、更合理的构造方案。

(5)**经济条件**

建筑物的建造需要耗费巨大的人力、物力、财力,这就使建筑与经济产生了密切关系。从建筑的发展过程看,建筑功能、建筑技术和建筑艺术的发展,都是随着社会经济条件的发展而发展的。根据经济条件进行建筑构造设计是建筑设计的基本原则。掌握建筑标准,降低工程造价,对于节约国家投资,积累建设资金,意义重大。在进行建筑构造设计时,应综合地、全面地考虑经济问题,在确保建筑功能、工程质量的前提下,降低建筑造价;同时,对不同等级和质量标准的建筑物,在经济问题上的考虑应区别对待,既要避免出现忽视标准和盲目追求豪华而带来的浪费,又要杜绝片面讲究节约所造成的安全隐患。

8.4 建筑构造设计原则

在建筑构造设计中,应遵循以下设计原则:

(1)**满足建筑的功能要求**

满足建筑的功能要求是建筑构造设计的主要依据。我国幅员广大,民族众多,各地自然条件、生活习惯等都不尽相同,不同地域、不同类型的建筑物,往往会存在不同的功能要求。北方地区要求建筑物在冬季能保温;南方地区要求在夏季能通风隔热;住宅要有良好的居住环境;剧院要有良好的视觉和声音效果;有震动的建筑要求隔震;有水侵蚀的构件要求防水。随着科学技术的发展,建筑功能要求的发展是无止境的。因此,在建筑构造设计中,必须依靠科学技术知识,不断研究新问题,及时掌握和运用现代科技新成就,最大限度地满足人们越来越高的物质功能和精神功能的要求。

(2)**确保结构的坚固和安全**

在进行建筑构造设计时,除根据荷载的大小、结构的要求确定构件的所需尺度外,在构造上还必须采取一定的措施,以保证构件的整体性和构件之间连接的可靠性。对一些配件的设计,如阳台或楼梯的栏杆,顶棚、墙面、地面的装修配件,门窗与墙体的结合部分等,也必须在构造上采取必要的措施,以确保建筑物在使用时的安全。

(3)**适应建筑工业化需要**

建筑工业化把建筑业落后的和分散的手工业生产方式改变为集中的和先进的现代化工业生产方式,从而加快了建设速度,降低了劳动强度,提高了生产效率和施工质量。尽快实现建筑工业化,是目前的迫切任务。因此,在建筑构造设计时,应大力推广先进技术,选用各种新型的建筑材料,采用标准设计和定型构件,为构件和配件的生产工厂化、现场施工机械化创造有利条件。

(4)**建筑经济的综合效益**

在构造设计中,应该注意建筑物的整体经济效益。既要降低建筑的造价,节约材料消耗,又要考虑使用期间的运行、维修和管理的费用,考虑其综合的经济效益。另外,在提倡节约和降低造价的同时,还必须保证工程质量,绝不可以偷工减料和粗制滥造作为追求经济效益的代价。

(5)注意美观

建筑物既要满足人们社会生产和生活的需要,又要满足人们一定的审美要求。建筑的艺术造型,能反映时代精神,体现社会风貌。因此,在构造方案的处理上,还要考虑其造型、尺度、质感、色彩等艺术和美观问题。将艺术的构思与材料、结构、施工等条件巧妙地结合起来,丰富建筑艺术的表现力。

(6)贯彻建筑方针,执行技术政策

我国的建筑方针是“适用、安全、经济、美观”。它反映了建筑的科学性及其内在的联系,符合建筑发展的基本规律。设计时,必须将它们有机地、辩证地统一起来。

技术政策是国家在一定时期的技术政策规定。例如,鉴于我国不少地区面临黏土资源严重不足的情况,国家做出了节约耕地,限制或禁止使用黏土砖的规定。构造设计时,就必须避免使用黏土砖,尽可能采用轻质高强的工业废渣替代黏土作为砖的原料。

小　结

1. 建筑构造是专门研究建筑物各组成部分的构造原理和构造方法的学科,是建筑设计不可分割的一部分。研究建筑物构造的目的在于,根据建筑物的功能、技术、经济、造型等要求,提供适用、经济、安全、美观的构造方案,作为解决建筑设计中各种技术问题及进行施工图设计的依据。

2. 一幢建筑物,一般是由基础、墙或柱、楼板层及地坪、楼梯、屋顶及门窗等六部分组成的。它们各处在不同的部位,发挥着各自的作用。影响建筑构造的因素包括:自然气候条件、结构上的作用、各种人为因素、物质技术条件和经济条件。

3. 为设计出适用、经济、安全、美观的构造方案,进行建筑构造设计时,必须遵循满足建筑功能要求,确保结构坚固、安全,适应建筑工业化需要,讲求建筑的综合经济效益,注意美观,贯彻建筑方针及执行技术政策的设计原则。

复习思考题

8.1　研究建筑构造的目的是什么?

8.2　建筑物的基本组成及其主要作用是什么?

8.3　影响建筑构造的主要因素是什么?

8.4　建筑构造设计应遵循的原则有哪些?

第9章 基础和地下室

本章要点及学习目标

本章主要讲述地基与基础的基本概念和地基的分类及处理措施；基础的分类、基础埋置深度的定义及基础埋深的影响因素；基础在结构设计图中的表达方式；地下室的防潮、防水构造等。要求掌握基础、地基基础埋置深度等基本概念；了解基础的类型及相应构造方式；了解影响基础埋置深度的因素；了解地下室、人防地下室、半地下室及全地下室的定义；重点掌握地下室的防潮、防水构造做法。

9.1 概　述

9.1.1 地基与基础的基本概念

在建筑工程中，位于建筑物的最下端，埋入地下并直接作用在土层上的承重构件称为基础。它是建筑物重要的组成部分。支撑在基础下面的土层称为地基。地基不属于建筑物的组成部分，它是承受建筑物荷载的土层。建筑物的全部荷载最终是由基础传给地基。

由于基础是建筑物的重要承重构件，又是埋在地下的隐藏工程，易受潮，很难观察、维修、加固和更换，而且基础关系到建筑物的整体安全性，因此基础的选型、构造、设计极其重要。

地基单位面积所能承受的最大压力称为地基允许承载力（也称为地耐力）。它是由地基土本身的性质决定的。当基础传给地基的压力超过了地耐力时，地基就会出现较大的沉降变形或失稳，甚至会出现地基土滑移，从而引起建筑的开裂、倾斜，直接威胁到建筑物的安全。因此，地基必须具备较高的承载力。即基础底面的平均压力不能超过地基允许承载力。在建筑选址时，就应尽可能选在承载力高且分布均匀的地段，如岩石类、碎石类、砂性土类和黏性土类等地段。

地基承受的由基础传来的压力包括上部结构至基础顶面的竖向荷载、基础自重及基础上部土层重量。若基础传给地基的压力用 N 来表示，基础底面积用 A 来表示，地基允许承载力用 f 来表示，则它们三者的关系如下：

$$A \geqslant N/f$$

由此可见，基础底面积是根据建筑总荷载和建筑地点的地基允许承载力来确定的。当地基承载力 f 不变时，传给地基的压力 N 越大，基础底面积 A 也应越大；当建筑总荷载不变时，允许地基承载力 f 越小，则基础底面积 A 要求越大。

9.1.2　地基分类及处理措施

地基可分为天然地基和人工地基两大类：

天然地基是指天然土层具有足够的承载力，不需人工改善或加固便可直接承受建筑物荷载的地基。岩石、碎石、砂石、黏土等一般均可作为天然地基。如果天然土层承载力较弱，缺乏足够的稳定性，不能满足承受上部建筑荷载的要求时，就必须对其进行人工加固，以提高其承载力和稳定性，加固后的地基称为人工地基。人工地基较天然地基费工费料，造价较高，只有在天然土层承载力差和建筑总荷载大的情况下方可采用。

通常人工地基的处理措施有压实法、换土法和打桩法等三大类。

(1)压实法

压实法(图9.1)是通过用重锤夯实或压路机碾压，挤出软弱土层中土颗粒间的空气，使土中孔隙压缩，提高土的密实度，从而达到增加地基土承载力的方法。这种方法经济实用，适用于土层承载力与设计要求相差不大的情况。

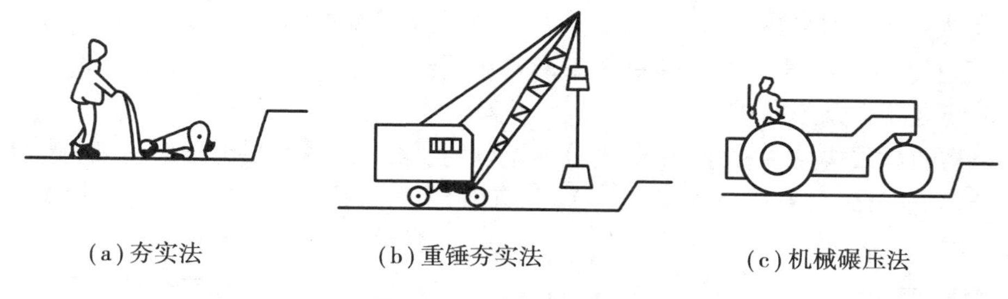

图9.1　压实法人工地基

(2)换土法

换土法(图9.2)是将基础底面下一定范围的软弱土层部分的或全部的挖去，换以低压缩性材料(如灰土、矿石渣、粗砂、中砂等)，再分层夯实，作为基础垫层的方法。

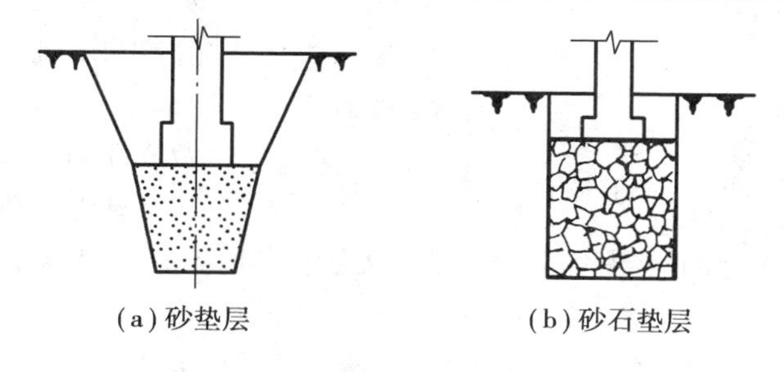

图9.2　换土法人工地基

(3)打桩法

打桩法(图9.9)是在软弱土层中置入桩身，把土壤挤密或把桩打入地下坚硬的土层中，来提高土层的承载力的方法。

除以上三种主要方法外,人工地基还有许多其他的处理方法。如化学加固法,是在黏性土中,用高压旋喷法向四周土体喷射水泥浆、硅酸钠等化学浆液,形成旋喷桩。其作用与灌注桩类似,但强度较低,造价较贵。电硅化法,是借助于电渗作用,使注入软土中的硅酸钠(水玻璃)和氯化钙溶液进入土的孔隙中,形成硅酸,将土粒胶结化。用此法加固后的地基,强度高,压缩性低,但造价很高。此外,还有排水法、加筋法和热学加固法等人工处理地基的方法。

9.2 基础分类

基础的类型很多,按基础的构造形式分,有条形基础、独立基础、筏片基础、箱形基础;按基础所采用材料和受力特点分,有刚性基础和非刚性基础;按基础的埋置深度分,有浅基础、深基础等。基础的形式主要根据基础上部结构类型、建筑高度、荷载大小、地质水文和地方材料等诸多因素而定。

9.2.1 按构造方式分类

(1)条形基础

条形基础呈连续的带状,也称带形基础。一般用于墙下,也可用于柱下(图9.3)。

当建筑物上部结构采用墙承重时,承重墙下一般采用通长的条形基础。中小型建筑常采用砖石、混凝土、灰土、三合土等刚性材料条形基础(图9.3(a))。当荷载较大和地基较弱时,也可采用钢筋混凝土条形基础。

当建筑物的承重构件为柱子、荷载大且地基软时,常用钢筋混凝土条形基础将柱下的基础连接起来,形成柱下条形基础(图9.3(b)),可有效地防止不均匀沉降,使建筑物的基础具有良好的整体性。

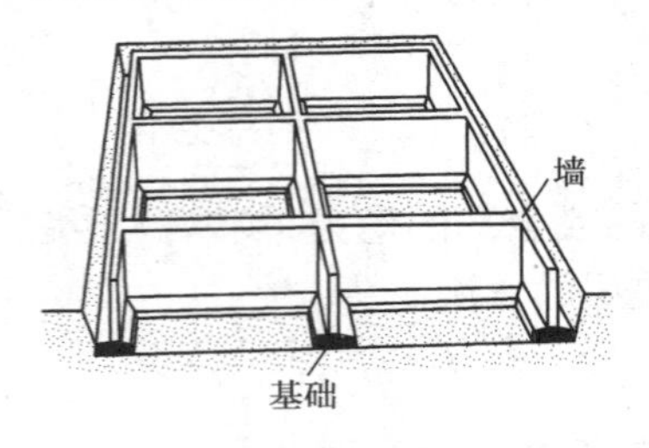

(a)墙下条形基础

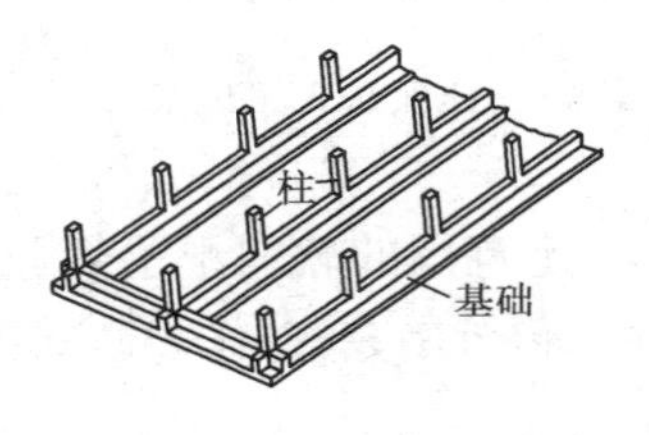

(b)柱下条形基础

图9.3 条形基础

(2)独立基础

当建筑物承重体系为梁、柱组成的框架和排架或其他类似结构时,其柱下基础常采用的基本形式是独立基础。常见的断面形式有阶梯形、锥形等(图9.4(a)、(b))。当采用预制柱时,则基础做成杯口形,柱子嵌固在杯口内,又称杯形基础(图9.4(c))。有时为满足局部工程条件变化的需要,需将个别杯基础底面降低,便形成高杯口基础,也称长颈基础(图9.4(d))。

当建筑物是以墙作为承重结构而地基上层为软土层时,如果用条形基础,则基础要求埋深较大,这种情况下也可采用墙下独立基础。独立基础穿过软土层,把荷载传给下面的持力层。墙下独立基础的构造是墙下设基础梁,以承托墙身,基础梁支承在独立基础上(图9.5)。

(3)井格基础

独立基础可节约基础材料,减少土方工程量,但基础与基础之间无构件连接,整体刚度较

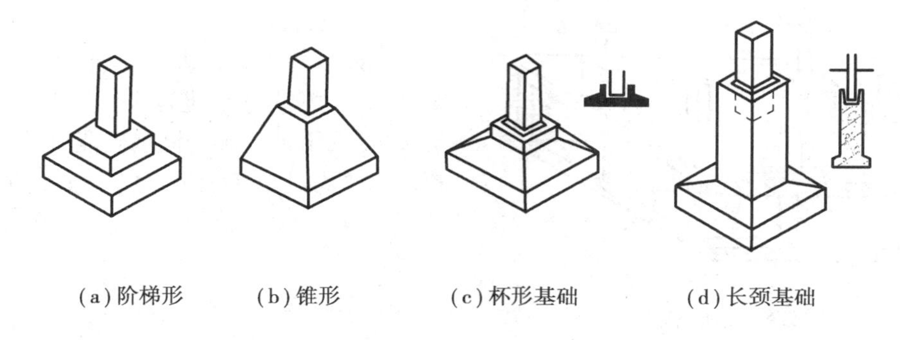

图9.4　独立基础

差,当地基条件较差或上部荷载不均匀时,为了提高建筑物的整体性,防止柱间不均匀沉降,常将柱下基础沿纵横两个方向扩展并连接起来,做成十字交叉的井格基础(图9.6)。

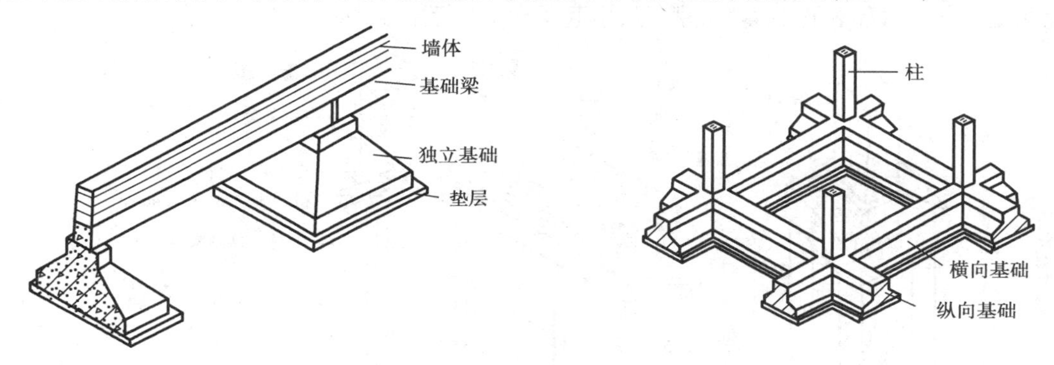

图9.5　墙下独立基础图

图9.6　井格基础

(4)**筏片基础**

当上部结构荷载较大而地基承载力又特别低以及柱下条形基础或井格基础已不能满足基础底面积要求时,常将墙或柱下基础连成一钢筋混凝土板,形成筏片基础。筏片基础有板式和梁板式两种(图9.7)。

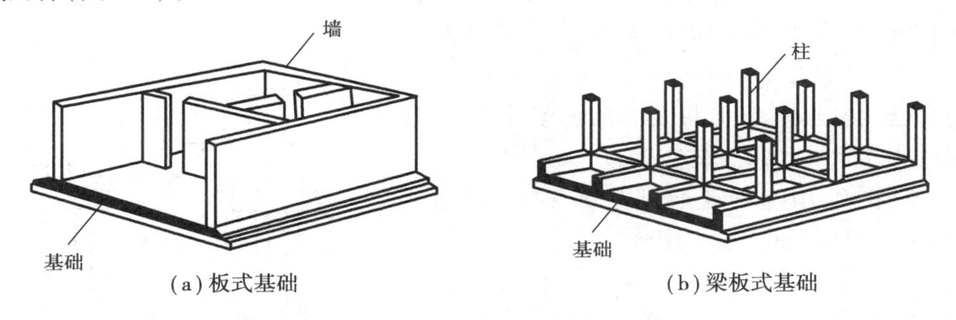

图9.7　筏片基础

(5)**箱形基础**

当建筑物荷载很大或浅层地质情况较差以及基础需要埋深很大时,为了增加建筑物的整体刚度,有效抵抗地基的不均匀沉降,常采用由钢筋混凝土底板、顶板和若干纵横墙组成的空心箱体基础,即箱形基础(图9.8)。箱形基础具有刚度大、整体性好,且内部空间可用作地下室的特点。因此,一般适用于高层建筑或在软弱地基上建造的重型建筑物。

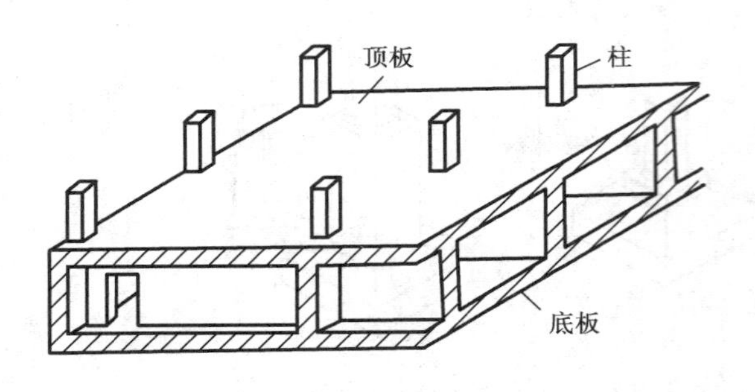

图 9.8　箱形基础

(6)**桩基础**

当建筑物荷载较大,地基软弱土层厚度在5 m以上,对软弱土层进行人工处理困难和不经济时,可采用桩基础。桩基础能够节省基础材料,减少挖填土方工程量,改善工人的劳动条件,缩短工期。因此,近年来,桩基础的采用逐渐普遍。

桩基础是由桩身和承台梁(或板)组成的(图9.9)。桩身尺寸按设计确定,桩身位置也是根据设计布置的点位而定。钢筋混凝土承台梁(或板)设在桩身的顶部,用以支承上部墙体或柱,使建筑物荷载均匀地传给桩基。在寒冷地区,承台梁下应铺设 100 ~ 200 mm 厚的粗砂或焦砟,以防止承台下的土壤受冻膨胀,引起承台梁的反拱破坏。

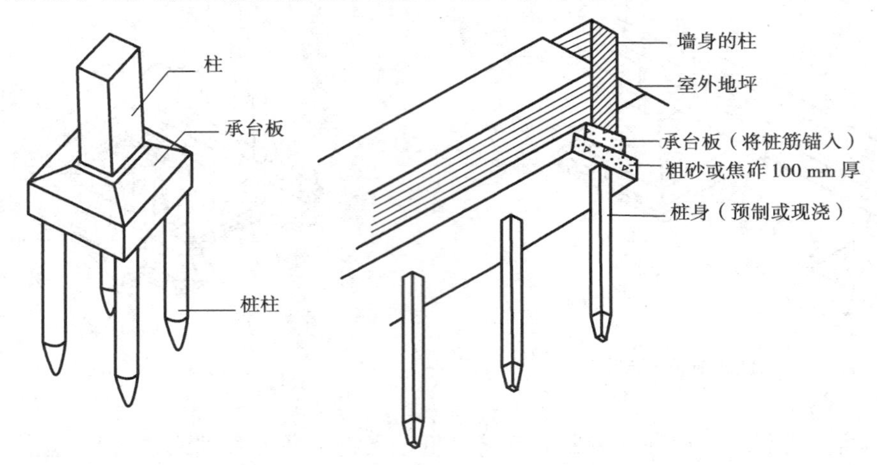

图 9.9　桩基础的组成

桩基础的类型很多,按材料不同,可分为钢筋混凝土桩、钢桩、木桩等;按桩的断面形状,可分为圆形、方形、环形、六角形及工字形桩等;按桩的入土方法,可分为打入桩、振入桩、压入桩及灌入桩等;按桩的性能,又可分为端承桩和摩擦桩。

摩擦桩(图 9.10(a))是通过桩侧表面与周围土的摩擦力来承担荷载的。适用于软土层较厚、坚硬土层较深、荷载较小的情况。

端承桩(图 9.10(b))是将建筑物的荷载通过桩端传给地基深处的坚硬土层。这种桩适合于坚硬土层较浅、荷载较大的情况。

除以上几种常见的基础结构形式以外,我国有些地区还因地制宜,采用了许多其他基础结构形式,如壳体基础(图 9.11),不埋板式基础(图9.12)等。

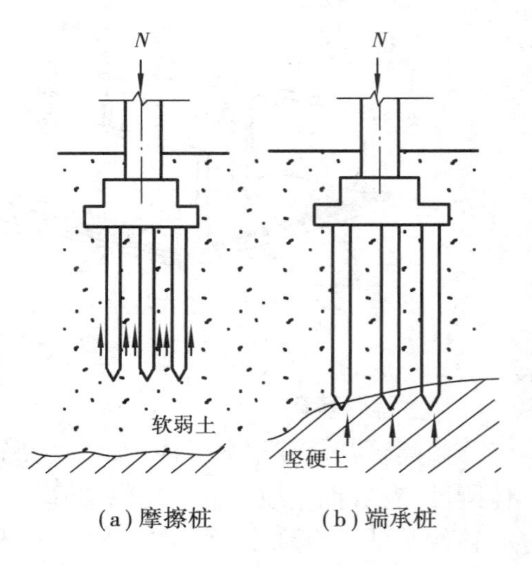

图 9.10　桩基础示意图

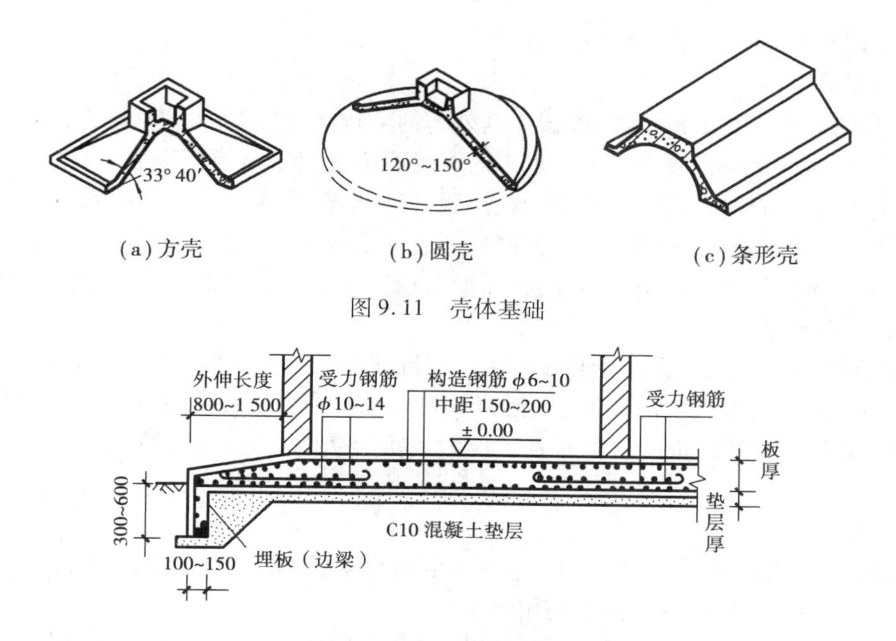

图 9.11　壳体基础

图 9.12　不埋板式基础

9.2.2　按所用材料及受力特点分类

(1)刚性基础

由刚性材料制作的基础称刚性基础。刚性材料是指抗压强度高而抗拉和抗剪强度低的材料。如砖、石、混凝土等。

一般情况下,为了获得较大的承载力,因此必须将基础底面的宽度扩大。试验表明,在刚性基础中,基础传来的压力是沿一定角度分布的,如图 9.13 所示。α 角称为刚性角。在 α 角范围内,基础底面不产生拉应力,基础也不致破坏。如果基础底面宽度超过了刚性角控制范围,即由 B_0 增至 B_1(图 9.13),由于地基反作用力的原因,基础底面将产生冲切破坏。可见,刚性角取决于 B_2 与 H_0,只有控制基础的宽高比 B_2∶H_0 在 1∶1.25 ~ 1∶1.5 以内,才能保证基础不被拉力或冲切力破坏。

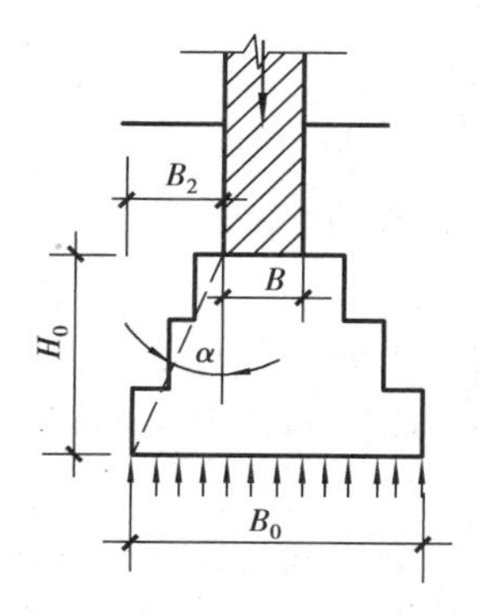

(a)基础受力在刚性角范围以内

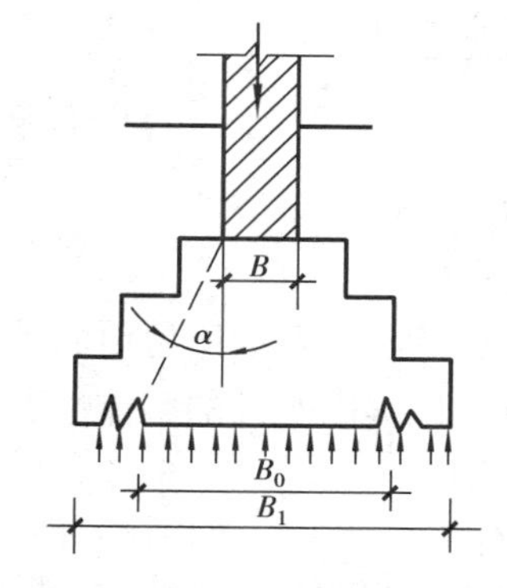

(b)基础宽度超过刚性角范围而破坏

图 9.13　刚性基础受力特点

下面介绍几种刚性基础的基本构造：

1)毛石基础

毛石基础是由石材和砂浆砌筑而成。其外露的毛石略经加工，形状基本方整，粒径一般不小于300 mm。中间填塞的夹石是未经加工的厚度不小于150 mm的块石。砌筑时，一般用水泥砂浆。由于石材抗压强度高，抗冻、抗水、抗腐蚀性能好，水泥砂浆也是耐水材料，因此毛石基础可用于地下水位较高、冻结深度较深的低层或多层民用建筑中。但其体积大、自重大、劳动强度亦大，运输、堆放不便，故多被用在邻近石材区的一般标准的砖混结构的基础工程中。其造价要比砖基础低。

毛石基础的剖面一般为阶梯形(图9.14)，基础顶部宽度不宜小于500 mm，且要比墙或柱每边宽出100 mm。每个台阶的高度不宜小于400 mm，每个台阶挑出的宽度不应大于200 mm。当基础底面宽度小于700 mm时，毛石基础应做成矩形截面。毛石基础顶面砌墙前应先铺一层水泥砂浆。

2)砖基础

用黏土砖砌筑的基础称为砖基础。它具有取材容易、价格低、施工简单等优点。但其大量消耗耕地，目前我国有些地区已限制使用黏土砖。

由于砖的强度、耐久性、抗冻性和整体性均较差，因而只适合于地基土好、地下水位较低、五层以下的砖木结构或砖混结构中。砖基础一般采用台阶式，逐级向下放大，形成大放脚。为了满足基础刚性角的限制，其台阶的宽高比应不大于1∶1.5。一般采用每两皮砖挑出1/4砖或两皮砖挑出1/4砖与一皮砖挑出1/4砖相间的砌筑方法(图9.15)。前一种偏安全，但做出的基础较深，后一种较经济，且做出的基础较浅，但施工稍繁。砌筑前基槽底面要铺50 mm厚砂垫层。

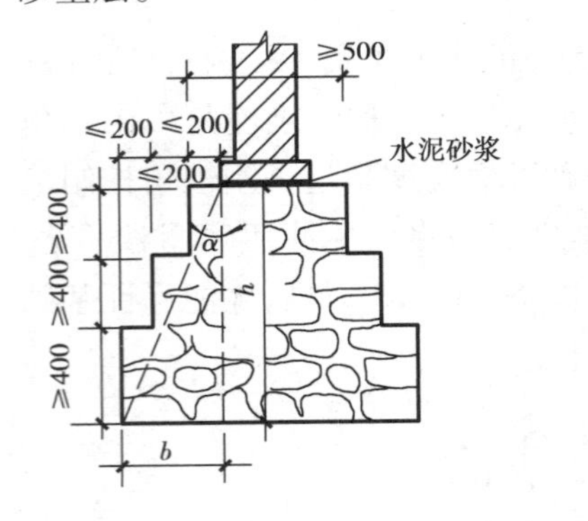

图9.14 毛石基础构造

(a)两皮砖与一皮砖间隔挑出1/4砖

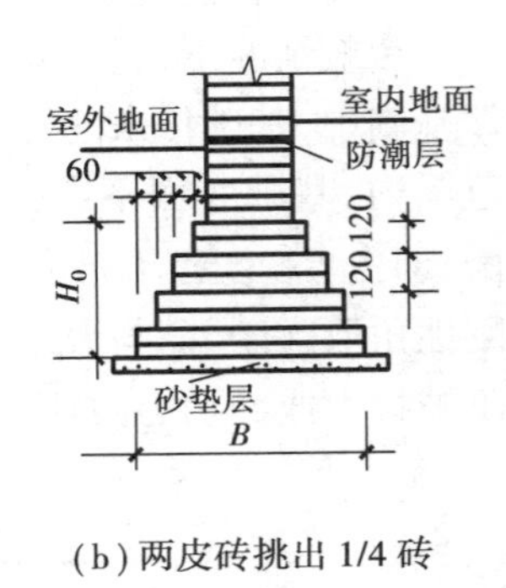

(b)两皮砖挑出1/4砖

图9.15 砖基础

3)灰土基础

地下水位较低的地区，在低层房屋的条形砖石基础下可做一层由石灰与黏土加水拌和夯实而成的灰土垫层，以提高基础的整体性。当灰土垫层的厚度超过100 mm时，按基础使用计算，又称为灰土基础。

灰土基础的石灰与黏土的体积比一般为3∶7或2∶8。灰土每层均需铺220 mm厚，夯实厚度为150 mm。灰土基础随时间推移，强度会大大增强，但其抗冻、耐水性很差，故灰土基础深度宜在地下水位以上，且顶面应在冰冻线以下(图9.16)。

4)三合土基础

如果将砖石条形基础下的灰土换成由石灰、砂、骨料(碎砖、碎石或矿渣)组成的三合土,则形成三合土基础。三合土的体积比一般为1:3:6或1:2:4,加适量水拌和夯实,每层厚度为150 mm,总厚度 $H_0 \geqslant 300$ mm,宽度 $B \geqslant 600$ mm(图9.17)。这种基础适用于四层及四层以下的建筑,且基础深度也应在地下水位以上。

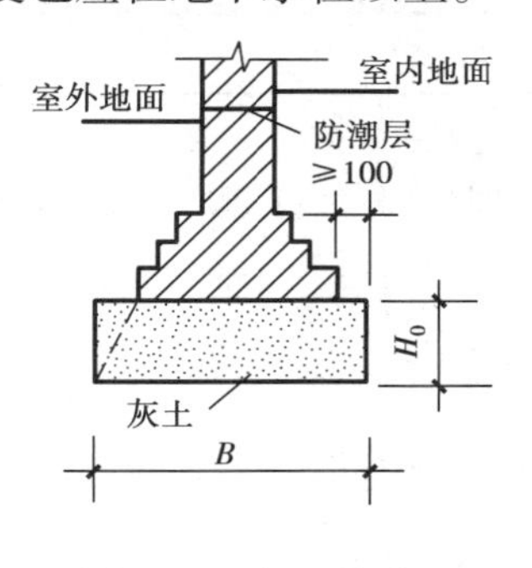

图9.16　灰土基础

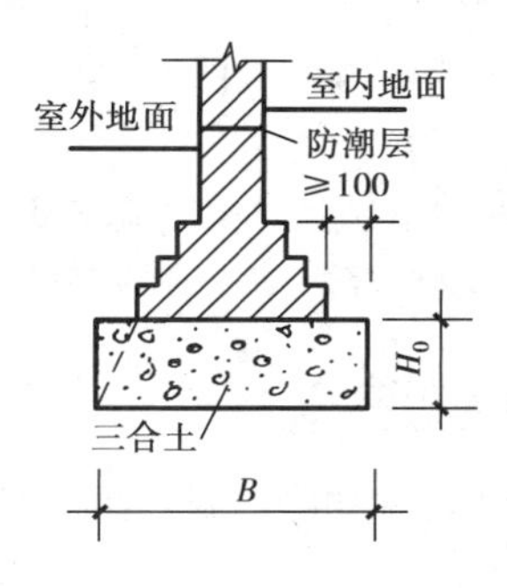

图9.17　三合土基础

5)混凝土基础

混凝土基础也称为素混凝土基础。它坚固、耐久、抗水和抗冻,可用于有地下水和冰冻作用的基础。其断面形式有阶梯形、梯形等(图9.18)。梯形截面的独立基础称为锥形基础。

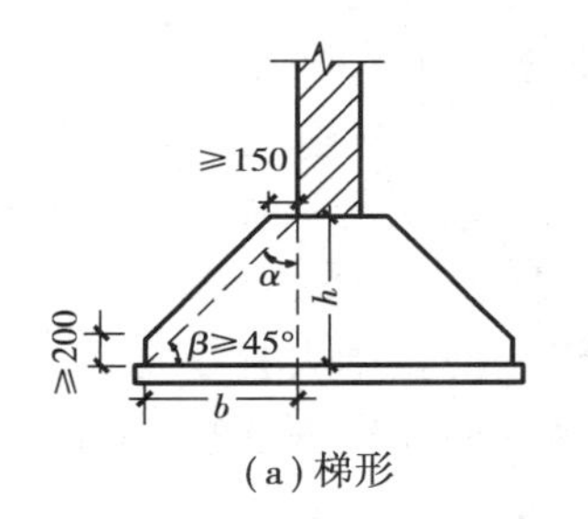

(a)梯形

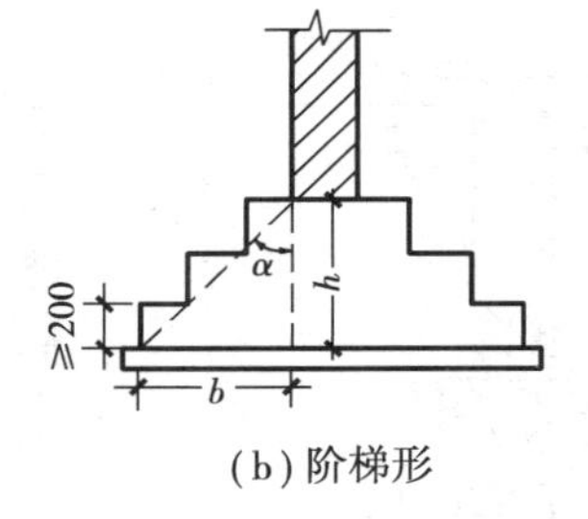

(b)阶梯形

图9.18　混凝土基础

混凝土基础的刚性角为45°。为了防止因石子堵塞,影响浇注密实性,减少基础底面的有效面积,在施工中是不宜出现锐角的。因此,对于梯形或锥形基础的断面,应保证两侧有不小于200 mm的垂直面。

(2)**柔性基础**

当建筑物的荷载较大和地基承载力较小时,必须加宽基础底面的宽度。而刚性基础受刚性角的限制,势必也要增加基础的高度。这样,既增加了挖土工作量,又对工期和造价也很不利。如果在混凝土基础的底部配以钢筋,利用钢筋来抵抗拉应力,可使基础底部能够承受较大弯矩,基础的宽度就可不受刚性角的限制,故称为柔性基础。

钢筋混凝土柔性基础因其不受刚性角的限制,基础可做得很宽,也可尽量浅埋(图9.19)。这种基础相当于一个倒置的悬臂板,所以它的根部厚度较大,配筋较多,两侧板厚较小(但不应小于200 mm),钢筋也较少。钢筋的用量通过计算而定,但直径不宜小于8 mm,间距不宜小于200 mm。混凝土强度等级也不宜低于C20。当用等级较低的混凝土做垫层时,为使基础底面受力均匀,垫层厚度一般为60~100 mm。为保护基础钢筋不受锈蚀,当有垫层时,保护层厚度不宜小于35 mm;不设垫层时,保护层厚度不宜小于70 mm(图9.20)。

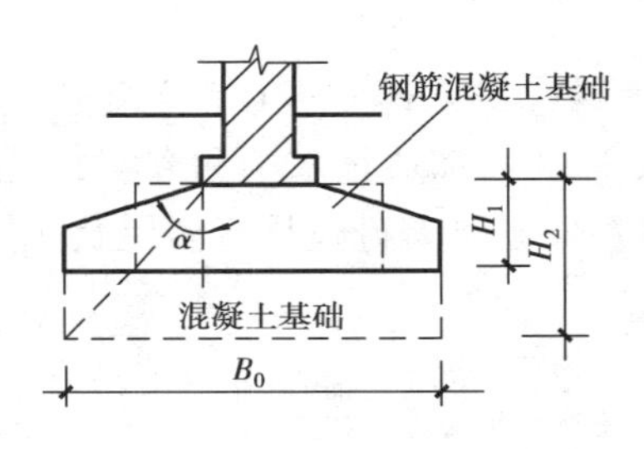

图 9.19　柔性基础与刚性基础比较
H_1—柔性基础埋深　H_2—刚性基础埋深

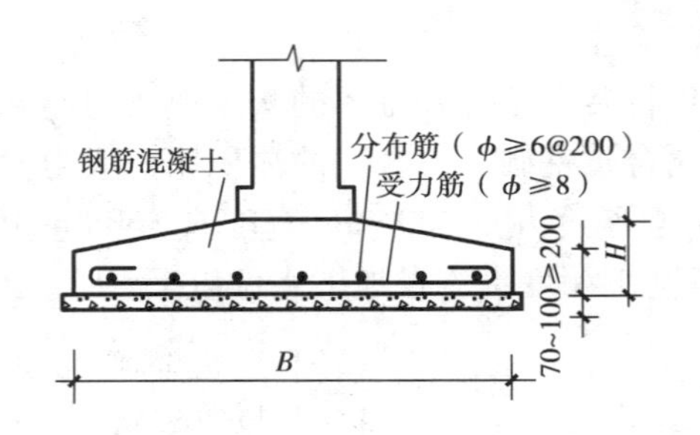

图 9.20　钢筋混凝土柔性基础

9.2.3　按埋置深度分类

按埋置深度分，基础可分为浅基础和深基础。埋置深度小于 4 m 的基础称为浅基础，大于 4 m 称为深基础。

9.3　基础埋深

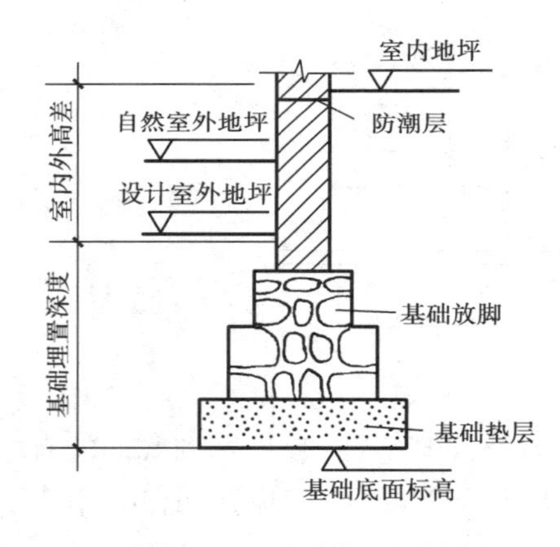

图 9.21　基础的埋置深度

从室外设计地面到基础底面的垂直距离称为基础的埋置深度(图 9.21)。从施工和造价方面考虑，一般民用建筑，基础应优先选用浅基础。但基础的埋深最少不能小于 500 mm，否则，地基受到建筑物荷载作用后，四周土层可能被挤松，使基础失去稳定性，或受各种侵蚀、雨水冲刷、机械破坏而导致基础暴露，影响建筑安全。

基础的埋置深度，主要取决于：地基土层的构造、地下水位深度、土的冻结深度和相邻建筑物的基础埋深等因素。

(1)地基土层构造对基础埋深的影响

根据建筑物必须建造在坚实可靠的地基土层上的原则，依地基土层分布不同，基础埋深一般有六种典型情况：

①地基土层为均匀好土时，基础应尽量浅埋，但不得浅于 500 mm。

②地基土层的上层为软土且厚度在 2 m 以内，下层为好土时，基础应埋在好土之上，此时既经济又可靠。

③地基土层的上层为软土且厚度在 2 ~ 5 m 时，对低层、荷载小的轻型建筑，在加强上部结构的整体性和加宽基础底面积后仍可埋在软土层内。而对高层、荷载较大的重型建筑，则应将基础埋在好土上，以保证安全。

④地基土层的上层软弱土厚度大于 5 m 时，可作地基加固处理，或将基础埋在好土上，需作技术经济比较后确定。

⑤地基土层的上层为好土且下层为软土时，应力争将基础埋在好土内，同时应当提高基础底面积，并验算下卧层的应力和应变。

⑥地基土层由好土和软土交替构成时,总荷载小的低层轻型建筑应尽可能将基础埋在好土内,总荷载大的建筑可采用人工地基,或将基础埋在下层好土上,两方案可经技术比较后确定。

(2)地下水位的影响

地基土含水量的大小对地基承载力有很大影响。如黏性土遇到水后,土颗粒间的孔隙水含量增加,土的承载力就会下降。另外,含有侵蚀性物质的地下水,对基础会产生腐蚀作用。因此,建筑物应尽量埋在地下水位以上,如果必须埋在地下水位以下时,应将基础底面埋置在最低地下水位200 mm以下,以免因水位变化,使基础遭受水浮力的影响。埋在地下水位以下的基础,应选择具有良好耐水性的材料,如石材、混凝土等。当地下水中含有腐蚀性物质时,基础应采取防腐措施。

(3)土的冻结深度的影响

冰冻线是地面以下的冻结土与非冻结土的分界线,从地面到冰冻线的距离即为土的冻结深度。土的冻结是指土中的水分受冷,冻结成冰,使土体冻胀的现象。地基土冻结后,会把基础抬起,而解冻后,基础又将下沉。在这个过程中,冻融是不均匀的,致使建筑物处于不均匀的升降状态中,势必会导致建筑物产生变形、开裂、倾斜等一系列的冻害。

冻结深度主要是由当地的气候条件决定的,气温越低,持续时间越长,冻结深度越大。冻胀的严重程度与地基土的含水量、地下水位高低及土颗粒大小有关。冻胀土中含水率越大,冻胀越严重;地下水位越高,冻胀越强烈;土壤颗粒大的(如碎石、卵石、粗砂、中砂等),土壤颗粒较粗,颗粒间孔隙较大,水的毛细作用不明显,冻胀就不明显,可以不考虑冻胀的影响。而粉砂、粉土的颗粒细、孔隙小、毛细作用显著,具有明显的冻胀性。一般地,基础应埋置在冰冻线以下约200 mm的位置。当冻土深度小于500 mm时,基础埋深不受影响。

(4)相邻建筑物基础埋深的影响

当新建房屋在原有建筑附近时,一般新建房屋的基础埋置深度应小于原有建筑基础埋置深度。当新建房屋基础埋深必须大于原有建筑的埋置深度时,应使两基础间留出一定的水平距离,一般为相邻基础底面高差的1.5~2倍,以保证原有房屋的安全,如不能满足此条件时,可通过对新建房屋的基础进行处理来解决,如在新基础上做挑梁,支承与原有建筑相邻的墙体。

(5)连接不同埋深基础的影响

当一幢建筑物设计上要求基础的局部必须埋深时,深、浅基础的相交处应采用台阶式逐渐落深。为使基础开挖时不致松动台阶土,台阶的踏步高度应小于等于500 mm,踏步的长度不应小于2倍的踏步高度。

(6)其他因素对基础埋深的影响

基础的埋深除与以上几种影响因素有关外,还须考虑新建建筑物是否有地下室、设备基础、地下管沟等因素。另外,当地面上有较多的硫酸、氢氧化钠、硫酸钠等腐蚀液体作用时,基础埋置深度不宜小于1.5 m,必要时,应对基础作防护处理。

9.4　基础在结构图中的表达

基础在结构设计图中的表达是通过基础施工图来实现的。基础图由基础平面图和基础详图组成。它是用来表示建筑物室内地面以下基础部分承重结构的施工图。它是施工放线、开挖基坑、砌筑或浇筑基础、计算工程量的依据。

(1)**基础平面图**

基础平面图是假想用一水平面沿房屋室内地面以下剖切后,移去上部结构和基坑回填土后所形成的水平剖面图。它表明了基础平面的整体布置。

在基础平面图中,只要求画出基础墙、柱的轮廓线(属于剖切到的面,用粗实线表示)和基础底面的轮廓线(属于未剖切到但可见的,用中实或细实线表示)。其他细部如大放脚均可省略不画。

基础平面图的主要内容有:

1)图名和比例

基础平面图的比例应与建筑平面图相同。常用比例有1:100或1:200。如图9.22所示,从图中可知,该图为基础平面图,比例为1:100。

2)纵横定位轴线及其编号、轴线之间的尺寸及总尺寸

基础平面图的定位轴线及其编号、轴线之间的尺寸应与建筑平面图一致。如图9.22所示,基础分布在①~⑥和Ⓐ~Ⓕ轴线上,且①~⑤轴线间距离均为4 200 mm,⑤~⑥轴线间距为2 700 mm,Ⓐ~Ⓔ轴线间距也可从图中读出。

3)基础的平面布置

基础图中要反映出基础的形状、大小及其与轴线的尺寸关系。如图9.22所示,表示该基础为一条形基础。以①轴线为例,图中注出墙厚为360 mm,左右墙边到轴线的定位尺寸分别为240 mm、120 mm,基底宽度为1 200 mm。

4)基础断面图剖切位置的标注和编号

编号的方式有多种,可用构件代号加数字(如J1-J1、J2-J2),也可只用数字,如图9.22中1-1、2-2等;对于独立基础,则只用代号编号(如J1、J2)。构造相同的常用同一编号,如图9.22中,②~④轴线的基础完全相同,故其断面都是1-1。

5)基础平面中的其他表示

当基础底面标高有变化或地下有管道通过时,平面图上应标出其位置轮廓,并在基础平面图上对应部位的附近画出一段基础局部垂直剖面图。

(2)**基础详图**

基础详图是假想用一个铅垂平面剖切基础的指定位置,用较大的比例画出的基础断面图。以此表达基础的细部尺寸、截面形状、材料做法、基底标高等。不同类型的基础,其详图的表示方法也各不相同。对于条形基础,基础详图就是基础垂直剖面图(图9.23)。对于独立基础,应画出基础的平面图和剖面图或局部剖切图(图9.24)。

一般不同构造的基础应分别画出其详图。当基础构造相同,仅部分尺寸不同时,也可用一个详图表示,但需标出不同部分的尺寸说明。详图中,剖到的边线一般用粗实线来表示。截面内,应画出材料的图例。对于钢筋混凝土基础只表示配筋情况,而不画钢筋混凝土的图例。

基础详图的主要内容有:

1)图名和比例

常用比例为1:20或1:15。如图9.23所示,为基础的2-2断面详图,比例为1:20。

2)基础的截面形状和详细尺寸

从图9.23中可看出,基础为条形基础的断面,基础垫层高450 mm,宽1 200 mm,垫层上是

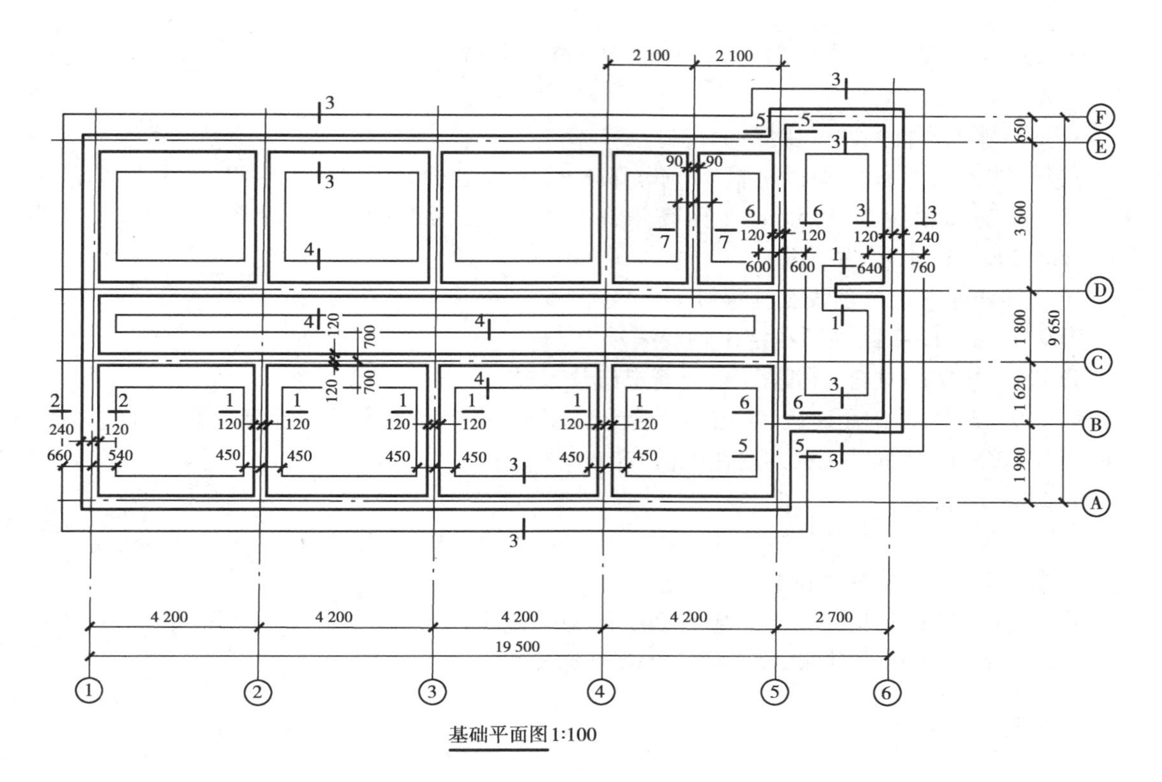

图9.22　基础平面图

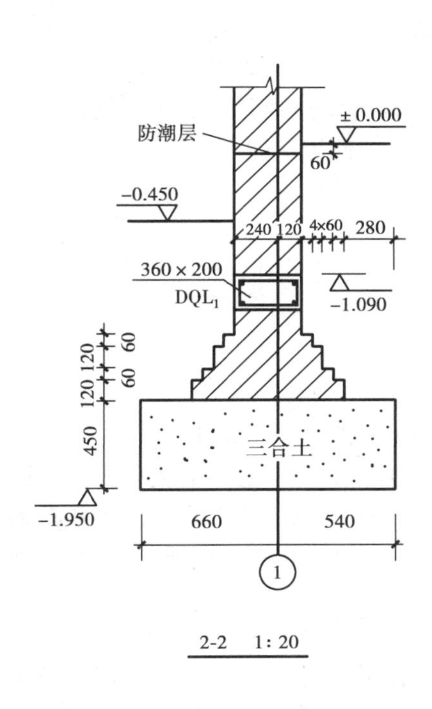

图9.23　基础断面详图

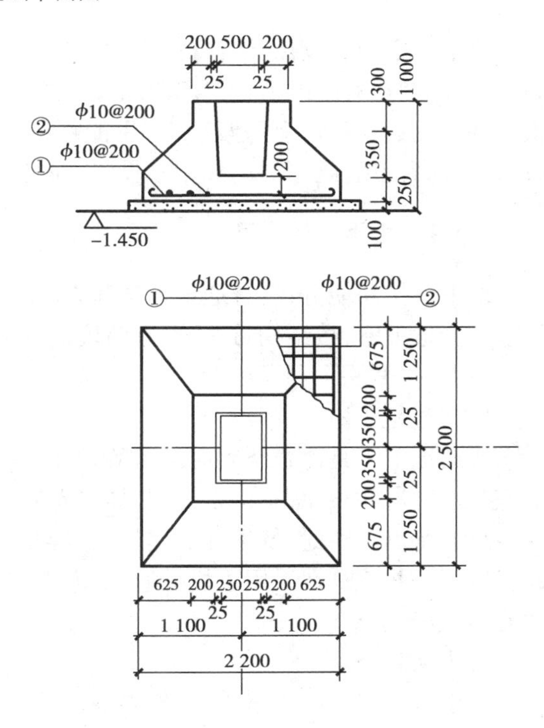

图9.24　独立基础详图

四步不等高大放脚,每层高分别为120 mm、60 mm,每层缩进量为60 mm,墙厚为360 mm,轴线偏心布置。

3)室内外地面标高及基础底面标高

图9.23注明了室内地面标高为±0.000 m,室外地面标高为-0.450 m,基底标高为-1.950 m,基础埋深为1.5 m,在标高为-1.09 m处,设置有钢筋混凝土圈梁,尺寸为360 mm×200 mm,代号为DQL_1。

4)基础详图的定位轴线及其编号

图9.23中的2-2断面所在定位轴线编号为①。

5)基础、垫层的材料、强度等级、配筋规格及布置

如图9.23中,基础用砖砌,垫层为三合土。图9.24的基础为钢筋混凝土杯形独立基础,图中用“ϕ10@200双向”表示钢筋在纵横方向布置。

6)防潮层位置

如图9.23所示,防潮层设置在标高为-0.060 m处。基础详图应尽可能与基础平面图画在同一张图纸上,以便对照施工。

除以上内容以外,基础图中还应有必要的文字说明,主要内容是:注明材料的标号、地耐力、±0.000 m相当的绝对标高及刨槽、验槽的要求等。

9.5 地下室

地下室是建筑物设在首层以下的房间,在城市用地日趋紧张的情况下,建筑向上下两个空间发展,能够在有限的占地空间内增加建筑的使用空间,以提高建筑用地的利用率。对于具有很深基础的建筑(如高层建筑),如果能够利用基础这个空间作为设备、储藏、车库、商场、餐厅或防空等来使用,既不需增加太多投资,同时,又能争取到大量的使用空间。

9.5.1 地下室的类型

地下室按功能分,有普通地下室和人防地下室;按顶板标高与室外地面的位置分,有半地下室和全地下室;按结构材料分,有砖墙地下室和混凝土墙地下室。

(1)按功能分

1)普通地下室

普通地下室是建筑空间向地下的延伸。一般为单层,有时根据需要也可达数层。由于地下室与地上房间相比,有许多弊端,如采光通风不利,容易受潮等,但同时也具有受外界气候影响较小的特点。因此,低标准的建筑多将普通地下室作为储藏间、车库、仓库、设备间等建筑辅助用房。一些建筑在采用了机械通风、人工照明和防潮、防水措施后,可用做商场、餐厅等多种功能的用房。

2)人防地下室

由于地下室有厚土覆盖,受外界噪声、振动、辐射等影响较小,因此地下室可按照国家对人防地下室的建设规定和设计规范建造成人防地下室,作为备战之用。人防地下室应按照防空管理部门的要求,在平面布局、结构、构造、建筑设备等方面采取特殊构造方案。如顶板应具有

抗冲击的能力，应有安全疏散通道，以及设置滤通设施和密闭门等。同时，还要考虑和平时期对人防地下室的利用，尽量使人防地下室做到平战结合。

（2）按地下室顶板标高分

1）半地下室

半地下室是指地下室的地面低于室外地坪的高度为该地下室净高的1/3～1/2。半地下室相当于一部分在地面以上，易于解决采光和通风的问题，可作为办公室、客房等普通地下室使用。

2）全地下室

全地下室是指地下室的地面低于室外地坪的高度大于该地下室净高的1/2。全地下室由于埋入地下较深，通风和采光较困难，一般多作为储藏仓库、设备间等建筑辅助用房。也可利用其受外界噪音、振动干扰小的特点，作为手术室和精密仪表车间；利用其受气温变化较小，冬暖夏凉的特点，作为蔬菜水果仓库；利用其墙体有厚土覆盖受水平冲击和辐射作用小的特点，作为人防地下室。

9.5.2　地下室的防潮与防水构造

由于地下室处于地面以下的土层中，长期受地下水的影响，若没有可靠的防潮与防水措施，地下室的外墙、底板将受到地潮或地下水的侵蚀，使墙面变霉、灰皮脱落等，造成不良卫生状况，失去使用条件。如果水中含有酸碱等化学成分，还会使房屋结构严重损坏，直接影响建筑物的坚固性和耐久性。因此，构造设计时，必须认真了解现场地下水的情况，对地下室采取相应的防潮与防水措施。

地下水是对地面以下各种水的统称，其主要来源是雨雪等降水和其他地面渗入土壤中的水。地下水对土壤的渗透作用一般用渗透系数来表示，即每昼夜水渗透的速度。渗透系数小、水渗透较慢的土层称为隔水层。如黏性土，其渗透系数为0.001 m/昼夜。地表下第一个隔水层以上的含水层中的水称为潜水。处在地表下、上下两个隔水层之间的地下水称为层间水。由于在潜水面以上有局部的隔水层或由于局部的下层土壤透水性不如其上层土壤的，而在一定时间内，能拦阻水流向下渗透，所形成的地下水区，称为上层滞水。毛细水存在于近地表面的土壤中，由于土壤颗粒间的孔隙，可形成毛细管现象。土壤颗粒越细，毛细水上升高度越大。

（1）地下室的防潮

当地下水的常年设计水位和最高地下水位均低于地下室地坪标高，且地基及回填土范围内无上层滞水时，地下室的墙体和底板只受地潮的影响，即只受下渗的地面水和上升的毛细管水等无压水的影响，这时只需做防潮处理。

对于墙体，当墙体为混凝土或钢筋混凝土结构时，由于其本身的憎水性，使其具有较强的防潮作用，可不必再做防潮层。当采用砖砌或石砌墙体时，墙体必须用强度不低于M5的水泥砂浆砌筑，且灰缝饱满，外墙外侧应设垂直防潮层。其作法是在墙外表面先抹20 mm厚水泥砂浆找平层，再涂一道冷底子油和两道热沥青，也可用乳化沥青或合成树脂防水涂料，其高度应超出室外散水300 mm以上；然后在外侧回填低渗透性土壤（如黏土、灰土等），并逐层夯实。土层宽度为500 mm左右，以防地表水下渗，产生局部滞水，引起渗漏。另外，在外墙与地下室地坪以及与首层地板层交界处，还应分别设两道水平墙身防潮层，以防止土层中的潮气因毛细管作用沿基础和地下室墙身入侵地下室或上部结构（图9.25（a））。

对于地下室地坪层，一般做法是在灰土或三合土垫层上浇注密实的混凝土，当最高地下水位距地下室地坪较近时,应加强地坪的防潮效果,一般是在地坪面层与垫层间加设防水砂浆或油毡防潮层。

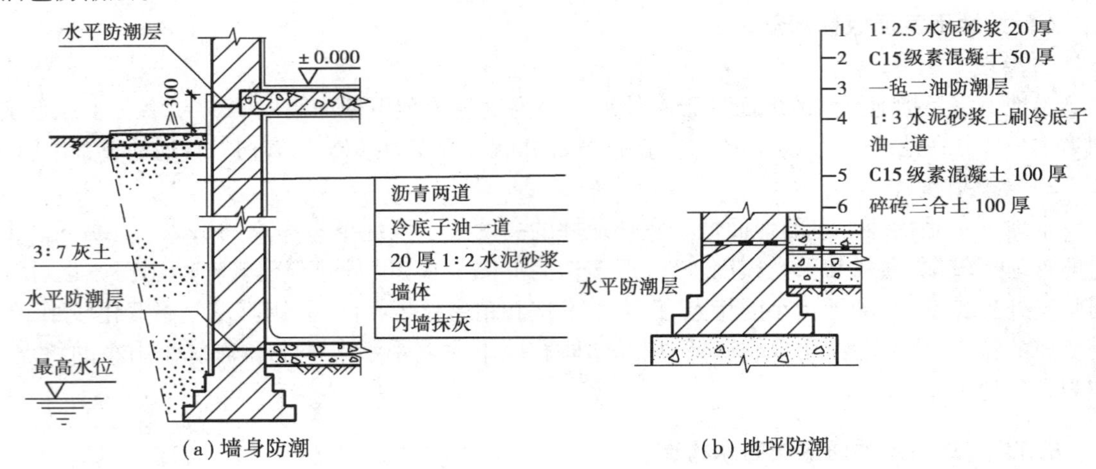

图9.25　地下室防潮构造

当地下室使用要求较高时,可在围护结构内侧加涂防潮涂料,以增强防潮效果(图9.25(b))。

(2)**地下室防水**

当设计最高地下水位高于地下室地坪标高时,地下室外墙和地坪都浸泡在水中。地下室外墙受到地下水侧压力的作用,地坪受到地下水的浮力影响。这时,必须考虑对地下室外墙及地坪做防水处理。

防水的具体方案和构造措施,各地有很多不同的做法,其基本原理归纳起来,不外是堵、导和堵导结合三种办法,即隔水法、降排水法以及综合防水法三种。隔水法是利用各种材料的不透水性来隔绝地下室外围水及毛细管水的渗透,是目前采用较多的防水做法。降排水法是用人工降低地下水位或排出地下水,直接消除地下水对地下室的作用的防水方法。综合防水法是指采用多种防水措施来提高防水可靠性的一种办法,一般地,当地下水量较大或地下室防水要求较高时才采用。

降、排水法又分外排法和内排法。外排法是在建筑物四周地下设置永久性降排水设施,以降低地下水位。如盲沟排水,就是将带孔洞的陶管水平埋设在建筑四周地下室地坪标高以下,用以截流地下水。陶管周围填充可滤水的卵石或粗砂、砾石等材料,作为滤水层,以过滤泥土,防止堵塞陶管的孔洞。地下水渗入地下陶管内后,再排至城市排水总管,从而达到使建筑物局部地区地下水位降低的目的(图9.26)。

内排水法是在地下室底板上设排水间层,使外部地下水通过地下室外壁上的预埋管,流入室内排水间层,再排至集水沟内,然后用水泵将水排出(图9.27)。

降排水法是一种积极的防水措施,具有施工简单,投资较少,效果良好的优点。但由于需要设置排水和抽水设备,且需经常检修维护,以保证设备正常运转。因此,一般常年防水工程中很少采用,人防和其他有特殊要求的地下室更不宜采用。它只适用于雨季丰水期地下水位高于地下室地坪小于500 mm时,或作为综合方案的后备措施,以及在旧防水工程中发生渗漏而又无法采用其他补救方法时才能采用。

隔水法是地下室防水采用最多的一种方法,又分材料防水和构件自防水两种。

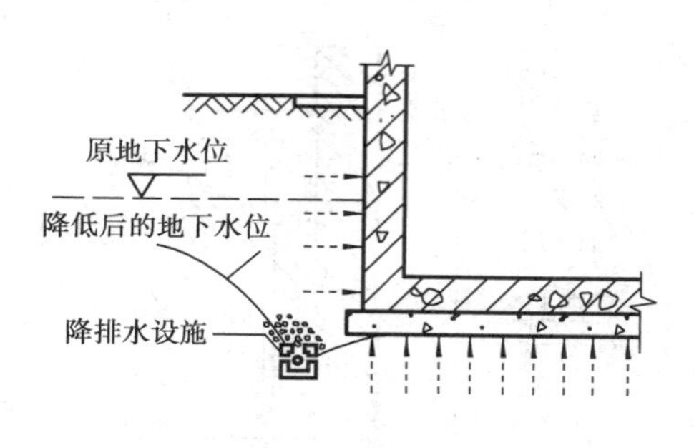

图9.26　地下室盲沟外排水

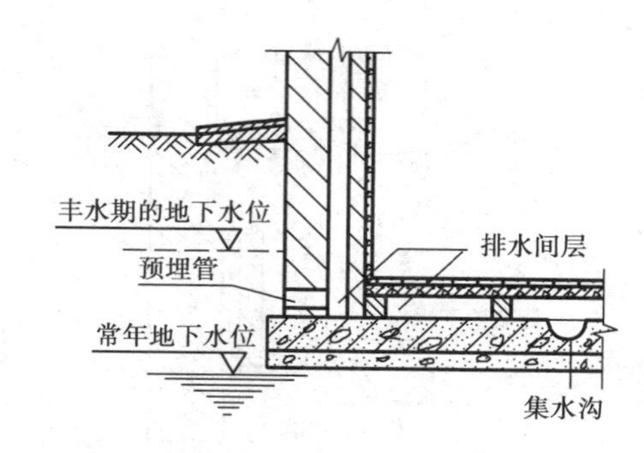

图9.27　地下室积水沟内排水

1)材料防水

材料防水是在地下室外墙与底板表面敷设防水材料,借材料的高效防水特性阻止水的渗入。常用的材料有卷材、涂料和防水砂浆等。

①卷材防水

卷材防水能够适应结构的微量变形和抵抗地下水中侵蚀性介质的作用,是一种比较可靠的传统防水做法。常用的卷材一般有:沥青卷材(如石油沥青卷材、焦油沥青卷材)和高分子卷材(如三元乙丙-丁基橡胶防水卷材、氯化聚乙烯-橡塑共混防水卷材)等。高分子卷材重量轻,应用范围广,抗拉强度高,延伸率大,对基层的变形适应性强,且是冷作业,施工操作简单,不污染环境。但目前价格偏高,且不宜用于地下含矿物油或有机溶液的地方,一般为单层做法。沥青卷材具有一定的抗拉强度和延伸性,价格较低,但属热操作,施工不便,且污染环境,易老化。一般为多层做法。其层数应按设计最高地下水位到地下室地面的垂直高度而定。

按防水卷材铺贴的位置不同,卷材防水可分为外包法和内包法。

外包法是将防水层做在迎水一面,即地下室外墙的外表面。这种方法有利于保护墙体,但施工和维修不便。施工时,首先,做地下室底板的防水:在地下室地基上先浇100 mm厚C10混凝土垫层,在垫层上粘贴卷材防水层,在防水层上抹一层20~30 mm厚的1∶3水泥砂浆保护层,以便上面浇注钢筋混凝土底板。然后,做垂直外墙身的防水层:先在外墙外面抹20 mm厚1∶2.5水泥砂浆找平层,并涂刷一道冷底子油,再按一层油毡一层沥青胶顺序粘贴防水层;油毡防水层须从底板包上来,沿墙身由下而上连续密封粘贴,并铺设至地下设计水位以上500~1 000 mm处收头。最后,在防水层外侧砌厚为120 mm的保护墙,以保护防水层均匀受压,在保护墙与防水层之间缝隙中灌以水泥砂浆。保护墙下应干铺油毡一层,并沿其长度方向每隔5~8 m设一通高竖向断缝,以保证紧压防水层(图9.28(a))。

内包法是将防水层做在背水一面,即做在地下室外墙及地坪的内表面。这种做法施工方便,但墙体浸在水中,对建筑物不能起保护作用,日久会影响建筑物的耐久性,因此,一般用于修缮工程中(图9.28(b))。

②涂料防水

涂料防水是指在施工现场将无定型液态冷涂料在常温下涂敷于地下室结构表面的一种防水做法。防水涂料包括有机防水涂料和无机防水涂料。在结构主体的迎水面,宜采用耐腐蚀性好的有机涂料,如反应型、水乳型、聚合物水泥涂料,并应做刚性保护层。在结构主体的背水面,可选用无机防水涂料,如水泥基防水涂料、水泥基渗透结晶型涂料等。在潮湿基层,宜选用与潮湿基面黏结力大的无机涂料或有机涂料,或采用先涂水泥基类无机涂料而后涂有机涂料

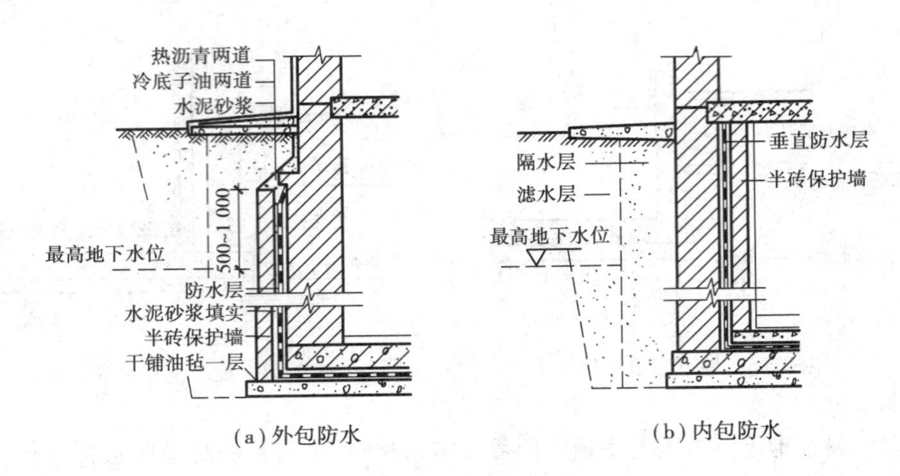

图9.28 地下室防水处理

的复合涂层。敷设涂料的方法有刷涂、刮涂、滚涂等。涂料的防水质量和耐老化性能均较油毡防水层好,故目前地下室防水工程应用广泛。

③水泥砂浆防水

水泥砂浆防水层可用于结构主体的迎水面或背水面。水泥砂浆防水层的材料有:普通水泥砂浆、聚合物水泥防水砂浆、掺外加剂或掺和料防水砂浆等。施工方法有多层涂抹或喷射等方法。采用水泥砂浆防水层,施工简便、经济,便于检修。但防水砂浆的抗渗性能较小,对结构变形敏感度大,结构基层略有变形即开裂,从而失去防水功能。因此,水泥砂浆防水层一般与其他防水层配合使用。

2)构件自防水

构件自防水是用防水混凝土作为地下室外墙和底板,即通过采用调整混凝土的配合比或在混凝土中加入一定量的外加剂等手段,改善混凝土自身的密实性,从而达到防水的目的。调整混凝土配合比主要是采用不同粒径的骨料进行配料,同时提高混凝土中水泥砂浆的含量,使砂浆充满于骨料之间,从而堵塞因骨料间直接接触而出现的渗水通道,达到防水目的。

掺外加剂是在混凝土中掺入加气剂或密实剂,以提高其抗渗透性能。目前,常采用的外加剂的主要成分有氯化铝、氯化钙及氯化铁,它们系淡黄色液体。掺入混凝土中能与水泥水化过程中的氢氧化钙反应,生成氢氧化铝、氢氧化铁等不溶于水的胶体,并与水泥中的硅酸二钙、铝酸三钙化合成复盐晶体。这些胶体与晶体填充于混凝土的孔隙中,从而提高其密实性,使混凝土具有良好的防水性能。

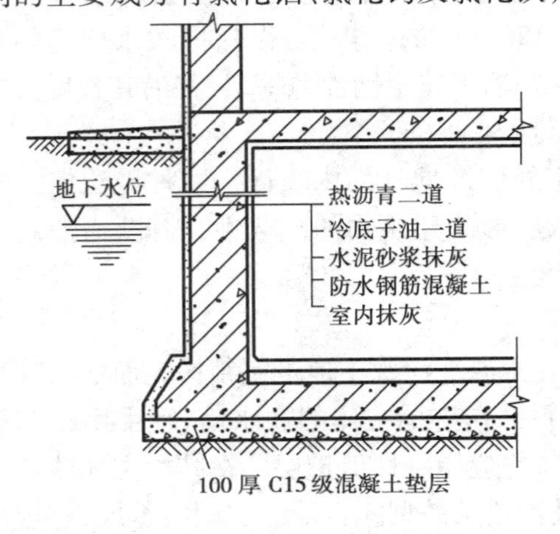

图9.29 防水混凝土防水处理

防水混凝土墙和地板不能过薄,一般应大于或等于250 mm,迎水面钢筋保护层厚度不应小于50 mm,并应涂刷冷底子油和热沥青。防水混凝土结构底板的混凝土垫层,强度等级不应小于C15,厚度不应小于100 mm,在软弱土中不应小于150 mm(图9.29)。

小　结

1. 基础是建筑物最下端与土层直接接触的承重构件，支承基础的土壤层称为地基。基础是建筑物的组成部分，而地基不属于建筑物的组成部分。地基可分为天然地基和人工地基。

2. 基础按构造类型可分为：条形基础、独立基础、筏片基础、箱形基础；按基础所采用材料和受力特点可分为：刚性基础和非刚性基础；按基础的埋置深度可分为：浅埋基础和深埋基础。

3. 室外设计地面至基础底面的垂直距离称为基础的埋置深度。影响基础埋深的因素有：地基土层构造、地下水位、土的冻结深度、相邻建筑基础埋深、连接不同埋深基础等。

4. 基础在结构设计图中的表达是通过基础施工图来实现的。基础图有基础平面图和基础详图组成，还应有一定的文字说明。

5. 地下室是建筑物设在首层以下的房间。由于地下室的外墙、底板受到地下潮气和地下水的侵蚀，因此，必须重视地下室的防潮与防水处理。

6. 当地下水的常年设计水位和最高地下水位均低于地下室地坪标高，且地基及回填土范围内无上层滞水时，地下室的墙体和底板只需做防潮处理。

7. 当设计最高地下水位高于地下室地坪标高时，地下室的外墙和地坪都浸泡在水中，这时必须考虑对地下室的外墙、地坪采取垂直和水平防水处理。

8. 地下室防水方案的基本原理归纳起来有三种：隔水法、降排水法及综合防水法。其中，隔水法是目前采用较多的防水做法，又分材料防水和构件自防水两种。材料防水是在地下室外墙与底板表面敷设防水材料，借材料的高效防水特性阻止水的渗入。常用材料有卷材、涂料和防水砂浆等。按防水卷材铺设位置的不同，卷材防水可分为外包法和内包法。构件自防水是用防水混凝土作为地下室外墙和底板，以达到防水目的。防水混凝土多采用骨料级配混凝土和外加剂混凝土两种。

复习思考题

9.1　什么是地基？什么是基础？二者有何区别？

9.2　什么是天然地基？什么是人工地基？

9.3　基础埋深的定义是什么？影响基础埋深的因素有哪些？

9.4　简述基础类型及其适用范围。

9.5　基础中的刚性角是如何影响刚性基础的？

9.6　基础平面图和基础详图中的内容有哪些？

9.7　简述地下室的分类。

9.8　地下室何时应做防潮处理？其基本构造做法如何？

9.9　地下室何时应做防水处理？其基本构造做法如何？

9.10　已知一240 mm墙下毛石混凝土条形基础，基底宽1 200 mm，埋深1 800 mm，沙石垫层厚100 mm，室内外高差为450 mm，试设计基础构造，并绘制其断面图。

第10章 墙 体

本章要点及学习目标

本章重点介绍砖墙的设计原理,防潮、保温隔热的构造方法,以及墙体加固的构造措施;其次介绍隔墙、砌块墙与幕墙的类型和构造特点。要求在了解墙体的各种类型及构造原理的基础上,掌握墙体的设计方法和合理的构造措施。

10.1 概 述

10.1.1 墙体的类型

在建筑中墙体按其所在位置、受力情况、材料及施工方法的不同有如下几种分类方式。

(1)墙体按所在位置分类

按墙体在平面上所处位置不同可分为外墙和内墙。外墙位于建筑物的四周,主要起分隔室内外空间,阻挡风、雨、雪的侵袭,以及保温和隔热等作用。内墙位于建筑物内部,它主要起分隔室内空间,保证各空间的正常使用的作用。

(2)墙体按布置方向分类

墙体按其布置方向可分为纵墙和横墙。位于建筑物长轴方向的墙体称为纵墙,纵墙有外纵墙和内纵墙;位于短轴方向的墙体称为横墙,横墙有外横墙和内横墙,外横墙也称为山墙。

另外,窗与窗之间和窗与门之间的墙称为窗间墙,窗台下面的墙称为窗下墙,屋顶上四周的墙体为女儿墙。墙体各部分名称如图10.1所示。

(3)按结构受力情况分类

按结构受力情况分为两种:承重墙和非承重墙。承重墙直接承受其上部结构传下来的荷载;非承重墙又分为两种:一种是自承重墙,它不承受外来荷载,仅承受自身重量,并将其传至它下部结构梁或板;另一种是隔墙,它只起分隔空间的作用,自身重量由其下面的梁或板来承受。

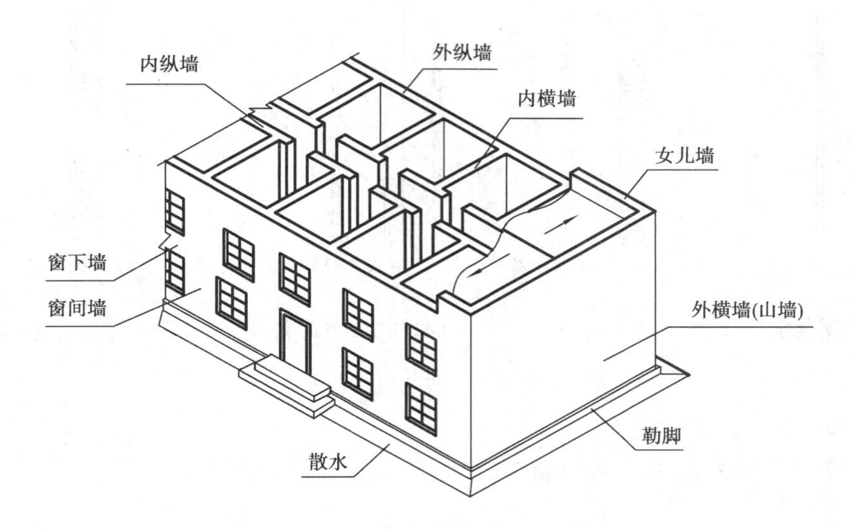

图10.1 墙体的位置和名称

(4)按墙体材料分类

墙体按所用材料可分为:砖墙、石墙、土墙、混凝土墙,以及用工业废料制成的各种砌块墙等。

(5)按构造方式分类

按构造方式不同墙体有实体墙、空体墙和复合墙三种。实体墙和空体墙都是由单一的材料制成的,如普通黏土砖及其他实体砌块砌筑而成的墙体。空体墙是由普通黏土砖砌筑的空斗墙,或由空心砖砌筑的具有空腔的墙体;组合墙是由两种或两种以上的材料组合而成的墙体。

(6)按施工方法分类

施工方法不同墙体可分为板筑墙、板材墙和块材墙三种。板筑墙是在施工时,直接在墙的部位上竖立模板,在模板内浇注材料捣制而成。块材墙是用砌块和胶结料砌筑而成的。板材墙是由预先制成的墙板在现场拼装而成的墙体。

10.1.2 墙体的设计要求

墙体在设计中,应根据墙体的性质和位置分别满足以下设计要求:

(1)强度和稳定性要求

强度是指墙体承受荷载的能力。它与墙体所用材料的强度等级、墙体的尺寸、构造和施工方式有关。稳定性与墙体的高度、长度和厚度以及纵横向墙体间的距离有关,同时也与受力支承情况有关。

(2)保温和隔热要求

作为维护结构的外墙,在寒冷地区,必须具有保温的能力,以减少室内热量的损失,且避免内墙面和保温材料内部出现冷凝水,其保温构造如图10.2所示;在南方的炎热地区,为防止夏季室内温度过热,除考虑建筑的朝向、通风外,还需要有一定的隔热性能,以保证室内具有良好的气温条件。

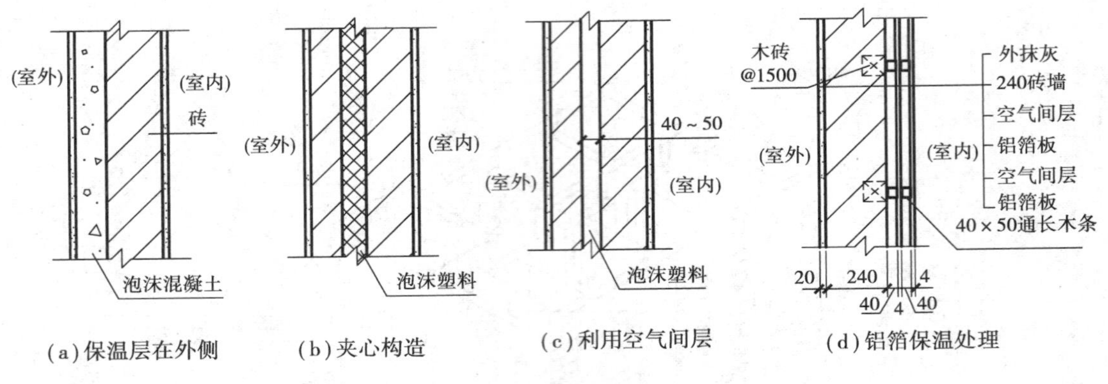

(a)保温层在外侧　(b)夹心构造　(c)利用空气间层　(d)铝箔保温处理

图 10.2　保温维护构造

(3)隔声要求

作为围护及分隔室内外空间的墙体，必须具有足够的隔声能力，以符合有关隔声标准的要求。

(4)防火要求

墙体材料及厚度应符合防火规范相应的耐火极限和燃烧性能的规定，墙体应采用非燃烧体或难燃烧体材料制作。建筑物的建筑标准不一样，要求建筑物墙体的耐火等级也不相同。

(5)适合工业化生产的要求

逐步改革以黏土砖为主的墙体材料，是建筑工业化的一项重要内容，现在已有大板建筑、大模板建筑等。

(6)其他要求

墙体还应该考虑满足防潮、防水、防射线、防腐蚀及经济等各方面的要求。

10.2　砖墙构造

10.2.1　砖墙材料

砖墙是用砖和砂浆按一定的方式砌筑而成的砖砌体。

(1)砖

1)砖的种类

砖的种类很多，按组成材料分有黏土砖、灰砂砖、页岩砖、煤矸石砖、水泥砖及各种工业废料制成的砖，如炉渣砖、粉煤灰砖、灰砂砖等。近几年来，我国许多地区墙承重结构多采用多孔黏土砖，而实心黏土砖仅用于地下室及非采暖建筑，为节约耕地及能源，应尽可能少用或不用实心黏土砖。

2)砖的强度等级

砖的强度等级是以抗压强度来标定的，即每平方毫米能承受多大牛顿的压力，单位为牛/平方毫米(N/mm^2)。烧结普通砖的强度等级分为 MU10、MU15、MU20、MU25、MU30 五个等级。

(2)砂浆的种类和强度等级

砂浆是砖砌块的黏结材料。砌筑墙体常用的砂浆有水泥砂浆、混合砂浆和石灰砂浆。水泥砂浆由水泥、砂加水拌和而成,属水硬性材料,强度高,但可塑性和保水性较差,多用于砌筑潮湿环境下的砌体,如地下室、砖基础等。石灰砂浆由石灰膏、砂加水拌和而成,属于气硬性材料。它的可塑性很好,强度较低,适宜砌筑次要的民用建筑的地上砌体。混合砂浆由水泥、石灰膏、砂加水拌和而成,有较高的强度,良好的可塑性和保水性,故广泛应用于民用建筑地面以上的砌体。

烧结普通砖采用的普通砂浆强度等级有 M15、M10、M7.5、M5、M2.5 五个级别。

10.2.2 砖墙的砌筑方式

砖墙在砌筑时,应将砖浇水湿润,砂浆要饱满,并要遵守上下错缝和内外搭接的原则。普通黏土砖按其砌筑方式不同,可组合成多种墙体。

(1)实砌砖墙

1)砖墙的构造

实砌砖墙多采用在多层砖混结构中。为了保证墙体的强度,砖砌体的砖缝必须横平竖直,错缝搭接,砂浆饱满,厚薄均匀。将砖的长边垂直于砌体长边砌筑时,称为顶砖;将砖的长边平行于砌体长边砌筑时,称为顺砖,每排列一层砖称为一皮。常见的砖墙砌筑方法有以下几种:一顺一顶式、梅花丁式(即十字式)、三顺一丁式及全顺式等(图10.3)。

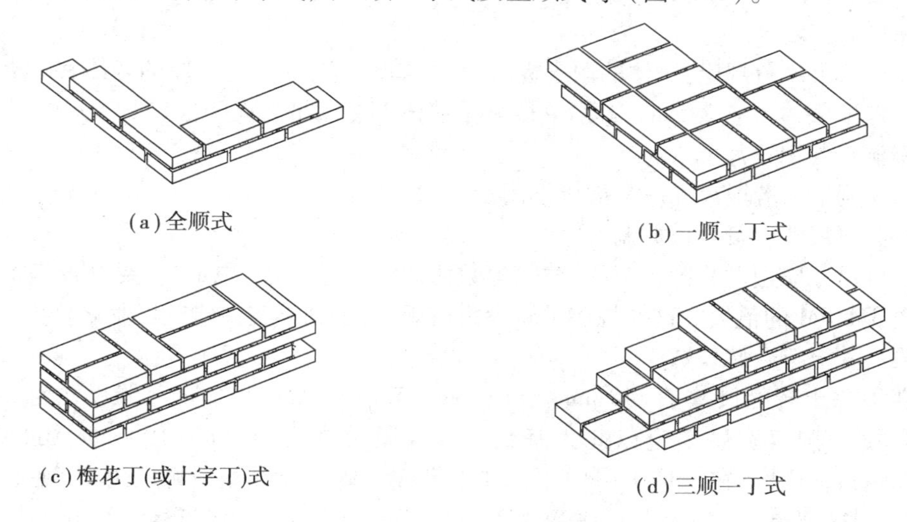

(a)全顺式

(b)一顺一丁式

(c)梅花丁(或十字丁)式

(d)三顺一丁式

图10.3 砖墙砌筑方式

2)砖墙厚度

确定砖墙的厚度要考虑以下各种因素:

①应满足砖的规格

普通黏土砖墙的厚度是按半砖的倍数确定的。如半砖墙、一砖墙、一砖半墙、两砖墙等,相应的实际尺寸为 115 mm、240 mm、365 mm、490 mm 等(图10.4)。

②应满足砖墙的承载能力

一般说来墙体越厚,承载能力愈大,稳定性也愈好,有效限制距离愈大,稳定性愈差。有效

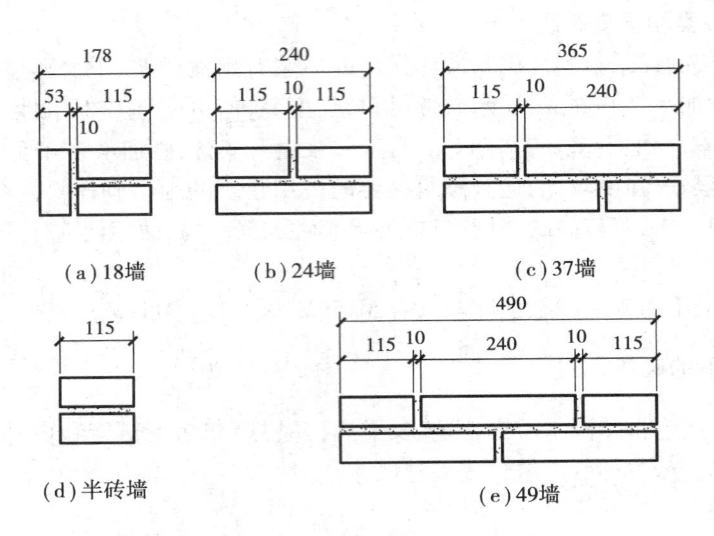

图 10.4　砖墙的厚度组成

限制是指墙体四周可以用来起支撑作用的结构,就横墙壁而言,纵墙和楼板结构可视其有效限制;反之,横墙和楼板可视为纵墙的有效限制。

③应满足保温与隔热要求。

④应满足必要的隔声要求。

⑤应满足防火要求。

建筑设计防火规范规定:墙体的耐火极限均不得低于1.5 h。一砖厚的墙体其耐火极限可达5 h,半砖厚的墙体也有2.5 h,因此,一般承重墙体都能满足防火要求。

3)砖墙洞口与墙段尺寸

确定门窗洞口与墙段尺寸应考虑以下因素:

①门窗洞口尺寸应符合模数制

门窗洞口尺寸应遵循我国现行的《建筑模数协调统一标准》的规定,即要符合基本模数 M 或扩大模数 3M、6M 的倍数。这样规定可减少门窗规格,有利于实现建筑工业化。

②墙段尺寸应符合砖模数

由于普通黏土砖的尺寸是 240 mm × 115 mm × 53 mm,半砖长加一灰缝尺寸为 125 mm,因此墙段长度和洞口宽度都应以此为基数。即墙段长度为$(125n-10)$mm,洞口宽度为$(125n+10)$mm。这样,在一栋房屋中采用两种模数,必然会在设计施工中出现不协调现象,而砍砖过多会影响砌体的强度,解决这一矛盾的一个办法是调节灰缝大小,由于施工规范容许竖缝宽度为 8 ~12 mm,使墙段有调节的余地。但是,墙段短时,灰缝数量少,调整范围也小。当墙段长度小于 1.5 m 时,设计时应使其符合砖模数;当墙段长度大于 1.5m 时,可符合基本模数。

③墙段尺寸还应满足结构需要的最小尺寸

为了避免应力集中在小墙段上而导致墙体破坏,对转角处的墙段和承重窗间墙尤其注意。在地震设防区,砖墙的局部尺寸应符合现行《建筑抗震设计规范》中的房屋的局部尺寸限值,具体尺寸见表 10.1。

表10.1 房屋的局部尺寸限值/m

部 位	地震烈度			
	6度	7度	8度	9度
承重窗间墙最小宽度	1.0	1.0	1.2	1.5
承重外墙尽端至门窗洞边的最小距离	1.0	1.0	1.2	1.5
内墙阳角至门窗洞边的最小距离	1.0	1.0	1.5	2.0
无锚固女儿墙(非出入口处)的最大高度	0.5	0.5	0.5	0.0
非承重墙外墙尽端至门窗洞边的最小距离	1.0	1.0	1.0	1.0

注:局部尺寸不足时,应采取局部加强措施弥补;且最小宽度不宜小于1/4层高和表列数据的80%;出入口处的女儿墙应有锚固。

④砖墙高度

按砖模数要求,砖墙的高度应为53 mm + 10 mm的整数倍,而住宅建筑中层高尺寸按1M递增,如2 700、2 800、2 900(mm)等,均无法与砖墙皮数相适应。为此,砌筑时应适当调整灰缝厚度。另外,多层砌体房屋的墙、柱高度不应超过砌体结构设计规范要求的最大高厚比,见表10.2。

表10.2 墙柱高厚比

砂浆强度等级	墙	柱
M2.5	22	15
M5.0	24	16
≥M7.5	26	17

(2)**空斗墙**

空斗墙是以普通黏土砖砌筑而成的空心墙体,在我国南方一些地区的民居中有的采用,墙厚一般为240 mm。砌筑方式有无眠空斗、一眠一斗、一眠二斗、一眠多斗等砌筑方法(图10.5)。这里“斗”是指墙体中由两皮侧砌砖与横向拉结砖所构成的空间;而“眠”则是指墙体中沿纵向平砌的一皮顶砖。无论哪种砌法,上下皮砖的竖缝均应错开,以保证墙体的整体性。

空斗墙自重轻,造价低,有一定的隔热保温和隔声能力。可用于三层以下民用建筑的承重墙或其他结构类型的非承重墙,但在以下情况不宜采用。

①土质软弱,可能引起建筑物不均匀沉降时;

②门窗洞口的面积占墙面面积50%以上时;

③建筑物有振动荷载时;

④建筑物处在有抗震设防要求的地区时。

由于空斗墙是一种中空非匀质砌体,坚固性不如实砌墙体,因此在重要部位应将空斗墙改为实砌墙,如在门、窗洞口的侧边以及墙体与承重砖柱连接处,在墙壁转角、勒脚及内外墙交接处,均应采用眠砖实砌,在楼板、梁、屋架等构件下的支座处,以及勒脚处墙体均应采用眠砖实砌三皮以上。

10.2.3 砖墙的细部构造

墙体的细部构造包括门窗过梁、窗台、勒脚、散水、明沟、壁柱、门垛、圈梁和防火墙以及墙体防潮等。

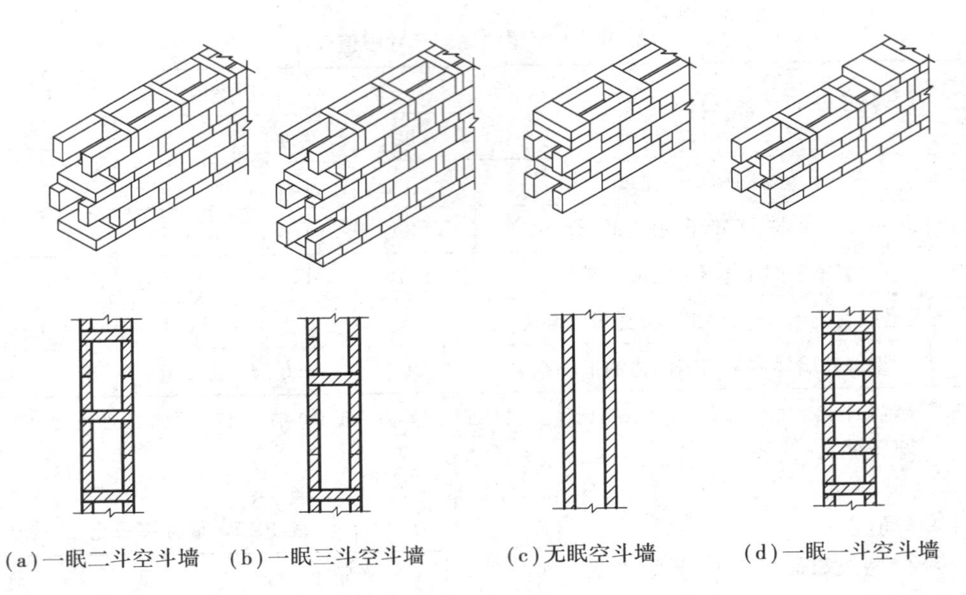

(a)一眠二斗空斗墙　(b)一眠三斗空斗墙　(c)无眠空斗墙　(d)一眠一斗空斗墙

图 10.5　空斗墙的砌法

(1)门窗过梁

当墙体上开设门窗洞口时,为了将洞口上部砌体传来的各种荷载传给洞口两侧的墙体,常在门窗洞口上设置横梁,即门窗过梁。由于砌体相互交错咬接,过梁上的墙体在砂浆硬结后,具有拱的作用。因此,它的部分自重可以直接传给洞口两侧墙体,而不全部由过梁承受(图10.6)。

过梁的形式较多,常见的有砖拱过梁、钢筋砖过梁和钢筋混凝土过梁。此外,还有木过梁、型钢过梁等。

1)砖过梁

砖拱过梁有平砌砖拱和弧砌砖拱两种,是我国传统做法(图 10.7)。

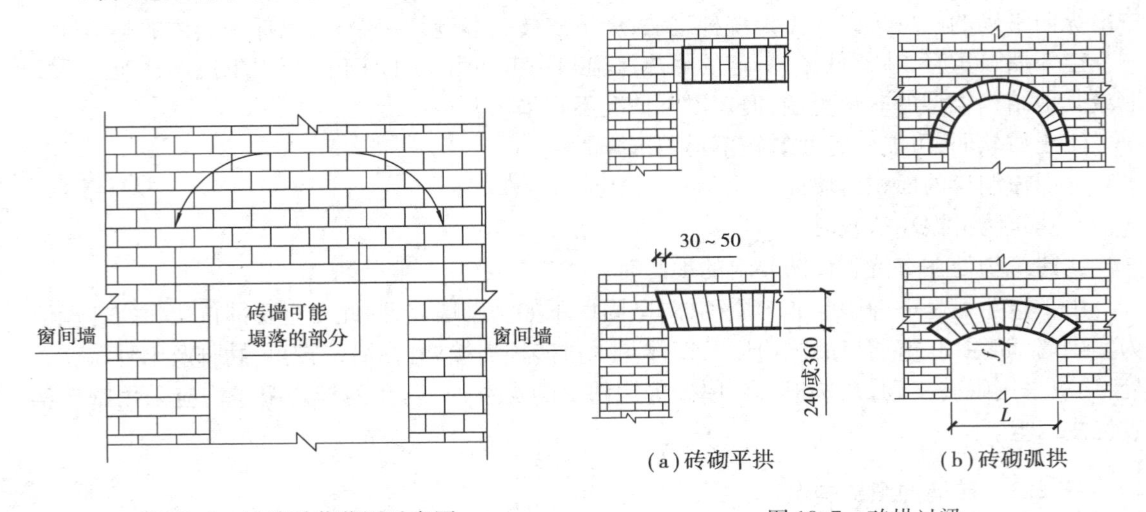

图 10.6　过梁受荷范围示意图　　图 10.7　砖拱过梁

①平砌砖拱过梁

平砌砖拱过梁是用立砖或立砖和侧砖相间砌筑。平拱高度不小于 240 mm,拱的两端伸入墙内 20 ~30 mm。平拱的适宜跨度 L 为 1.0 ~1.2 m。当过梁上有集中荷载或振动荷载时,不宜采用。

②砖砌弧拱过梁

这种过梁也用立砖或立砖和侧砖相间砌筑，弧拱高度不小于 240 mm。弧拱的最大跨度 L 与拱高 f 有关，当拱高为$(1/12\sim1/8)L$时，跨度 L 为 2.5 ~ 3 m；当拱高为$(1/6\sim1/5)L$时，跨度 L 为 3 ~ 4 m。砖拱过梁的砌筑砂浆强度等级不低于 M10 级，砖强度等级不低于 MU7.5 级，才能保证过梁的强度和稳定性。由于拱在传力过程中对支座产生推力，除连续梁外，在洞口两旁均应有一定宽度的砌体，用以承受拱式过梁传来的水平推力。

砖砌平拱和弧拱过梁节约钢材和水泥，但施工麻烦，整体性较差，不宜用于上部有集中荷载、振动较大、地基承载力不均匀以及地震区的建筑。

③钢筋砖过梁

钢筋砖过梁是在门窗洞口上部砂浆层内配置钢筋，形成可以承受荷载的加筋平砌砖过梁，其砌筑方法同一般砖墙一样。半砖厚墙采用 2 根 $\phi6$ 钢筋，24 墙放置 3 根 $\phi6$ 钢筋，放在洞口上部的砂浆层内，砂浆层为 1∶3 水泥砂浆 30 mm 厚，当地震设防烈度为 6 ~ 8 度时，钢筋两边伸入洞口两侧长度不小于 240 mm；当设防烈度为 9 度时，伸入洞口的长度不小于 360 mm，钢筋端部加 90°弯钩，埋在竖向砖缝内，也可以将钢筋放入洞口上部第一皮和第二皮砖之间。为使洞口上的部分砌体和钢筋构成过梁，常在相当于 1/4 跨度的高度范围内且不少于五皮砖至七皮砖，用不低于 M5 级砂浆砌筑（图 10.8）。

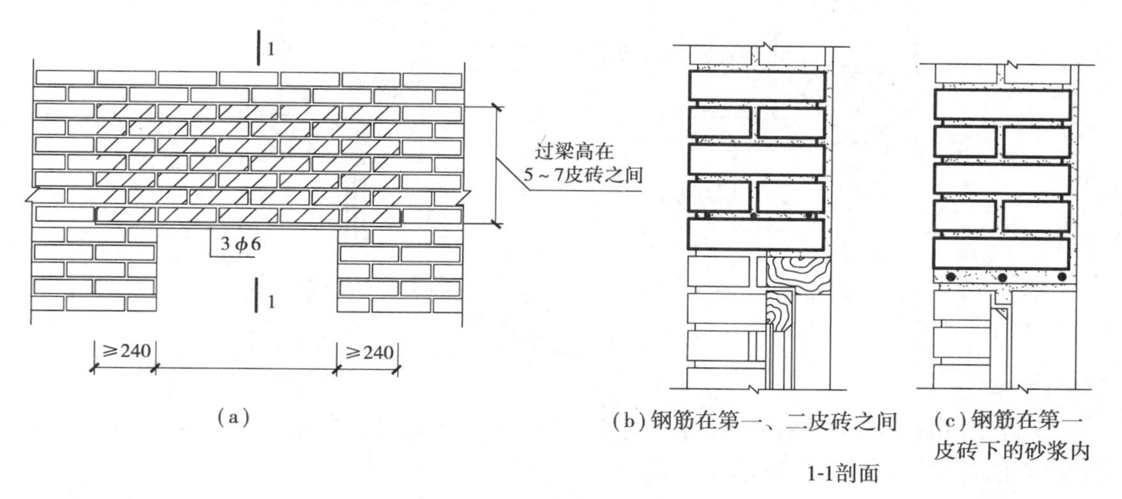

图 10.8　钢筋砖过梁

钢筋砖过梁适用于跨度不大于 1.5 m 且上部无集中荷载的洞口上。它施工方便，整体性好，墙身为清水墙时，建筑立面易于获得与砖墙统一的效果。

2）钢筋混凝土过梁

钢筋混凝土过梁一般不受跨度的影响，它承载力高，坚固耐用，施工简便，已成为门窗过梁的基本形式（图 10.9）。对于门窗洞口较大或洞口上部有集中荷载、振动荷载以及可能产生不均匀沉降的建筑物，常采用钢筋混凝土过梁。

钢筋混凝土过梁有现浇和预制两种。预制过梁施工方便、速度快、省模板，且便于门窗洞口上挑出装饰线条，故应用最广泛。过梁的断面形式通常为矩形，矩形过梁的高度一般有 120 mm、180 mm、240 mm、360 mm 四种。在北方寒冷地区，为了防止产生冷桥，可采用 L 形过梁或组合式过梁(图 10.9(d)),L 形过梁的高度一般有 240 mm、360 mm 两种。过梁宽一般与砖墙厚相同,过梁两端支承在墙上的长度每边不少于 240 mm,当地震设防烈度为 9 度时,每边支承长度不少于 360 mm,以保证足够的承压面积。

为了简化构造,节约钢材水泥,常将过梁与圈梁、门上的悬挑雨篷、窗上的窗楣板或遮阳板等结合起来设计,如常从过梁上挑出 300~500 mm 的窗楣板,既保护窗户不淋雨,又可遮挡直射太阳光射入室内(图 10.9(c))。

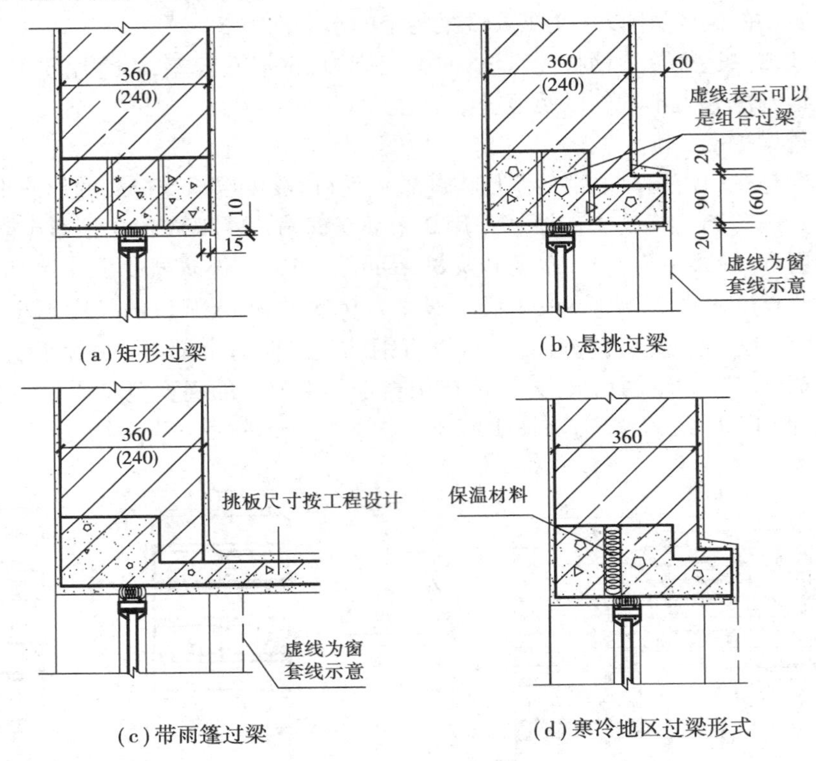

图 10.9　钢筋混凝土过梁

(2)**窗台**

窗台是窗洞下部设置的泄水构件,室外部分称为外窗台,内部为内窗台。窗台应有不透水面层,并向外倾斜形成一定坡度,以利排水。

窗台有悬挑窗台和不悬挑窗台两种。悬挑窗台常采用顶砌一皮砖或将一砖侧砌并悬挑 60 mm。窗台表面用 1∶3 水泥砂浆抹面做出坡度,也可用斜砌砖形成,挑砖下缘粉出滴水线或滴水槽,以便雨水下落。另也可使用预制混凝土窗台板,它安装方便,适宜工业化施工的需要。如果外墙饰面为面砖、马赛克等易于冲洗的材料时,可做不悬挑窗台(图 10.10)。

另在窗框下面用岩棉等填缝以保温,然后用水泥砂浆再将缝隙填实严密。

我国北方因室内为暖气采暖,为便于安装暖气片,内窗台下要留凹龛,并将窗台加宽,此时常采用预制钢筋混凝土或预制配筋水磨石窗台板,预制窗台板支承在窗间墙上(图 10.11)。

外窗台的形式由立面的需要而定,可将所有窗台连起来,形成通长腰线;也可将几个窗台连起来,形成分段腰线;也可沿窗洞口四周挑出做成窗套,窗台比窗洞口每边挑出 60 mm 左右。

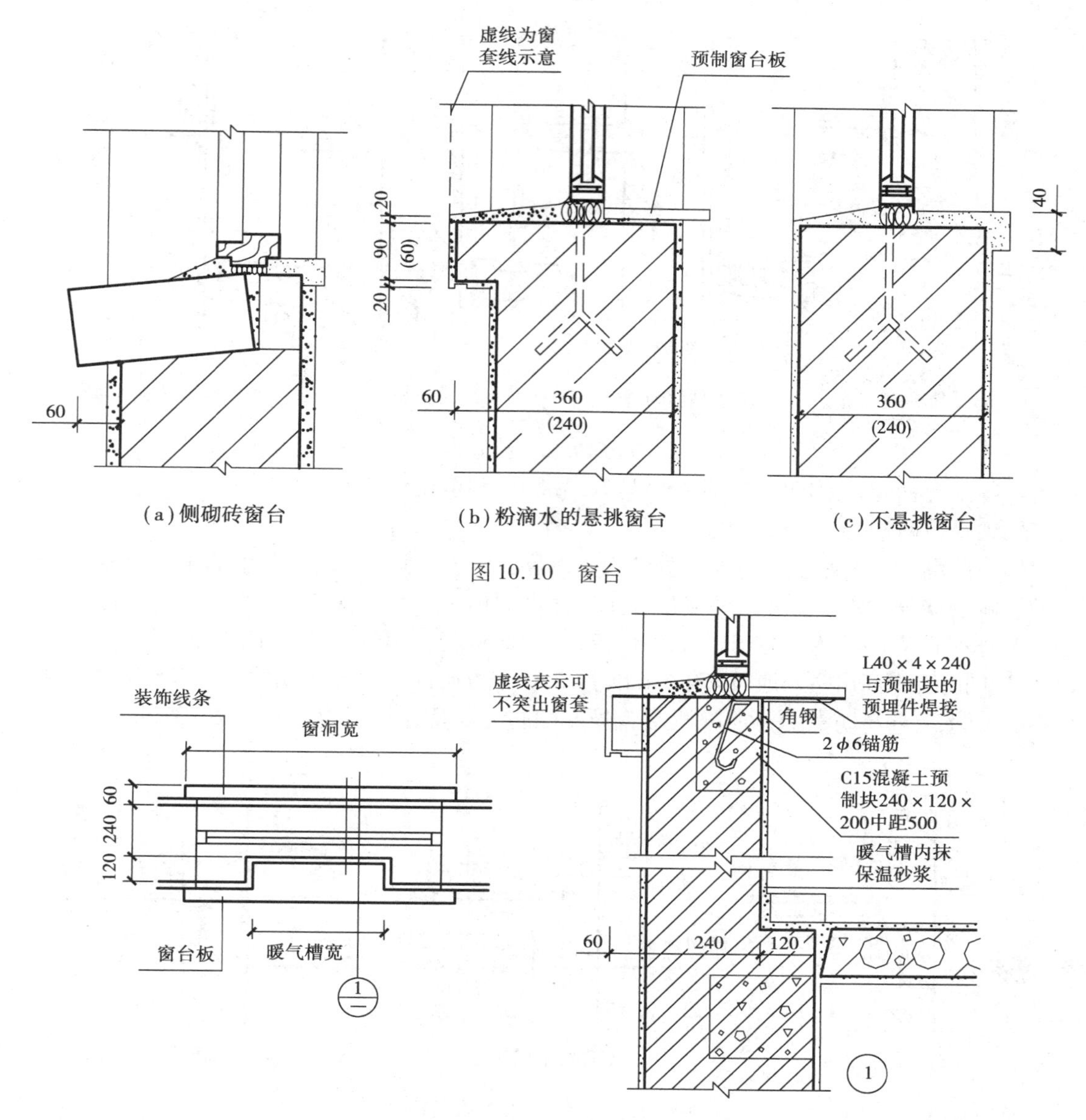

图10.10　窗台

图10.11　暖气槽

(3)**墙脚**

墙脚通常是指基础以上、室内地面以下的那部分墙身。外墙的墙脚又称勒脚。

1)勒脚

勒脚是墙身接近室外地面的部分，一般情况下，其高度指室内地坪与室外地面之间的高差部分(也有的将室外地面至底层窗台的高度部分视为勒脚)，它起着保护墙身和增加建筑物立面美观的作用。其具体做法如图10.12所示。

①采用坚固材料砌筑

对于一般的建筑，勒脚可采用具有一定强度和防水性能的水泥砂浆抹面，或采用毛石砌筑；标准较高的建筑，可在外表面镶贴天然石材或人工石材(如水刷石、斧剁石、水磨石、花岗岩等)，或者整个墙脚用强度高的、耐久性和防水性好的材料(如条石、混凝土等)。勒脚高度

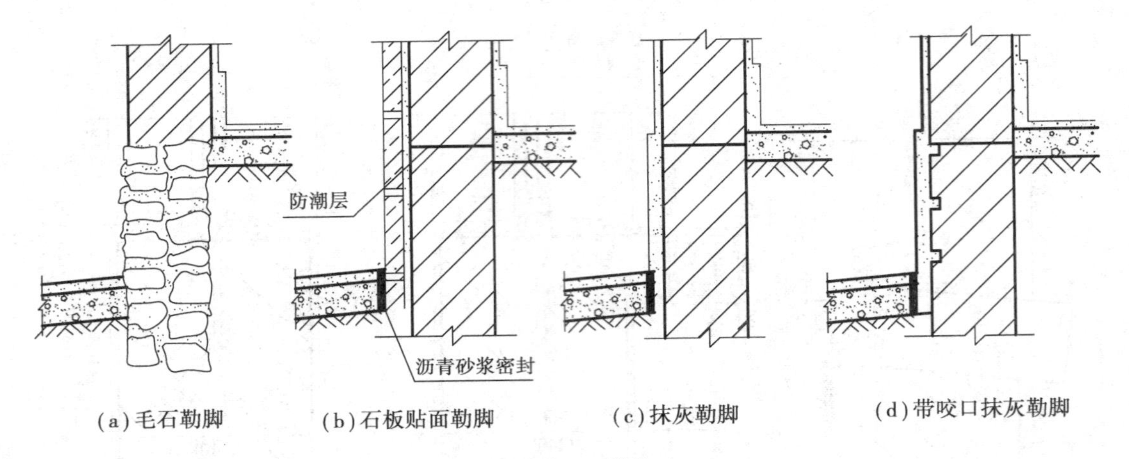

图 10.12　勒脚

可视实际情况而定,比如我国一些沿海地区,勒脚可砌至窗台处。

②墙身设防潮层

墙身防潮的做法是在墙身勒脚处铺设防潮层,以防止地表水或土壤中的水对墙身产生不利的影响。墙身防潮层有水平防潮层和垂直防潮层两种。

A. 水平防潮层　水平防潮层通常在标高 -0.06 m 处,位于室内地坪刚性垫层厚度之间(图 10.13),同时至少高出室外地面 150 mm 以上,沿水平方向四周封闭连续设置。水平防潮层根据材料的不同,有卷材防潮层、防水砂浆防潮层和配筋细石混凝土防潮层三种(图 10.14)。

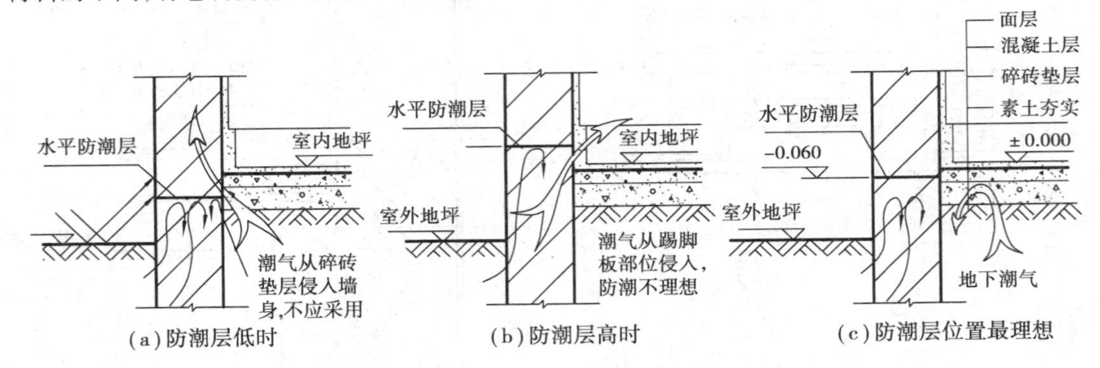

图 10.13　水平防潮层的设置位置

a. 卷材防潮层　卷材防潮层是在防潮层部位抹 20 mm 厚的 1∶3 的水泥砂浆找平层,然后铺卷材防潮层。卷材防潮层一般有改性沥青油毡、三元乙丙橡塑卷材等。所用卷材均应比墙每边宽 10 mm。卷材搭接应大于或等于 100 mm。卷材防潮层具有一定的韧性、延伸性和良好的防潮性能。但因降低了上下砖砌体之间的黏结力,削弱了墙体的整体性,故卷材防潮层不宜用于下端按固定端考虑的砖砌体和有抗震设防要求的建筑中。

b. 防水砂浆防潮层　防水砂浆防潮层是在需要设置防潮层的位置铺设 20 ~ 25 mm 厚 1∶2.5 的水泥砂浆中掺入 3% ~5% 的防水剂(工程实践中,常用的防水剂是成品的防水粉,防水粉的掺量一般为水泥重量的 5%)。也可在防潮层部位,采用防水砂浆砌三皮砖,来达到防潮目的。这种方法施工简单,整体性好,应用非常广泛。但由于砂浆为脆性易开裂材料,在地基发生不均匀沉降时会断裂,从而失去防潮作用。

c. 细石混凝土防潮层　细石混凝土防潮层是在需要设置防潮层的位置铺设60 mm厚与墙等宽的C15或C20的配筋细石混凝土带，内配3 φ 6或3 φ 8的钢筋以抗裂。由于钢筋混凝土防潮性能和抗裂性能都很好，密实性好，且与砖砌体结合紧密，故适用于整体刚度要求较高的建筑中。

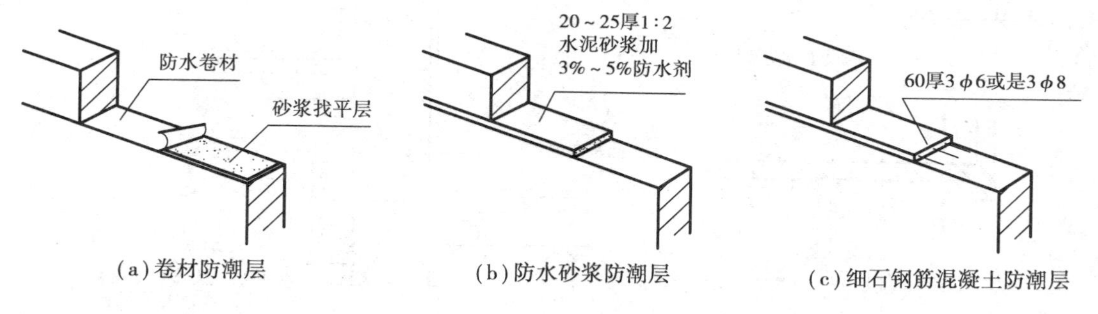

图10.14　水平防潮层

以下两种情况不设水平防潮层：

a. 如采用混凝土或石砌墙脚且顶面标高在－0.060 m时；

b. 当地圈梁提高到室内地坪以下不超过60 mm的范围内，即钢筋混凝土圈梁的顶面标高为－0.060 m时(图10.15)。

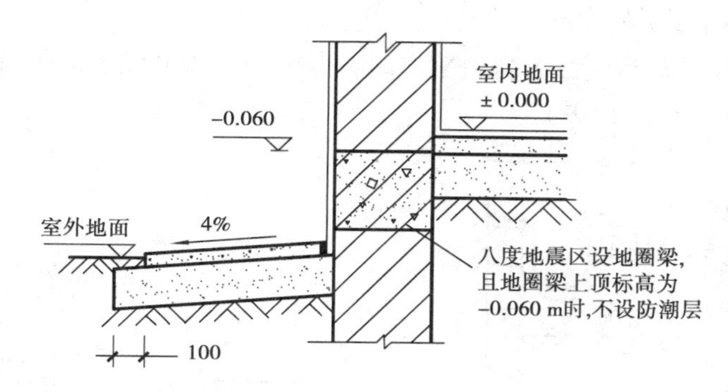

图10.15　地圈梁代替水平防潮层

B. 垂直防潮层　当相邻室内地坪出现高差或室内地坪低于室外地面时，不仅要在不同标高的室内地坪处设置水平防潮层，还要在上下两道水平防潮层之间设垂直防潮层，以防止土层中的水分从地面高的一侧渗透到地面低的一侧房间的墙身内。

垂直防潮层做法是在高地坪一侧房间位于两道水平防潮层之间的垂直墙面上，即在迎水和潮气的垂直墙面上，先用水泥砂浆抹灰15～20 mm，找平后，再粘贴防水卷材。而在低地坪一侧的墙面上，直接用水泥砂浆抹面。

垂直防潮层也可以采用1∶2.5的掺有防水剂的砂浆抹面20 mm厚。这种方法施工简便，防水性能好，是目前广泛采用的防潮做法(图10.16)。

2)明沟与散水

为了将地表水迅速排离建筑物，避免勒脚和下部砌体受水，一般在建筑物外墙四周设明沟或散水。

①明沟

明沟是设置在外墙四周的排水沟，将屋面落水和地面积水有组织地导向地下集水井，以保

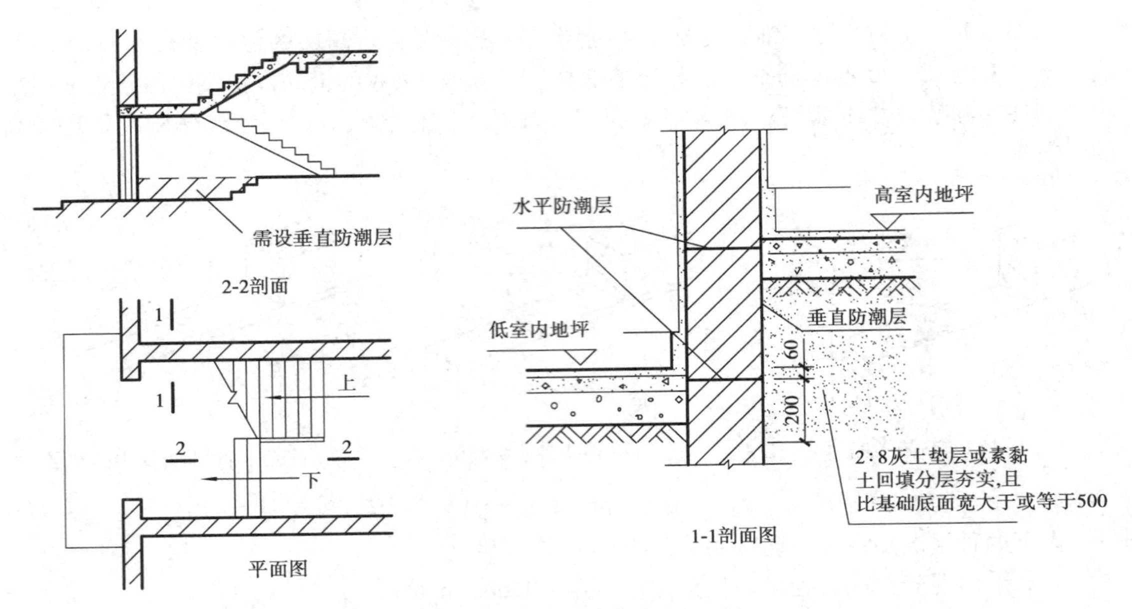

图 10.16　垂直防潮层

护外墙基础。明沟一般用素混凝土现浇,外抹水泥砂浆,也可用砖、石砌筑,再用水泥砂浆抹面而成。明沟应有不小于 1% 的坡度,以保证排水通畅。

明沟一般设置在墙边,当屋面为自由落水时,明沟外移,其中心线与屋面檐口对齐。明沟一般设在降雨量大的南方(图 10.17)。

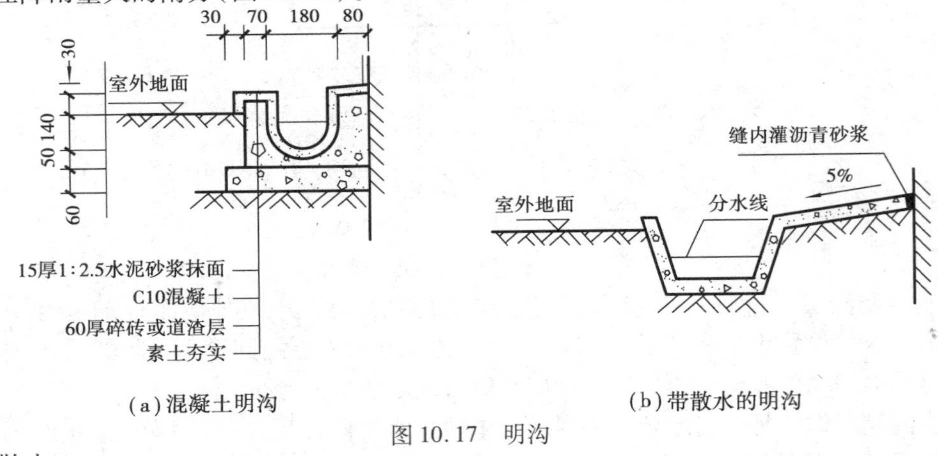

(a) 混凝土明沟　　(b) 带散水的明沟

图 10.17　明沟

②散水

散水是设在外墙四周的倾斜的坡面,坡度一般为 3% ~5%,以便将雨水迅速排至远处,避免雨水对墙基的侵蚀。散水做法很多,有砖砌、块石、碎石、水泥砂浆、混凝土等。当屋为自由落水时,散水宽度比屋面挑檐宽 200 mm 左右。为防止散水下沉,应预留沉降量,使散水比室外地坪高出 20 ~30 mm。

北方地区雨水量较少,所以主要采用散水形式。散水构造如图 10.18 所示。

为了防止由于建筑物的沉降和土壤冻胀及勒脚与散水施工时间上的差异,导致勒脚与散水交接处开裂而产生裂缝,在构造上要求散水与勒脚连接处设变形缝,缝宽在 10 ~20 mm。缝内用沥青砂浆灌缝或其他弹性的防水材料嵌缝,以防渗水。此外,散水沿长度方向上应每隔

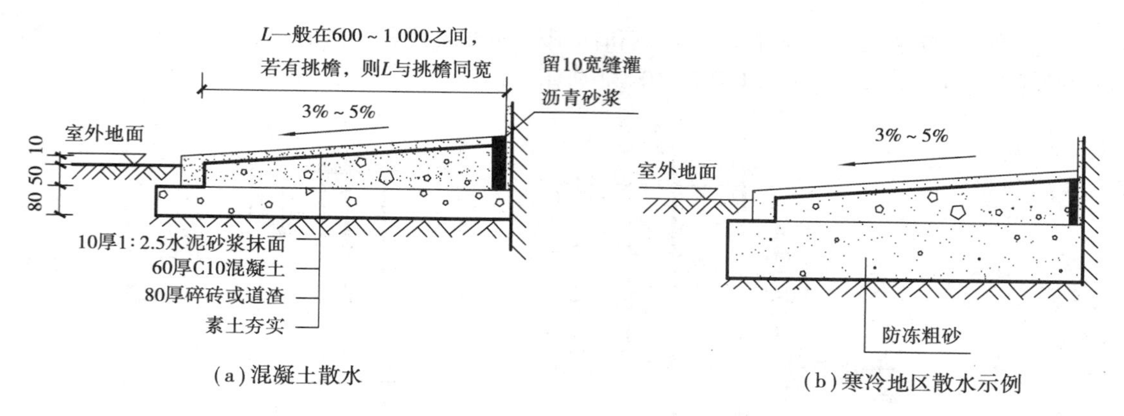

(a)混凝土散水

(b)寒冷地区散水示例

图 10.18 散水

6～12 m做一道伸缩缝(此缝不能设在落水管的下方),以适应材料的收缩、温度变化和土壤不均匀变形的影响,缝内处理同勒脚与散水相交处处理相同(图 10.19)。

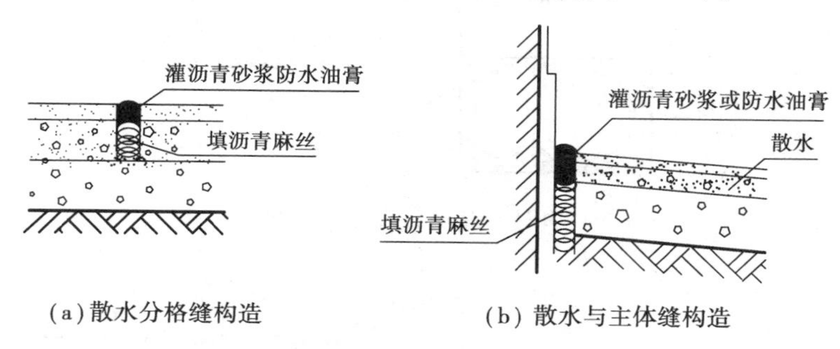

(a)散水分格缝构造

(b) 散水与主体缝构造

图 10.19 散水构造缝处理

另外,湿陷性黄土地区用不透水材料做散水时,宽度不得小于 1 000 mm,且应超过基础底宽 200 mm。为了确保地面水不致渗透到黄土层,散水下面应增加一层 300 mm 厚的夯实土垫层或砂石垫层,垫层宽度应比散水至少宽 500 mm。严寒地区,为了避免地基土壤冻胀的影响,应在散水下增设一层 300 mm 厚的砂石、炉渣或炉渣石灰土等非冻胀材料做垫层(图 10.20)。

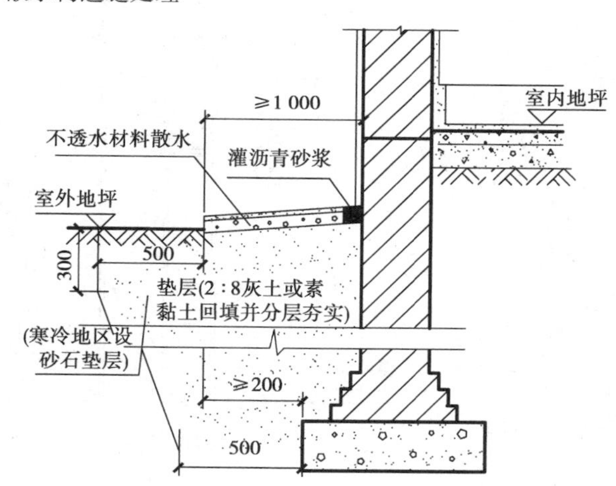

图 10.20 湿陷性黄土地区散水

(4)**风道**

在居民住宅中,为保证人们的健康和安全,在厨房中常设置风道。另外,厕所一般都设置在房间的暗室中,不能利用窗户直接通风,只能利用风道来排除气味。

1)风道的类型

风道按材料分一般有砖砌风道、水泥砂浆风道和混凝土风道等;按功能可分为厨房风道和厕所风道;按工作原理分有变压式风道和非变压式风道,变压式风道常用于多层、中高层及高层住宅建筑中;按施工方法分有现场砌筑和预制构件拼装两种。现在常用的为预制水泥砂浆风道和混凝土风道。如图 10.21 和图 10.22 所示。

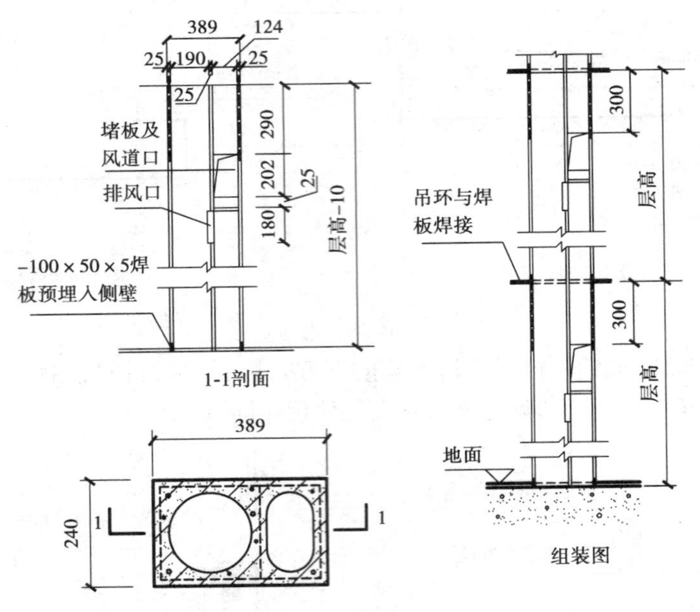

图 10.21 混凝土风道(卫生间)

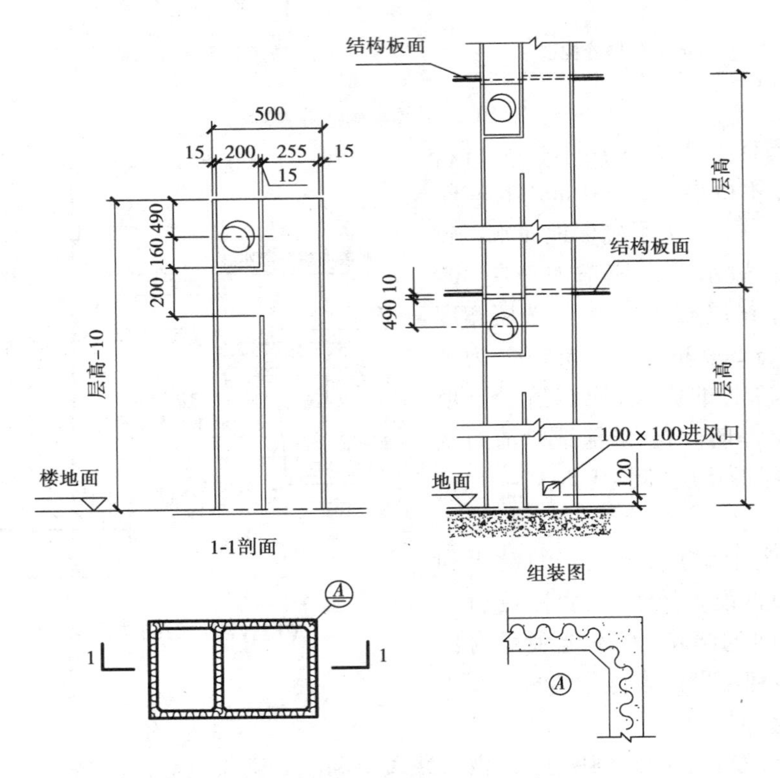

图 10.22 水泥砂浆风道(厨房)

2)风道的构造

预制水泥砂浆风道采用1∶2水泥砂浆抹制而成,管壁总厚度为12~15 mm,分两次抹,内加1寸9目玻璃丝网格布一层或掺玻璃棉一层,要求内壁光滑平整。预制钢筋混凝土风道采用C20混凝土,内设3号钢ϕ4、ϕ6冷拔低碳钢筋点焊钢筋网。预制水泥砂浆风道和预制混凝土风道,每段风道的高度为层高减去10 mm,安装时每段风道间用吊环与预埋在下一段风道侧壁内的焊板(100 mm×50 mm×5 mm)焊接,风道的接头处必须坐浆严实,坐浆不低于M5砂浆。风道与墙体的拉接如图10.23所示。

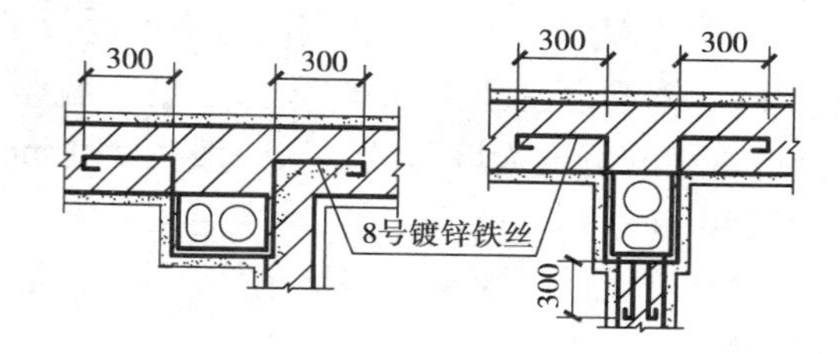

图10.23 风道与墙体的拉接

风道的断面尺寸一般为:厨房500 mm×300 mm,卫生间有400 mm×240 mm、560 mm×240 mm、389 mm×240 mm和540 mm×240 mm。每组风道应在首层距地面120 mm处主风道向室外一面留100 mm×100 mm进风口,或在地面垫层以下用ϕ100铸铁管接到相邻的暖气沟中。

风道应高出屋面,以免被雪掩埋,而影响排气通畅。在坡屋顶建筑中,风道的高度:当距屋脊在1 500 mm以内时,应高出屋脊;在平屋顶建筑中,风道应高出屋面500 mm以上。在有女儿墙的建筑中,风道的高度应超过女儿墙。

(5)**墙身加固**

对于多层砖混结构的承重墙,由于砖砌体为脆性材料,其承载能力有限,而且当墙体受到集中、振动等荷载或者在墙上开洞时,墙体的稳定性就会下降,因此,为了提高其稳定性及抗震性能和承载能力,需对墙身采取适当的加固措施。

1)增加壁柱和墙垛

当建筑物的窗间墙上出现集中荷载,而墙厚又不足以承担其荷载,或者当墙体的高厚比超过一定限度并影响到墙体的稳定性时,常在墙身适当的位置加设凸出墙面的壁柱,与墙体配合共同来承受上部荷载,并提高墙身的刚度。壁柱突出墙面的尺寸一般为120 mm×370 mm、240 mm×370 mm、240 mm×490 mm等,或根据实际情况,依据结构计算而确定。

在墙体的转角或丁字形墙交接处,若开设有门洞口时,会削弱墙体的强度和稳定性,为了保证墙体具有足够的承载能力和应有的稳定性,以及便于安装门框,应在门靠墙的转角部位或丁字交接的一边设置墙垛。这时,墙垛凸出尺寸不应小于120 mm,其宽度与墙厚相同(图10.24)。

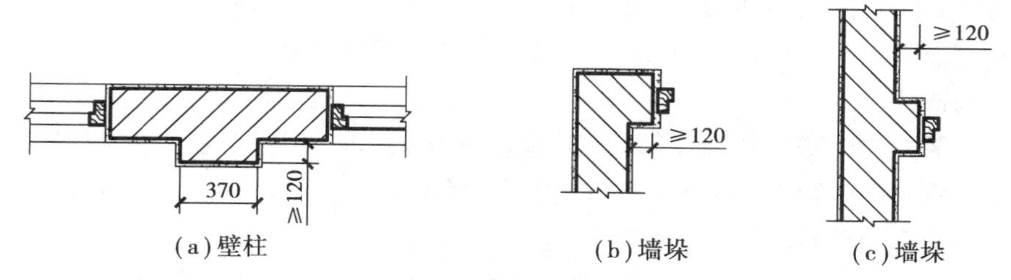

(a)壁柱 (b)墙垛 (c)墙垛

图10.24 壁柱和墙垛

2)设置圈梁

圈梁是沿建筑物四周外墙和内纵墙、部分内横墙设置的且处在同一水平面上的封闭连续梁。它将墙体箍在一起,增加了墙体的稳定性;并配合楼板共同作用,提高了建筑物的空间刚度和整体性;减少了由于地基不均匀沉降而引起的墙身开裂。对于抗震设防地区,设置圈梁来加固墙身,是减轻地震灾害的重要的构造措施。圈梁宜设在楼板标高处或紧靠板底,尽量与楼板结构连成整体,也可设在门窗洞口上部,兼起过梁作用。圈梁有钢筋砖圈梁和钢筋混凝土圈梁两种。

钢筋砖圈梁多用在非抗震区。钢筋混凝土圈梁由于抗震性能好,应用非常广泛,尤其用于地震区。钢筋混凝土圈梁的宽度一般与墙厚相同,在寒冷地区,由于外墙较厚(一般为370 mm),圈梁的宽度为墙厚的2/3,一般为240 mm,高度不小于120 mm,常用的有180 mm,也有的用240 mm。

对有抗震设防要求的多层砌体房屋,若是装配式钢筋混凝土楼、屋盖或木屋盖时,其圈梁的设置应符合表10.3。

表10.3 砖房现浇钢筋混凝土圈梁设置要求

墙类	烈度		
	6、7度	8度	9度
外墙和内纵墙	屋盖处及每层楼盖处	屋盖处及每层楼盖处	屋盖处及每层楼盖处
内横墙	屋盖处及每层楼盖处;屋盖处间距不应大于4.5 m;楼盖处间距不应大于7.2 m;构造柱对应部位	屋盖处及每层楼盖处;屋盖处沿所有横墙,且间距不应大于4.5 m;构造柱对应部位	屋盖处及每层楼盖处;各层所有横墙

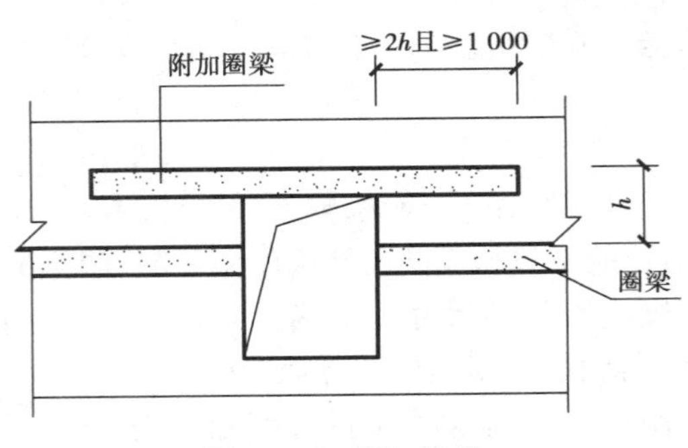

图10.25 附加圈梁

横墙承重时,应按上表设置圈梁。若按表要求的间距内无横墙时,应利用梁或板缝中配筋替代圈梁;纵墙承重时,抗震横墙上的圈梁间距应比表内要求适当加密。

圈梁必须连续地设在同一标高上,并尽可能地封闭。如果遇到门窗洞口(如楼梯间的窗洞口往往将圈梁断开)而不能封闭时,应在洞口上部设置截面不小于圈梁的附加圈梁,附加圈梁的配筋和混凝土的强度都与圈梁相同。附加梁与墙体的搭接长度不应小于1 m,且应大于与圈梁间的垂直距离的2倍(图10.25)。

对现浇或装配整体式钢筋混凝土楼、屋盖与墙体有可靠连接的房屋,允许不另设圈梁,但楼板沿墙体周边应加强配筋,并与相应的构造柱钢筋有可靠连接。

3)设置构造柱

圈梁在水平方向将楼板和墙体箍住,而构造柱则从竖向加强层间墙体的连接。这样构造柱与圈梁共同构成空间骨架(相当于小框架),因而提高了建筑物的整体刚度和延性,限制了墙体裂缝的开展,从而增加了建筑物抵抗地震破坏的能力。

钢筋混凝土构造柱是从抗震角度考虑设置的,一般设在建筑物四角、内外墙交接处、楼梯间、电梯间以及某些较长墙体中部。有时当窗间墙宽度较小时,比如在地震烈度7度地区,抗震设防要求规定不得小于1 200 mm,若达不到要求时,可加构造柱来加强墙体抵抗变形和被破坏的能力。构造柱的设置部位见表10.4。

表10.4 多层砖砌体构造柱的设置要求

<table>
<tr><th colspan="4">房屋层数</th><th colspan="2" rowspan="2">设置部位</th></tr>
<tr><th>6度</th><th>7度</th><th>8度</th><th>9度</th></tr>
<tr><td>四、五</td><td>三、四</td><td>二、三</td><td></td><td rowspan="3">①楼、电梯间四角，楼梯斜梯段上下端对应的墙体处
②外墙四角和对应转角
③错层部位横墙与外纵墙交接处
④大房间内外墙交接处
⑤较大洞口两侧</td><td>①隔12 m或单元横墙与外纵墙交接处
②楼梯间对应的另一侧内横墙与外纵墙交接处</td></tr>
<tr><td>六</td><td>五</td><td>四</td><td>二</td><td>①隔开间横墙（轴线）与外墙交接处
②山墙与内纵墙交接处</td></tr>
<tr><td>七</td><td>≥六</td><td>≥五</td><td>≥三</td><td>①内墙（轴线）与外墙交接处
②内墙的局部较小墙垛处
③内纵墙与横墙（轴线）交接处</td></tr>
</table>

注：较大洞口，内墙指不小于2.1 m的洞口；外墙在内外墙交接处已设置构造柱时应允许适当放宽，但洞侧墙体应加强。

构造柱可不单独设置基础，但应伸入室外地面下不小于500 mm，或与埋深小于500 mm的基础圈梁相连。构造柱沿整个建筑高度贯通设置，上部固结于顶层圈梁或女儿墙压顶内。构造柱到与圈梁交接处时，注意要与圈梁现浇成一体。施工时先砌墙并成“马牙槎”形（图10.26），然后随着墙体的上升，逐段现浇钢筋混凝土柱身，使墙与构造柱成为整体。柱与墙之间应沿墙高每500 mm设2 ϕ6的钢筋拉结，每边伸入墙内不少于1 000 mm。

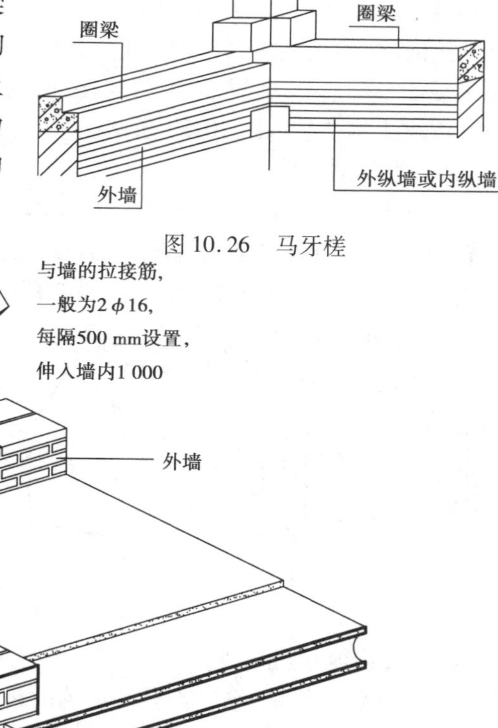

图10.26 马牙槎

(a) 外墙转角处构造柱

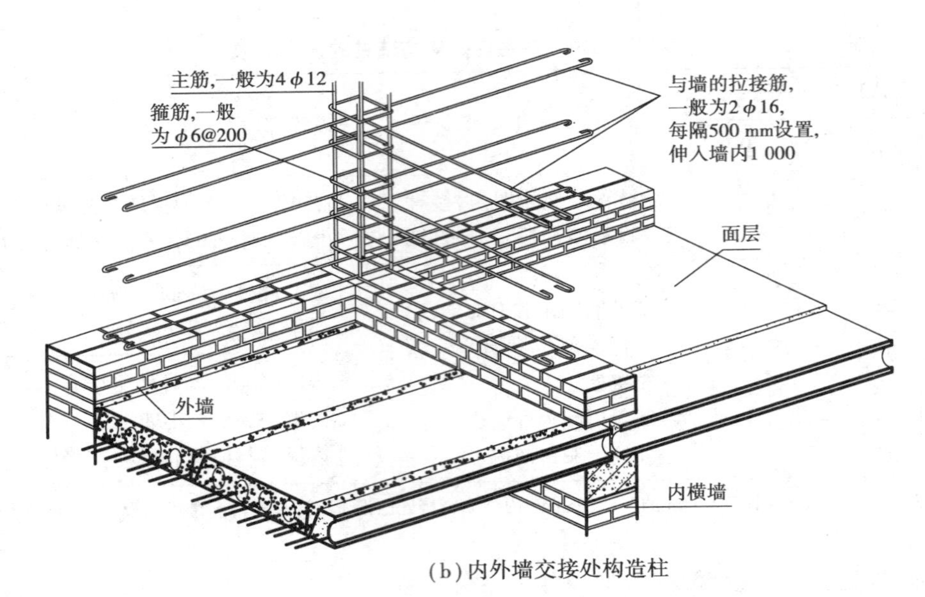

(b)内外墙交接处构造柱

图 10.27　内外墙转角处的构造柱

构造柱截面尺寸一般为 240 mm×240 mm,不应小于 240 mm×180 mm。配筋一般为 4 φ 12 主筋,箍筋间距不宜大于 250 mm,且在柱上下端宜适当加密;6、7 度时超过六层、8 度时超过五层和 9 度时,构造柱纵向钢筋宜采用 4 φ 14,箍筋间距不应大于 200 mm;房屋四角的构造柱可适当加大截面及配筋。构造柱与圈梁连接处,构造柱的纵筋应穿过圈梁,保证构造柱纵筋上下贯通。钢筋混凝土构造柱如图 10.27 所示。

(6)**防火墙**

在一些公共建筑中,特别是商场、娱乐等人流密集的场所,在建筑的构造设计时,还要考虑设置防火墙。防火墙必须选用难燃烧或非燃烧材料,且其耐火极限不低于4 h。防火墙把建筑空间分隔成多个防火分区,限制了燃烧范围,阻止了火势的进一步扩大。

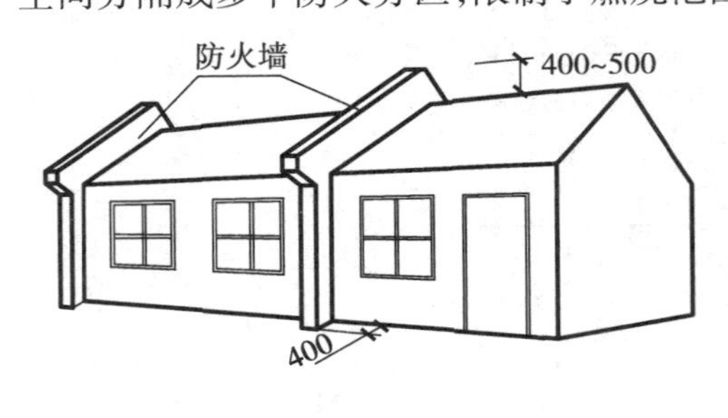

图 10.28　防火墙

防火墙应直接设置在基础上或钢筋混凝土框架上,并应当贯穿整个高度,截断燃烧体或难燃烧体的屋顶结构,并要高出非燃烧体屋面不小于 400 mm,高出燃烧体或难燃烧体 500 mm(图 10.28)。当建筑物的屋盖为耐火极限不低于 0.5 h 的非燃烧体时,防火墙可以砌筑到屋面板底部,而不必高出屋面。当建筑物外墙是难燃烧体时,防火墙还应突出外墙的外表面不小于 400 mm。防火墙上不应当开洞,如果必须开洞时,则须用甲级防火门窗。防火墙的最大间距应依据建筑物的耐火等级而定,对于一级、二级的建筑物,其防火墙的最大间距为 150 m,三级为 100 m,四级为 60 m。

(7)**组合墙**

为了满足保温和节能要求,也为了减轻墙体重量、厚度和节约用砖,寒冷地区外墙常用砖与其他轻质材料结合而形成的组合墙。在这种墙体中,轻质材料起保温作用,强度较高的砖主要起承重作用。

按保温材料的位置,组合墙可分为外保温墙、内保温墙和夹心墙等(图10.29)。

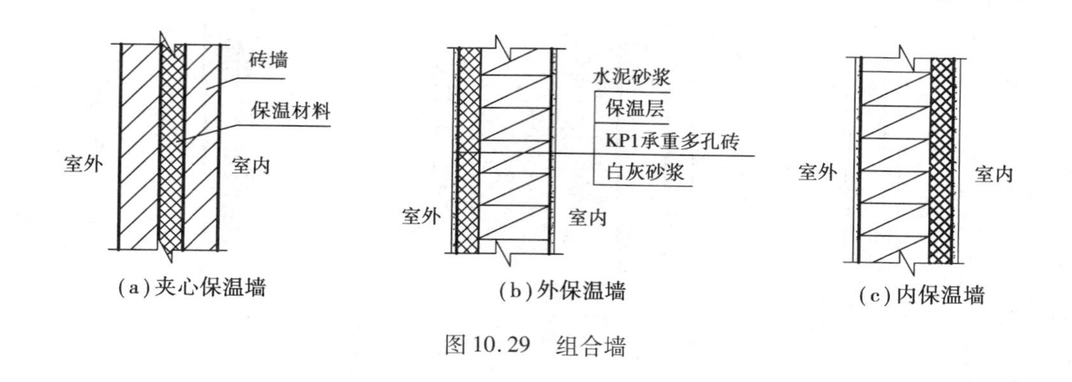

图10.29　组合墙

10.3　隔　墙

隔墙是非承重内墙,其自身重量由下面的楼板或梁来承担。它可以在主体完工后制作,其作用是可灵活地分隔建筑物的内部空间。隔墙必须具有自重轻、厚度薄,便于安装和拆卸,并兼有隔声和防火的性能,对于用水房间的隔墙,还必须有防水和防潮的功能。

常用的隔墙有骨架隔墙、块材隔墙和板材隔墙三种。

10.3.1　骨架隔墙

骨架隔墙又称为立筋隔墙。它由骨架和面板两部分组成。骨架隔墙是将面层钉接、涂抹或粘贴在骨架上形成的。

骨架的种类很多,常用的有木骨架和金属骨架。近年来,为了节约木材和钢材,各地出现了不少利用地方材料和工业废料以及轻金属制成的骨架,如石膏骨架、石棉水泥骨架、菱苦土骨架、轻钢和铝合金骨架等。

(1)骨架

1)木骨架

木骨架是由上槛、下槛、墙筋、横撑或斜撑组成,上下槛截面尺寸一般为(40~50 mm)×(70~100 mm),依据房间层高不同选用上下槛截面。墙筋之间沿高度方向每隔1 200 mm左右设一道横撑或斜撑,以加固墙筋。墙筋间距为400~600 mm,当饰面为抹灰时,取400 mm;当饰面为板材时,取500 mm或600 mm。木骨架具有自重轻、构造简单和便于拆装等优点,但防水、防潮、防火、隔声等性能较差,并且耗费大量木材。

2)轻钢骨架

轻钢骨架是由各种形式的薄壁型钢加工制成的,也称为轻钢龙骨。它具有强度高、刚度大、重量轻、整体性好,易于加工和大批量生产,以及防火、防潮性能好等优点。常用的轻钢有槽钢和工字钢(图10.30)。轻钢骨架和木骨架一样,也是由上槛、下槛、墙筋、横撑或斜撑组成。

骨架的安装过程是先用射钉将上下槛固定在楼板上,然后再安装墙筋和横撑。

(2)面层

面层有抹灰面层和人造板面层。骨架隔墙的名称一般按面层分,通常有板条抹灰隔墙、钢丝网抹灰隔墙、人造面板隔墙等。

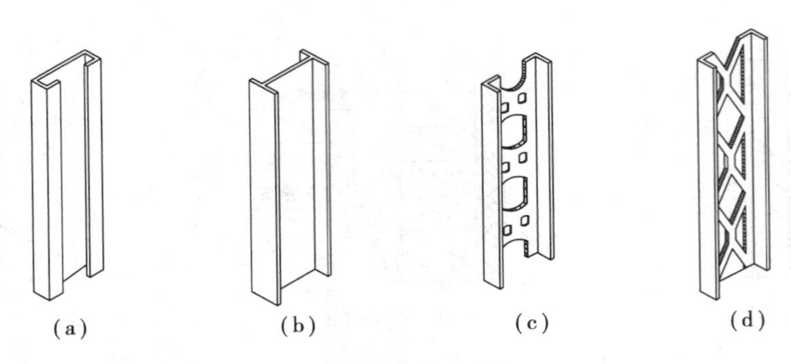

图 10.30　轻钢骨架

1)板条抹灰隔墙

板条抹灰隔墙是在木骨架的两侧钉灰板条再抹灰而成,如图 10.31 所示。灰板条尺寸一般为:1 200 mm×24 mm×6 mm 或 1 200 mm×38 mm×9 mm,当墙筋间距为 400 mm 时用前者,间距为 600 mm 时用后者。板条横钉在墙筋上,其板缝宽为 9 mm 左右,以便抹灰时使底灰能挤进板条缝隙的背后,咬住板条墙。灰板条有湿胀干缩的特点,故在板条接头处要留出3 ~ 5 mm的缝隙,以利伸缩。同时,钉板条时,当上下接缝的长度达 500 mm 时,必须使接缝错开,以防抹灰在一条线上缩胀而开裂脱落。为了增强抹灰与板条之间的连接和防止抹灰在开裂后脱落,抹灰一般为纸筋灰或麻刀灰。隔墙下一般加砌 2 ~ 3 皮普通黏土砖,以防水或防潮,并做出踢脚。

为使板条隔墙装得牢固,在两侧砖墙内应预埋防腐木砖,沿墙每 600 mm 高埋一个,以便钉牢边框墙筋。灰板条隔墙上如有门窗洞口时,则门窗框两边必须设墙筋,当门窗洞口比较大时,四周必须设加大墙筋截面,或用撑至上槛的长脚门框等办法来解决,并应在门窗樘上部加设斜撑(图 10.31)。

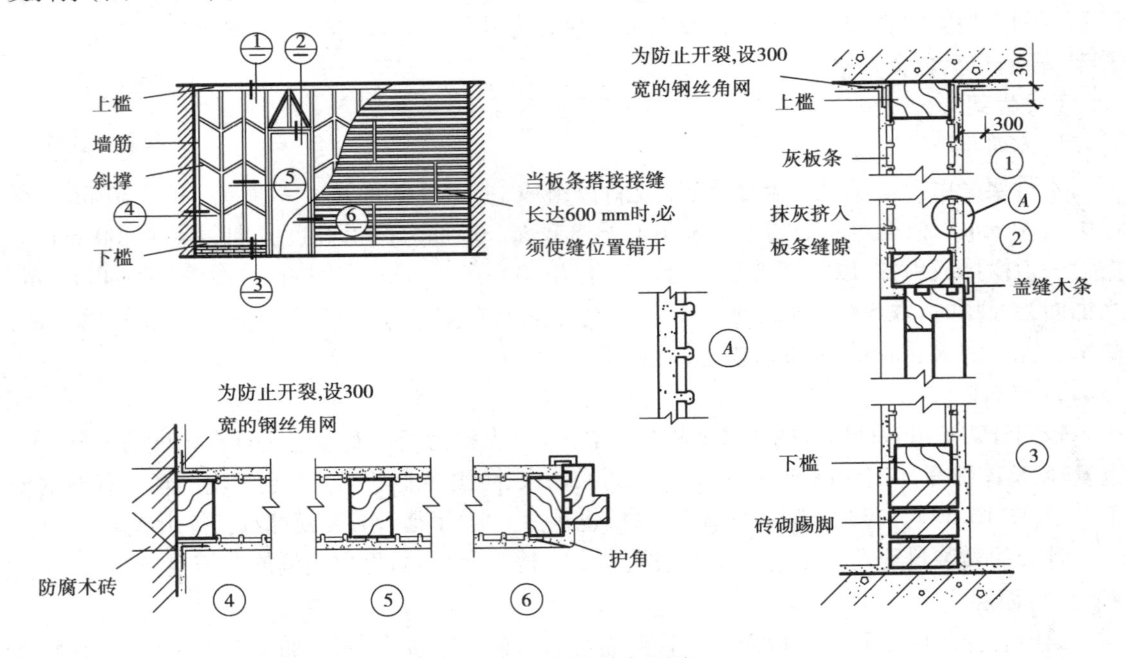

图 10.31　板条抹灰隔墙

为了防止隔墙与砖墙之间、隔墙与顶棚之间的抹灰开裂，应在这些部位的转角处加设一条每边宽150 mm的钢丝网。

2）钢丝网板条抹灰隔墙

为了提高板条抹灰隔墙的防潮、防火性能，隔墙表面可采用水泥砂浆或其他防潮、耐火材料，并在板条外增钉钢丝网或钢板网，这时可把板条缝隙放宽至10～12 mm。也可直接将钢丝网钉在墙筋上而省去板条，但墙筋间距应按钢丝网规格排列，并在钢丝网上抹水泥砂浆等面层。

由于钢丝网变形小，强度高，抹灰面层开裂的可能性小，故多用于防潮和防火要求较高的房间。但这种隔墙隔声能力差，不能用于隔声要求高的房间（图10.32）。如若是钢丝网抹灰隔墙，则去掉灰板条层即可。

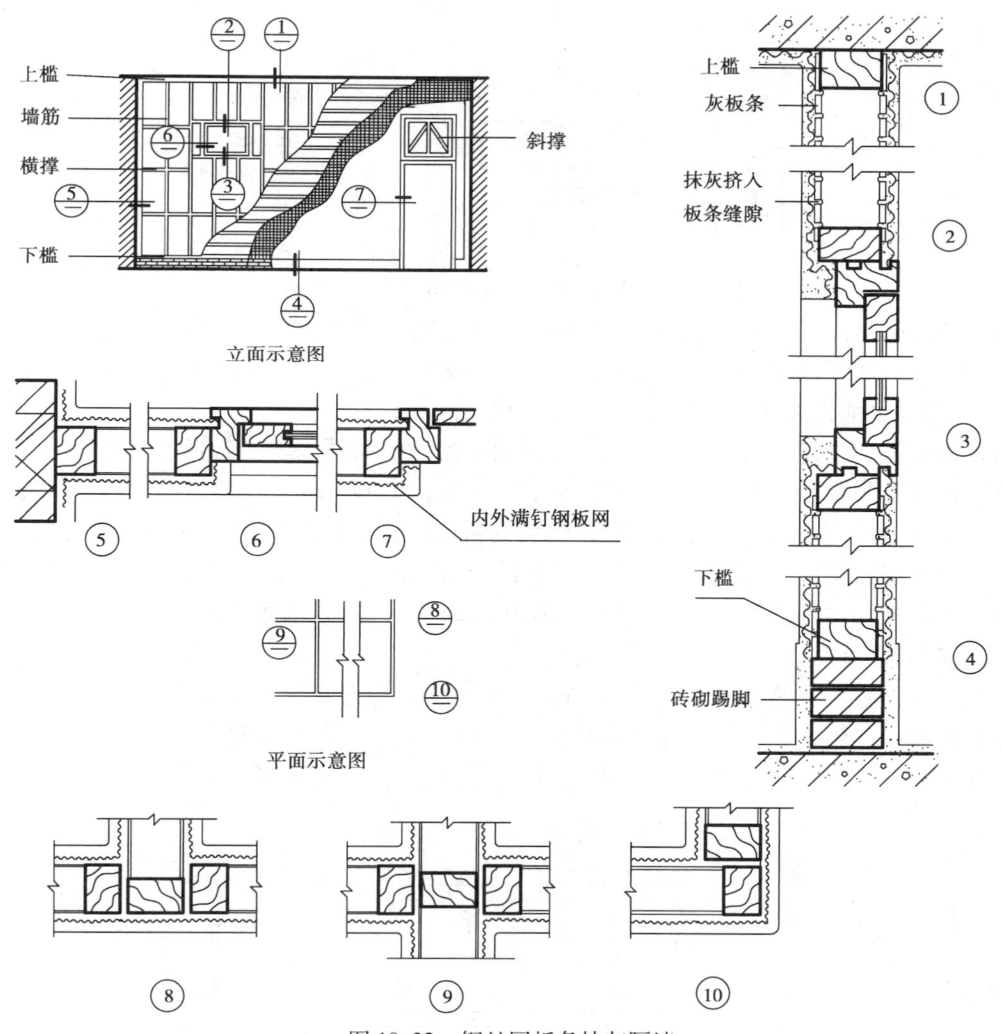

图10.32 钢丝网板条抹灰隔墙

3）人造面板隔墙

人造面板隔墙是指面板用人造胶合板、纤维板或其他轻质薄板。如图10.33所示为石膏板隔墙。

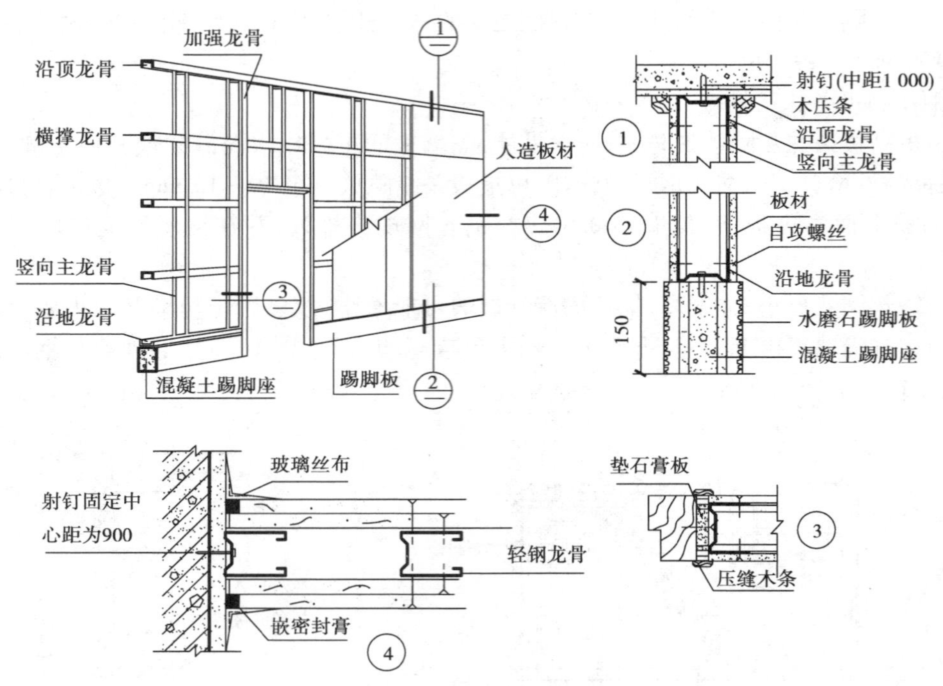

图 10.33　石膏板隔墙

石膏板隔墙是以石膏为主要原料。一般其长度恰好等于室内净高。石膏板的特点是容重小,防火性能好,加工性好(可锯、割、钻孔、钉、粘贴等),表面平整,但极易吸湿,故不宜用于厨房、厕所等处。目前也有防湿纸面石膏板,但价格较高。

石膏板龙骨的中距一般为 500 mm,龙骨用自攻螺丝与墙体固定。石膏板用自攻螺丝与龙骨连接。螺钉的间距为:板边部分为 200 mm,中间部分为 300 mm。隔墙端部的石膏板与周围的墙或柱要留槽口,在槽口处加注嵌缝膏,然后铺板,挤压嵌缝膏使其和邻近表层紧密接触。

安装防火墙石膏板时,石膏板不得固定在沿顶、沿地龙骨上,应另设横撑龙骨加以固定。隔墙板的下端如用木踢脚板覆盖,罩面板应离地面 20 ~ 30 mm。安装墙体另一侧面石膏板时,要注意不能与第一侧板的接缝落在同一根龙骨上。

板接缝用石膏胶泥堵塞刮平处理,并在两层胶泥之间粘贴玻璃纤维织带。

石膏板隔墙有空气间层,有一定的隔声能力,为了进一步提高隔声效果,可在龙骨两侧各粘贴两层石膏板,利用中间的空气间层来隔声,或在两层石膏板之间设弹性材料隔声(图10.34)。

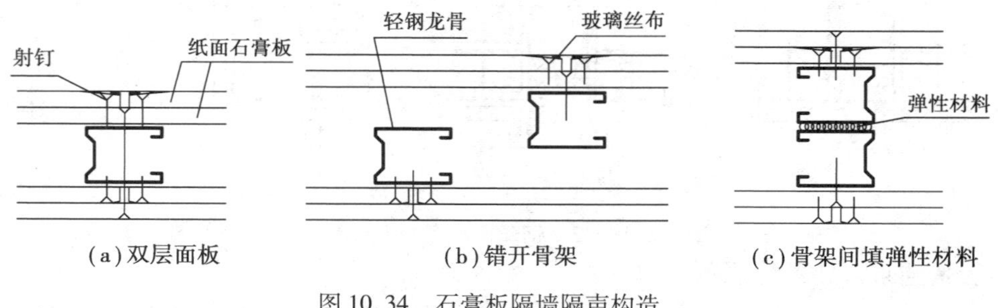

图 10.34　石膏板隔墙隔声构造

10.3.2　块材隔墙

块材隔墙有普通黏土砖隔墙和轻质砌块隔墙两种。

(1)普通黏土砖隔墙

普通黏土砖隔墙有1/4隔墙和半砖隔墙，但1/4隔墙稳定性差，所以极少采用。

半砖隔墙是用普通黏土砖顺砌而成。当砌筑砂浆强度等级为M2.5时，墙体高度不能超过3.6 m，长度不能超过5 m；当采用M5砂浆砌筑墙体时，高度不能超过4 m，长度不能超过6 m。当长度超过6 m时，应设砖壁柱；高度超过4 m时，应在门过梁处设通长钢筋混凝土带。在隔墙顶部与楼板相连处，常用立砖斜砌，并用砂浆填塞砖与楼板之间缝隙，或当隔墙砌至距楼板约30 mm时，用砂浆抹灰填缝，也可用木楔打紧，然后用砂浆填缝。

半砖墙稳定性差，故需要采取加固措施。据国家抗震设防规定，后砌的非承重隔墙应沿墙高每隔500 mm需配置2 ϕ6钢筋与承重墙体或柱拉接，并每边伸入墙内不应小于500 mm。此外，还应沿墙身高度每隔1 200 mm设一道30 mm厚的水泥砂浆层，内放2 ϕ6钢筋。若隔墙上安装门时，需预埋木砖、铁件或带有木楔的混凝土块，以便固定门框。

砖隔墙坚固耐久，且有一定的隔声能力，但自重大，湿作业量多，施工麻烦，不便拆装。半砖隔墙构造如图10.35所示。

(2)砌块隔墙

目前常用的砌块隔墙有加气混凝土块、粉煤灰砌块、水泥炉渣空心砌块墙等。隔墙的厚度由砌块尺寸决定，一般为90～120 mm。砌块隔墙厚度薄，也需采取加固措施。它与两端承重墙或柱的连接是每隔三皮空心砖在灰缝内放2 ϕ6钢筋，并伸入承重墙或柱至少500 mm，此外每隔1 200 mm墙身高度铺30 mm厚砂浆一层，内配2 ϕ6通长钢筋或钢丝网一层，墙高超过4 m时，在门过梁处设通长钢筋混凝土带(图10.36)。在砌墙时，如不够整块，可用实心黏土砖填充。另因砌块吸水量大，故在砌筑时先在墙下部实砌三到五皮实心黏土砖再砌砌块，以免砌块直接受潮。

在抗震设防地区，后砌隔墙应与顶部有可靠的连接，如图10.37所示。

10.3.3　板材隔墙

板材隔墙是指用各种轻质竖向通长的条板通过黏结剂直接黏结装配而成的墙体。目前常采用的预制条板有：预应力钢筋混凝土薄板、碳化石灰板、加气混凝土条板、石膏珍珠岩板、多孔石膏板、水泥钢丝网夹芯板等及各种复合板材等。这些板材高度略小于房间净高约30 mm左右。安装时，一般在楼地板上用一对对口木楔在板底将板顶紧，对板顶与楼板之间以及条板之间的缝隙用水玻璃矿渣黏结砂浆黏结，也可以用聚乙烯醇缩甲醛或SG791建筑胶黏剂或用膨胀螺栓连接，板下缝隙用细石混凝土堵严。

对于有防水要求的房间，应采用防水板材，其构造做法和饰面做法也应采用防水措施，如隔墙下应用混凝土做墙垫且应高出室内地面50 mm以上。

对板材隔墙的表面一般先刮腻子，修补平整后，再喷(或刷)色浆或裱糊墙纸。水泥钢丝网夹芯板墙如图10.38所示。

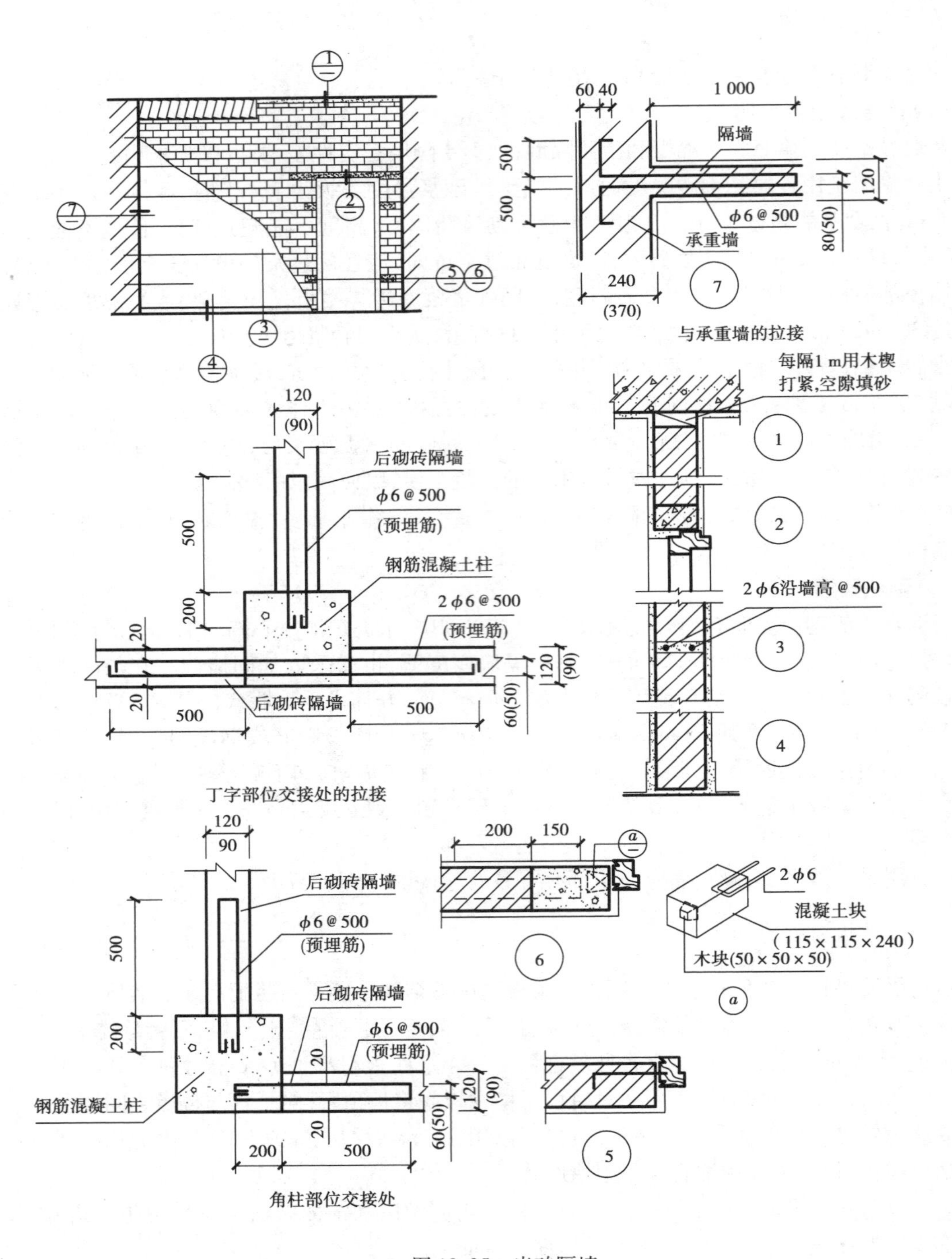

60 40
1 000
隔墙
500
500
120
φ6@500
承重墙
80(50)
240
(370)
7
与承重墙的拉接
每隔1 m用木楔
打紧,空隙填砂
1
2
2φ6沿墙高@500
3
4
120
(90)
后砌砖隔墙
φ6@500
(预埋筋)
钢筋混凝土柱
2φ6@500
(预埋筋)
500
200
20
20
120
(90)
60(50)
后砌砖隔墙
500
500
丁字部位交接处的拉接
120
90
后砌砖隔墙
φ6@500
(预埋筋)
后砌砖隔墙
φ6@500
(预埋筋)
500
200
20
20
120
(90)
60(50)
钢筋混凝土柱
200
500
角柱部位交接处
200
150
a
6
2φ6
混凝土块
(115×115×240)
木块(50×50×50)
a
5

图 10.35 半砖隔墙

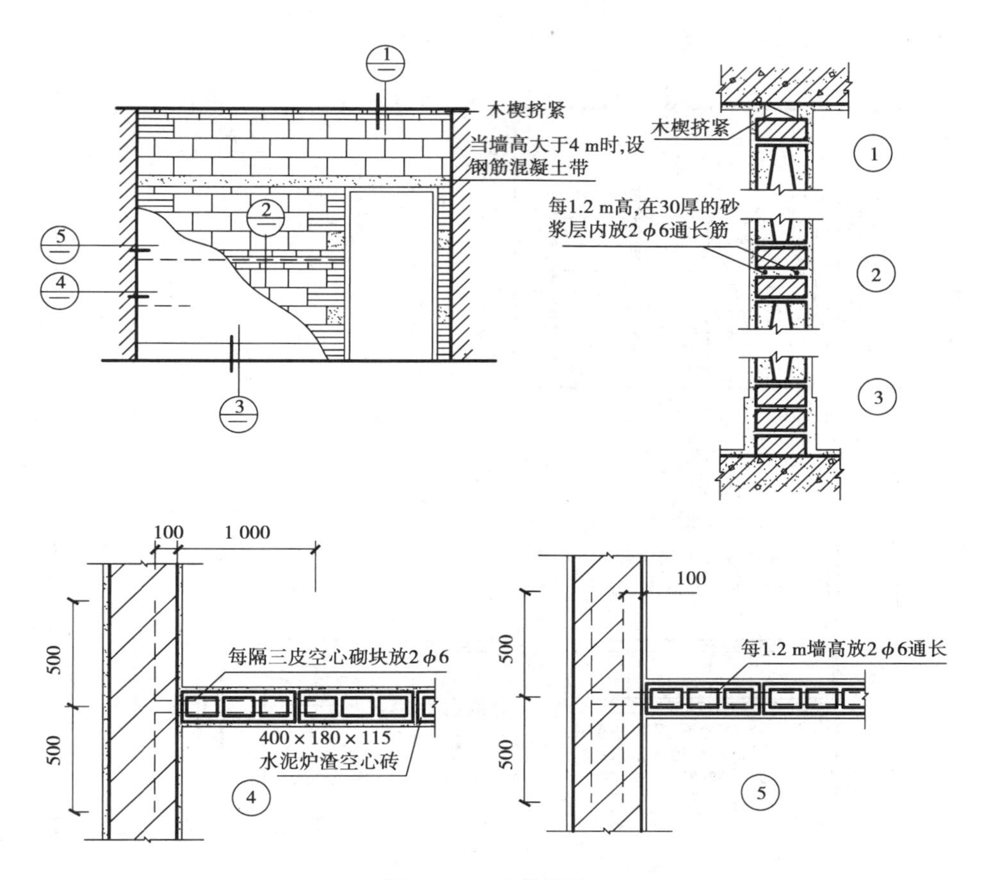

图 10.36 砌块隔墙

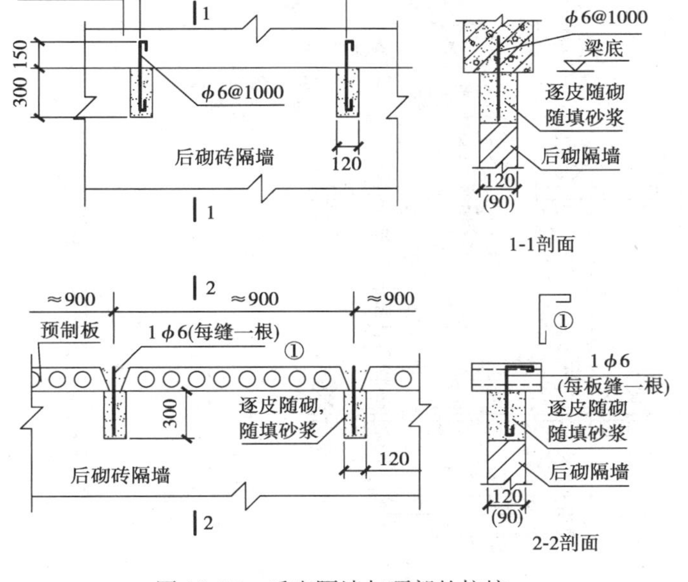

图 10.37 后砌隔墙与顶部的拉接

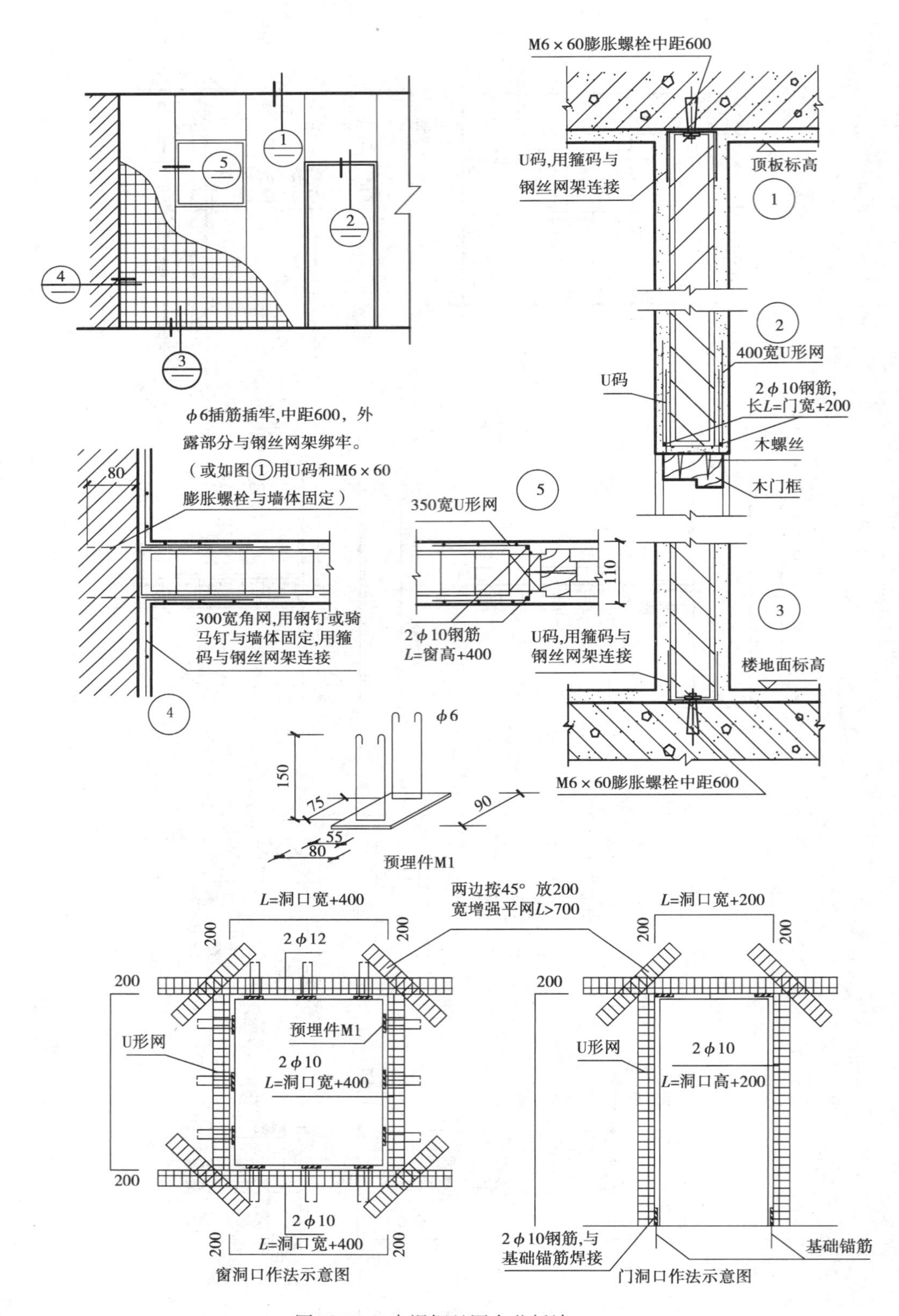

图 10.38　水泥钢丝网夹芯板墙

10.4　幕　墙

幕墙是现代建筑物外墙面的一种新型的外围护结构及外装饰,它以美观、轻盈、安装方便的特点而受到广泛应用。幕墙主要用在公共建筑中,如大型商场、宾馆、医院、办公楼等的外墙饰面。

幕墙按幕墙面板材料可分为:玻璃幕墙、金属幕墙、石材幕墙、混凝土幕墙和塑料幕墙等,其中以玻璃幕墙最为普遍。

10.4.1　玻璃幕墙

玻璃幕墙是采用铝合金框架镶入镜面反射玻璃而成的,悬挂在建筑物主体结构外面的非承重连续外围护墙体。由于它像帷幕一样,所以称之为"玻璃幕墙"。施工时,采用干作业法,构件制作工厂化,安装方便,工期短,在造型上给人一种晶莹、轻巧、别致、明快的立面效果,多为现代建筑所采用。

(1)构造组成

玻璃幕墙主要由金属杆件组成的格子状骨架与玻璃面层组成。金属杆件多采用铝合金型材。铝合金骨架型材一般分为立柱和横档(也称横梁),断面带有固定玻璃的凹槽,尺寸大小可根据不同使用部位、抗风压能力等因素选择。幕墙玻璃有严格的要求,一般为浮法玻璃和平板玻璃。玻璃要满足受力及建筑物的热工要求,采光窗玻璃多用中空玻璃。镜面反射玻璃应颜色一致、平整,幕墙玻璃多采用古铜、湖蓝等着色玻璃。考虑到室内温度环境,则采用吸热玻璃(热反射玻璃);为安全考虑,则应采用钢化玻璃。

(2)连接构造

玻璃幕墙是由主龙骨(立柱或横梁)通过连接件与建筑物主体结构连接,由主体结构承受幕墙自重及风压等荷载。主龙骨间安装次龙骨,形成自身格构体系,框格间嵌装玻璃。

按组合方式和构造做法不同,玻璃幕墙有明框玻璃幕墙、隐框玻璃幕墙和半隐框玻璃幕墙。

1)明框玻璃幕墙

明框玻璃幕墙用型钢或铝合金型材做骨架。骨架通过角钢连接件与主体结构上的预埋铁件焊接,或用镀锌螺栓连接,玻璃镶嵌在骨架的凹槽内,周边缝隙用密封材料处理。为排除因密封不严而流入槽内的雨水,骨架横档支承玻璃的部位可做成倾斜状,外侧用一条铝合金盖板封住(图10.39)。

2)全隐框玻璃幕墙

全隐框玻璃幕墙的构造是将玻璃用结构胶(中性硅酮结构密封胶)预先粘贴在玻璃框上。再用连接件将玻璃框固定于铝合金框格体系上。玻璃框及铝合金框架体系均隐在玻璃后面,从外侧看不到铝合金框,形成一个大面积的有颜色的镜面反射屏幕幕墙。这种幕墙的全部荷载均由玻璃通过结构胶传给铝合金框架(图10.40)。

3)半隐框玻璃幕墙

半隐框玻璃幕墙有竖隐横不隐和横隐竖不隐两种。

竖隐横不隐玻璃幕墙只有竖杆隐藏在玻璃后面,玻璃安放在横杆的玻璃镶嵌槽内,镶嵌槽外加盖铝合金压板,盖在玻璃外面。

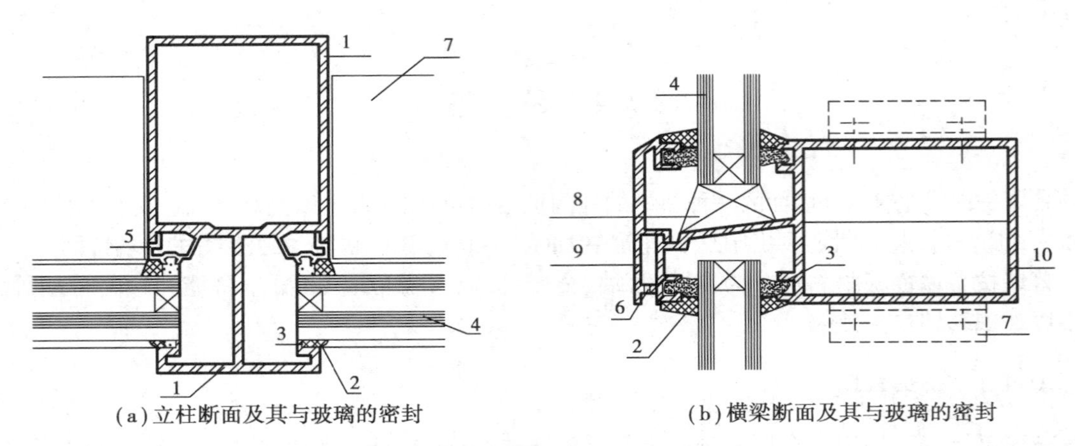

(a)立柱断面及其与玻璃的密封

(b)横梁断面及其与玻璃的密封

图 10.39　明框玻璃幕墙节点示意图

1—立柱;2—密封胶;3—橡胶压条;4—玻璃;5—铝合金压条

6—泄水孔;7—连接件;8—橡胶垫块;9—横挡封板;10—横梁

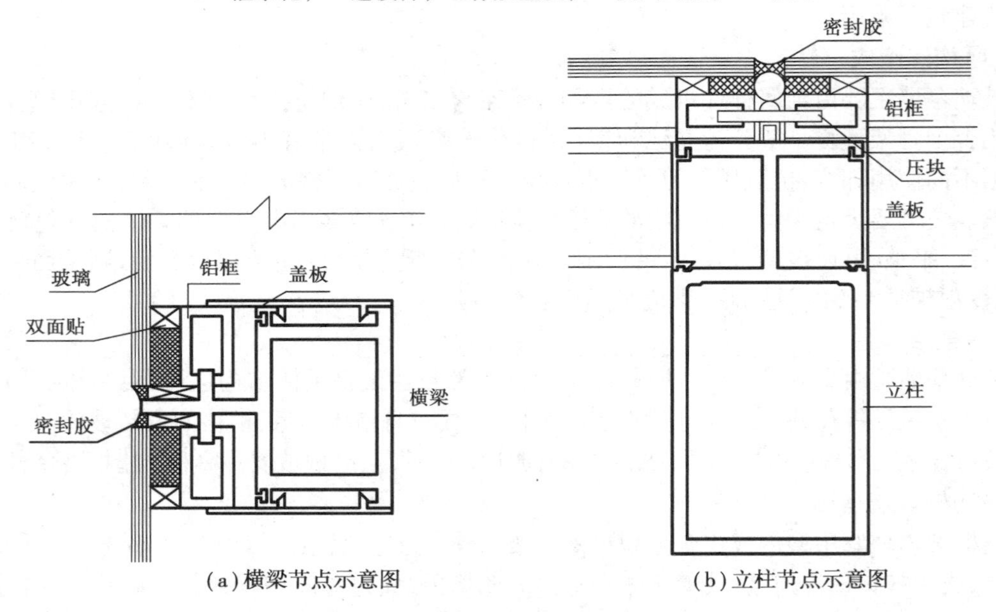

(a)横梁节点示意图

(b)立柱节点示意图

图 10.40　全隐框玻璃幕墙节点示意图

横隐竖不隐玻璃幕墙采用结构胶粘贴式装配方法,在专门车间内制作,结构胶固化后运往施工现场;竖向采用玻璃嵌槽来固定,镶嵌槽外加铝合金压板,形成从上到下整片玻璃由竖向压板分隔成长条形的外表面。

10.4.2　金属幕墙

(1)构造组成

金属幕墙是由幕墙外表面的金属薄板和骨架组成,金属薄板是幕墙的外围护与装饰面层。金属幕墙板由三个基本层次组成:外表层、保温层和内表层。外表层金属薄板有铝合金、不锈钢、彩色钢板、铜或搪瓷金属板等板形材料。保温层材料有岩棉、聚苯乙烯、聚氨酯等。内表层材料有石膏板、纤维板以至金属板等。保温层和内表层可以复合成一体,以简化施工。常用的复合板有复合铝板，其表层双面为0.4～0.5 mm的铝板，中间为聚乙烯芯材。骨架由横竖杆件组成，一般为各种规格的角钢、槽钢、轻钢龙骨、轻金属墙筋等(图10.41)。

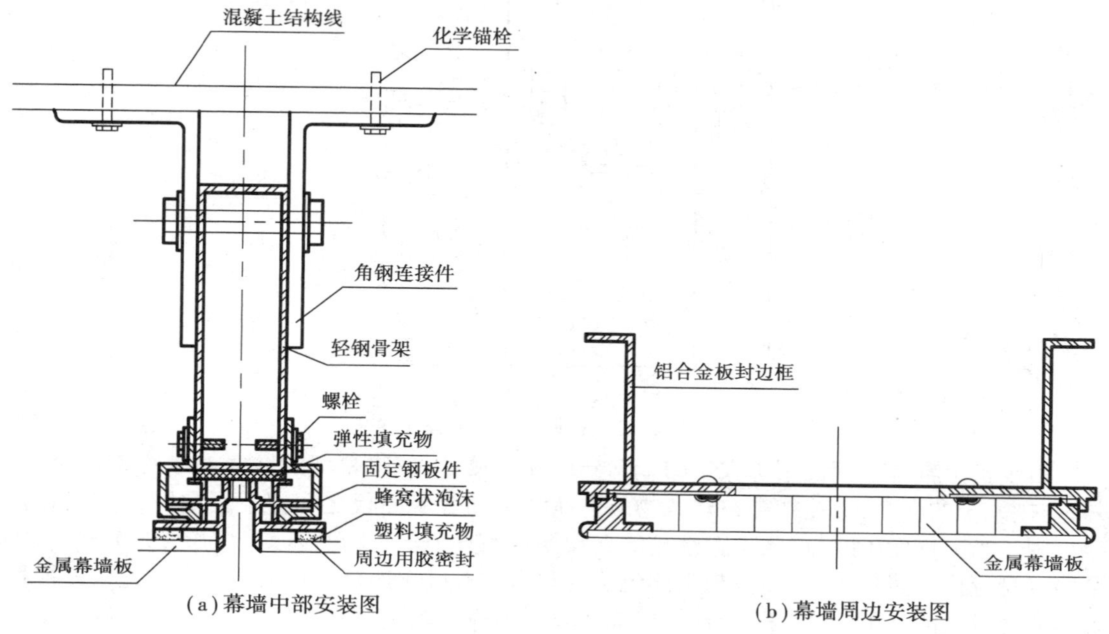

图10.41　金属幕墙节点构造示意图

(2)**构造连接**

骨架的横竖杆件通过连接件与主体结构固定，而连接件与主体结构之间可以用预埋件焊接，也可以在墙上钉化学锚栓。连接件要经过防锈处理或用不锈钢。骨架应预先进行防腐处理。骨架可与角钢连接件焊接，或用螺栓连接，安装骨架位置要准确，结合要牢固。

固定金属板的方法一般是将板用不锈钢螺钉及配套弹簧垫圈拧到骨架上。板缝用橡胶条或密封胶等弹性材料处理。板与板之间的间隙一般为10～20 mm。铝合金板安装完毕后，在易于被污染的部位，要用塑料薄膜覆盖保护。

墙面边缘部位的收口处理，是用铝合金成型板将墙板端部与龙骨部位封住。

10.4.3　石材幕墙

石材幕墙是指在骨架上挂石板材而形成的墙体。

(1)**构造组成**

石材幕墙常用的石材有：花岗石、青石板等。骨架是钢型材或铝合金型材组成的横档和立柱。石材幕墙由三个基本层次组成：外壁、内壁和夹层。外壁即石材，是形成轻板的主要部分，要求无裂缝、无风化、耐腐蚀、保温、耐久和具有一定的刚度，如花岗岩、青石板等；内壁要求有良好的装饰性和防火性，如石膏板、防火塑料板等；夹层要求保温、隔热，如矿棉、玻璃棉、岩棉、泡沫塑料等。

(2)**连接构造**

石材幕墙可以采用干挂石工艺将石材挂在钢型材或铝合金型材的横梁和立柱上，对于大而薄的石板，也有采用胶黏剂黏接和化学锚栓锚固等施工技术。

干挂工艺即利用高强度螺栓和耐腐蚀、强度高的柔性连接件，将石材挂在建筑物结构的外表面,石材与主体之间应留出40~50 mm的空隙,构造如图10.42所示。

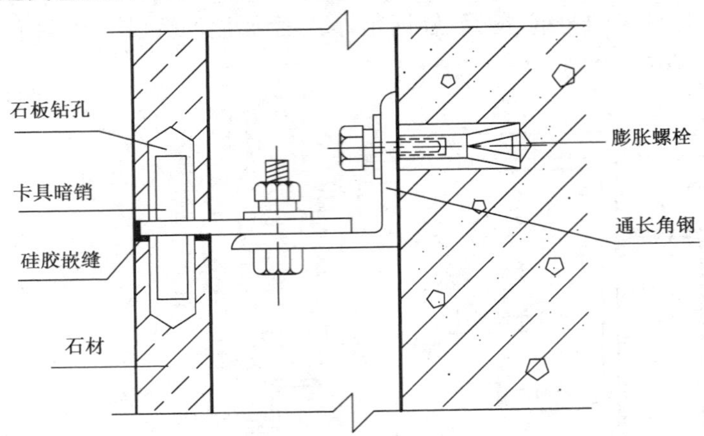

图10.42　石材幕墙构造连接

由于整个幕墙系统使用了大量的金属杆件和连接件,使得幕墙的防雷要求特别严格。此外,连接系统的存在,又往往会在建筑物的主体结构和幕墙面板之间留下了空隙,这对消防也很不利。当火情发生时,这些空隙都是使火和烟贯通整个建筑物的通道。为此,有关规范要求幕墙自身应形成防雷体系,而且与主体建筑的防雷装置可靠连接。在幕墙与主体建筑的楼板、内隔墙交接处的空隙,必须采用岩棉、矿棉或玻璃棉等难燃烧材料填缝,并采用厚度在1.5 mm以上的镀锌耐热钢板(不能用铝板)封口,接缝处与螺丝口应该另用防火密封胶封堵。

10.5　砌块墙

砌块墙是采用在预制厂生产的块材按照一定的技术要求砌筑而成的墙体。预制砌块生产投资少,见效快,生产工艺简单,能充分利用工业废料和地方材料,并有不占用耕地,节约能源,以及保护环境等优点。因此,大力发展砌块的生产和广泛采用砌块墙是我国目前墙体改革的重要任务之一。一般底层和多层建筑以及单层厂房都可以采用砌块墙。

10.5.1　砌块墙的材料及类型

砌块的生产应结合各地区实际情况,因地制宜,就地取材,充分利用各地的自然资源和工业废料。目前各地采用的有混凝土空心砌块、加气混凝土砌块、陶粒、浮石混凝土砌块以及各种废渣制成的砌块,如煤矸石、粉煤灰、矿渣等材料制成的砌块。

(1)按单块重量和幅面大小分

砌块按单块重量和幅面大小可分为:小型砌块、中型砌块和大型砌块。小型砌块系列中,主规格高度在115~380 mm之间,便于人工搬运砌筑。中型砌块系列中主规格高度在380~980 mm之间,施工时需要轻便机具搬运。大型砌块的高度大于980 mm,施工时需要起重运输设备搬运。

(2)按形式分

按构造形式砌块可分为实心砌块和空心砌块。空心砌块又有方孔、圆孔和扁孔等几种(图10.43)。

(a)单排方孔类型一

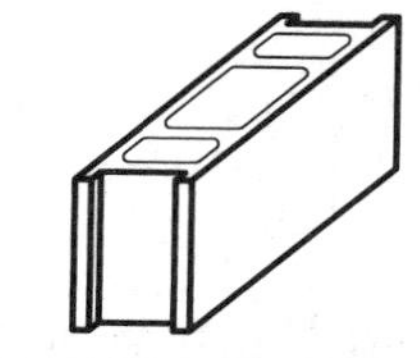
(b)单排方孔类型二

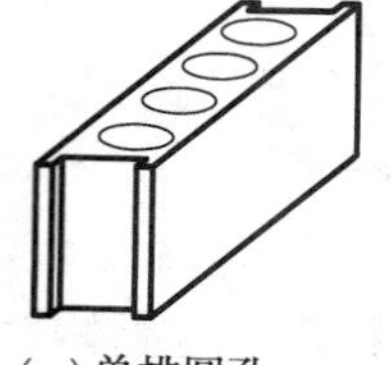
(c)单排圆孔

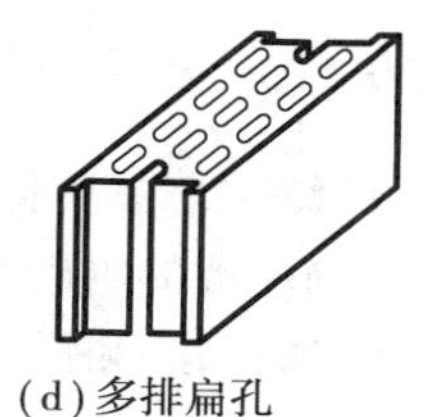
(d)多排扁孔

图10.43　空心砌块形式

(3)**按功能分**

按功能可分为承重砌块和保温砌块。承重砌块用强度比较高的材料，如普通混凝土和容重较大、强度较高的轻混凝土等。保温砌块一般用容重小、导热系数小的材料，如加气混凝土、陶粒混凝土、浮石混凝土等制作。孔洞相互平行交错布置的扁孔砌块保温性能好，用作寒冷地区的外墙砌块。

10.5.2　砌块的排列与组合

砌块的尺寸比较大，排列与组合非常麻烦，不灵活，为了使砌块墙搭接，咬砌牢固，排列整齐有序，在设计时，应按照所用砌块的规格做出砌块的排列组合图。砌块的排列组合图一般有各层的平面图、内外墙立面分块图。在进行砌块的排列组合时，应按墙面尺寸和门窗位置布置，对墙进行合理的分块，尽量减少砌块的规格类型，提高主要砌块使用率，避免补砖或少补砖，如图10.44和图10.45所示。

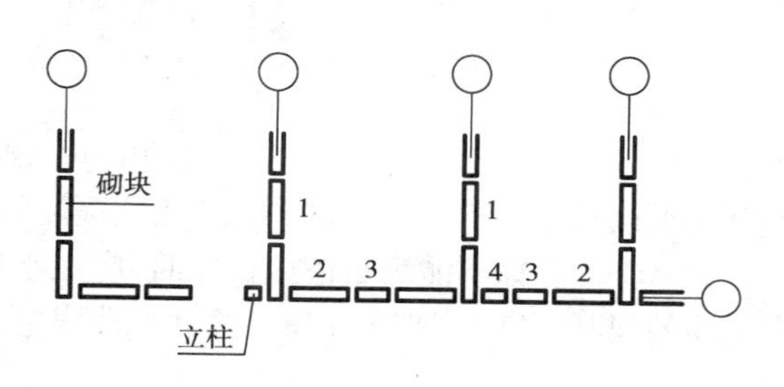

图10.44　砌块墙平面排列示意图

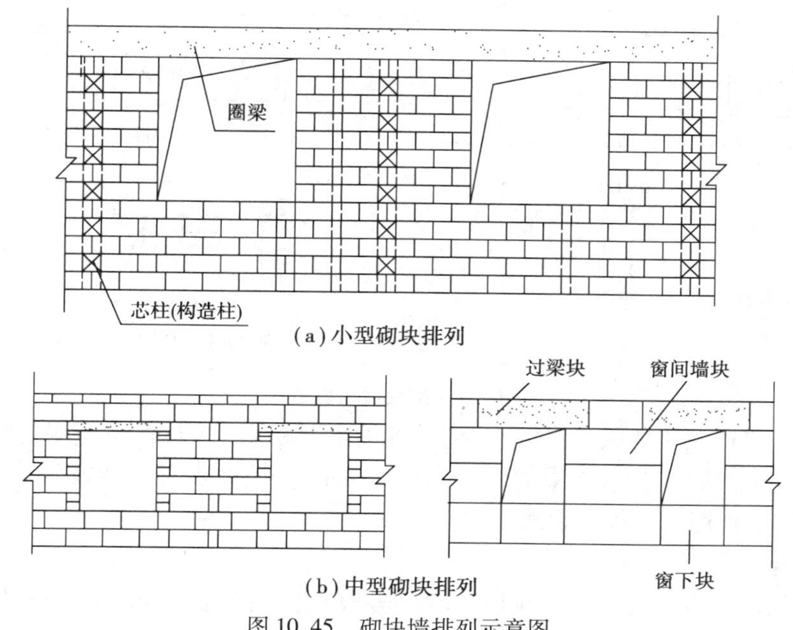

(a)小型砌块排列

(b)中型砌块排列

图10.45　砌块墙排列示意图

10.5.3　砌块墙的构造

(1)增加墙体整体性的措施

1)砌块墙的组砌与错缝

良好的错缝和搭接是保证砌块墙整体性的重要措施。由于砌块尺寸较大,砌块墙在厚度方向大多没有搭接,因此砌块的长向错缝搭接就更显重要,要求纵横墙交接处和外墙转角处均应咬接(图 10.46)。

图 10.46　砌块墙的咬接

中型砌块上下皮搭接长度不少于砌块高度的1/3,且不小150 mm;小型砌块上下皮搭接长度不小于90 mm。如不能满足搭接长度时,应在水平灰缝内增设不少于2ϕ4 的焊接钢筋网片(横向钢筋的间距不宜大于200 mm),网片每端均超过此垂直缝且不小于300 mm(图10.47)。

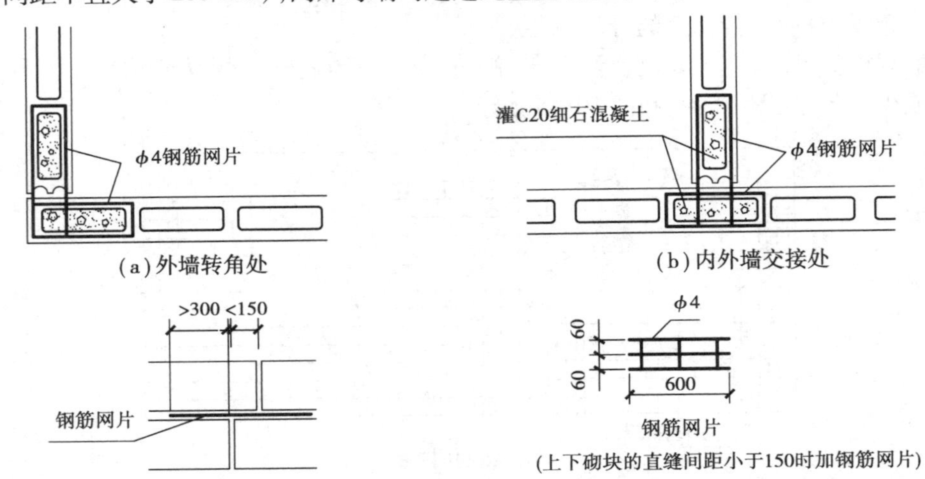

图 10.47　砌块墙通缝处理

砌块墙的砌筑砂浆一般采用强度不少于 M5 的水泥砂浆。灰缝的宽度主要根据砌块材料和规格大小确定,一般情况下,小型砌块为 10 ~ 15 mm,中型砌块为 15 ~ 20 mm。当竖缝宽度大于 30 mm 时,必须用 C20 细石混凝土灌实。

2)设置过梁和圈梁

过梁是砌块墙的重要构件,它既起连系梁和承受门窗洞孔上部荷载的作用,同时又是一种调节砌块。当层高与砌块高出现差异时,过梁高度的变化可起调节作用,从而使砌块的通用性更大。过梁若是预制，则相互间一般用电焊连接，以提高其整体性（图10.48）。

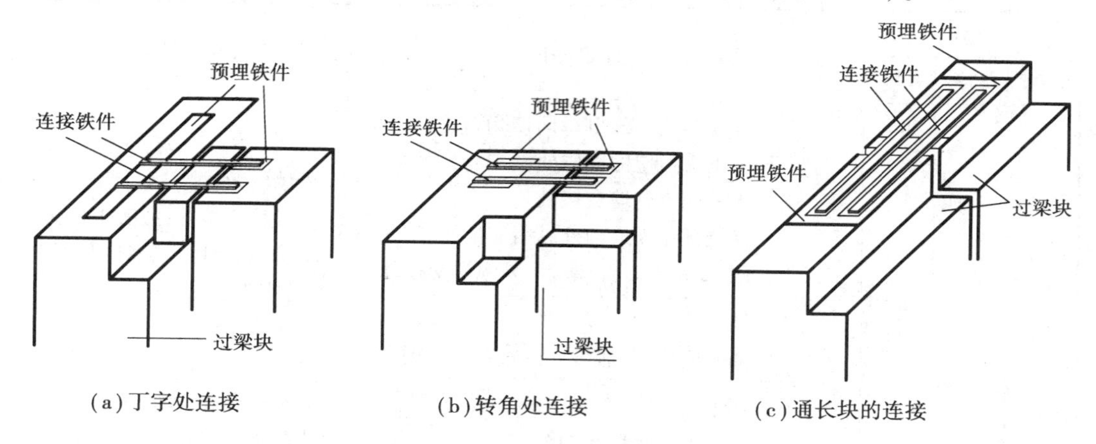

图10.48　预制过梁块的连接

为了加强砌块墙的整体性，多层砌块建筑应设置圈梁。设置圈梁的原则与多层砖砌体房屋圈梁设置原则一样。

圈梁有现浇和预制两种。现浇圈梁整体性强，对加固墙身非常有利，但施工复杂。很多地区采用U形预制构件，在槽内配置钢筋，现浇钢筋混凝土形成圈梁。当圈梁与过梁标高相近时，往往圈梁和过梁一并考虑。（图10.49）。

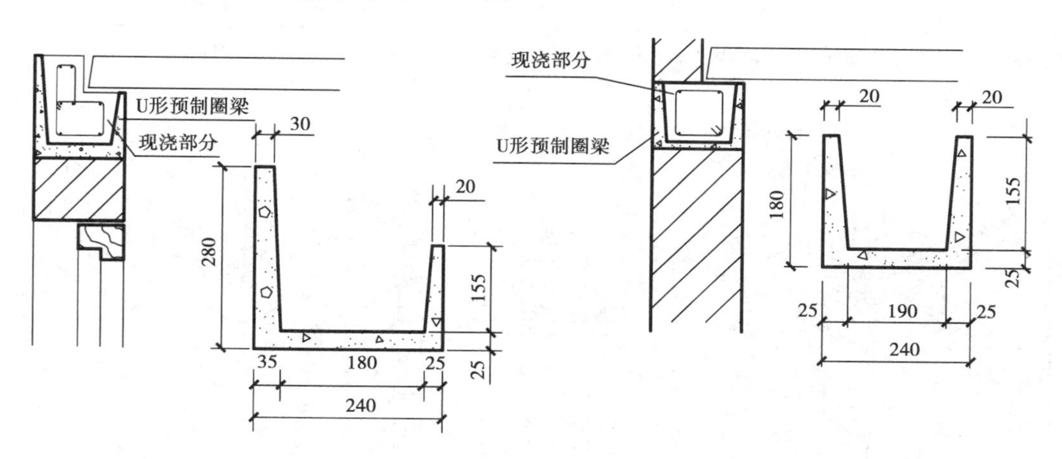

图10.49　砌块现浇圈梁

3）设置构造柱（芯柱）

砌块墙的竖向加强措施是在外墙转角以及某些内外墙交接处增设构造柱，将砌块在垂直方向连成一体。多层小型砌块墙体构造柱的设置要求见表10.5。

采用混凝土空心砌块时，构造柱常利用空心砌块自身的孔上下对齐，在孔中配置$\phi12$～$\phi14$的钢筋，然后用细石混凝土分层灌实。构造柱（芯柱）应伸入室外地面下500 mm或与埋深小于500 mm的基础圈梁相连。小砌块房屋构造柱截面不宜小于120 mm×120 mm。多层小型砌块房屋可采用$\phi4$点焊钢筋网片，沿墙高每隔600 mm水平通长设置，墙体交接处或芯柱与墙体连接处应设置拉结钢筋网片，如图10.50所示。

表 10.5　小砌块房屋芯柱设置要求

房屋层数				设置部位	设置数量
6 度	7 度	8 度	9 度		
四、五	三、四	二、三		外墙转角,楼、电梯间四角,楼梯斜梯段上下端对应的墙体处 大房间内外墙交接处 错层部位横墙与外纵墙交接处 隔 12 m 或单元横墙与外纵墙交接处	外墙转角,灌实 3 个孔 内外墙交接处,灌实 4 个孔 楼梯斜段上下端对应的墙体处,灌实 2 个孔
六	五	四		同上 隔开间横墙(轴线)与外纵墙交接处	
七	六	五	二	同上 各内墙(轴线)与外纵墙交接处 内纵墙与横墙(轴线)交接处和洞口两侧	外墙转角,灌实 5 个孔 内外墙交接处,灌实 4 个孔 内墙交接处,灌实 4 ~5 个孔 洞口两侧各灌实 1 个孔
	七	≥六	≥三	同上 横墙内芯柱间距不大于 2 m	外墙转角,灌实 7 个孔 内外墙交接处,灌实 5 个孔 内墙交接处,灌实 4 ~5 个孔 洞口两侧各灌实 1 个孔

注:外墙转角、内外墙交接处、楼电梯间四角等部位,应允许采用钢筋混凝土构造柱替代部分芯柱。

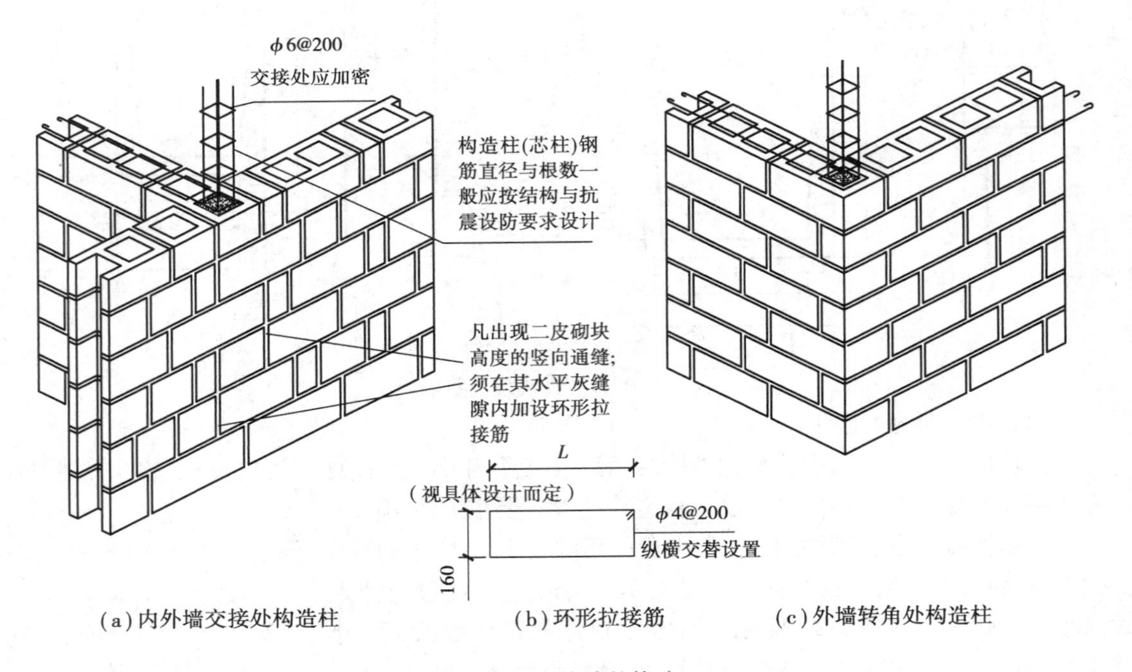

(a) 内外墙交接处构造柱　(b) 环形拉接筋　(c) 外墙转角处构造柱

图 10.50　砌块墙的构造

(2)门窗固定

砌块墙与门窗框的固定方法可以采取在砌块中预埋木块和铁件的方法,但这会增加砌块的规格和类型,给砌块的生产和砌筑造成麻烦。另外,有些砌块的强度低,直接用圆钉固定容易松动。在实践中可以根据各种砌块选用下面相应的安装方法:

①对于实心砌块墙门窗固定,可以预埋胶粘圆木或塑料胀管来固定门窗框。

②对于空心砌块墙,门窗框的固定一般采用:在固定门窗框的部位用砌入预制的U形块,在U形块内灌入C10细石混凝土,并沿高度每500 mm埋防腐木砖,然后用$\phi5\times70$螺钉固定门窗框,也可预埋涂胶圆木,直接与门窗黏接。如果为金属门窗框,则预埋鱼尾铁件或固定铝框铁件,然后与门窗框焊接(图10.51)。

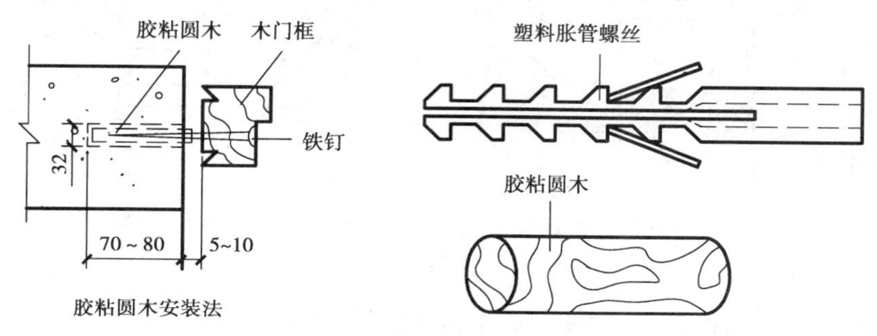

(a)加气混凝土砌块墙门窗固定法

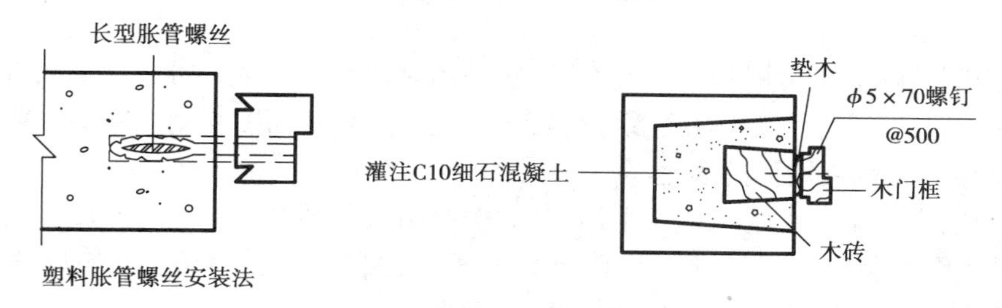

(b)混凝土空心砌块墙门窗固定法

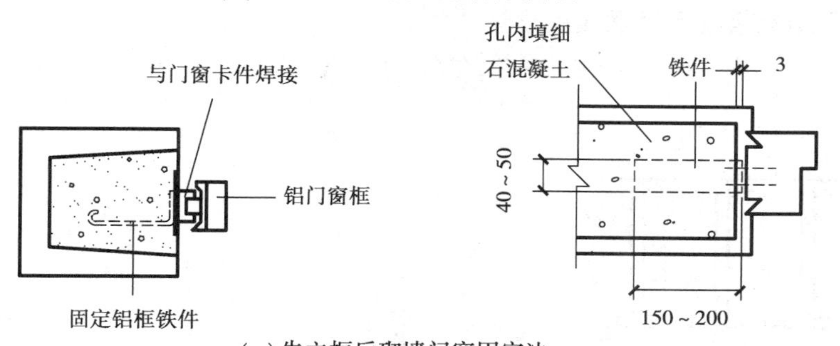

(c)先立框后砌墙门窗固定法

图10.51 门窗固定法

(3)勒脚防湿构造

因为砌块大多为多孔材料,吸水性强,容易浸水受潮,特别是在勒脚及水落管附近墙面等部位,所以必须采取一定的防湿措施。

一般情况下,在勒脚部位应用混凝土勒脚,也可在勒脚部位将空心砌块用C15混凝土灌填密实(图10.52),还可用黏土砖砌筑,砌筑高度应高出室内地面小于200 mm,然后再在砖勒脚内做防潮层(图10.53)。

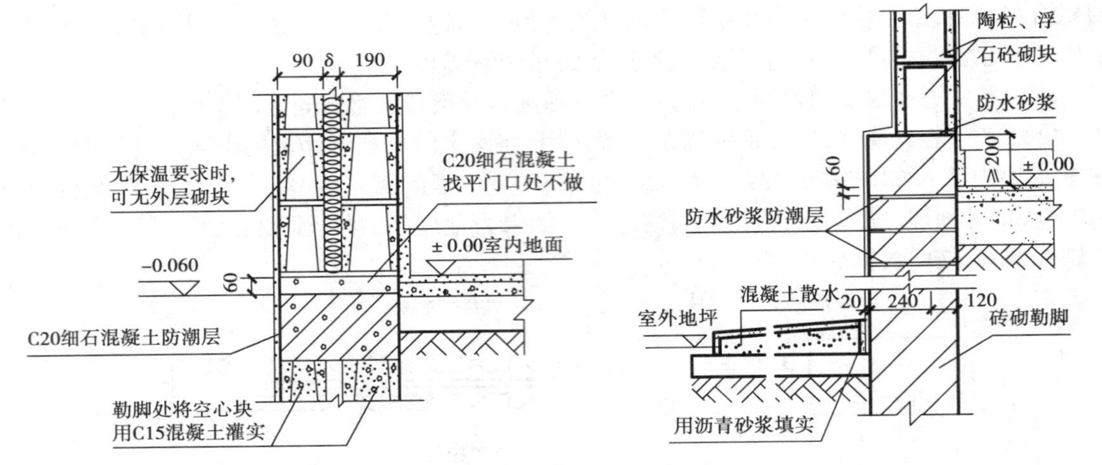

图10.52　混凝土空心砌块墙防潮做法　　图10.53　陶粒浮石混凝土砌块墙防潮做法

10.6　墙体在建筑平面图中的表达

建筑平面图实际上是房屋的水平剖面图,它是用来表示建筑物在水平方向空间的分隔与墙体、门窗的布置的。因此,墙体在建筑平面图上的表达,是平面图绘制当中的重要内容。

(1)**在砖砌体结构中墙体的表达**

建筑平面图中的墙体被水平剖切平面剖到,按照国家制图规范规定,砖墙的外轮廓线为粗实线,且当平面图绘制比例大于或等于1∶50时,应画出抹灰面、材料图例,例如砖墙用45°的细斜线表示;当比例小于1∶50时,砖墙涂红表示(图10.54)。

(2)**砌块墙及填充墙在平面图中的表达**

如图10.55所示,材料轮廓用粗实线,其他用细实线。

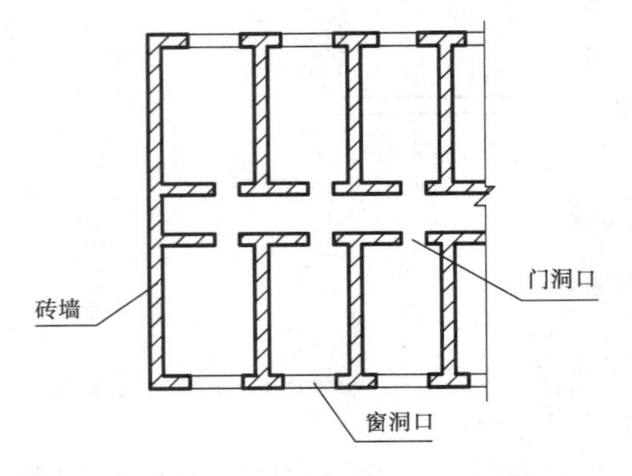

图10.54　承重砖墙在平面图中的表示

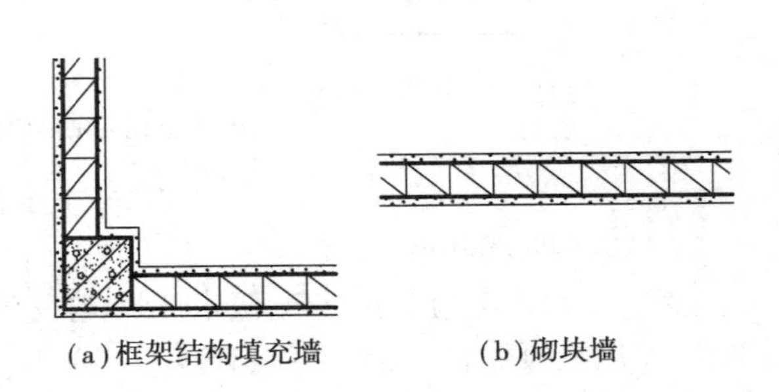

图10.55　砌块墙在平面图中的表示

小 结

墙体是建筑物的重要组成部分，它不仅起着围护、分隔空间的作用，在砖混结构中它还起着承重的作用。

(1)墙体的类型、作用及设计要求

要求在掌握墙体设计原理的基础上，分析选择正确的构造方法，以使达到既适用、安全，又美观、经济的最佳效果。

(2)墙体的保温、隔热与隔声

重点要注意影响保温与隔热的各种因素，选择正确的构造方法。

(3)墙体的细部构造

在这一部分里主要介绍了在墙身构造图中的几个重要的组成部分，其中有：墙垛、壁柱、过梁、圈梁、构造柱、窗台、勒脚、散水、明沟、防潮层等。其中墙垛和壁柱是为增加墙体的刚度和稳定性，防止墙体变形而设置的；圈梁和构造柱是为了拉接墙体，以增加墙体的整体性和抗震性而设置的；过梁是为了承受洞口的上部荷载并将其传给洞口两侧的墙体而设置的；勒脚和踢脚是保护墙体并起到美观作用；对于防潮层、散水和明沟要注意其各种构造措施及各自的特点。

其他两种墙体：防火墙和空斗墙。防火墙一般设在防火性能要求比较高的建筑中，如一些重要的建筑或人流比较密集的场所中。空斗墙在我国南方一些地区采用，常用在三层或三层以下的民用建筑中。它具有节省砖的特点(一砖厚的空斗墙与同厚度的实体墙相比，可节省砖22% ~38%)，但不能用于抗震设防区。

(4)隔墙、幕墙和砌块墙

这一部分要求了解这三种墙体的类型和它们各自的构造方式及施工要点。隔墙主要是分隔建筑物的室内空间，能够满足人们根据使用要求灵活分隔室内空间的意愿。

幕墙是现代民用建筑尤其是公共建筑外墙面的一种新型的墙面装饰。玻璃幕墙晶莹、轻巧、光亮、透明；金属幕墙新颖、别致、简洁、明快；石材幕墙厚重、粗犷、朴实、自然，突出了建筑艺术这一特点。

复习思考题

10.1 墙体按其受力不同、构造不同、施工方法不同可分为哪几种类型?

10.2 墙体在设计上有哪些要求?

10.3 确定砖墙厚度的因素有哪些?

10.4 为什么墙体会产生冷凝水? 墙体的保温措施有哪些?

10.5 砖砌体的加固措施有哪些?

10.6 试述砌块墙特点和设计要求。

10.7 勒脚的作用是什么? 其常用做法有哪些?

10.8　墙身水平防潮层的做法有哪些？水平防潮层应设在什么位置？
10.9　什么情况下设置垂直防潮层？试简述其构造做法。
10.10　构造柱起什么作用？一般设置在什么位置？
10.11　散水和明沟的作用是什么？其构造作法如何？
10.12　为什么严寒地区散水下要设防冻胀层？
10.13　圈梁的位置和数量如何确定？
10.14　什么情况下设附加圈梁？附加圈梁如何设置？
10.15　隔墙有哪些类型？
10.16　幕墙有哪些类型？各有什么特点？
10.17　绘制勒脚与散水处的节点图。
10.18　绘制附加圈梁与原圈梁的构造关系。
10.19　图示钢筋砖过梁的构造要点。
10.20　图示水平防潮层的构造做法。

第11章 楼地层

本章要点及学习目标

本章主要讲述楼地层的设计要求和构造组成,钢筋混凝土楼板的类型、特点、结构布置和连接构造,以及阳台、雨篷的类型和布置形式。要求主要掌握楼板与墙或梁的连接方式;楼地面的防水、隔声的构造措施,以及楼板层、地坪层、阳台和雨篷的结构形式及构造做法。

11.1 概 述

楼地层包括楼板层和地坪层,它们是建筑物的重要组成部分。

11.1.1 楼地层的作用及设计要求

(1)楼地层的作用

楼板层是用来分隔建筑物垂直方向室内空间的水平构件,又是承重构件,承受着自重和作用在它上部的各种荷载,并将这些荷载传递给下面的墙或柱;另一方面,楼板又是墙或柱在水平方向的支承构件,以减小风力和地震产生的对墙体水平方向的推力,加强建筑墙体抵抗水平方向变形的刚度。同时,楼层还提供了敷设各类水平管线的空间,如电缆、水管、暖气管道、通风管等。此外楼板还应具有一定程度的隔声、防火、防水等能力。

地坪层是建筑物底层与土壤直接接触的水平构件,承受作用在它上面的各种荷载,并将其传递给地基。

(2)楼地层的设计要求

为了保证建筑物的使用安全和质量,设计时应满足下列要求:

1)应具有足够的强度和刚度,以保证在各种荷载作用下的使用安全,同时变形不超过容许范围,以保证使用正常。

2)应具有一定的隔声能力,以避免楼层间的相互干扰。

3)应具有防水和防潮能力。对于用水房间(如厨房、厕所、卫生间等)的地面,一定要做好防水和防潮处理。

4)应具有一定的防火能力。根据不同的使用要求和建筑质量等级,楼板层应具有一定的防火能力。使其燃烧性能和耐火极限符合国家防火规范中的有关规定。

5)应具有一定的保温和隔热性能,以保证室内温度适宜,居住舒适。

6)应满足敷设各种管线的要求。

7)应考虑经济和建筑工业化等方面的要求。

11.1.2 楼板层的构造组成

为了满足多种要求,楼板层都由若干层次组成,各层有着不同的作用。楼板层主要由面层、结构层和顶棚层三个基本层次组成,有时为了满足某些特殊要求,必须加设附加层。

(1)面层

面层是楼板层上表面的铺筑层,也是室内空间下部的装饰层,又称楼面或地面。面层是楼板层中与人和家具设备直接接触的部分,起着保护楼板、分布荷载的作用,使结构层免受损坏,同时也起装饰室内环境的作用。

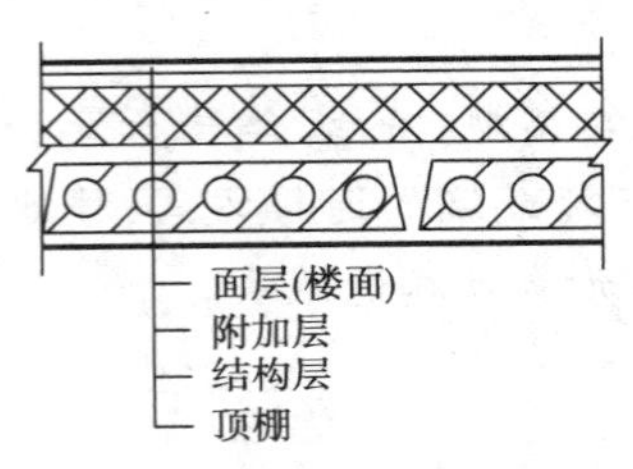

(a)预制钢筋混凝土楼板层

面层(楼面)
附加层
结构层
顶棚

(b)现浇钢筋混凝土楼板层

图 11.1 楼板层的构造组成

(2)结构层

结构层位于面层和顶棚之间,是楼板层的承重部分,包括板和梁。结构层承受着整个楼板层的全部荷载,并把这些荷载传递给其下面的墙或柱,同时对墙体起着水平方向的拉接作用,并对楼板层的隔声、防火等起着主要作用。

(3)附加层

附加层又称功能层。它是为了满足楼板层的特殊需要而设置的,如隔声、保温、隔热、防水、防潮、防腐蚀等。附加层有时可和面层或吊顶合而为一。

(4)顶棚层

顶棚层位于楼板层的最下面,起着保护楼板,安装灯具,敷设管线,以及装饰室内环境等作用。

11.1.3 地坪层的构造组成

地坪层主要由面层、结构层和垫层三部分组成。而结构层和垫层又称作为基层。对于有些特殊要求的地层,还常在面层和结构层之间增设附加层(图 11.2)。

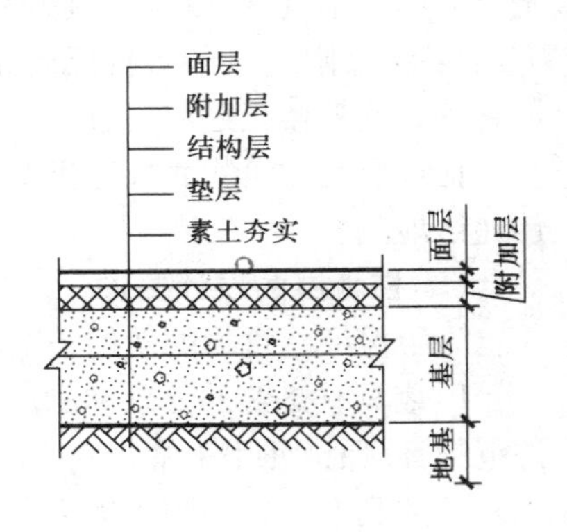

图 11.2 地层构造

1)面层

地坪的面层又称地面,地面是地坪层中与人、家具、设备等直接接触的表面层,是地坪层的装饰层。可根据室内的使用、耐久性和装饰要求,确定面层的材料和做法。

2)结构层

结构层是承受并传递荷载的地层的重要组成部分。结构层通常采用 C10 混凝土,其厚度一般为 80 ~ 100 mm。

3)垫层

垫层为结构层与地基之间的找平层或填充层,主要用来加强地基,帮助结构层传递荷载。对于地基条件好且荷载不大的建筑,也可不设垫层,直接素土夯实后做垫层;但若地基条件不好,荷载又大,以及室内有特殊要求时,地坪下面一般都设垫层,垫层都必须夯实。

4)附加层

附加层是为了满足某些特殊功能要求而设置的,如防水层、防潮层、保温层、隔热层、隔声层或管道敷设层等。

地坪层与土壤直接接触,土壤中的水分会浸入底层室内,而且若地下水位高时,受潮就更加严重,因此,应针对不同地区,采取不同的防潮措施。

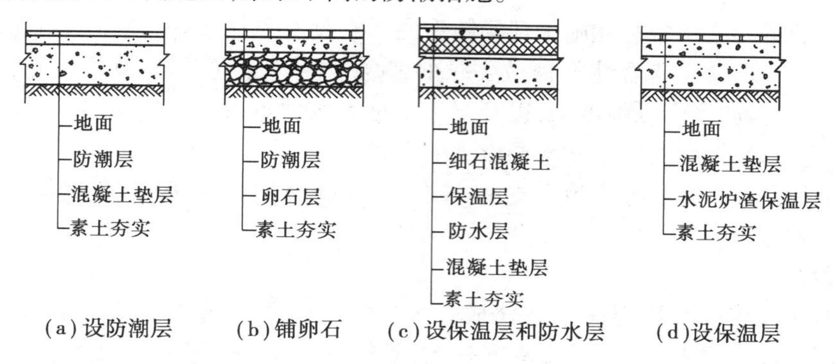

图11.3　地层防潮

如图11.3(a)、(b)用于一般地区,图11.3(c)用于水位较高地区,图11.3(d)用于水位低、干燥地区。若防潮要求比较高时,可设空铺地层。空铺地层的基本构造是在夯实土层或混凝土垫层上设地垄墙或设短柱架梁,然后在其上布设楼板(图11.4)。

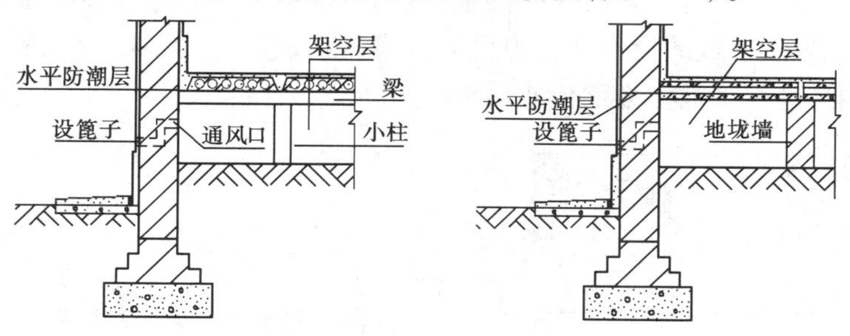

图11.4　空铺地层

11.1.4　楼板的类型

楼板按其所用材料的不同可分为:木楼板、砖拱楼板、钢筋混凝土楼板、压型钢板组合楼板等。

①木楼板是我国传统的楼板形式,它是用木梁承重,上面铺木地板,下面的顶棚做板条抹灰。木楼板施工简单,重量轻,保温性能好;但木材易燃,且容易受潮变形,耐久性差,造价较高,且会破坏自然环境,现在很少使用。

②砖拱楼板自重大,施工复杂,对技术性要求高,楼板厚度大,而且对抗震不利,所以已经不用。

③钢筋混凝土楼板具有强度高,刚度好,耐久性好,且耐火,还具有良好的可塑性,而且有利于实现建筑工业化,在建筑施工中得到了广泛的应用。

④压型钢板组合楼板是一种新型的楼板形式,它利用钢板作永久性模板且又起受弯构件

的作用,既提高了楼板的强度和刚度,又加快了施工进度,同时又可利用压型钢板的肋间空隙敷设管线等,是现在正大力推广的一种新型建筑楼板。

11.2 钢筋混凝土楼板构造

钢筋混凝土楼板按施工方式不同可分为:现浇式、装配式和装配整体式三种类型。

11.2.1 现浇式钢筋混凝土楼板

现浇式钢筋混凝土楼板是在施工现场制作的。它具有整体性好,抗震能力强,刚度高,容易适应各种形状或尺寸不符合建筑模数要求的楼层平面等优点,但它有模板用量大,工序繁多,需要养护,施工期长,劳动强度高,以及湿作业量大等缺点。主要用于平面形状复杂,整体性要求高,管道布置较多,对防水防潮要求高的房间。

现浇式钢筋混凝土楼板按受力和支承情况分为板式楼板、梁式楼板、无梁楼板以及压型钢板混凝土组合式楼板。

(1)板式楼板

当房间的尺寸较小,楼板层直接现浇成一块矩形的板,并支撑在四周的墙体上,这样的板称为板式楼板。板式楼板底面平整,厚度一致,易于支模浇注。板式楼板的经济跨度在 2 ~ 3 m,厚度在 80 mm 左右。它主要适用于开间小的房间,如多用于住宅中的厨房、厕所、盥洗室、走廊、楼梯休息平台等处。

(2)梁式楼板

当房间的尺寸较大时,若仍采用板式楼板,板的厚度会因跨度较大而增加,这样很不经济且板的自重加大。为使楼板的受力和传力更为合理,常在楼板下设梁,作为板的支承点,以减少板的跨度和厚度,这种楼板称为梁板式楼板(图 11.5)。

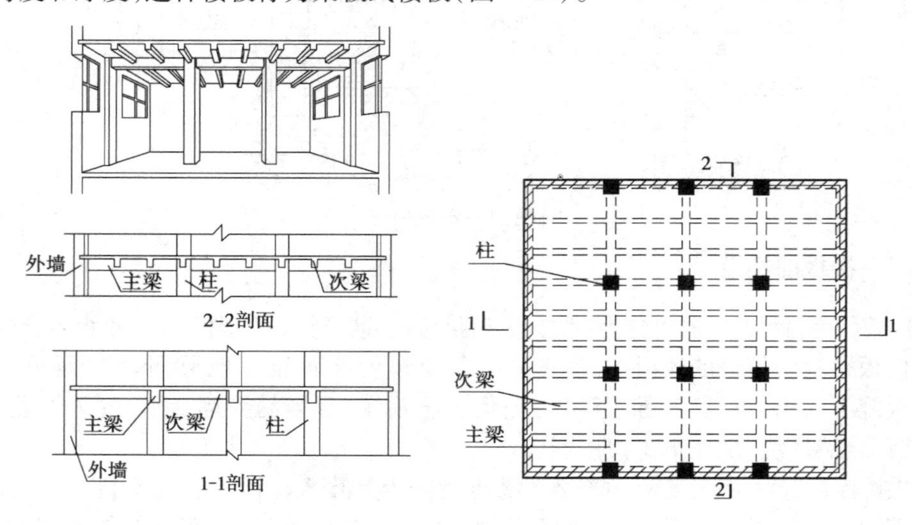

图 11.5　梁式楼板

楼板根据其受力特点和支承情况可分为:单向板和双向板。当板的长边尺寸 l_2 与短边尺

寸 l_1 的比值 $l_2/l_1>2$ 时，为单向板；当 $l_2/l_1\leq 2$ 时，为双向板。双向板比单向板受力和传力更加合理，能充分发挥构件材料的作用(图11.6)。

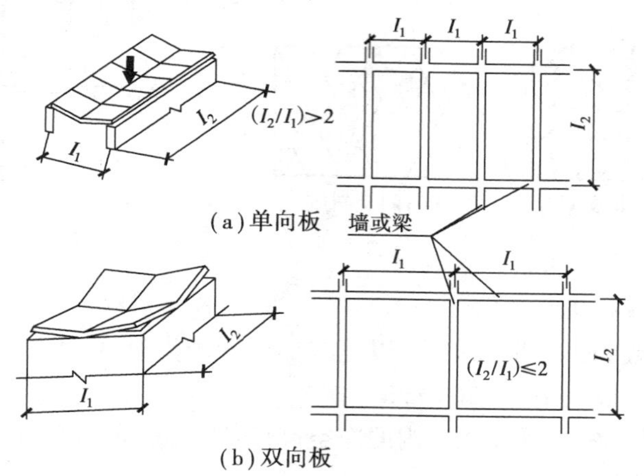

图11.6　楼板受力特点

梁板式楼板下的梁呈双向布置，并分为主梁和次梁，主次梁交叉形成梁格，主梁一般沿房间短向布置。次梁跨度即为主梁的间距，板的跨度即次梁的间距。

1)楼板结构的布置要求

梁式楼板结构的荷载由板传给次梁，次梁传给主梁，再由主梁传给墙或柱。合理布置梁系对建筑的使用、造价和美观等有很大影响。

在结构设计中，应考虑构件的经济尺度，以确保构件受力的合理性。当房间的尺度超出构件的经济尺度时，可在室内增设柱子作为主梁的支点，使其尺度在经济跨度范围以内。

2)井式楼板

井式楼板是梁式楼板的一种特殊形式。当房间的形状为正方形或近于正方形(长宽之比不大于1.5的矩形平面)且跨度在10 m或10 m以上时，可将两个方向的梁等间距布置，采用相同的梁高，不分主次，这种楼板称为井式楼板(图11.7)。井格一般布置成正交正放、正交斜放或斜交斜放三种(图11.8)。它可用于较大的无柱空间，如门厅、大厅、会议厅、餐厅、舞厅等处。

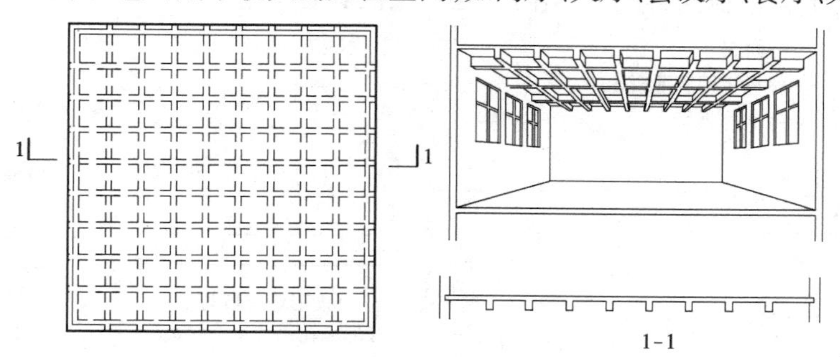

图11.7　井格楼板

(3)无梁楼板

当房间的空间较大时，也可不设梁，而将板直接支承在柱上，这种楼板称为无梁楼板(图11.9)。无梁楼板常是框架结构中的承重形式。楼板的四周可支承在墙上，亦可支承在边柱的圈梁上，或是悬臂伸出边柱以外。无梁楼板分为柱帽式和无柱帽式两种。当荷载较大时，一

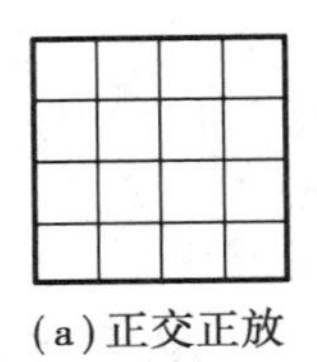
(a)正交正放

(b)正交斜放

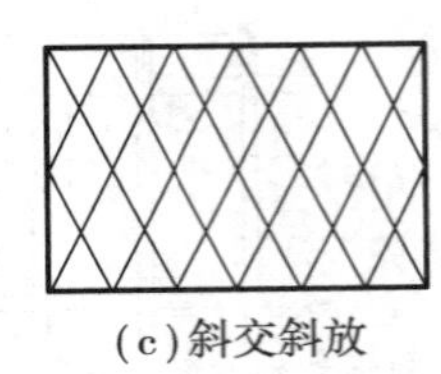
(c)斜交斜放

图 11.8　井格形式

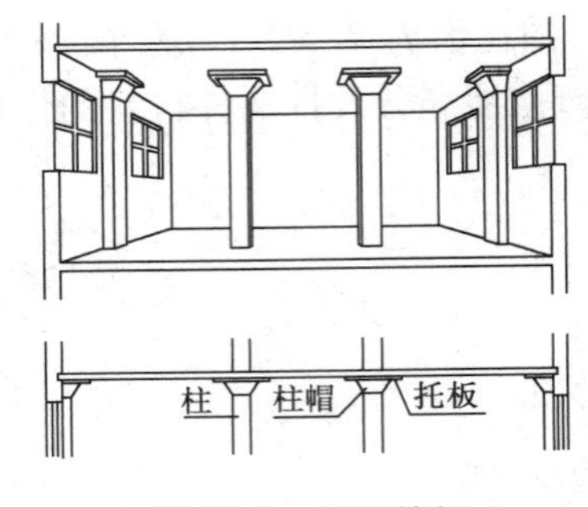

图 11.9　无梁楼板

般在柱的顶部设柱帽或托板。

无梁楼板柱网一般为正方形或矩形，以正方形柱网最为经济，跨度一般在 6 m 左右，板厚通常不小于 120 mm，一般为 160～200 mm。

无梁楼板具有顶棚平整，增加了室内的净空高度，以及采光和通风条件好等特点，多用于商店、仓库和展览馆等建筑。

(4)**压型钢板混凝土组合楼板**

1)压型钢板混凝土组合楼板的特点

压型钢板混凝土组合楼板是用凹凸相间的压型薄钢板做衬板来现浇混凝土，支承在钢梁上构成整体的楼板结构。

由于压型钢板组合楼板充分利用了材料性能，因此简化了施工程序，整体性好，强度高，刚度大，耐久性长。它比钢筋混凝土楼板自重轻，施工速度快，承载力高，适用于大空间、高层民用建筑和大跨度工业厂房中。

压型钢板板宽为 500～1 000 mm，肋或肢高为 35～150 mm，板的表面除镀 14～15 μm 的一层锌外，板的背面为了防腐，可再涂一层塑料或油漆。

2)压型钢板组合楼板的构造

压型钢板混凝土组合楼板是由压型钢板、现浇混凝土和钢梁三部分组成(图 11.10)。压型钢板组合楼板的构造形式较多，根据压型钢板形式(图 11.11)的不同有单层钢衬板组合楼板和双层钢衬板组合楼板两种类型(图 11.12 和图 11.13)。

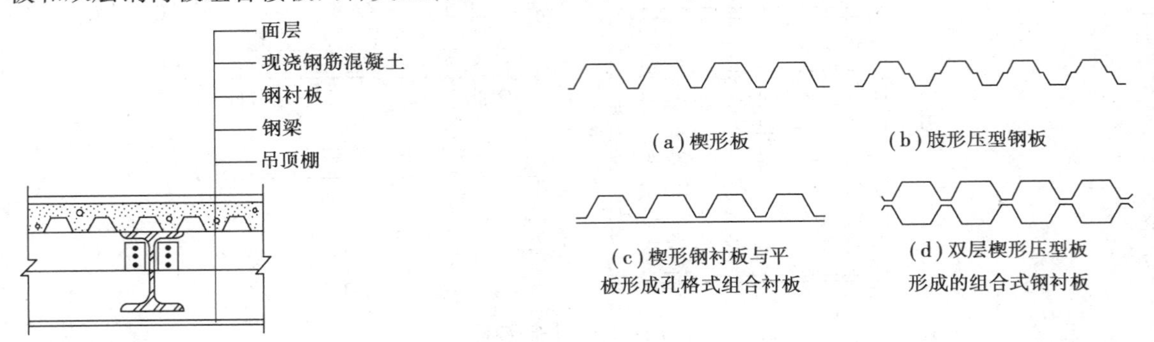

图 11.10　压型钢板组合楼板基本组成

图 11.11　压型钢板截面形式

压型钢板之间和钢板与钢梁之间常采用焊接、自攻螺栓、膨胀铆钉或压边咬接等方式进行连接(图 11.14)。

压型钢板组合楼板的整体的连接是由抗剪螺钉将钢筋混凝土、压型钢板和钢梁组合成整

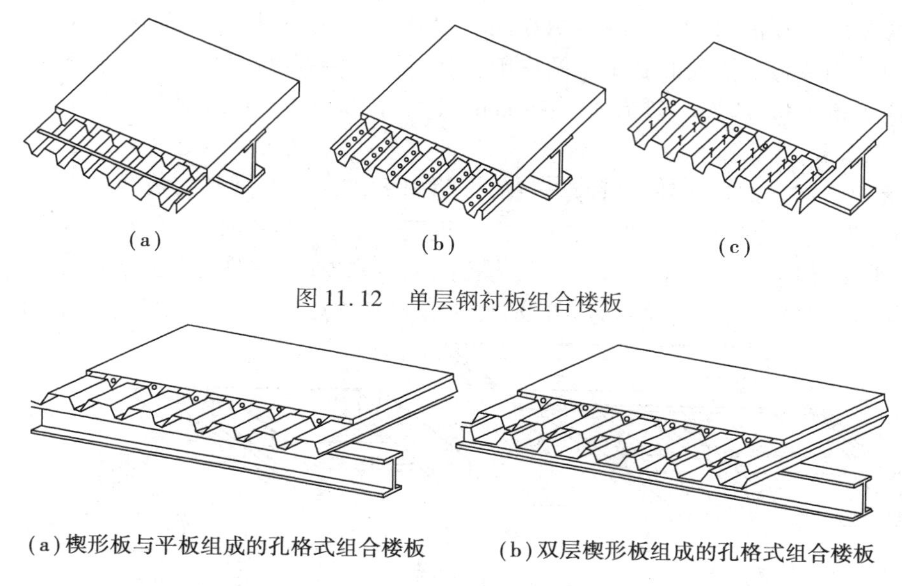
(a)　(b)　(c)

图 11.12　单层钢衬板组合楼板

(a) 楔形板与平板组成的孔格式组合楼板　(b) 双层楔形板组成的孔格式组合楼板

图 11.13　双层钢衬板组合楼板

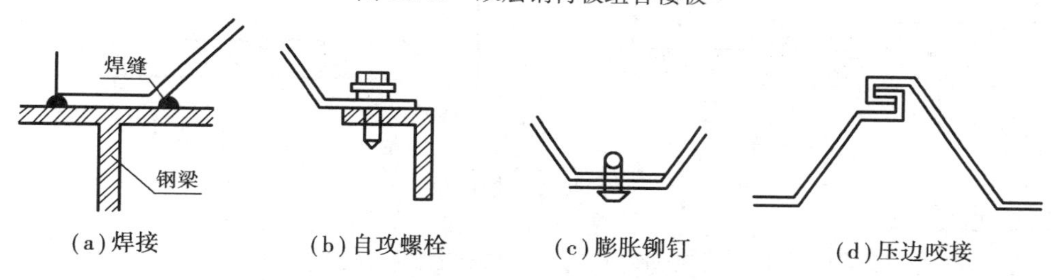

(a) 焊接　(b) 自攻螺栓　(c) 膨胀铆钉　(d) 压边咬接

图 11.14　压型钢板各组件间的连接

体，抗剪螺钉的规格和数量是按楼板与钢梁连接的剪力大小确定的。

11.2.2　预制装配式钢筋混凝土楼板

预制装配式钢筋混凝土楼板具有节约模板，简化操作程序，减轻劳动强度，加快施工进度，大幅度缩短工期，建筑工业化施工水平高等优点，但预制钢筋混凝土楼板整体性差，抗震性能不好。

预制钢筋混凝土楼板有预应力和非预应力两种。预应力楼板与非预应力楼板相比，减轻了自重，节约了钢材和混凝土，降低了造价，也为采用高强度材料创造了条件，因此，在建筑施工中优先采用预应力构件。

(1) 预制钢筋混凝土楼板的类型

1) 实心平板

实心平板上下板平整，制作简单。板的经济跨度一般在 2.4 m 以内，板厚为 50 ~ 80 mm（板厚常取跨度的 1/30），板宽为 600 ~ 900 mm。实心平板的规格各地区不同。

实心平板的跨度小，一般用于建筑物的走廊板、楼梯的平台板、阳台板，也可用作架空搁板、沟盖板等。

2) 槽形板

槽形板是一种梁板合一的构件，为了方便搁置并提高板的刚度，可在板的横向两端也设肋封闭。当板跨达到 6 m 时，每隔 500 ~ 700 mm，设横肋一条，以进一步增加板的刚度，满足承载的需要。由于槽形板的边肋起到了梁的作用，因此，槽形板可以做得很薄，而且跨度可以很大，特别是预应力槽形板，板厚一般为 30 ~ 35 mm，板宽为 600 ~ 1 500 mm，肋高为 150 ~ 300 mm，板跨为 3 ~ 7.2 m。

槽形板的放置方式有两种：一种是正置，板肋向下；另一种是倒置，板肋向上。正置时，受力合理，充分发挥了混凝土良好的抗压能力，但板底不平整；倒置时，受力不甚合理，材料用量较多，板底平整，但上表面不平，需做面板，为提高隔声能力，可在槽内填充隔声材料。

槽形板具有自重轻，节省材料，造价低，便于开孔等优点，但隔声性能较差（图 11.15）。

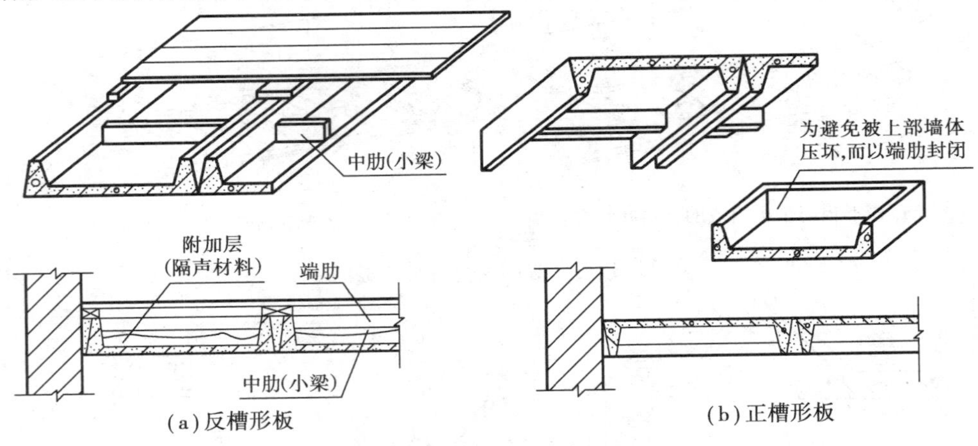

图 11.15　槽形板

3）空心板

空心板的孔的断面有圆形、正方形、长方形和椭圆形等，但因圆形孔强度和刚度都较大，且制作时抽芯脱模方便，故目前预制空心板基本上采用圆形孔（图 11.16）。

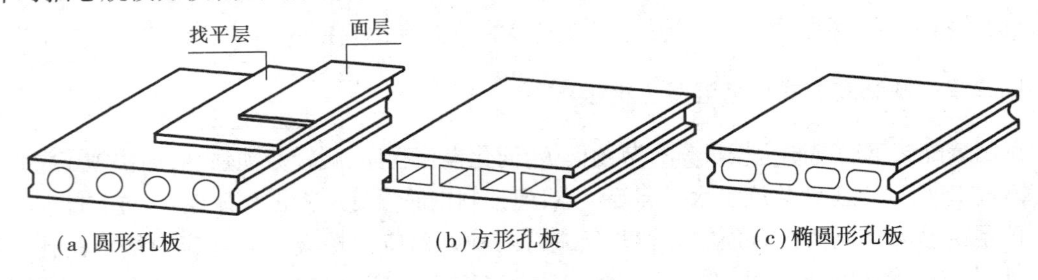

图 11.16　预制空心板

空心板上下板面平整，便于做楼面和顶棚，比实心平板经济省料，且隔声性能也优于实心板和槽形板，因此是目前采用最为广泛的板型。空心板上不能随便开洞，故不适用于管道穿越较多的房间。

空心板各地区的规格也不尽相同，一般有中型板和大型板之分，中型板板跨多为 4.5 m 以下，板宽为 500 ~ 1 500 mm，常见的规格是 600 ~ 1 200 mm，板厚为 90 ~ 120 mm；大型空心板板宽为 1 200 ~ 1 500 mm，板厚为 180 ~ 240 mm，施工中板的厚度根据跨度来选定。

空心板在安装时，有时为了避免混凝土灌缝时漏浆和确保板端上部墙体不至于压坏板端，且能将上部荷载均匀传至下部墙体，板端的孔洞应用细石混凝土制作的圆台堵塞（称为堵头），这样还可增强隔声和隔热的能力（图 11.17）。

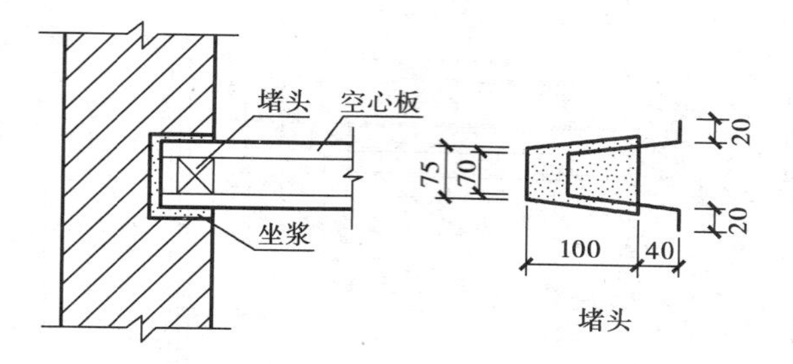

图11.17　堵头

(2)装配式楼板的布置和连接构造

1)结构布置

板的搁置方式视结构布置方案而定。其搁置方式有两种:板式结构布置和梁板式结构布置。

①板式结构布置

当建筑物为砖混结构时,预制板一般可直接搁置在纵向或横向的砖墙上,形成板式结构(图11.18)。

板在墙上必须有足够的搁置长度,《砌体结构设计规范》规定:预制钢筋混凝土板的支承长度在墙上不宜小于100 mm。在地震设防区,当圈梁未设在板的同一标高时,板在外墙上的搁置长度应不小于120 mm,在内墙上的搁置长度不应小于100 mm。另外,在布板时,应先在墙上垫10~20 mm厚M5的水泥砂浆层(坐浆),以使板与墙体很好连接,板上的荷载可均匀传递给墙体(图11.19)。板式结构布置适用于横墙较密的住宅、宿舍、办公室等建筑。

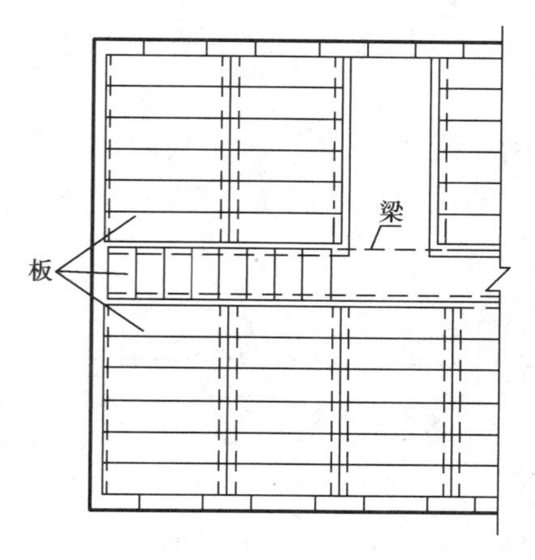

图11.18　板式结构布置

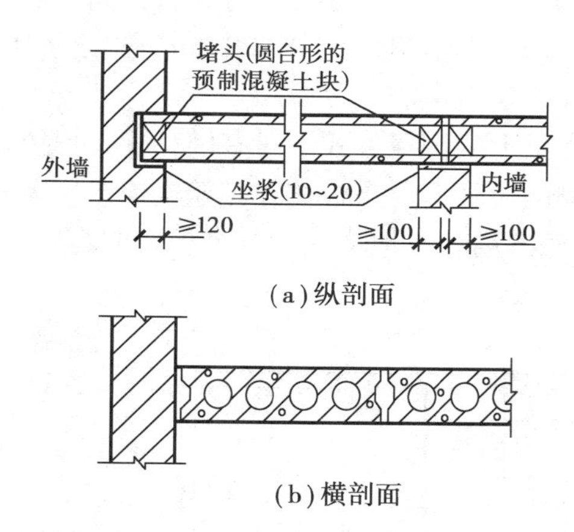

图11.19　板在墙上的搁置

空心板布置在墙上时,靠墙的板的纵边不能放置在墙上,以防出现三边支承。因为预制空心板的钢筋配置和截面选择都是按单向受力状态考虑的,且钢筋都配置在受拉区。而三边支承的板为双向受力状态,在荷载作用下,板的受压区受拉,出现板沿肋边竖向开裂,同时,也使压在边肋上的墙体受局部承压影响而削弱其承载力(图11.20)。

为了增加建筑物的整体刚度,可用钢筋将板与墙之间进行拉接(图11.21),这种钢筋称为锚固筋,也称为拉接钢筋。拉接钢筋的配置应根据抗震要求和建筑物对整体刚度的要求来确定,各地区的拉接锚固措施也各不相同。

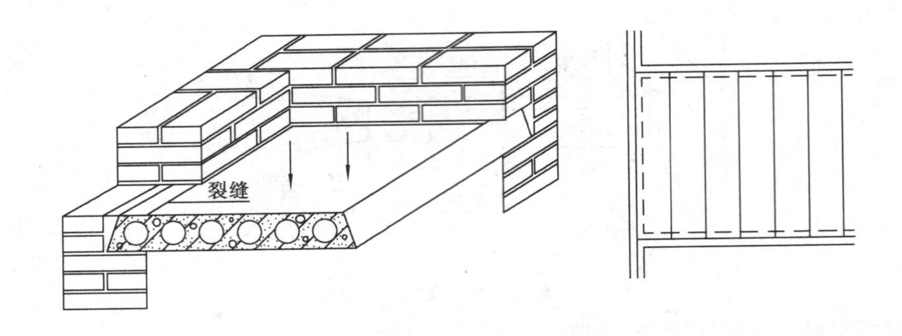

图 11.20　三面支撑的板

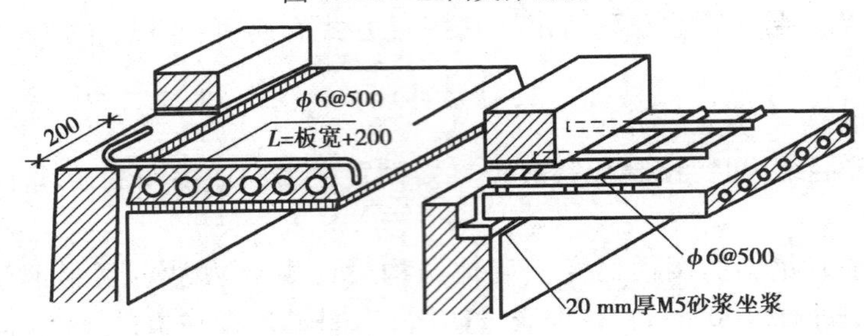

图 11.21　板与墙的拉接

②梁板式结构布置

当建筑物的进深和开间比较大时，楼板可搁置在梁上，而梁支承在墙或柱子上，形成梁板式结构（图 11.22）。板在梁上的支承长度一般不小于 80 mm。板搁置时，先在梁上设水泥砂浆（坐浆），砂浆的厚度在 10～20 mm，强度为 M5。梁板式结构多用于教学楼等开间和进深尺寸都较大的建筑中。

板在梁上的搁置方式一般有两种：一种是板直接搁在梁顶上，另一种是板搁在花篮梁或十字梁两侧的挑耳上。当板搁在花篮梁或十字梁上时，板的顶面与梁顶面平齐，在梁高不变的情况下，梁底净高相应地增加了一个板厚的高度，（图 11.23）。

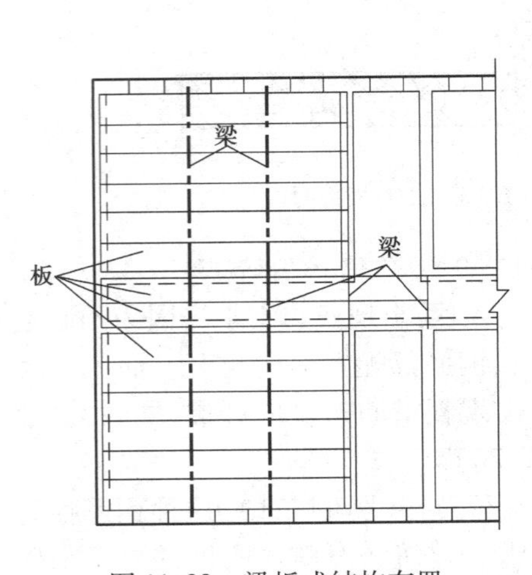

图 11.22　梁板式结构布置

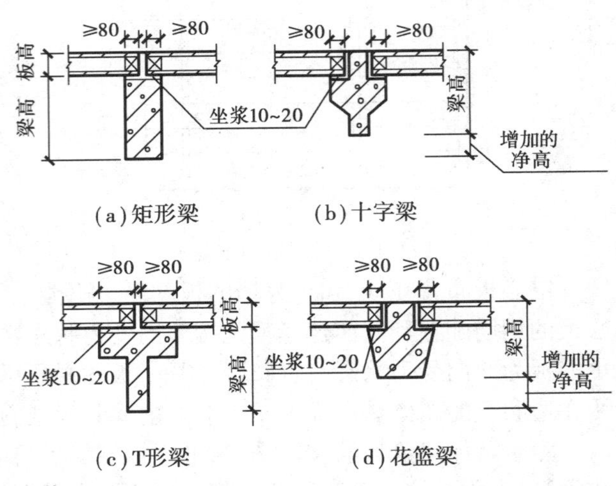

图 11.23　板在梁上的搁置

此外，为了加强梁板的连接，常用钢筋锚固。板与梁的拉接构造如图11.24所示，图中的板梁锚固方式适用于地震设防烈度为6～9度地区。在进行板的结构布置时，一般要求板的规格、类型越少越好，以简化板的制作与安装。且宜优先采用宽度较大的板型。

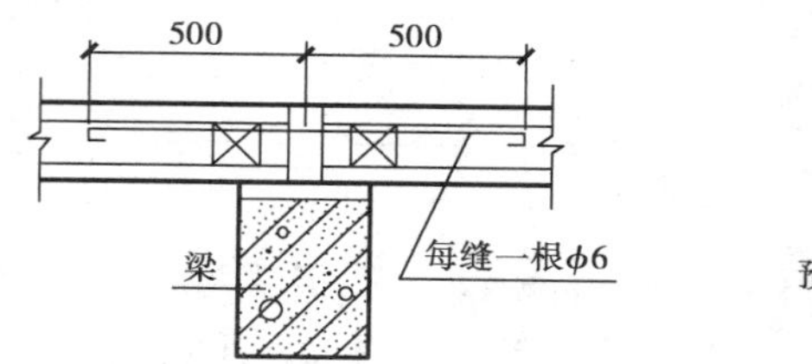

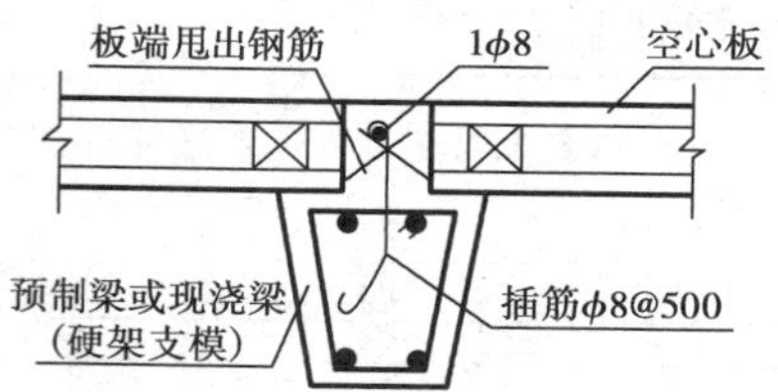

图11.24　板与梁的拉接

2）板缝处理

为了便于安装楼板，预制楼板的构造尺寸总是比其标志尺寸小10～20 mm，这样预制楼板布设时就形成了侧缝和端缝。

①板侧缝的处理

各个地区据其抗震设防要求不同，对板缝的处理方法也不同。如抗震设防7～8度地区，按照国家抗震设防规定：当板缝大于或等于20 mm时，在缝内灌细石混凝土；当缝大于或等于30 mm时，板缝内配筋须按计算确定。

板的侧缝一般有V形缝、U形缝和凹形缝三种形式图(11.25)。V形缝具有制作简单的优点，但容易开裂，连接不牢固；U形缝上面口大，易于灌浆，但牢固性也不如凹形缝。凹形缝连接牢，整体性强，相邻板之间共同工作的效果好，对抵抗板间裂缝和错动的能力最强，但灌浆和捣浆都比较困难。

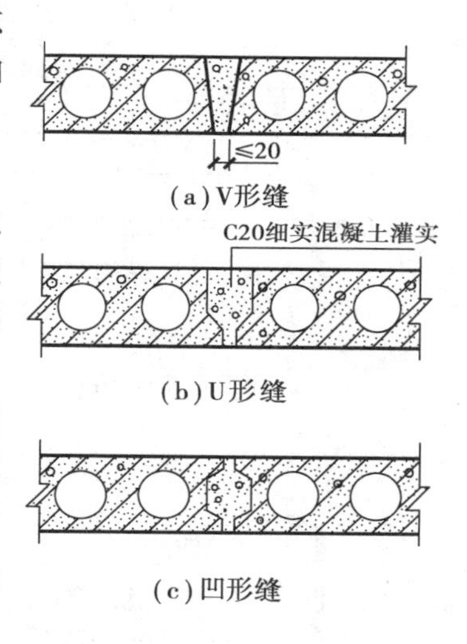

图11.25　板侧缝形式

②板端缝的处理

为了增强板的整体性和抗震能力，可将板端露出的钢筋交错搭接在一起，或加钢筋网片，再用细石混凝土灌缝，当板端缝正好处在圈梁处，可在缝内加筋，使缝与圈梁浇注在一起(图11.26)。

③剩余板缝处理

在布置房间楼板时，板宽方向的尺寸(即板在宽度方向的总和)与房间的平面尺寸之间可能会出现差额，可采取以下几种办法解决：当缝差在60 mm以内时，调整各板缝宽度；当缝差为60～120 mm时，可沿墙边挑两批砖解决(图11.27(a))；当缝差为120～200 mm或因竖向管道沿墙边通过时，则用局部现浇板带的办法解决(图11.27(b)、(c))；当缝差超过200 mm时，需重新选择板的规格。

(3)楼板上隔墙的设置

若预制楼板上设立隔墙时，应当采用轻质隔墙，隔墙自重轻，可设置在楼板的任何位置。如果是自重大的隔墙时，就应避免将隔墙放置在一块楼板上(图11.28)。

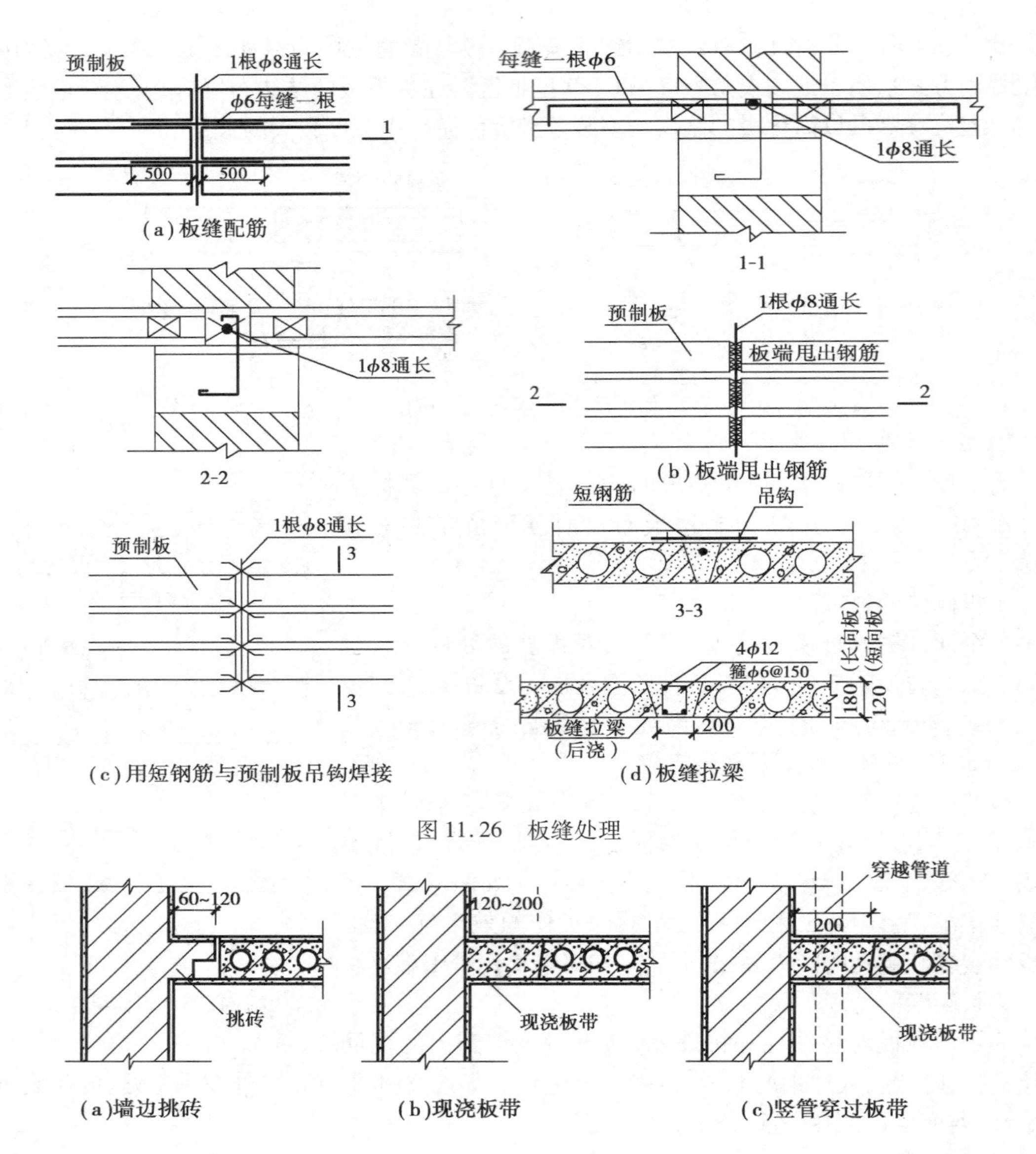

图11.26　板缝处理

图11.27　板缝差的处理

11.2.3　装配整体式钢筋混凝土楼板

装配整体式钢筋混凝土楼板是将预制的部分构件在安装过程中用现浇混凝土的方法将其连成一体的楼板结构。它综合了现浇式楼板整体性好和预制装配式楼板施工简单、工期短、节约模板的优点，又避免了现浇式楼板湿作业量大、施工复杂和装配式楼板整体性差的缺点。常用的装配式楼板有密肋填充块楼板和叠合式楼板两种。

(1)**密肋填充块楼板**

密肋填充块楼板的密肋小梁有现浇和预制两种。

1)现浇密肋填充块楼板

现浇密肋填充块楼板是以陶土空心砖、矿渣混凝土空心块和玻璃钢壳等作为肋间填充块

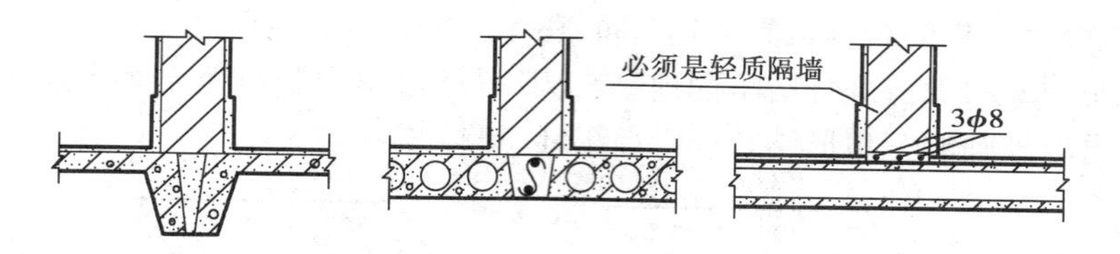

(a)隔墙支承在纵肋上 (b)隔墙搁置在现浇板带上 (c)隔墙支承在空心板上

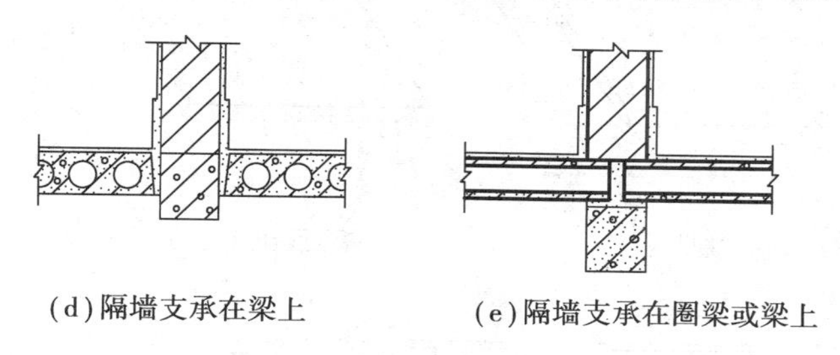

(d)隔墙支承在梁上 (e)隔墙支承在圈梁或梁上

图11.28 楼板上隔墙的设置

来现浇密肋小梁和面板而成。填充块与肋和面板相接触的部位带有凹槽,用来与现浇的肋与板相咬接,使楼板的整体性更好。密肋宽60~120 mm,肋高200~300 mm,肋的间距视填充块的尺寸而定,一般为300~600 mm,面板的厚度一般为40~50 mm。

2)预制小梁填充楼板

预制小梁填充块楼板是在预制小梁之间填充陶土空心砖、矿渣混凝土空心块、煤渣空心砖等填充块上面现浇混凝土面层而成。预制密肋填充块楼板中的密肋有预制倒T形小梁、带骨架芯板等。

密肋填充块楼板底面平整,有很好的隔声、保温、隔热性能,力学性能好,整体性较好,可充分利用材料的性能,且有利于敷设管道。这种楼板能适应不同跨度和不规整的楼板,常用于学校、住宅、医院等建筑,但不适用于有振动的建筑(图11.29)。

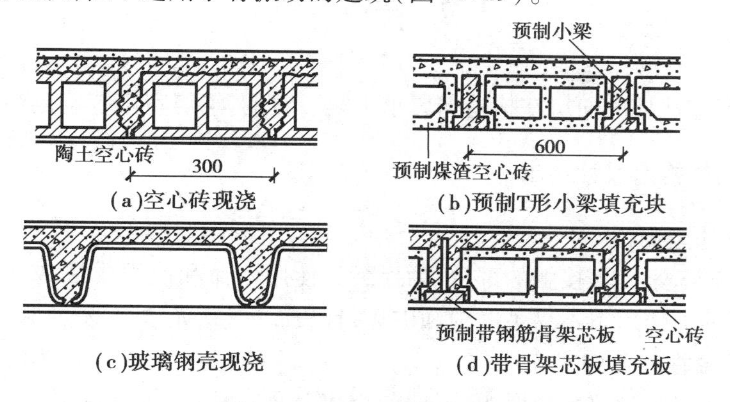

(a)空心砖现浇 (b)预制T形小梁填充块

(c)玻璃钢壳现浇 (d)带骨架芯板填充板

图11.29 密肋填充块楼板

(2)预制薄板叠合楼板

预制薄板叠合楼板是将预制薄板和现浇钢筋混凝土层叠合而成的装配整体式楼板。它可分为普通钢筋混凝土薄板和预应力混凝土薄板两种。

预应力薄板板厚为50~70 mm,板宽为1 100~1 800 mm,叠合板的总厚度视板的跨度而定,一般为150~250 mm,以大于或等于预制薄板厚度的2倍为宜。叠合楼板的跨度在

4～6 m,预应力叠合楼板的跨度最大可达9 m,在5.4 m以内较为经济。

为了使预制薄板与现浇叠合层牢固地结合为一体,可将预制薄板表面作刻槽处理,或者是在薄板表面露出较规则的三角形结合筋等(图11.30)。

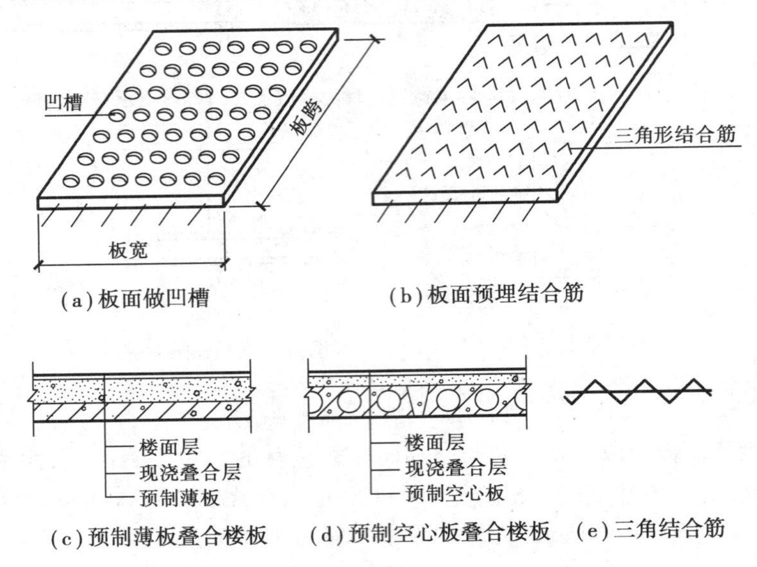

图11.30　预制薄板叠合楼板

叠合楼板具有整体性好、跨度大,强度和刚度高,可节约模板,以及施工进度快等优点,其表面平整,便于饰面层装修,适用于对整体刚度要求高和大开间的建筑,如适合住宅、宾馆、学校、办公楼、医院以及仓库等建筑。

11.3　地面构造

楼板层的面层和地坪的面层在构造与要求上是一致的,均属室内装修范畴,统称为地面。

11.3.1　地面的构造设计要求

(1)具有足够的坚固性

地面是直接与人、家具等接触的部分,为提高其使用寿命和使用质量,要求必须具有一定的坚固性,使其在外力作用下不易被磨损和破坏,且表面平整、光洁,易清洁和不起灰。

(2)面层的保温性能要好

作为地面,要求材料导热系数要小,以便冬季在上面接触时不感到寒冷。

(3)面层应具有一定弹性

使行走时不致有过硬的感觉,而且有弹性的地面对减少噪声有利。

(4)其他要求

对有水作用的房间,要求地面可以抗潮湿,不透水;对有火源的房间,要求地面防火、耐燃;对有酸、碱腐蚀的房间,则要求地面具有防腐蚀的能力。

11.3.2　地面类型

地面的名称是依据面层的材料而命名的。按面层所用材料和施工方式不同,常见的地面可分为:整体类地面、块材类地面、卷材类地面及涂料类地面四大类。各类地面构造做法详见本书 16.3 节内容。

11.4　楼地面防水与隔声构造

11.4.1　楼地面防水

在建筑构造设计中,楼地面的防水构造是非常重要的。对于一般房间的地面,只要在楼板上浇注 C20 细石混凝土并使之密实,且将板缝填实密封,即可解决防水问题。但对于用水房间(如厨房、厕所、盥洗室等)的楼地面必须采取必要的防水措施。否则,会影响建筑物的使用寿命,破坏建筑结构。楼地面的防水主要从以下两个方面解决:

(1)楼地面排水

为便于排除楼地面积水,楼地面应设地漏,并起一定的坡度,坡度值一般为 1% ~1.5%,便于水自然导向地漏。另外,为防止地面积水外溢,应使有水房间的楼地面的标高比其他房间地面标高低 20 ~30 mm,或者设门槛,门槛应高出地面 20 ~30 mm。

(2)楼地面防水构造

对于楼地面的防水构造,应该解决以下几个问题:

1)楼板防水

对于用水房间,楼板最好采用现浇钢筋混凝土。面层通常用防水性能好的材料,如水泥地面、水磨石地面、马赛克地面或缸砖地面等。对于防水要求较高的房间,还应在楼板层与面层之间设置防水层。常用的防水层可用防水卷材、防水砂浆、防水涂料等。为防止水沿房间四周浸入墙身,应将防水层沿墙身向上延伸到踢脚超出地面 100 ~150 mm。在门口处,防水层还应伸出门外至少 250 mm(图 11.31)。

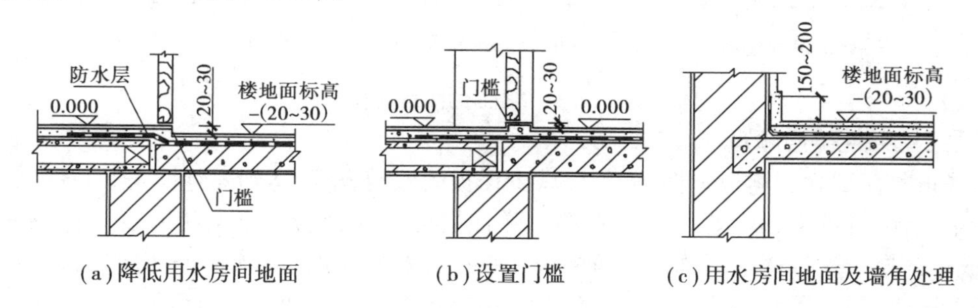

图 11.31　楼地面防水构造

2)管道穿越处的防水构造

管道穿越处是防水最薄弱的部位。一般对于冷水管道穿过的地方用 C20 干硬性细石混凝土捣固密实,再用防水涂料作密封处理。对于热水管道穿越处,由于温度变化,管道会出现胀缩变形,易使管道周围漏水,因此通常在管道穿越位置预先埋置一个比热力管径大一号的套管,以保证热力管能自由伸缩而不影响混凝土开裂。套管设置要比楼地面高出 30 mm 以上,并在缝隙内填塞弹性防水密封材料(图 11.32)。

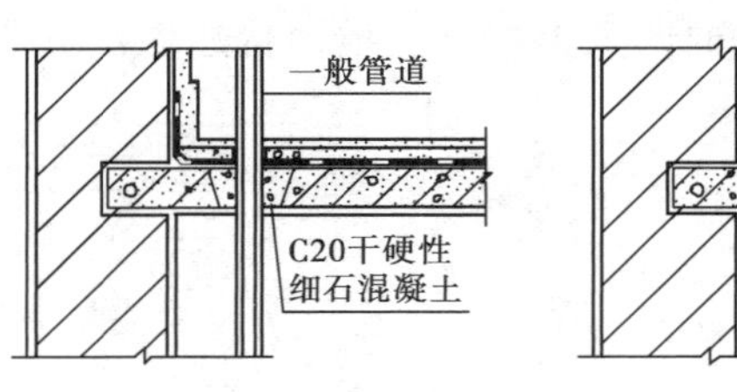

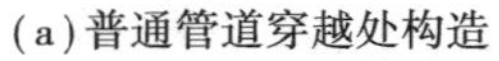

(a)普通管道穿越处构造

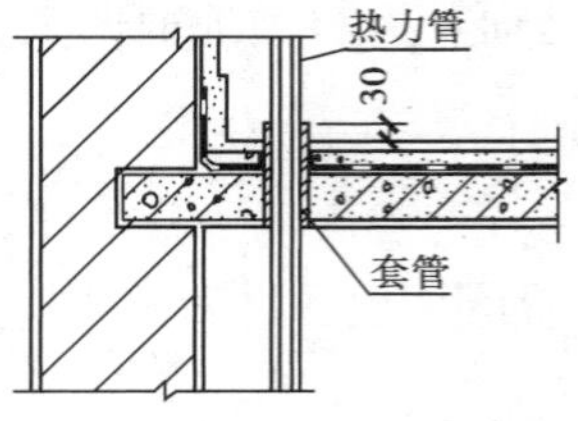

(b)热力管道穿越处构造

图 11.32　管道穿越处的防水构造

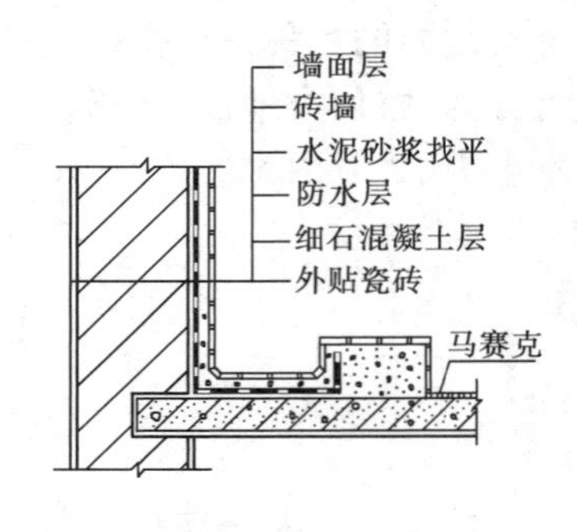

图 11.33　小便槽的防水构造

3)淋水墙面的防水构造

对于淋水墙面(如盥洗室、浴室、小便槽等),由于经常受水的浸蚀,应当做好防水构造处理。最需要重视的是小便槽的防水问题。

对于小便槽的防水处理有以下方法:

①小便槽应用钢筋混凝土材料制作;

②在槽底加设防水层,并将其延伸至墙身;

③槽面应铺设防水、防腐蚀效果好的面层材料(如贴瓷砖),瓷砖缝应用防水胶泥勾缝。具体构造如图 11.33 所示。

11.4.2　楼地面隔声

楼板层是撞击声传播的主要途径,对楼板层的隔声,通常从三个方面来考虑。

(1)采用弹性面层隔声

在楼面上铺设有弹性的材料,如铺设地毯、橡胶地毯、塑料地毯等,以降低楼板本身的振动,使撞击声能减弱(图 11.34)。

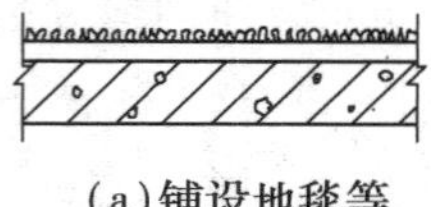

(a)铺设地毯等

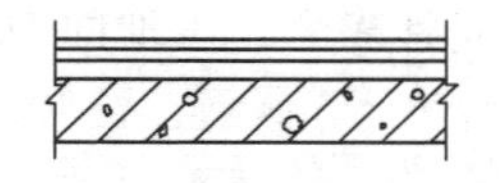

(b)粘贴橡胶等材料

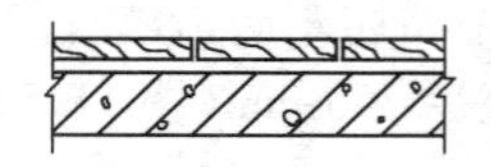

(c)镶铺软木板

图 11.34　楼面的隔声处理

(2)采用弹性垫层隔声

在楼板与面层之间增设弹性垫层,以减少楼板的振动,从而达到隔绝撞击的目的。弹性层一般用木丝板、甘蔗板、软木片、矿棉毡等。弹性层可成片、成条、成点状铺设,使面与楼板隔开,形成浮筑层。这种楼板又称为浮筑楼板。在设计和施工时,必须保证面层与楼板、面层与墙体完全脱离,防止因刚性连接形成声桥。采用浮筑楼板的房间应注意不能使弹性垫层受水、受潮(图 11.35)。

(3)采用吊顶隔声

在楼板下做吊顶,吊顶起到二次隔声作用(图 11.36)。

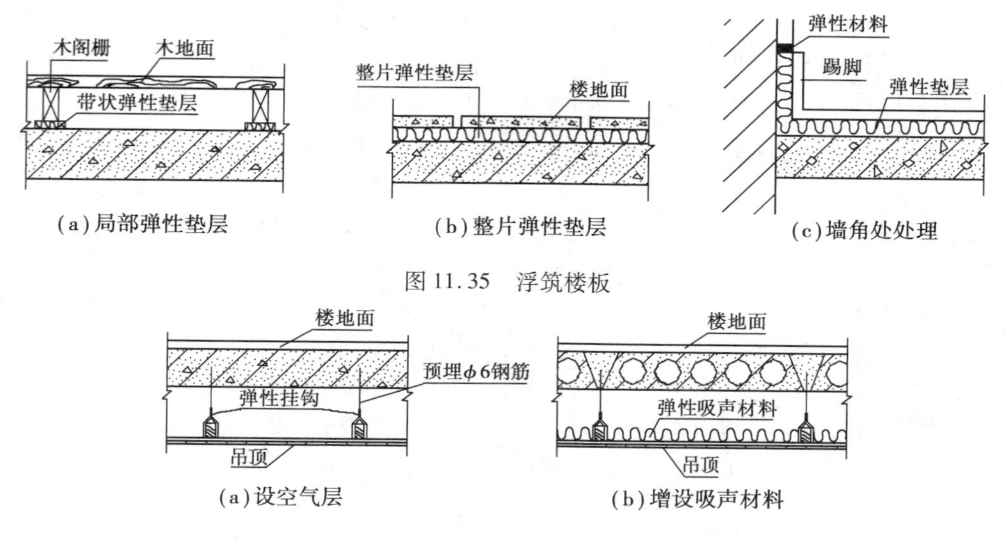

图11.35 浮筑楼板

图11.36 采用吊顶隔声

11.5 阳台与雨篷

11.5.1 阳台

阳台是楼房建筑中室内空间与室外空间相通的平台，其空气流通，视野开阔，为人们提供了一处室外活动的小空间。另外，阳台也丰富了建筑物的立面，为建筑立面的造型增添了虚实、凸凹的效果。

(1)阳台的类型和设计要求

1)阳台的类型

阳台按其与外墙的相对位置关系可分为：凸阳台、凹阳台、半凸半凹阳台和转角阳台(图11.37)。按结构布置方式可分为：挑板式、挑梁式和搁板式。

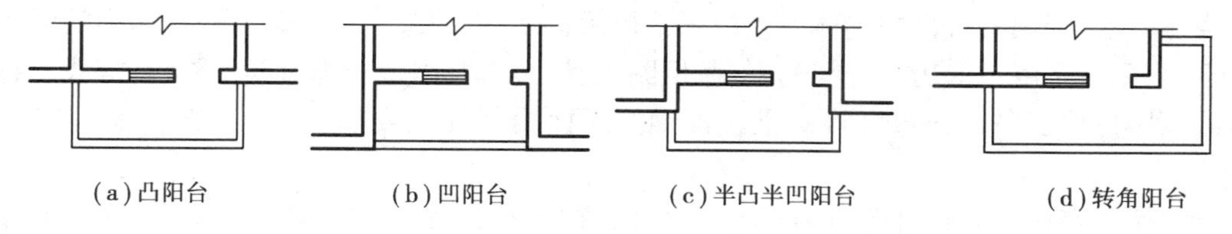

图11.37 阳台的平面形式

2)阳台的设计要求

①安全适用

结构设计是阳台设计当中的一个最重要的内容，一定要保证在荷载作用下不倾覆。如果是悬挑阳台，悬挑长度一般为1.2～1.5 m。另外，还要注意阳台与外墙的构造连接必须牢固。

②坚固耐久

阳台暴露在大气中，所用材料和构造方法应经久耐用，承重结构宜用钢筋混凝土，金属零

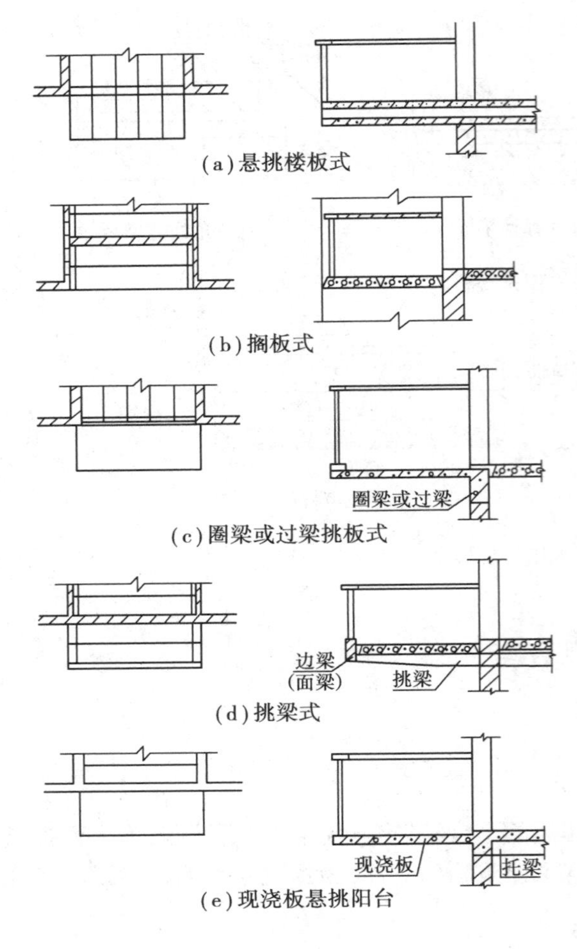

图 11.38　阳台的结构布置

件应注意防锈处理,表面应注意色彩的耐久性和抗污染性。

③阳台排水

若阳台为开敞式阳台时,阳台地面应做1% ~1.5% 坡度并导向水舌(阳台的出水口),而且要低于室内地面 20 ~30 mm。

④美观

阳台是建筑外立面的一个重要组成部分,阳台的造型设计、排列方式、色彩都影响到建筑立面的美观效果,在平面形式和栏杆的选型上要多加考虑。阳台的排列方式要有一定的规律和韵律感。

⑤施工方便

在施工条件允许的情况下,要尽可能采用预制构件在现场装配,避免大量的现场湿作业工作。

(2)阳台的结构布置

阳台的结构形式及其布置应与建筑楼板的结构布置统一考虑(图 11.38)。

1)搁板式阳台

当阳台为搁板式时,阳台板(可以是预制或现浇)搁置在两端凸出来的墙体上,阳台板的板型和尺寸与楼板一致,施工方便(图 11.38(b))。

2)挑板式阳台

当阳台为挑板式时,有两种做法:

①当阳台板的底面标高与圈梁或过梁的底面标高相同或相近时,可将阳台板和圈梁或过梁现浇在一起,利用其上部的墙体或楼板来平衡阳台板,以防阳台板倾覆。这种结构的阳台板底面平整,阳台宽度不受房间开间的限制,但圈梁受力复杂,阳台悬挑长度受限制,一般不超过1.2 m。若悬挑长度较大时,可将圈梁或过梁的断面局部加大或加长,以达到平衡(图 11.38(c))。

②将楼板直接向外悬挑形成阳台板。这种结构简单,底面平整,但板的受力复杂,构件类型增多,而且阳台地面与室内地面相齐,不利于排水(图 11.38(a))。

在寒冷地区采用挑板式阳台时,要注意加设保温构造,以避免冷桥。

3)挑梁式阳台

当阳台板为挑梁式时,阳台板放置在从横墙上悬挑出来的梁上。挑梁压入墙壁内的长度一般不小于悬挑长度的1.5 倍。由于这种阳台板底面不平整,影响美观,因此常在阳台板外侧设边梁(也称面梁)(图 11.38(d))。这种结构的阳台板类型和跨度通常与房间的楼板一致。挑梁式阳台也会造成冷桥,不适用于寒冷地区。

(3)**阳台构造**

1)阳台栏杆

阳台栏杆是设在阳台周围的垂直构件,它有两个作用:一是保障安全,承担人们的托扶侧向推力;二是装饰、美观。

栏杆从形式上可分为:实体栏杆又称栏板、空花栏杆和混合栏杆。按材料可分为:砖砌栏板、钢筋混凝土栏板、金属栏杆和混凝土与金属组合式栏杆。其中砖栏板因整体性不好,抗震性能差,已不多用(图11.39)。

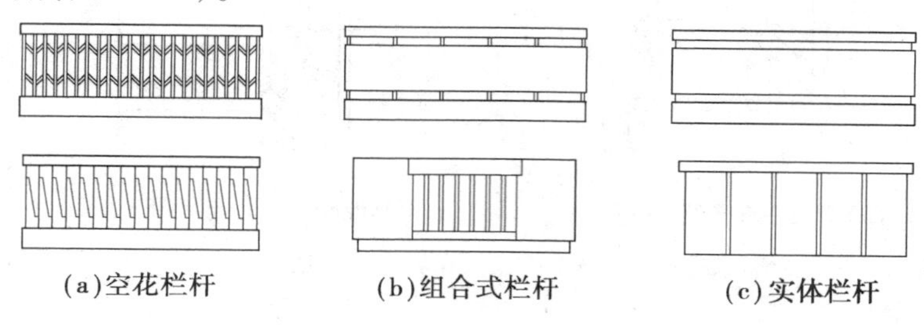

(a)空花栏杆　(b)组合式栏杆　(c)实体栏杆

图11.39　阳台栏杆形式

①钢筋混凝土栏板

钢筋混凝土栏板有现浇和预制两种。现浇钢筋混凝土栏板通常与阳台(或边梁)整浇在一起。栏杆与墙连接时,应在墙体内预埋240 mm×240 mm×120 mm的C20细石混凝土块,并伸出2ϕ6长为300 mm的钢筋与扶手中的钢筋焊接后现浇在一起(图11.40(d))。预制混凝土栏板可预留钢筋与阳台板的后浇混凝土挡水边坎浇注在一起,浇注前应将阳台板与栏板接触处凿毛(图11.40(b)),或与阳台板上的预埋铁件焊接(图11.40(c))。若是预制的钢筋混凝土栏杆,也可预留插筋插入阳台板的预留孔内,然后用水泥砂浆填实牢固。

②金属栏杆

金属栏杆一般用方钢、圆钢、扁钢或钢管等焊接成各种形式的漏花。空花栏杆的垂直杆件之间的距离不大于110 mm。

金属栏杆可与阳台板顶面预埋的通长扁钢焊接(图11.40(a)),也可采用预留孔洞插接等办法。金属栏杆注意要作防锈处理。

③组合式栏杆

混凝土与金属组合式栏杆中的金属栏杆可以与混凝土栏板内的预埋铁件焊接(图11.40(c))。

2)阳台栏杆扶手

栏杆扶手一般有金属和钢筋混凝土两种(图11.40(a)、(b))。金属扶手一般为钢管,它与金属栏杆焊接(图11.40(a))。钢筋混凝土扶手宽度一般至少为120 mm,当上面放花盆时,不应小于250 mm,且外侧应有挡板。扶手的高度一般不低于1 m,高层建筑不应低于1.1 m。

①预埋铁件焊接

在扶手与栏杆上预埋铁件,安装时焊接在一起。它具有坚固安全,施工简单的特点。

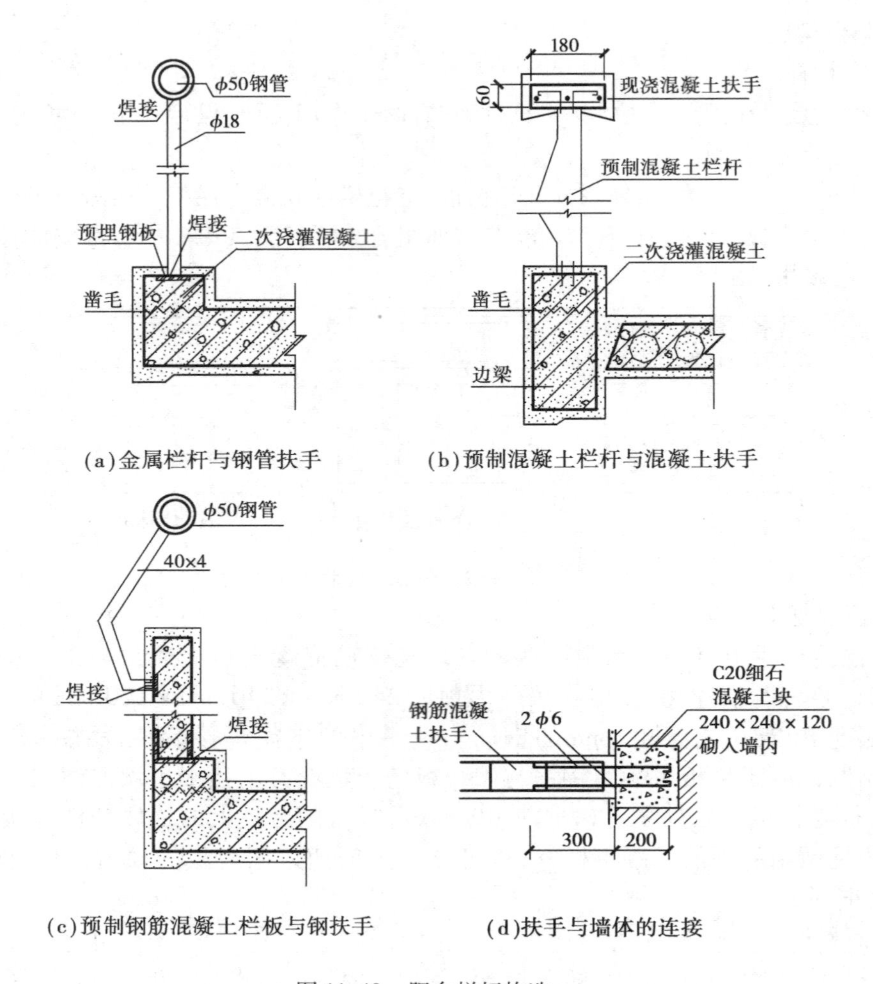

(a)金属栏杆与钢管扶手　(b)预制混凝土栏杆与混凝土扶手

(c)预制钢筋混凝土栏板与钢扶手　(d)扶手与墙体的连接

图 11.40　阳台栏杆构造

②整体现浇扶手

预制栏杆预留插筋与混凝土扶手现浇成整体。它坚固安全,整体性好,但湿作业施工,需支模,施工速度慢。

③扶手与墙体的连接

将扶手或扶手中的钢筋伸入外墙的预留孔内,用细石混凝土或水泥砂浆填实牢固。或在装配式墙板上预埋铁件,与扶手的预埋铁件焊接。

(4)阳台排水

阳台排水有外排水和内排水两种。在设计中,首先应使阳台地面比室内地面低30 ~50 mm,并在阳台外侧设置泄水管(也称水舌)(图 11.41(b))。泄水管可采用镀锌铁管或塑料管,外挑长度不小于 80 mm,以防雨水溅灌到下层阳台。也可将伸出的水舌与室外落水管连接,使水排入落水管。若采用内排水则在阳台内侧设置排水立管和地漏,将雨水直接排入地下管道网(图 11.41(a))。内排水一般用于高层建筑中。

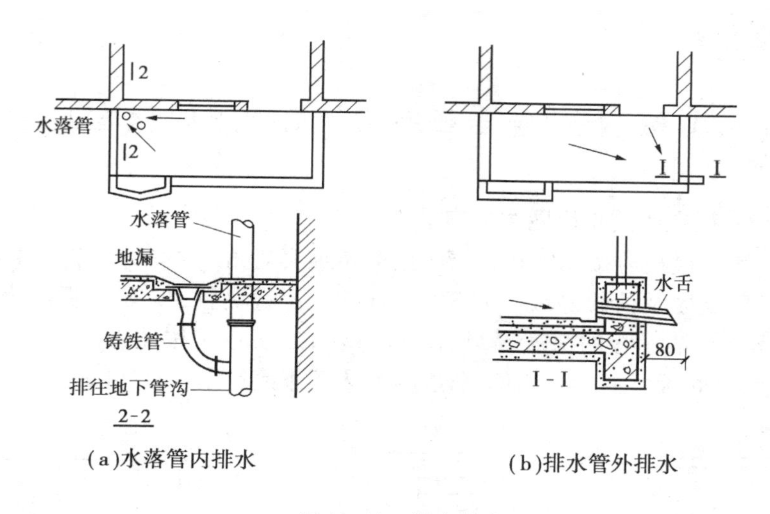

(a)水落管内排水

(b)排水管外排水

图11.41　阳台排水

11.5.2　雨篷

雨篷是建筑物入口处和顶层阳台上部用以遮挡雨水和保护外门免受雨水浸蚀的水平构件。多采用现浇钢筋混凝土悬挑构件。大型雨篷下常加立柱形成门廊。

当雨篷较小时,可采用挑板式,挑出长度一般以1~1.5 m为宜。板式雨篷常做成变截面形式,一般板根部厚度不小于70 mm,板端部厚度不小于50 mm。若挑出长度较大时,常用挑梁式,梁从门厅两侧墙体挑出或室内进深梁直接挑出。为使底面平整,可将挑梁上翻。雨篷多采用无组织排水,梁端留出泄水孔或伸出水舌。为美观和防止水舌阻塞而上部积水,出现渗漏,在雨篷顶部及四侧需作防水砂浆粉面,形成泛水(图11.42)。

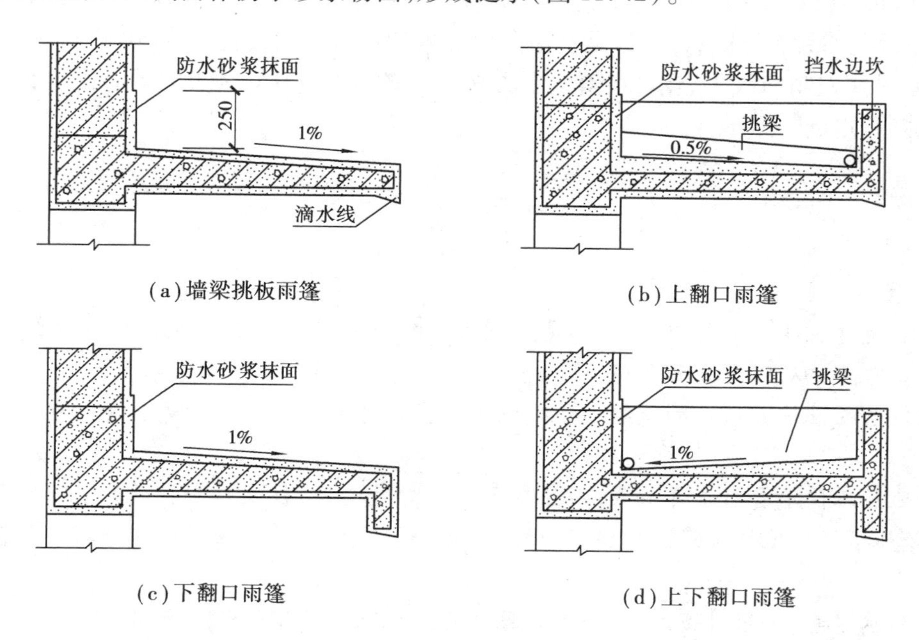

(a)墙梁挑板雨篷

(b)上翻口雨篷

(c)下翻口雨篷

(d)上下翻口雨篷

图11.42　雨篷

11.6 楼板体系在结构平面图中的表达

(1)预制混凝土板在建筑平面图中的表达

在平面图上,预制楼板应按实际布置情况用一条细实对角线来表示,并在对角线上写明板的块数、代号、跨度、宽度及荷载等级。如 8YKB33-6-3,8 为块数,33 表示板跨为 3 300 mm,6 表示板宽为 600 mm,3 表示板的荷载等级(图 11.43(a))。也可按照板的承重方式和板的规格,画出一块块板,这时板下面的承墙体因被遮挡,应画虚线(图 11.43(b))。

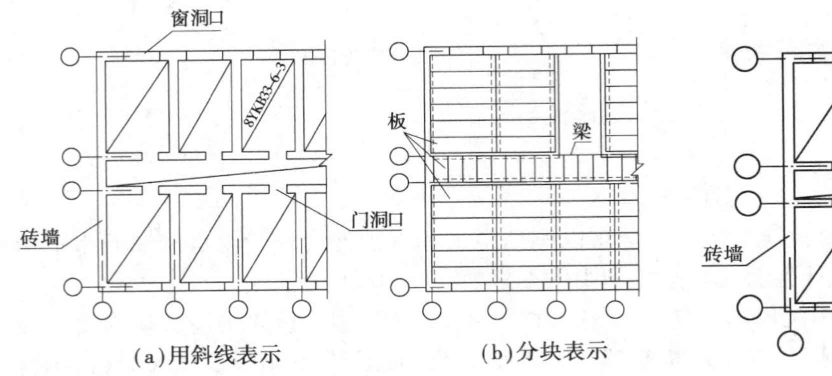

图 11.43 预制空心板在平面图中的表达

图 11.44 现浇楼板在平面图中的表达

(2)现浇混凝土板在平面图上的表达

现浇楼板在结构平面图中表示方法有两种:一种是在现浇板范围内画一对角线,并注明板的编号,该板配筋另有详图;另一种是直接在现浇板的位置处绘出配筋图,并进行标注。如图 11.44 所示是用对角斜线来表示,在斜线上方标注板的代号 XB-1。XB-1 另有配筋详图,或在板上画出板筋并予以标注。

小 结

楼地层是建筑物的重要组成部分,是建筑物的水平承重构件,同时也是墙或柱在水平方向的支撑。本章主要从以下方面介绍:

1. 楼地层的设计要求及构造组成。楼地面是直接与人、家具、设备等接触的部位,必须坚固耐久。

2. 楼地层不仅承受着上部荷载,而且在水平方向对墙体、柱起着拉接作用,在楼板的构造连接时,必须根据当地的抗震设防要求,用钢筋将楼板、墙、梁等拉接在一起,以增强建筑物的整体刚度。

3. 在用水房间,必须对楼地层做防水、防潮处理,以避免渗漏和墙体受潮。

4. 对隔声要求较高的房间,楼层应做隔声构造,以避免撞击传声。

5. 阳台和雨篷是建筑立面的重要组成部分。在阳台和雨篷的设计中,不仅要重视阳台和雨篷在结构与构造连接上保证安全,防止倾覆的问题,而且还要注意其造型的美观性。

6. 阳台栏杆和扶手、栏杆和阳台板以及栏杆扶手与墙体之间要有可靠的连接和锚固措施。

复习思考题

11.1　楼板层的设计要求是什么?

11.2　现浇钢筋混凝土楼板的特点和适用范围是什么?

11.3　预制钢筋混凝土楼板的特点和类型各有哪些?

11.4　为什么预制楼板不宜出现三边支承?

11.5　装配整体式楼板有什么特点?

11.6　压型钢板组合楼板由哪些部分组成?各起什么作用?

11.7　楼板层和地坪层各由哪些部分组成?每部分各起什么作用?

11.8　简述用水房间地面的防水构造。

11.9　楼板层如何隔绝撞击声?

11.10　阳台分类有哪些?

11.11　雨篷的作用是什么?

11.12　阳台的结构布置形式有哪些?各有什么特点?

11.13　试述地层的防潮构造有哪些?

11.14　图示楼层和地层的构造组成。

11.15　图示说明楼板在梁上如何搁置可增加房间净高。

11.16　图示阳台的结构布置方式。

第 12 章
楼梯和电梯

本章要点及学习目标

本章重点介绍楼梯的设计、钢筋混凝土楼梯的构造、台阶与坡道构造、电梯与自动扶梯构造等内容。要求重点掌握楼梯的设计、钢筋混凝土楼梯的构造，熟悉台阶与坡道构造，了解电梯与自动扶梯构造。

12.1 概 述

楼梯是建筑物中最重要的垂直交通设施，楼梯联系了建筑中标高不同的楼层，是建筑空间解决垂直交通和人员紧急疏散的主要构件。与楼梯一样担负垂直交通重任的还有电梯、自动扶梯、台阶、坡道和爬梯。电梯常用于七层及七层以上的多层及高层建筑中，有时也用于标准较高的低层建筑，如旅馆、医院等；自动扶梯常用于人流量较大且持续的公共建筑，如商场、航空港等建筑；台阶主要联系建筑的室内外高差，也用于联系室内局部高差；坡道用于有无障碍交通要求的建筑中，如汽车通行坡道、公共建筑中的残疾人轮椅坡道等；爬梯常设于建筑外墙，主要用于检修或消防人员专用。

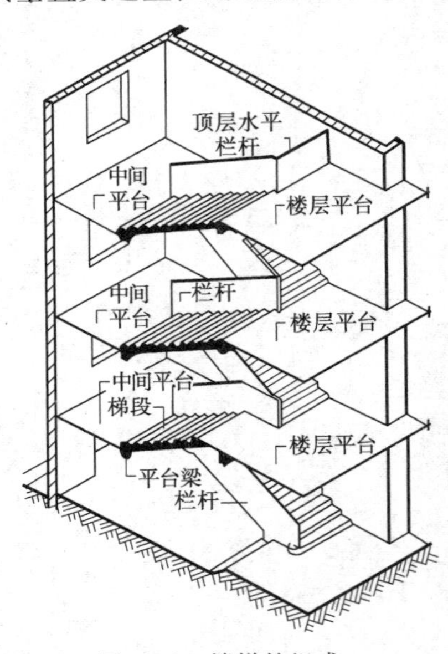

图 12.1 楼梯的组成

12.1.1 楼梯的组成

楼梯一般由楼梯段、休息平台和楼梯扶手三部分组成（图 12.1）。

（1）楼梯段

楼梯段设于两楼梯平台之间，又称楼梯跑或楼梯斜段，是组成楼梯的重要构件。楼梯段由斜梁、踏步块等组成，从适用和安全考虑，一个楼梯段的踏步数量一般不超过 18

级,也不少于3级。

(2)**楼梯平台**

楼梯中的平台设于两楼梯段之间,主要作方向转换和缓解疲劳之用,故有时也称为休息平台。楼梯平台有楼层平台和中间平台之分,楼层平台台面标高和楼层标高相同,中间平台往往平分楼层层高。一般情况下,为保证行人交通顺畅及方便家具搬运,楼梯平台的深度不得小于楼梯段的宽度。

(3)**楼梯栏杆**

栏杆是楼梯的安全防护措施,设于楼梯段边缘和平台临空一侧,要求楼梯栏杆必须坚固可靠,并保证有足够的安全高度。

12.1.2 楼梯的类型

(1)**按位置分**

楼梯分为室外楼梯和室内楼梯。

(2)**按使用性质分**

楼梯分为主要楼梯和辅助楼梯,室外有疏散楼梯和防火楼梯。

(3)**按材料分**

楼梯分为木楼梯、钢筋混凝土楼梯和金属楼梯等。

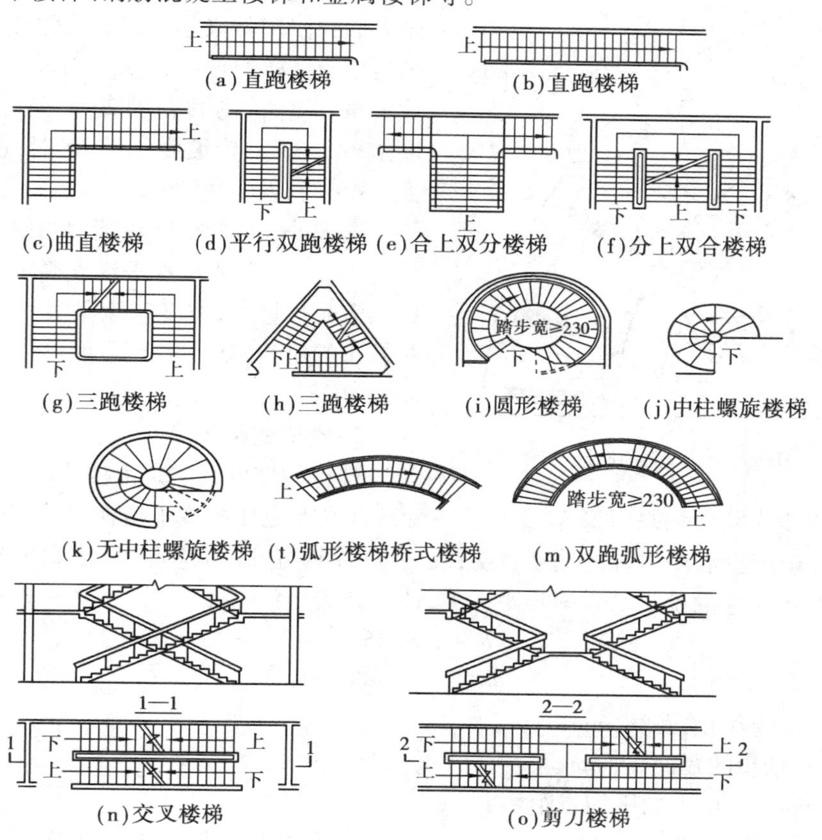

图12.2 楼梯的形式

(4)**按平面形式分**

楼梯分为直跑楼梯、双跑楼梯、多跑楼梯、圆形楼梯、螺旋楼梯、弧形楼梯、桥式楼梯和剪刀式楼梯等(图12.2)。

直跑楼梯直观、简洁,适合层高较低的建筑,也常用于严肃、庄重的办公楼等公共建筑。

双跑楼梯(有平行双跑、曲尺双跑、合上双分、分上双合等形式),是公共建筑中应用最广泛的一种。它紧凑、方便,双跑楼梯能节省楼梯间面积。

多跑楼梯(有三跑楼梯、四跑楼梯、六跑楼梯、八跑楼梯等形式)有较大的楼梯井,占用空间较大。

圆形楼梯、螺旋楼梯和弧形楼梯造型流畅、优美,是很好的装饰楼梯,但这类楼梯的踏步面有宽窄变化,不能作为疏散楼梯而用。

桥式楼梯和剪刀式楼梯的使用方向有多种选择,常用于人流量较大的公共建筑,如商场等建筑。

12.1.3 楼梯的主要尺度

(1)**确定楼梯的坡度和踏步尺寸**

1)楼梯的坡度

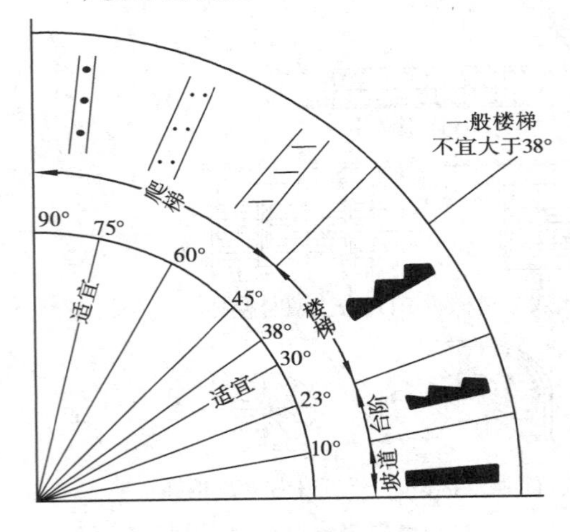

图12.3 楼梯的坡度

楼梯是垂直交通设施,坡度过大或过小都将会给人们的使用带来不便,因此,需要确定楼梯合适的坡度。楼梯的坡度指的是楼梯段和水平面所形成夹角。楼梯的坡度范围20°~45°,楼梯的适宜坡度是26°~33°。当坡度小于20°时,设坡道;当坡度大于45°时,设爬梯(图12.3)。

楼梯的坡度应根据建筑物的使用性质、层高以及便于通行和节省面积等因素确定,一般公共建筑的人流通行量大,坡度应该平缓一点;而人流通行量较小的建筑(如住宅),坡度可以陡一点,但最好不超过38°。

2)楼梯的踏步尺寸

楼梯的坡度其实是由楼梯段上的踏步尺寸所决定的。踏步由踏面和踢面组成,踏面宽 b 和踢面高 h 之比构成了楼梯的坡度(图12.4(a))。踏面越窄,踢面越高,则楼梯的坡度越陡;反之,踏面越宽,踢面越矮,则楼梯的坡度越缓。

楼梯踏步尺寸的确定与人的步距有关,计算公式是:

$$b + h = 450(\text{mm}) \qquad (12.1)$$

$$b + 2h = 600(\text{mm})$$

式中:b—— 踏步的踏面宽,mm;

h—— 踏步的踢面高,mm;

600 mm——成人的平均步距。

例如:$b = 300$ mm,$h = 150$ mm,这是一般公共建筑的踏步尺寸(这时楼梯的坡度是26°37′)。在实际工程中,踏面宽 b 的取值范围是250~300 mm,踢面高 h 的取值范围是

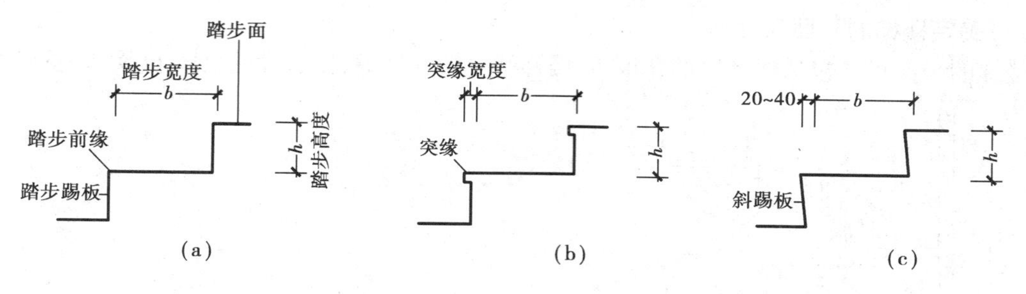

图 12.4　楼梯的踏步尺寸

140 ~ 180 mm。250 mm 的数值其实就是人的平均鞋长，为人们上下楼梯更舒适，踏面宜适当宽一点，可将踏面的前缘挑出，形成突缘，突缘宽度一般为 20 ~ 40 mm（图 12.4（b）、（c））。表 12.1 是民用建筑楼梯踏步的尺寸。

表 12.1　楼梯踏步的最小宽度和最大高度

楼梯类别	最小宽度 b/mm	最大高度 h/mm
住宅共用楼梯	260	175
幼儿园、小学楼梯	260	150
电影院、剧场、体育馆、商场、医院、旅馆和大中学校等楼梯	280	160
其他建筑楼梯	260	170
服务楼梯、住宅套内楼梯	220	200
专用疏散楼梯	250	180

《民用建筑设计通则》（GB 50352—2005）。

（2）确定楼梯栏杆扶手高度

楼梯栏杆扶手是楼梯的安全防护措施，其高度是指踏步上缘到栏杆扶手上表面的垂直距离。一般室内楼梯栏杆扶手的高度不得小于 900 mm，通常取 900 mm。在托幼建筑中，除设置成人栏杆扶手以外，还应增设幼儿扶手，其高度一般取 500 ~ 600 mm；室外楼梯栏杆扶手的高度不得小于 1 050 mm；且垂直栏杆间距不得大于 110 mm（图 12.5）。

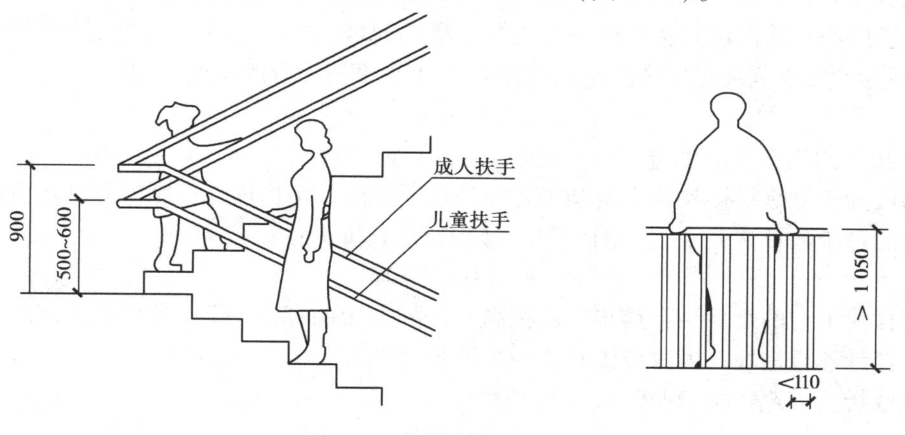

图 12.5　楼梯栏杆扶手高度

(3)**确定楼梯的平面尺寸**

楼梯的平面尺寸包括楼梯段的宽度 B、楼梯平台的深度 D、楼梯段的长度 L(图 12.6)。

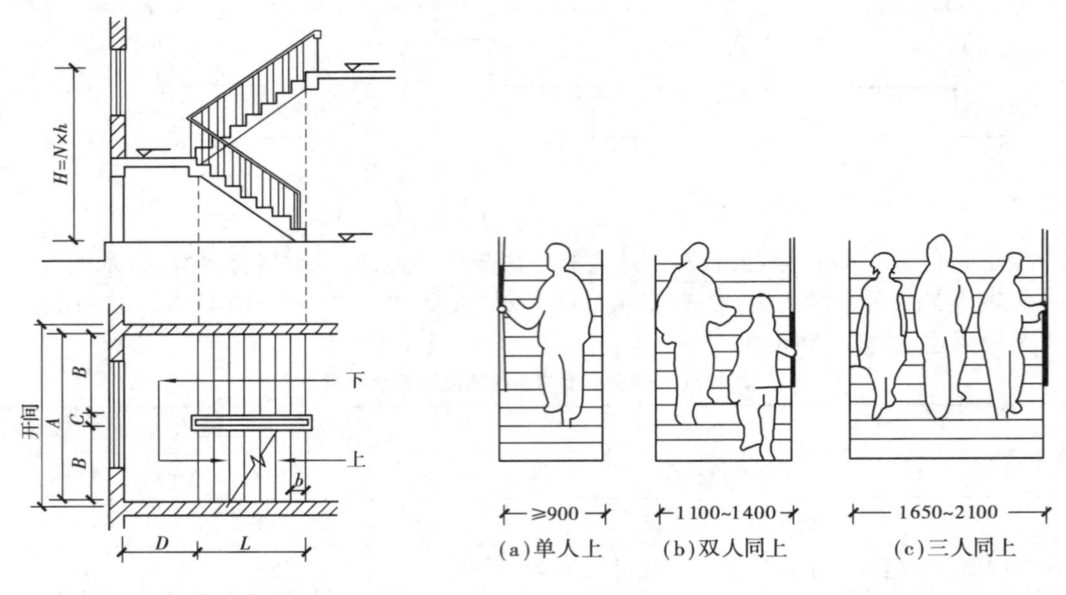

图 12.6　楼梯平面尺寸

图 12.7　楼梯段宽度的确定

1)楼梯段的宽度的确定

楼梯段的宽度应根据人流量、防火要求及建筑物的使用性质等因素确定。在公共建筑中，净宽按每股人流 0.55 m + (0 ~ 0.15) m 计算，并不少于 2 股人流(图 12.7)。若楼梯间的开间已定，双跑楼梯楼梯段宽度 B 的计算公式如下：

$$B = \frac{A - C}{2} \tag{12.2}$$

式中：B——楼梯段的宽度，mm；

A——楼梯间的净开间，mm；

C——楼梯井的宽度，其值一般取 C = 60 mm、160 mm、200 mm 等。

2)楼梯平台的深度的确定

楼梯段的平台的深度是指楼梯平台边缘到楼梯间墙面间的净距。考虑交通顺畅、方便和家具搬运等因素，规范规定楼梯平台的深度 D 不得小于楼梯段的宽度 B，即

$$D \geqslant B \tag{12.3}$$

3)楼梯段的长度 L 的确定

楼梯段的长度是指楼梯始末两踏步之间的水平距离。楼梯段的长度 L 与踏步宽度 b 以及该楼梯段的踏步数量 N 有关，直跑楼梯中，楼梯段的长度为：

$$L = (N - 1)b \tag{12.4}$$

由于楼梯上行的最后一个踏步面的标高与楼梯平台的标高一致，其宽度已计入平台的深度，因此，在计算楼梯段长度时应该减去一个踏步宽度。

若是双折式等跑楼梯，则楼梯段的长度为：

$$L_1 = L_2 = \left(\frac{N}{2} - 1\right)b \tag{12.5}$$

式中：L_1——第一跑楼梯段的长度，mm；

L_2——第二跑楼梯段的长度，mm。

楼梯平面尺寸之间的相互关系：

$$净开间 = 2B + C$$

$$净进深 = 2D + L$$

(4)**确定楼梯剖面尺寸**

楼梯剖面尺寸主要包括楼梯的踏步数量、楼梯段的高度、楼梯的净高。

1)楼梯的踏步数量 N

楼梯的踏步数量 N 可由建筑的层高 H、楼梯的踏步踢面高 h 求得，即

$$N = \frac{H}{h} \tag{12.6}$$

2)楼梯段的高度 H_n

楼梯段的高度 H_n 与该楼梯段的踏步数量 N_n 和踏步踢面高 h 之间的关系：

$$H_n = N_n \times h \tag{12.7}$$

3)楼梯的净高 H_0

为了保证行人的正常通行、心理感觉和考虑家具的搬运，要求楼梯段上的净高应大于2.2 m，楼梯平台上的净高应大于2.0 m(图12.8)。

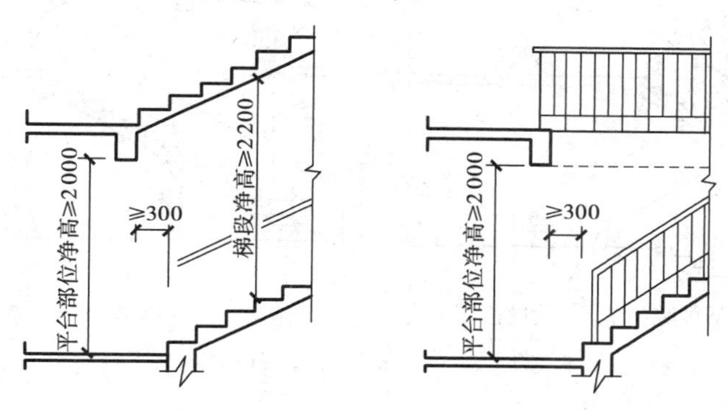

图12.8　楼梯的净高

在住宅建筑中，为降低交通面积在平面中的比例，常在楼梯平台下作出入口，为保证楼梯平台下的净高大于2.0 m，通常需要对底层楼梯间作必要的设计，其处理手法有：

①将底层楼梯设计成不等跑，第一跑梯段长一些，第二跑梯段短一些，即可以抬高中间平台，以满足楼梯净高要求(图12.9(a))。

②降低中间平台下的地面标高，即把部分室外台阶内移，这种方法需要注意的是不能把所有的台阶都移进来，为防止雨水流进室内，室外一般需要保留一级台阶(该台阶至少高0.06 m)。若建筑室内外高差足够时，即可采用这种方法(图12.9(b))。

③以上两种方法相结合(图12.9(c))。

④将底层楼梯设计成直跑楼梯。这种方法一定要保证雨篷底到楼梯段上的净距大于2.0 m(图12.9(d))。

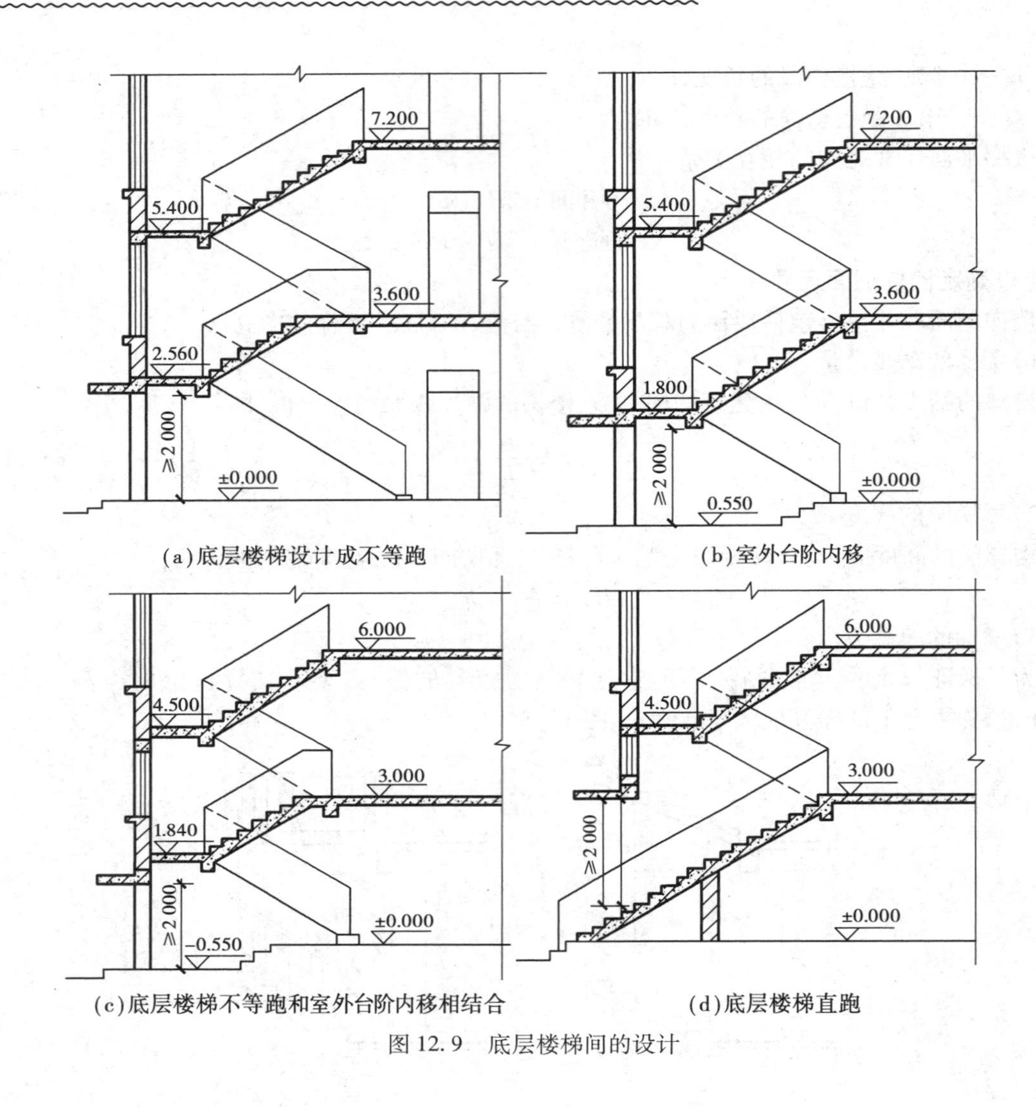

(a)底层楼梯设计成不等跑

(b)室外台阶内移

(c)底层楼梯不等跑和室外台阶内移相结合

(d)底层楼梯直跑

图 12.9　底层楼梯间的设计

12.2　钢筋混凝土楼梯

按材料分，楼梯分为木楼梯、钢筋混凝土楼梯和金属楼梯。在众多的楼梯形式中，钢筋混凝土楼梯在工程中应用最广泛，是比较重要的一种楼梯形式。

钢筋混凝土楼梯按施工方式可以分为现浇式钢筋混凝土楼梯、预制式钢筋混凝土楼梯以及装配整体式钢筋混凝土楼梯三种。现浇式钢筋混凝土楼梯是指楼梯段、楼梯平台等整浇在一起的楼梯，它整体性好，刚度大，有利于抗震，能适应复杂平面，但施工周期长，现场湿作业多，适合工程较小和抗震要求高的建筑；预制式钢筋混凝土楼梯施工速度快，有利于建筑工业化，但它整体性差，有时需要必要的吊装设备；而装配整体式钢筋混凝土楼梯，则利用了两者的优点。

12.2.1　现浇式钢筋混凝土楼梯

现浇式钢筋混凝土楼梯根据传力特点，有板式楼梯和梁式楼梯之分。

（1）**板式楼梯**

板式楼梯的楼梯段是一整块板，楼梯板承受梯段上的荷载，通过平台梁把力传递给承重墙或柱，楼梯板有平板或槽形板。有时也会取消一端或两端的平台梁，使楼梯板和平台板连接成一体，组合成一块折型板。板式楼梯底板平整，外形简洁，适合于楼梯段跨度小于 3 m 的楼梯（图 12.10）。

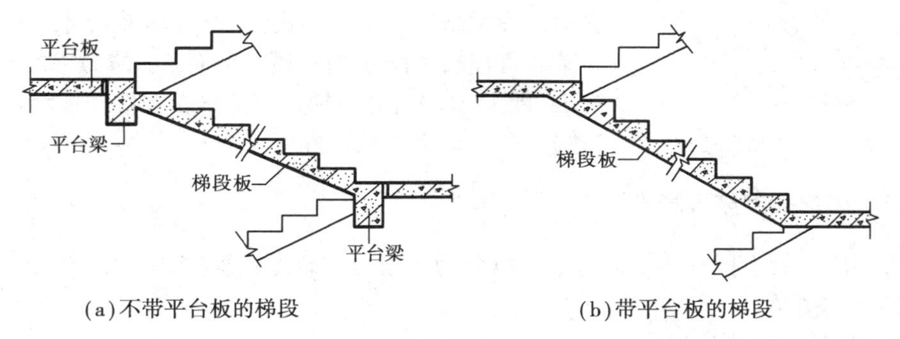

(a)不带平台板的梯段　　(b)带平台板的梯段

图 12.10　现浇式钢筋混凝土板式楼梯

（2）**梁式楼梯**

楼梯段跨度较大的楼梯若还选用板式楼梯，将会使板厚增加，有自重太大的缺点，这时可选用梁板式楼梯。梁板式楼梯由踏步板和斜梁组成，楼梯板把梯段上的荷载先传递给斜梁，再通过平台梁把力传递给承重墙或柱。梁板式楼梯适合于楼梯段跨度大于 3 m 的楼梯。

梁板式楼梯在结构布置上有单梁和双梁之分。

双梁式楼梯是将斜梁布置在楼梯踏步的两边，踏步板的跨度即是楼梯段的宽度，这种楼梯有时把斜梁布置在楼梯踏步板下面，称为正梁（图 12.11（a））；有时把斜梁反在楼梯踏步板上

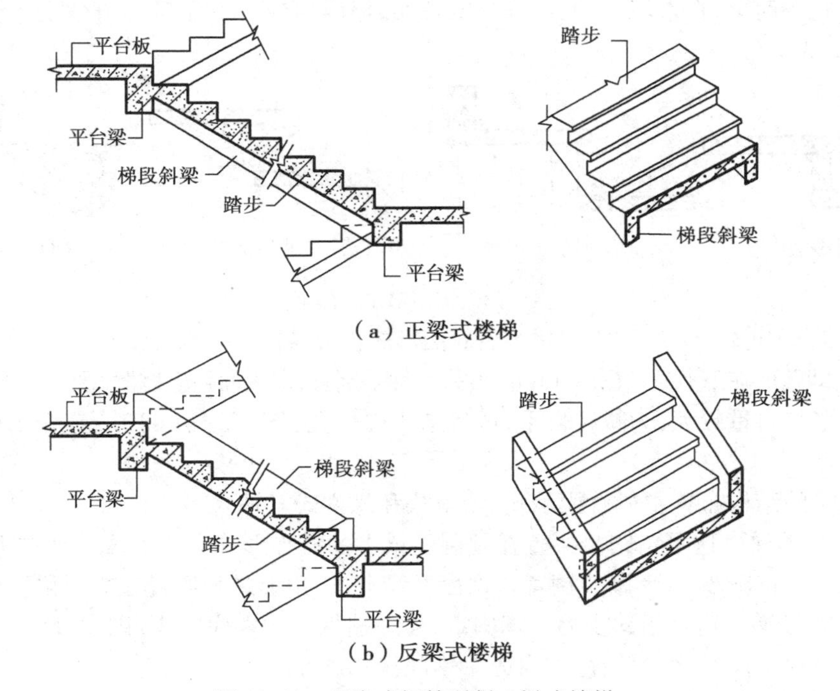

（b）反梁式楼梯

图 12.11　现浇式钢筋混凝土梁式楼梯

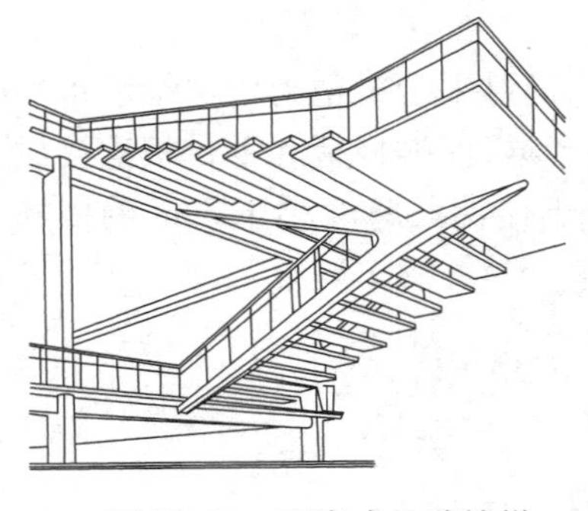

图 12.12　现浇式悬臂楼梯

面,称为反梁(图 12.11(b))。从受力的角度看,正梁式楼梯传力较为合理,而反梁式楼梯能保持底板平整,可防止拖洗踏步板时的污水四处流淌。

单梁式楼梯在公共建筑中采用较多的一种结构形式,因为它的造型优美、轻盈。这种楼梯的踏步板由一根斜梁支承。梯梁布置有两种形式:一种是单梁悬臂式楼梯,是将斜梁布置在楼梯踏步的一端,而将踏步的另一端向外悬臂挑出(图 12.12);另一种是将斜梁布置在楼梯踏步的中间,让踏步向两端向外悬臂挑出。

12.2.2　装配式钢筋混凝土楼梯

装配式钢筋混凝土楼梯按构造方式可以分为小型构件装配式楼梯、中型构件装配式楼梯、大型构件装配式楼梯。

(1)小型构件装配式楼梯

小型构件装配式楼梯是将楼梯的梯段和平台划分成若干部分,分别预制成小构件装配而成。由于构件的尺寸小,重量轻,制作、运输、装配都较容易,但构件数量多,施工速度慢,适合于吊装能力较差的情况。小型构件装配式楼梯可按楼梯段、平台进行划分。

1)楼梯段

楼梯段上的主要预制构件是踏步、斜梁、楼梯板。

①预制踏步

钢筋混凝土预制踏步断面形式有一字形、三角形、L 形三种。断面厚度约为 40 ~ 80 mm。一字形踏步制作简单,自重轻,踢面可漏空或填实,但因为受力不合理,一般只适合简易梯或室外梯(图 12.13(a))。

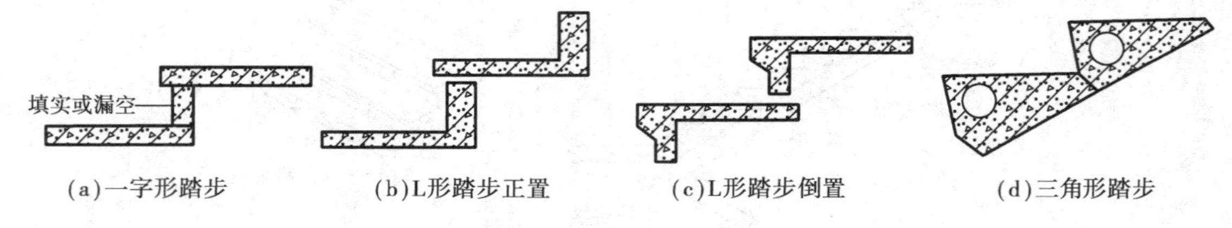

图 12.13　预制踏步块的形式

L 形踏步自重也轻,受力合理,但拼装后底面形成折板,易积灰。L 形踏步的搁置方式有两种:一种是正置,即踢面在下搁置(图 12.13(b));另一种是倒置,即踢面在上搁置(图 12.13(c))。

三角形踏步自重较大,为减轻自重,可将踏步内抽孔(图 12.13(d))。三角形踏步拼装后底面平整。

预制踏步的结构布置主要有梁承式、墙承式和悬挑式三种。

A. 梁承式楼梯　这是指踏步搁置在预制斜梁上的楼梯形式。梁承式楼梯传力明确,运用较多。一般一字形踏步、L 形踏步搁置在锯齿形梁上,三角形踏步搁置在矩形梁上(图12.14)。

B. 悬挑式楼梯　这是指踏步的一端固定,另一端悬挑的楼梯形式(图12.15)。

悬挑式楼梯不设斜梁和平台梁,构造简单,但要防止倾覆。

从结构上考虑,悬挑式楼梯主要选用一字形或 L 形踏步,楼梯间两侧的墙体厚度不应该

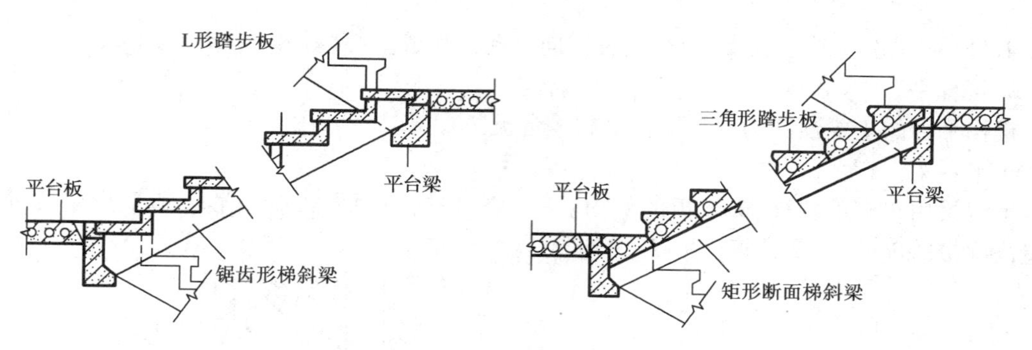

图 12.14　预制钢筋混凝土梁式楼梯

小于 240 mm，踏步悬挑长度不超过 1 500 mm。此外，因悬挑式楼梯抗震性能比较差，地震地区不宜采用，适用于非地震区。

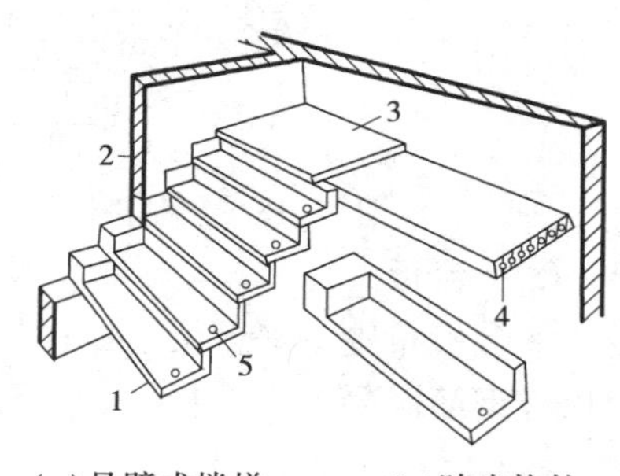

图 12.15　预制钢筋混凝土悬臂式楼梯
1—预制踏步；2—墙体；3—面层；
4—平台板；5—栏杆插孔

C. 墙承式楼梯　这是指踏步搁置在墙上的楼梯形式。

墙承式楼梯踏步上的荷载直接传递给墙体，不需要斜梁和平台梁，所以，构造简单，安装方便。这种楼梯主要选用一字形或 L 形踏步，适用于直跑式楼梯，若是双折式平行楼梯，则需要在楼梯井处设置墙体，以支承踏步。这种设置会给人流通行、家具搬运带来不便，特别是会遮挡视线，可在适当位置开设观察孔（图 12.16）。

②预制楼梯斜梁

钢筋混凝土预制斜梁根据断面形式有矩形梁和锯齿形梁两种。矩形梁用于搁置三角形踏步，锯齿形梁用于搁置一字形踏步、L 形踏步（图 12.17）。

③楼梯板

钢筋混凝土预制板式楼梯是带踏步的整板，由于没有斜梁，楼梯底板平整，其有效厚度可

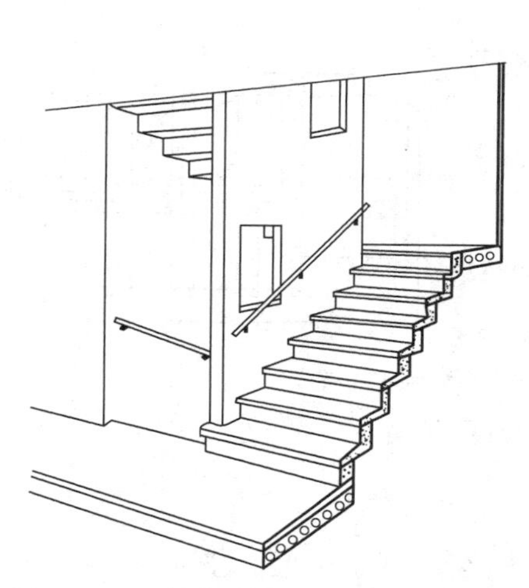

图 12.16　预制钢筋混凝土墙承式楼梯

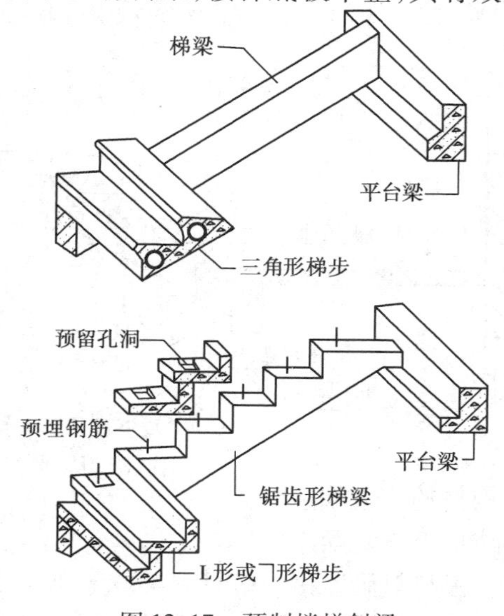

图 12.17　预制楼梯斜梁

以按 L/20 ~ L/30 估算。为减轻自重，可横向抽孔制作成空心构件（图 12.18）。

2）楼梯平台

楼梯平台的主要预制构件是平台梁和平台板。

①平台梁

平台梁用于支承斜梁、梯段板的传力。平台梁根据断面形式有矩形梁和 L 形梁两种，其构造高度按跨度的 1/12 估算（图 12.19）。

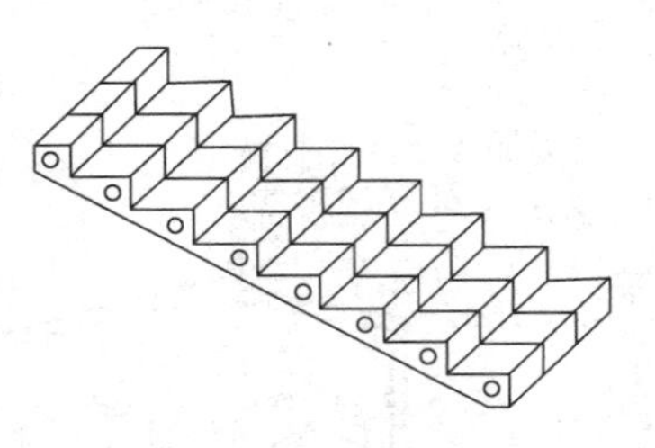

图 12.18　预制楼梯板

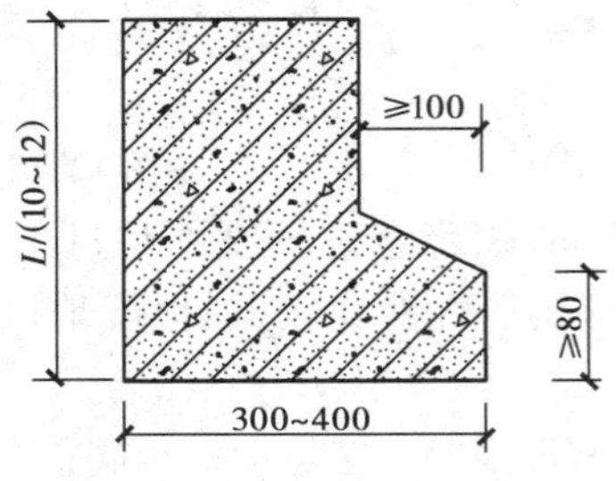

图 12.19　预制 L 形平台梁

②平台板

平台板布置于平台梁上，可平行于梁布置，也可垂直于梁布置，前者的受力较为合理。平台板有钢筋混凝土空心板、槽形板或平板，若平台上有管道井，则不宜布置空心板（图 12.20）。

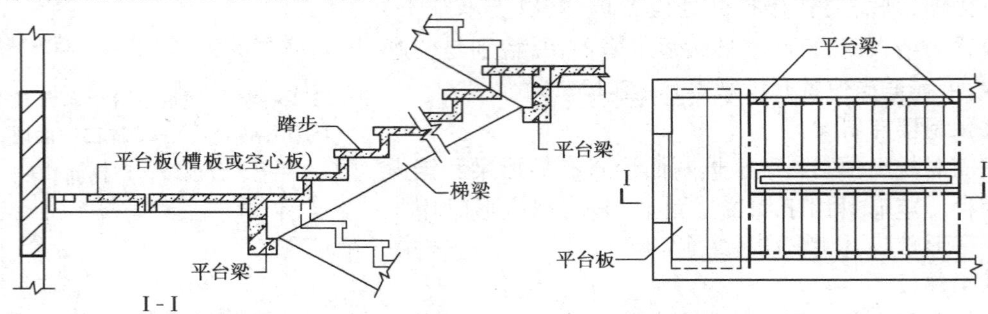

(a)平台板支承于楼梯间侧墙上，与平台梁平行布置

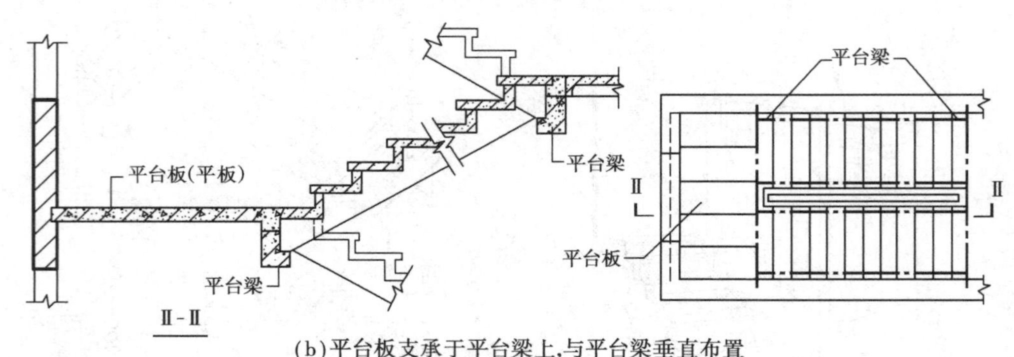

(b)平台板支承于平台梁上，与平台梁垂直布置

图 12.20　平台板与平台梁的布置

3）构件的连接构造

①踏步板与斜梁连接

踏步板与斜梁连接一般是斜梁支承踏步处用水泥坐浆；或斜梁上预埋钢筋，插入踏步板上的预留孔，然后用水泥填实；也有用膨胀螺丝连接的（图 12.21（a））。

②斜梁或梯段板与平台梁连接

一般是在两者连接处预埋铁件，然后进行焊接（图12.21(b)）。

③斜梁或梯段板与梯基连接

在楼梯底层起步处，斜梁或梯段板下应作梯基，梯基常用砖、毛石、混凝土或钢筋混凝土基础梁（图12.21(c)、(d)）。

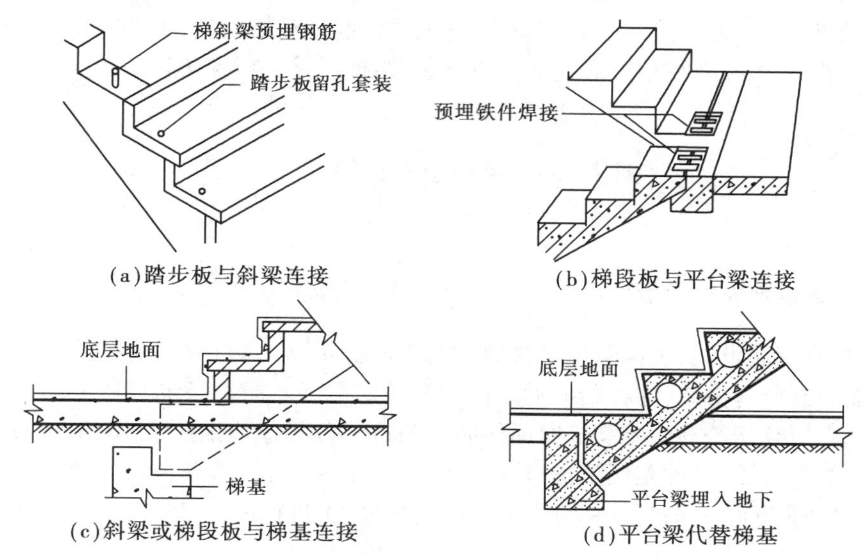

(a)踏步板与斜梁连接　(b)梯段板与平台梁连接

(c)斜梁或梯段板与梯基连接　(d)平台梁代替梯基

图12.21　连接构造

(2)**中型构件装配式楼梯**

中型构件装配式楼梯是将楼梯划分成梯段和平台两个部分，分别预制成构件装配而成。

1)楼梯段

预制楼梯段是将整个楼梯斜段（踏步、梯段等）制成一个构件，进行安装。按其结构形式不同分为板式楼梯和梁式楼梯。梁式楼梯的梯段由踏步与斜梁组成。板式楼梯的梯段由踏步与板组成，两者制作成一体。

2)楼梯平台

中型构件装配式楼梯常将平台板与平台梁组合在一起制作成一个构件。这种带梁的平台板一般采用槽形板，将与梯段连接一侧的板肋做成L形梁即可。

在生产、吊装能力不足时，可将平台板与平台梁分开预制，平台梁采用L形断面，平台板采用平板或空心板。

3)构件的连接构造

中型构件装配式楼梯构件连接主要涉及楼梯段与楼梯平台梁的连接。为方便楼梯段与楼梯平台梁的连接，平台梁一般采用L形梁，L形平台梁出挑的翼缘顶面有平面和斜面两种。平顶面翼缘使梯段搁置处的构造较复杂，而斜顶面翼缘简化了梯段搁置处的构造，使用较多（图12.22）。

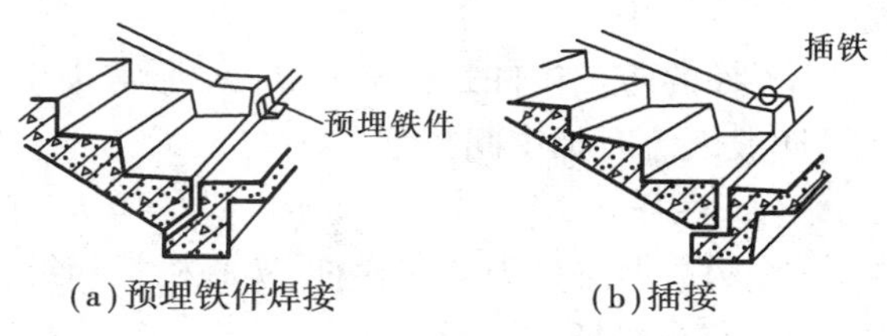

(a)预埋铁件焊接　(b)插接

图12.22　梯段与楼梯平台梁的连接

楼梯段与楼梯平台梁的连接处，要有可靠的支承面，一般在梯段安装之前铺设水泥砂浆坐浆，使构件间的接触面贴紧，受力均匀；就位后，把预埋铁件进行焊接。有的是将梯段预留孔套接在平台梁的预埋插铁上，孔内用水泥砂浆填实。在楼梯底层起步处，斜梁或梯段板下也应作梯基（其构造做法同小型构件装配式楼梯）。

(3)大型构件装配式楼梯

大型构件装配式楼梯是将楼梯的梯段和平台两个部分预制成一个构件装配而成。大型构件种类数量更少，施工速度更快，但施工时需要大型的起重运输设备，主要用于大装配式建筑。

大型构件装配式楼梯按结构形式不同，有板式楼梯和梁式楼梯两种。

12.3 楼梯的细部构造

12.3.1 踏步踏面的防滑构造

楼梯是垂直交通设施，确保安全是楼梯最基本的要求。为防止行人在上下楼梯时不慎滑倒，踏步表面应有防滑措施，即在踏面近踏口处设置防滑条。防滑条的材质要求能特别耐磨，常采用金刚砂、螺纹钢筋等做略高于踏面的防滑条；也可在踏面近踏口处凿凹槽以增加踏面的粗糙度，增强摩擦力；还有的是用带槽口的金属材料，如铜片、钢片等包踏口，既能防滑又起保护作用。防滑条的长度一般是 $B-300$ mm，B 是楼梯段宽度（图 12.23）。

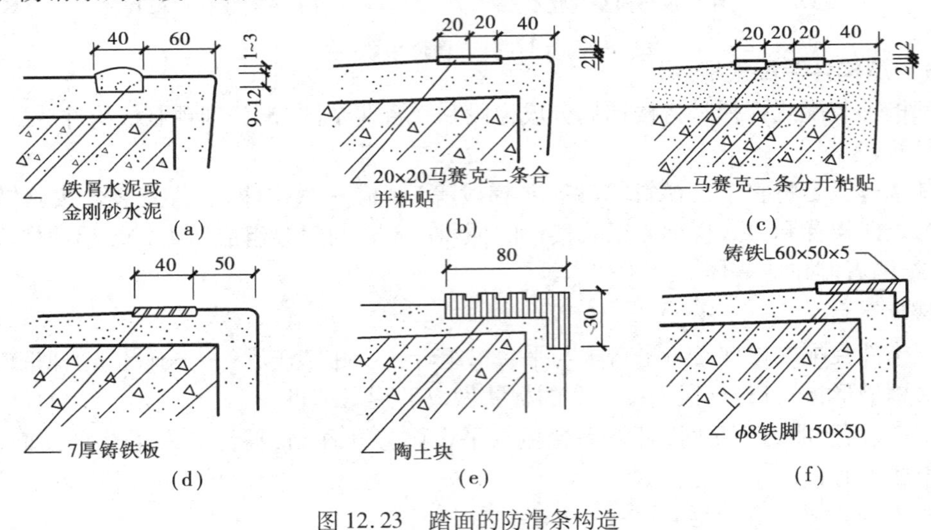

图 12.23 踏面的防滑条构造

12.3.2 栏杆和扶手

楼梯的防护构件是栏杆和扶手，通常设于楼梯段及平台临空一侧，三股人流时两侧设扶手，四股人流时加中间扶手。

(1)栏杆

按构造做法分为空花栏杆、实心栏板和组合式栏杆三种。

1)空花栏杆

空花栏杆不仅起防护作用，而且还有较强的装饰作用。它常采用方钢、圆钢或扁钢等金属材料及木材制作(图12.24)。

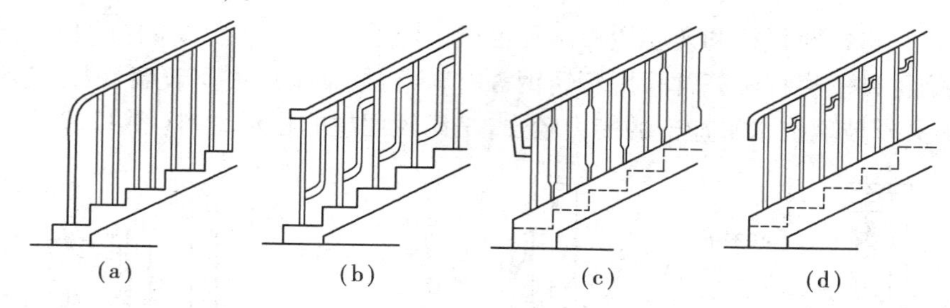

图12.24 空花栏杆

住宅和所有公共建筑,为防止坠落,栏杆垂直杆件的净距不应大于110 mm,且最好不要设计有便于攀爬的花饰,如某些横向杆件。

栏杆与踏步的连接方式有铆接、焊接和螺栓连接三种形式。焊接是在踏面上预埋铁件,然后把栏杆焊接在预埋铁件上(图12.25(a))。铆接是将栏杆底端作成燕尾铁,插入踏步的预留孔洞内,用水泥砂浆或细石混凝土填实(图12.25(b))。常用的螺栓连接方法是用膨胀螺丝连接栏杆与踏步(图12.25(c))。

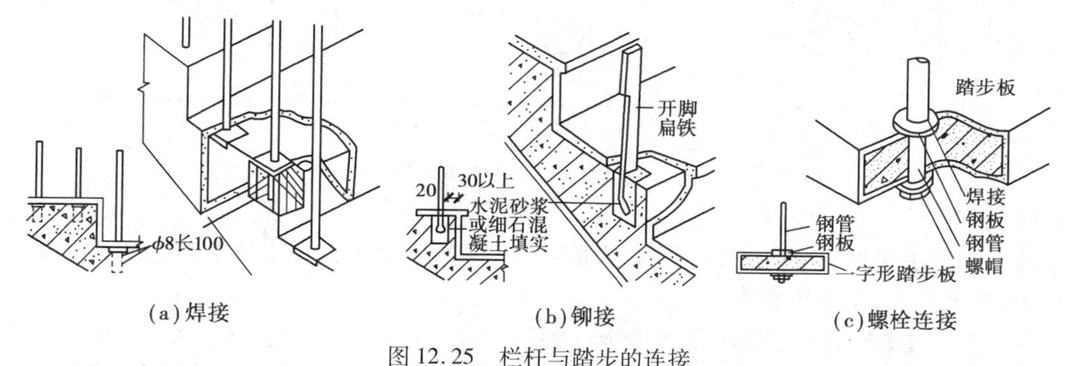

图12.25 栏杆与踏步的连接

2)实心栏板

实心栏板常采用钢筋混凝土、加筋砖砌体、钢化玻璃等材料制作。钢筋混凝土实心栏板可以现浇,也可以预制;加筋砖砌体实心栏板是普通砖侧砌,厚60 mm,外加钢丝网加固(图12.26)。

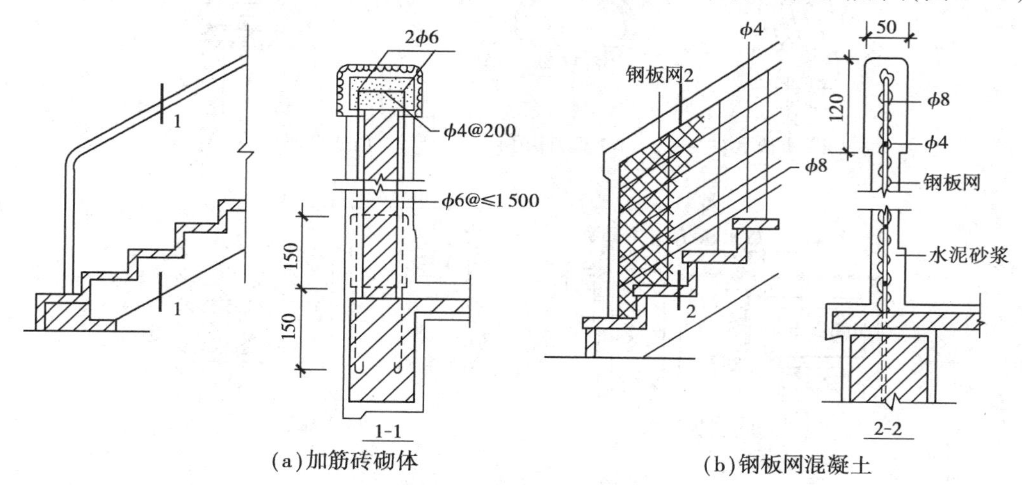

图12.26 实心栏板

3）混合栏杆

混合栏杆是指空花栏杆和实心栏板两种形式的组合。栏杆作主要的抗侧力构件，栏板作为防护和装饰构件。栏杆竖杆常采用不锈钢等材料，栏板常采用夹丝玻璃、钢化玻璃等轻质和美观的材料，夹丝玻璃抗水平冲击的能力较强，是比较理想的栏板材料（图12.27）。

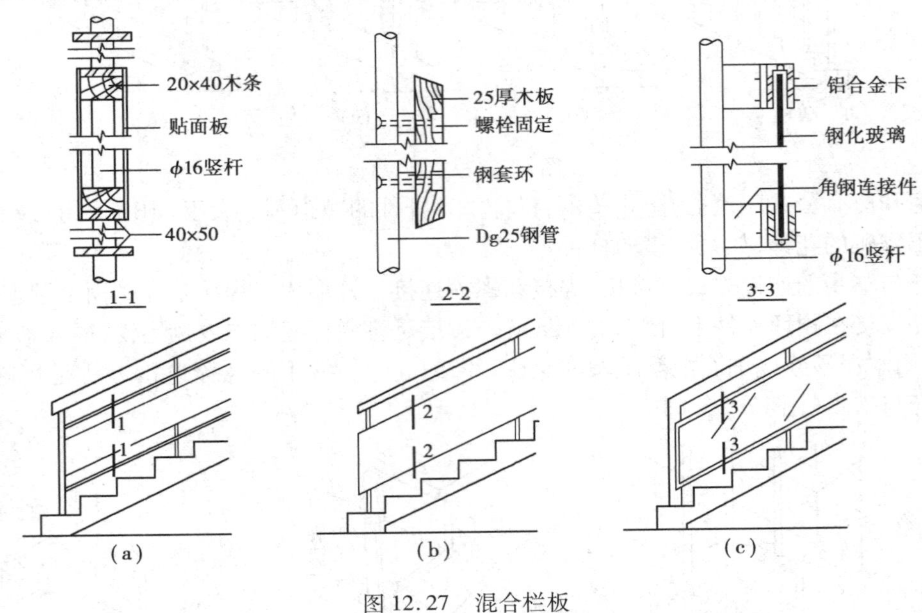

图12.27　混合栏板

（2）扶手

楼梯的扶手按材料分有：木扶手、金属扶手、塑料扶手、细石混凝土扶手等；按构造分有：栏杆扶手、栏板扶手、靠墙扶手等。

木扶手通过木螺丝与栏杆连接；金属扶手通过焊接等方式与栏杆连接；靠墙扶手则由预埋铁脚的扁钢藉木螺丝来固定；细石混凝土扶手是钢筋混凝土栏板、加筋砖砌体栏板的扶手形式（图12.28）。

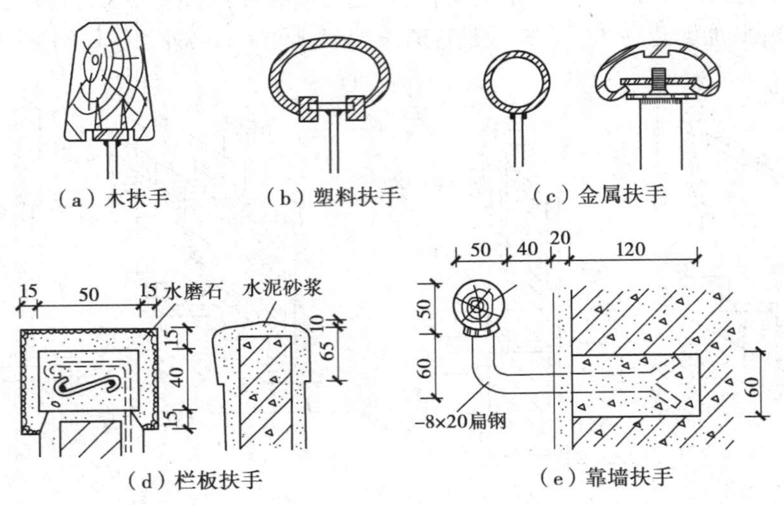

图12.28　扶手与栏杆连接

12.3.3　楼梯的基础

楼梯的基础简称梯基，一般设于底层楼梯第一跑的起步处。当地基持力层较高，且楼梯不大时常用砖、毛石或混凝土做梯基；当楼梯较大较重时，常用钢筋混凝土做梯基（图12.29）。

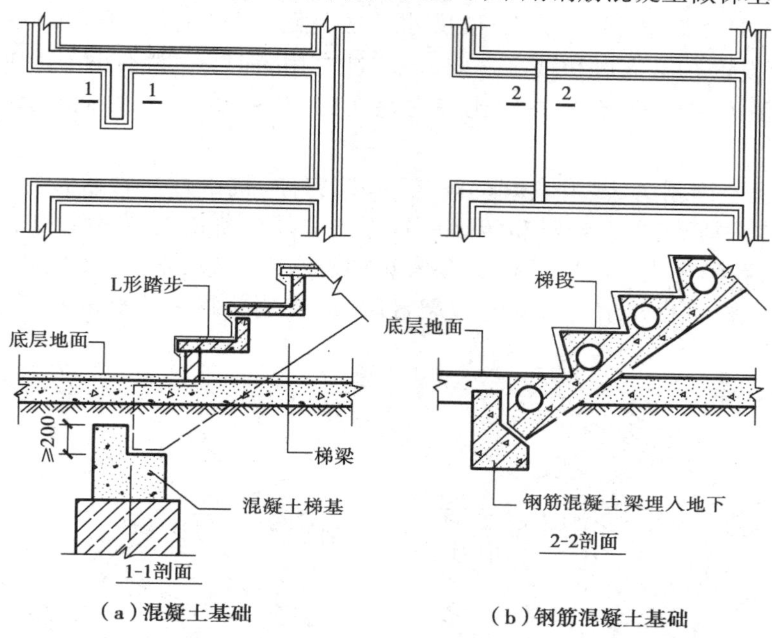

（a）混凝土基础　　（b）钢筋混凝土基础

图12.29　楼梯的基础

12.4　台阶与坡道

建筑入口处解决室内外的高差问题主要靠台阶与坡道。若为人流交通，则应设台阶和残疾人坡道；若为机动车交通，则应设机动车坡道或台阶和坡道相结合。

台阶和坡道通常位于建筑的主入口处，台阶和坡道除了适用以外，还要求造型优美（图12.30）。

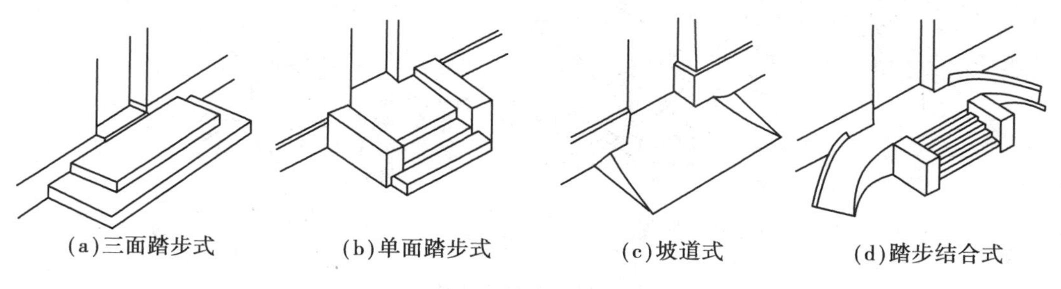

（a）三面踏步式　（b）单面踏步式　（c）坡道式　（d）踏步结合式

图12.30　台阶与坡道形式

12.4.1 台阶

台阶由踏步和平台组成，室外台阶有单面踏步、三面踏步等形式，有时也会和坡道一起组合，用于医院、旅馆、办公楼等建筑；若是室内台阶，其踏步数不应少于两级。

室外台阶的坡度比楼梯平缓，踏步尺寸一般是踏面宽 300～400 mm，踏步高 100～150 mm。平台设置在出入口和踏步之间，起缓冲之用，深度一般不小于 1 000 mm。为防止雨水积聚并溢入室内，平台标高应比室内地面低 30～500 mm，并向外找坡 1%～4%，以利排水。

室外台阶应坚固耐磨，具有良好的耐久性、抗冻性、抗水性。台阶按材料不同有混凝土台阶、石台阶、钢筋混凝土台阶和砖砌台阶等。室外台阶由面层和结构层组成，台阶基础有就地砌筑、勒脚挑出、桥式三种；面层常见的有水泥砂浆、水磨石、地砖以及天然石材等（图 12.31）。为防止建筑物沉降时拉裂台阶，应在建筑物主体沉降趋于基本均匀后再做台阶。

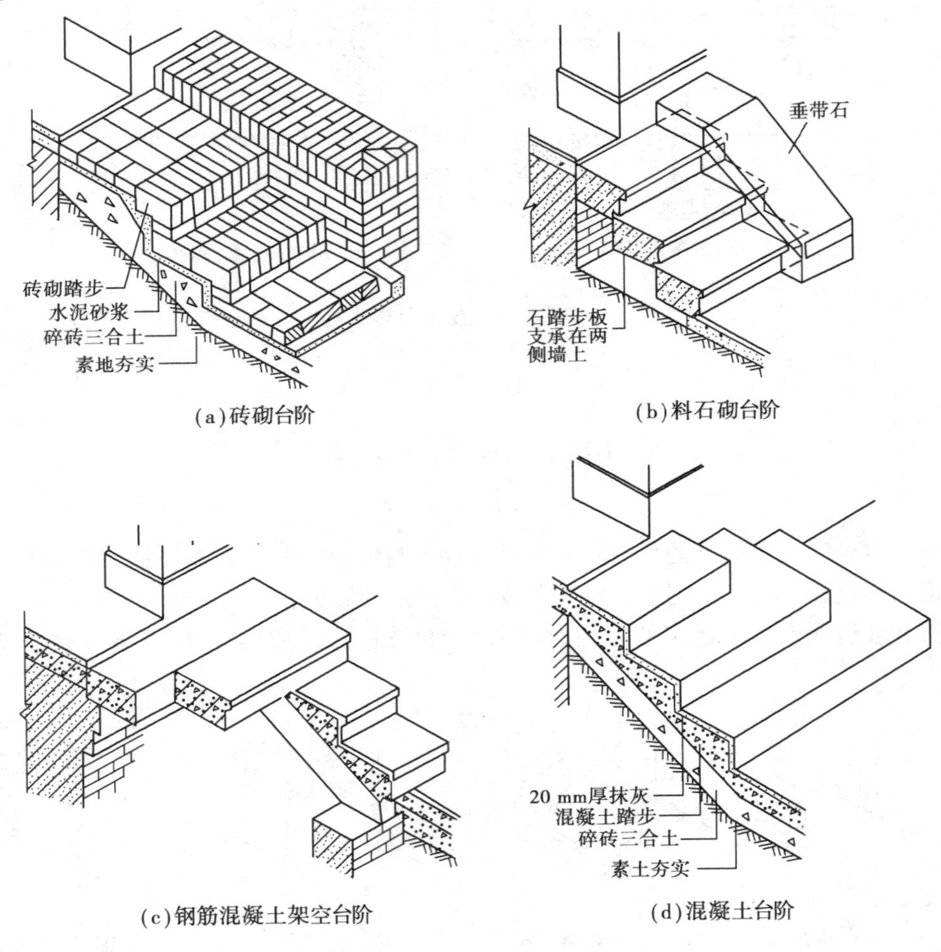

图 12.31　室外台阶构造

12.4.2　坡道

建筑入口处有车通行或要求无障碍设计时应采用坡道(图12.32)。

坡道多为单坡式,有时也有三坡,但不常见。坡道的坡度设置应以有利于车辆通行为依据,一般是1∶6～1∶12。供轮椅使用的坡道坡度不应大于1∶12,且两侧应设0.85 m及0.65 m高扶手,地面平整但能防滑。

坡道也应采用坚固耐磨,具有良好的耐久性、抗冻性、抗水性的材料制作,一般采用混凝土或石材做面层,混凝土做结构层。坡道的坡度相对较大或对防滑要求较高时,坡道上应该设防滑措施,如设锯齿形坡道,设防滑条,压防滑槽等,以增加坡面上的粗糙度。

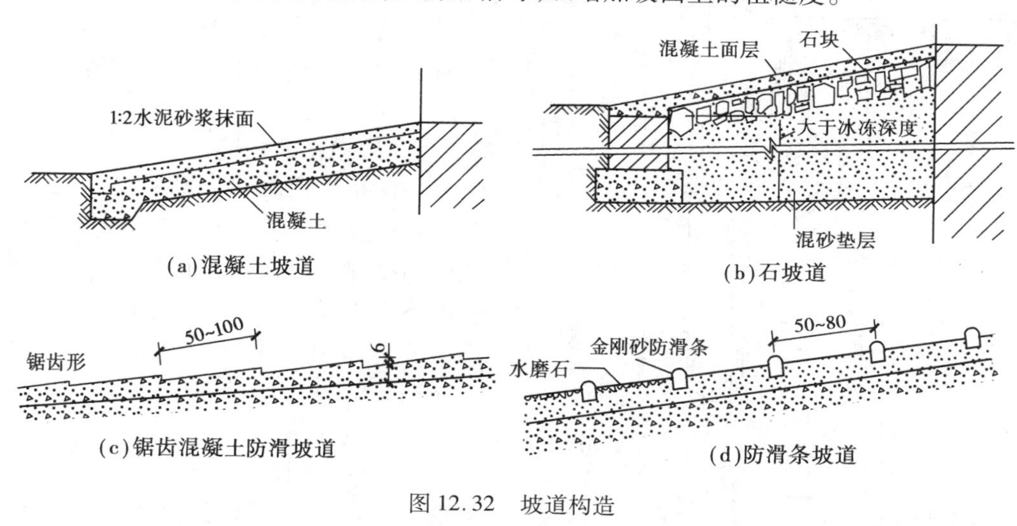

图12.32　坡道构造

12.5　电梯与自动扶梯

电梯与自动扶梯是建筑常用的垂直交通工具,因其省力、便捷而深受欢迎。

12.5.1　电梯

电梯是高层建筑不可缺少的重要垂直交通设施,有时也用于标准较高的低层建筑。但电梯并不能作为安全疏散出口。公共建筑中,电梯不应在转角处紧邻布置,单排布置不应超过4台,双排布置不应超过8台。若以电梯为主要交通,每个建筑物或建筑物的每个服务区乘客电梯不宜少于2台。

(1)电梯的类型

按使用性质可分为客梯、货梯、消防电梯、观光电梯。按运行速度可分为高速电梯(速度大于2 m/s)、中速电梯(速度小于2 m/s)、低速电梯(速度小于1.5 m/s)。

(2)电梯的组成

电梯一般由三个主要的部分组成:电梯井道、电梯轿厢、机房(图12.33)。

电梯井道是电梯运行的通道,井道内有轿厢、导轨、平衡重等。电梯井道在每层楼的楼层

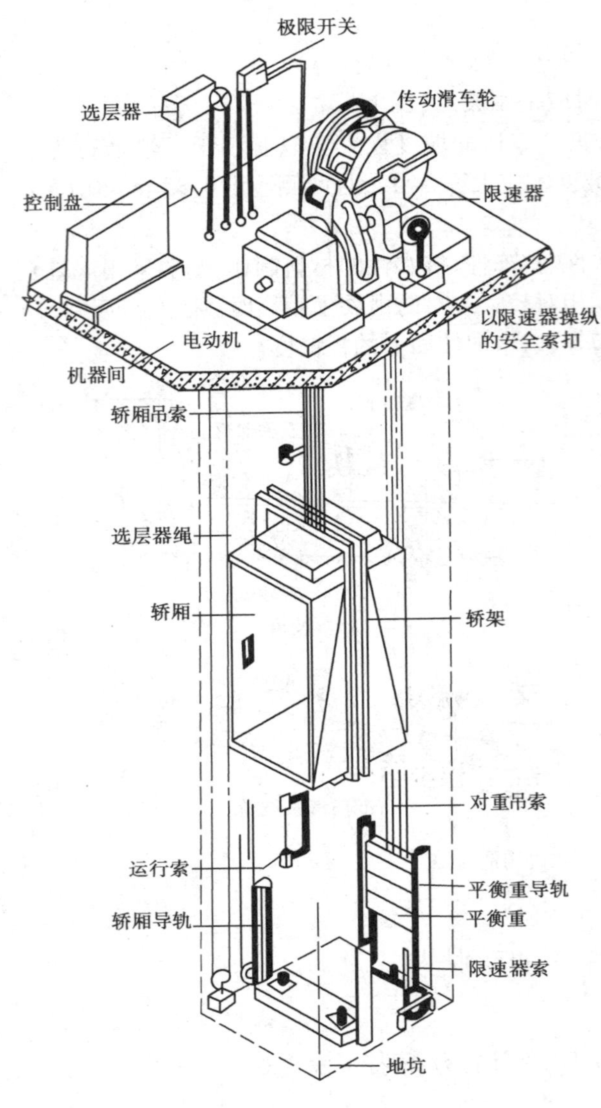

图 12.33　电梯组成剖视图

处设一出入口，底部（建筑最底层）设一地坑，该地坑主要是为了安装缓冲器，缓冲器可以缓解电梯停靠时的冲力，地坑深度一般不小于 1.4 m。

电梯轿厢是载人、运货的厢体。按其用途不同，电梯轿厢的形状、尺寸都有所不同。电梯轿厢应造型优美，经久耐用，可根据需要选用。

机房为安装相关电梯设备而用，一般设在电梯井道的顶部，有时设于楼顶，有时设于顶楼（电梯只能运行到倒数第二层）。一般机房的净高不得小于 2.0 m。

（3）**电梯的构造**

1）机房构造

机房楼板应平整，至少能承受 6 kPa 的均布荷载。通向机房的通道和楼梯宽度不小于1.2 m，楼梯坡度不大于 45°。机房一般专用，且要做好机房的隔声和减振。

2）电梯井构造

电梯井（图 12.34）井壁一般是钢筋混凝土井壁或框架剪力墙，井壁上除出入口外尽量少开口，以免降低电梯井的强度。但井壁若是钢筋混凝土，则应预留 150 mm × 150 mm × 150 mm 的孔洞，垂直中距 2.0 m，以便安装支架。

电梯井是建筑中的垂直通道，极易引起火灾的蔓延，因此，井道四壁应为防火结构。当同一井道内有两部以上的电梯时，需用防火墙隔开。

井道各层的出入口即为电梯的厅门，厅门处常装大理石、水磨石、金属板材门套，出入口处的地面应向井道挑出一牛腿（图 12.35）。

电梯运行时会产生振动和噪声，故要进行隔音减噪处理。一般在机房机座下设弹性隔振垫，机房和电梯井间设 1.5 m 的隔声层（图 12.36）。

为使电梯井道内空气流通，应在井道底部和中间适当位置设不小于 300 mm × 600 mm 的进风口，上部设出风口，出风口可以和排烟口相结合，其面积不小于井道面积的 3.5%。通风口总面积的 1/3 应经常开启。地坑应进行防水和防潮处理。电梯井井壁上安装导轨和导轨支架，可预留孔插入也可预留铁件焊接。

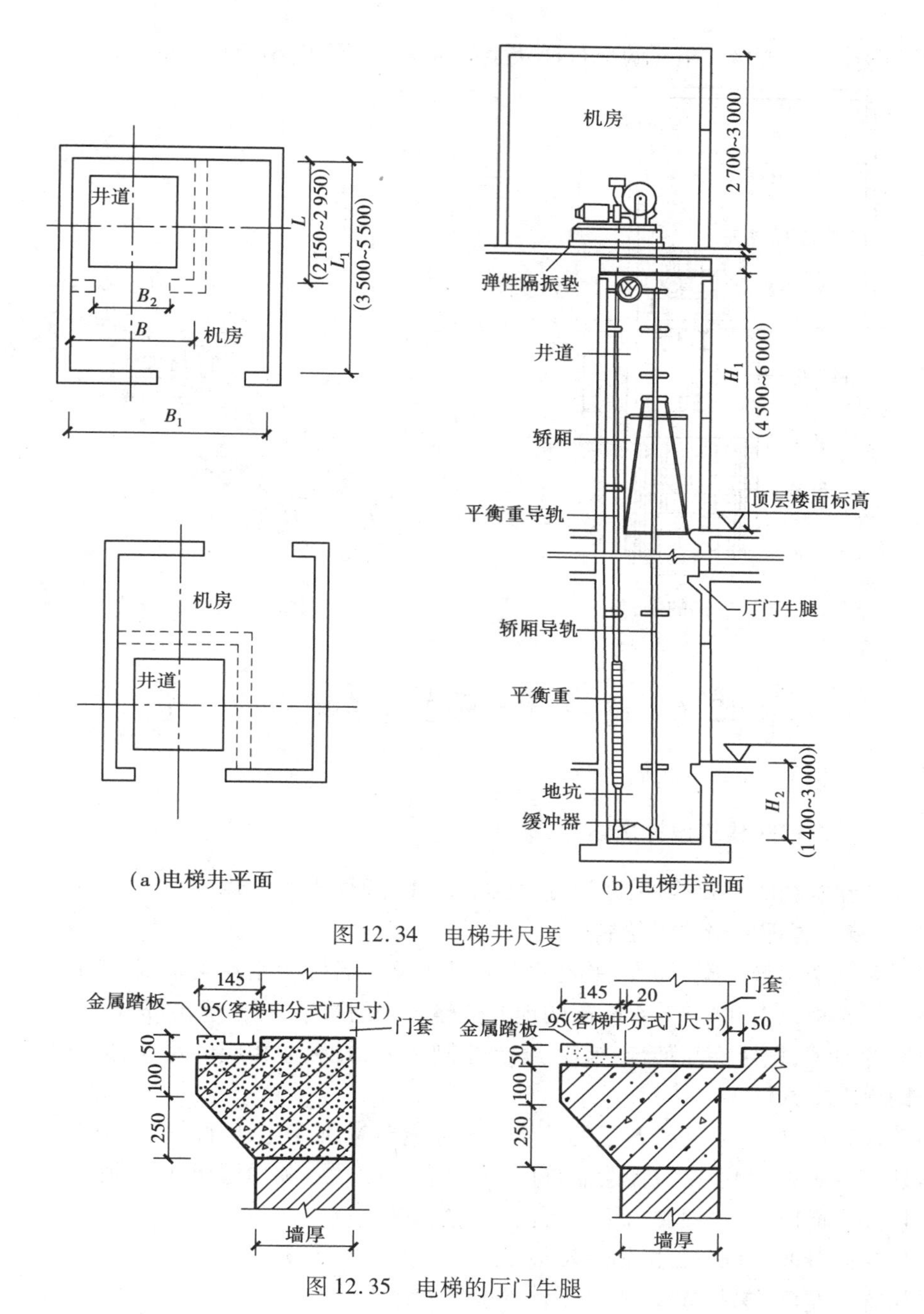

图 12.34　电梯井尺度

图 12.35　电梯的厅门牛腿

12.5.2　自动扶梯

人流量较大且持续的公共建筑(如商场、航空港等)常使用自动扶梯。自动扶梯可正逆两个方向运行,停电时还可以作普通楼梯使用(图 12.37)。

自动扶梯的坡度比较平缓,一般采用 30°,运行速度为 0.5 ~ 0.7 m/s,宽度按输送能力有单人和双人两种。

自动扶梯起止平台深度应满足安装尺寸,应留足人流等候及缓冲面积,扶手与平行墙面间、扶手与楼板开口边缘、相邻两平行梯扶手间水平距离不应小于 0.4 m。

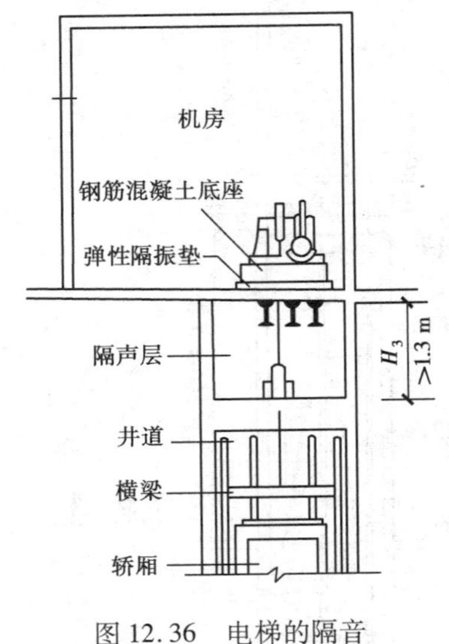

图 12.36 电梯的隔音

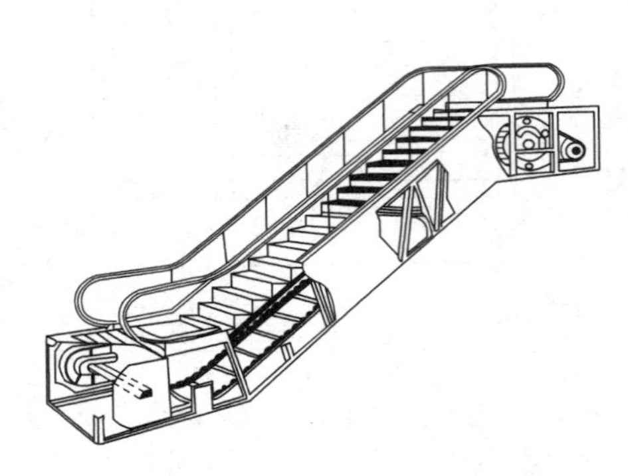
图 12.37 自动扶梯剖视图

12.6 楼梯与电梯在建筑图中的表达

12.6.1 楼梯的建筑设计表达方式

楼梯是建筑物的重要构件，在设计时要求设计合理，表达准确。

(1)楼梯平面图的形成及绘制

为了表示楼梯踏步宽、梯段、平台的平面尺寸及与墙柱的相互关系，假想有一水平的剖切平面在每层楼板以上 0.9～1.4 m 高的地方把建筑一剖两半，移去上半部分，从上往下看，然后按正投影的原理，把楼梯间踏步、梯段、平台绘制出来，并标注相应的尺寸，即可得到楼梯各层的平面图(图 12.38)。

由于建筑层高不同，楼梯各层的具体情况可能会有所变化，因此，应绘制各层的楼梯平面图。若建筑层高相同，通常只需绘制首层、中间层(标准层)和顶层楼梯平面图。

在楼梯平面图中，一般要求把以下内容表达清楚：

①楼梯间开间、进深尺寸、横纵轴线；

②楼梯段宽度、梯井宽度、楼梯平台深度尺寸；

③楼梯段长度、楼梯踏步宽、级数，可表达为 $L=(N-1)b$；

④楼梯的上下走向。

(2)楼梯剖面图的形成及绘制

为了表示楼梯踏步、梯段、平台的竖向尺寸及与楼层的相互关系，假想有一垂直的剖切平面在楼梯的适当位置把建筑一剖两半，移去左半部分(或右半部分)，从右往左看(或从左往右看)，然后按正投影的原理，把楼梯绘制出来，即可得到楼梯的剖面图。在楼梯剖面图中，一般要求把以下内容表达清楚(图 12.39)：

①建筑各楼层标高、楼梯平台标高；
②楼梯踏步高、级数(可表达成 $H=N\cdot h$)；
③栏杆扶手高度、样式。

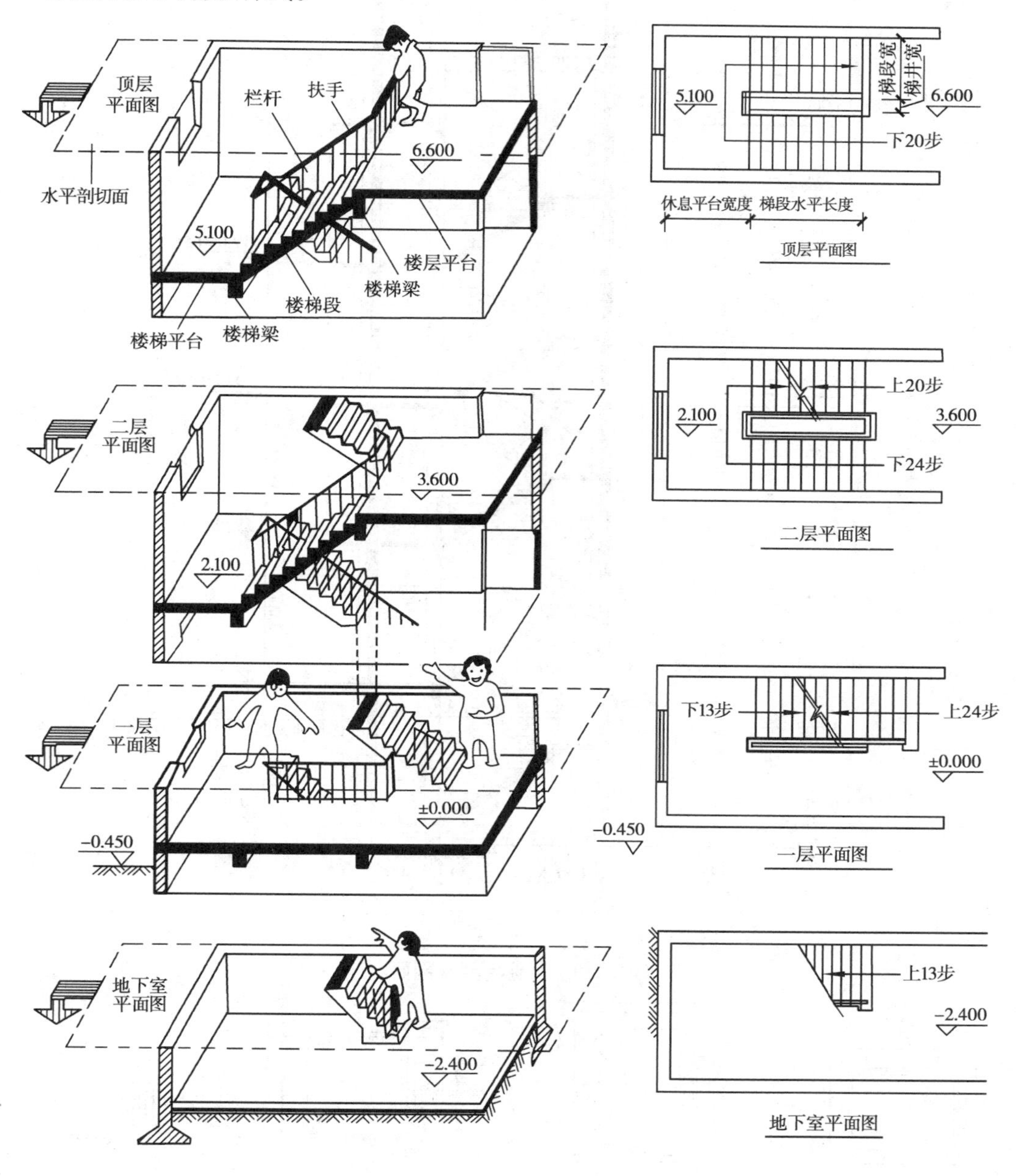

图12.38 楼梯平面图成图示意图

12.6.2 电梯的设计表达方式

电梯的设计表达包括平面图和剖面图，电梯的平面、剖面图的成图原理与楼梯相似，在电梯的平面及剖面图表达中，除了应注明电梯井、机房的定位轴线、开间、进深尺寸、各层站标高等，还应注明井道内空净尺寸、门洞位置、顶层站净高以及井道地坑深度等(图12.40)。

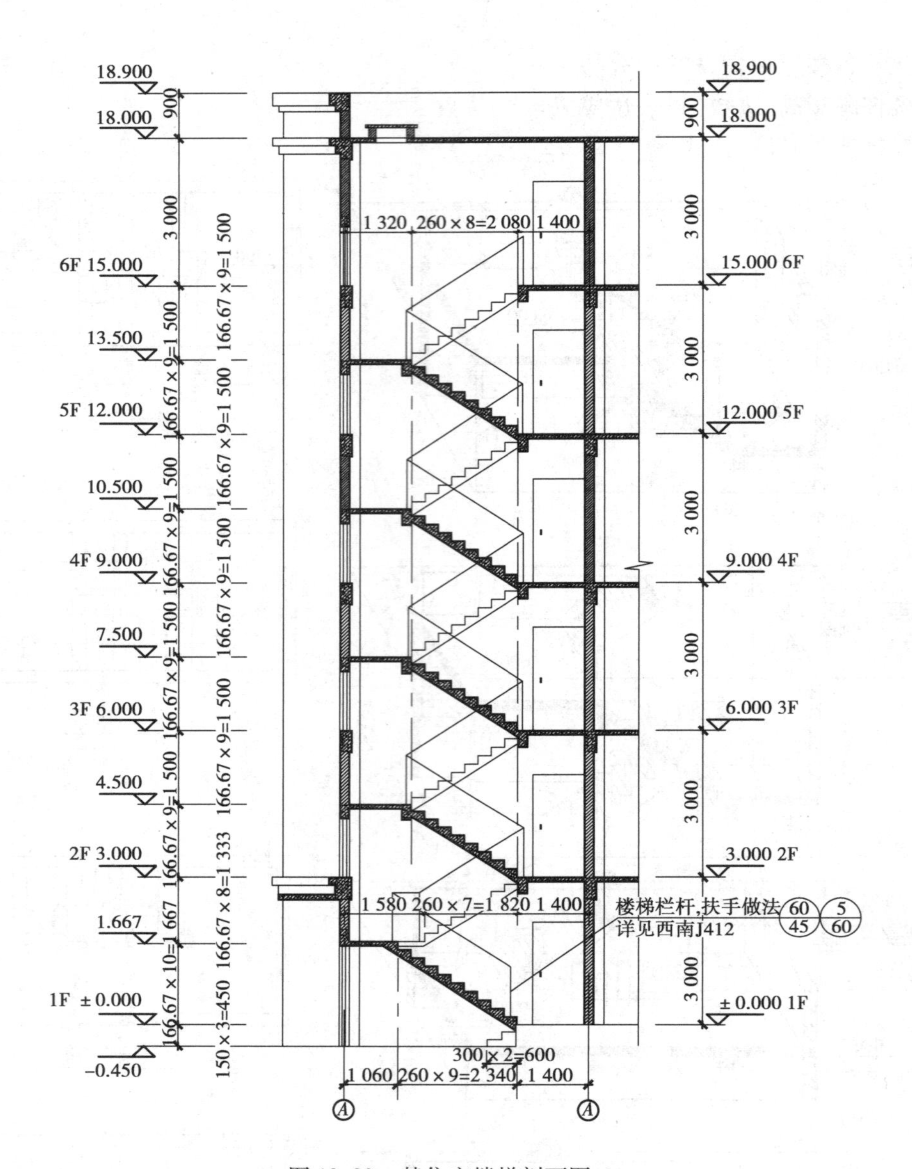

图 12.39 某住宅楼梯剖面图

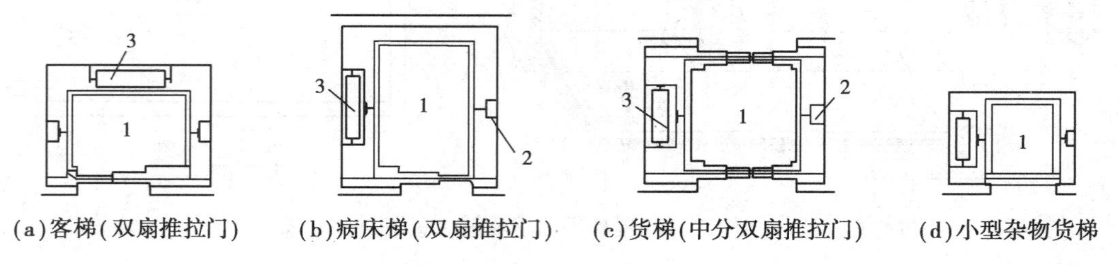

图 12.40 电梯平面图

1—电梯箱;2—导轨及撑架;3—平衡重

小　结

本章内容介绍建筑重要构造之一:楼梯、电梯。其中楼梯的设计、钢筋混凝土楼梯的构造是重点,台阶与坡道构造、电梯与自动扶梯构造等内容要求能识图、制图。

1. 楼梯是建筑中最重要的垂直交通设施,由楼梯段、楼梯平台、栏杆扶手三个部分组成,常见的楼梯形式有直跑楼梯、双跑楼梯、多跑楼梯、圆形楼梯、螺旋楼梯、弧形楼梯、桥式楼梯、剪刀式楼梯等,其中双跑楼梯在民用建筑中最普遍。

2. 楼梯设计中需要确定:①楼梯平面各尺寸(楼梯段宽、楼梯井宽、踏步宽与高、楼梯段长);②楼梯剖面各尺寸(楼梯坡度、踏步高、级数、楼梯高等)。

楼梯设计中还需要确保楼梯的净高:楼梯段上不小于2.2 m,楼梯平台下不小于2.0 m。当楼梯平台下作出入口时,可采取底层楼梯设计成不等跑,室外台阶内移,底层楼梯直跑等方法处理。

3. 钢筋混凝土楼梯是最重要的楼梯形式,按其构造分为现浇式钢筋混凝土楼梯和装配式钢筋混凝土楼梯。

现浇式钢筋混凝土楼梯分为板式楼梯和梁式楼梯。板式楼梯适用于楼梯段长小于3 m的楼梯,梁式楼梯适用于楼梯段长大于3 m的楼梯,梁式楼梯传力明确,梁可正放,也可倒放;有时双梁布置,有时单梁布置。

装配式钢筋混凝土楼梯中重要的预制构件有踏步块(三角形、一字形、L形三种);斜梁(矩形梁、锯齿形梁两种);楼梯平台梁(矩形梁、L形梁两种)。

4. 楼梯的细部构造有踏面防滑构造、栏杆与踏步连接、栏杆与扶手连接等构造。

5. 室外台阶与坡道连接室外地坪与室内地坪,坡度比一般楼梯平缓。要求结实、防水、防冻、防滑。

6. 电梯是高层建筑的主要垂直交通设施,由电梯井、轿厢、机房等部分组成,其中电梯井的构造最重要。自动扶梯适合于人流量大且持续的公共场合,需要注意自动扶梯的相关尺度。

复习思考题

12.1　楼梯是由哪些部分组成的?各组成部分的作用及要求如何?

12.2　常见的楼梯有哪几种形式?

12.3　确定楼梯段宽度应以什么为依据?

12.4　为什么平台深不得小于楼梯段宽度?

12.5　楼梯坡度如何确定?

12.6　一般民用建筑的踏步高与宽的尺寸是怎样限制的?

12.7　楼梯为什么要设栏杆?栏杆扶手的高度一般是多少?

12.8　楼梯间的开间、进深应如何确定?

12.9　楼梯的净高一般指什么?为保证人流和物流的顺利通行,要求楼梯各部分的净高是多少?

12.10　当建筑物底层平台下作出入口时,为保证出入口净高,应采用哪些措施?

12.11　钢筋混凝土楼梯常见的结构形式有哪几种？各有什么特点?

12.12　预制装配式楼梯的构造形式有哪些?

12.13　预制装配式楼梯的预制踏步形式有哪几种?

12.14　楼梯踏面的做法如何？请图示。

12.15　栏杆与踏步、栏杆与扶手如何连接？请图示。

12.16　实体栏板如何构造？请图示。

12.17　台阶与坡道有哪些形式?

12.18　台阶的构造要求如何？请图示。

12.19　常用电梯有哪几种?

12.20　电梯由哪几部分组成？电梯井道的设计应满足什么要求?

12.21　什么条件下适宜采用自动扶梯?

12.22　某三层住宅楼层高2.8 m,楼梯间开间2.7 m,进深5.1 m,室内外高差0.6 m。请设计一楼梯,要求在中间休息平台下作出入口(即保证休息平台梁梁底净高大于或等于2.0 m)。

①设计并确定该楼梯的相关尺寸(a、b、h、C、D、L、N)。

②绘制该楼梯的剖面图及各层平面图。

第13章 屋 顶

本章要点及学习目标

本章主要讲述了:屋顶的排水方式的选择和排水组织设计;柔性防水屋面、刚性防水屋面的做法及节点构造;隔热、保温设计原理及构造措施。要求掌握屋顶的组成与类型;熟悉平屋顶的排水方式,防水构造;熟悉平屋顶保温隔热的原理和构造。

13.1 概 述

13.1.1 功能组成与类型

(1)屋顶的功能

屋顶是建筑物最上层起覆盖作用的外围护构件。它的主要功能一是抵御自然界的风、雨、雪、太阳辐射、气温变化和其他外界的不利因素,使屋顶所覆盖的空间有一个良好的使用环境;二是承受作用于其上的各种活动荷载(如雪载、施工及检修荷载等)和屋顶本身的自重并顺利地传递给墙柱,同时还起着对房屋上部水平支撑的作用。

(2)屋顶的组成

屋顶主要由屋面和支承结构所组成,有些还有各种形式的顶棚,以及保温、隔热、隔声和防火等其他功能所需要的各种层次和设施。

(3)屋顶的类型

屋顶的类型与房屋的使用功能、屋面盖料、结构选型以及建筑造型要求等有关。由于这些各种因素的不同,便形成平屋顶、坡屋顶以及曲面屋顶等多种形式。

平屋顶一般指屋面坡度小于5%的屋顶,常用的坡度为1%~3%。屋顶上面便于利用,可做成露台、屋顶花园等。

坡屋顶由斜屋面组成,屋面坡度一般大于10%。坡屋顶在我国有悠久的历史。坡屋顶按其坡面的数目可分为单坡顶、双坡顶、四坡顶等。

拱结构、薄壳结构、悬索结构等屋顶形式受力合理,能充分发挥材料的力学性能,节约材料,但施工复杂,造价较高,常用于大跨度的大型公共建筑。

屋顶的不同类型如图 13.1 所示。

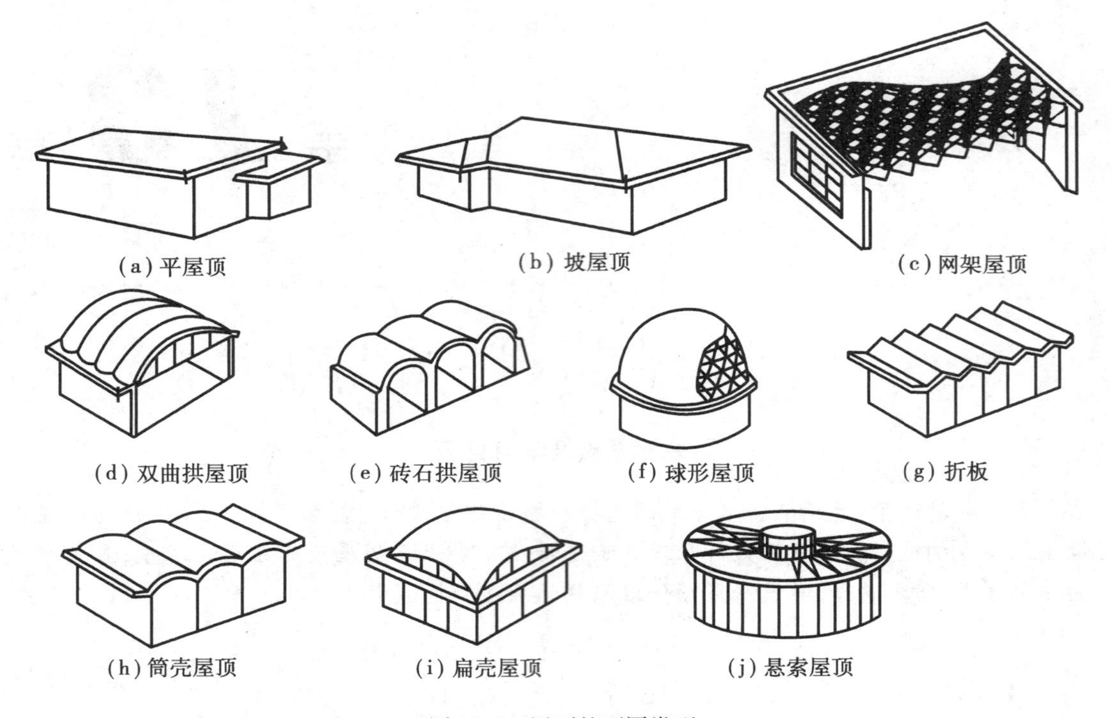

图 13.1　屋顶的不同类型

13.1.2　设计要求

屋顶构造设计应在注意解决防水、保温、隔热、隔声和防火等问题的同时,予以解决屋顶构件的强度、刚度和整体空间的稳定性问题。

(1)防水要求

屋顶防水是屋顶构造设计最基本的功能要求。一方面屋面应该有足够的排水坡度及相应的一套排水设施,将屋面积水顺利排除;另一方面要采用相应的防水材料,采取妥善的构造做法,防止渗漏。

(2)保温和隔热要求

屋顶为外围护结构,应具有一定的热阻能力,以防止热量从屋面过分散失。在北方寒冷地区,为保持室内正常的温度,减少能耗,屋顶应采取保温措施;南方炎热地区的夏季,为避免强烈的太阳辐射和高温对室内的影响,屋顶应采取隔热措施。

(3)结构要求

屋顶应具有良好的强度、刚度与空间稳定性,满足建筑结构设计的要求。

(4)建筑艺术的要求

屋顶是建筑外形的重要组成部分,又称为"建筑的第五立面"。屋顶的形式、材料和色彩与建筑物的美观密切相关。在解决屋顶构造做法时,应将构造技术与设计艺术两个方面进行有机的结合。

13.1.3 屋顶的坡度及影响因素

屋顶的坡度大小是由多方面因素决定的，它主要与屋面选用的材料、屋顶构造做法、当地的气候条件、建筑造型要求以及经济因素等有关。确定屋顶坡度时，要综合考虑各方面因素。不同的屋面材料适宜的坡度范围，如图13.2所示。

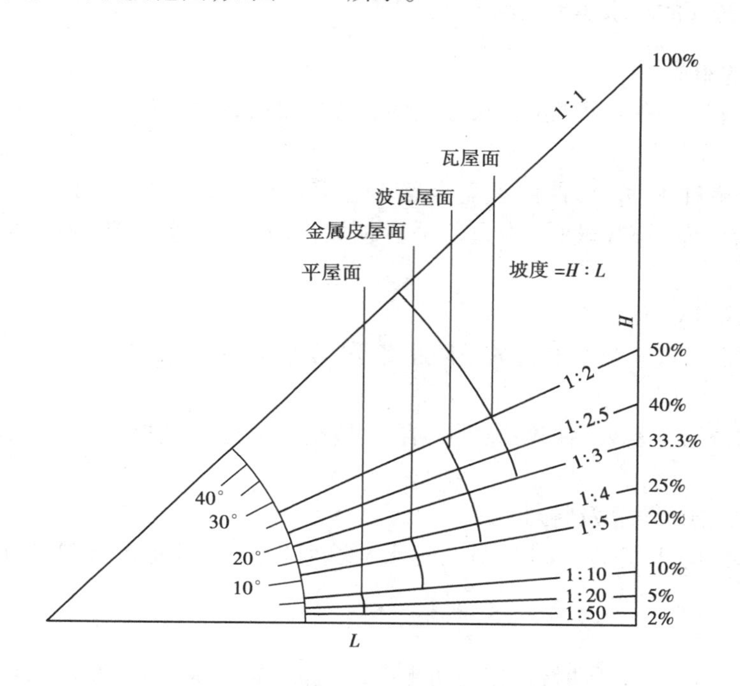

图13.2 常用不同材料屋面坡度范围

屋面的坡度通常采用单位高度与相应长度的比值来标定，如1:2、1:3等，常用于坡屋面；较平坦的坡度常用百分比，如用2%或5%等来表示，平屋面常用百分比表示；较大的坡度也可用角度表示，如30°、45°等。

13.1.4 屋面防水等级

《屋面工程技术规范》(GB 50345—2012)规定：屋面防水工程应根据建筑物的类别、重要程度、使用功能要求确定防水等级，并应按相应等级进行防水设防；对防水有特殊要求的建筑屋面，应进行专项防水设计。屋面防水等级和设防要求应符合表13.1的规定。

表13.1 屋面防水等级和设防要求

防水等级	建筑类别	设防要求
Ⅰ级	重要建筑和高层建筑	两道防水设防
Ⅱ级	一般建筑	一道防水设防

13.2 平屋顶

13.2.1 平屋顶的防水类型及特点

(1)平屋顶的组成

平屋顶由上至下一般由面层(防水层)、保温或隔热层、结构层组成。

1)面层(防水层)

屋顶面层暴露在大气中,直接承受自然界各因素的长期作用,屋顶面层必须有良好的防水性能和抵御外界因素侵蚀的能力。平屋顶坡度较小,排水缓慢,要加强屋面的防水构造处理。

2)保温层或隔热层

屋顶设置保温层或隔热层的目的是防止冬季、夏季顶层房间过冷或过热。

3)结构层

平屋顶的结构层主要采用钢筋混凝土结构,按施工方法,一般有现浇、预制和装配整体式等结构形式。

(2)平屋顶的防水类型及特点

平屋顶按屋面防水层的不同有刚性防水、柔性防水、涂料防水及粉剂防水屋面等多种做法。

1)刚性防水屋面

刚性防水屋面是指以刚性材料作为防水层的屋面,如防水砂浆、细石混凝土、配筋细石混凝土防水屋面等。这种屋面具有构造简单、施工方便、造价低廉的优点,但施工技术要求较高,对温度变化和结构变形较敏感,容易产生裂缝而渗水,故多适用我国南方地区的建筑。

2)柔性防水屋面

柔性防水屋面是将柔性的防水卷材用胶结料粘贴在屋面上,形成一个大面积的封闭防水覆盖层。这种屋面具有造价低,防水性能较好的优点,但须加热施工,污染环境,低温脆裂,高温流淌,使用寿命较短。

3)涂料及粉剂防水屋面

涂料及粉剂防水屋面是用可塑性和黏结力较强的高分子防水涂料或拒水粉直接刷在屋面基层上,形成一层满铺的不透水薄膜层,以达到屋面防水的目的。这种屋面防水层透气不透水,并有良好的耐久性和随动性,施工简单,价格低。

13.2.2 平屋顶的排水设计

为了迅速排除屋面上的雨水,保证水流畅通,需要进行周密的排水设计,选择合适的排水坡度,确定排水方式,做好屋顶排水组织设计。

(1)平屋顶排水坡度的形成

平屋顶的常用坡度为1% ~3%,坡度的形成一般有材料找坡和结构找坡两种形式(图13.3)。

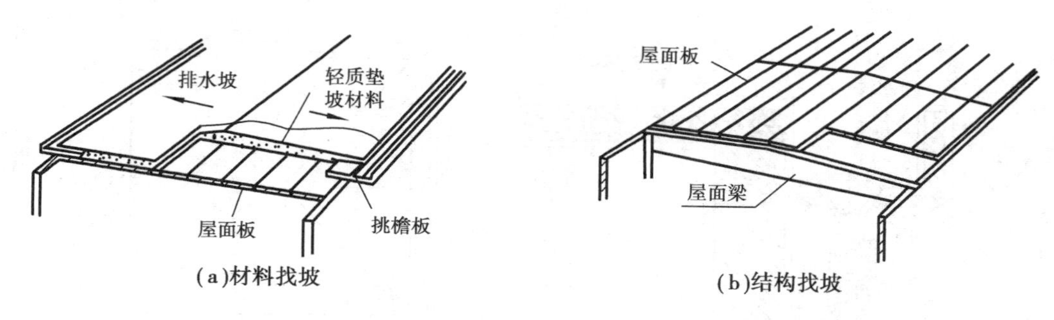

图13.3 不同的找坡形式

1)材料找坡

材料找坡指屋面板呈水平搁置,利用轻质材料垫置而构成的一种做法。常用找坡材料有水泥炉渣、石灰炉渣等。有保温层的屋面,保温材料可兼做找坡材料。这种做法可获得室内的水平顶棚面,空间完整,但找坡材料增加了屋面荷载,且多费材料和人工,当屋顶坡面不大或需设保温层时广泛采用这种做法。

2)结构找坡

屋顶的结构层根据屋面排水坡度搁置成倾斜,再铺设防水层等。这种做法不需另加找坡层,荷载轻,施工简便,造价低,但不另吊顶棚时,顶面稍有倾斜。

(2)平屋顶排水方式

平屋面的排水方式有无组织排水和有组织排水两大类。

1)无组织排水

无组织排水又称自由落水,是指屋面雨水直接从檐口落自室外地面的一种排水方式。其做法具有构造简单和造价低廉的优点,但屋面雨水自由落下会溅湿外墙面,影响外墙的坚固耐久性。无组织排水主要用于少雨地区或低层建筑,不适用于临街或高层建筑(图13.4)。

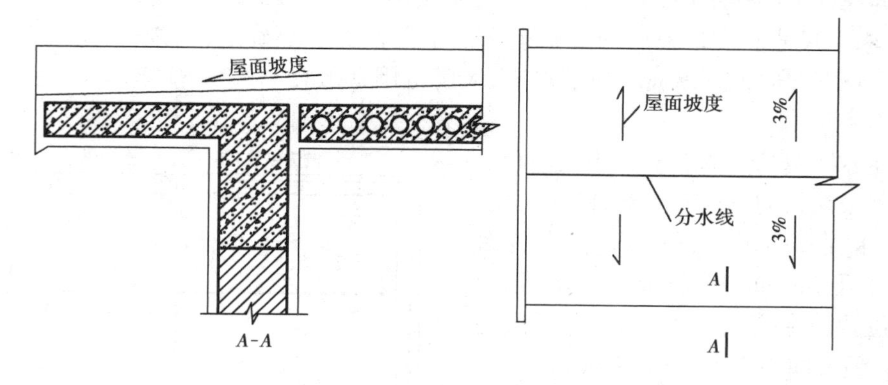

图13.4 平屋面无组织排水图

2)有组织排水

在降雨量较大的地区,当建筑物较高或较为重要的建筑,宜采用有组织排水方式。有组织排水是指将屋面划分成若干个汇水区域,按一定的排水坡度把屋面雨水有组织地排到檐沟或雨水口,经雨水管流到散水上或明沟中的排水方式,它与无组织排水相比有显著的优点,但有组织排水构造复杂,造价较高(图13.5)。

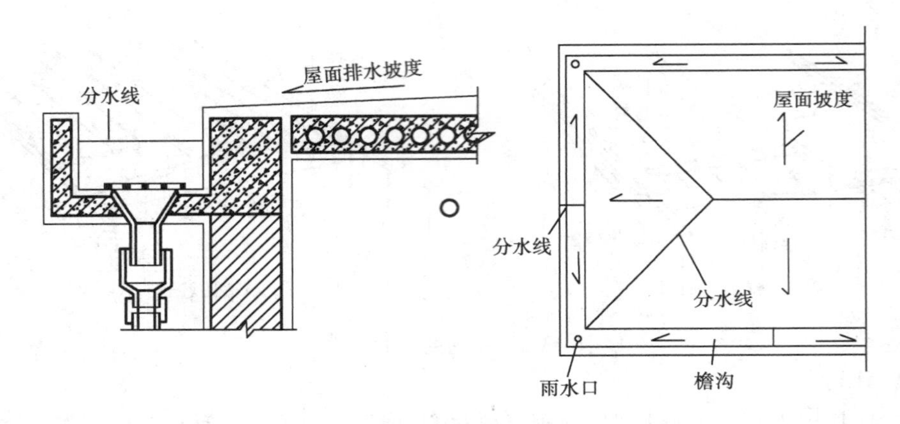

图 13.5　平屋面有组织排水图

(3)**平屋顶排水组织设计**

1)确定排水坡面的数目

一般情况下,平屋顶屋面宽度小于 12 m 时,可采用单坡排水;其宽度大于 12 m 时,宜采用双坡排水。但临街建筑的临街面不宜设水落管时,也可采用单坡排水。坡屋顶应结合建筑造型要求选择单坡、双坡或四坡排水。

2)划分汇水区

汇水区的面积是指屋面水平投影的面积。一个汇水区的面积一般不超过一个雨水管所能负担的排水面积。一般在年降水量小于 900 mm 的地区,每一直径为 100 mm 的雨水管,可排汇水面积 200 m^2的雨水;年降雨量大于 900 mm 的地区,每一直径为 100 mm 的雨水管,可排汇水面积 150 m^2的雨水。

3)确定天沟

天沟即屋面上的排水沟,位于檐口部位又称檐沟。矩形天沟一般用钢筋混凝土现浇或预制而成,其断面尺寸应根据地区的降雨量和汇水面积的大小确定,天沟的净宽应不小于 200 mm,沟底沿长度方向设置纵坡坡向雨水口,坡度范围一般为 0.5% ~1%,天沟上口与分水线的距离应不小于 120 mm。

4)确定水落管所用材料和大小及间距

水落管按材料的不同有铸铁、镀锌铁皮、塑料、石棉水泥和陶土等。面积较小的露台或阳台可采用 50 mm 或 75 mm 的水落管。水落管的位置应在实墙面处,其间距一般在 18 m 以内,最大间距宜不超过 24 m。

5)平屋顶排水平面图的表示

平屋顶平面图应表明排水分区、排水坡度、雨水管位置、穿出屋顶的突出物的位置等(图 13.6)。

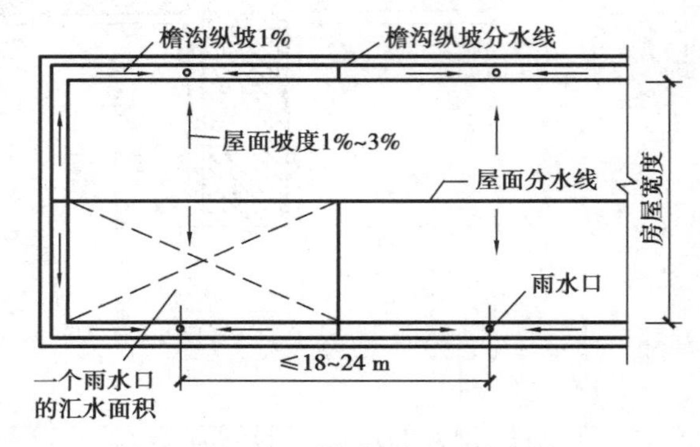

图 13.6　平屋顶排水平面图的表示

13.2.3　柔性防水屋面的构造

柔性防水屋面所用的防水材料有油毡卷材、高分子合成卷材、合成橡胶卷材等。

(1)**柔性防水屋面的构造层次和做法**

柔性防水屋面由多层材料叠合而成,其基本构造层次按构造要求由结构层、找坡层、找平层、结合层、防水层和保护层组成(图13.7)。

1)结构层

柔性防水屋面的结构层通常为预制或现浇钢筋混凝土屋面板。

2)找坡层

当屋顶采用材料找坡时,应选用轻质材料形成所需要的排水坡度,通常是在结构层上铺1∶(6~8)的水泥焦砟或水泥膨胀蛭石等。当屋顶采用结构找坡时,则不设找坡层。

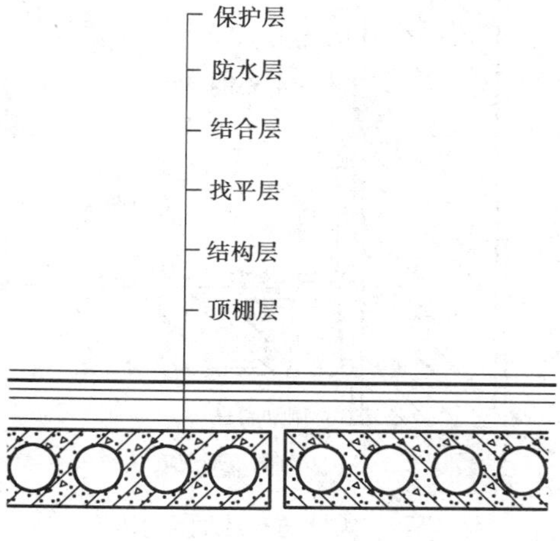

图13.7 柔性防水屋面的构造层次

3)找平层

柔性防水层要求铺贴在坚固而平整的基层上,以避免卷材凹陷或断裂。因此,必须在结构层或找坡层上协调找平层。找平层一般为20~30 mm厚的1∶3水泥砂浆,厚度的选择根据结构层情况和防水层材料的要求而定。

4)结合层

结合层的作用是使卷材防水层与找平层黏结牢固。结合层所用材料应根据卷材防水层材料的不同来选择(如油毡卷材),用冷底子油在水泥砂浆找平层上涂刷一至二道,冷底子油用沥青加入汽油或煤油等溶剂稀释而成,配制时不用加热,在常温下进行,故称冷底子油。

5)防水层

防水层是由胶结材料与卷材胶粘合而成,卷材连续搭接,形成屋面防水的主要部分。卷材一般平行于屋脊铺设,从檐口到屋脊层层向上粘贴,上下搭接不小于70 mm,左右搭接不小于100 mm。

目前所有的新型防水卷材主要有三元乙丙橡胶防水卷材、自粘型彩色三元乙丙复合防水卷材、聚氯乙烯防水卷材、氯化聚乙烯防水卷材、氯丁橡胶防水卷材及改性沥青油毡防水卷材等,这些材料一般为单层卷材防水构造。防水要求较高时,可采用双层卷材防水构造,新型防水卷材防水层所用胶粘剂根据材料的不同,应采用与之相适应的配套材料。

6)保护层

设置保护层的是保护防水层,保护层的材料做法应根据防水层所用材料和屋面的利用情况而定。

上人屋面的保护层具有保护防水层和兼作地面面层的双重作用,因此,上人屋面保护应满足耐水、平整、耐磨的要求。其构造做法通常可采用水泥砂浆或沥青砂浆铺贴缸砖、大阶砖、混凝土板等;也可现浇40 mm厚C20细石混凝土,现浇细石混凝土保护层的细部构造处理见刚性防水屋面。

不上人屋面保护层目前有两种做法:一种是豆石保护层,做法是在最上面的油毡上涂沥青胶后,满粘一层3~6 mm粒径的粗砂(谷称绿豆砂);另一种是铝银粉涂料保护层,它是由铝银粉、清漆、熟桐油和汽油调配而成,直接涂刷在油毡表面,形成一层银白色类似金属表面的光滑薄膜,不仅可降低屋面温度,还有利于排水,厚度较薄,自重小。

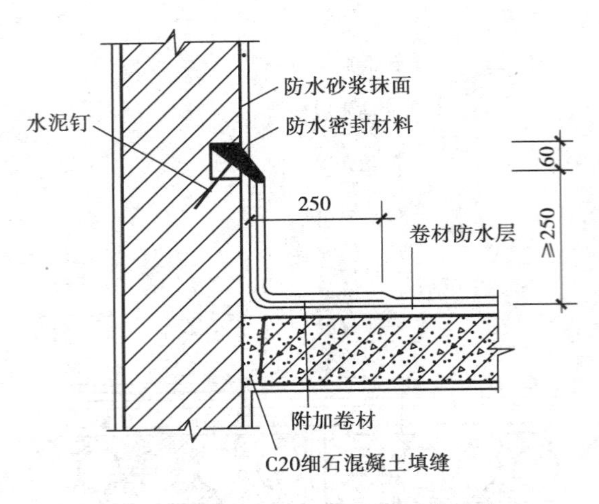

图 13.8　柔性防水屋面泛水构造

(2)柔性防水屋面细部构造

柔性防水屋面在处理好大面积屋面防水的同时,应注意泛水、檐口、雨水口及变形缝等部位的细部构造处理,以防渗漏水,各种新型防水卷材防水屋面细部构造与油毡防水屋面基本相同。

1)泛水构造

屋面与垂直墙面交接处的防水处理称为泛水。泛水应有足够的高度,迎水面不小于 250 mm,非迎水面不小于 180 mm,并加铺一层卷材;屋面与立墙交接处做成弧形或 45°斜面,做好泛水上口的卷材收头固定,防止卷材在垂直墙面下滑,泛水顶部应有挡雨措施,以防雨水顺立墙流入卷材收口处引起渗漏(图 13.8)。

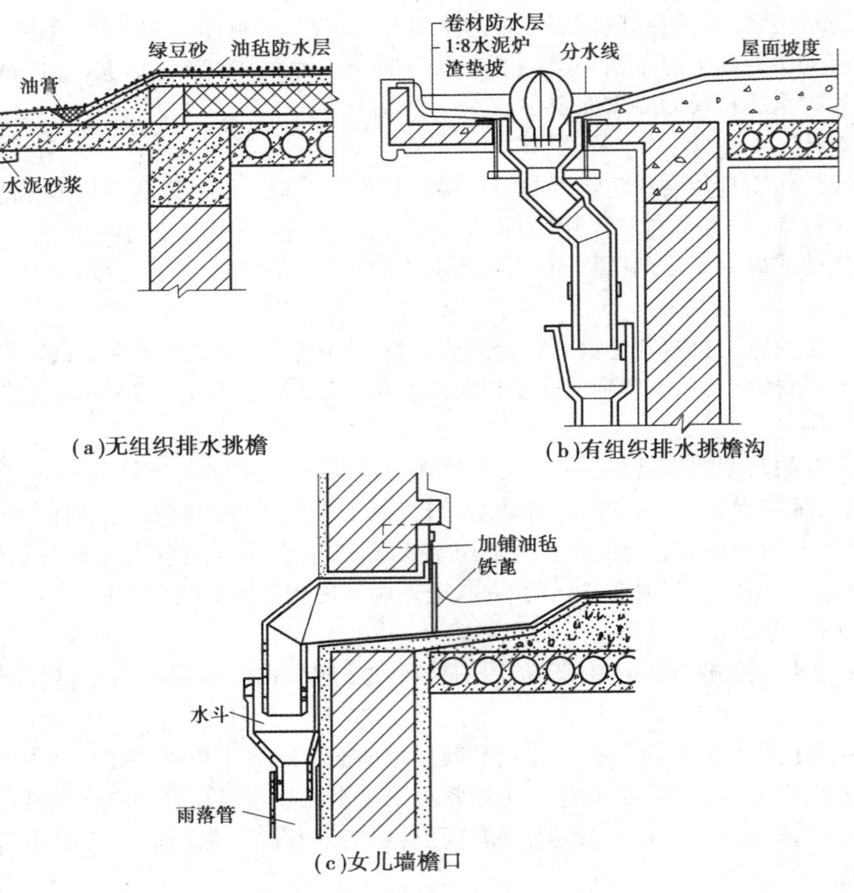

图 13.9　柔性防水屋面的檐口构造

2)檐口构造

柔性防水屋面的檐口构造有无组织排水挑檐和有组织排水挑檐沟及女儿墙檐口等(图 13.9)。挑檐和挑檐沟构造都应注意处理好卷材的收头固定(图 13.10)。

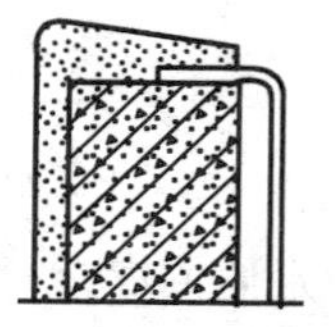
(a)砂浆压毡收头

(b)油膏压毡收头

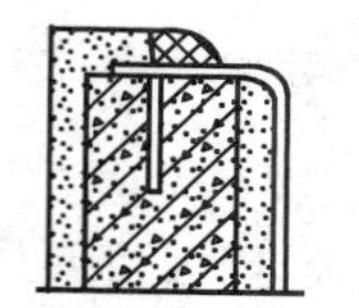
(c)插铁油膏压毡收头

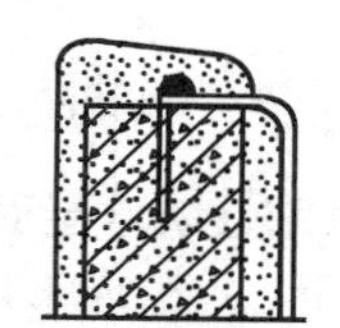
(d)插铁砂浆压砖收头

图 13.10　油毡防水层在檐沟口的收头构造

3)雨水口构造

雨水口是将屋面雨水排到雨水管的连通构件,应排水通畅,不易渗漏和堵塞。雨水口有直管式和弯管式两种形式(图 13.11)。直管式适用于中间天沟、女儿墙内排水的水平雨水口,弯管式适用于女儿墙等垂直雨水口。油毡防水屋面有组织内排水构造如图 13.12 所示。

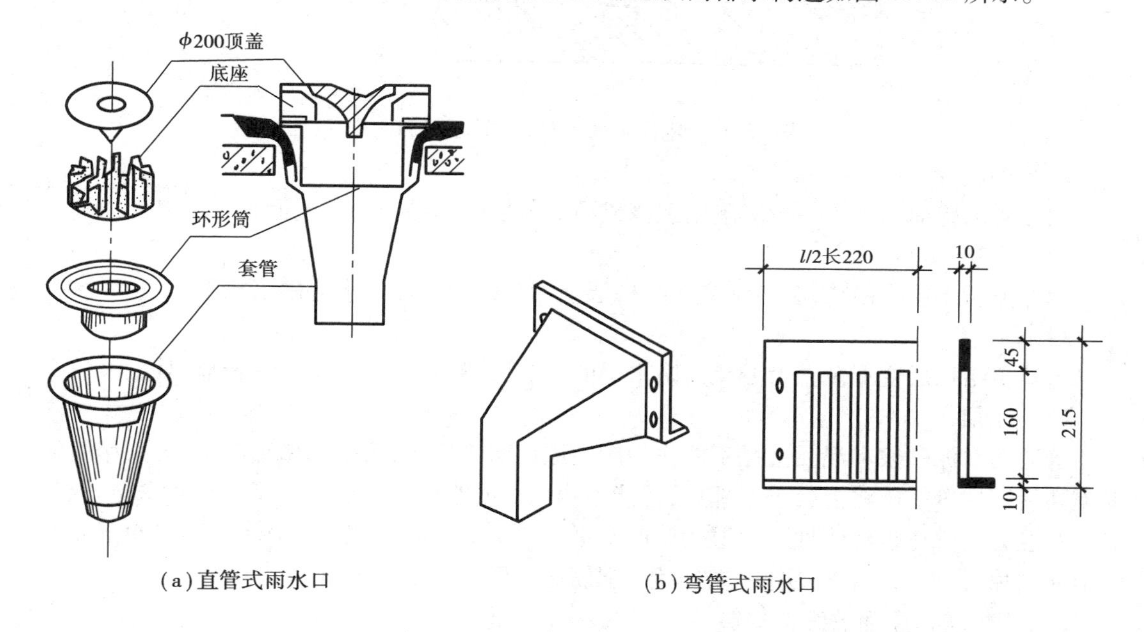

(a)直管式雨水口　　(b)弯管式雨水口

图 13.11　柔性防水屋面雨水口

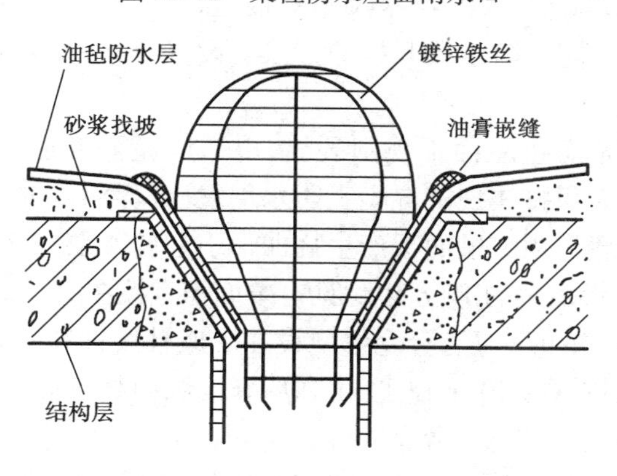

图 13.12　油毡防水屋面有组织内排水构造

13.2.4 刚性防水屋面的构造

(1)刚性防水屋面的构造层次和做法

刚性防水屋面多用于南方地区,因为南方地区日温差相对较小,刚性防水屋面受温度变化影响不大。刚性防水屋面一般由结构层、找平层、隔离层和防水层组成(图13.13)。

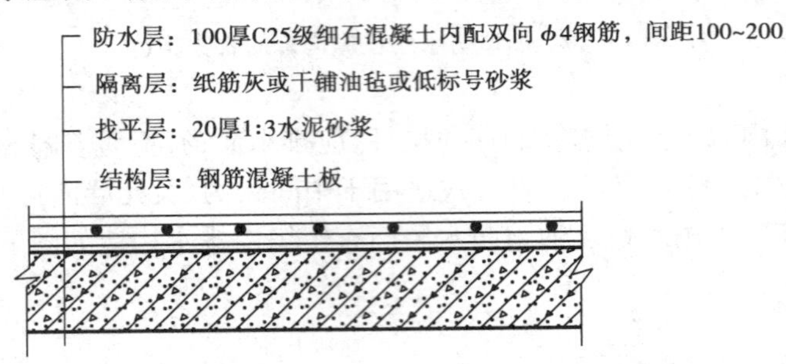

图13.13 刚性防水屋面的构造层次和做法

1)结构层

刚性防水屋面的结构一般应采用现浇或预制装配的钢筋混凝土屋面板。

2)找平层

为保证防水层厚薄均匀,通常应在结构层上用20 mm厚1:3水泥砂浆找平。

3)隔离层

为减少结构层变形及温度变化对防水层的不利影响,宜在防水层下设置隔离层。

4)防水层

普通的水泥砂浆和混凝土是不能作为刚性屋面防水层的,需采取增加防水剂,采用微膨胀或提高密实性等措施将混凝土处理后,才能用作屋面的刚性防水层。为了防止防水层开裂,一般细石混凝土整体现浇刚性防水层的厚度不小于40 mm,在其中配置 ϕ4@100~200 mm的双向钢筋网片,钢筋布置在中层偏上的位置,钢筋保护层厚度不小于10 mm。

(2)刚性防水屋面的细部构造

刚性防水屋面的细部构造主要有泛水及檐口构造,同时刚性防水屋面最严重的问题是因防水层开裂而漏水的问题,防止防水层开裂的方法有设置分仓缝、配筋和隔离层等。

1)分仓缝

分仓缝亦称分格缝,是防止屋面不规则裂缝,以适应屋面变形而设置的人工缝。其作用是:一方面有效地防止大面积整体现浇混凝土防水层,受外界温度的影响出现热胀冷缩而产生裂缝;另一方面是防止荷载作用下屋面板产生挠曲形引起防水层破裂。

分仓缝应设在结构变形敏感的部位,以保证有效面积宜控在15~25 m^2,间距控制在3~5 m为好。在预制屋面板为基层的防水层,分仓缝应设在支座轴线处和支承屋面板的墙和大梁的上部较为有利,长条形房屋,进深在10 m以下,可在屋脊设纵向缝(图13.14(a));进深大于10 m,最好在坡中某一板缝上再设一道纵向分仓缝(图13.14(b))。分仓缝宽度可做20 mm左右,为了有利于伸缩,首先应将缝内防水层的钢筋网片断开,缝内不可用砂浆填实,一般用油膏嵌缝,厚度20~30 mm。为不使油膏下落,缝内用弹性材料泡沫塑料或沥青麻丝垫底(图13.15)。在垂直于屋脊的横向分格缝处,常抹成凸出表面30 mm左右的分水线,以避免积水(图13.15(a))。

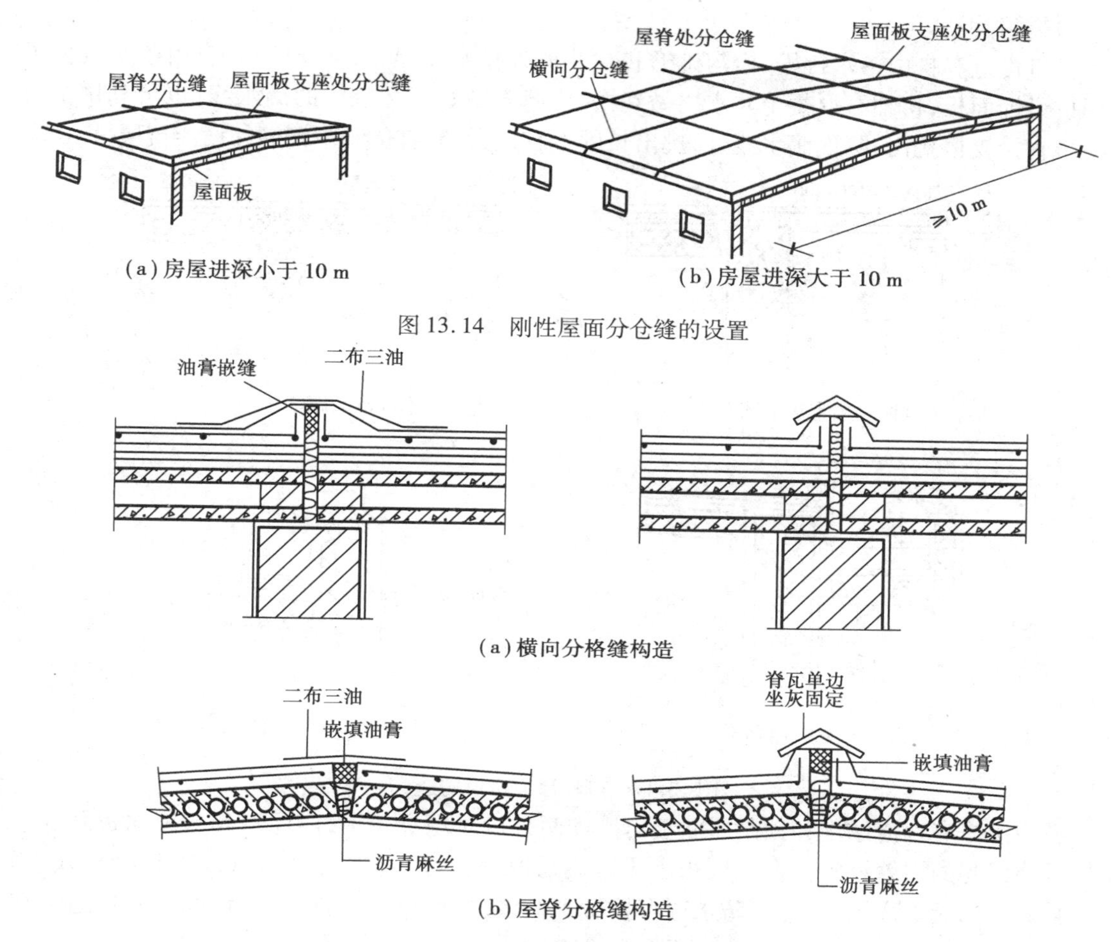

(a)房屋进深小于10 m

(b)房屋进深大于10 m

图13.14　刚性屋面分仓缝的设置

(a)横向分格缝构造

(b)屋脊分格缝构造

图13.15　刚性屋面分仓缝的构造

2)泛水构造

在山墙、女儿墙和烟囱等部位,刚性防水屋面泛水构造与油毡防水屋面类似。一般是将细石混凝土防水层直接延伸到垂直墙面,且不留施工缝,转角处做成圆弧形。刚性防水屋面泛水与垂直墙面之间必须设分格缝,防止两者变形不一致而使泛水开裂,缝内用沥青麻丝等嵌实(图13.16)。

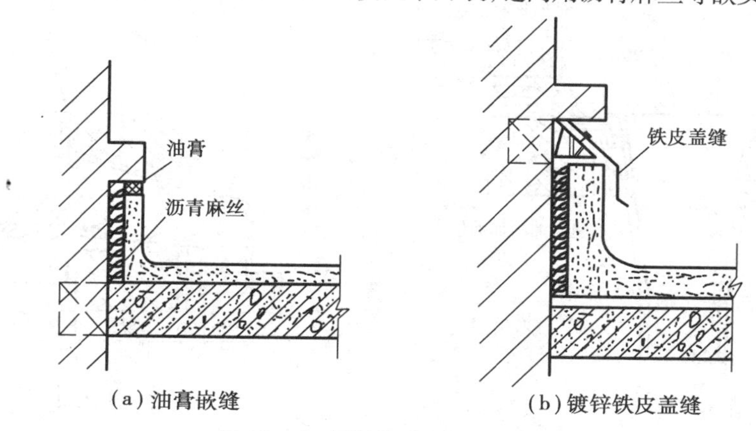

(a)油膏嵌缝

(b)镀锌铁皮盖缝

图13.16　刚性防水屋面泛水构造

3）檐口构造

檐口构造有自由落水挑檐、檐沟挑檐和女儿墙外排水檐口（图13.17）。自由落水挑檐可采用挑梁铺面板，将细石混凝土防水层做到檐口，但要做好板和挑梁的滴水线；也可利用细石混凝土直接支模挑出，除设滴水线外，挑出长度不宜过大，要有负弯矩钢筋并设浮筑层。

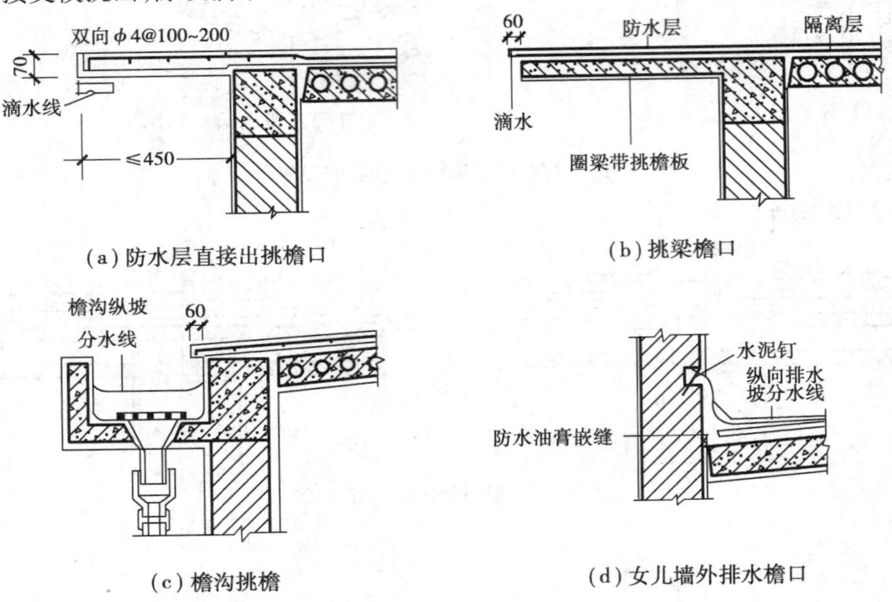

图13.17　刚性屋面檐口构造

檐沟挑檐有现浇檐沟和预制屋面板出挑檐两种。对现浇檐沟，应注意其与屋面板间变形不同可能引起的裂缝渗水。在屋面板上设隔离层时，防水层可挑出50 mm左右作滴水线，用油膏封口。当无隔离层时，可将防水层直接做到檐沟，并增设构造钢筋。有女儿墙时，通常在檐口处做成三角形断面天沟，天沟内设纵向排水坡。

4）雨水口构造

刚性防水屋面雨水口有直管式和弯管式两种形式（图13.18）。直管式适用于中间天沟、女儿墙内排水的水平雨水口；弯管式适用于女儿墙等垂直雨水口。

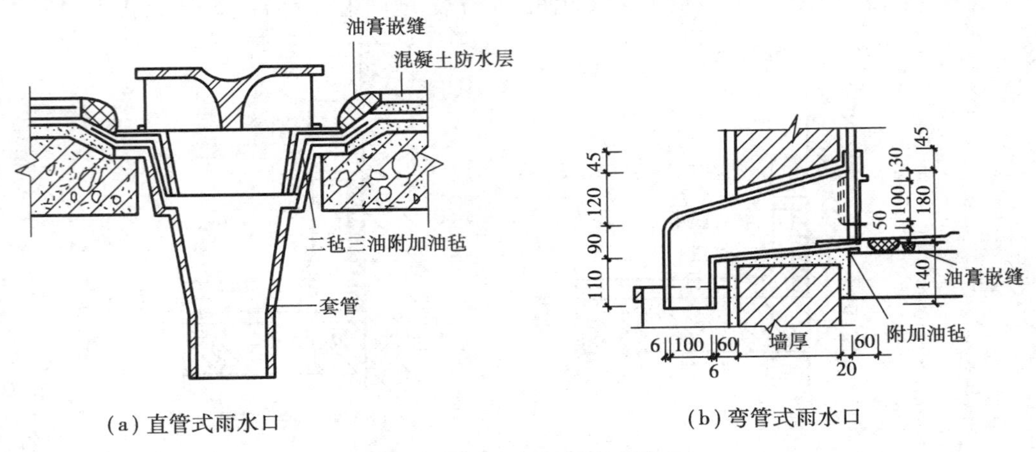

图13.18　刚性屋面雨水口构造

13.2.5 涂料防水和粉剂防水屋面

(1)涂料防水屋面

涂料防水又称涂膜防水,是可塑性和黏结力较强的高分子防水涂料,直接涂刷在屋面基层上,形成一层满铺的不透水薄膜层,以达到屋面具有防水的目的。一般有乳化沥青类、氯丁橡胶类、丙烯酸树脂类、聚氨酯类和焦油酸性类等。这类屋面具有防水性好、黏结力强、延伸性大、耐腐蚀、耐老化、无毒、不延燃、冷作业、施工方便等优点,但涂膜防水价格较贵,成膜后要加保护,以防硬杂物碰坏(图13.19)。

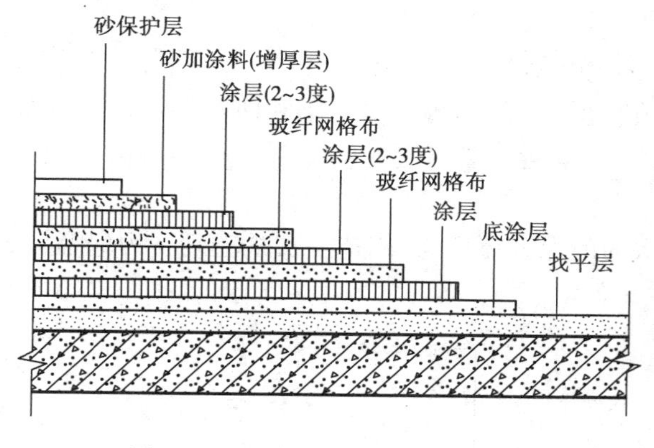

图13.19 涂料防水屋面构造层次

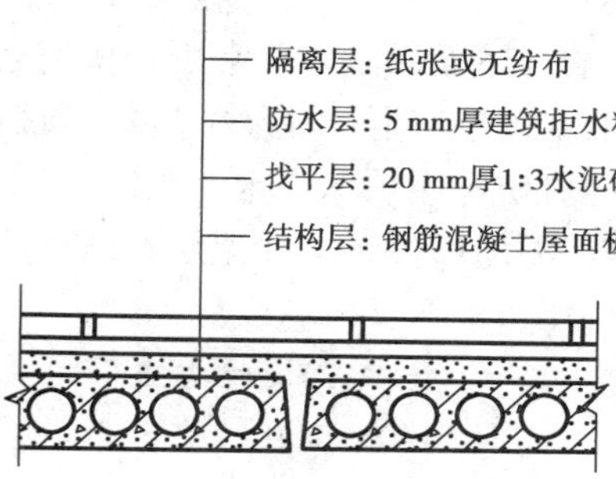

保护层:20~30 mm厚水泥砂浆或30~40 mm厚细石混凝土
隔离层:纸张或无纺布
防水层:5 mm厚建筑拒水粉
找平层:20 mm厚1:3水泥砂浆
结构层:钢筋混凝土屋面板

图13.20 粉末防水屋面构造层次

(2)粉末防水屋面

粉末防水又称拒水粉防水,是防水屋面。一般在平屋顶的基层结构上先抹水泥砂浆或细石混凝土找平层,铺上3~5 mm厚的建筑拒水粉,再覆盖保护层即成。保护层作用是防止风雨的吹散和冲刷,一般可抹20~30 mm厚的水泥砂浆,或浇30~40 mm厚的细石混凝土层,也可用预制混凝土板或大阶砖铺盖(图13.20)。

13.2.6 平屋顶保温与隔热

(1)平屋顶的保温

冬季室内采暖时,为了防止室内热量散失过多、过快,需要在围护结构中设置保温层。

1)保温材料类型

①散料类　常用散料类保温材料有炉渣、矿渣、膨胀蛭石、膨胀珍珠岩等。

②整体类　整体类保温材料是指以散料作骨料,掺入一定量的胶结材料,现场浇筑而成。如水泥炉渣、水泥膨胀蛭石、水泥膨胀珍珠岩及沥青膨胀蛭石和沥青膨胀珍珠岩等。

③板块类　板块类保温材料是指以骨料和胶结材料由工厂制作而成的板块状材料,如加气混凝土、泡沫混凝土、膨胀蛭石、膨胀珍珠岩、泡沫塑料等块材或板材。

2)保温层的设置

根据保温层在屋顶各层次中的位置,有以下三种保温体系:

①热屋顶保温体系　防水层直接设置在保温层上面,屋面从上到下的构造层次为防水层、保温层、结构层。防水层直接受到室内升温的影响,多用于平屋顶。

②冷屋顶保温体系　防水层与保温层之间设置空气层的保温屋面,这种屋面室内采暖的

热量不能直接影响屋面防水层。这种体系的保温屋顶,无论平屋顶还是坡屋顶均可采用(图13.21)。

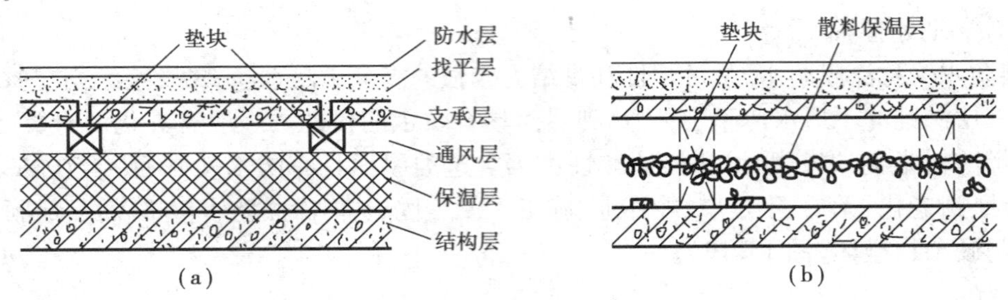

图 13.21 平屋顶冷屋顶保温体系

平屋顶的冷屋面保温体系常用垫块架立预制板,再在上面做找平层和防水层。冷屋面保温体系,它的空气层应通风流畅。这样可带走穿过顶棚和保温层的蒸汽以及保温层散发出来的水蒸气,还可防止屋顶深层水的凝结。

③倒铺保温屋面体系　保温层在防水层上面的保温屋面,其构造层次从上到下为保温层、防水层、结构层(图 13.22)。

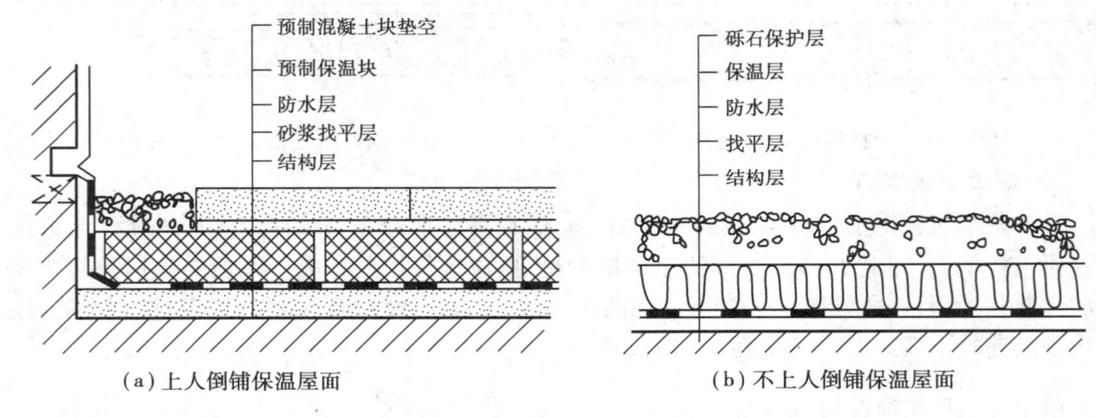

图 13.22 倒铺保温屋面构造

这种屋面做法的优点是外界气候变化对防水层的影响较小,防水层不易受外力的影响而破坏。但保温材料的选择受到限制,且造价较高,因而在国内目前仅限于少量工程应用。其保护层应选择有一定重量足以压住保温层的材料,如大粒径的石子或混凝土板等。

3)屋顶层的蒸汽渗透

为了防止室内湿气进入屋面保温层,可在保温层下做一层隔蒸汽层。由于隔汽层的设置,保温层成为封闭状态(倒铺保温屋面体系除外),施工时保温层和找平层中残留的水分无法散发出去,会造成防水层鼓泡破裂。要解决这种情况凝结水的产生,需有排气措施。排气措施通常设有透气层或排气道。

透气层设在结构层和隔蒸汽层之间,透气层的构造方法如花油法及带石砾油毡等,也可在找平层中做透气道。透气层的出入口一般设在檐口或靠女儿墙根部处(图 13.23)。

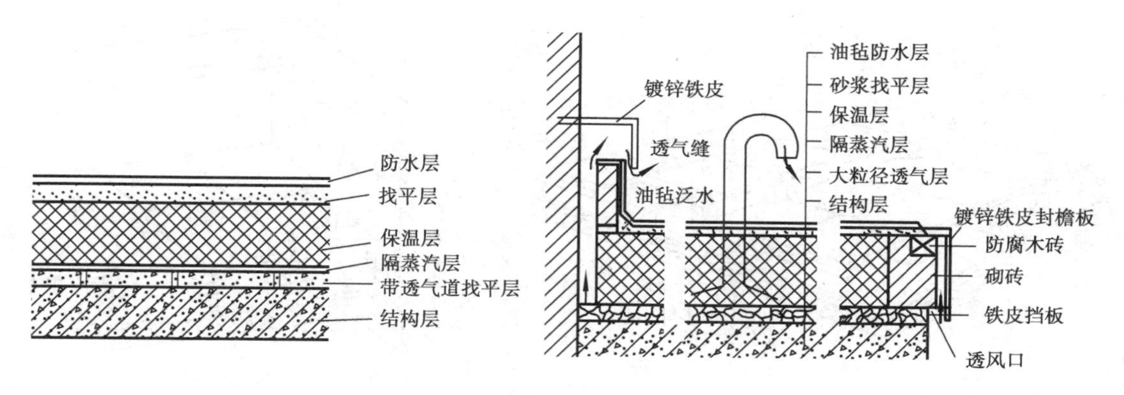

图13.23 隔蒸汽层下设透气层及出气口构造

在保温层设排气道时，找平层在相应位置留槽作排气道，并在整个屋面纵横贯通，排气道内用大粒径炉渣填塞，排气道上口干铺一油毡条，用玛蹄脂单边点贴覆盖，水蒸气经排气道自通风帽排出（图13.24）。

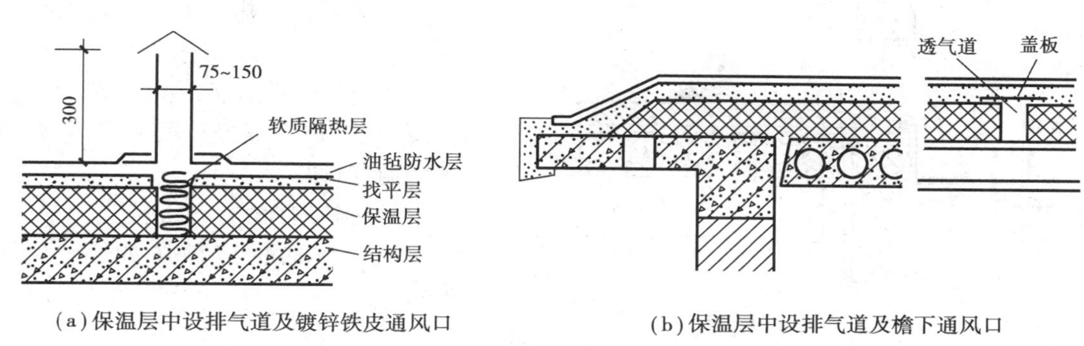

（a）保温层中设排气道及镀锌铁皮通风口

（b）保温层中设排气道及檐下通风口

图13.24 在保温层中设排气道

（2）**平屋顶的隔热与降温**

夏季，特别在我国南方炎热地区，太阳的辐射热使屋顶的温度剧烈升高，影响室内的生活和工作条件。因此，要求对屋顶进行构造处理，以降低屋顶的热量对室内的影响。隔热方式主要有架空通风、实体材料、反射降温、种植和蓄水屋面等形式。

1）通风隔热屋面

通风隔热屋面是在屋顶中设置通风间层，其上层表面可遮挡太阳辐射，并利用风压和热压原理把间层中的热空气不断带走，使下层板面传至室内的热量大大减少，达到隔热降温的目的。架空通风隔热屋面是在屋面防水层上用适当的材料或构件制品作架空隔热层架空层一般高180～240 mm为宜，架空层周边应设置一定数量的通风孔，以利于空气流通（图13.25），若女儿墙不宜开设通风口时，距女儿墙500 mm范围内不应铺架空板。隔热板的支点可做成砖垄墙或砖墩。

2）实体材料隔热屋面

实体材料隔热屋面是利用材料的蓄热性、热稳定性和传导过程中的时间延迟性来做隔热屋面。这种材料自重大、蓄热大，晚间气温降低后，屋顶内蓄存的热量开始向室内散发，一般只适用于夜间不使用的房间。

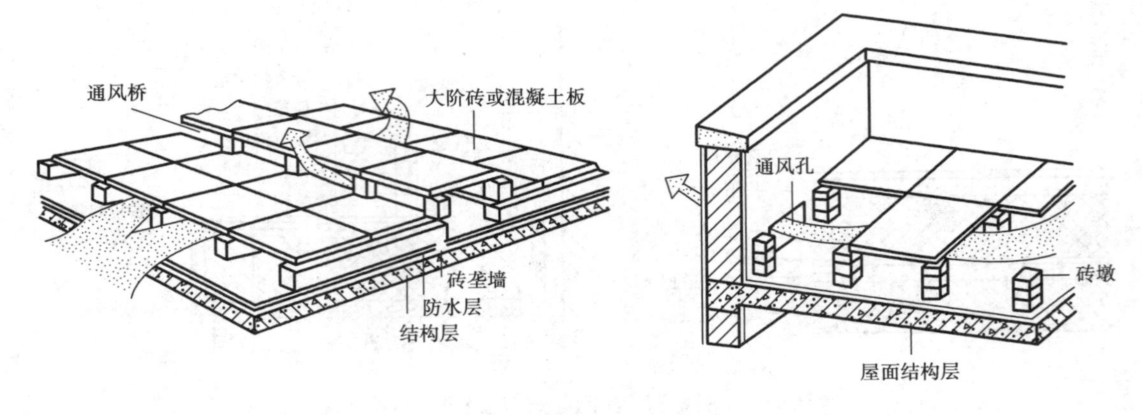

图 13.25　架空通风隔热屋面

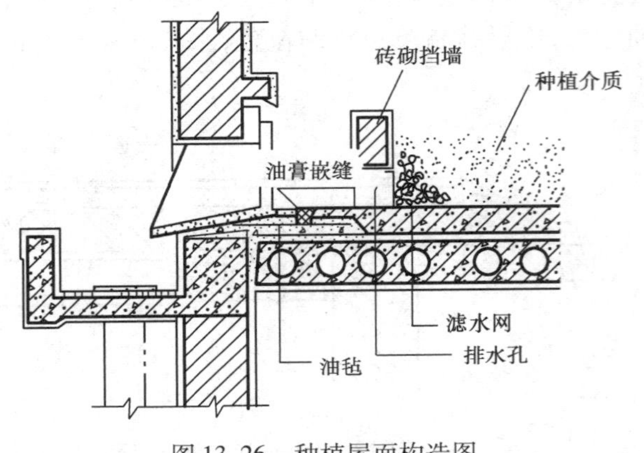

图 13.26　种植屋面构造图

3)反射降温隔热屋面

反射降温隔热屋面是利用材料的热反射特性来实现降温隔热。一般可采用浅色的砾石铺面,或在屋面上涂刷一层白色涂料,以提高反射率,起到隔热降温的目的。

4)种植屋面

种植屋面构造做法如图 13.26 所示。

13.3　坡屋顶

13.3.1　特点及形式

(1)坡屋顶的特点

屋面坡度大于 10% 的屋顶称为坡屋顶。坡屋顶由带有坡度的倾斜面相互交接而成。坡屋顶的坡度大,雨水容易排除,屋面排水速度比平屋顶快速,在隔热和保温方面,也有其优越性。但坡屋顶多采用瓦材防水,瓦材块小,接缝多,局部易渗漏。

(2)坡屋顶的形式

根据坡面组织的不同,主要有双坡顶、四坡顶及其他形式屋顶数种(图 13.27)。

13.3.2　构造及组成

(1)坡屋顶的构造

坡屋顶的构造包括两大部分:一部分是由屋架、檩条、椽子等组成的承重结构;另一部分是由挂瓦条、油毡层、屋面盖料等组成的屋面面层。

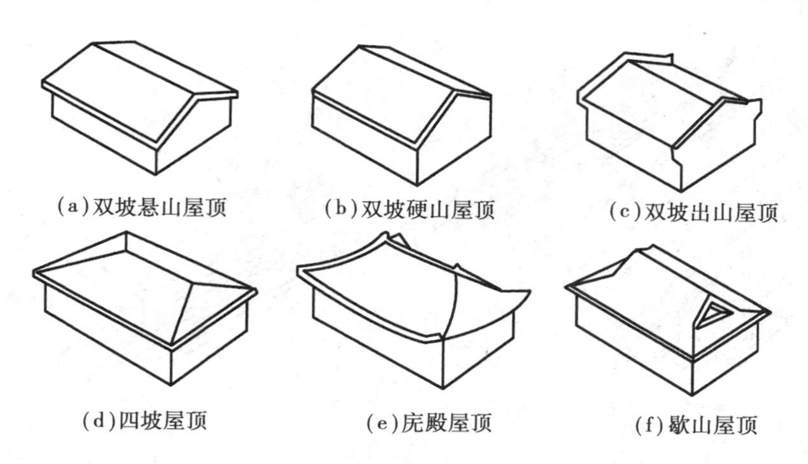

图13.27 坡屋顶的形式

(2)坡屋顶的组成

坡屋顶的组成:坡屋顶一般由承重结构和屋面两部分组成,必要时还有保温层、隔热层及顶棚等。

1)承重结构

主要是承受屋面荷载并把它传递到墙或柱上,一般有椽子、檩条、屋架或大梁等。

2)屋面

屋面是屋顶上的覆盖层,直接承受风雨、冰冻和太阳辐射等大自然气候的作用,它包括屋面盖料和基层如挂瓦条、屋面板等。

3)保温或隔热层

屋顶抵御气温变化的围护部分,可设在屋面层或顶棚层,视需要决定。

(3)坡屋顶的排水方式

坡屋顶的排水方式有无组织排水和有组织排水。其中有组织排水又分为檐沟外排水和女儿墙檐沟外排水(图13.28)。

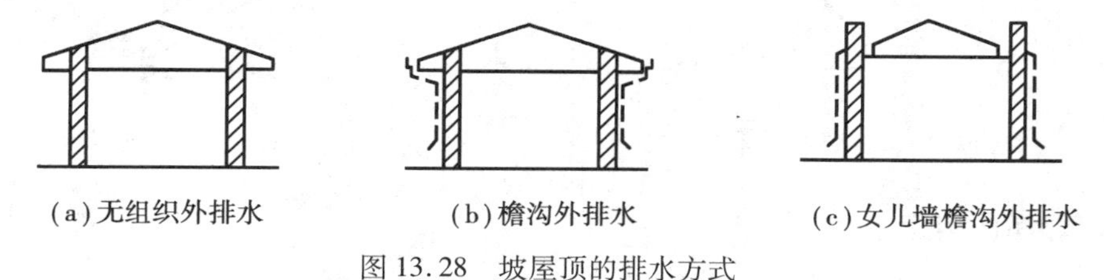

图13.28 坡屋顶的排水方式

13.3.3 支承体系

坡屋顶支承体系分为三种形式,即横墙支承体系、屋架支承体系和梁架支承体系。

横墙支承体系是指按屋顶所要求的坡度,在横墙上直接搁置檩条来承受屋面重量的一种结构方式(图13.29)。其优点是:构造简单、施工方便、节约木材,有利于屋顶的防火和隔音。适用于开间尺寸较小的房间,例如:住宅、宿舍、旅馆等建筑。

屋架支撑体系是指利用建筑物的外纵墙或柱子来支承屋架,在屋架上搁置檩条来承受屋面重量的一种结构方式(图13.30)。这种承重方式可以形成较大的内部空间,多用于要求较大空间的建筑,例如:食堂、教学楼等。

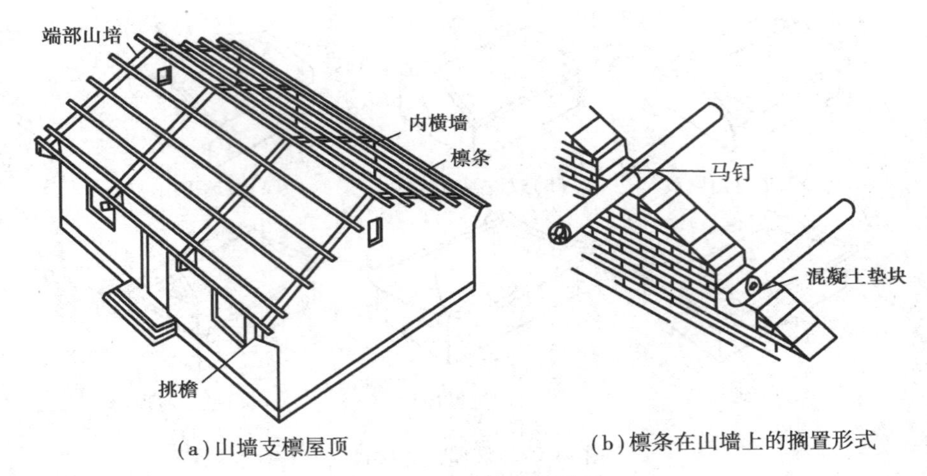

(a)山墙支檩屋顶　　(b)檩条在山墙上的搁置形式

图13.29　横墙支承体系

梁架支承体系是我国古建筑屋顶传统的结构形式。它是由柱、梁组成梁架,在每两排梁架之间搁置檩条将梁架联系成一个完整骨架承重体系。建筑物的荷载由柱、梁、檩条骨架体系承担,墙只起维护分隔作用(图13.31)。

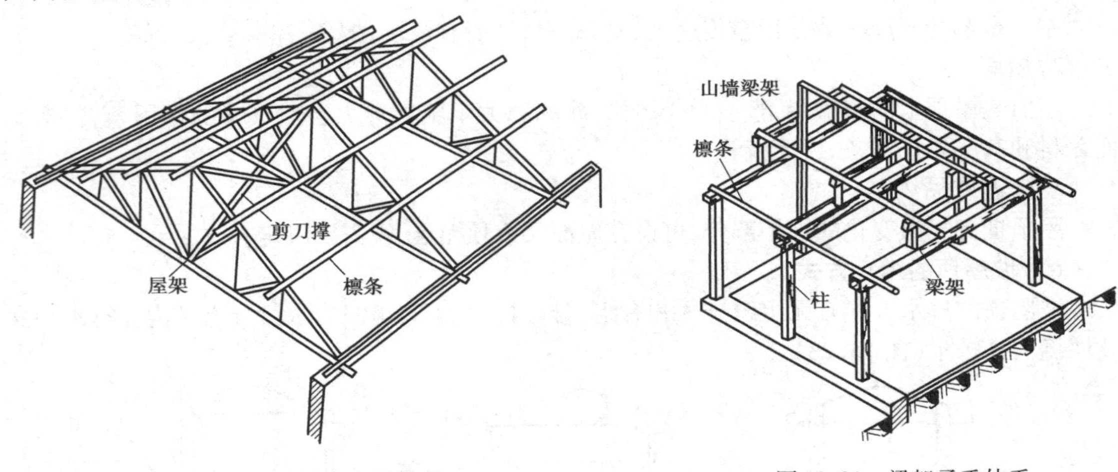

图13.30　屋架支承体系　　图13.31　梁架承重体系

13.3.4　屋面构造

坡屋顶屋面一般是利用各种瓦材(如平瓦、波形瓦、小青瓦等)作为屋面防水材料,靠瓦与瓦之间的搭接盖缝来达到防水的目的。

其中以平瓦屋面最常见。平瓦有黏土平瓦和水泥平瓦之分,其外形是根据排水要求而设计的。平瓦屋面根据基层的不同有冷摊瓦屋面和以屋面板为基层的平瓦屋面两种做法。

(1)冷摊瓦屋面

冷摊瓦屋面是在檩条上钉固椽条,然后在椽条上钉挂瓦条并直接挂瓦,这种做法构造简单,但雨雪易从瓦缝中飘入室内,通常用于南方地区要求不高的建筑(图13.32(a))。

(2)屋面板为基层的平瓦屋面

屋面板分为钢筋混凝土屋面板和木望板两种。木望板平瓦屋面是在檩条上铺钉15 ~

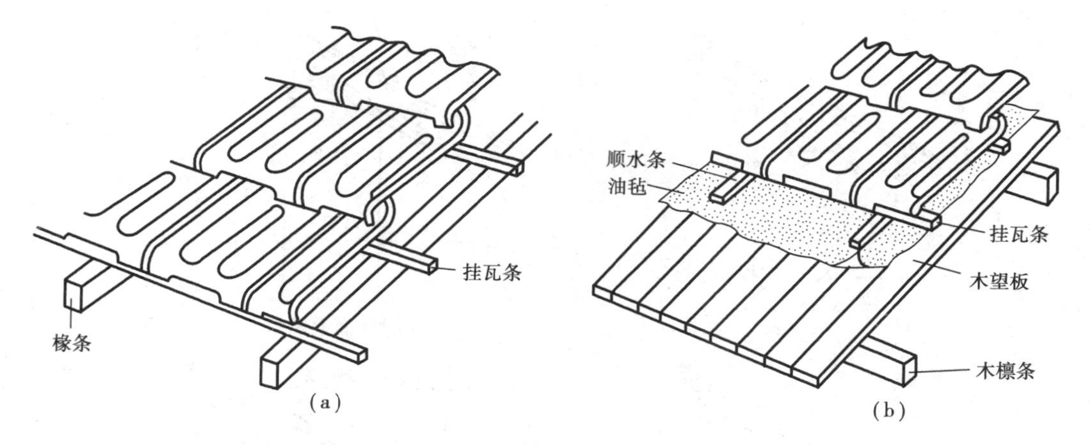

图 13.32　木基层平瓦屋面

20 mm厚的木望板，望板可采取密铺法（不留缝）或稀铺法（望板间留 20 mm 左右宽的缝），在望板上平行于屋脊方向干铺一层油毡，在油毡上顺着屋面水流方向钉 10 mm × 30 mm、中距 500 mm 的顺水压毡条，然后在顺水压毡条上面平行于屋脊方向钉挂瓦条并挂瓦，这种做法比冷摊瓦屋面的防水、保温和隔热效果要好，但耗用木材多，造价高，多用于质量要求较高的建筑物中（图 13.32(b)）。

以预制钢筋混凝土屋面板为屋面基层的平瓦屋面，可将预制钢筋混凝土空心板或槽形板作为瓦屋面的基层然后盖瓦，也可用倒 T 形预制钢筋混凝土构件作挂瓦板挂瓦（图 13.33）。

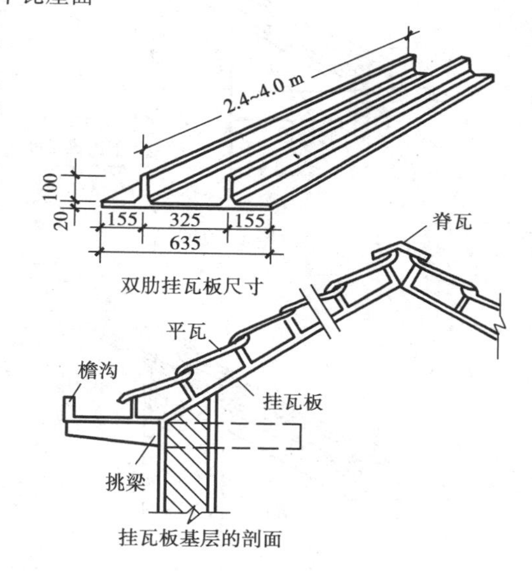

图 13.33　倒 T 形预制钢筋混凝挂瓦板挂瓦

13.3.5　檐口构造

平瓦屋面檐口有纵墙檐口和山墙檐口。

(1)纵墙檐口

纵墙檐口根据造型要求可做成挑檐或包檐两种。

1)挑檐

挑檐是指屋面挑出外墙的部分，对外墙起保护作用。其构造根据出挑的大小有砖挑檐、屋面板挑檐、挑檐木挑檐、挑椽挑檐、挑檩挑檐等多种做法（图 13.34）。

①砖挑檐　每皮出挑 1/4 砖宽约 60 mm，出挑一般不大于墙厚的 1/2。

②屋面板挑檐　利用屋面板出挑，由于屋面板强度较小，其出挑长度不宜大于 300 mm。

③挑檐木挑檐　根据屋顶承重方式的不同，挑檐木可利用屋架下弦的托木出挑或自横墙中挑出。挑檐木端头与屋面板及封檐板结合，则挑檐可较硬朗，出挑长度可适当加大，挑檐木要注意防腐，压入墙内要大于出挑长度的 2 倍。

④挑檩挑檐　在檐口墙外加一檩条，利用屋架托木或横墙砌入的挑檐木作为檐檩的支托，檐檩与檐墙上沿游木的间距不大于其他部位檩条的间距。

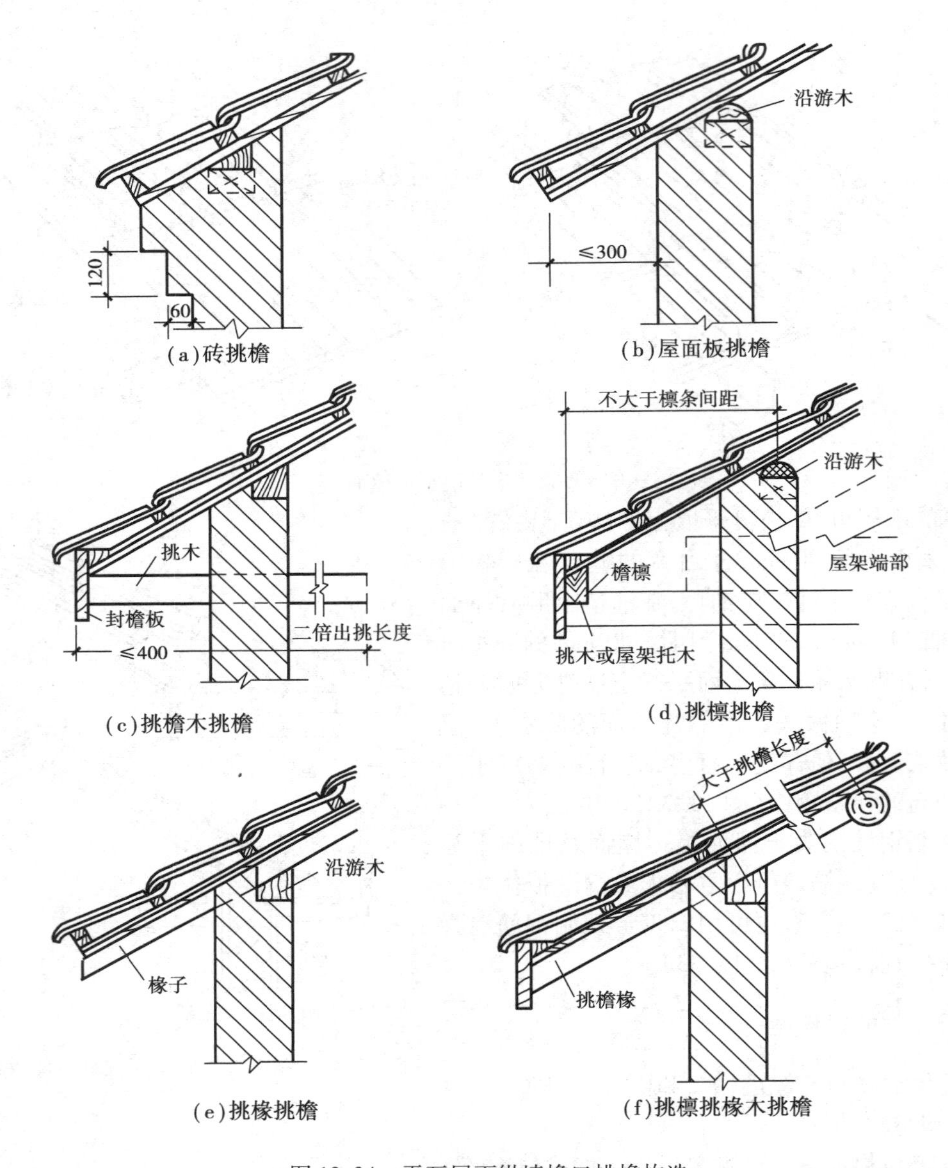

图 13.34 平瓦屋面纵墙檐口挑檐构造

⑤挑椽挑檐 当檐口出挑长度大于300 mm时,利用椽子挑出,在檐口处可将椽子外露或钉封檐板。

2)包檐

包檐是檐口外墙高出屋面或与屋面相平而将檐口包住的构造做法。为了解决好水问题,一般需作檐部内侧水平天沟。天沟可采用混凝土槽形天沟板,沟内铺卷材防水层,油毡一直铺到女儿墙上形成泛水;可也用镀锌铁皮放在木底板上,铁皮天沟一边伸入油毡下,并在靠墙一侧做成泛水。地震区女儿墙易坍落,故非特殊需要不宜采用(图13.35)。

(2)**山墙檐口**

山墙檐口可分为山墙挑檐和山墙包檐两种做法。

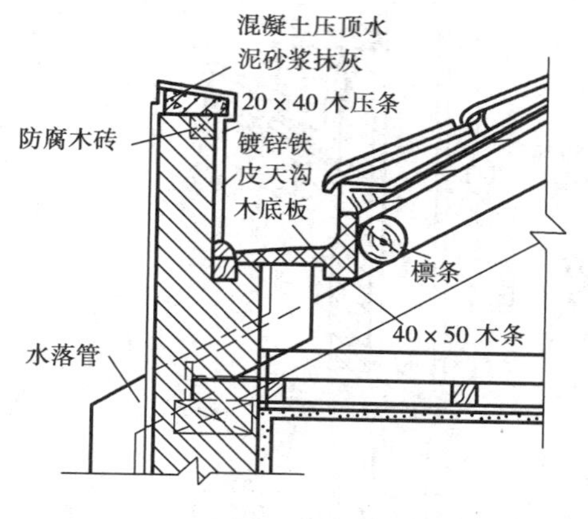

图 13.35 平瓦屋面纵墙檐口包檐构造

图 13.36 山墙挑檐

1)山墙挑檐

山墙挑檐又称悬山。一般用檩条挑出山墙,用木封檐板(也称博风板)将檩条封住。沿山墙挑檐边的一行瓦,用1∶2.5 水泥砂浆做出山披水线,将瓦封固(图 13.36)。

2)山墙包檐

山墙包檐有硬山和出山两种。

硬山做法是屋面和山墙齐平或挑出一皮砖,用水泥砂浆抹出压边瓦出线。出山做法是将山墙砌出屋面,在山墙与屋面交界处做泛水,最常见的做法有挑砖砂浆抹灰泛水、小青瓦坐浆泛水和镀锌铁皮泛水三大类。如图 13.37。

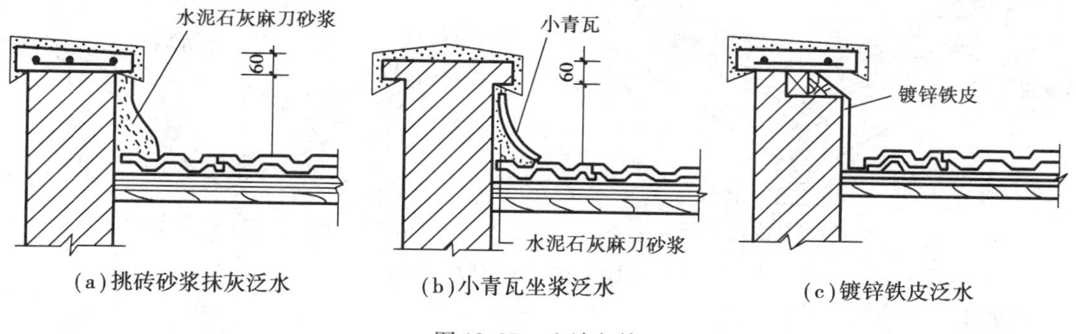

图 13.37 山墙包檐

(3)平瓦屋面的其他节点构造

1)烟囱泛水

屋面与烟囱四周交接处,构造上应着重解决好防水与防火两个方面的问题,为了使屋面雨水不致从烟囱四周渗漏,一般用水泥石灰麻刀灰抹面,或做镀锌铁皮泛水。在烟囱的上方,铁皮应镶入瓦下,在下方应搭盖在瓦上,两侧同一般泛水处理。当屋面为木基层时,距烟囱外壁 50 mm 内不能有易燃材料(图 13.38)。

2)天沟

在两个坡屋面相交处或坡屋顶在檐口有女儿墙时即出现天沟。屋面中间天沟的一般做法是:沿天沟两侧通长钉三角木条,在三角木条上放 26 号铁皮 V 形天沟,其宽度与收水面积的大小有关,其深度应不小于 150 mm(图 13.39)。

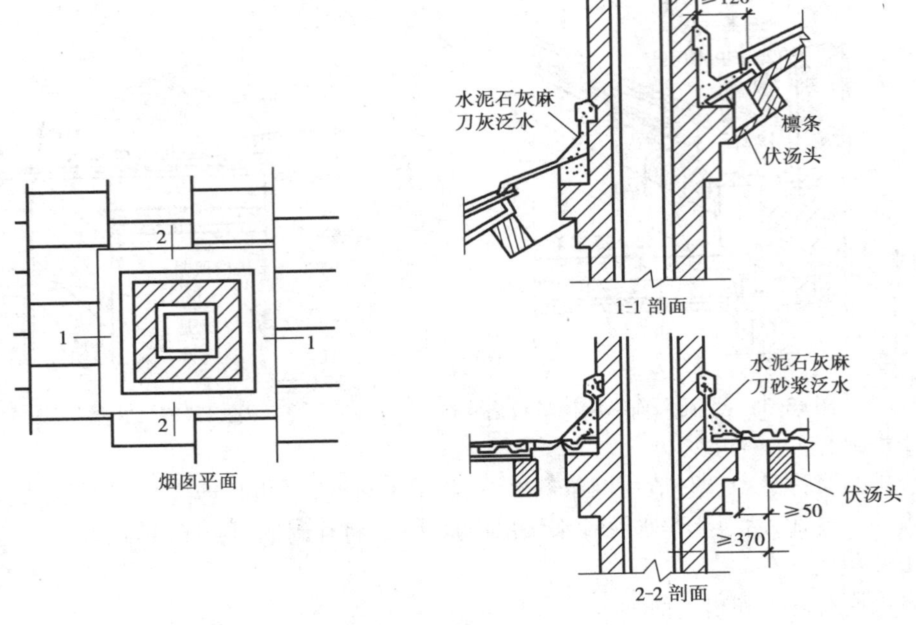

图 13.38　烟囱泛水构造

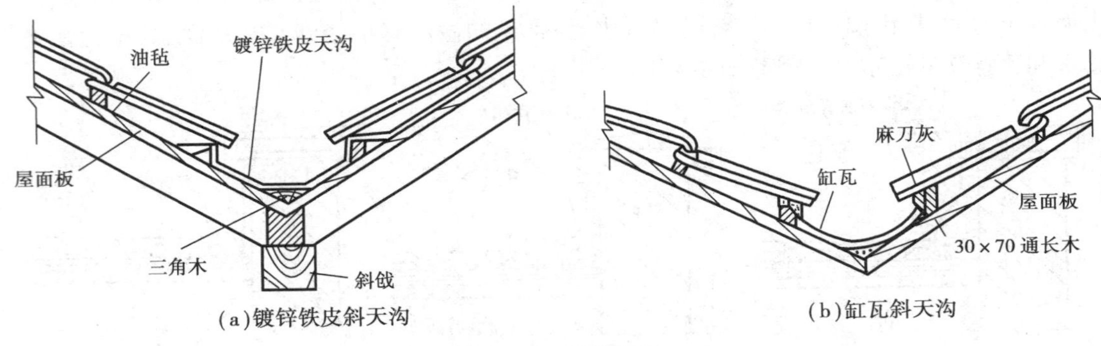

图 13.39　天沟构造

3)檐沟和水落管

一般挑檐有组织排水时的檐沟(也称水落),多采用轻质并耐水的材料来做。通常有镀锌铁皮、纤维水泥、缸瓦、塑料和玻璃钢等数种。檐沟做成半圆形或方形的沟,平行于檐口,钉在封檐板上,与板相接处用油毡盖住,并以热沥青粘严实。铁皮檐沟的下口插入水落管,水落管一般是用硬质塑料做成圆形或方形断面的管子(图 13.40)。

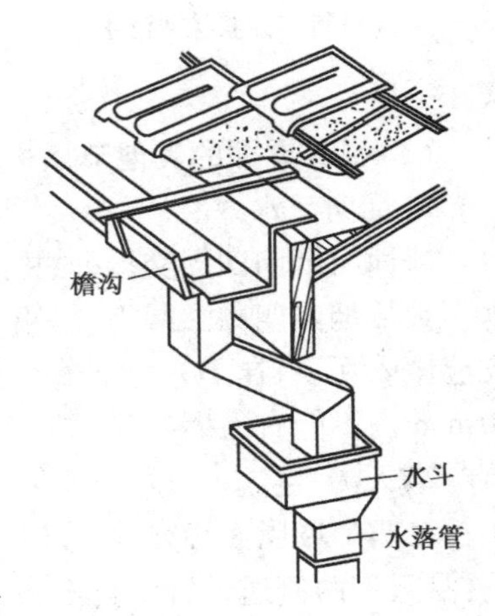

图 13.40　檐沟和水落管

13.3.6　坡屋顶的保温与隔热

(1)坡屋顶的保温

在寒冷地区坡屋顶需设保温层。一般有两种情况:屋面层保温和顶棚保温。

1)屋面层保温

在屋面层中设保温层或用屋面兼作保温层,如草屋面、麦秸青灰顶层面等,还可将保温层放在檩条之间,或在檩条下钉保温板材,但要注意屋面的隔气问题(图13.41)。

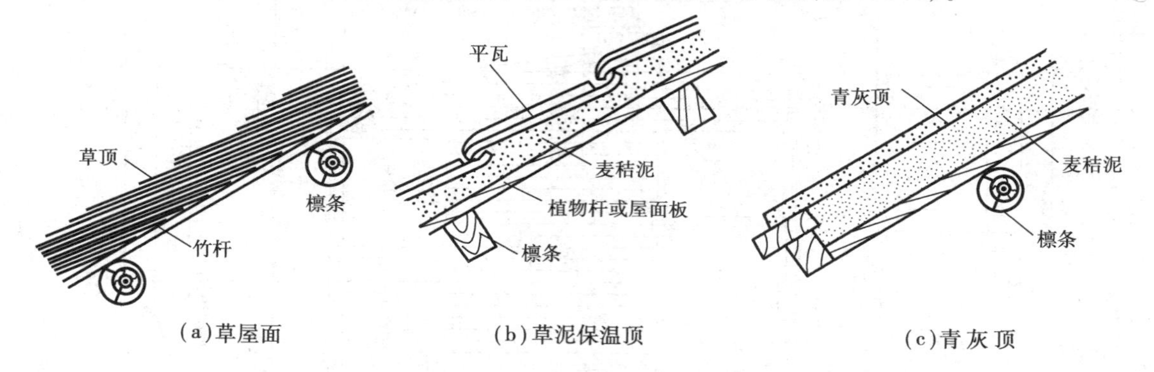

图13.41 坡屋顶的屋面层保温构造

2)顶棚保温

对有顶棚的屋顶,可将保温设在吊顶上,保温材料可选无机散状材料,如矿渣,膨胀珍珠岩、膨胀蛭石等。也选用当地材料,如糠皮、海带草、锯末等有机材料(图13.42)。

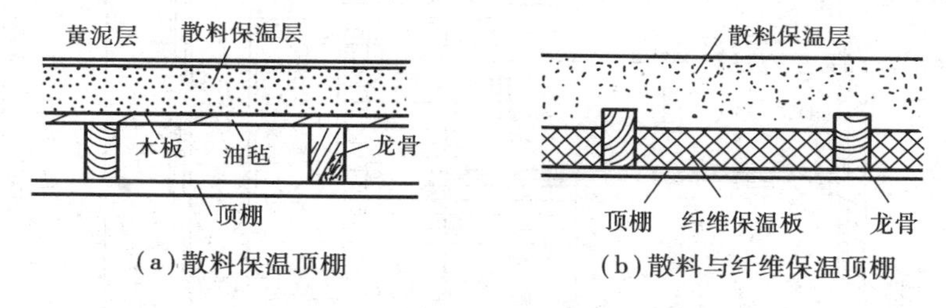

图13.42 坡屋顶的顶棚保温

(2)坡屋顶的隔热通风

炎热地区的坡屋顶中可设进气口和排气口,利用屋顶内外的热压差和迎风背面的压力差,组织空气对流,形成屋顶内的自然通风,以减少由屋顶传放室内的辐射热,从而达到隔热降温的目的(图13.43)。

图13.43 坡屋顶的隔热通风

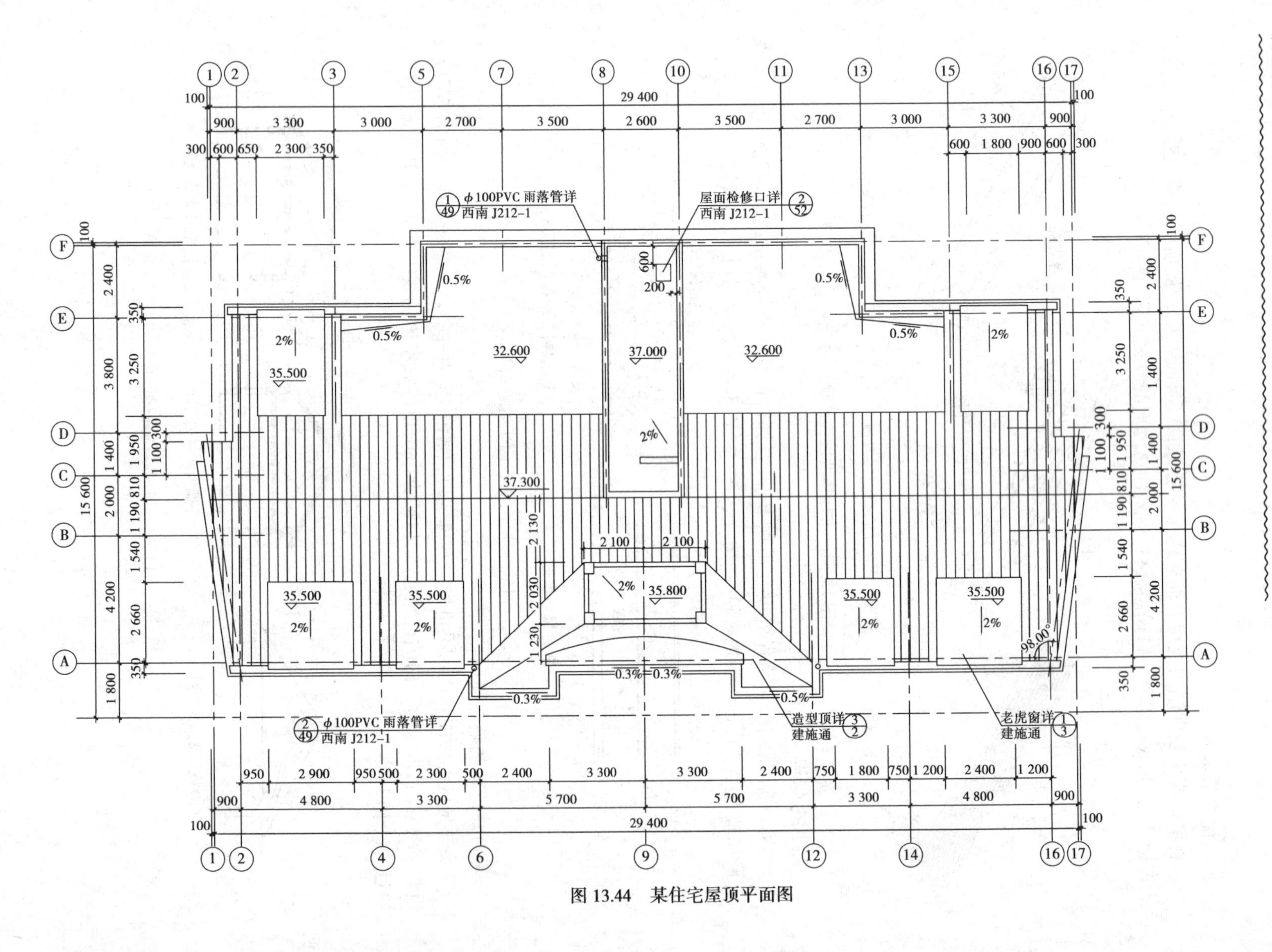

图 13.44　某住宅屋顶平面图

13.4 屋顶平面图的表达

屋顶平面图,应画出女儿墙轮廓线以表明屋顶形状,并注明屋面标高。画出屋顶排水系统,包括雨水口、分水线、排水方向及坡度值,以及雨水管的位置。还应画出房屋檐沟以及凸出屋顶的其他设施,如楼梯间、屋面上人孔等,并加以文字说明。

屋顶平面图还应注明屋面防水材料及作法。采用刚性防水屋面时应划分格缝,并注明保温隔热构造。对于屋面的细部构造,要画出详图索引号。

坡屋顶的屋顶平面图根据不同的坡屋顶形式应灵活处理脊、坡、檐、沟的关系。两坡顶的建筑物,若两边坡度相同,其屋脊在建筑物的宽度中间位置;四坡顶建筑物,若坡度相同,其正脊在建筑物的宽度中间,其斜脊是建筑物的角部成45°线引出。图13.44是一住宅屋顶平面图,由坡屋顶和平顶露台组成,坡屋顶部分采用檐口外天沟组织排水,平屋顶部分采用内天沟组织排水,图中注明了雨水口、分水线、排水方向及坡度值、雨水管的位置,以及凸出屋顶的其他设施,如楼梯间、屋面上人孔、排烟道、老虎窗等。

小 结

1. 屋顶是建筑物的重要组成部分,起着围护和承担荷载的作用。屋顶必须满足坚固耐久、防水与排水、保温与隔热等要求,并有足够的强度、刚度和整体稳定性。屋顶有平屋顶、坡屋顶和其他形式的屋顶,其结构形式和构造做法各不相同,适用于不同类型的建筑物。

2. 平屋顶有柔性防水屋面、刚性防水屋面、粉剂防水屋面和涂料防水屋面。柔性防水屋面能较好地适应屋面温度变形和结构的荷载等变形,油毡屋面是最常见的柔性防水屋面;刚性屋面施工方便,构造简单,但对温度变化和结构变形较敏感;粉剂防水屋面和涂料防水屋面,透气不透水,有良好的随动性、耐久性。

3. 坡屋顶由承重部分和屋面部分组成。坡屋顶有承重桁架结构、梁架结构等形式。平瓦屋面是最常见的屋面形式。

4. 屋面的细部构造是指防水薄弱部位的构造做法,包括泛水、檐口、雨水口和天沟等。屋面的细部构造根据不同的屋面防水类型而有不同的构造处理。

5. 屋面可根据需要采取保温和隔热措施。根据保温层在屋面构造中的不同位置,屋面的保温体系主要有三种类型:冷屋面保温体系、热屋面保温体系、倒铺保温屋面体系。保温屋面中要注意设置隔汽层及排汽口,以防止屋顶蒸汽的浸入。平屋面和坡屋面隔热方式不同,但原理一致。坡屋面应注意通风问题。

复习思考题

13.1　屋顶由哪几部分组成？它们的作用是什么？屋顶设计应满足哪些要求？

13.2　屋顶坡度的形成方法有几种？各有什么优缺点？

13.3　屋顶排水方式有哪几种？

13.4　什么是柔性防水屋面？其基本构造层次有哪些？各层次的作用是什么？分别可采用哪些材料做法？

13.5　绘制油毡防水屋面泛水、天沟、檐口、雨水口等细部的构造图。

13.6　什么是刚性防水屋面？其基本构造层次有哪些？防水层做法是怎样的？

13.7　刚性防水屋面设置分格缝的目的是什么？通常在哪些部位设置分格缝？其构造要点有哪些？

13.8　绘制刚性防水屋面泛水、天沟、檐口、雨水口等细部的典型构造图。

13.9　粉剂防水屋面及涂料防水屋面的构造层次有哪些？各层的作用是什么？

13.10　根据保温层在屋顶各层次中的位置，保温层有哪几种做法？它们的特点是什么？

13.11　为什么要设隔汽层？

13.12　平屋顶的隔热构造处理有哪些做法？

13.13　坡屋顶的基本组成部分是什么？它们的作用是什么？

13.14　坡屋顶的承重结构有哪几种？平瓦屋面有哪几种做法？

13.15　绘制平瓦屋面的檐口的构造图。

13.16　平屋顶排水组织设计、防水构造设计

(1)目的要求

通过本次作业，要求掌握屋顶有组织排水设计方法和屋顶防水构造节点详图设计，训练绘制和识读施工图的能力。

(2)设计条件

①采用建筑面积为 1 000 m^2 的平屋顶的住宅或教学楼或办公楼等建筑。

②给出建筑的层数、层高和建筑的有关平面图。

③排水方案可采用女儿墙外排水、檐沟外排水等，由教师确定。

④防水层材料做法可采用刚性防水屋面、柔性防水屋面或涂料防水屋面等，由教师确定。

⑤保温和隔热构造处理根据所在地区气候条件考虑，可仅作保温或隔热处理，也可保温与隔热同时考虑。

⑥根据建筑使用功能的要求可为上人屋面或不上人屋面。

(3)图纸内容及深度要求

用 A2 图纸绘制。

1)屋顶平面图(1∶100 或 1∶200)

①画出房屋檐沟或女儿墙轮廓线以及凸出屋顶的其他设施，如楼梯间、屋面上人孔等。

②画出屋顶排水系统，包括雨水口、分水线、坡向箭头及坡度值等。

③注明屋面防水材料及做法。采用刚性防水屋面时，应划分格缝。注明保温和隔热构造。

④画出建筑转角部位及雨水口附近的轴线，标准两道尺寸，即轴线向尺寸或轴线至雨水口的尺寸和总尺寸。

⑤画出详图索引号。

2）节点构造详图（1∶10或1∶20）

选择有代表性的详图3～4幅，如女儿墙泛水详图、雨水口及天沟详图、高低屋面泛水详图、楼梯间出屋面详图及上人孔详图等。详图应构造合理，用料做法相宜，位置尺寸准确，交代清楚，被剖切部分应反映材料符号，与详图无关的连续部分用折断线断开，并编号注明比例，注意与详图索引号一致。

第14章 门和窗

本章要点及学习目标

本章主要介绍门窗的作用、形式、尺度及构造，以及中庭天窗、矩形天窗、矩形避风天窗和平天窗，其中平开木门窗的构造是本章的重点。由于各地都有门窗的标准图集，因此要求掌握门窗的构造设计原理，学会正确选用标准图。

14.1 概 述

门窗是建筑物不可缺少的两个重要围护构件。它的位置、朝向、大小等直接影响使用效果。在建筑立面构图中，门窗大小、比例、形状、材料质感等直接影响建筑的艺术效果。

14.1.1 门窗的作用、分类

门和窗是房屋建筑中两个重要的围护构件。门的主要作用是供交通出入，并兼采光和通风之用；窗的作用主要是采光、通风。在不同的使用条件下，门窗可能同时具有保温、隔热、隔声、防水、防火、防风沙，以及防盗、分隔等功能。因此，对门窗的要求是功能合理，坚固耐用，开启方便，关闭紧密，便于维修。

门窗按材料分有：木、钢、铝合金、塑钢、玻璃门窗等。

木材是门窗传统采用的材料，常用松木、杉木制作，为防止变形，所用材料需进行干燥处理。

钢门窗强度高，防火性能好，断面小，挡光少，是广泛采用的形式之一。但普通钢门窗易生锈，散热快，维修费用高，目前推广使用的彩板钢门窗、镀塑钢门窗、渗铝钢门窗可大大改善钢门窗的防蚀性。

铝合金门窗自重轻，密闭性能好，耐腐蚀，坚固耐用，色泽美观，但保温较差，造价偏高。如果用绝缘性能好的材料做隔离层（如塑料），则能大大改善其热工性能。

塑钢门窗热工性能好，耐腐蚀，耐老化，是具有很大潜力的门窗类型。目前我国塑钢门窗的造价偏高，若能降低成本，提高性能，塑钢门窗定能占据广泛的市场。

14.1.2 门的组成、形式及尺度

门主要由门框、门扇、亮子和五金零件组成(图14.1)。

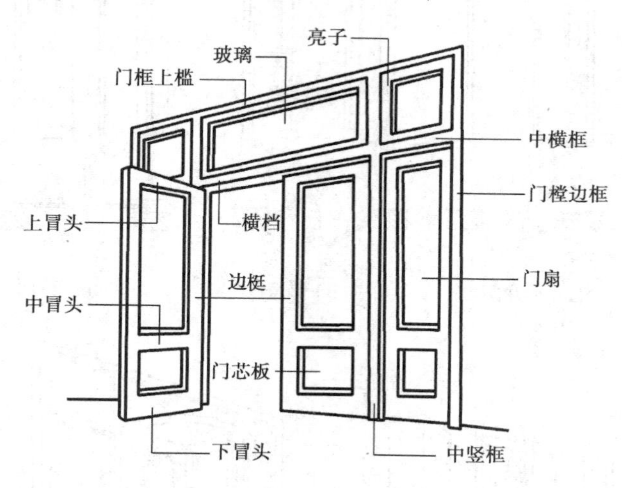

图14.1 木门的组成

(1)**门框**

一般由两根竖直的边框和上框(也称上槛)组成。当门带有亮子时,还有中横框(也称中槛);多扇门还有中竖框,有时视需要可设下框和贴脸等。

门框的断面尺寸与窗框类似,只是门的自重较大,故门框断面尺寸比窗框略大。

(2)**门扇**

一般由上冒头、下冒头和边梃组成。

依据开启方式不同,门通常分为平开门、弹簧门、推拉门、折叠门、转门等。现分述如下:

1)平开门

平开门有单扇、双扇和多扇之分,内开、外开等形式(图14.2(a))。它的铰链安在门框的侧边,特点是构造简单,开启灵活,制作、安装和维修方便,是建筑中广泛采用的形式。

2)弹簧门

弹簧门的形式同平开门,区别在于用弹簧铰链或地弹簧代替普通铰链,能内外弹动,开启后能自动关闭。广泛用于人流出入较频繁或有自动关闭要求的场所。多数为双扇玻璃门,便于出入的人相互观察,以免碰撞(图14.2(b))。

3)推拉门

门扇开启时沿水平轨道左右滑行,通常有单扇和双扇两种。在人流众多的公共建筑中常采用玻璃钢门,利用光电管或触动式设施进行自动启闭(图14.2(c))。

4)折叠门

为多扇折叠,可折叠推移到洞口一侧或两侧(图14.2(d))。

5)转门

在两个弧形门套之间,装设由一竖轴组合三扇或四扇夹角相等、可水平旋转的门(图14.2(e)),对防止内外空气对流有一定的作用,可作为公共建筑中出入频繁且有空调设备的外门。一般在转门的两边另设平开或弹簧门,作为不需空调的季节或大量人流疏散之用。

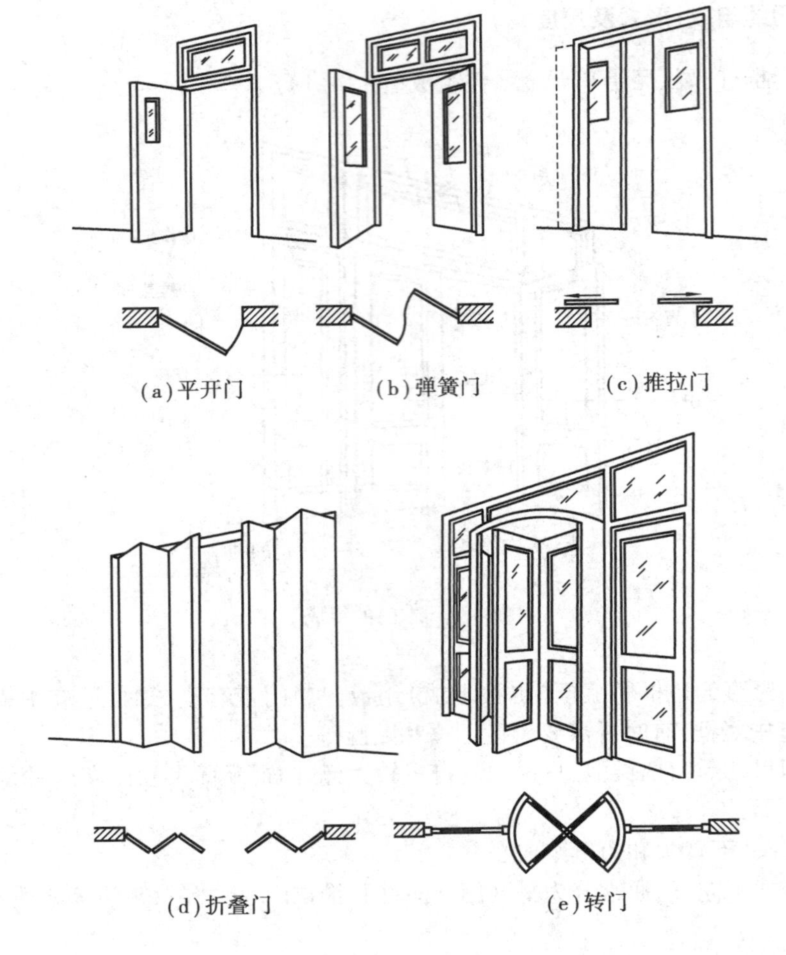

图 14.2　门的开启方式

此外,还有上翻门、卷帘门、升降门等形式。一般适用于需较大活动空间的房间,如车间、车库等。

门扇的尺度须根据交通与安全疏散要求而定。通常供人们生活活动的门扇,其高度在 1 900 ~2 100 mm 之间。宽度取定标准为:单扇门为 800 ~ 1 000 mm 之间,双扇门为 1 200 ~ 1 800 mm之间,辅助房门(如厨房、厕所、储藏室等)为 600 ~ 800 mm,腰头窗高度一般为 300 ~ 600 mm。工业建筑和公共建筑的门扇可适当加大,设计时可根据需要选用各地的标准图集。

(3)**五金零件**

常见的有铰链、插销、拉手、风钩等。

14.1.3　窗的组成、形式及尺度

窗主要由窗框(又称窗樘)和窗扇组成,在窗扇和窗框间,为了开启和固定,常设有铰链、风钩、插销等五金零件。根据不同的装修要求,有时要在窗框和墙的连接处增加窗台板、贴脸、窗帘盒等附件(图 14.3)。

窗的尺寸一般根据采光通风要求、结构构造要求和建筑造型等因素决定,同时应符合模数

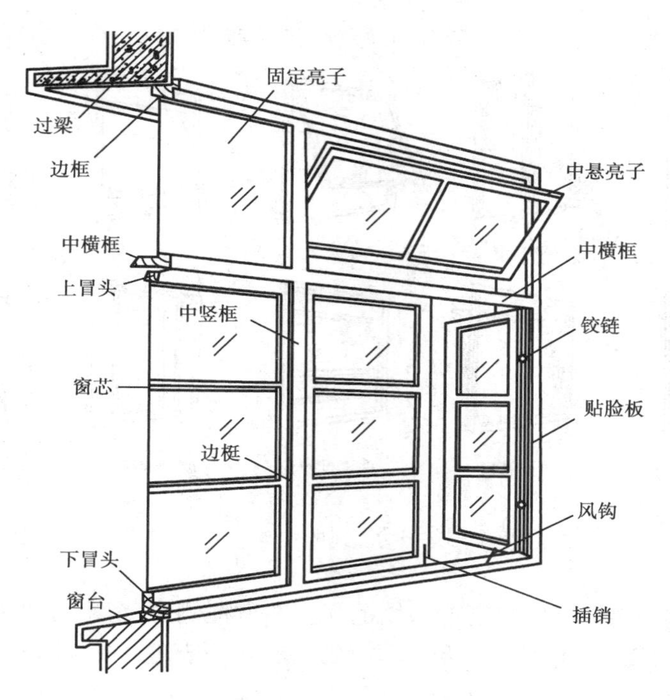

图 14.3　窗的组成

要求。窗扇的尺寸从强度、刚度、耐久性及开关方便考虑,不宜过大。一般单扇平开窗扇的宽度为 400 ~ 600 mm,高度为 800 ~ 1 500 mm。当窗较大时,为不增大窗扇的尺寸,可在窗的上部或下部设亮窗,亮窗的高度一般为 300 ~ 600 mm。固定窗扇和推拉窗扇尺寸可大些,宽度可达 900 mm,但推拉窗扇高度不宜大于 1 500 mm,否则,开关不灵活。

目前我国各地标准窗基本尺度多以 300 mm 为扩大模数,但是住宅层高使用 100 mm 的基本模数,也有执行自己习惯尺寸的地区,使用时可按标准图选用(图 14.4)。

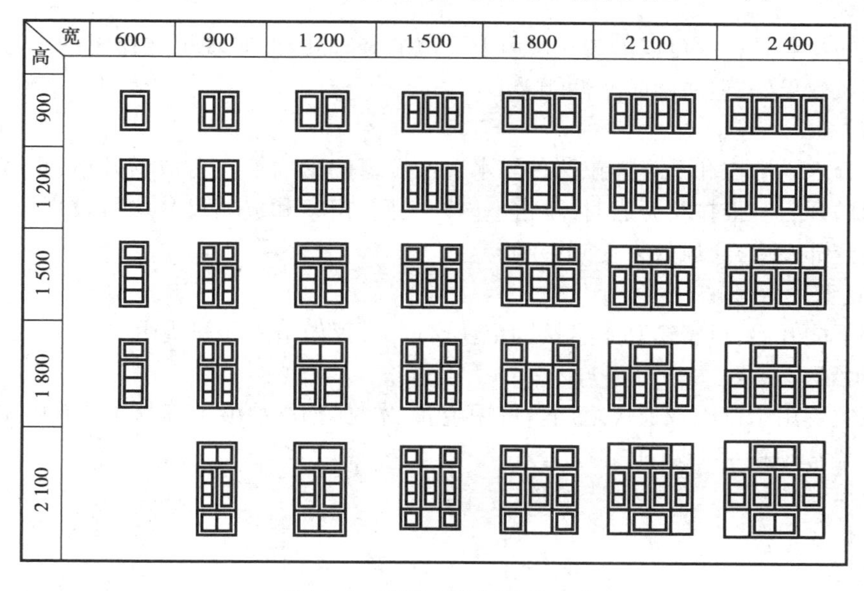

图 14.4　平开木窗标准尺寸表

按开启方式分类，窗有平开窗、悬窗、立转窗、推拉窗、固定窗、百叶窗等类型(图14.5)。

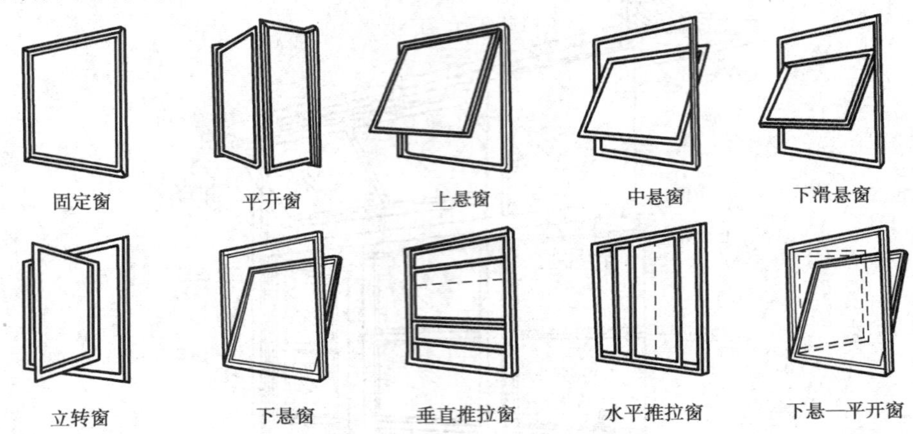

图14.5　窗的开启方式

(1) **平开窗**

平开窗的特点是连接窗扇与窗框的铰链固定在窗框侧边，窗扇可水平开启，有内外开之分。其构造简单，制作、安装、维修、开启等均较方便，在一般建筑中应用最为广泛。

(2) **悬窗**

按旋转轴和铰链的位置不同分为上悬窗、中悬窗和下悬窗。

上悬窗一般向外开启，铰链安装在窗扇的上边，故防雨效果好，常用于高窗和门上的亮子。

中悬窗的铰链安装在窗扇中部，窗扇开启时，上部向内，下部向外，有利于防雨通风，常用于高窗。

下悬窗铰链安装在窗扇的下部，一般向内开，不能防雨，只适用于内墙高窗及门上亮窗(俗称腰头窗或腰窗)。

(3) **立转窗**

立转窗的特点是窗扇可以沿装在窗扇上下边的竖轴转动，竖轴可在窗扇的中心也可偏向一侧。它通风效果好，但防雨防寒性能差。

(4) **推拉窗**

推拉窗分水平推拉和垂直推拉两种。水平推拉窗的窗扇沿左右滑槽开启，垂直推拉窗沿上下设的滑槽开启。推拉窗开启时，不占室内外空间，窗扇和玻璃尺寸均可较平开窗为大，但推拉窗不能全部开启，通风效果受到影响。

(5) **固定窗**

固定窗不能开启，可将窗亮子直接固定在窗框上，仅做采光和观望用。

(6) **百叶窗**

百叶窗主要用于遮阳及通风之用。可用金属、木材、钢筋混凝土等制作。有固定式和活动式两种。叶片常倾斜45°或60°。

14.2　木门窗构造

14.2.1　平开木窗的构造

平开木窗一般为单层窗。南方地区,为防蚊蝇可以加设纱窗;北方地区,为了保温亦常设双层窗。

(1)**窗框**

窗框又称窗樘,由上框、下框、边框、中横框、中竖框等组成。固定在墙上,用以连接窗扇。

1)窗框的断面形状与尺寸

窗框的断面尺寸主要考虑材料的强度和横竖框接榫的需要来确定,多为经验尺寸(图14.6)。图14.6中虚线为毛料尺寸,粗实线为设计尺寸。图中单层窗框设单裁口,双层窗框设双裁口,其作用是增加窗扇的密封性,裁口深度一般为10 mm。

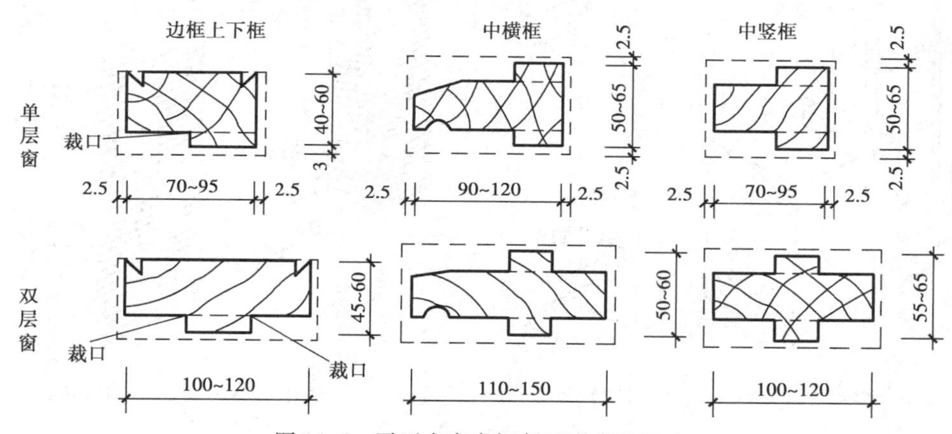

图14.6　平开木窗窗框断面形式及尺寸

2)窗框在墙洞中的位置

窗框与墙连接方式有三种(图14.7):一是与墙内表面平(内平),窗扇开启时贴在内墙面上,不占室内空间;二是位于墙体的中部(居中),当墙体厚度大于240 mm时,窗框距外墙外表

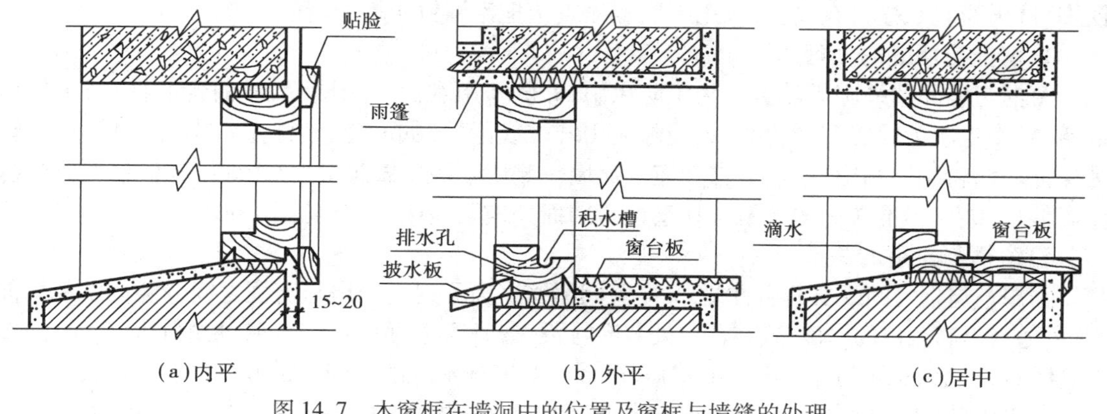

图14.7　木窗框在墙洞中的位置及窗框与墙缝的处理

面 120 mm,外墙可设窗台,内侧可设窗台板;三是与墙外表面平(外平),外平多在板材墙或外墙较薄时采用。

3)窗框的安装

施工时窗框的安装方式一般有两种:立口(又称立樘子)和塞口(又称塞樘子)。

①立口

施工时,先将窗框立好后砌窗间墙,称为立口。为加强窗框与墙的联系,在窗框上下框各伸出约半砖长的木段(俗称羊角或走头),同时在边框外侧每 500~700 mm 设一木拉砖(俗称木鞠)或铁脚砌入墙身(图 14.8)。立口的优点是窗框与墙体连接紧密、牢固;缺点是安窗与砌墙相互影响,影响施工速度,窗框及其临时支撑易被碰撞,有时会产生位移或破损。立口现已较少采用。

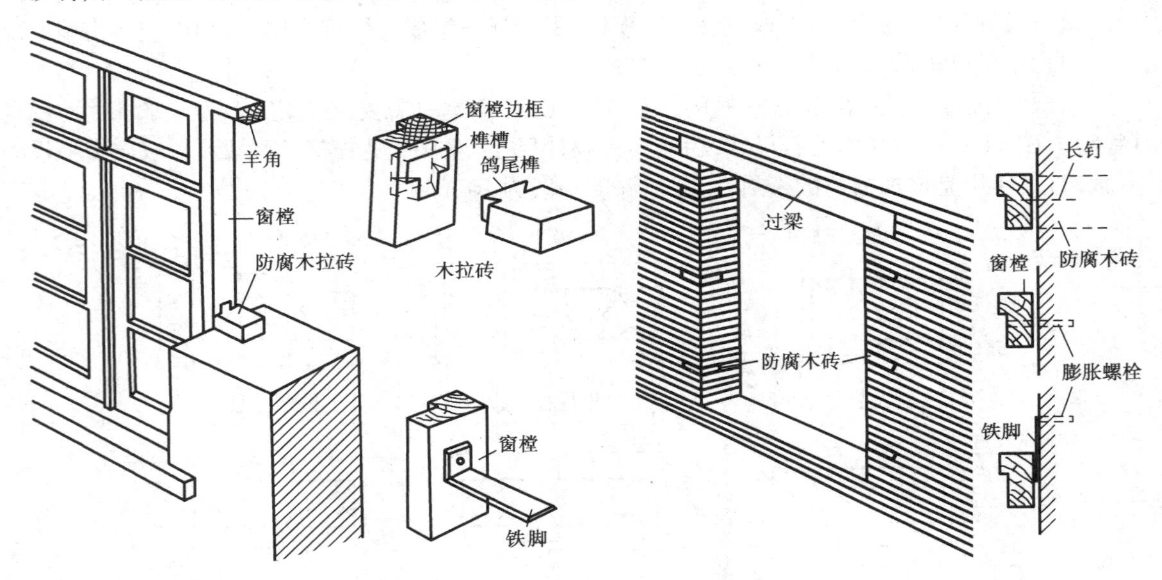

图 14.8　窗樘立樘子的羊角和木拉砖、铁脚

图 14.9　塞口窗洞构造

②塞口

塞口是在砌墙时先留出洞口,以后再安装窗框。洞口应比窗框外缘尺寸大 20~30 mm,为了加强窗框与墙的联系,砌墙时需在窗洞两侧每隔 500~700 mm 砌入一块防腐木砖(每侧不少于两块)。安装窗框时,用长钉或螺钉将窗框钉在木砖上,为了方便施工,也可在窗框上钉铁脚,再用膨胀螺栓钉在墙上,或用膨胀螺栓直接把窗框钉于墙上(图 14.9)。

4)窗框与墙缝的处理

窗框与墙间的缝隙需填塞。为了防风雨,外侧须用水泥砂浆嵌缝,或油膏嵌缝,或采用压缝条;寒冷地区为保温和防止灌风,缝隙应用纤维或毡类(如麻丝、泡沫塑料绳、矿棉等)填塞。为保证墙面粉刷能与窗框嵌牢,常在窗框靠墙一侧内外两角做灰口,寒冷地区在洞口两侧外缘做高低口,装修标准较高的建筑常在窗框与墙面处做贴脸或筒子板(图 14.10)。

5)窗框与窗扇的关系

窗扇与窗框之间既要开启方便,又要关闭紧密。为了提高窗扇与窗框之间缝隙的防风雨能力,可适当提高裁口的深度,或在裁口处装密封条(普通深度约 10~12 mm,可提高达 15 mm)(图 14.11(a)、(e)),也可钉小木条形成裁口,以减少对窗框木料的削弱(图14.11(b)、(d));为了减少风压渗风量,在裁口内设回风槽,或在窗框上留槽,对排除雨水也有一定效果(图 14.11(c))。

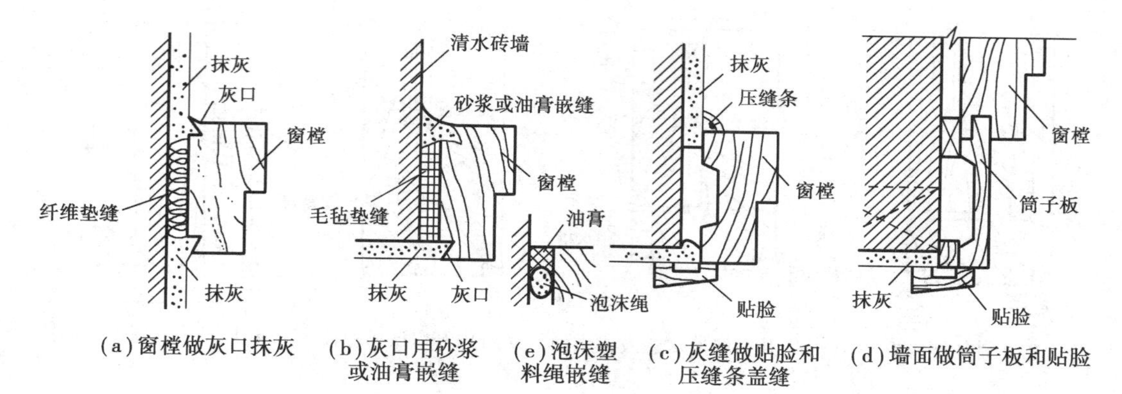

(a)窗樘做灰口抹灰　(b)灰口用砂浆或油膏嵌缝　(e)泡沫塑料绳嵌缝　(c)灰缝做贴脸和压缝条盖缝　(d)墙面做筒子板和贴脸

图14.10　窗樘的墙缝处理

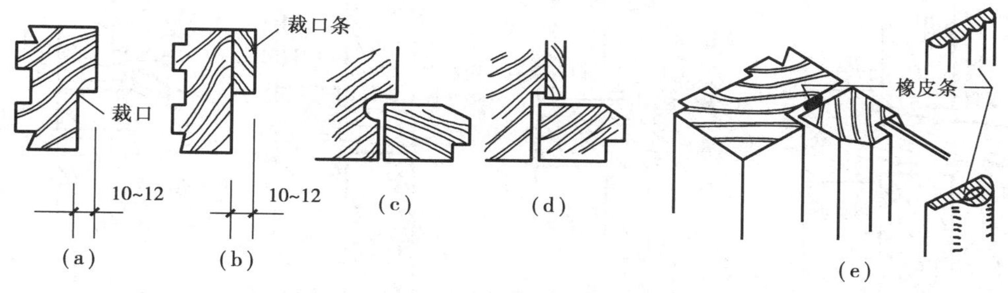

图14.11　窗樘与窗扇间裁口处理方式

外开窗的上口和内开窗下口都是易渗水的地方(图14.12),一般须做披水板及滴水槽,以防止雨水内渗;同时,在窗框内槽上做积水槽及排水孔,将渗入的雨水排除(图14.13)。

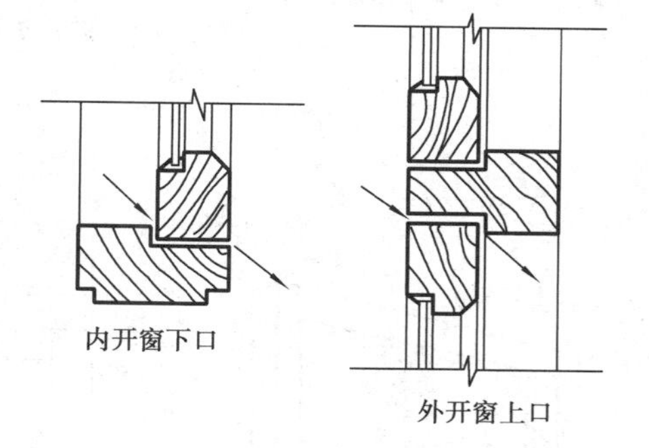

图14.12　窗缝易渗水部位

(2)**窗扇**

平开窗扇常见的种类有玻璃扇、纱窗扇、百叶窗扇等。窗扇由上下梃(也称上下冒头)和左右边梃以及窗芯组成(图14.14)。

1)窗扇的用料尺寸

上下梃、边梃和窗芯的尺寸在窗扇厚度方向均一致,一般为35~42 mm,上下梃及边梃的宽度一般为50~80 mm,窗芯为27~40 mm。下梃若加披水板,其宽度应加宽10~25 mm(图14.14)。

为了镶嵌玻璃,在窗扇的外侧做8~12 mm宽的裁口,裁口深度视玻璃厚度而定,一般为12~15 mm,不超过窗扇厚度的1/3。在各杆件内侧常做装饰性线脚,既减少挡光又美观(图14.15)。两窗扇之间接缝处常做高低缝的盖口,防止透风雨,也可以一面或两面加钉盖缝条,提高其防风雨能力和减少冷风渗透(图14.16)。

2)窗用玻璃及镶装

常用建筑玻璃有普通平板玻璃、磨光玻璃、压花玻璃、磨砂玻璃,此外,还有浮法玻璃、吸热玻璃、热反射玻璃、钢化玻璃、中空玻璃、电热玻璃(防霜玻璃)、防弹防爆玻璃等,分别适用于不同功能的建筑。

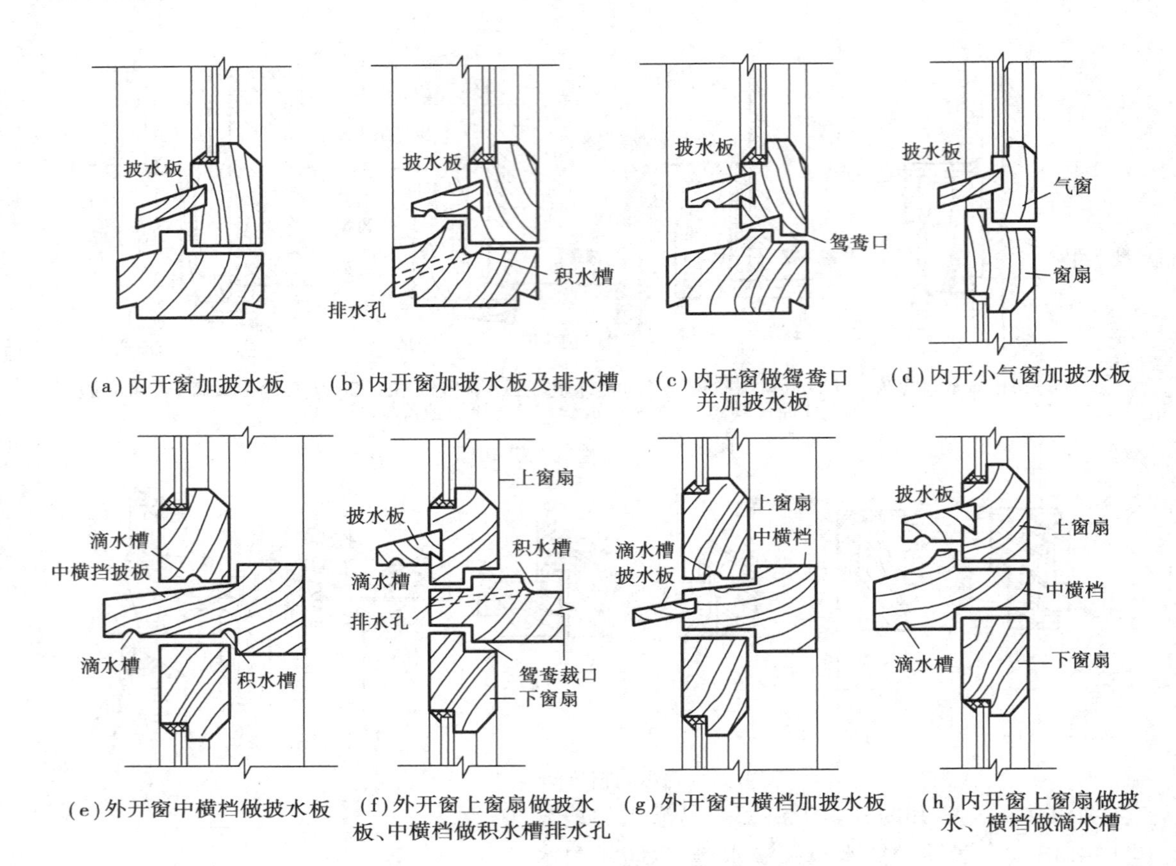

图 14.13　窗的披水构造

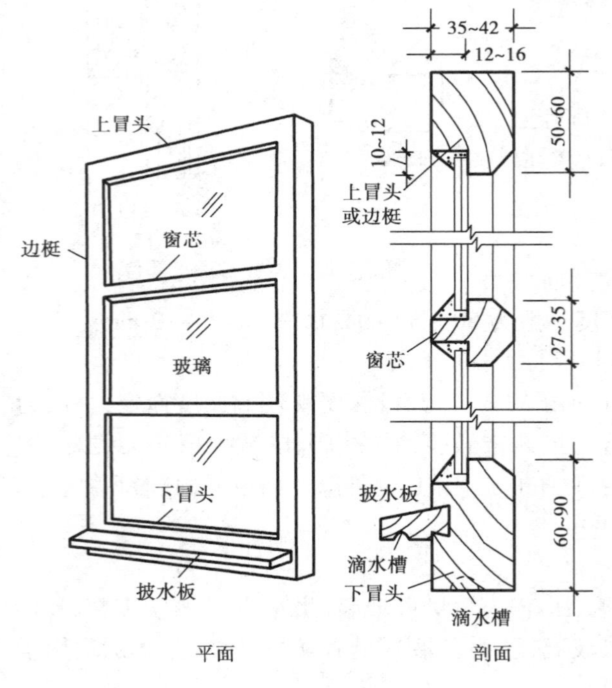

图 14.14　窗扇的组成和用料

最常用的玻璃厚度为 3 mm,面积较大或易损坏的部位可以采用 5 mm 或 6 mm 厚的玻璃,同时加大窗料尺寸。玻璃一般先用小钉固定在窗扇上,然后用油灰(桐油石灰)嵌固成斜角形,也可采用小木条镶钉。

(3)**双层窗**

为了房间保温、隔热、隔声及防蚊蝇等要求,常需设双层窗。根据窗框和窗扇的构造不同及开启方向不同,双层窗可分为如下几种形式:

1)子母窗扇

由两个玻璃大小相同而窗扇用料大小不同的两窗扇合并而成,共用一个窗框。窗扇以铰链与窗框相连,子扇以铰链镶在母扇上,一般为内开,以便擦玻璃。这种窗较其他双层窗省料,透光面积大,有一定的密闭保温效果(图 14.17(a))。

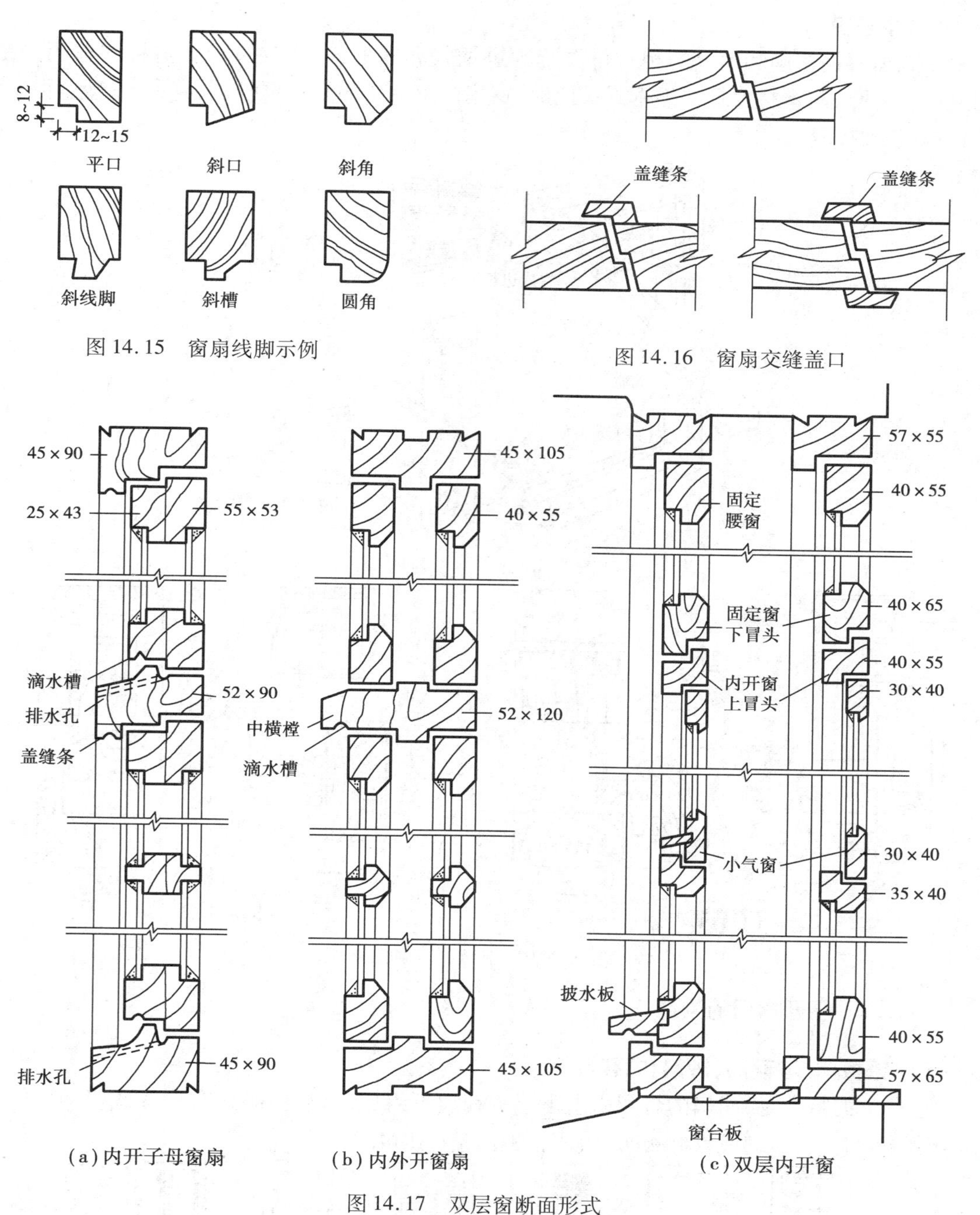

图14.15　窗扇线脚示例

图14.16　窗扇交缝盖口

图14.17　双层窗断面形式

2)内外开窗

内外开窗是在一个窗框上内外双裁口,窗扇一扇向外开,一扇向内外(图14.17(b))。内外窗扇的形式和尺寸相同,构造简单,内扇在夏季可以取下或改换成纱扇,以防蚊蝇进入室内。

3)分框双层窗

它相当于两个单层窗。这种窗可以内外开,在寒冷地区使用较多。但内外窗扇的净距不宜过大,否则会形成空气对流,影响保温。净距一般为100 mm左右(图14.17(c))。

(4) **中悬窗**

中悬窗根据窗扇和窗框的相对位置分为进框式和靠框式(图14.18)。进框式关闭严密，用途广泛，但须防木材变形。靠框式关闭时，窗扇的下冒头靠在下框外侧，有利于排水，但不利于保温(图 14.19)。

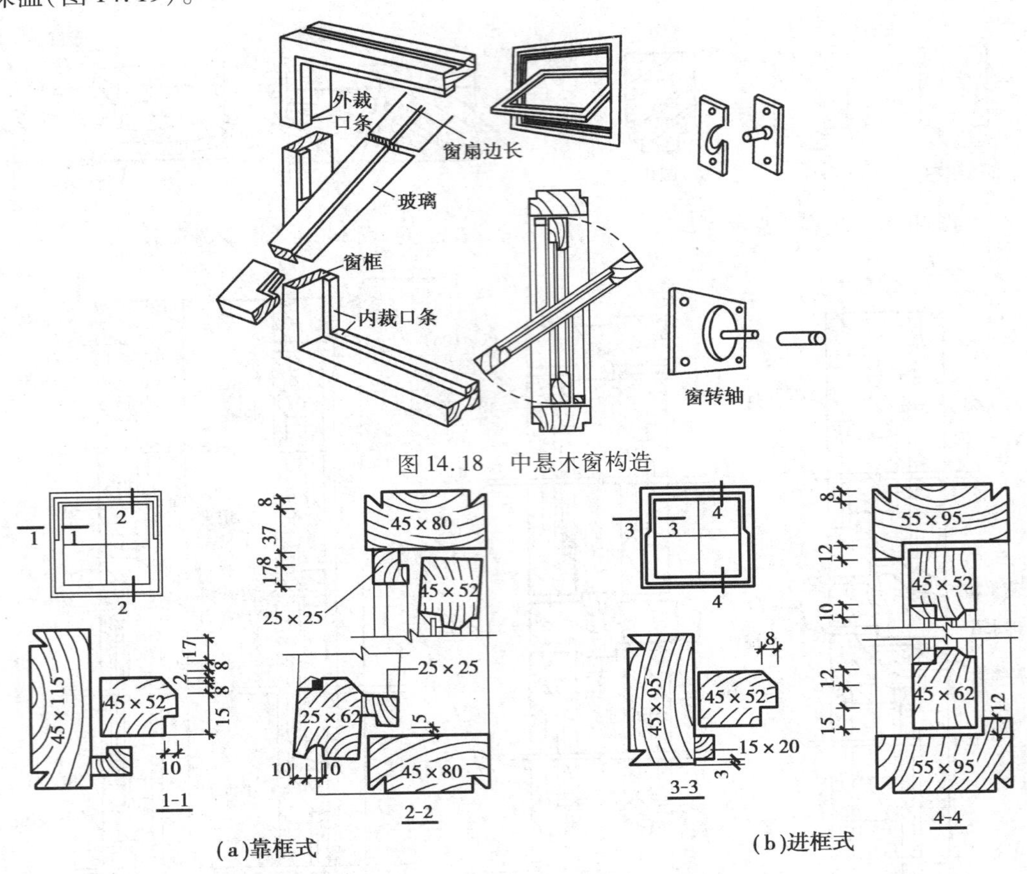

图 14.18　中悬木窗构造

图 14.19　中悬窗窗扇位置

14.2.2　平开木门的构造

(1) **镶板门、玻璃门、纱门和百叶门**

这些门的特点是，门扇的骨架由上下冒头和边挺组成，有时中间还有冒头或竖向中梃，在其中镶装门芯板、玻璃或百叶板等，组成各种门扇(图 14.20)。

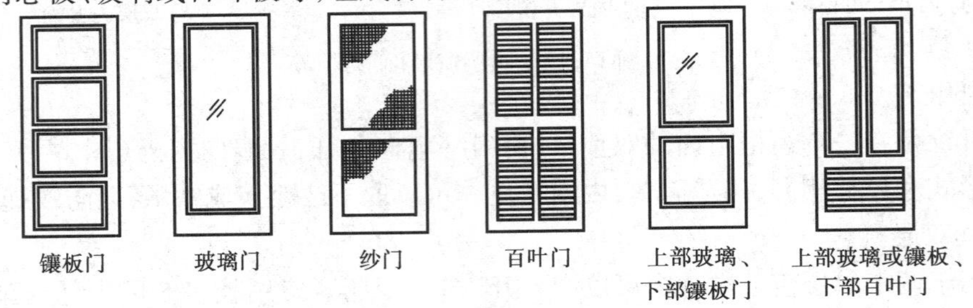

图 14.20　镶板门、玻璃门、纱门和百叶门

门扇骨架(框架)的厚度一般为 40 ~ 45 mm,宽度为 100 ~ 120 mm。纱门骨架的厚度多为 30 ~ 35 mm。下冒头的宽度习惯上同踢脚线的高度相同,一般为 200 mm 左右,以防门芯板被人踢坏。为了弥补装锁开槽对材料的削弱,中冒头宽度可适当加大。

门芯板可用 10 ~ 15 mm 厚木板拼装成整块,板缝要结合紧密,以防木板干缩而露缝。一般为平缝胶结,如做成高低缝或企口缝结合则效果更好(图 14.21(a));也可采用胶合板、硬质纤维板、塑料板、玻璃或塑料纱等。当采用玻璃时,可以是半玻门或全玻门;若采用塑料纱或铁纱,即为纱门。门芯板与框的镶嵌可用暗槽、单面槽和双边压条做法(图 14.21(b))。玻璃的嵌固用油灰或木压条(图 14.21(c)),塑料纱则用木压条嵌固(图 14.21)。

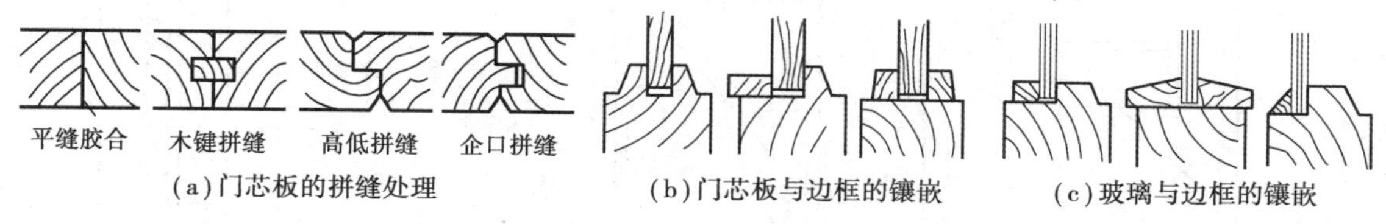

图 14.21　门芯板、玻璃的镶嵌结合构造

镶板门的构造如图 14.22 所示。

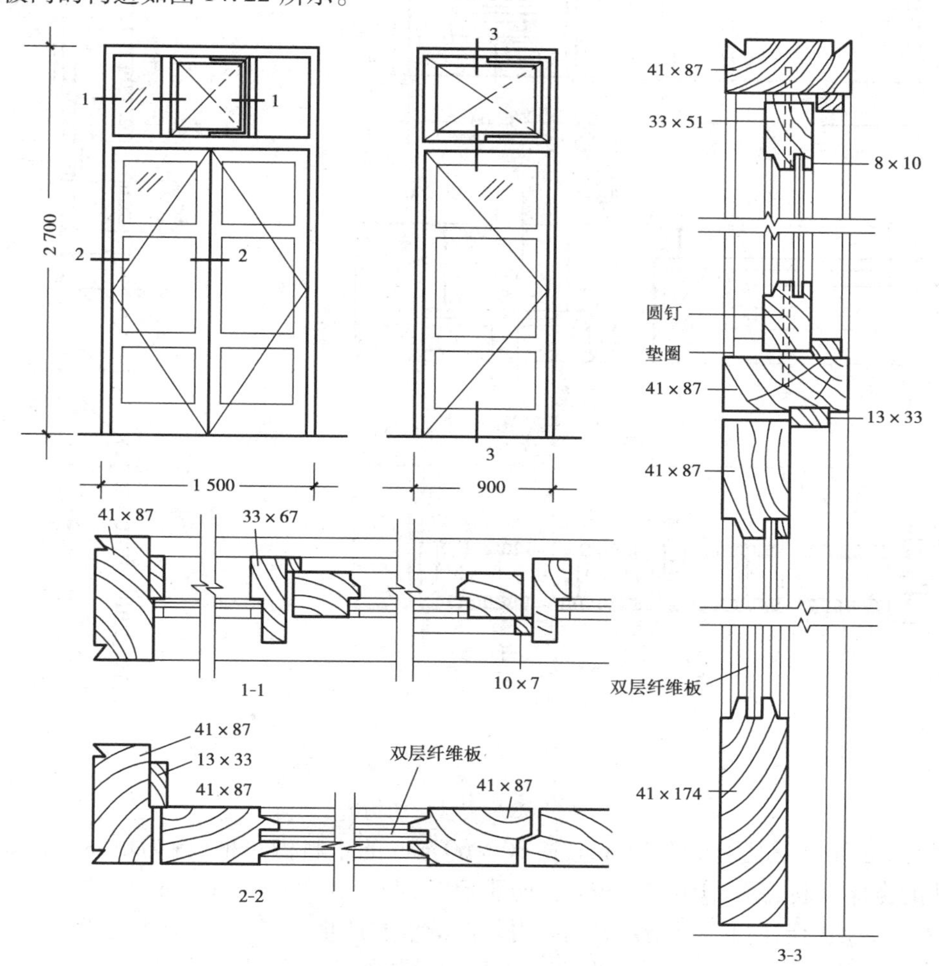

图 14.22　镶板门构造

(2)**夹板门**

夹板门采用小规格做骨架,在骨架两面粘贴面板而成。门扇面板可用胶合板、塑料面板和硬质纤维板,面板和骨架形成一个整体,共同抵抗变形。夹板门的形式可以是全夹板门、带玻璃或带百叶夹板门(图 14.23)。

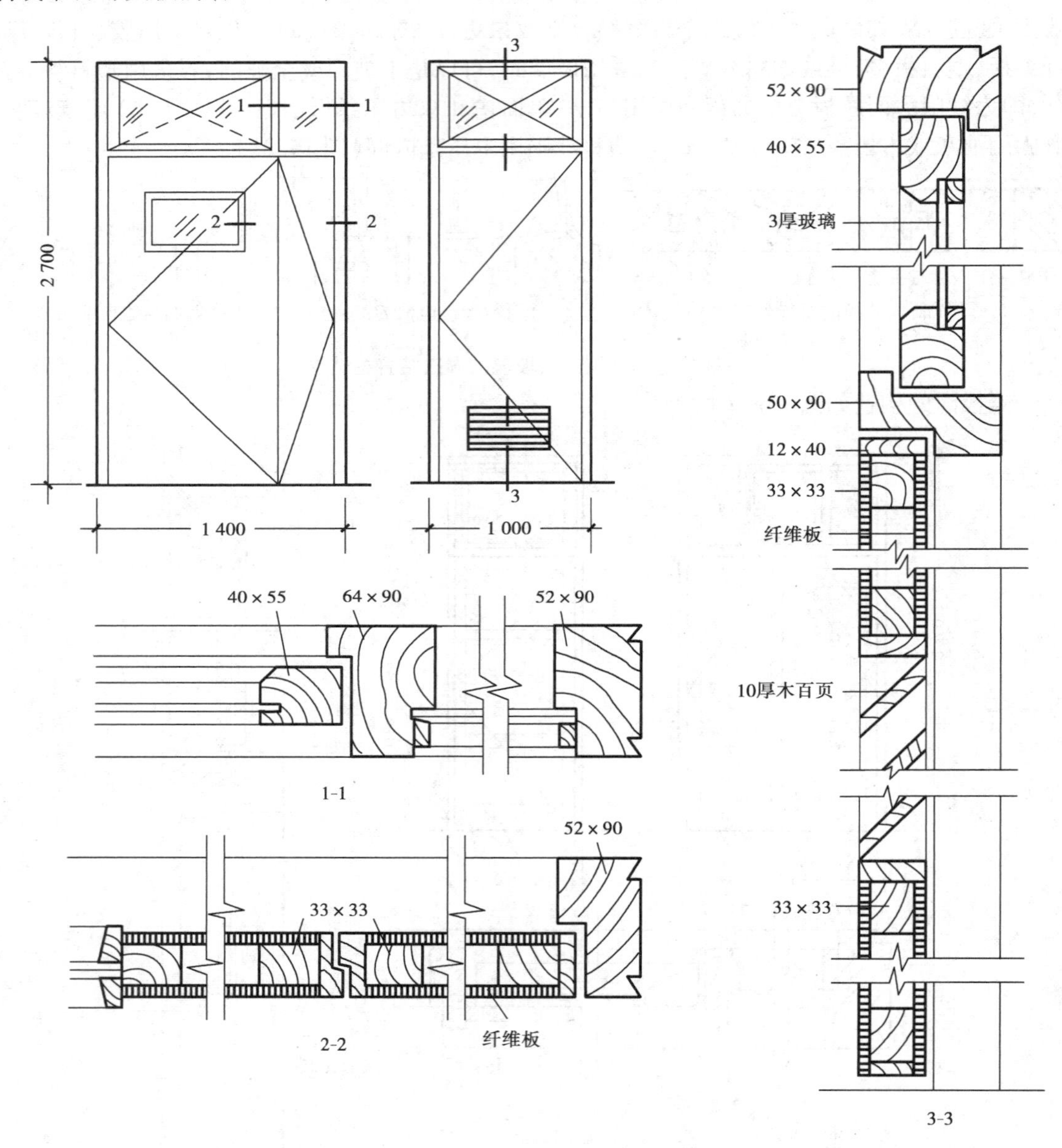

图 14.23 夹板门的构造

夹板门的骨架一般用厚约 30 mm、宽 30 ~ 60 mm 的木料做边框,内为单向或双向排列的肋条,肋的宽同框料,厚为 10 ~ 25 mm,视肋距而定,肋距为 200 ~ 400 mm,安装门锁处必须另加附加木。为使门扇内通风干燥,避免因内外温湿度差产生变形,在骨架上需设通气孔。为节约木材也可用蜂窝形浸塑纸板代替肋条。夹板门骨架的几种形式如图 14.24 所示。

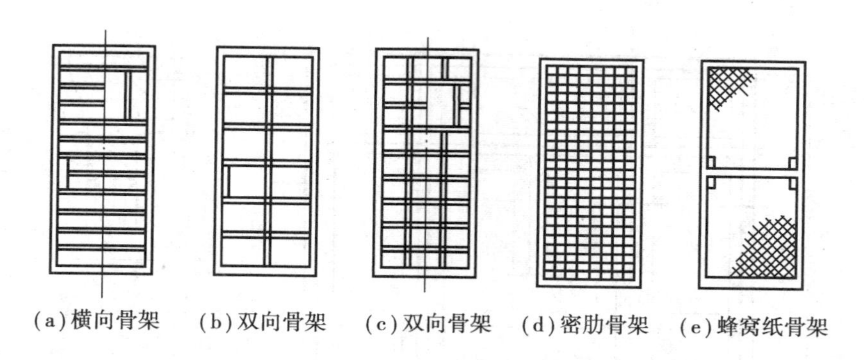

图 14.24　夹板门骨架形式

(3)弹簧门

弹簧门为开启后自动关闭的门，一般装有弹簧铰链，常用的有单面弹簧、双面弹簧、地弹簧等数种(图 14.25)。单面弹簧门多为单扇，常用于厨房、厕所等处；双面弹簧铰链与地弹簧门的区别是：铰轴的位置不同，双面弹簧铰链安装在门的侧边，地弹簧安装在地下。一般为双扇门，适用于公共建筑的过厅、走廊及人流较多房间的门。

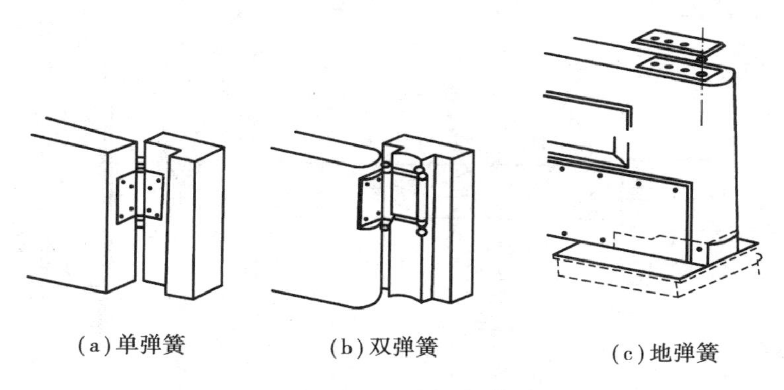

图 14.25　门用弹簧形式

双面弹簧门由于进出繁忙，必须用硬木制作，其用料尺寸常比一般镶板门稍大一些，门扇厚度为 42 ~ 50 mm，上冒头、中冒头及边梃宽度为 100 ~ 120 mm，下冒头宽为 200 ~ 300 mm。为了避免两扇门碰撞又不使之有过大缝隙，通常上下冒头做平缝，两扇门的中缝做弧形断面，其弧面半径约为门厚的 1 ~ 1.2 倍(图 14.26)。

(4)门框与墙的联系

门框在墙洞中的位置与窗框类似，一般多做在开门方向的一边，与抹灰面平齐，使门的开启角度较大，对较大尺寸的门多居中设置(图 14.27)。

(5)门框的安装及墙缝的处理

门框的安装方式与窗框相同，多采用塞口法施工。门框的墙缝处理与窗框相同。

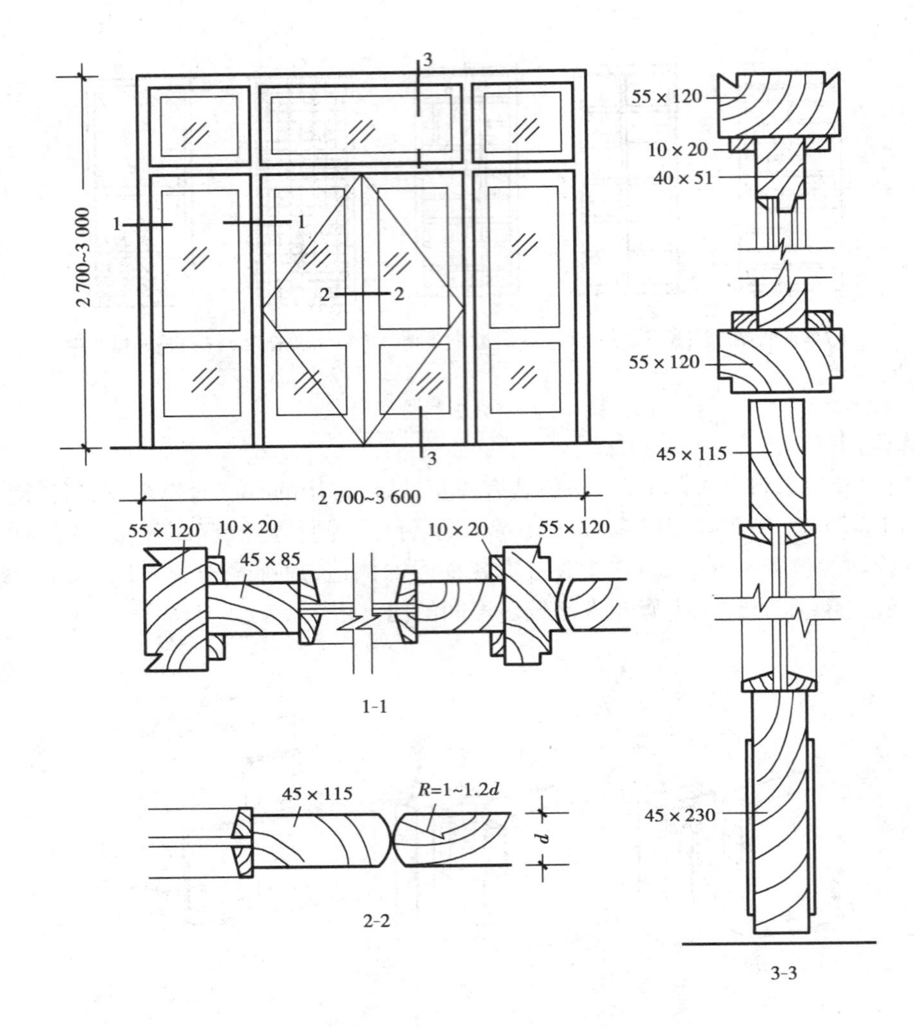

图 14.26　弹簧门构造

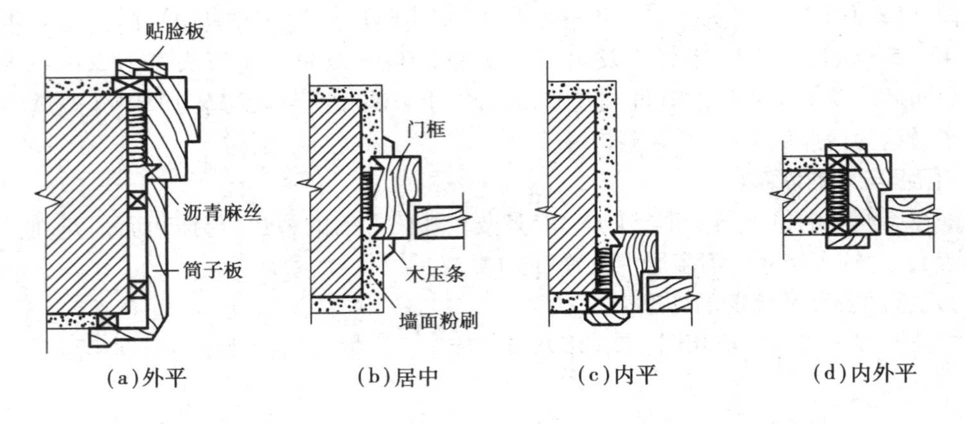

图 14.27　门框位置、门贴脸板及筒子板

14.3　金属门窗构造

随着现代建筑技术的发展，木门窗已不能满足要求，取而代之的是钢门窗、铝合金门窗及塑料门窗。其特点是轻质高强，节约木材，耐腐蚀及密闭性能好，外观美，以及长期维修费用低。因此，在建筑中的应用日趋广泛。

14.3.1　钢门窗

钢门窗所用材料有两种：实腹料和空腹料。空腹钢门窗与实腹钢门窗相比壁薄而轻，节省钢材，便于运输和安装，外形美观，但耐腐蚀性较差，不宜用于湿度大、腐蚀性强的环境。若需增强耐腐蚀性，可用电泳法涂漆。

钢门窗需在工厂加工制作，各地钢门窗厂均有标准图可供选用(图 14.28)。设计时，一般应尽量采用标准钢门窗，以免增加造价。

钢平开窗断面构造如图 14.29、图 14.30 所示。钢门窗的安装均采用塞口方式。门窗的尺寸每边必须比洞口尺寸小 16 ~ 30 mm，视洞口处墙面饰面材料的厚薄而定。框与墙的连接有两种方式(视墙体材料不同连接方式不同)：一是通过框四周固定的燕尾铁脚插入砖墙上的预留孔中，然后用水泥砂浆锚固；二是燕尾铁脚或 Z 形铁脚与混凝土墙上预埋件焊接(图 14.31)。铁脚每隔 500 ~ 700 mm 设一个，最外一个铁脚距框角 180 mm。

当门窗的高度和宽度超过基本尺寸时，钢门窗可用基本门窗单元拼樘组合。组合时，须插入 T 形钢、管钢、角钢或槽钢等支承和联系构件，由于连接件承受门窗的水平荷载，相当于立柱与横梁的作用，因而这些支承构件须与墙、柱、梁牢固连接，各门窗基本单元再与它们用螺栓拧紧，缝隙用油灰嵌实(图 14.32)。

钢门窗上玻璃的安装应避免玻璃紧贴钢料，须先热底灰，用弹簧夹子或钢皮夹子穿在门窗料预钻的小孔中，压牢玻璃，再嵌油灰 (图 14.33)。

14.3.2　铝合金门窗

(1)铝合金门窗的特点

目前铝合金门窗在建筑物中广泛使用。其特点是：自重轻(相同面积的重量只有钢门窗的 50%)；耐腐蚀，坚固耐用(氧化层不褪色、不脱落，表面不需要维修，强度高、刚性好，开关灵活)；性能好(密封性、气密性、水密性、隔声性、隔热性好)；色泽美观(有银白色、香槟色、绿色、古铜色、黑色等多种色彩)。适用于有隔声、保温、隔热、防尘等特殊要求的建筑，以及多风沙、多暴雨、多腐蚀性气体环境地区的建筑物。各地铝合金加工厂都有系列标准产品可供选用，需特殊制作时，只需提供立面图纸和使用要求委托加工即可。

(2)铝合金门窗框料系列及形式

系列名称以框料厚度而定，常用系列有 90 系列、70 系列、60 系列、55 系列等。例如 90 系列，表示窗框厚度为 90 mm。实际工程中常根据铝合金门窗的使用要求、安全要求和安装高度来确定框料系列。

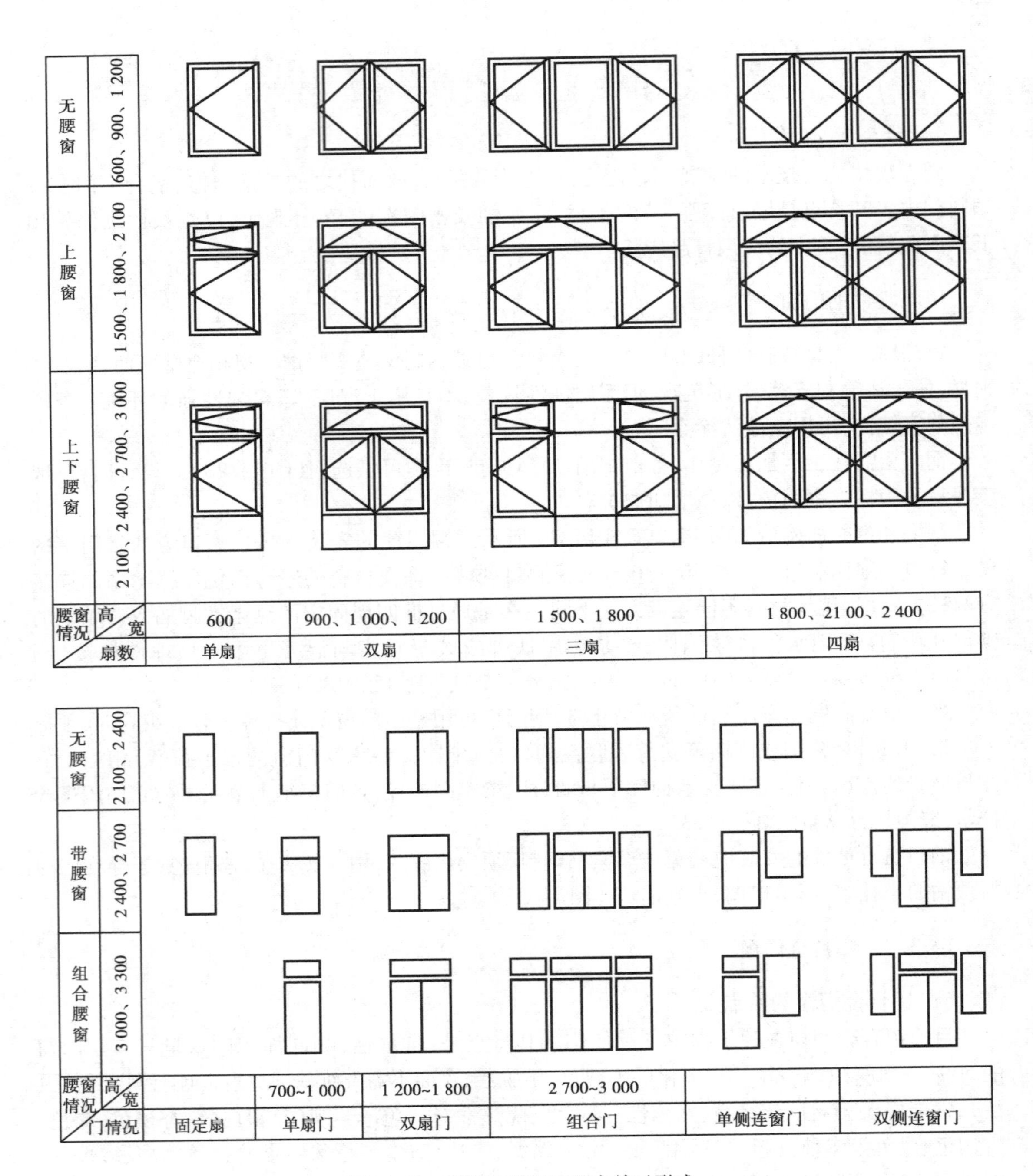

图 14.28　标准钢门窗的基本单元形式

常用铝合金门窗有推拉门窗、平开门窗、固定门窗、滑撑窗、悬挂窗、百叶窗、弹簧门、卷帘门等。图 14.34 是一种推拉式铝合金窗的断面示意图。

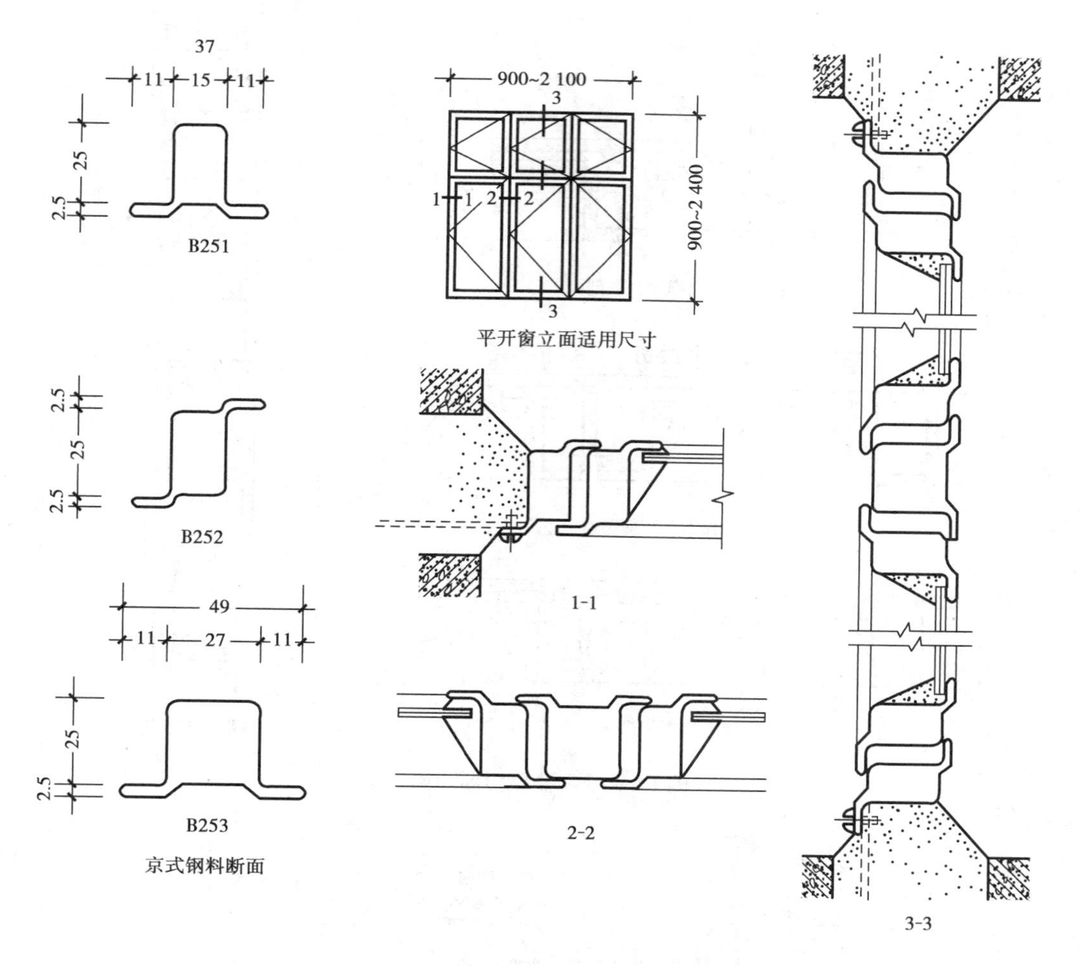

图 14.29　薄壁空腹钢窗断面构造

(3)**铝合金门窗的安装**

经表面处理后下料加工的铝合金门窗安装时,一般先在门框外侧用螺钉固定钢质锚固件,然后立于门洞处并与墙内预埋件对正,然后用木楔将三边固定,经校验确定门窗框水平、垂直、无挠曲后,与墙中预埋件焊接或锚固固定,或用射钉将锚固件打入墙或柱、梁上。门窗框与墙的连接点每边不得少于两点,且间距不得大于 0.7 m。在基本风压大于 0.7 kPa 的地区,不得大于 0.5 m;边框端部的第一固定点距端部的距离,不得大于 0.2 m。

门窗框固定好后,门窗框与门窗洞四周的缝隙用砂浆填塞,也可采用软质保温材料(如泡沫塑料条、泡沫聚氨酯条、矿棉毡条和玻璃丝毡条)分层填实,外表留 3 ~ 8 mm 深的槽口用密封膏密封。铝合金门窗玻璃安装时,应用橡皮压条密封固定(图 14.35)。

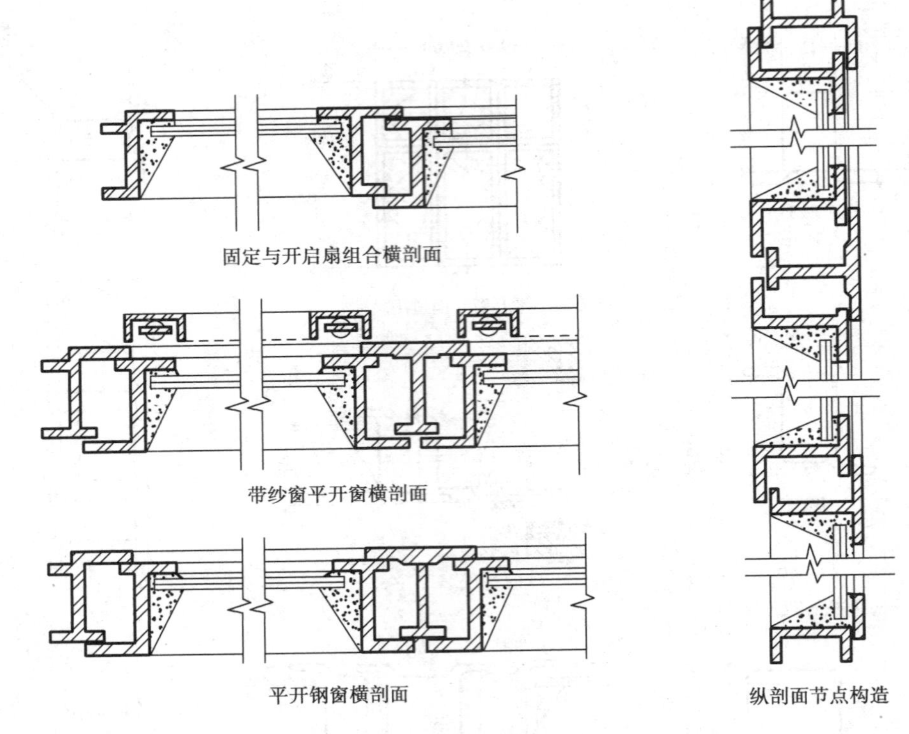

图 14.30　实腹钢窗断面构造

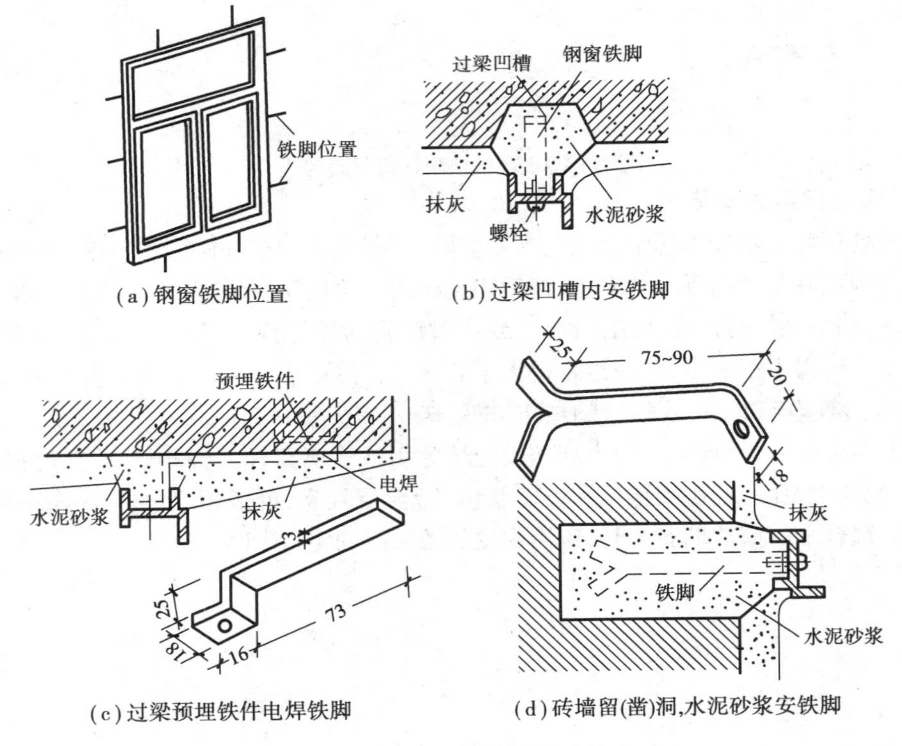

图 14.31　钢窗铁脚安装节点构造

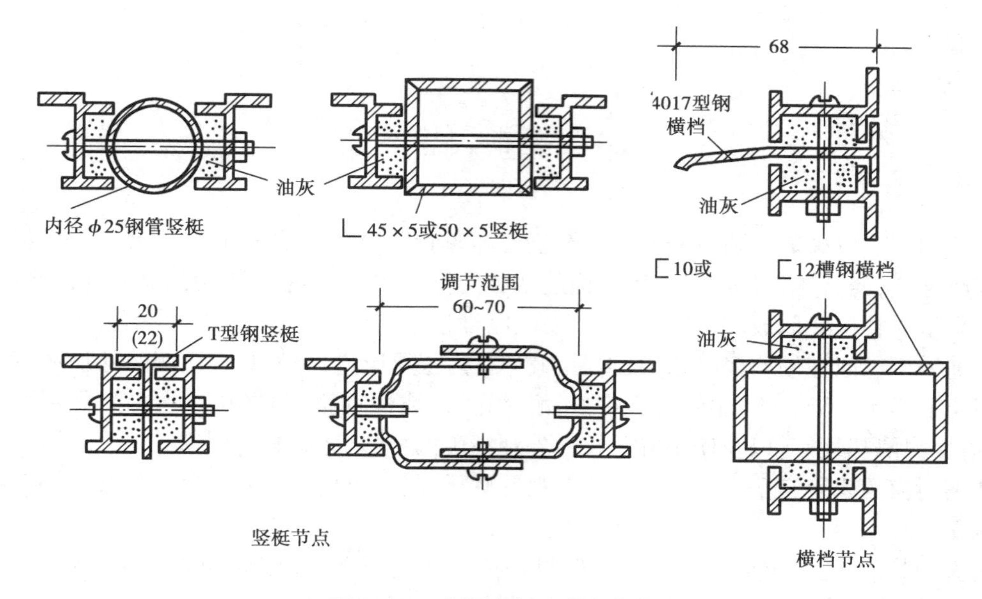

图 14.32　钢门窗组合节点构造

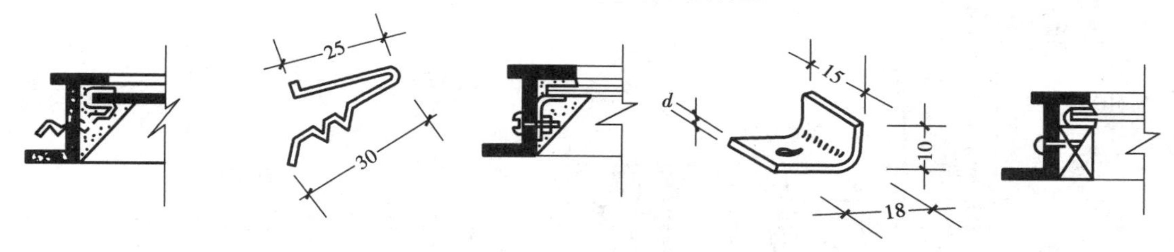

图 14.33　钢门窗玻璃安装

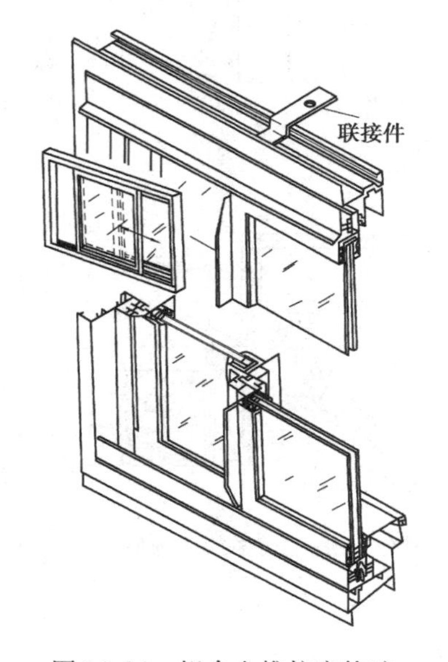

图 14.34　铝合金推拉窗构造

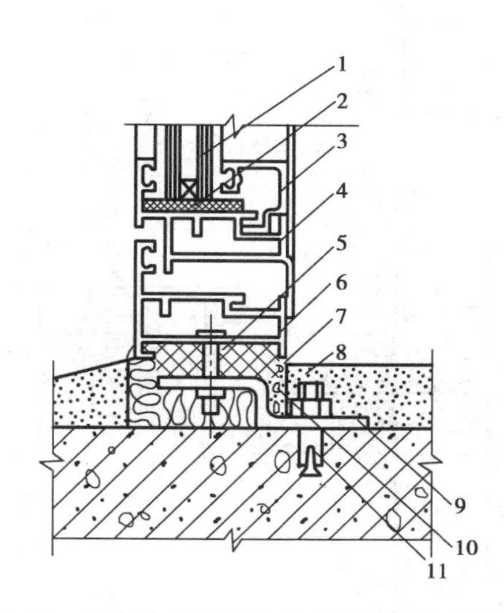

图 14.35　铝合金门窗安装节点及缝隙处理示意图

1—玻璃；2—橡胶条；3—压条；4—内扇；5—塑料垫；6—外框；7—密封条；8—砂浆；9—地脚；10—软填料；11—膨胀螺栓

14.4 塑钢门窗构造

塑料门窗是以聚氯乙烯(PVC)改性聚氯乙烯树脂等为主要原料、轻质碳酸钙为填料,添加助剂和改性剂,经挤压机挤压成各种截面的空腹门窗异型材,再根据不同的品种规格选用不同截面的异型材料组装而成。其特点是变形大、刚度差。

目前采用以改性硬质聚氯乙烯(简称 UPVC)为主要原料,添加一定比例的外加剂,可改变塑料门窗的不足之处,生产出一种强度好,耐冲击,耐腐蚀性强,耐老化,隔音好,气密性好,水密性好,保温隔热性好,以及使用寿命长且外观精美的材料,即是塑钢门窗。

塑钢门窗的安装宜采用矿棉或泡沫塑料等软质材料,再用密封胶封缝,以提高其密封和绝缘性能。

玻璃安装前,先以窗扇异型材一侧凹槽内嵌入密封条,并在玻璃四周安放橡塑垫块或底座,待玻璃安装到位后,再将已镶好密封条的塑料压玻条嵌装固定压紧,塑钢窗与墙体的连接如图 14.36 所示。

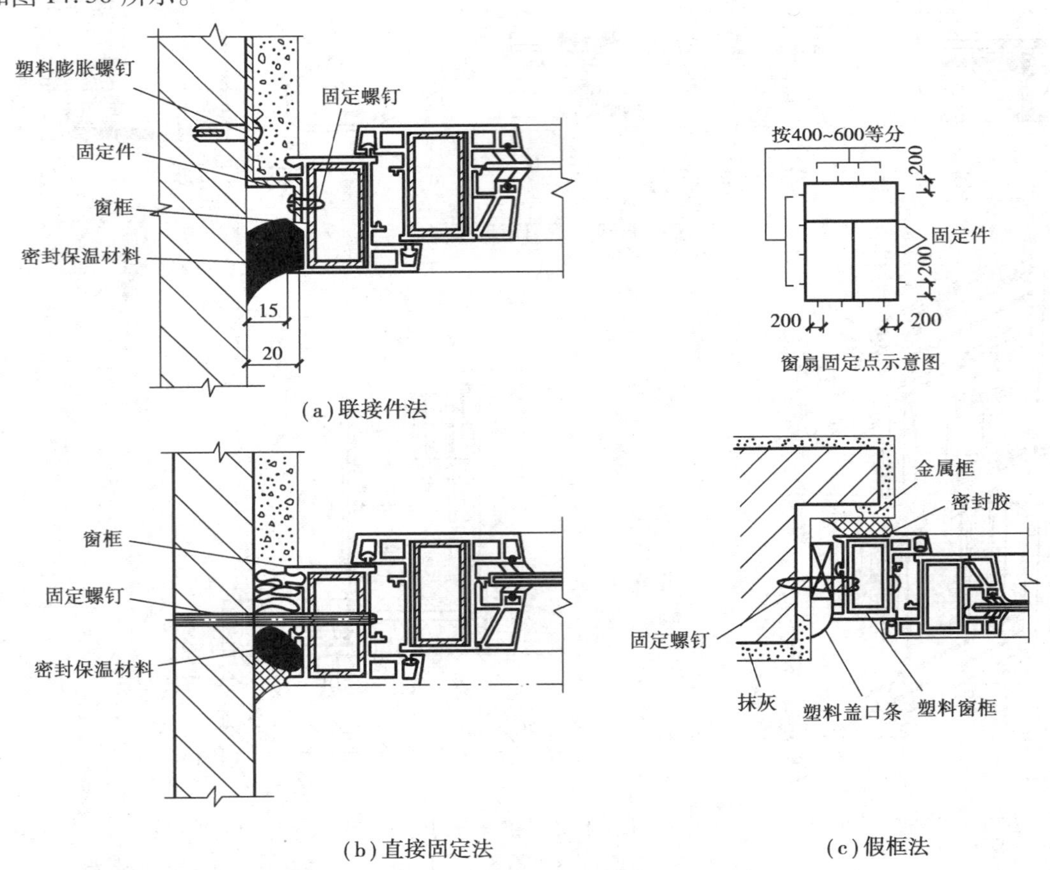

图 14.36 塑钢窗框与墙体的连接节点图

14.5　特殊门窗

14.5.1　特殊门

当普通门不能满足室内保温、隔热、隔声等要求时，在构造设计时，需作特殊门。

(1)**防火门**

防火门用于加工易燃品的车间或仓库。根据车间或仓库的耐火等级，防火门的材料可选择钢板、木板外贴石棉板再包镀锌铁皮或木板外直接包镀锌铁皮等构造方式。由于木材高温炭化会释放出大量气体，因此必须在门扇上设泄气孔(图14.37)。防火门常采用自重下滑关闭门，其原理是：上轨道有5%～8%的坡度，火灾发生时，易熔金属片熔断后，在自重作用下，门扇下滑关闭。

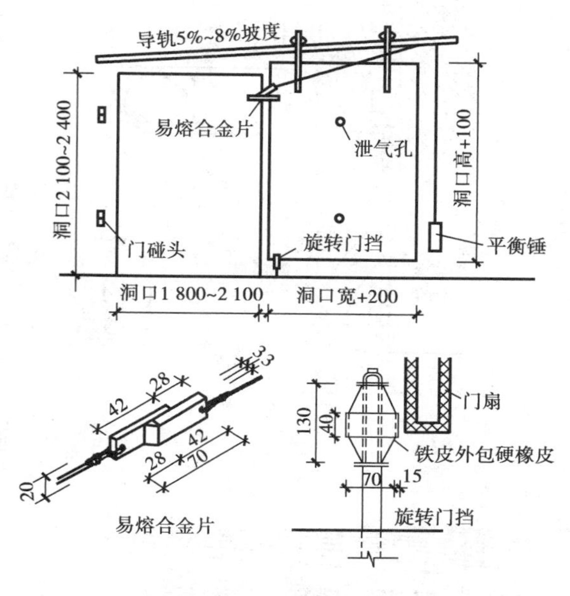

图14.37　自重下滑防火门

(2)**保温门和隔声门**

若室内需要保温和隔热时，常在门扇两层面板之间填以保温材料做成保温门。隔声门的做法与保温门类似，即在两层面板之间填吸声材料，如玻璃棉、玻璃纤维等(图14.38)。保温门和隔声门的门缝密闭性对其功能有很大的影响。通常采取的措施是：注意裁口形式(斜面裁口密闭性较好)，可避免门扇热胀冷缩造成的关闭不严密；采用嵌缝条，如泡沫塑料条、海绵橡胶条及橡皮管等(图14.39)。

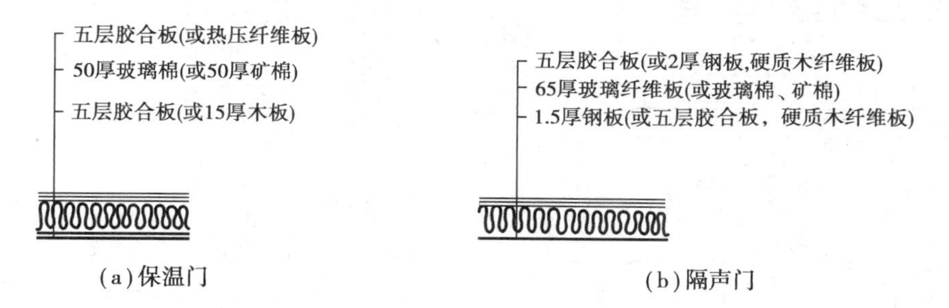

(a)保温门　　(b)隔声门

图14.38　保温门和隔声门构造

14.5.2　特殊窗

(1)**立转窗**

立转窗(立转引风窗)通常用钢丝网水泥、钢筋混凝土、木材及钢材制作。窗扇基本宽度有三种：710 mm、810 mm、910 mm。由于窗扇间横向搭接接缝长度为10 mm，所以窗扇的标志尺寸为700 mm、800 mm、900 mm。窗扇的高度一般不大于3 000 mm。为减少窗扇开启时飘雨，在窗的上部设置水平挡雨板，挡雨板伸出长度应大于窗扇开启与墙面成90°时的长度。立转窗的开启角度为45°、90°、135°。它用圆形铁板和金属插销作固定器，在原形铁板上开有槽口，安装完毕后用硬木块将槽口添实固定（图14.40）。

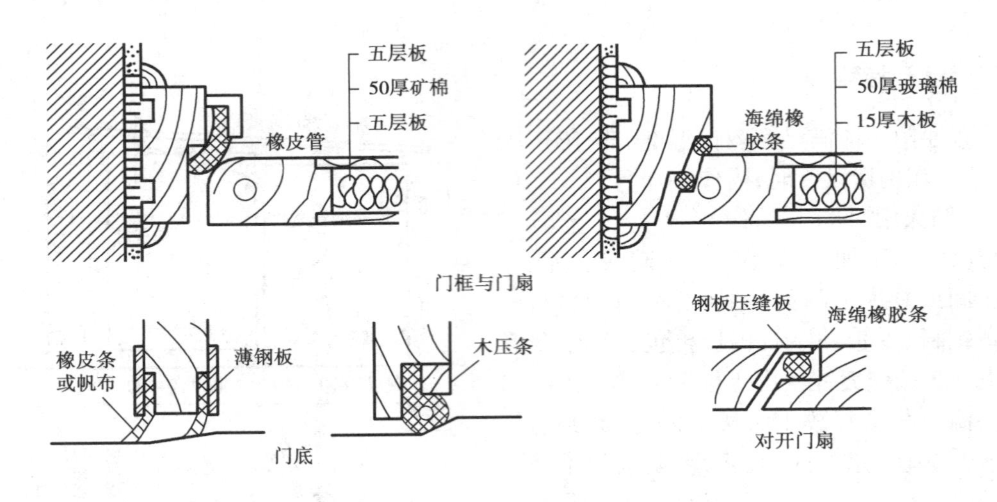

图14.39 保温门和隔声门门缝处理

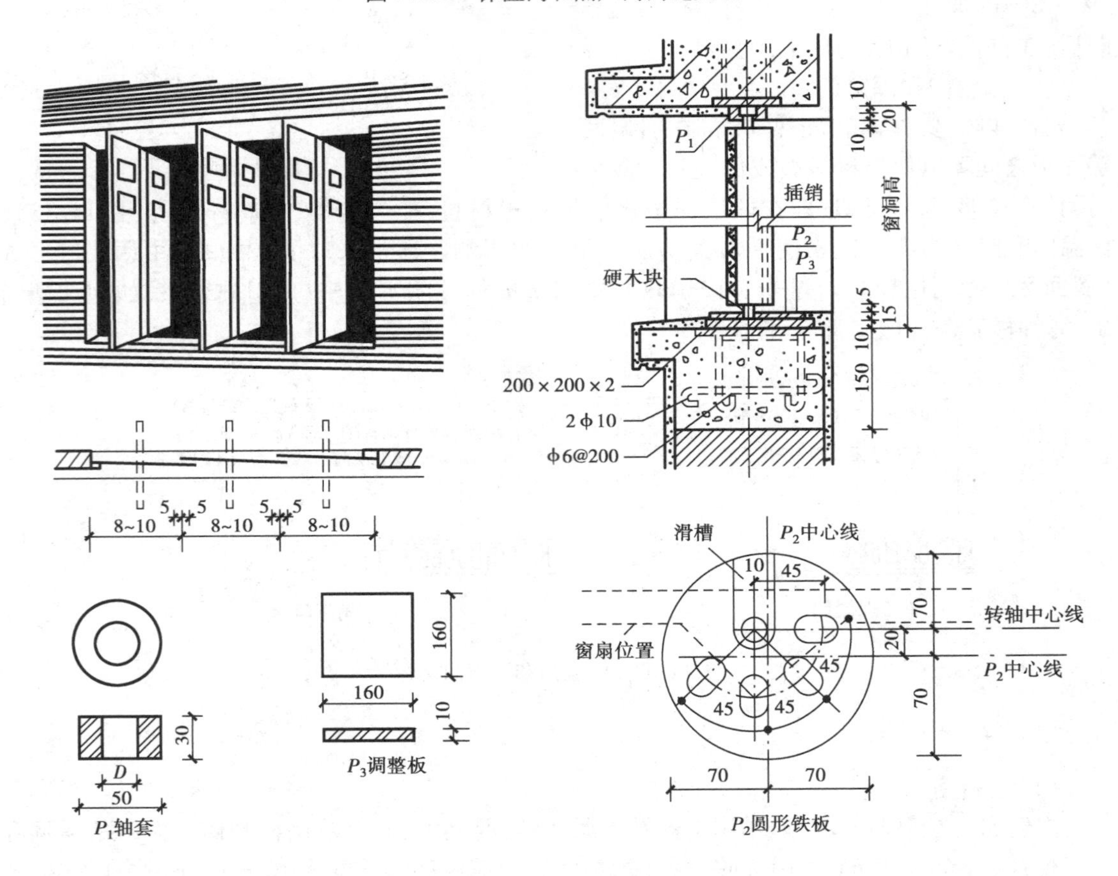

图14.40 钢丝网水泥立转窗

(2)固定式通风高侧窗

南方地区结合气候特点设置的能采光、防雨,能常年进行通风,不需开关器,构造简单,以及管理和维修方便的侧窗形式(图 14.41)。

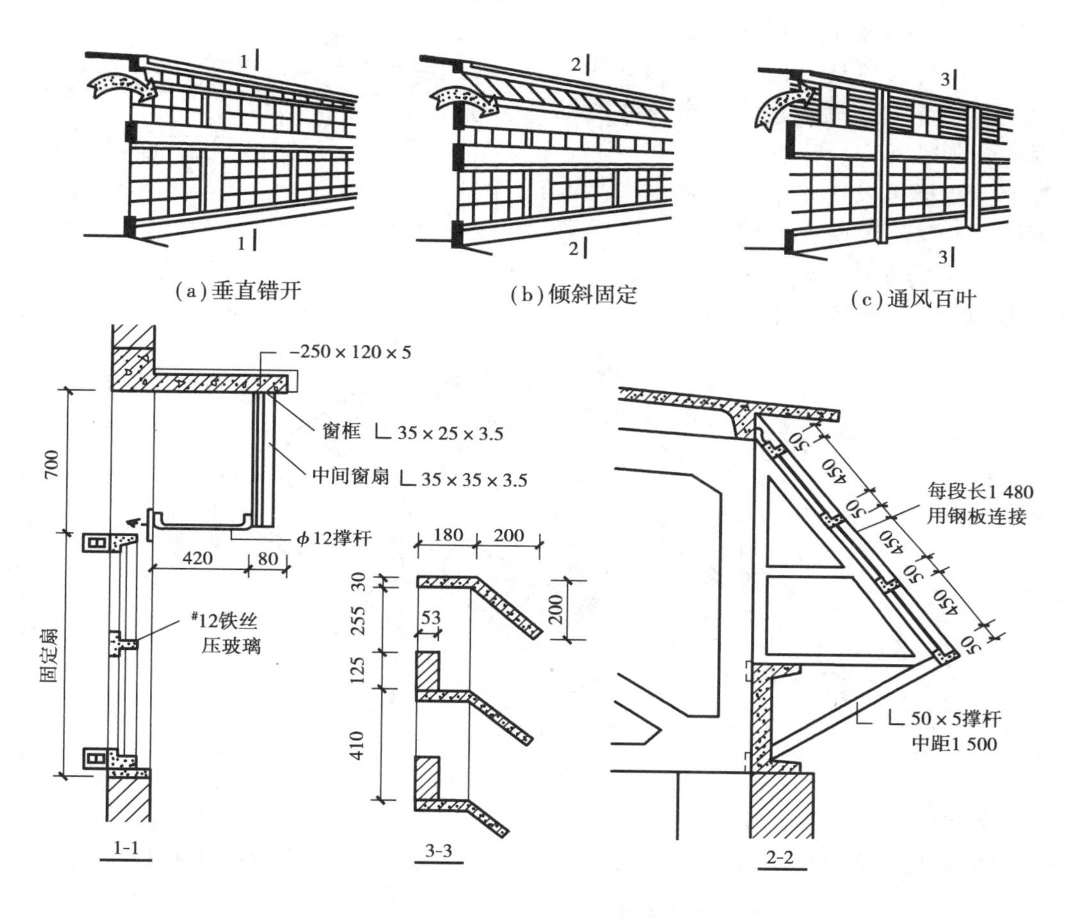

图 14.41　固定高侧窗

(3)防火窗

防火窗必须采用钢窗或塑钢窗,镶嵌夹丝玻璃,以免玻璃破裂后掉下,防止火焰串入室内或窗外。

(4)保温窗和隔声窗

保温窗有两种:单层窗双层玻璃和双层窗。单层窗双层玻璃的构造又分为:双层密闭玻璃即两层玻璃之间为封闭式空气间层,玻璃之间距离 4 ~ 12 mm,中间充满干燥空气或惰性气体;双层玻璃窗即玻璃之间距离为 10 ~ 15 mm,一般不易密封,需在上下冒头做透气孔。这两种方式均可增大热阻,减少空气渗透,避免空气间层产生凝结水。双层窗的构造详见本书 14.2 节内容。

若采用双层窗隔声,应采用不同厚度的玻璃,以减少吻合效应的影响。厚玻璃应位于声源一侧,玻璃间的距离一般为 80 ~ 100 mm。

14.5.3 矩形天窗

当厂房的中部采光不足时，常在屋顶上设置矩形天窗。通常矩形天窗的宽度为厂房跨度的1/2～1/3，天窗适宜的高宽比为0.3～0.5，相邻两天窗边缘距离应大于窗高度之和的1.5倍(图14.42)。

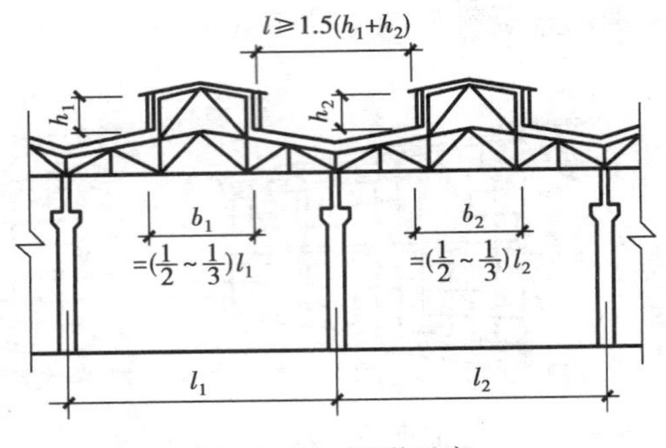

图14.42 矩形天窗

矩形天窗既可采光又可通风，防雨水及防太阳辐射均较好，因而在单层厂房中广泛采用。其基本组成有天窗架、天窗端壁、天窗扇、天窗屋顶及天窗侧板等五种构件(图14.43)。

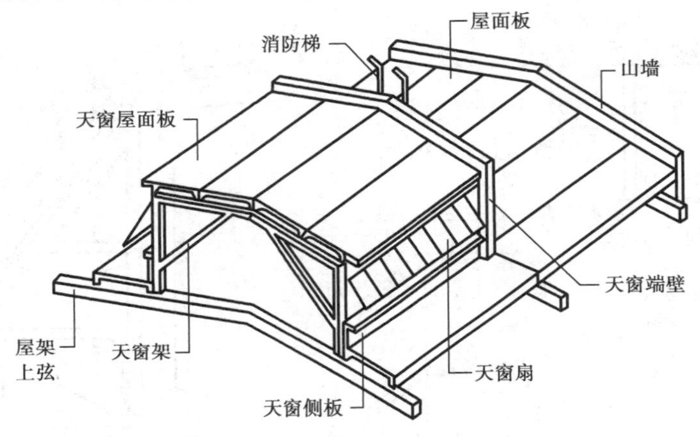

图14.43 矩形天窗的组成

(1)**天窗架**

天窗架是矩形天窗的承重构件，它采用焊接方式直接支承在屋架或屋面梁上，天窗架的材料一般与屋架一致，常用的有钢筋混凝土及钢天窗架，其常用形式如图14.44所示。

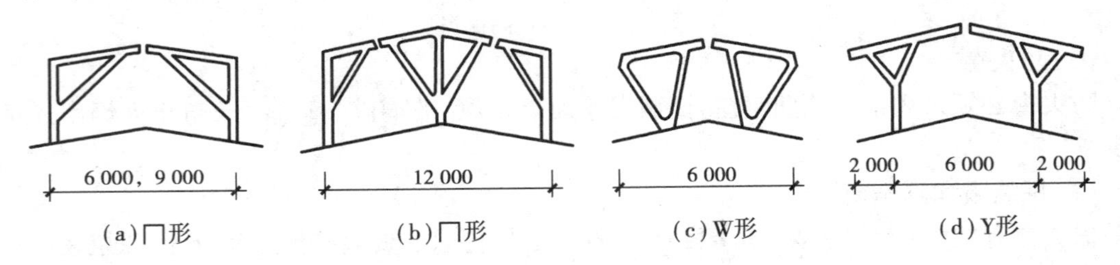

图14.44 钢筋混凝土天窗架形式

天窗架跨度与高度应根据采光通风要求选用，跨度尺寸符合扩大模数30M系列。目前有6 m、9 m、12 m三种。当钢筋混凝土天窗架跨度为6 m或9 m时，常采用两榀预制构件拼装而成；6 m跨度适用于12 m、15 m、18 m跨度的厂房；9m跨度适用于18 m、24 m、30 m跨度的厂房；当跨度为12 m时，则用三榀预制构件拼装。

(2)**天窗端壁**

矩形天窗两端的山墙称为天窗端壁，它起承重和围护作用。常用的有两种：钢筋混凝土端壁(适用于钢筋混凝土屋架)和石棉水泥瓦端壁(适用于钢屋架)(图 14.45)。端壁板宽度为 3 m,当天窗架跨度为 6 m 时,端壁板由 2 块板组成;当跨度为 9 m 时,由 3 块板组成。端壁板与屋架连接均采用预埋件焊接方式连接。

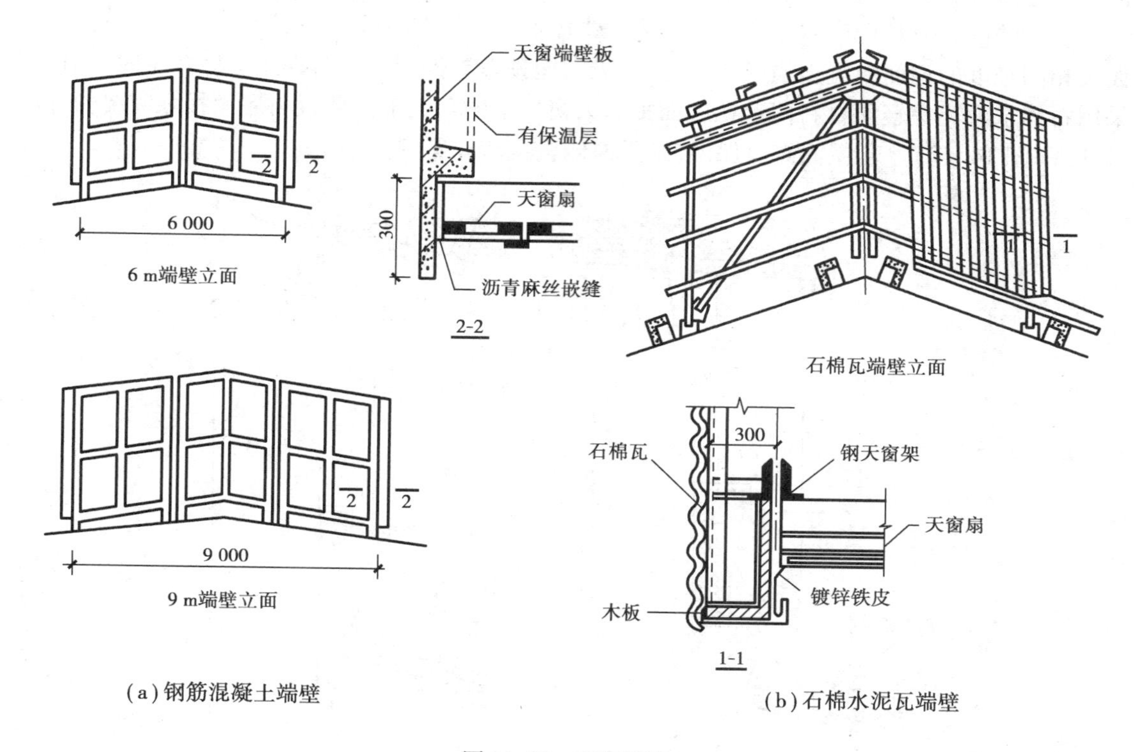

(a)钢筋混凝土端壁　　(b)石棉水泥瓦端壁

图 14.45　天窗端壁

(3)**天窗扇**

天窗扇的作用主要是为了采光、通风和挡雨。制作材料有木材、钢材和塑料等。钢天窗扇具有坚固、耐久、耐高温、不易变形等优点,所以应用较广泛。钢天窗扇按开启方式有两种:上悬式和中悬式。木天窗扇一般只有中悬式,其最大开启角为 60°。

(4)**天窗屋顶及檐口**

天窗屋顶的构造与厂房屋顶构造相同。当采用无组织排水方式时,天窗檐口处设置带挑檐的屋面板,挑出长度为 300 ~ 500 mm。檐口下部的屋面板上设滴水板,以保护厂房屋面。当采用有组织排水时,一般可采用带檐沟的屋面板,或在天窗架的钢牛腿上铺槽形天沟板,或在屋面板的挑檐下悬挂镀锌铁皮,或石棉水泥檐沟等几种做法(图 14.46)。

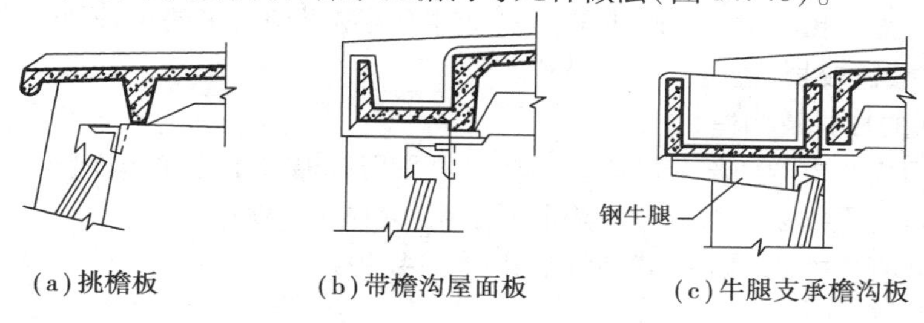

(a)挑檐板　　(b)带檐沟屋面板　　(c)牛腿支承檐沟板

图 14.46　钢筋混凝土天窗檐口

(5)**天窗侧板**

天窗侧板是天窗下部围护构件。其作用是防止雨水溅入车间或被积雪挡住天窗扇。从屋面至天窗侧板的外露高度一般不小于300 mm,积雪较深的地区,可采用500 mm。

侧板的形式应与厂房屋盖结构相适应。当屋面板直接铺在天窗架上时,应采用与大型屋面板相同长度的钢筋混凝土槽形侧板,并与天窗架预埋铁件焊接。若采用有檩体系时,侧板可采用石棉水泥瓦等轻质材料固定在屋面板和天窗口下的角钢上。侧板与屋面板之间要做好泛水处理(图14.47)。若屋面需要保温,则天窗侧板也需设置保温层。

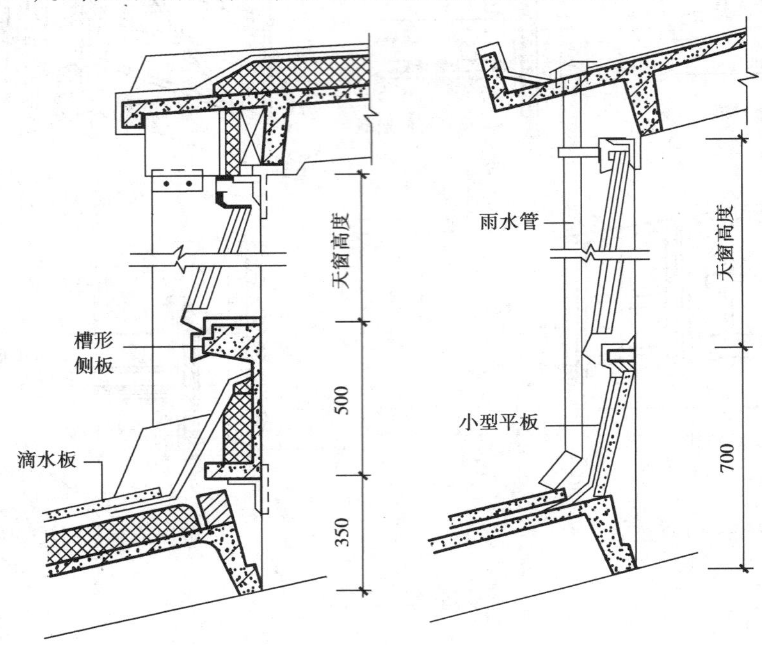

图14.47　钢筋混凝土侧板

(6)**天窗开关器**

天窗开关器有电动、手动、气动等多种。用于上悬式天窗的,有电动和手动撑擘式开关器;用于中悬式天窗的,有电动牵伸式或简易联动拉绳式开关器等。

14.5.4　矩形避风天窗

矩形避风天窗是由矩形天窗和两侧的挡风板组合而成(图14.48)。矩形避风天窗挡风板的高度一般应比檐口稍低,$E=(0.1\sim0.5)H$。挡风板与屋面板之间应留空隙,$D=50\sim100$ mm,以便于排出风雪和积尘。为防止平行或倾斜于天窗纵向吹来的风,影响天窗排气,挡风板端部须封闭,若天窗较长,还应设中间隔板。

(1)**挡风板的形式及构造**

挡风板由面板及支架两部分组成。面板材料采用石棉水泥瓦、玻璃钢瓦、压形钢板等轻质材料。支架的材料主要采用型钢及钢筋混凝土制作(图14.49)。

挡风板支架有立柱式和悬挑式两种形式(图14.49)。

1)立柱式

采用钢或钢筋混凝土立柱支承于柱墩上,立柱上焊接钢筋混凝土檩条或型钢,然后固定石

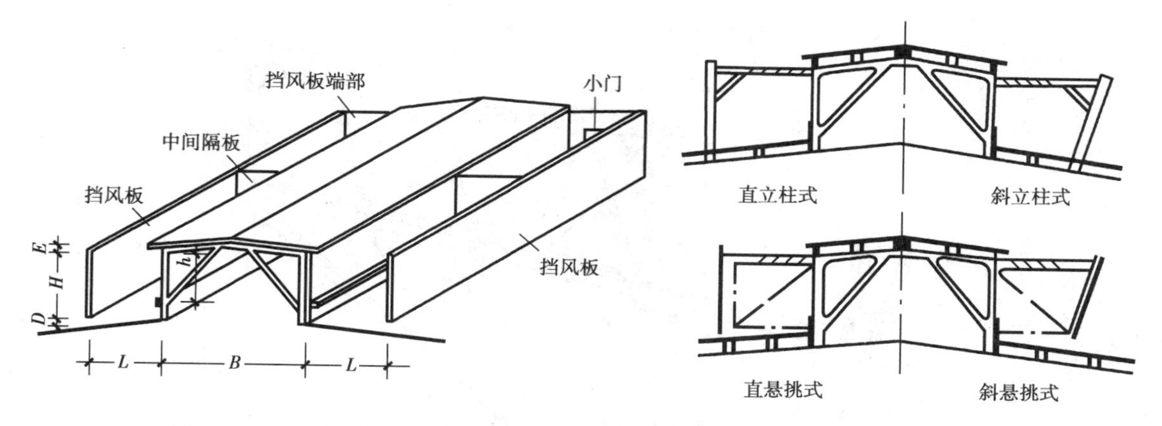

图 14.48　矩形避风天窗示意图

图 14.49　挡风板形式

棉水泥瓦或玻璃瓦等制成的挡风板,立柱用支撑杆件和天窗架相连(图 14.50)。其受力合理,但挡风板与天窗距离受屋面板排列限制。

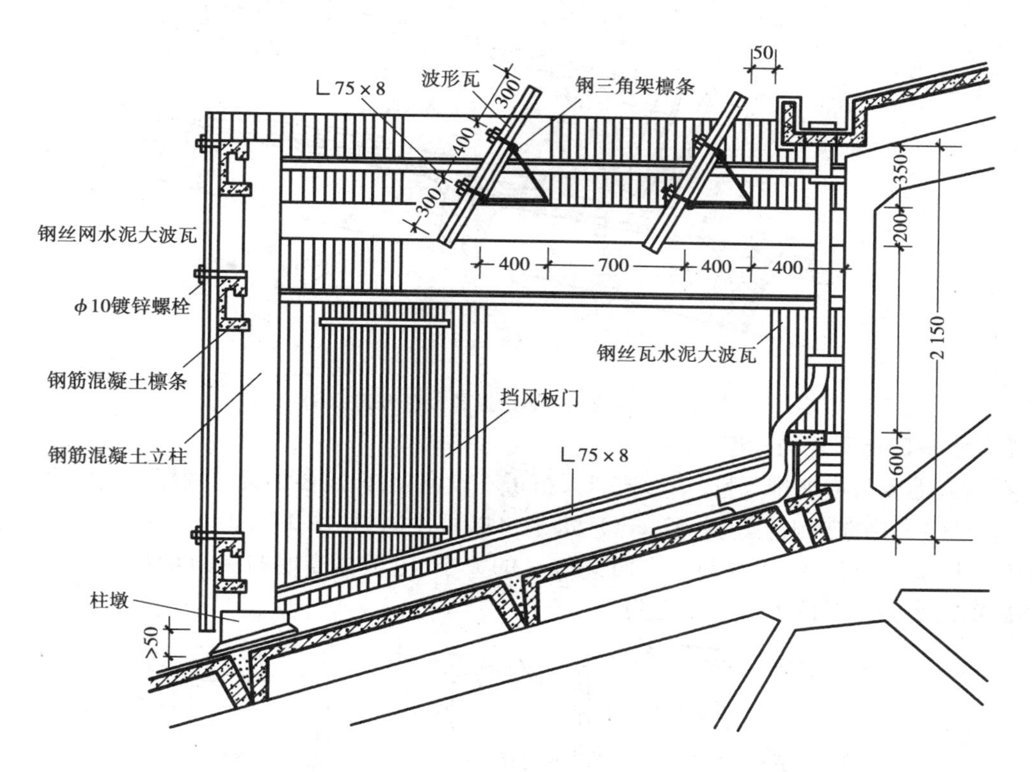

图 14.50　立柱式矩形通风天窗构造示例

2)悬挑式

挡风板的支架固定在天窗架上,屋面不承受挡风板荷载。挡风板与天窗间的距离不受屋面板的限制,布置较灵活,但这种方式增加了天窗架的荷载,用料较多,对抗震不利。如将挡风板向外倾斜布置,则通风效果更好(图 14.51)。挡风板的材料可采用中波石棉水泥瓦、瓦楞铁皮、预应力槽瓦等,并用螺栓钩固定在支架的水平杆钩上。

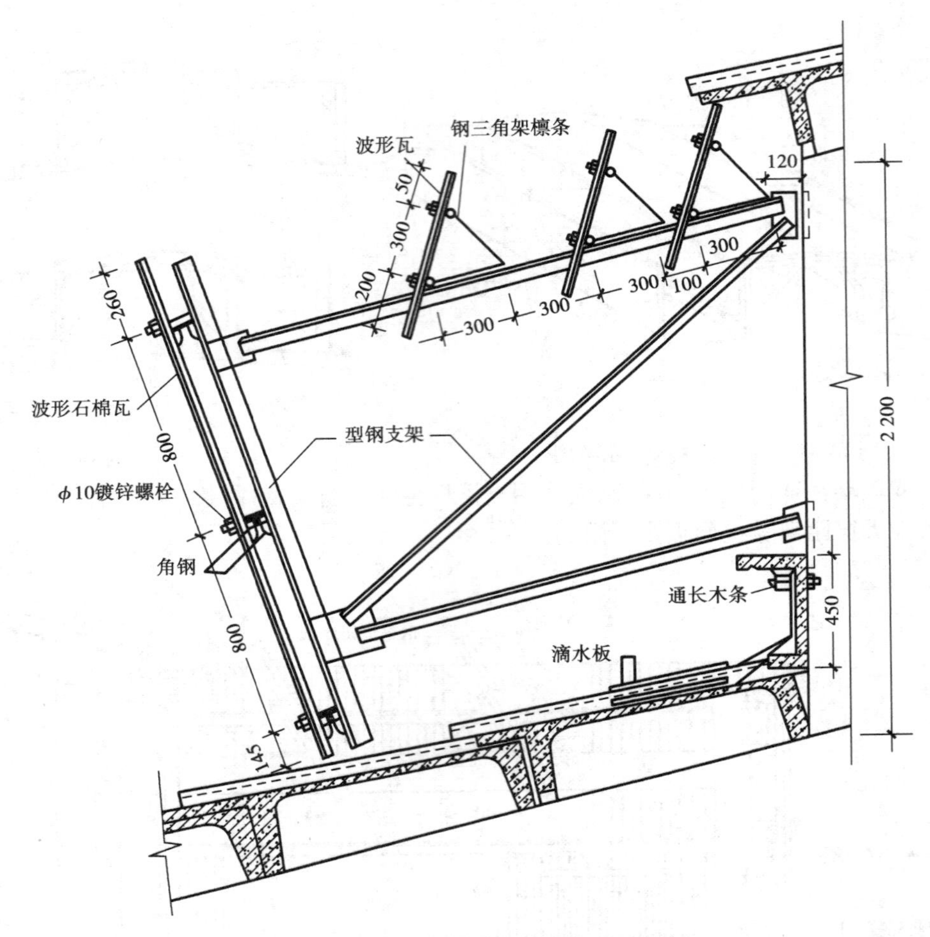

图 14.51　悬挑式矩形通风天窗构造示例

(2)**水平口挡雨片的构造**

在南方地区为增加排气量,矩形避风天窗可不设窗扇,但需要加设挡雨板。挡雨设施有三种构造形式:大挑檐挡雨(图 14.52(a))、水平口挡雨片挡雨(图 14.52(b))和竖直口挡雨片挡雨(图 14.52(c))。挡雨片与水平面夹角 α 的大小,应根据当地的飘雨角及生产工艺对防雨的要求而定。一般按 35°~45°选用。

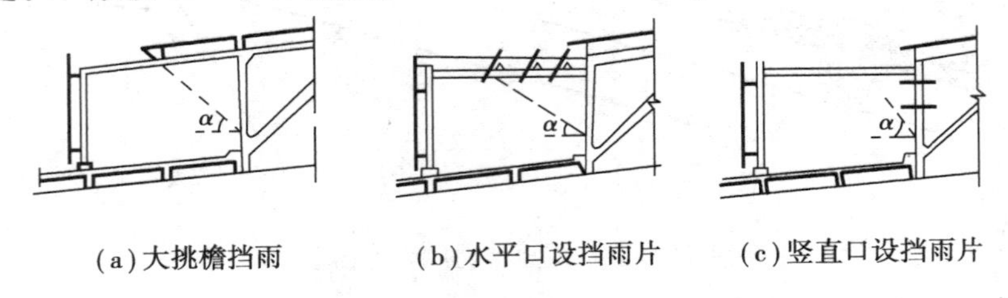

图 14.52　天窗挡雨设施形式

挡雨片材料有石棉水泥瓦、钢筋网水泥板、钢筋混凝板、薄钢板等,为增大挡雨片透光系数,也可采用铅丝玻璃、钢化玻璃、玻璃钢瓦等透光材料。

1)石棉水泥瓦挡雨片

支撑部分采用型钢组合檩条,用带丝扣的钢筋钩钩住檩条,丝扣端穿过石棉水泥瓦,加橡皮垫圈后用螺丝帽扭紧。支撑部分也可采用型钢支架，在其上焊接角钢檩条，用同样方法固定石棉水泥瓦（图14.53（a））。

2）钢丝网水泥挡雨片

支撑部分采用钢筋混凝土格架，在格架的横肋上设插槽，横肋间距为1～1.5 m为宜，将钢丝网水泥挡雨片嵌入插槽内（图14.53（b））。

3）薄钢板挡雨片

安装时设带有横肋的钢格架作支撑，横肋的间距为1 m，用螺栓将挡雨片固定于焊在横肋两侧的角钢上（图14.53（c））。

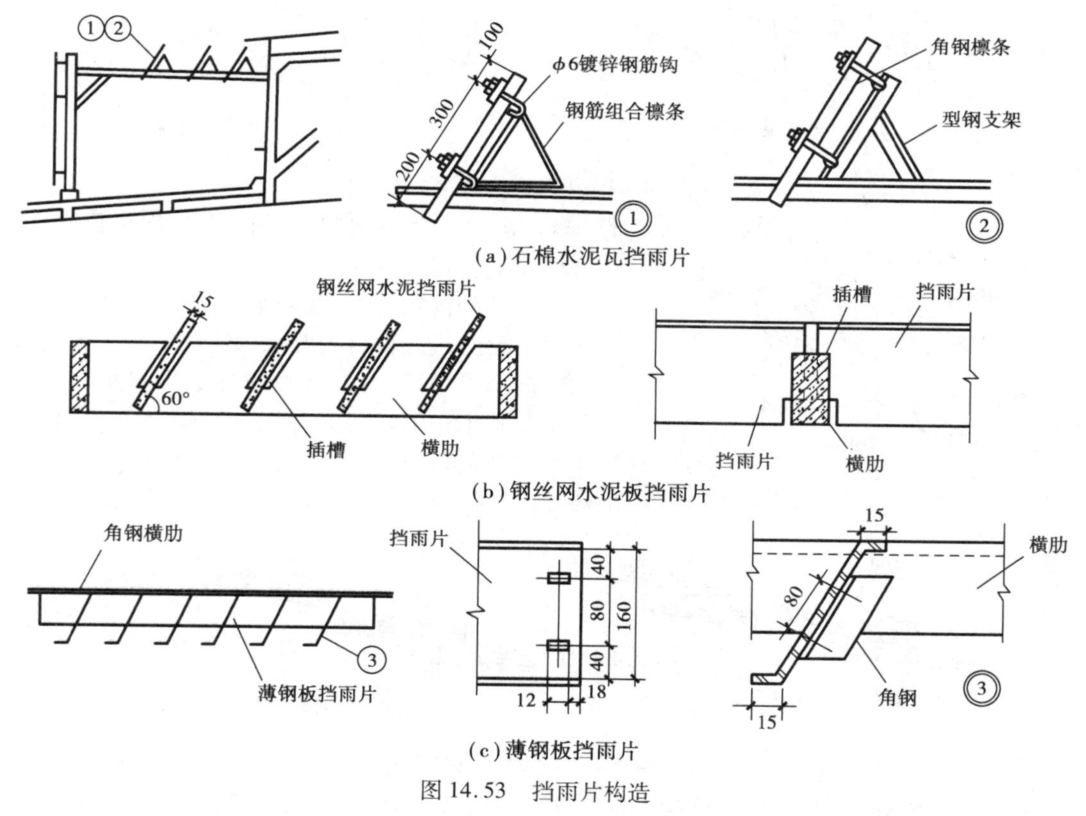

图14.53　挡雨片构造

14.5.5　平天窗

常见平天窗可分为四种：采光板、采光罩、采光带和三角形天窗（图14.54）。其特点是：采光效率是矩形天窗的2～3倍，开孔灵活，采光效率高，构造简单，造价低，但也存在不能通风，易产生眩光，易积灰，以及玻璃易结露和易破碎等问题。

（1）采光板式平天窗构造

采光板式平天窗由井壁、横档、透光材料、固定卡钩、密封材料和钢丝防护网等组成（图14.55）。

1）井壁

井壁是天窗采光口四周的边框，材料有钢筋混凝土、薄钢板、塑料等。井壁一般高出层面150～250 mm以上，并应大于积雪深度。井壁形式有两种：垂直和倾斜。倾斜的采光较好。钢

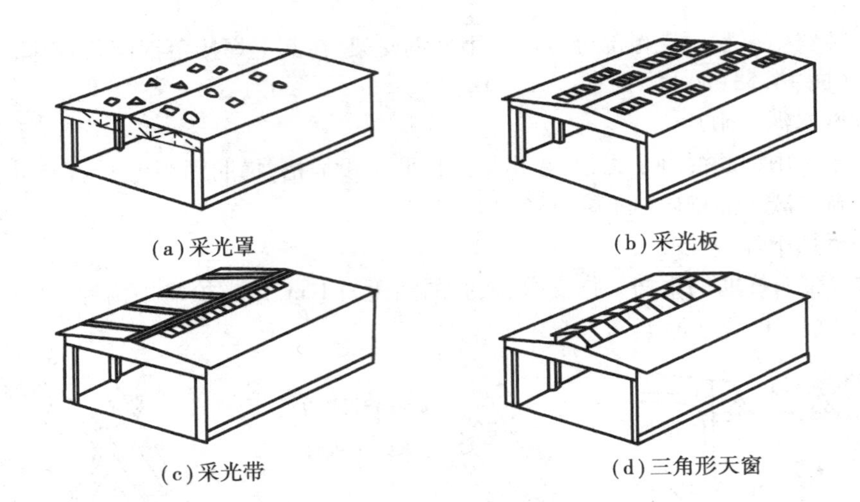

图 14.54 平天窗的四种类型

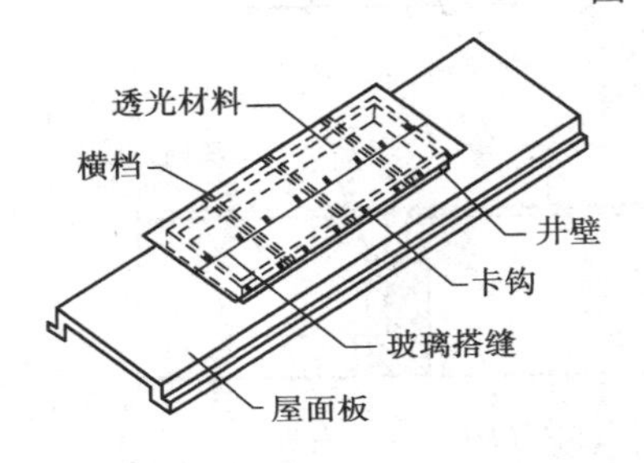

图 14.55 平天窗(采光板)的构造组成

筋混凝土井壁可分为两种:预制件和屋面板整浇,预制的可现场安装和焊接。

2)玻璃的固定、搭接及防水

平天窗的透光材料主要采用玻璃。当平天窗排水方向的玻璃采用两块以上时,玻璃必须搭接。玻璃上下搭接应不小于 100 mm,并用 S 型镀锌卡子固定,为防止雨雪及灰尘渗入,上下搭接应用油膏条、胶管或浸油线绳等柔性材料密封(图 14.56)。

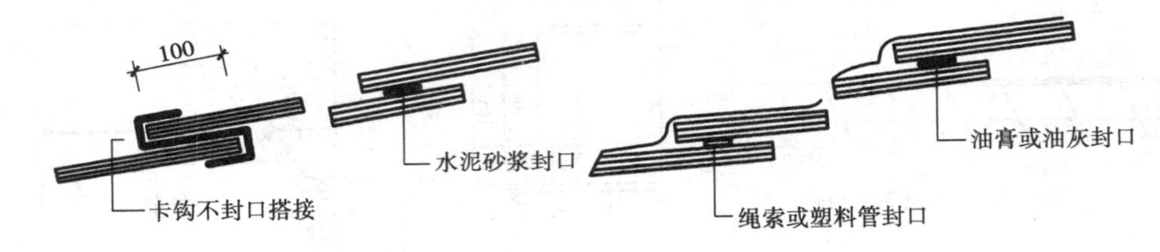

图 14.56 上下玻璃搭接构造

大孔采光板和采光带由多块玻璃拼接而成,因而玻璃搭接处需设置横档。横档有木材、型钢和预制钢筋混凝土条等。玻璃与横档搭接处,一般用油膏嵌缝防止渗水(图 14.57)。

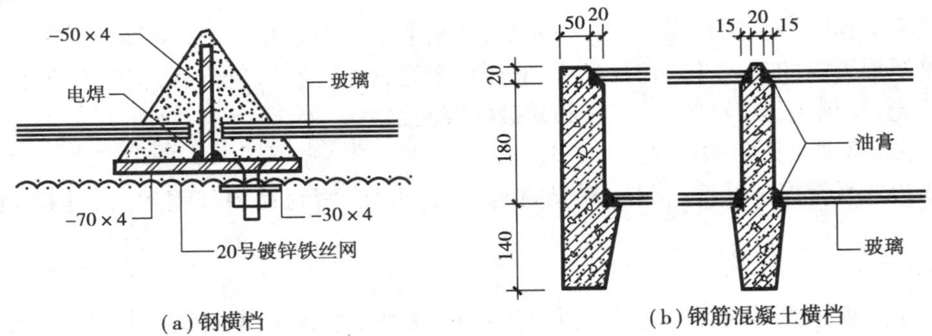

图 14.57 平天窗横档构造

3)安全防护

当采用磨砂玻璃、乳白玻璃、压花玻璃和吸热玻璃时,为防止玻璃破碎下落伤人,玻璃下面可设安全网挂在井壁的横挡上(图14.58)。为确保安全宜选用安全玻璃,如夹丝玻璃、钢化玻璃等。

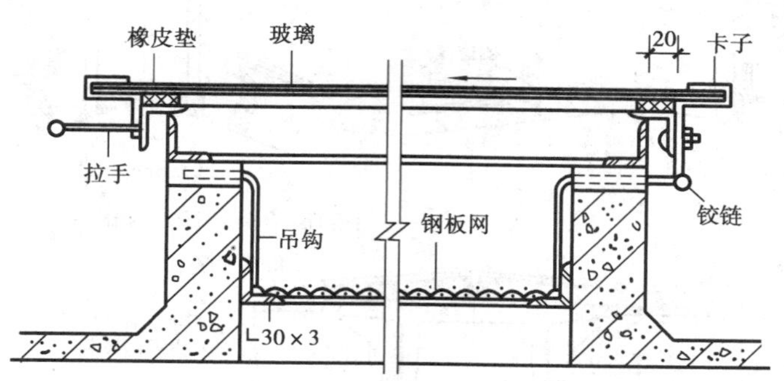

图14.58 安全网构造示例

4)防辐射热及眩光措施

普通玻璃容易在直射阳光下产生眩光及辐射热。因此,在选择材料时,应注意选择有扩散性的透光材料,如夹丝、压花、磨砂玻璃或乳白玻璃等,其本身就可避免眩光;也可在平板玻璃下刷白色调和漆,或涂聚乙烯缩丁醛粘贴玻璃布;还可在玻璃下表面刷含5%的环氧树脂。

5)隔热保温构造措施

采用双层中空玻璃、吸热玻璃或在平板玻璃下方设遮阳格片,可达到隔热保温效果。

(2)**平天窗通风措施**

平天窗的通风方式有两种:一种是采用采光板或采光罩的方式(图14.59);另一种是单独设通风屋脊的方式(图14.60)。

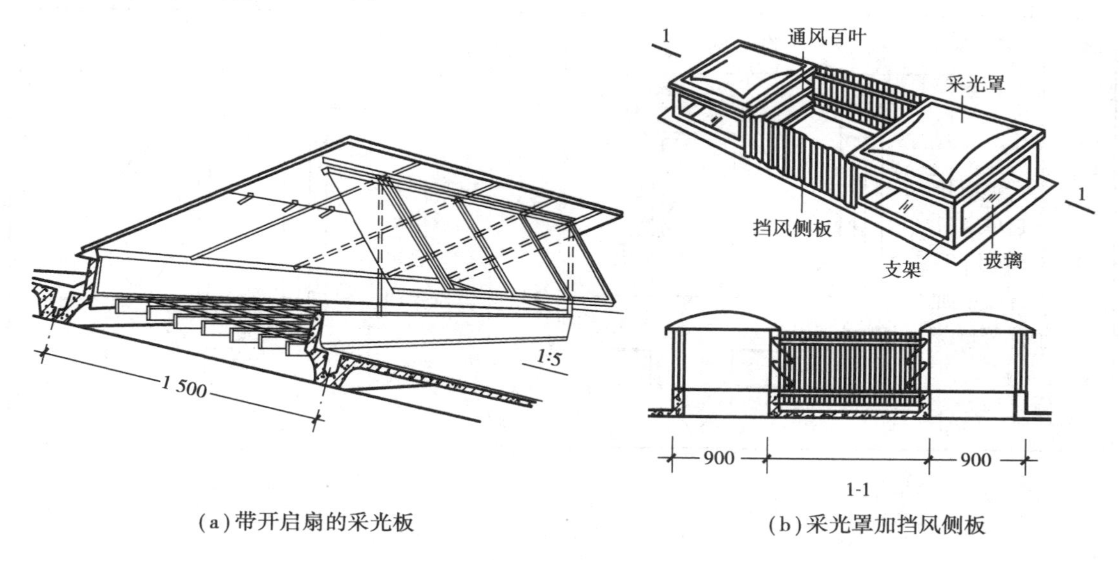

(a)带开启扇的采光板

(b)采光罩加挡风侧板

图14.59 平天窗的通风

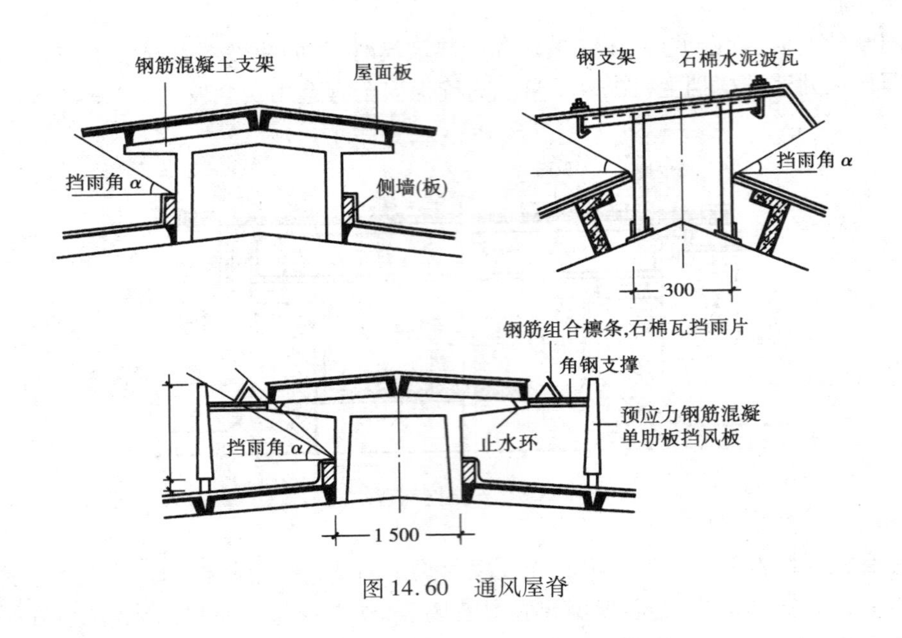

图 14.60 通风屋脊

14.6 门窗在建筑图中的表达方式

门窗在建筑图中的表达应根据《建筑制图标准》(GB/T 50104—2010)的规定,画出门窗图例,见表 14.1。

表 14.1

序号	名 称	图 例	序号	名 称	图 例
1	单面开启单扇门(包括平开或单面弹簧)		2	单面开启双扇门(包括平开或单向弹簧)	

续表

序号	名 称	图 例	序号	名 称	图 例
3	折叠门	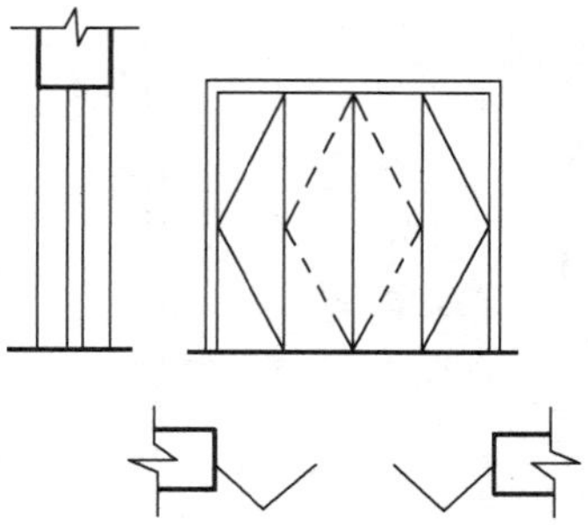	7	墙中双扇推拉门	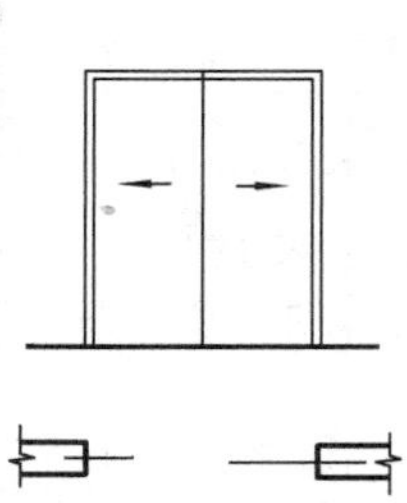
4	墙洞外单扇推拉门	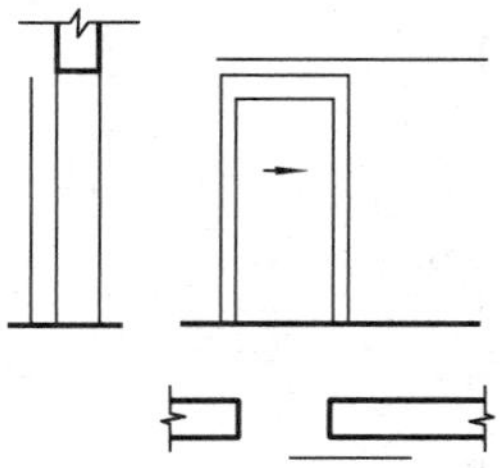	8	双面开启单扇门（包括双面平开或双面弹簧）	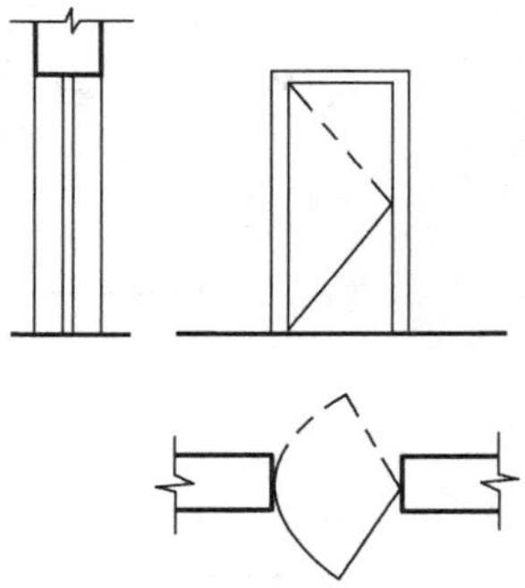
5	墙洞外双扇推拉门	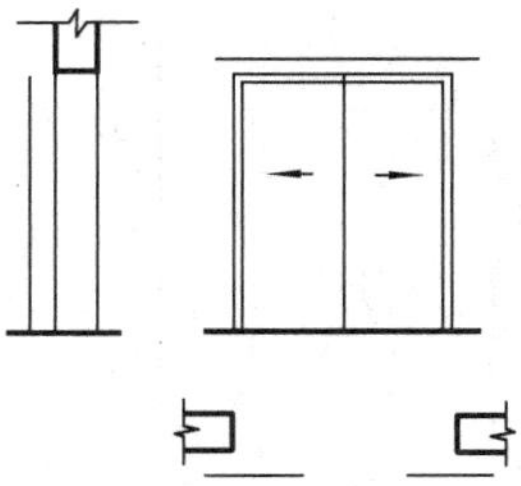	9	双面开启双扇门（包括双面平开或双面弹簧）	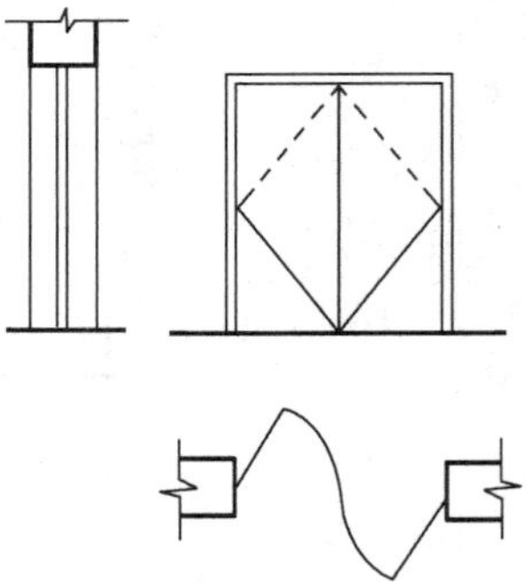
6	墙中单扇推拉门	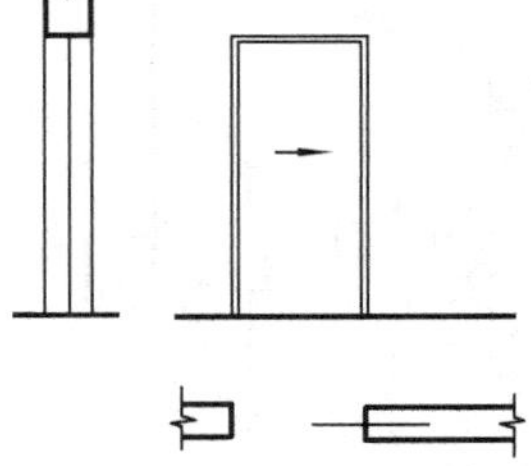	10	双层单扇平开门	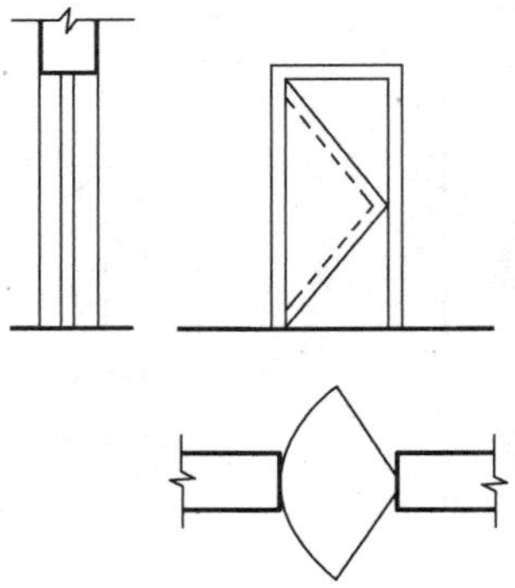

续表

序号	名称	图例	序号	名称	图例
11	双层双扇平开门	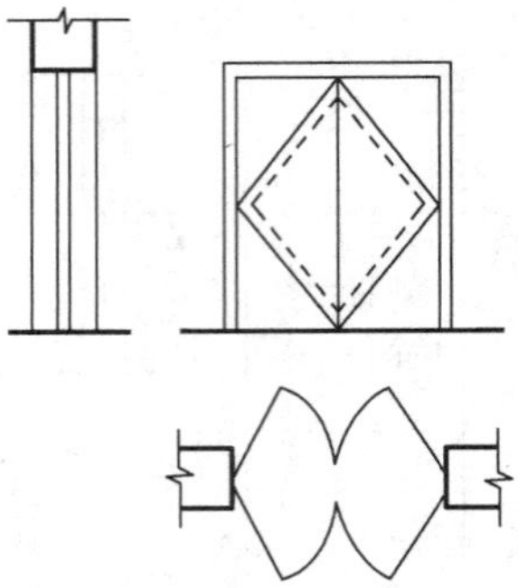	15	竖向卷帘门	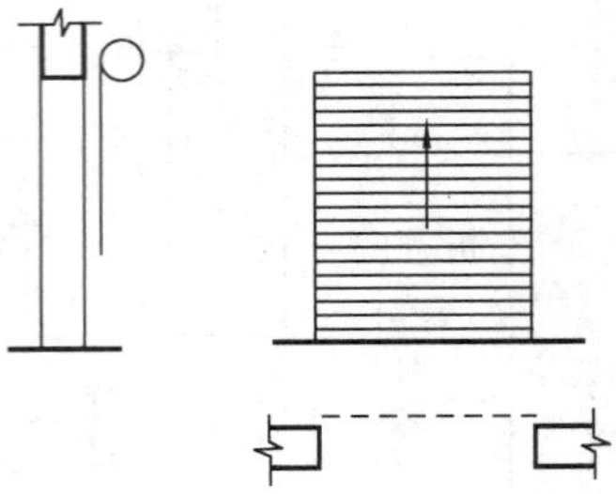
12	旋转门	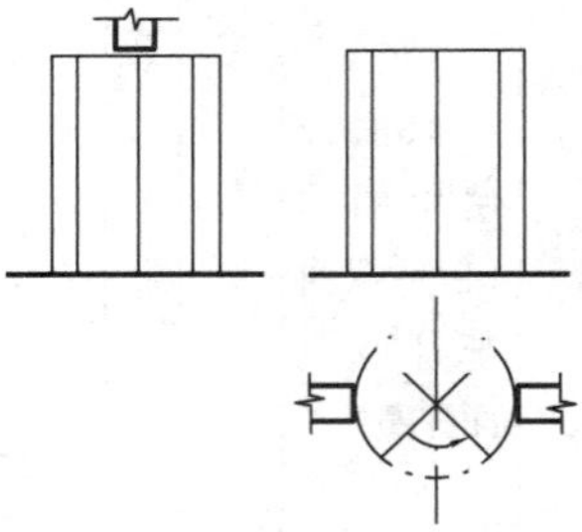	16	横向卷帘门	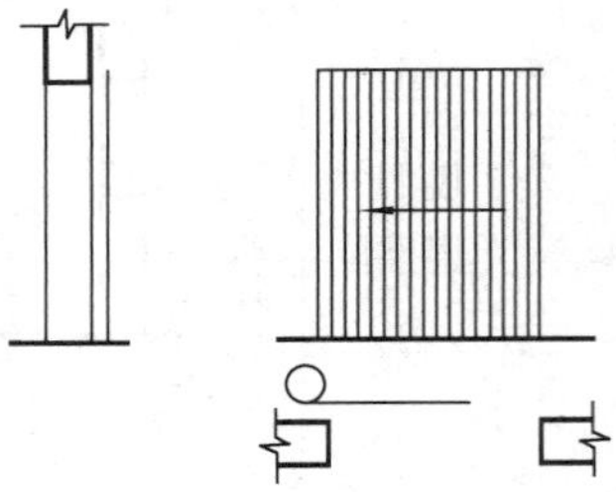
13	自动门	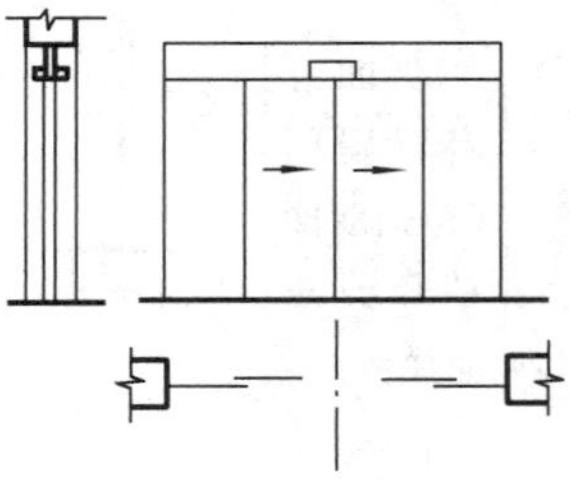	17	提升门	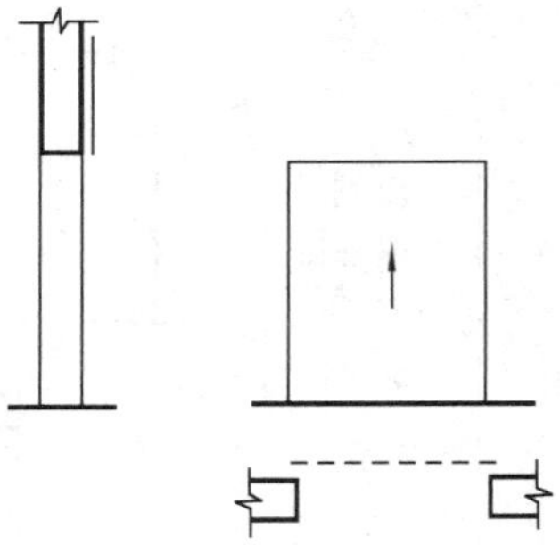
14	折叠上翻门	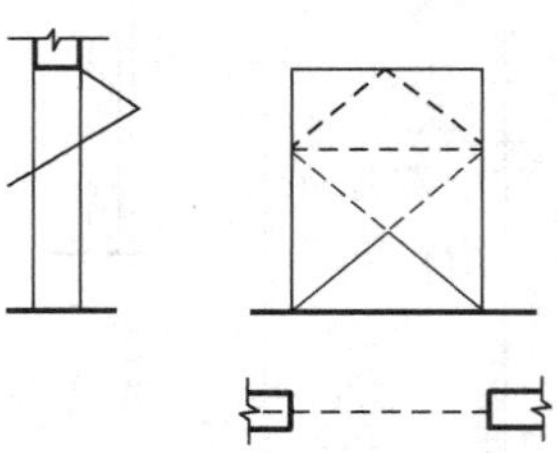	18	固定窗	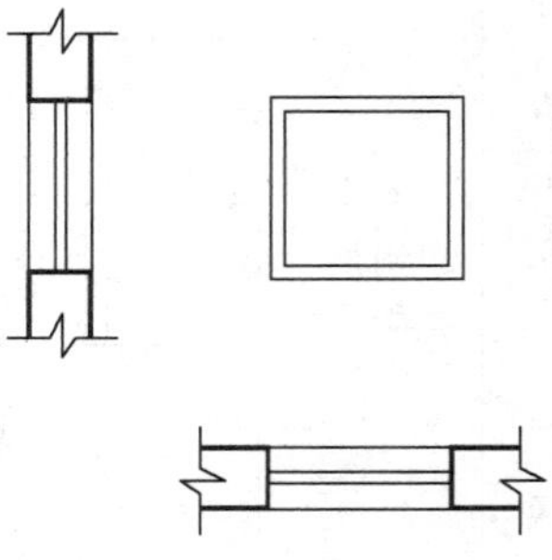

续表

序号	名　称	图　例	序号	名　称	图　例
19	悬窗	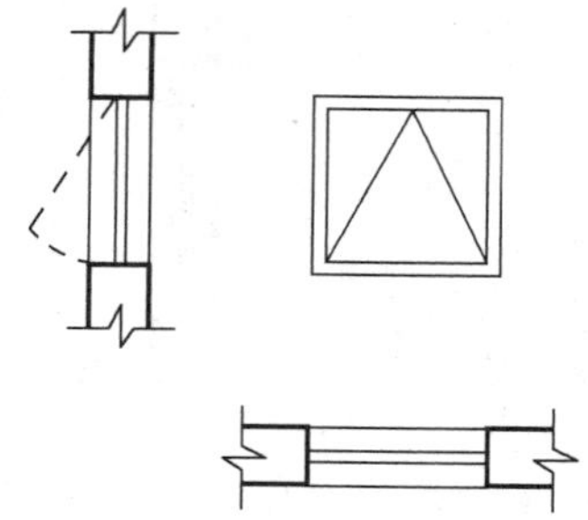	23	单层外开平开窗	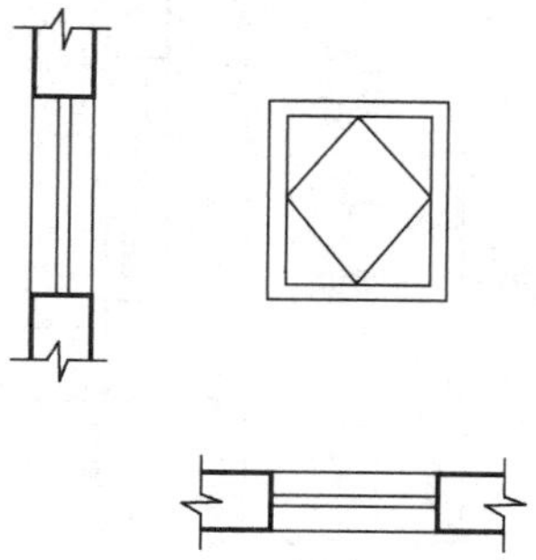
20	中悬窗	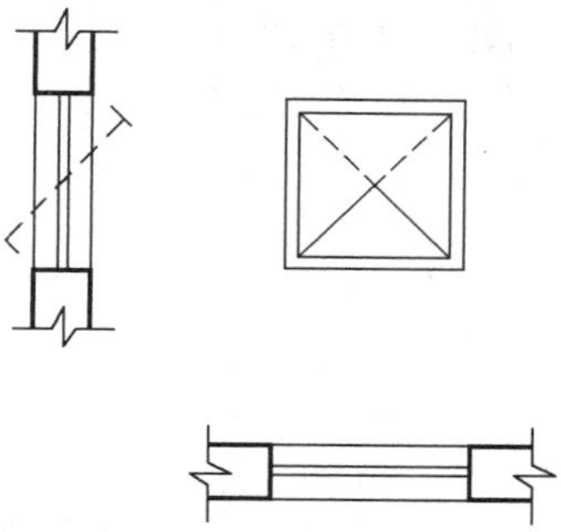	24	单层内开平开窗	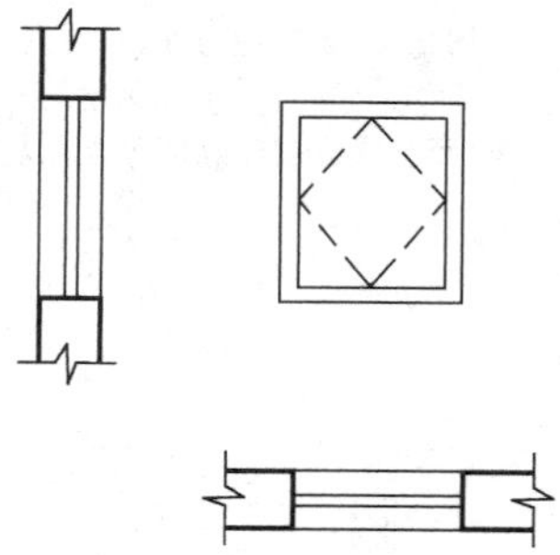
21	下悬窗	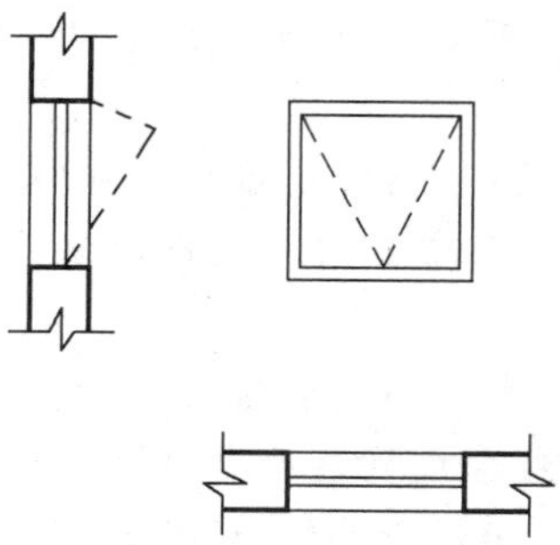	25	双层内外开平开窗	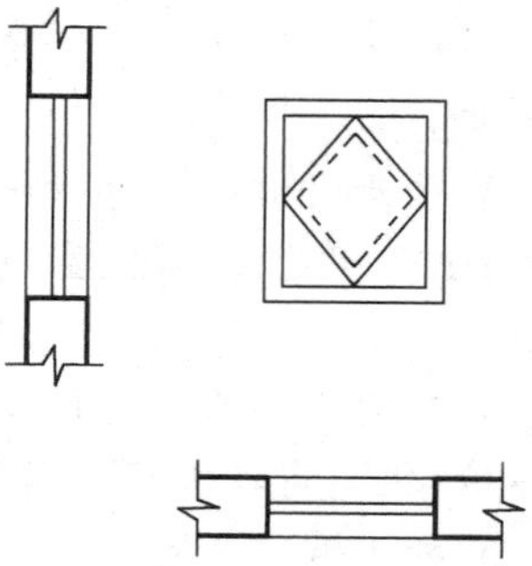
22	立转窗	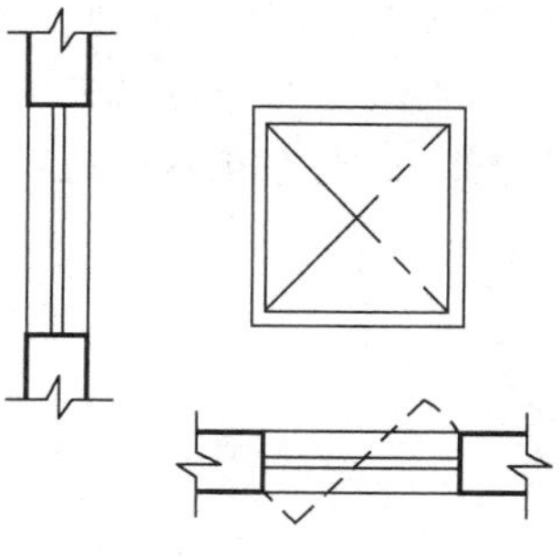	26	双层推拉窗	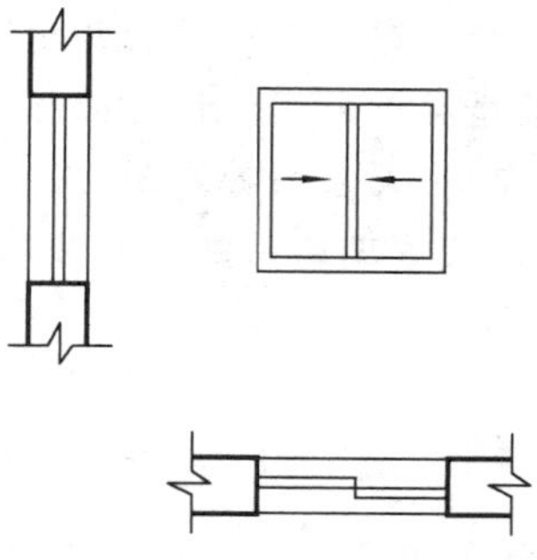

续表

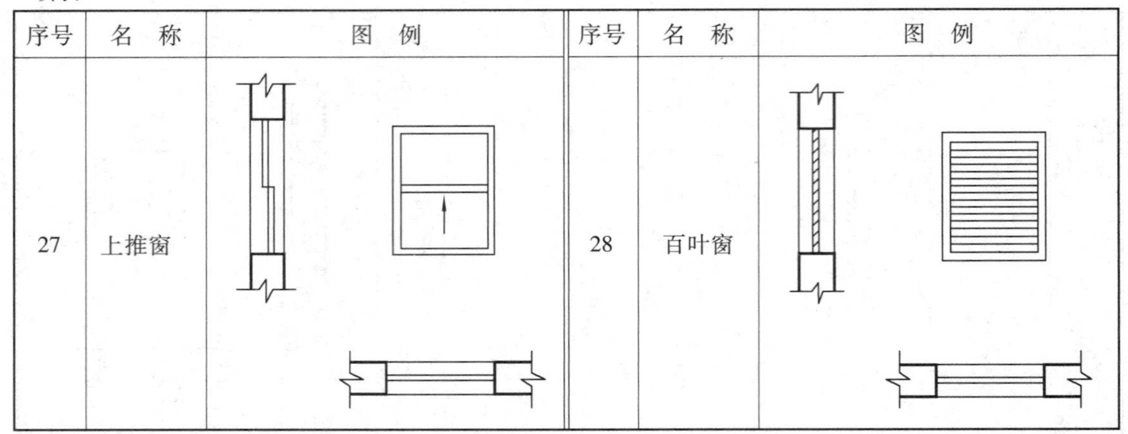

序号	名 称	图 例	序号	名 称	图 例
27	上推窗		28	百叶窗	

注:①门的名称代号用 M 表示,窗的名称代号用 C 表示;

②图例中剖面图左为外、右为内,平面图下为外、上为内,门开启线为 90°、60°或 45°;

③立面图上开启方向线交角的一侧为安装合页的一侧,开启线在立面图中可以不表示;

④立面形式应按实际情况绘制。

小 结

1. 门按其开启方式通常有平开门、弹簧门、推拉门、折叠门、转门等。平开门是最常见的门,门洞的高宽尺寸应符合现行《建筑模数协调统一标准》。

2. 窗的开启方式有平开窗、固定窗、悬窗、推拉窗等。窗洞尺寸通常采用 3M 数列作为标志尺寸。

3. 平开门由门框、门扇等组成。木门扇有镶板门、夹板门,推拉门和帘门多用于单层工业厂房;平开窗是由窗框、窗扇、五金及附件组成。平开窗常用于民用建筑,单层工业厂多用组合窗。

4. 钢门窗分为实腹式和空腹式两种,其中实腹式钢门窗腐蚀性优于空腹式。为便于使用和运输,钢门窗在工厂中制作成门窗单元,需要时组合成较大尺度的门窗。

5. 矩形天窗既可采光又可通风,防雨水及防太阳辐射均较好,故在单层厂房中广泛采用。其基本组成有天窗架、天窗端壁、天窗扇、天窗屋顶及天窗侧板等五种构件。

矩形避风天窗是由矩形天窗及其两侧的挡风板组成,为了增通风量,可以不设窗扇。解决防雨措施是采用挑檐屋面板、水平口挡雨片、垂直口挡雨板。矩形避风天窗适用于热车间。

6. 平天窗的特点是:采光效率高,构造简单,造价低;但也存在不能通风,易产生眩光,易积灰,以及玻璃易结露和易破碎等问题。

复习思考题

14.1 门窗的作用和要求是什么?

14.2　门的形式有哪几种？各自的特点和适用范围是什么？

14.3　窗的形式有哪几种？各自的特点适用范围是什么？

14.4　平开门的组成和门框的安装方式是什么？

14.5　平开窗的组成和门框的安装方式是什么？

14.6　钢门窗料按其断面不同分为哪两种？

14.7　实腹式基本钢门窗形式有几种？

14.8　铝合金门窗的特点是什么？各种铝合金门窗系列是如何确定的？

14.9　简述铝合金门窗的安装要点。

14.10　简述塑钢门窗的优点。

14.11　特殊门窗有哪些？其构造要点及选用范围如何？

14.12　中庭天窗的设计应满足哪些要求？

14.13　简述中庭天窗的形式及构造要点。

14.14　矩形天窗的组成如何？

14.15　矩形避风天窗的挡风板的支承方式有哪两种？各有何特点？

14.16　平天窗的类型和特点如何？避免眩光的措施有哪些？防止玻璃附落伤人的安全措施有哪些？

第 15 章 变形缝

本章要点及学习目标

变形缝是针对建筑物在受温度变化的影响、地基不均匀沉降、地震等作用时将会产生变形和破坏等后果的一种预防性措施,应了解其设置的原则,掌握其构造措施。

15.1 概 述

建筑物由于受气温变化、地基不均匀沉降以及地震等因素影响,使结构内部产生附加应力和变形,如处理不当,将会造成建筑物的破坏,产生裂缝甚至倒塌,影响使用与安全。为了避免这种情况的发生,一般可以采取两种不同的措施:一是加强房屋的整体刚度,提高其抗变形能力;二是在房屋的敏感部位留出一定的缝隙,把它分成若干独立的单元,以保证各部分建筑物在这些缝隙中有足够的变形宽度而不造成建筑物的破损。这些缝隙即变形缝。变形缝可分为:伸缩缝,沉降缝,防震缝三种。

变形缝的材料及构造应根据其部位和需要分别采取防水、防火、保温等安全防护措施,并使其在产生位移或变形时不受阻、不被破坏。同时,变形缝所采用的材料,应满足相应部位的耐火等级。在变形缝内不应敷设电缆、可燃气体管道和易燃、可燃液体管道,如必须穿过变形缝时,应在穿过处加设不燃烧材料套管,并应采用不燃烧材料将套管两端空隙紧密填塞。

15.2 伸缩缝

15.2.1 伸缩缝的设置

(1)伸缩缝的作用

建筑物因受温度变化的影响而产生热胀冷缩,在结构内部产生温度应力,当建筑物长度超过一定限度以及建筑平面变化较多或结构类型变化较大时，建筑物会因热胀冷缩变形较大而产生开裂。为避免由于这种温度应力引起构件开裂，常常沿建筑物长度方向每隔一定距离或结构变化较大处沿建筑物的竖向将基础以上部分全部断开，这种因温度变化而设置的预留人工缝称为伸缩缝（或温度缝）。

伸缩缝要求基础以上的建筑构件全部分开，并在两个部分之间留出适当的缝隙，以保证伸缩两侧的建筑构件能在水平方向自由伸缩，基础部分因受温度变化影响较小，不需断开。

（2）伸缩缝的设置原则

伸缩缝的设置间距与结构所用材料、结构类型、施工方式、建筑所处环境和位置有关。表15.1和15.2对砌体结构和钢筋混凝土结构建筑的伸缩缝最大设置间距作出了规定。

表15.1　砌体建筑伸缩缝的最大间距　（m）

<table>
<tr><th colspan="2">屋盖或楼盖类别</th><th>间距</th></tr>
<tr><td rowspan="2">整体式或装配整体式钢筋混凝土结构</td><td>有保温层或隔热层的屋盖、楼盖</td><td>50</td></tr>
<tr><td>无保温层或隔热层的屋盖</td><td>40</td></tr>
<tr><td rowspan="2">装配式无檩体系钢筋混凝土结构</td><td>有保温层或隔热层的屋盖、楼盖</td><td>60</td></tr>
<tr><td>无保温层或隔热屋的屋盖</td><td>50</td></tr>
<tr><td rowspan="2">装配式有檩体系钢筋混凝土结构</td><td>有保温层或隔热屋的屋盖</td><td>75</td></tr>
<tr><td>无保温层或隔热屋的屋盖</td><td>60</td></tr>
<tr><td colspan="2">瓦材屋盖、木屋盖或楼盖、轻钢屋盖</td><td>100</td></tr>
</table>

注：①对烧结普通砖、烧结多孔砖、配筋砌块砌体房屋，取表中数值；对石砌体、蒸压灰砂普通砖、蒸压粉煤灰普通砖、混凝土普通砖和混凝土多孔砖房屋，取表数值乘以0.8的系数。当墙体有可靠外保温措施时，其间距可取表中数值；

②在钢筋混凝土屋面上挂瓦的屋盖应按钢筋混凝土屋盖采用；

③层高大于5 m的烧结普通砖、烧结多孔砖、配筋砌块砌体结构单层房屋，其伸缩缝间距可按表中数值乘以1.3；

④温差较大且变化频繁地区和严寒地区不采暖的房屋及构筑物墙体的伸缩缝的最大间距，应按表中数值予以适当减小；

⑤墙体的伸缩缝应与结构的其他变形缝相重合，缝宽度应满足各种变形缝的变形要求；在进行立面处理时，必须保证缝隙的变形作用。

表15.2　钢筋混凝土结构伸缩缝最大间距　（m）

<table>
<tr><th colspan="2">结构类型</th><th>室内或土中</th><th>露　天</th></tr>
<tr><td>排架结构</td><td>装配式</td><td>100</td><td>70</td></tr>
<tr><td rowspan="2">框架结构</td><td>装配式</td><td>75</td><td>50</td></tr>
<tr><td>现浇式</td><td>55</td><td>35</td></tr>
<tr><td rowspan="2">剪力墙结构</td><td>装配式</td><td>65</td><td>40</td></tr>
<tr><td>现浇式</td><td>45</td><td>30</td></tr>
<tr><td rowspan="2">挡土墙、地下室墙壁等类结构</td><td>装配式</td><td>40</td><td>30</td></tr>
<tr><td>现浇式</td><td>30</td><td>20</td></tr>
</table>

注：①装配整体式结构的伸缩缝间距，可根据结构的具体情况取表中装配式结构与现浇式结构之间的数值；

②框架-剪力墙结构或框架-核心筒结构房屋的伸缩缝间距，可根据结构的具体情况取表中框架结构与剪力墙结构之间的数值；

③当屋面无保温或隔热措施时，框架结构、剪力墙结构的伸缩缝间距宜按表中露天栏的数值取用；

④现浇挑檐、雨罩等外露结构的局部伸缩缝间距不宜大于12 m。

15.2.2　伸缩缝的构造

(1)伸缩缝的结构处理

建筑材料与结构类型不同,伸缩缝的结构处理方式也不相同。

砖混结构的墙和楼板及屋顶的伸缩缝结构布置可采用单墙也可采用双墙承重方案(图 15.1)。框架结构的墙和楼板及屋顶的伸缩缝结构一般采用悬臂梁方案,也可采用双梁双柱方式,但施工较复杂(图 15.2)。

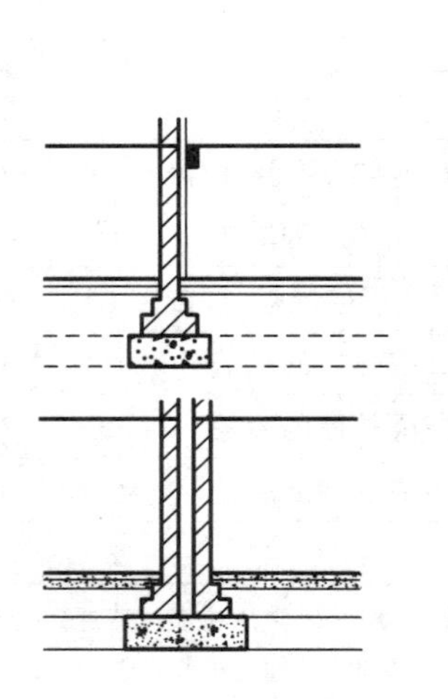

图 15.1　墙承重方案

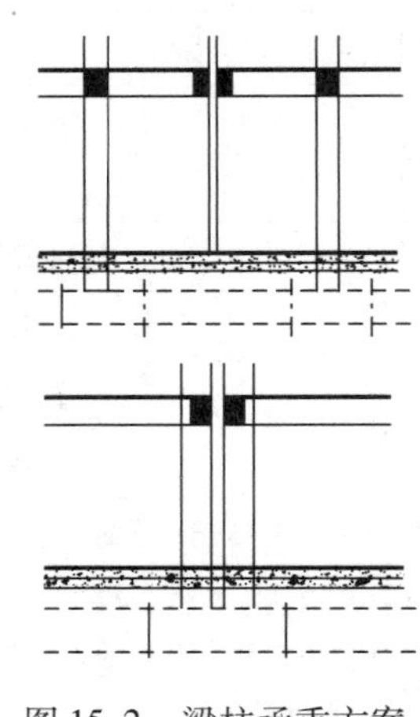

图 15.2　梁柱承重方案

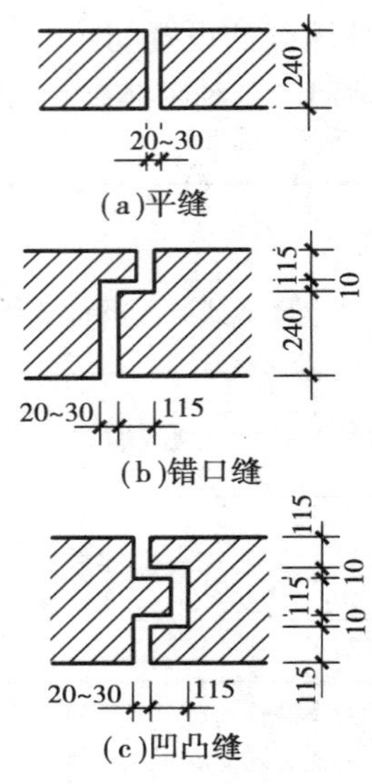

图 15.3　砖墙伸缩缝的截面

(2)伸缩缝的节点构造

1)墙体伸缩缝构造

伸缩缝的缝宽一般为 20 ~ 40 mm,因墙厚不同,可做成平缝、错口缝和凹凸缝(图 15.3)。

外墙伸缩缝位于露天,为保证其沿水平方向自由伸缩,并防止雨雪对室内的渗透,需对伸缩缝进行嵌缝和盖缝处理,缝内应填具有防水、防腐蚀性的弹性材料,如沥青麻丝、橡胶条、塑料条等。当缝隙较宽时,缝口可用镀锌铁皮、彩色钢板、铝皮等金属调节片作盖缝处理。通常盖缝板条一侧固定,以保证结构在水平方向的自由伸缩。内墙及外墙伸缩缝构造如图 15.4。

2)楼地板层伸缩缝构造

楼地板层伸缩缝的位置与缝宽大小应与墙体、屋顶变形缝一致,缝内常用弹性材料(如油膏、沥青麻丝、橡胶、金属或塑料调节片等)做嵌缝处理,上铺活动盖板或橡、塑地板等地面材料,顶棚的盖缝条只能固定于一端,以保证两端构件能自由伸缩变形(图 15.5)。

3)屋面伸缩缝构造

屋面伸缩缝构造基本要求是保证屋顶有水平伸缩的可能,又要防止雨水流入缝内。等高屋面变形缝是在屋面板上缝的两侧砌筑矮墙,其高度应不小于 180 mm,并将防水层做到矮墙上进行泛水构造处理。高低屋面变形缝是在低屋面板上砌筑矮墙,采用镀锌铁皮盖缝时,其固定方法与泛水构造相同,也可采用从高跨墙内悬挑钢筋混凝土板盖缝的方法。常见卷材防水屋面和刚性防水屋面屋面伸缩缝做法如图 15.6 和图 15.7 所示。

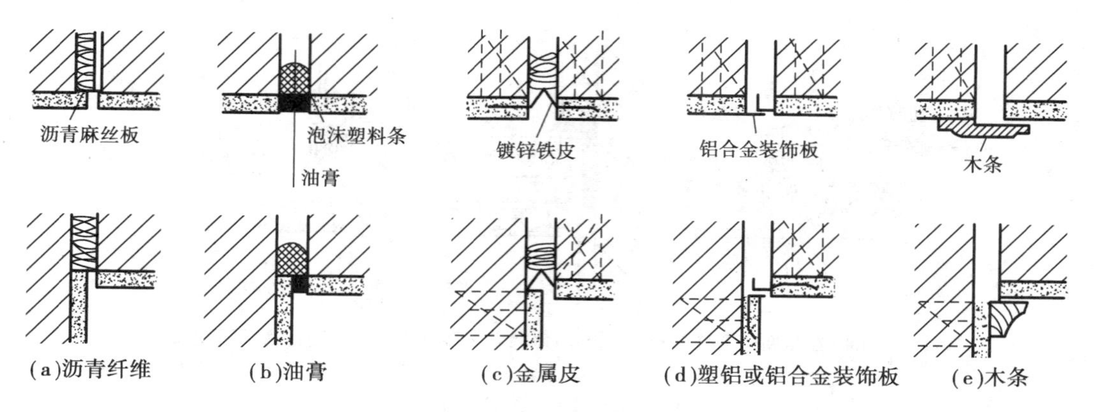

图 15.4　砖内、外墙伸缩缝的构造
(a)、(b)、(c)外墙伸缩缝的构造;(d)、(e)内墙伸缩缝的构造

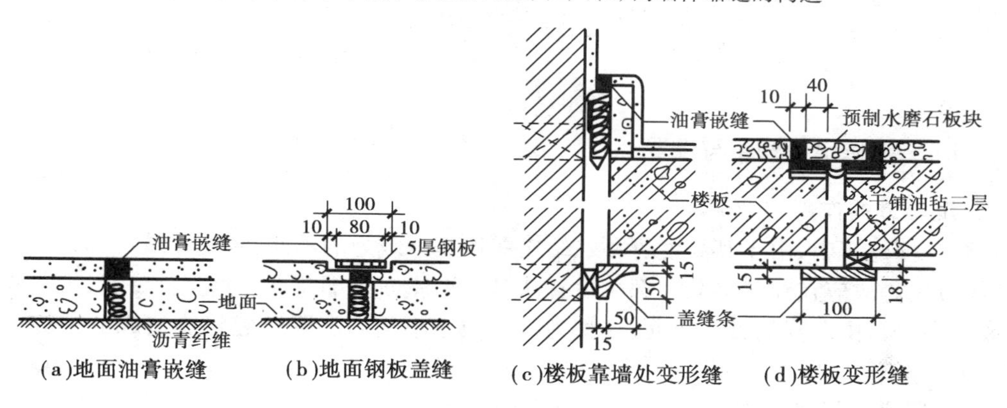

图 15.5　楼地板层伸缩缝构造

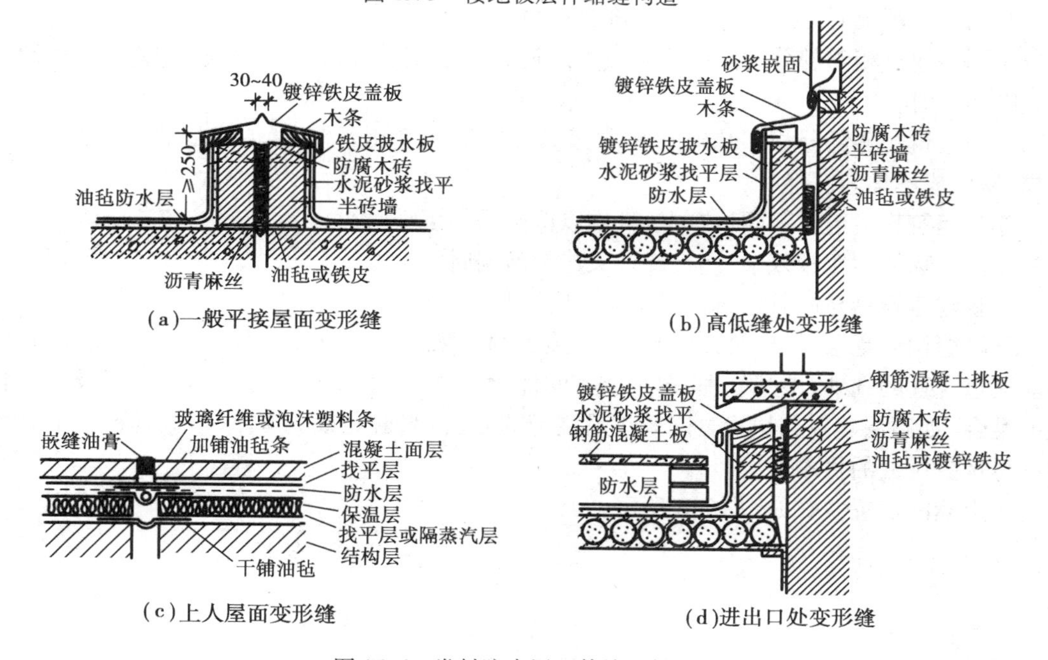

图 15.6　卷材防水屋面伸缩缝做法

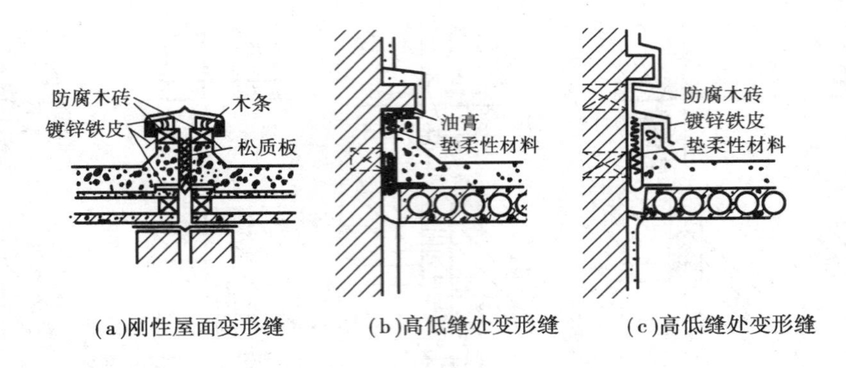

(a)刚性屋面变形缝　(b)高低缝处变形缝　(c)高低缝处变形缝

图 15.7　刚性防水屋面伸缩缝做法

15.3　沉 降 缝

15.3.1　沉降缝的作用与设置

(1)沉降缝的作用

在同一幢建筑中,由于其高度、荷载、结构及地基承载力的不同,致使建筑各部分沉降不均匀,墙体拉裂。故应在建筑物某些部位设置从基础至屋面全部断开的垂直预留缝,把一幢建筑物分成几个可自由沉降的独立单元,这种为减少地基不均匀沉降对建筑物造成危害的垂直预留缝称为沉降缝。

(2)沉降缝的设置原则

凡属下列情况时均应考虑设置沉降缝:

①同一建筑相邻部分的高度相差较大或荷载大小相悬殊或结构形式变化较大,易导致地基沉降不均时;

②当建筑物各部分相邻基础的形式、宽度及埋置深度相差较大,造成基础底部压力有很大差异,易形成不均匀沉降时;

③当建筑物建造在不同地基上,且难以保证均匀沉降时;

④建筑物体型比较复杂,连接部位又比较薄弱时;

⑤新建建筑物与原有建筑物紧紧毗连时。

沉降缝构造复杂,给建筑、结构设计和施工都带来一定的难度,因此,在工程设计时,应尽可能通过合理的选址、地基处理、建筑体型的优化、结构选型和计算方法的调整以及施工程序上的配合(如高层建筑与裙房之间采用后浇带的办法)来避免或克服不均匀沉降,从而达到不设或尽量少设缝的目的。

沉降缝的设置位置如图 15.8 所示。

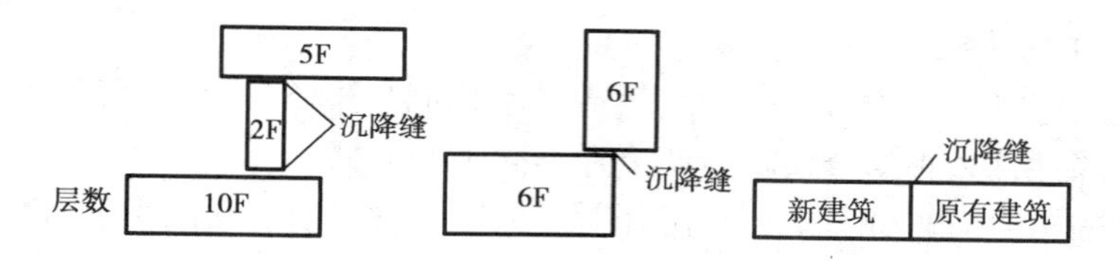

图15.8 沉降缝的设置

沉降缝的缝宽与地基情况和建筑物高度有关,其宽度见表15.3。

表15.3 沉降缝的缝宽

地基情况	建筑物高度/m	沉降缝宽度/mm
一般地基	$H<5$ $H=5\sim10$ $H=10\sim15$	30 50 70
软弱地基	2~3层 4~5层 5层以上	50~80 80~120 >120
湿陷性黄土地基		≥30~70

15.3.2 沉降缝的构造

沉降缝也应兼顾伸缩缝的作用,在构造设计时,应满足伸缩和沉降双重要求。

(1)基础的沉降缝构造

基础沉降缝应断开,并应避免因不均匀沉降造成的相互干扰,常见的砖墙条形基础处理方法有双墙基础和挑梁基础两种方案。

双墙基础是在沉降缝的两侧都设有承重墙,以保证每个独立单元都有纵横墙封闭连接,这种结构整体性好,刚度大,但基础偏心受力,并在沉降时相互影响(图15.9)。

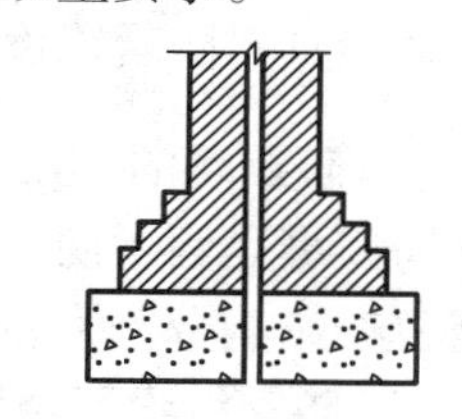

图15.9 基础的沉降缝构造之一(双墙基础)

挑梁基础是对沉降量较大的一侧墙基不做处理,而另一侧的墙体由悬挑的基础梁来承担。这样能保证沉降缝两侧的墙基能自由沉降而不相互影响,挑梁上端另设隔墙时,应在挑梁上端增设横梁,并尽量采用轻质墙,以减少悬挑基础梁的荷载(图15.10)。

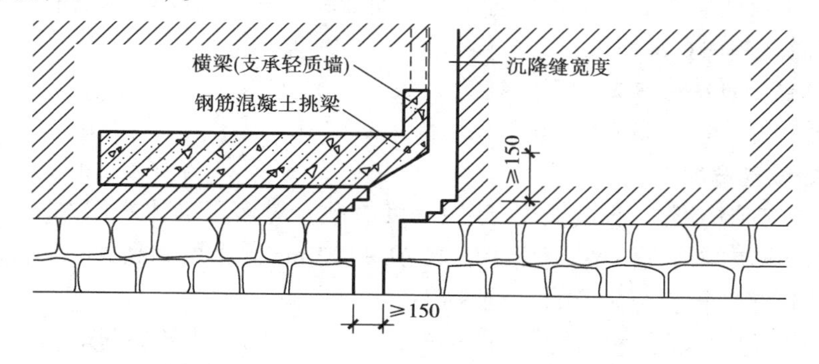

图15.10 基础的沉降缝构造之二(挑梁基础)

(2)其他部分的沉降缝构造

墙身及楼底层沉降缝的构造与伸缩缝构造基本相同(图 15.11),但要求建筑物的两个独立单元能自由沉降,所以,它的金属盖缝调节片不同于伸缩缝。

屋顶沉降缝的构造应充分考虑屋顶沉降对屋面防水材料及泛水的影响(图 15.12)。

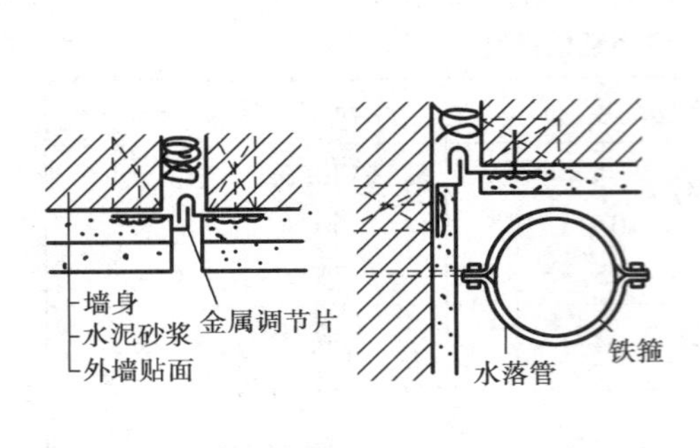

图 15.11　墙身沉降缝

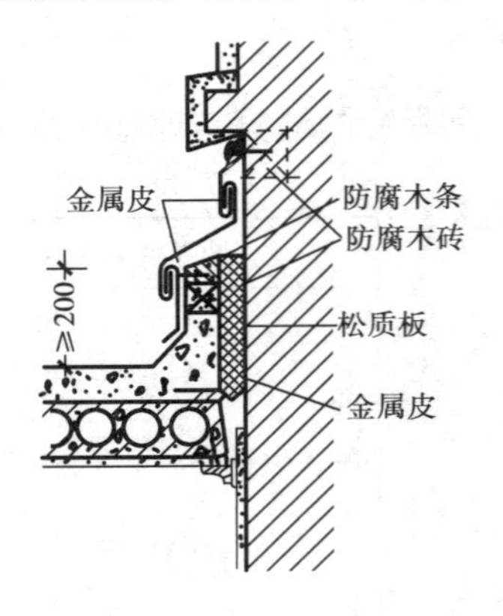

图 15.12　屋顶沉降缝

15.4　防 震 缝

15.4.1　防震缝设置

(1)防震缝的作用

防震缝是为了防止建筑物各部分在地震时相互撞击引起破坏而设置的。设置防震缝,可以将复杂结构分割为较为规则的结构单元,有利于减少房屋的扭转,并改善结构的抗震性能。

(2)防震缝设置原则

震害表明,按规范要求确定的防震缝宽度,在强烈地震下仍有发生碰撞的可能,而宽度过大的防震缝又会给建筑立面设计带来困难。因此,是否设置防震缝要根据建筑体型不规则程度、地基基础条件和技术经济等因素的比较而定。

我国《建筑抗震设计规范》(GB 50011—2010)中规定,多层和高层钢筋混凝土房屋宜采用规则结构方案,不设防震缝。多层砌体房屋有下列情况之一时宜设置防震缝:

①房屋立面高差在 6 m 以上;

②房屋有错层,且楼板高差大于层高的 1/4;

③各部分结构刚度、质量截然不同。

(3)防震缝设置宽度

防震缝宽度与结构形式、设防裂度、建筑高度有关。对多层砌体房屋,应优先采用横墙承重或纵横墙混合承重的结构体系,缝宽一般取 70 ~ 100 mm。多层和高层钢筋混凝土结构需要设防震缝时,防震缝宽度应分别符合下列规定:

①框架结构(包括设置少量抗震墙的框架结构)房屋的防震缝宽度,当高度不超过 15 m 时,不应小于 100 mm;当高度超过 15 m 时, 6 度、7 度、8 度和 9 度分别每增加高度 5 m、4 m、

3 m和2 m,宜加宽20 mm;

②框架-抗震墙结构房屋的防震缝宽度不应小于①中规定数值的70%,抗震墙结构房屋的防震缝宽度不应小于①中规定的50%;且均不宜小于100 mm;

③防震缝两侧结构类型不同时,宜按需要较宽防震缝的结构类型和较低房屋高度确定缝宽。

15.4.2　防震缝的构造

防震缝的构造及要求与伸缩缝相似,在施工时,必须确保缝宽符合设计要求,并做好缝的防水、防风处理。

防震缝应与伸缩缝、沉降缝统一布置,并满足防震缝的设计要求,一般情况下,防震缝基础可不分开,但在平面复杂的建筑中或建筑相邻部分刚度差别很大时,也需将基础分开。按沉降缝要求的防震缝也应将基础分开。防震缝墙体构造如图15.13所示。

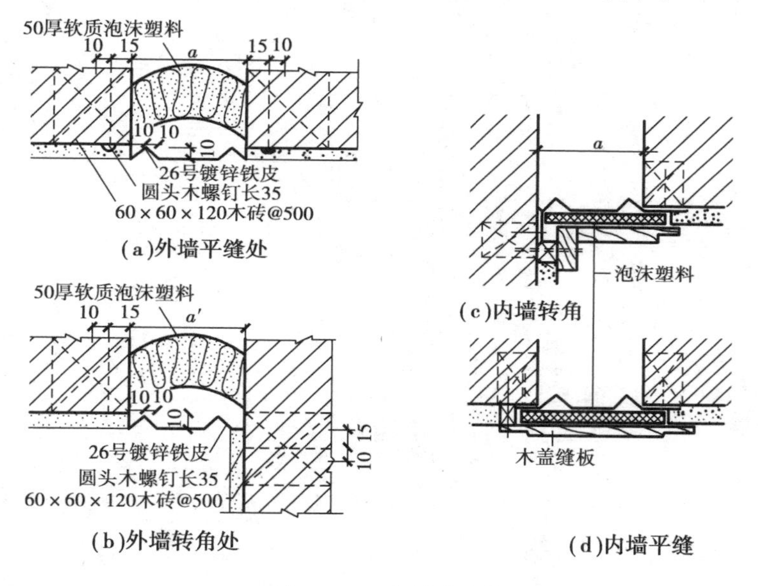

图15.13　防震缝的构造

小　结

1. 变形缝是为避免建筑由于受到温度变化、地基不均匀沉降和地震等作用的破坏,人为地将建筑物分为若干相对独立单元的构造措施。变形缝包括伸缩缝、沉降缝和防震缝。

2. 伸缩缝、沉降缝和防震缝应尽可能合并设置,并分别满足不同缝隙的功能要求。

3. 建筑材料与结构类型不同,变形缝的结构处理方式也不相同。变形缝的构造处理方法要同时考虑墙体内外、屋面以及楼地面的有关部分。

4. 变形缝的嵌缝和盖缝处理,要满足防风、防雨、保温、隔热和防火等要求,还要考虑室内外的美观。

复习思考题

15.1　变形缝的作用是什么？它有哪几种类型？
15.2　不同类型变形缝的设置依据是什么？怎样确定其宽度？
15.3　伸缩缝、沉降缝和防震缝各有什么特点？试比较其构造上的异同。
15.4　基础沉降缝的结构处理方法有哪几种？绘制其构造图。
15.5　在什么情况下可将伸缩缝、沉降缝和防震缝合并设置？应注意什么问题？

第16章 建筑装修构造

本章要点及学习目标

本章重点介绍建筑墙面装修构造、楼地面装修构造、顶棚装修构造等内容。这三大内容都要求重点掌握。

16.1 概　述

建筑装修是建筑设计和施工的重要环节,建筑装修的目的是为了营造一个更加舒适的室内外空间。通常,建筑装修主要在建筑的表面进行:外墙面、内墙面、地面、顶面。

16.1.1 装修作用

(1)建筑装修能保护建筑结构体

建筑体在自然界中难免会受到日照、风吹、雨淋及酸碱侵蚀,而人们在使用过程中也不可避免地会撞击、磨损建筑体,这些都将会影响建筑体的使用寿命;而建筑墙面装修、地面装修等就如同给建筑体穿上了一件铠甲,在很大程度上保护了建筑体,使建筑结构体免受直接的破坏,可以提高墙体的坚固性和耐久性。

(2)建筑装修能改善建筑结构体的功能

通常,因施工技术条件有限和施工质量不能保证等原因,建筑主体在土建部分完工后,一般都或多或少地存在某些缺陷,建筑装修则能改善建筑结构体的功能,使建筑的缺陷得以弥补,从而使建筑在使用中更加舒适。如墙面的抹灰装修能堵塞墙体的孔隙,使墙体在防水、保温、隔声等方面的能力得到进一步加强;地面铺设木地板后,地面富有弹性且暖和;建筑顶棚刷白后,室内显得更加明亮,等等。如此种种都是建筑装修带来的好处。

(3)建筑装修能美化建筑

建筑是技术与艺术的综合体,有人说"建筑是凝固的音乐",这说明艺术形象对建筑来说是很重要的,建筑装修后,结构表面的材质、色彩、形式都得以改善,从而丰富了建筑的艺术形象,使建筑更富有艺术表现力。

16.1.2 装修分类及要求

建筑装修按其位置不同分为三大类:墙体装修构造、楼地面装修构造、顶棚装修构造。

墙面装修构造按构造做法一般分为:抹灰类墙面装修、贴面类墙面装修、涂料类墙面装修、裱糊类墙面装修和板材类墙面装修。

楼地面装修按构造做法一般分为:整体类地面装修、块材类地面装修、木地板与涂料类地面装修、卷材类地面装修。

顶棚装修按构造做法一般分为:直接式顶棚和悬吊式顶棚。

16.2 墙面装修构造

按位置分,墙面装修可以分为室内装修和室外装修。室外装修主要为改善建筑墙体的性能以及美化建筑,因室外墙面直接面临复杂的自然条件,所以装修材料一般要求强度高,耐候性好,能防水,耐酸碱;室内墙面的装修材料则要求强度高、防水、防潮,最好能保温和利于清洁。

按构造分,墙面装修可以分为五大类:抹灰类、贴面类、涂料类、裱糊类、板材类(见表16.1)。

表16.1 墙面装修分类

类　别	室外装修	室内装修
抹灰类	水泥砂浆、混合砂浆、水刷石、干粘石、斩假石、斧剁石、拉毛、喷涂等	纸筋灰、双飞粉、石膏粉、混合砂浆、拉毛、喷涂等
贴面类	外墙砖、马赛克、天然石、人造石等	内墙砖、大理石、天然石、马赛克等
涂料类	石灰浆、水泥浆、溶剂型涂料、乳液涂料、彩色弹涂等	大白浆、石灰浆、乳胶漆、水溶性涂料、弹涂等
裱糊类		墙布、墙纸、塑料墙纸、纺织面墙纸等
板材类	各种金属饰面板、玻璃等	各种饰面板、木夹板、木纤维板、石膏板等

16.2.1 抹灰类墙面装修

抹灰类墙面装修是最常见和最普通的墙面装修形式。

(1)清水砖墙

清水砖墙并不抹灰,而是靠砖的本色表现出一种朴素的美。清水砖墙的砂浆缝一般是用1:2的水泥砂浆随砌随勾,缝形有平缝、斜缝以及弧形缝(图16.1)。

(2)抹灰类墙面装修

抹灰类墙面装修是指用水泥砂浆、混合砂浆、水刷石、石膏粉、双飞粉等作为饰面层的装修做法。这类墙面装修施工操作简单，造价低廉，取材广泛，但耐久性差，易开裂。

墙面抹灰分为一般抹灰和装饰抹灰。一般抹灰有普通抹灰、中级抹灰和高级抹灰；装饰抹灰有水刷石、干黏石、斩假石、斧剁石、拉毛等。

一般抹灰主要为填塞墙体的孔隙或进行墙面找平。一般内墙抹灰厚度为 15 ~ 20 mm，外墙抹灰厚度为 20 ~ 25 mm，顶棚抹灰厚度为 12 ~ 15 mm。为保证抹灰层与基层墙体粘接牢固、不龟裂，抹灰层要求分层构造，常见做法是分三层：底层、中层、面层。底层主要起到与基层墙体粘接和初步找平的作用，厚5 ~ 15 mm，一般选用与基层有关的材料；中层的作用是进一步找平，并填塞底层干缩后可能出现的裂纹，其厚度一般为 5 ~ 10 mm；面层也称罩灰，主要起装饰作用，因此，要求面层表面光洁平整，无裂纹，色彩均匀(图 16.2)。

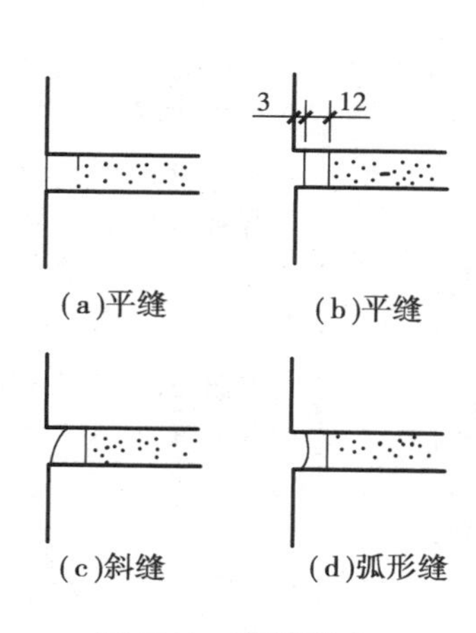

图 16.1　砖缝形式

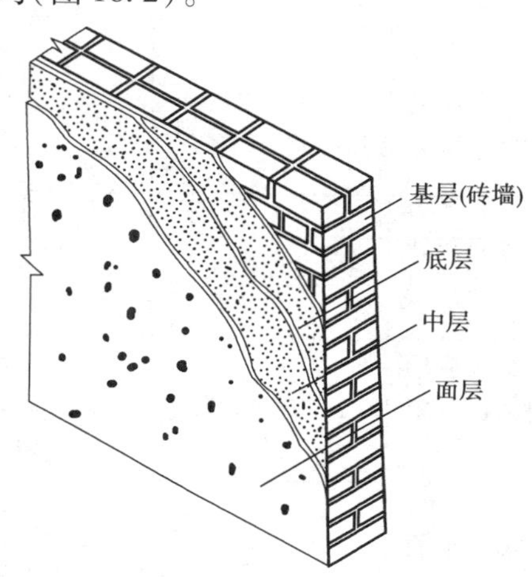

图 16.2　墙面抹灰构造层次

一般墙面抹灰按质量及工序要求分为三种标准：普通抹灰、中级抹灰和高级抹灰。普通抹灰即是二层做法，中级抹灰和高级抹灰是增加中层的层次，从而保证抹灰层的平整度，见表 16.2。

表 16.2　墙面抹灰三种标准

分层 标准	底　灰	中　灰	面　灰	总厚度/mm	适用范围
普通抹灰	1		1	≤18	简易宿舍、仓库等
中级抹灰	1	1	1	≤20	住宅、办公楼、学校、旅馆等
高级抹灰	1	若干	1	≤25	公共建筑、歌剧院、展览馆等

装饰抹灰一般用于外墙面，其具体构造做法见表 16.3。

表 16.3 常用抹灰构造

抹灰名称		底层、中层		面层		总厚度/mm	适用范围
		材料	厚度/mm	材料	厚度/mm		
一般抹灰	①混合砂浆抹灰	1:1:6混合砂浆	12	1:1:6混合砂浆	8	20	一般砖石墙面均可选用
	②水泥砂浆抹灰	1:3水泥砂浆	14	1:2.5 水泥砂浆	6	20	室外饰面及室内需防潮、防水的房间及浴厕墙裙等部位
	③水泥纸筋砂浆抹灰	1:3:4水泥纸筋砂浆	10	纸筋灰浆	2.5	12.5	一般砖、石内墙面，阳台、雨篷顶面
	④石灰砂浆抹灰	1:3:4石灰砂浆	16	石灰膏罩面	2.5	18.5	各种内墙面及抹灰的罩面
	⑤膨胀珍珠岩砂浆罩面	1:3石灰砂浆	13	水泥:石灰膏:膨胀珍珠岩=1:15:5罩面(质量比)	2	15	保温、隔热要求较高的内墙面罩面
装饰抹灰	⑥水刷石饰面	1:3水泥浆	12	1:(1~1.5)水泥石渣浆(可采用2.5倍同颜色的石屑)	10	22	适应于外墙、窗套、阳台、雨披、勒脚及花台等部位的饰面
	⑦干粘石饰面	底层1:3水泥砂浆，中层1:1:1.5 水泥石灰砂浆	17	水泥:石灰膏:砂子:107 胶 =100:50:200:(5~15)	1	18	主要适应于外墙装饰
	⑧斩假石饰石(又称剁斧石)	1:3水泥砂浆刮素水泥浆一道	12	1:2水泥白石子用斧斩	12	24	主要用于公共建筑外墙局部加门套、勒脚、室外台阶等装饰
	⑨弹涂饰面	弹涂砂浆一般由普通水泥、白水泥颜料、水和107胶等组成形成底色浆或弹出 3~5 mm 的扁圆花点		将耐水性、耐候性较好的甲基硅树脂或聚乙烯醇缩丁醛等材料喷在饰面的表层作为罩面			主要适应于外墙或局部装修
	⑩拉毛饰面	1:0.5:4水泥石灰砂浆打底、底子灰六、七成干时刷水泥浆一道	13	1:0.5:1水泥石灰砂浆拉毛	视拉毛长度而定		主要用于对音响要求较高的内墙面

(3)墙面抹灰细部构造

在内墙面抹灰构造中,需要做好几个细部构造:墙裙、踢脚、阳角、线脚等。

墙裙的作用主要是为了保护墙身。在人经常活动的区域墙面很容易弄脏,被撞和被摩擦;在有的建筑中,则要求墙体具备防水、防潮的功能,以防墙身变形。因此,常在这些部位采取适当的保护措施:墙裙。墙裙一般高 1.2 ~ 1.8 m,常用水泥砂浆、墙砖、大理石、木板等饰面(图16.3)。

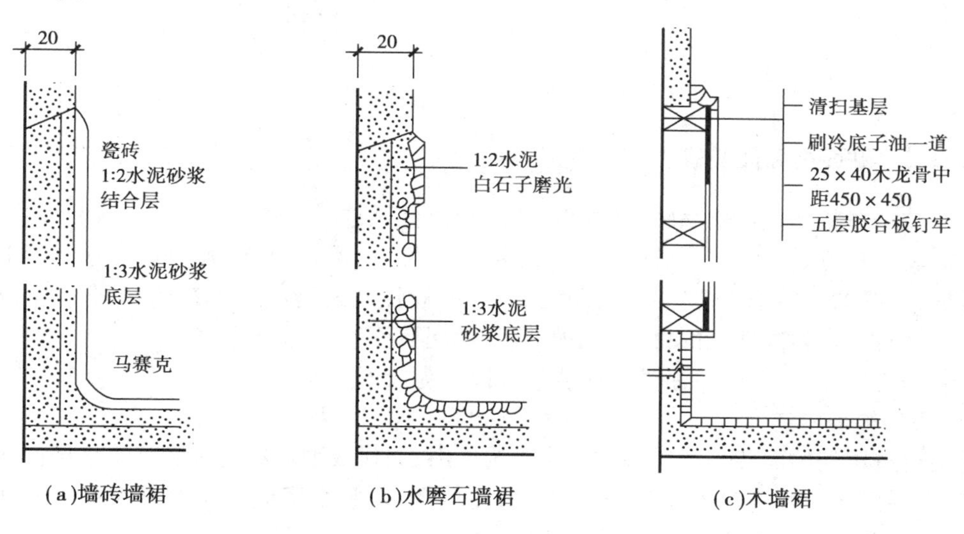

图16.3　墙裙构造

在墙、柱、门窗洞的阳角,为避免阳角被撞,常采用1∶2的水泥砂浆做护角,高度不小于2.0 m,宽度不小于50 mm(图16.4)。

在内墙与楼地面交接处,为保护墙身及防止清洁地面时弄脏墙面,在此处常做踢脚。踢脚高0.12 ~0.15 m,形式有凹进或凸出,材料一般和楼面的材料相同(图16.5)。

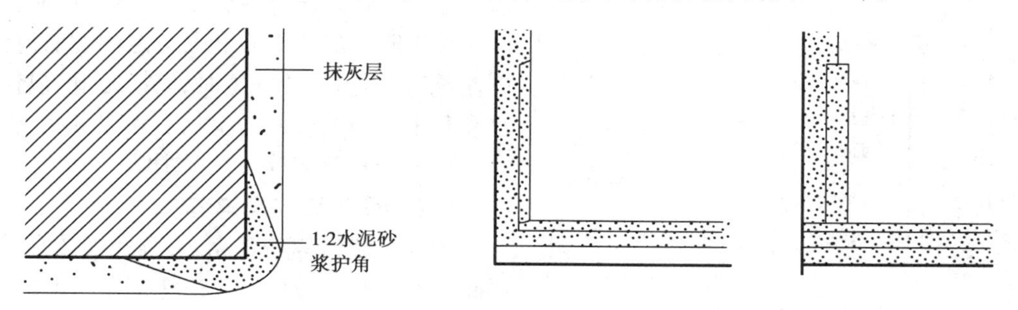

图16.4　阳角构造

图16.5　踢脚构造

线脚一般位于内墙与顶棚交接处、有时也用于墙面面积过大时,作防裂的变形缝而用(图16.6)。

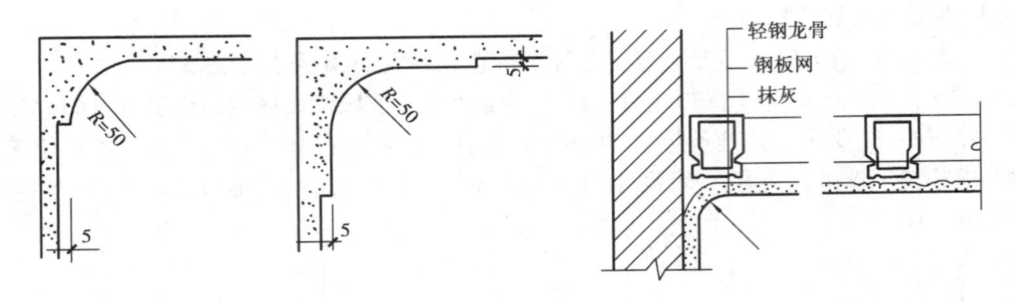

图 16.6　线脚构造

16.2.2　贴面类墙面装修

贴面类墙面装修是指把墙砖、马赛克、花岗石板材等通过粘贴、绑、挂等手段装饰墙面的构造。这类装修具有耐久性好、装饰性强、易于清洁等优点,但花岗石、大理石等石材较重,若设计欠考虑,会给结构带来负荷。其中,质地细腻、耐候性差的材料(如瓷砖、大理石等)常用室内装修;质地粗放、耐候性好的材料(如外墙砖、花岗石等)常用室外装修。

按装修构造方法不同,贴面类墙面装修可以分为以下三大类:

(1)面砖饰面构造

这类构造用到的面砖一般以陶土或瓷土为原料,制作成型后经高温和高压焙烧而成,有无釉面砖、有釉面砖、劈离砖、瓷砖等,规格齐全,花色繁多,吸水率低。薄者有 5 ~7 mm,厚者有 17 mm 左右,广泛用于外墙、卫生间及厨房的内墙。

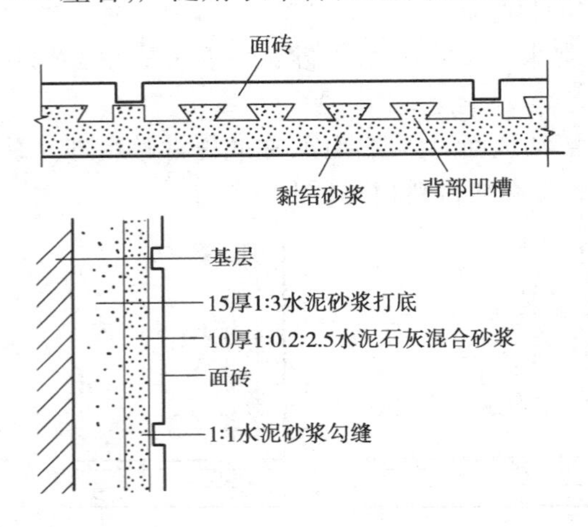

图 16.7　墙砖构造

面砖饰面一般采用粘贴法。施工时,一般先将面砖浸水,安装前再擦干水分留待粘贴;墙体基层多采用 10 ~ 15 mm 厚 1∶3 水泥砂浆找平,然后用 8 ~ 10 mm 厚 1∶1 水泥砂浆或用 107 胶、“粘得牢”等黏结剂粘贴各类面砖。外墙砖施工时一般在面砖和面砖之间留有缝隙,以便透气,而内墙砖施工时,则不留缝,以便防水和利于清洁。若面砖上粘有水泥砂浆、污垢等,可用盐酸、草酸等清洁(图 16.7)。

(2)陶瓷锦砖饰面构造

陶瓷锦砖俗称马赛克,有陶瓷锦砖和玻璃锦砖之分,规格较小,每小块只有 15 mm × 15 mm。马赛克表面光滑致密,质地坚硬,能耐酸碱,吸水率低,故常用于卫生间、厨房等用水房间;又因马赛克花色较多,易于拼接,所以也常用于壁画创作。

马赛克的施工也采用粘贴法,铺贴时先将按设计的图案将小块材正面向下贴在 500 mm × 500 mm 大小的牛皮纸上,然后牛皮纸面向外将马赛克贴于墙体基层上,待半凝后将牛皮纸洗掉,同时整理饰面(参看图 16.12(b))。

(3)**天然石材及人造石材饰面构造**

用于饰面的天然石材有花岗石、大理石、青石等,这些石材自然天成,花色繁多,是高级装饰材料;人造石材主要有人造大理石、人造花岗石等,也具有强度高、耐磨和耐腐蚀的特点。天然石材及人造石材的规格一般是500 mm×500 mm,600 mm×600 mm、600 mm×800 mm 等。厚度为20～40 mm 时,称为板材,厚度为40～130 mm 时,称为块材。

天然石材及人造石材的容重较大,又因天然石材及人造石材的规格也较大,故天然石材及人造石材的施工一般不采用粘贴法,而是采用悬挂法。先在墙身或柱身上预埋$\phi6 \sim \phi10$的Ω形钢筋箍,间距根据石材规格而定;然后,在Ω形钢筋箍内立$\phi6 \sim \phi10$的竖筋,在竖筋上绑扎横筋,使之形成钢筋网。在石板上下边钻小孔,用16号镀锌铁丝或铜丝绑扎在钢筋网上。上下两块石板用不锈钢卡销固定,板与墙之间预留20～30 mm 的缝隙,石板就位、矫正后在该缝隙内灌注1∶3的水泥砂浆,一般是分层灌注,每层灌注高度不超过200 mm。待水泥砂浆初凝后再进行上一层施工(图16.8)。

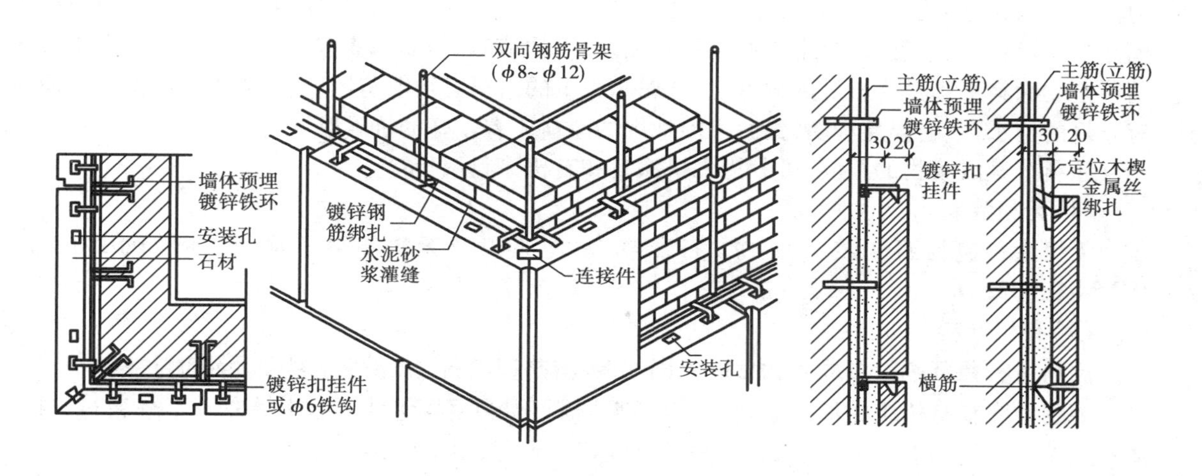

图16.8　石材墙面构造

以上施工方法称为湿挂法。湿挂法固定可靠,但石材背后灌注的水泥砂浆容易污染板面(即泛碱),影响装饰效果,且灌注的水泥砂浆进一步增加了饰材自重,使结构的负荷加大。所以,近几年来在工程中常用干法作业,称为干挂法。

干挂法的施工方法是用一组高强耐腐蚀的金属连接件将饰面石材与结构可靠连接,其间形成空气间层,不作灌浆处理。干挂法较之湿挂法的优点是湿作业少,板面不泛碱,石材与结构连接可靠,可用于8度地震区和大风地区。但干挂法较之湿挂法造价增加15%～25%。干挂法根据构造方法不同,分为有龙骨体系和无龙骨体系。

1)有龙骨体系

该体系由竖向龙骨和横向龙骨、连接件等组成,靠连接件把石材连接在龙骨体系上。主龙骨可选用镀锌方钢、槽钢、角钢,间距根据石材尺寸而定,连接件有不锈钢舌板、销钉、螺栓,其体系类同湿挂法,但板与墙体间不灌注水泥砂浆(图16.8)。

2)无龙骨体系

该体系无竖向龙骨和横向龙骨,全靠连接件把石材连接在墙体上。其连接方法有预埋铁件焊接,也用螺栓连接(图16.9)。

天然石材及人造石材饰面板若规格较小,重量较轻,还可以采用粘贴法,但黏结剂要求较高,以防脱落伤人。工程中用到的黏结剂有聚酯砂胶、树脂胶等。

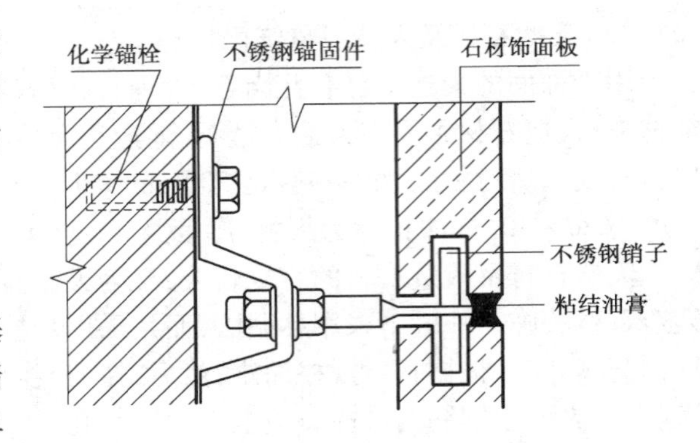

图 16.9　无龙骨体系连接件

16.2.3　涂料类墙面装修

涂料类墙面装修是把涂料喷涂刷于基层表面,形成完整而牢固的膜层,以保护墙面及装饰墙面的构造方法。这类装修简单易行,装饰效果明显,造价低,自重轻,是一种较有发展前途的装饰构造。但多数涂料使用年限较短,所以需要定期维修、更新。

建筑涂料的品种较多,选用时应根据建筑用途、墙身部位、气候环境、施工条件等选择附着力强、耐久、无毒、装饰效果好的涂料。外墙涂料要求具有足够的耐久性、耐候性、耐污染性;内墙涂料要求色鲜、平整,还要求具有足够的硬度,以适应日后清洁、擦洗;水泥砂浆和混凝土等基层上的涂料必须具有较好的耐碱性;金属基层上的涂料必须能防锈;炎热多雨地区的涂料应有较好的耐水性、耐候性和防霉性;寒冷地区的涂料应有较好的抗冻融性。

涂料按其成膜物的不同,可分为无机涂料和有机涂料两种:

(1)无机涂料

无机涂料包括石灰浆、大白浆、石膏浆、水泥浆以及无机高分子涂料。例如 JH80-1、JHN84-1、F832 等。

(2)有机涂料

涂料按其稀释剂以及成膜物质的不同,分为溶剂型涂料、水溶性涂料和乳液型涂料。

溶剂型涂料有传统的油漆涂料,还有新型材料(如苯乙烯涂料、聚乙烯醇缩丁醛涂料、过氯乙烯涂料等)。这一类型的涂料一般具有较好的硬度、耐水性、耐老化性。

水溶性涂料常见的有聚乙烯醇水玻璃涂料、改性水玻璃内墙涂料等。这一类型的涂料不掉粉,可用湿布轻擦。

乳液型涂料又称乳胶漆。常见的有乙丙乳胶涂料、苯丙乳胶涂料等,常用于内墙装修。这一类型的涂料易清洁,装饰效果好。

16.2.4　裱糊类墙面装修

裱糊类墙面装修主要应用于室内墙面。这一类型的装修是将各种装饰性的墙纸、墙布裱糊在墙面上的构造。

可用于墙面裱糊的材料是很多的,我国传统中用绵纸、锦缎、布匹等裱糊,现代则多用新型复合墙纸、墙布裱糊,它较之传统材料的优势在于花色更加丰富且具有耐水、可清洁、耐火和更耐久的特点。

(1)墙纸

墙纸是国内外最流行的室内墙面装饰材料,按其组成不同分为塑料面墙纸、纺织面墙纸、金属面墙纸、天然木纹面墙纸等,其中塑料面墙纸应用较为广泛。

塑料墙纸色彩艳丽,图案典雅,性能上不怕火,抗油,能清洗,是较理想的墙面装饰材料。

塑料墙纸由面层和基层组成。面层以聚氯乙烯塑料薄膜或发泡塑料为原料制作，基层有纸基和布基两种：纸基塑料墙纸价格低廉，抗拉性能较低；布基塑料墙纸抗拉性能好，经久耐用，但价格较高，适用于高级宾馆的墙面装饰。

纺织面墙纸是采用各种动（植）物纤维以及人造纤维等纺织物作面料，基层是纸基的墙纸，这类墙纸质感细腻，古朴典雅，但怕水，不能擦洗。

（2）墙布

墙布的形式也很多，如印花玻璃纤维墙布、锦缎墙布、无纺墙布等。

印花玻璃纤维墙布是以玻璃纤维织物作基层，表面涂布树脂经印花而成的一种装饰卷材。这类墙布花纹花色品种繁多，耐水，可清洁，遇火不燃烧，不产生有毒气体，抗拉强度高，价格低廉，故应用较广；但墙布易泛色，且玻璃纤维呈碱性，使用时间久以后会变黄。

锦缎墙布虽装饰效果好，但怕火、怕水。

无纺墙布是采用棉、麻、等天然纤维或涤纶、腈纶等合成纤维，经过无纺成型，上树脂印花而成的新型材料。这类墙布富有弹性，花色艳丽，不易褪色，耐磨、耐晒、耐潮，可擦洗，而且具有一定的吸声性能和透气性。

墙纸、墙布的裱糊构造要求墙体基层平整，阴阳角顺直，糊前应将基层表面的污垢、油脂清除干净，并用1:1的107胶水溶液作为底胶涂刷基层。将裱糊的墙纸、墙布先放到水里吸水、充分伸展，然后才把墙纸或墙布用配套的胶粘剂裱糊到墙面上，这样，墙纸或墙布干了以后才挺括、平整（玻璃纤维墙布可以不浸水，直接裱糊）。有对花要求的墙纸或墙布，其裁剪长度应比墙身高度多出100～150 mm，以便对花。

16.2.5　板材类墙面装修

板材类墙面装修又称为铺订类墙面装修，是指利用天然板材或各种人造板材借助钉、胶等固定方式对墙面进行的饰面构造。

板材类墙面装修由骨架和面板组成，骨架有木骨架和金属骨架，面板有实木板、胶合板、竹条、纤维板、石膏板、铝塑板、金属板（常见的有铝板和不锈钢板）等形式（图16.10）。

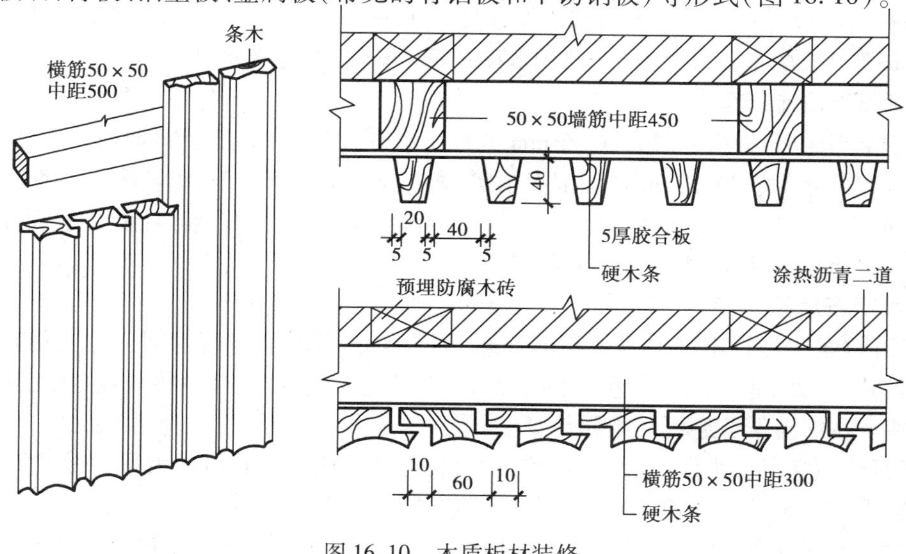

图16.10　木质板材装修

这一类型的墙面装修装饰效果好,安装方便,而且还能改善室内声学环境,是高档装修的常见形式,但用实木板、胶合板、石膏板等材料做面层时,在防潮和防火方面欠佳。

板材类墙面装修先固定骨架,骨架又称龙骨。木龙骨截面一般为 50 mm×50 mm,一般借助于墙中预埋防腐木砖固定在墙上,木龙骨及防腐木砖的间距应与饰面板材的规格相适应。金属龙骨一般是铝合金龙骨或槽形薄钢板,金属龙骨多用膨胀螺栓固定在墙上。为防止骨架和面板受潮,在固定骨架前,宜先在墙面上抹 10 mm 厚的水泥砂浆,然后涂刷二遍热沥青或铺一毡二油防潮层。面板固定在龙骨上时根据情况不同用铁钉、木螺丝或自攻螺丝固定。

16.3 楼地面装修构造

楼地面装修分为楼面和地面装修。它们在构造要求和做法上基本相同,统称地面构造。

地面是人们日常生活、工作、生产直接接触的部分,也是建筑中直接承受荷载,经常受到摩擦、清洗的部分,所以,从总体上要求地面坚固耐磨,保温和消声性能好,具有一定的弹性,有时还要求地面防水、防潮、防油和耐腐蚀,以及有利于美化环境。

楼地面装修按其构造方法不同,一般分为整体类地面、块材类地面、木地面、涂料类地面、卷材类地面五大类。

16.3.1 整体类地面

整体类地面是用现场浇注的方法做成整片的地面。根据地面材料不同,有水泥砂浆地面、细石混凝土地面、水磨石地面、菱苦土地面等。

(1)水泥砂浆地面

水泥砂浆地面构造简单、坚固、耐磨,造价低廉,但易起尘、结露,不易清洁,导热系数大,无弹性、足感差,是一种广为采用的低档地面及将进行二次装修的地面。

水泥砂浆地面一般采用 1:2.5 的水泥砂浆抹成,厚度一般是 10~25 mm 厚,常常是一次抹成;有时为保证质量,减少水泥砂浆因干缩速度不一致而开裂,有时也会二次抹成,一般先用 15~20 mm 厚 1:3的水泥砂浆打底,再用 5~10 mm 厚 1:2的水泥砂浆抹面。

(2)细石混凝土地面

细石混凝土中的骨料一般是 3~6 mm 的瓜子石,所以又称为瓜子石地面。在垫层和结构层上直接做 1:2水泥石屑 25 mm 厚,刮平拍实,碾压出浆后抹光。这种地面效果接近水磨石地面,光洁、不起尘,造价只是水磨石地面的一半。有时,如坡地上的细石混凝土地面需要防滑,常见做法是在面层上压凹槽或设防滑条。

(3)水磨石地面

水磨石地面在公共建筑中应用相当普遍,因为水磨石地面坚硬耐磨,光洁、易清洁,不透水,能耐酸碱,防火,是一种较理想的地面形式。但水磨石地面也有一些缺点,如无弹性,导热系数大,甚至在梅雨季节还可能结露等。

水磨石地面是以白水泥、黑水泥作胶结材料,大理石或白云石石屑为骨料做成的水泥石屑地面,经磨光打蜡而成。水磨石地面一般分两层制作,底层用 10~25 mm 厚 1:3水泥砂浆找平,再用 10~15 mm 厚 1:1.5~1:2水泥石屑浆抹面,待水泥凝结到一定硬度后用磨光机打磨,再用草酸等清洗,打蜡保护。为防止整体浇注的地面开裂变形以及增加美观,水磨石地面一般用分格条进行地面分隔。分格条一般有玻璃分格条、塑料分格条、铜条分格条、铝条分格条等,分格形状有正方形、菱形、多边形,尺寸常为 400 ~ 1 000 mm。分格条高 10 mm,一般在面层中设置,施工时先用 1∶1水泥砂浆把分格条嵌固好,再浇注 10 ~ 15 mm 厚 1∶1.5 ~ 1∶2水泥石屑(图 16.11)。

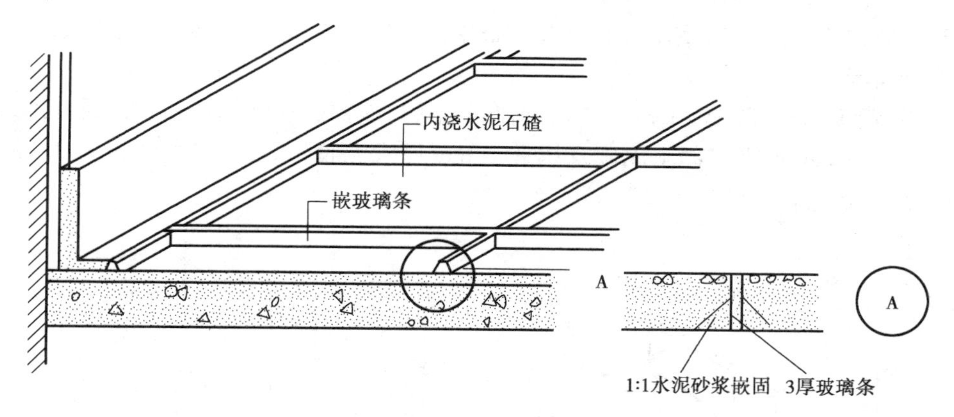

图 16.11　水磨石地面构造

水磨石地面常呈现青黑色,不甚美观,若白水泥中加入各种颜色和各色石子,则可形成彩色的美术水磨石地面;若用碎裂的大理石、花岗石代替石屑,不分格,则可形成冰裂水磨石地面。

(4)**菱苦土地面**

菱苦土地面用水泥作胶结材料,骨料则用菱苦土、锯末、滑石粉和矿物颜料做骨料,加入氯化镁溶液后,拍实和碾压,硬化后磨光打蜡而成。

菱苦土地面有弹性,热工性能好,易于清洁,但这种地面怕水、怕火,耐磨性也一般,近几年已逐渐淘汰。

16.3.2　块材类地面

块材地面是用板材或块材镶铺而成的地面。块材地面应用非常广泛,因为块材地面美观大方,构造简单,耐磨,易清洁。

块材地面主要采用铺砌法构造。其构造层次一般是:基层→找平层(结合层)→胶结层→块材。用到的块材有陶瓷地砖、马赛克、大理石、花岗石等;胶结材料有水泥砂浆、油膏、细砂等;找平层则往往是水泥砂浆、细砂、炉渣等。

(1)**铺砖地面**

铺砖地面有黏土砖地面、水泥砖地面、预制混凝土块地面,此类地面主要铺设在室外。铺设方法有两种:干铺和湿铺。干铺的找平层及胶结材料都是沙子,块材之间一般也用沙子或用水泥砂浆填缝;湿铺法是用 10 ~ 20 mm 厚 1∶3水泥砂浆找平,用 1∶1水泥砂浆灌缝。干铺法铺砖地面构造简单,容易维修,但不易保持平整;湿铺法铺砖地面坚实平整,但构造稍复杂,造价也相对较高。

(2)**陶瓷地砖地面**

陶瓷地砖地面是应用最广泛的一种。地砖形式很多,有陶土砖、瓷砖、玻化砖、陶瓷锦砖等,各种颜色应有尽有。形状有正方形、菱形、六边形、八边形,常见规格尺寸有 100 mm × 100 mm、150 mm × 150 mm、300 mm × 300 mm、450 mm × 450 mm、600 mm × 600 mm、800 mm × 800 mm、900 mm × 900 mm 等多种。

陶土砖质地细密坚硬,耐磨、耐水、耐油、耐酸碱,易于清洁不起尘,施工简单,常用于卫生间、厨房、浴室、实验室等地面。

瓷砖和玻化砖地面光洁、耐磨,不透水,色彩图案丰富,装饰效果好,常用于装修厅堂、办公室等高档空间。

陶土砖、瓷砖、玻化砖地面的面层属于刚性面层,只能铺贴在整体性和刚性较好的基层上,常见做法是 10 ~ 20 mm 厚 1∶3水泥砂浆找平,3 mm 厚水泥胶(水泥∶107 胶∶水 = 1∶0.1∶0.2)粘贴地砖,用素水泥擦缝(图 16.12(a))。

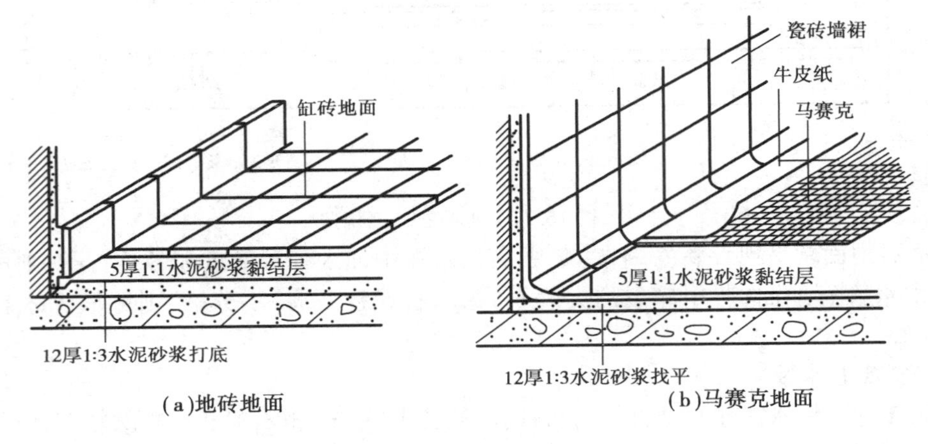

(a)地砖地面　(b)马赛克地面

图 16.12　地砖地面构造

陶瓷锦砖除了应用于墙体装修外,更多的是应用于地面装修。陶瓷锦砖质地坚硬,能耐酸碱,吸水率低,常用于卫生间、厨房、实验室等有腐蚀和用水的房间。做法是 10 ~ 20 mm 厚 1∶3 水泥砂浆找平,3 ~ 4 mm 厚水泥胶粘贴陶瓷锦砖纸胎,用滚筒压平,使水泥胶挤入缝隙,最后用白水泥擦缝(图 16.12(b))。

(3)天然石板地面

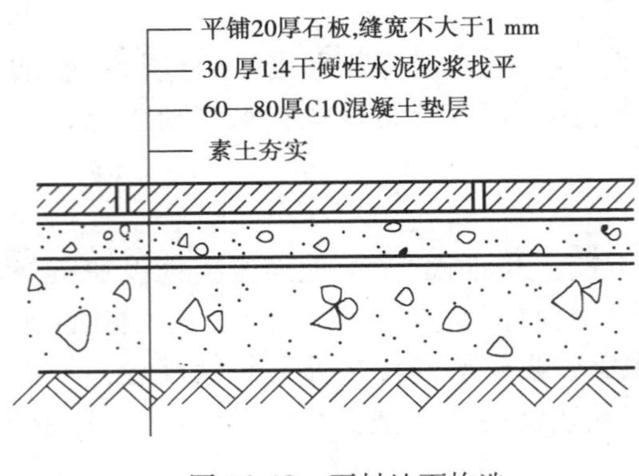

图 16.13　石材地面构造

天然石板地面一般选用大理石和花岗石。大理石和花岗石质地坚硬,色彩艳丽,图案丰富,是高档的地面装修材料,常用于高级宾馆、银行营业厅、会堂、公共建筑的门厅、室外台阶等处。其做法与地砖地面类同,首先在基层上刷素水泥浆一道,30 mm 厚 1∶4干硬性水泥砂浆找平,面上洒 2 mm 厚素水泥浆一道及适量清水粘贴大理石或花岗石,素水泥擦缝(图 16.13)。

16.3.3　木地面

木地面是由木板粘贴或铺钉形成面层的地面。木地面具有弹性好、导热系数小、不起尘、易清洁的特点。常用于装修标准较高的住宅、宾馆、练功房和体操房等。但木地面耐火能力差,耐久性也有限,且造价较高。

木地面的构造方式一般有三种:空铺、实铺和粘贴。

空铺木地面也称架空式木地面。其做法是:先砌筑地垄或砖墩,在其上搁置木格栅,再做面层(图16.14)。空铺木地面因其占用空间较多,且较费材料,除特殊要求外很少使用。

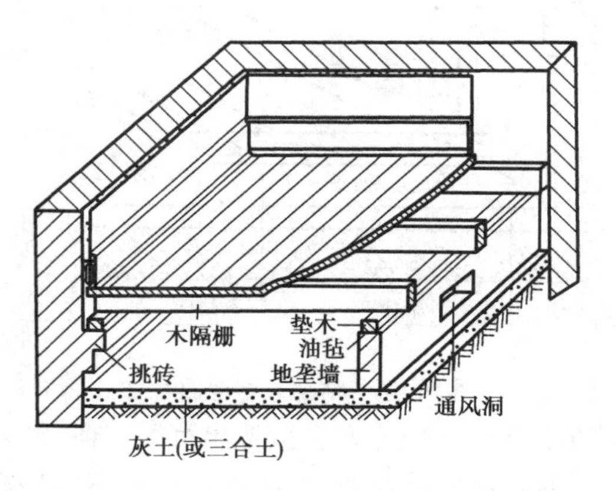

图16.14　空铺式木地面

实铺式木地面是先在混凝土垫层或钢筋混凝土结构层上每隔400 mm铺设50 mm×60 mm的木隔栅,隔栅由预埋在结构层内的U形铁件嵌固或用镀锌铁丝扎牢。再将木地板铺钉在木隔栅上。底层地面为防潮,须在结构层上和木隔栅侧面、底面涂刷冷底子油和热沥青各一道。为保证隔栅层潮气散发,还应在踢脚板上设置通风口。实铺实木地面有单层和双层两种(图16.15)。

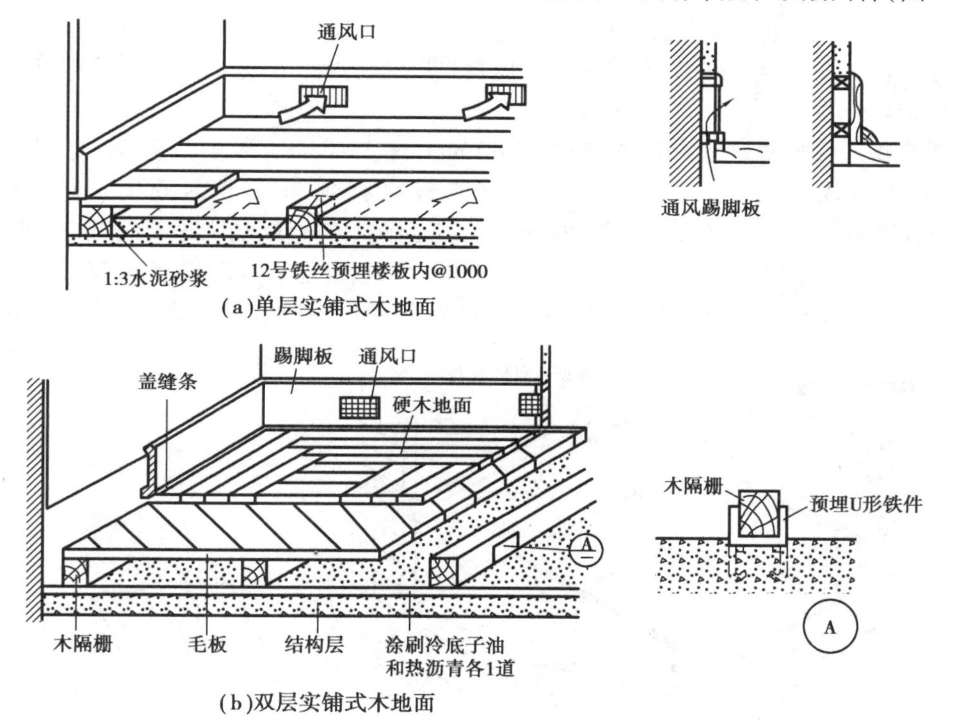

图16.15　实铺式木地面

粘贴式木地面是先在钢筋混凝土基层上涂刷热沥青防潮层或直接用沥青砂浆作找平层,然后用沥青胶、环氧树脂等粘接材料粘贴木地板而成。因为它构造简单且较经济,近年来比较流行(图16.16)。

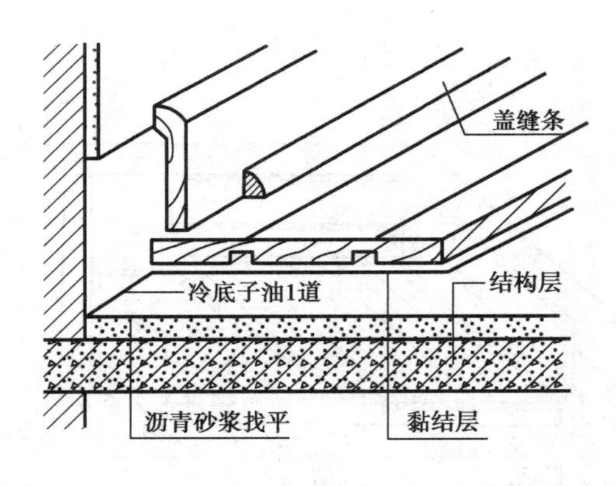

图 16.16　粘贴式木地面

木地面做好后应采用油漆打蜡来保护地面。普通木地面做色漆地面,硬木条形木地板做清漆地面。其做法是:用腻子将拼缝、凹坑填实刮平,待腻子干后用 1 号木砂纸打磨平滑,清除灰屑,然后刷 2 ~ 3 遍色漆或清漆,最后打蜡上光。

16.3.4　涂料类地面

涂料类地面是把涂料涂刷或涂刮在地面上而成。涂料地面耐磨,防水和防潮好,无尘、易清洁,色彩艳丽,容易创造个性化空间,而且造价比较低。但部分涂料在施工时会散逸出有害气体,污染环境,又由于涂层较薄,人流量大时,磨损较快。

地面涂料品种多,有溶剂型涂料、水溶性涂料和乳液型涂料。常见的有过氯乙烯溶液涂料、苯乙烯焦油涂料、聚乙烯醇缩丁醛涂料等。它们对改善水泥砂浆地面的使用具有根本性意义。

涂料类地面的施工相对简单,常见做法是 10 ~ 20 mm 厚 1∶3水泥砂浆找平,再在其面上涂刷地面涂料即可。

16.3.5　卷材类地面

卷材地面是用可卷的铺材铺贴而成。常见的地面卷材有软质塑料地毡、硬质塑料地胶、橡胶地毡和地毯。卷材地面施工最容易,只需把卷材展铺在地面上,进行适当固定即可。

(1)塑料地毡

软质聚氯乙烯塑料地毡一般宽 700 ~ 1 000 mm,厚 3 ~ 8 mm,长 10 ~ 20 m,可用胶粘剂粘贴在水泥砂浆找平层上,也可干铺。硬质塑料地胶规格一般为 600 mm × 600 mm、900 mm × 900 mm,厚 5 ~ 10 mm,类似地板砖,花纹也作成仿木纹、仿大理石纹、仿花岗石纹、仿地砖纹等,一般采用胶粘剂粘贴在水泥砂浆找平层上。塑料地毡(胶)花色较多,价格便宜,构造简单,常用于中低档装修的建筑。塑料制品怕火,易老化,需要定期更新、维修(图 16.17)。

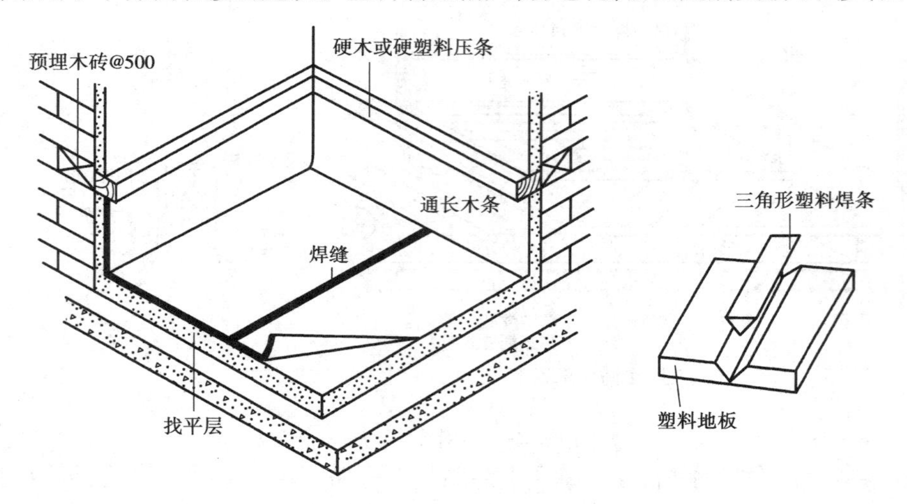

图 16.17　塑料地毡连接构造

（2）**橡胶地毡**

橡胶地毡以天然橡胶或合成橡胶为主要原料加入相关材料制成，具有良好的弹性、耐磨性和电绝缘性，还具备隔声能力。橡胶地毡一般干铺，也可用胶粘剂粘贴在水泥砂浆找平层上。

（3）**地毯地面**

地毯地面是高档的地面形式。因为地毯有弹性，足感舒适，隔声，热工性能好，且地毯形式多，花色丰富，利于创造高雅、美观的室内环境，常用于贵宾室、高级办公室、宾馆、住宅等建筑的地面。

地毯形式很多，按地毯面层材料不同有化纤地毯、麻纤维地毯、羊毛地毯等形式。

地毯地面可以满铺，也可以局部铺设，其铺设方法有不固定和固定两种；若需固定，通常是将地毯用粘剂粘贴在地面上。

表16.4是常用地面的面层特性及选用要求。

表16.4　常用地面的面层特性

地面名称	传热性	耐火性	起尘性	耐磨性	消声度	光滑度	耐水性	透水性	耐油性	备注
素土夯实地面	×	√	√	×	√	×	×	√	√	
3∶7灰土地面	×	√	√	—	—	×	—	—	√	
普通黏土砖地面	×	√	√	—	×	×	√	√	√	
水泥砂浆地面	×	√	—	—	×	×	√	—	√	
水泥铁屑地面	×	√	—	√	×	×	√	—	√	
混凝土地面	×	√	—	√	×	×	√	—	√	
预制混凝土地面	×	√	—	√	×	×	√	√	√	
水磨石地面	×	√	×	√	×	—	√	—	√	
水泥花砖地面	×	√	×	—	×	—	√	—	√	
缸砖马赛克地面	×	√	×	√	×	—	√	—	√	
大理石花岗石地面	×	√	×	√	×	—	√	—	√	
块石条石地面	×	√	√	√	×	×	√	√	√	
沥青砂浆地面	×	—	—	—	—	×	√	×	×	
橡皮板地面	—	—	×	—	√	×	√	×	√	
菱苦土地面	×	—	×	—	√	—	—	√	√	
耐油混凝土地面	×	—	—	√	×	×	×	×	√	
塑料地面	—	—	×	—	√	×	×	×	√	
金属板地面	×	√	×	√	×	×	×	√	√	
木地板地面	×	×	×	—	—	×	×	√	—	

16.4 顶棚装修构造

顶棚又称天花。顶棚按材料分有木、金属等顶棚；按表现形式分有水平式、弧线式和折线式等；按构造分有直接式和悬吊式顶棚。

无论是何种顶棚，其装修构造一定要满足顶棚的功能要求：折射光线，能有效改善室内光环境，美观；具有特殊功能：吸音隔声，保温与隔热，以及方便管道敷设等。

16.4.1 直接式顶棚

直接式顶棚是指直接在楼板结构层底做饰面形成的顶棚。直接式顶棚构造简单，施工方便，造价低廉，常用于对装饰要求一般，水电管线可以明装的建筑，如教学楼、办公楼、医院、住宅等(图16.18)。

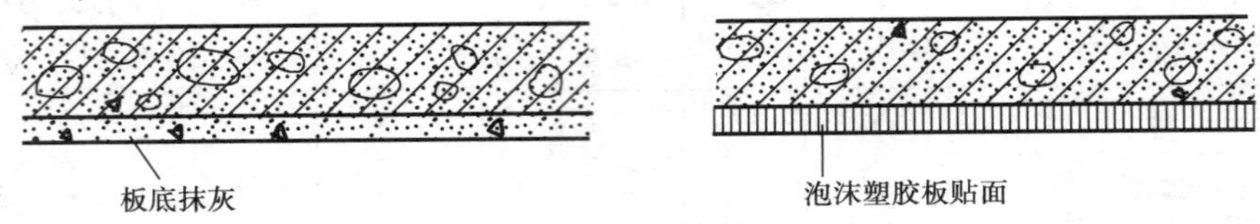

图16.18 直接式顶棚

直接式顶棚要求结构底板平整、光洁，一般构造有：

(1)直接喷刷顶棚

先用1∶3水泥砂浆找平，然后再做面层，面层做法有：

①涂刷或喷涂大白浆、石灰砂浆等浅色装饰材料，以增强顶棚对光的折射能力。

②涂刷涂料，以获得与涂料墙面一致的装饰效果，创造个性化空间。

(2)贴面顶棚

贴面顶棚也是先用1∶3水泥砂浆找平，然后再做面层：

①裱糊墙纸或墙布，其构造与裱糊类墙面装修构造相同。

②粘贴板材，用胶黏结剂吸声板、装饰板等。

(3)结构顶棚

将建筑屋盖、楼板的结构直接暴露的顶棚。有的建筑结构本身就非常富有美感，如井式楼板、网架结构、拱形屋盖，折板屋盖等都具有优美的韵律感；有的顶棚装修就直接将其裸露，不加遮掩，显示出一种别样的结构美、力学美。这种顶棚常见于采用新型大跨结构的体育馆、展览馆、车站等。

16.4.2 悬吊式顶棚

悬吊式顶棚简称吊顶，是将饰面层悬吊在楼板结构上而形成的一种顶棚形式。悬吊式顶棚一般用于装修标准较高的建筑，有时悬吊顶棚的目的是为了遮掩难看的楼板结构，有时是为了遮掩楼板下敷设的管线，有时是为了调节空间感。悬吊顶棚后可以使室内空间更加协调、美观。

(1)吊顶的类型

按构造形式不同,吊顶可分为整体式吊顶、活动式装配吊顶、隐蔽式装配吊顶和开敞式吊顶等。

按材料不同,吊顶可分为抹灰吊顶和板材吊顶。

(2)吊顶的构造组成

吊顶一般由吊筋、龙骨和面层组成(图16.19)。

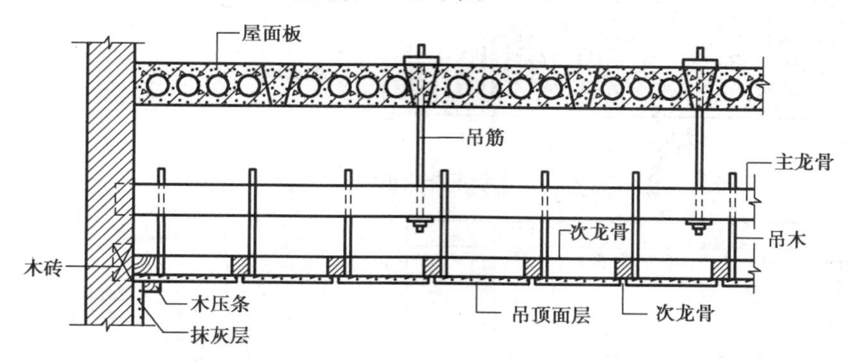

图16.19　吊顶的组成

吊筋是连接龙骨与楼板的承重传力构件。其作用是承受吊顶面层和龙骨的荷载,并将这些荷载传递给楼板。吊筋一般有金属吊筋和木吊筋两种。常见的金属吊筋多是端头有螺纹的 $\phi8 \sim \phi10$ 钢筋、型钢、铝挂件等,间距不超过2 m。

龙骨用以固定饰面并承受重量,一般由主龙骨和次龙骨组成。饰面层固定在次龙骨上,次龙骨固定在主龙骨上,主龙骨则与吊筋相连。龙骨可用木材、轻钢、铝合金等材料制作。

面层是顶棚最直观的部分,要求美观、新颖、耐用。面层分抹灰面层和板材面层两大类。抹灰面层为湿作业,费时费工;板材面层既可加快施工速度,又容易保证施工质量,是比较有发展前景的面层形式。板材面层吊顶有木板材吊顶、矿物质板材吊顶和金属板材吊顶等类型。

(3)抹灰吊顶构造

抹灰吊顶的龙骨可以用木龙骨,也可以用轻钢龙骨。主龙骨的断面宽60~80 mm,高120~150 mm,中距1 m,次龙骨的断面40 mm×60 mm,中距400~500 mm,用吊顶固定在主龙骨上。轻钢龙骨一般有配套的型材。

抹灰吊顶的面层做法一般有三种:板条抹灰、板条钢板网抹灰和钢板网抹灰。

板条抹灰一般采用木龙骨,构造简单、造价低廉,但由于抹灰层干缩或结构变形的影响,很容易脱落,且不防火,已不常用(图16.20(a))。

板条钢板网抹灰的做法是:在板条抹灰的基础上,加钉一层钢板网,以防抹灰层脱落(图16.20(b))。

钢板网抹灰吊顶一般采用轻钢龙骨,下设 $\phi6$ 钢筋网一道,代替木板条,其下铺设钢板网抹灰(图16.20(c))。这种吊顶不使用木材,可以提高顶棚的防火性和耐久性,多用于公共建筑和防火要求较高的建筑。

(4)木质板材吊顶构造

木质板材的种类很多,有胶合板、纤维板、刨花板、木丝板、装饰吸音板等,常见规格是

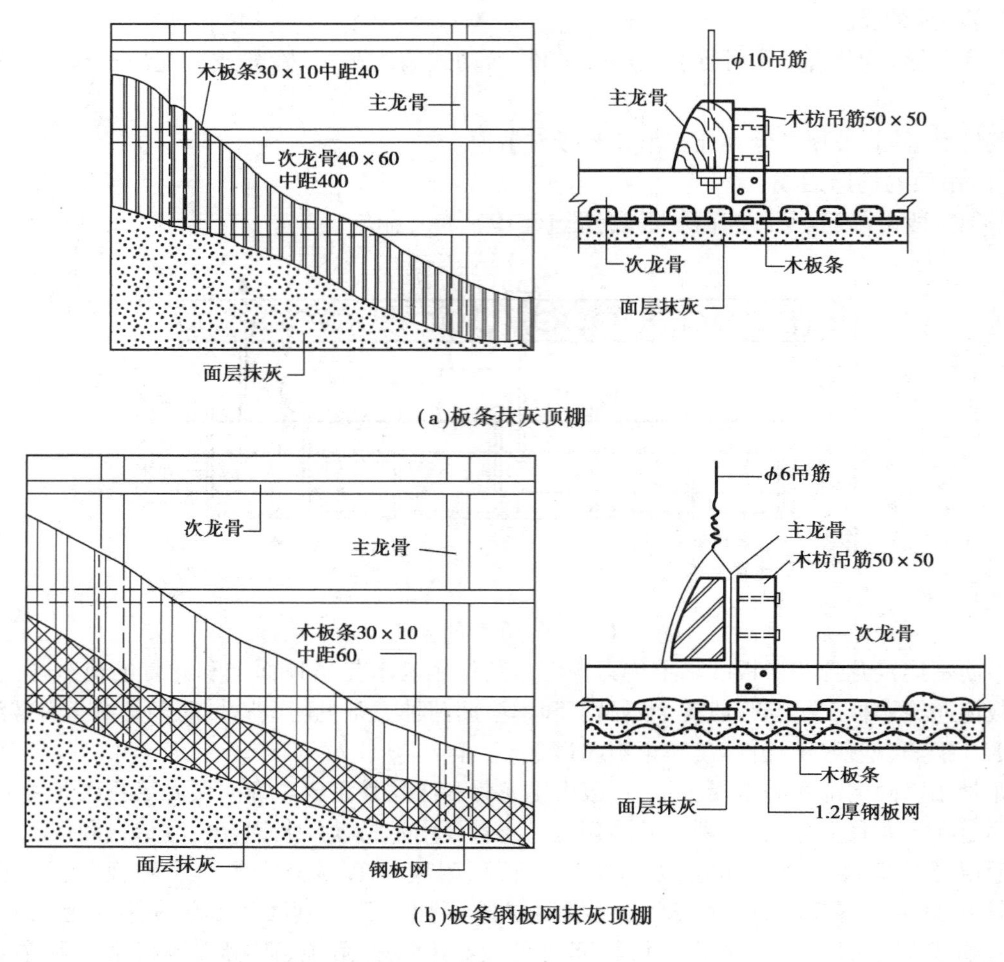

(a)板条抹灰顶棚

(b)板条钢板网抹灰顶棚

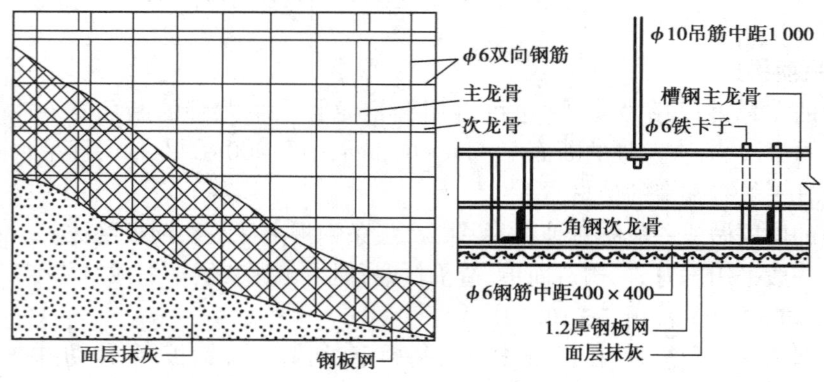

(c)钢板网抹灰顶棚

图 16.20　抹灰吊顶构造

915 mm×1 830 mm、1 150 mm×2 350 mm 等。木质板材吊顶施工速度快，应用较广泛，但因不防火，常用于防火要求低的建筑。

木质板材吊顶一般采用木龙骨，木龙骨规格与板条抹灰吊顶的木龙骨做法相同，但间距根据板材规格而定，一般不超过600 mm；板材用圆钉、射钉、木螺丝等固定在次龙骨上。

（5）**矿物板材吊顶构造**

矿物板材的种类有纸面石膏板、石棉水泥板、矿棉板等，规格也很多，常见也是915 mm×1 830 mm、1 150 mm×2 350 mm等。矿物板材吊顶施工速度快，无湿作业，自重轻，常用于公共建筑。

矿物板材吊顶常采用轻钢龙骨和铝合金龙骨。现市场上的轻钢龙骨和铝合金龙骨都是配套的材料，给安装工作带来了方便。轻钢龙骨断面多为U型，一般由主龙骨、次龙骨、小龙骨、配件组成；铝合金龙骨断面多为T型，一般由主龙骨、次龙骨、边龙骨、小龙骨、配件组成。轻钢龙骨和铝合金龙骨的布置有以下两种：

1）龙骨外露的布置

这种布置方法一般采用T型铝合金龙骨，板材直接搁置在倒T型次龙骨的翼缘上，使龙骨外露形成格状顶面（图16.21）。

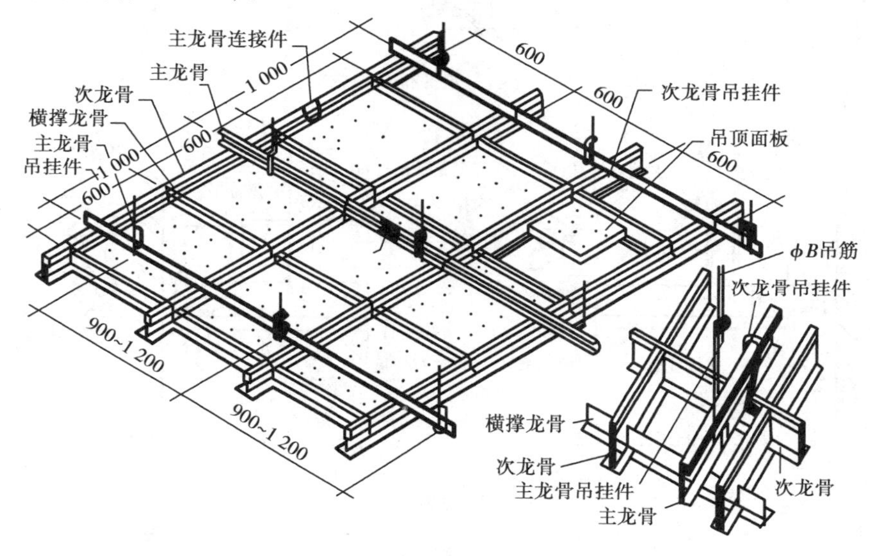

图16.21　龙骨外露的布置

2）龙骨不外露的布置

这种布置方法一般采用U型轻钢龙骨，矿物板材用胶黏剂粘贴在次龙骨或小龙骨上，有时也用自攻螺丝固定在次龙骨（图16.22）。

（6）**金属板材吊顶构造**

金属板材的种类有铝合金板、不锈钢板、镀锌钢板等，板有条形、方形等形式。金属板材吊顶自重轻，美观大方，富有现代感，装饰效果好，防火、耐久，是装修吊顶的高档材料。

金属板材吊顶常采用轻钢龙骨和铝合金龙骨。其施工方法和矿物板材吊顶构造基本一样。当吊顶无吸音要求时，条形铝合金板采取密铺形式，不留间隙（图16.23）；当吊顶有吸音要求时，条形铝合金板的铺设留有间隙，条板上面加铺吸音材料（图16.24）。

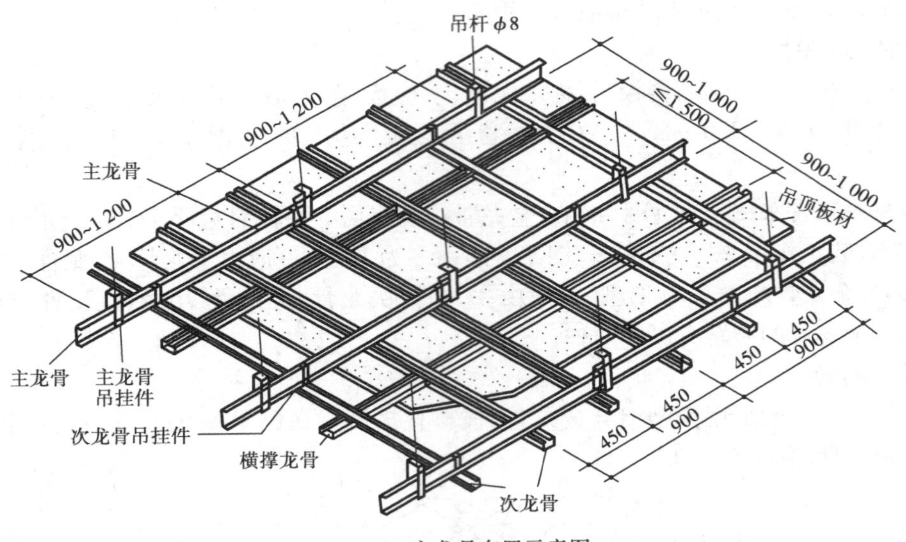

(a)主龙骨布置示意图

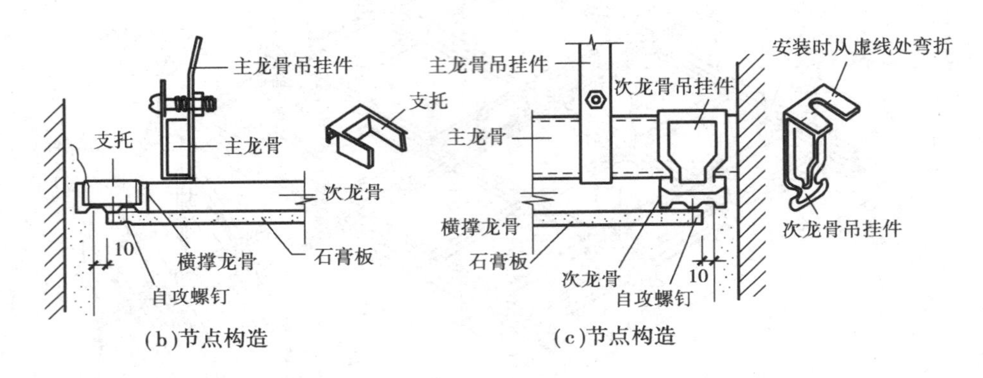

(b)节点构造

(c)节点构造

图 16.22　龙骨不外露的布置

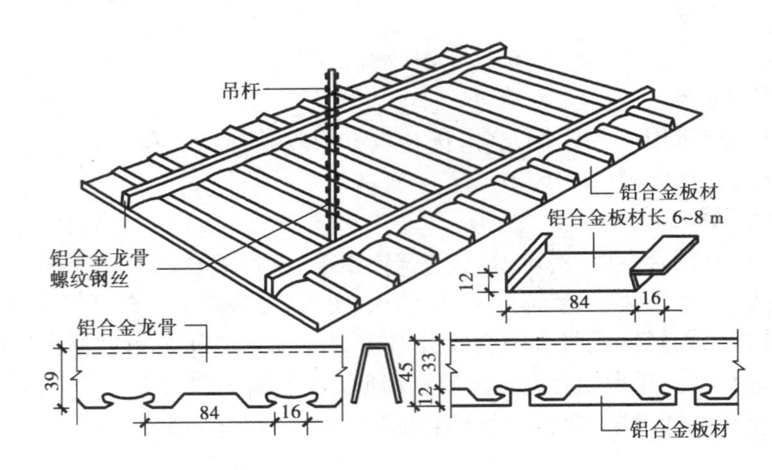

图 16.23　密铺式铝合金吊顶

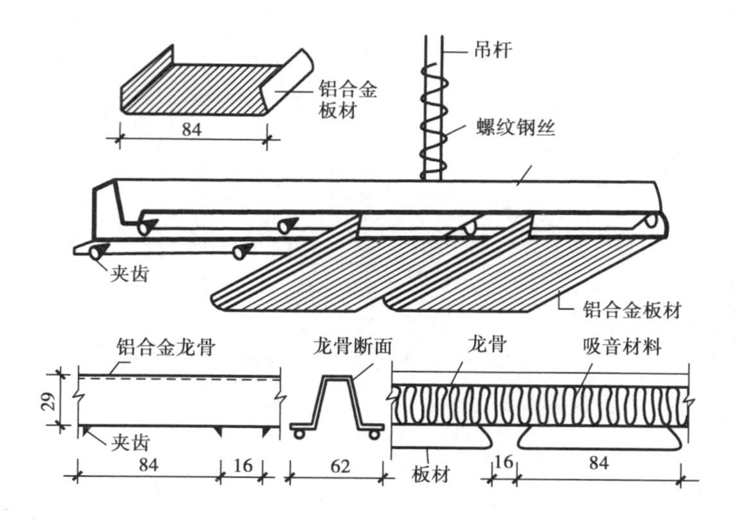

图16.24　间隙式铝合金吊顶

小　结

本章重点介绍建筑墙面装修构造、楼地面装修构造、顶棚装修构造等内容。

1. 建筑装修是建筑设计、施工的重要环节，建筑装修可以保护建筑结构，改善建筑结构的功能，还可以美化建筑，从而创造一个更加舒适的室内外空间。通常，建筑装修主要在建筑的表面进行：墙面装修、地面装修、顶面装修。

2. 墙面装修按位置分，分为室内装修和室外装修；按构造分，分为清水砖墙、抹灰类墙面装修、贴面类墙面装修、涂料类墙面装修、裱糊类墙面装修、板材类墙面装修等。

3. 地面装修按构造分，分为整体类地面装修、块材类地面装修、木地板、涂料类地面装修、卷材类地面装修。

4. 顶面装修按构造分，分为直接式顶棚、悬吊式顶棚。

复习思考题

16.1　建筑装修有什么作用？建筑装修一般有哪些类型？

16.2　常见的墙面抹灰有哪些做法？

16.3　贴面类墙面装修有哪些构造做法？

16.4　涂料类墙面装修有何特点？

16.5　简述水磨石地面施工的要点。

16.6　块材地面的构造层次有哪些？

16.7　木地板常用做法有哪些？

16.8　悬吊式顶棚有哪些常见类型？构造做法如何？

参考文献

[1] 潘谷西. 中国建筑史[M]. 北京:中国建筑工业出版社,2000.

[2] 罗小未,蔡琬英. 外国建筑历史图说[M]. 上海:同济大学出版社,2003.

[3] 天津大学. 公共建筑设计原理[M]. 北京:中国建筑工业出版社,1981.

[4] 李必瑜. 房屋建筑学[M]. 武汉:武汉工业大学出版社,2000.

[5] 同济大学,西安建筑科技大学,东南大学,重庆建筑大学. 房屋建筑学[M]. 3 版. 北京:中国建筑工业出版社,1997.

[6] 张树平. 建筑防火设计[M]. 北京:中国建筑工业出版社,2001.

[7] 杨金铎. 建筑防火与减灾[M]. 北京:中国建材出版社,2002.

[8] 金虹. 房屋建筑学[M]. 北京:科学出版社,2002.

[9] 同济大学. 一级注册建筑师考试教程[M]. 北京:中国建筑工业出版社,2002.

[10] 李德华. 城市规划原理[M]. 3 版. 北京:中国建筑工业出版社,2003.

[11] 舒秋华. 房屋建筑学[M]. 2 版. 武汉:武汉理工大学出版社,2002.

[12] 中国建筑西北设计研究院. 建筑专业方案及初步设计深度示例集[M]. 北京:中国建筑工业出版社,2002.

[13] 中国建筑西北设计研究院. 建筑施工图示例图集[M]. 北京:中国建筑工业出版社,2002.

[14] 杜少岚等. 画法几何及建筑制图[M]. 成都:四川科技出版社,2002.

[15] 中国建筑工业出版社. 建筑设计资料集[M]. 北京:中国建筑工业出版社,1994.